全 訂 版

工業統計學

李 祖 勳
全 永 鎬 編著

博 英 社

全訂版을 내면서

본서가 출간된 이후 많은 동료 교수와 독자들로부터의 끊임없는 격려와 충고를 토대로 본 전정판을 출간하게 되었다. 본 전정판에서는 각 장마다 필요한 이론적 내용을 보완하고, 연습문제를 추가하여 독자의 이해를 돕도록 하였다.

이번 기회에 가능한 한 오자와 탈자를 수정하고 내용을 충실히 하려고 노력하였으나 아직도 미비한 점이 있으리라 생각된다. 이 기회에 그 동안 본서에 관심을 가지고 충고를 아끼지 않으신 분들께 감사드리며, 앞으로도 많은 지도편달을 바란다. 끝으로 이와 같은 전정판이 출간될 수 있도록 지원해 주신 박영사의 安鍾萬 사장님, 영업부의 黃仁旭 부장님 그리고 편집부의 馬燦玉 차장님께도 아울러 감사드린다.

1994년 7월

編著者 識

머 리 말

이 책은 R. E. Walpole과 R. H. Myers의 공저인 *Probability and Statistics for Engineers and Scientists*를 기초로 공과대학이나 경영대학에서 기초통계학 교재로 사용할 수 있도록 엮어진 것이다. 따라서 통계학의 이론적인 측면을 강조하기보다는 여러 가지 예를 들어 독자가 統計學의 개념을 쉽게 습득할 수 있도록 엮어 보았다.

이 책의 내용 중 제 1 장부터 제10장까지는 통계학의 기초가 되는 것으로 전부 다루는 것이 바람직하고, 제11장부터 제14장 중에서는 실험계획법, 또는 회귀분석 강좌가 따로 개설되어 있으면 강의시간이 허용되는 범위에서 선택 강의를 하여도 무방할 것으로 생각된다.

통계학을 전공하지 않은 저자들이 엮은 책으로, 또한 처음 내놓는 책이라 여러 가지 부족한 점이 많은 것으로 생각되나, 이러한 점은 앞으로 강의해 나가면서 보완하도록 하겠다.

이 책을 내는 데는 李昌信 박사의 자문이 많은 도움이 되었고, 특히 서울대학교 산업공학과 대학원의 金泰克 군이 번역 및 교정을 위하여 많은 시간을 할애해 주어 감사드린다. 그 밖에, 이 책이 나오기까지 수고해 주신 박영사의 安鍾萬 사장님과 편집부의 千今基 씨에게도 아울러 감사드린다.

1987년 11월

編著者 識

차　　례

제 4 장 기 대 값

제 5 장 이산확률분포

제 6 장 연속확률분포

제 7 장 확률변수의 함수

제11장 단순회귀분석과 상관분석

제12장 중회귀분석

제13장 분 산 분 석

제14장 비모수통계

부 록 통 계 표

제 1 장

서 론

1. 1 기술통계학과 추측통계학

통계학에서 우리는 계획된 조사나 과학적 조사에서 발생하는 기회결과(chance outcomes)에 대한 제시와 해석에 기본적인 관심을 갖게 된다. 예를 들면, 특정 교차로에 신호등을 설치하는 것을 정당화하기 위해 그 교차로에서 발생하는 월별 사고 수를 기록할 수 있다. 또는, 투표 결과를 가 또는 부로 분류할 수도 있겠고, 화학실험에서 잔류물의 양에 관심을 가질 수도 있다. 따라서 통계학자는 통상적으로 수(counts)나 측정(measurements)을 나타내는 수치자료(numerical data)를 다루거나, 또는 특정 기준에 의해 분류될 수 있는 분류자료(categorical data)를 다루게 된다.

통계학에서는 이러한 정보(수치자료 또는 분류자료)의 기록을 관측값(observation)이라 부른다. 따라서 작년 1월에서 4월 사이에 교차로에서 발생한 월별 사고 수를 나타내는 3, 1, 0, 2라는 숫자는 관측값들의 집합을 구성해준다. 마찬가지로, 화학실험에서 잔류물 양의 측정치 2.5g, 3.1g, 1.8g은 관측값으로 기록된다.

통계적 방법들은 자료의 수집, 제시, 분석 및 해석에 사용되는 절차들을 일컫는다. 우리는 이러한 방법들을 기술통계학(descriptive statistics)과 통계적 추론(statistical inference)이라 불리는 두 개의 주요 분야로 분류시킬 수 있다. 먼저 기술통계학 분야를 고려해 보자.

[정의 1.1] 기술통계학은 의미 있는 정보를 얻기 위해서 자료의 집합을 수집하고, 기술하는 방법들로 구성된다.

즉, 기술통계학은 수집된 자료에 대한 정보만을 제공해 주고, 자료의 더 큰 집합에 대한 추론이나 결론을 결코 내리지 않는다는 점을 명확히 알아야 한다. 신문이나 잡지에 나오는 표, 차트, 도표 등은 보통 기술통계학 분야로 분류된다.

[예 1.1] 〈표 1.1〉은 미국 프로야구 내셔날 리그팀들의 타격에 관한 자료를 보여 준다.

이러한 표는 야구시즌 초부터 수집된 다량의 자료를 정리해 주고 있어, 각 팀의 타격 성취도에 관한 의미 있는 정보를 즉각 제공해 준다. 표를 검토해 보면, 타수에 있어서는 Cincinnati가 가장 앞서고, 안타수는 St. Louis가 가장 많다. 그러나, 득점과 타점에 있어서는 San Francisco가, 홈런에 있어서는 Los Angeles가 가장 앞서고 있다.

〈표 1.1〉 내셔날 리그 타격 자료

팀	타수	득점	안타	홈런	타점	타율
St. Louis	2720	362	775	54	343	.285
Chicago	2542	337	693	74	313	.273
Pittsburgh	2646	346	715	73	313	.270
Philadelphia	2761	356	742	62	335	.269
Cincinnati	2841	361	756	67	339	.266
Montreal	2518	325	660	62	298	.262
Los Angeles	2821	364	725	96	356	.257
Atlanta	2758	364	707	72	334	.256
San Francisco	2711	389	680	72	357	.251
Houston	2773	311	691	32	294	.249
New York	2640	294	652	41	281	.247
San Diego	2825	315	679	53	293	.240

[예 1.2] 〈그림 1.1〉은 공업진흥청과 한국표준연구소가 공동으로 1979년과 1986년 두 차례에 걸쳐 시행한, 우리 나라 남녀별·연령별 체위조사 결과 중에서 15세 남녀의 키와 체중 결과를 보여 주고 있다. 남녀 모두 1차 조사시보다 2차 조사시의 키와 체중이 증가된 것을 볼 수 있다.

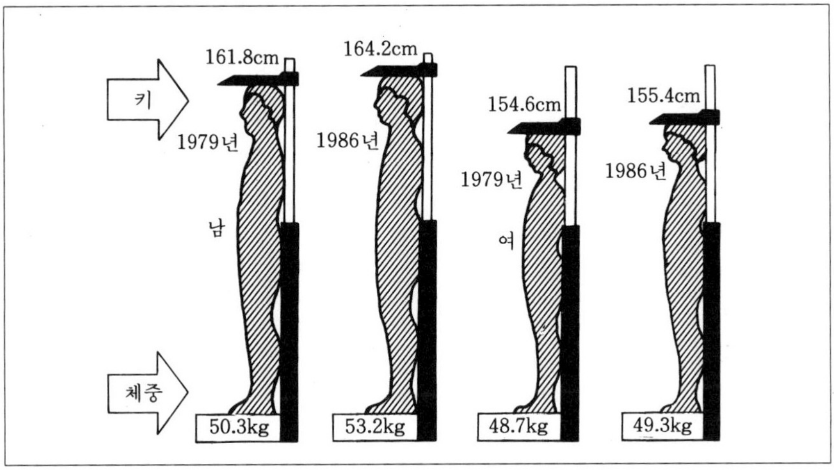

〈그림 1.1〉 **우리 나라 15세 남녀 체위조사 결과**(1987년 2월 6일자 한국경제신문에서 인용)

[예 1.1]과 [예 1.2]에 표와 그림 형태로 제시된 통계자료는 여러 가지 목적을 위하여 쓰일 수 있다. 그러나, 자료의 적은 부분집합에 대한 부분적인 지식만을 가지고 그 자료의 큰 집합에 대한 결정과 결론을 유추해 내는 것이 통계학을 공부하는 우리의 궁극적인 목적이다. 이러한 이유에서 다음과 같은 통계적 추론을 다루게 된다.

[정의 1.2] 통계적 추론은 자료의 전체집합에 관한 예측 및 추론을 가능케 해 주는 자료의 부분집합에 대한 분석방법들로 구성된다.

다음의 두 예는 기술통계학과 통계적 추론과의 차이를 명확히해 준다.

[예 1.3] 어느 호수 근처의 7월중 총강우량이 과거 30년 동안 측정되었다고 하자. 과거 30년 동안의 7월중 평균강우량이라든지 또는 가장 건조했던 7월이 속했던 해와 같이 측정자료를 기술해 주는 값은 기술통계학에 속한다. 이 경우, 우리는 정보가 얻어진 30년을 제외한 다른 해의 강우량에 대해서는 아무 이야기도 하지 않는다. 그러나, 만약 이 호수 근처의 과거 30년 동안의 7월중 평균강우량이 3.3cm일 때, 내년 7월에 기대되는 강우량이 3.2cm에서 3.4cm일 것이라고 말한다면, 이 경우는 통계적 추론에 해당된다.

[예 1.4] 어느 대학의 과거 5년 동안의 졸업반 성적을 검토해 본 결과 신입생 중의 72%만이 결국 졸업하는 것으로 나타났다. 여기서 72%라는 수치는 기술통계학에 해당된다. 만약 한 신입생이 이러한 자료를 근거로 자신의 졸업가능성이 70%보다 높다고 결론을 내린다면, 이 학생은 불확실성하에서 통계적 추론을 한 것이다.

자료의 부분집합에서 얻어진 부분적인 정보에 의해서 추론을 하게 되므로 통계적 추론은 항상 불확실성하에서 행해진다. 이러한 이유에서 확률이론을 이해하는 것이 필수적이다.

자료를 수집하고 분석하는 데 사용되는 기본기법은 사실 모든 분야에 적용이 가능하다. 예를 들면, 화학자는 세 가지 변수를 사용하여 실험을 하고, 원하는 바를 측정한 후 통계적 절차에 의하여 결과를 분석한다. 세 가지 다른 종류의 비료를 사용하여 재배된 곡식의 수확량을 분석하는 데도 동일한 절차가 사용된다. 또는 세 개의 유사한 기계에 의하여 제조되는 생산품의 불량품 수를 나타내는 자료를 분석하는 데도 동일한 절차가 적용된다.

이와 같이 통계학은 근래 각 산업체에서 활발히 활용되고 있다. 즉, 품질관리를 주도해 나가는 과정과 제품의 판매계획 및 광고수립을 도와주는 과정에서의 활용은 괄목할 만하다. 기업에서는 의사결정 및 시계열분석 등에 통계학이 활용되고 있다. 그러나 통계적 절차의 오용은 엉뚱한 결과를 초래하기도 한다. 따라서, 우리가 가지고 있는 자료로부터 최대의 정보를 얻기 위해서는 주어진 조건에 맞고 가장 효율적인 절차를 적용하도록 주의해야 한다.

1.2 모집단과 표본

통계학자는 주로 수치자료에 관심을 갖는다. 어떤 특정 연구에서 출현가능한 관측값들의 수는 적을 수도 있고, 많지만 유한인 경우도 있으며, 무한히 많은 경우도 있다. 학생들의 혈액형 분류에서는 조사대상 학생수만큼의 관측값들을 얻을 수 있다. 따라서 그 연구는 관측값들의 수가 유한인 경우가 된다. 반면에 한 쌍의 주사위를 무한히 많이 던져 각 경우 두 주사위에 나타난 눈의 합을 기록한다고 할 때, 관측값들의 집합은 무한집합이 된다.

관측수가 무한하건 유한하건 간에 모든 관측값들은 모집단(population)을 구성한다. 과거에는 모집단이라는 말을 사람이 포함된 통계학연구에서 얻어지는 관측값들에 한정해서 사용해왔지만, 오늘날에는 그것이 동물이나 사물의 집단일지라도 관심의 대상이 되는 관측값들의 집합인 경우에는 모집단이라는 말을 사용한다.

[**정의 1.3**] 모집단(population)은 연구의 대상이 되는 관측값들 전체로 구성된다.

모집단에서 관측수는 모집단의 크기(size)로 정의된다. 600명의 학생들을 혈액형에 따라 분류한다면 크기가 600인 모집단을 갖고 있다고 할 수 있다. 트럼프 카드들에 적혀 있는 숫자들, 어느 도시 거주자들의 신장, 그리고 어떤 호수에 살고 있는 물고기들의 길이 같은 것은 크기가 유한인 모집단의 예가 된다. 각 경우에 관측들의 총수는 유한이다. 주사위를 던지는 실험은 크기가 무한인 모집단을 생성한다. 마찬가지로, 매일 기압을 측정하여 얻은 관측값들, 혹은 어느 호수의 모든 위치에서의 깊이의 측정치 같은 것은 크기가 무한인 모집단의 예가 된다. 어떤 유한 모집단은 아주 커서 이론상 그것을 무한으로 가정하는 경우도 있는데, 국가 전역에 대량으로 공급되기 위하여 제조되는 축전지의 모든 가능한 수명들의 모집단 같은 것이 일례가 된다.

통계적 추론에서 모집단을 구성하는 관측값들의 집합 전체를 관측하는 것이 불가능하거나 비현실적인 경우에 통계학자들은 그 모집단과 관계된 결론들을 유추해 내는 데 관심을 갖는다. 예를 들어, 어떤 회사에서 생산되는 전구의 평균수명을 결정하고자 할 때, 모든 전구를 시험한다는 것은 불가능하다. 모집단 전체를 연구하는 데 드는 막대한 비용 역시 그것을 불가능하게 하는 한 요인이 될 수 있다. 따라서 그러한 모집단과 관계된 추론을 하기 위해서는 그 모집단의 부분집합에 의존할 수밖에 없다. 이러한 사실로부터 표본이론이 나타나게 된다.

[**정의 1.4**] 표본(sample)은 모집단의 부분집합이다.

표본으로부터 모집단에 대한 추론이 유효하기 위해서는 모집단을 전형적으로 나타낼 수 있는 표본을 얻어야 한다. 흔히 모집단에서 추출하기 쉬운 원

소들을 선택함으로써 표본을 만드는 경우가 있는데, 그렇게 하면 모집단에 대해서 틀린 추론을 하게 된다. 모집단의 특성을 과대평가하거나 과소평가하는 추론을 낳는 표본화과정(sampling procedure)을 편향(biased)되었다고 한다. 표본화과정에서 야기될 수 있는 편향의 어떤 가능성을 제거하기 위해서는 단순확률표본(simple random sample)을 추출하는 것이 바람직하다. 단순확률표본을 간단히 확률표본(random sample)이라고도 한다.

[정의 1.5] 단순확률표본(simple random sample) : n개의 관측값들로 구성된 단순확률표본(simple random sample)은 n개의 관측값들로 구성되는, 모집단의 모든 부분집합이 같은 추출확률을 갖도록 선택되어진 표본이다.

단순확률표본을 선택하는 과정은 모집단이 작고 유한인 경우에는 쉽지만 모집단이 크고 무한인 경우에는 상당히 복잡하다. 모집단이 작고 유한인 경우 크기가 5인 단순확률표본을 얻고자 할 때는 먼저 모집단을 구성하는 관측값들을 카드 위에 기록하고 그것들을 상자 안에 넣은 다음 그 상자에서 연속하여 5장의 카드를 뽑으면 된다. 카드들이 충분히 섞여 있다면, 5장의 카드로 이루어지는 모집단의 모든 부분집합은 선택되어질 기회가 같아진다.

앞에서 설명한 단순확률표본의 추출방법은 모집단이 아주 큰 경우에는 매우 복잡해지고 또 시간도 많이 걸리게 된다. 또한 표본을 추출하기 전에 카드들이 충분히 섞여 있는가 하는 것도 의문시될 수 있다. 단순확률표본을 추출하는 더 좋고 효율적인 방법은 부록 A.10의 난수표를 이용하는 것이 편리하다. 이러한 난수표는 0에서 9까지의 숫자들을 임의추출하여 길게 배열함으로써 구성되어진다. 이것은 표면을 10등분하여 각 부분에 0 부터 9까지의 숫자들을 적어 놓은 룰렛 원판(roulette wheel)과 같은 원판을 반복적으로 회전시킴으로써 얻어질 수 있다. 오늘날은 그러한 표를 만들기 위한 컴퓨터 프로그램이 많이 개발되어 있다. 난수표에서 임의추출된 숫자들은 어떤 편리한 방법으로 묶여질 수 있다. 즉, 부록 A.10에서 숫자들을 5개씩 묶은 다음 사용의 편리를 위해서 행마다 번호를 붙였다. 그런데 이 표에서 어느 위치에 있는 숫자든지 그것이 0 부터 9까지의 어느 숫자일 기회는 모두 같고 서로 다른 위치에 있는 숫자들은 서로 독립이다. 부록 A.10을 사용할 때 먼저 임의로 시작점을 선택하고 미리 정해진 방향을 따라 숫자들을 읽어 나간다. 이때 한 번에 숫자를 한 개씩 읽을 수도 있으며 두 개씩 혹은 세 개씩 혹은 그 이상씩 읽을 수도 있다. 단순확률표본을 추출할 때 난수표를 어떻게 사용하는지 알아보기 위해서 다음 예제를 살펴보자.

[예 1.5] 암 종양의 성장률에 관한 연구에 사용할 쥐가 80마리 있다. 이중 크기가 7인 단순확률표본을 부록 A.10을 사용하여 추출해 보라.

(풀이) 먼저 각각의 쥐에 01, 02, …, 80으로 번호를 매긴다. 그런 다음 부록 A.10에서 임의로 80번째 행을 선택하여 거기서부터 아래로 내려가면서 16번째 열과 17번째 열에 있는 숫자들을 읽어 나간다. 같은 숫자가 반복되거나 80보다 큰 수가 나오면 그것을 무시하고 그 아래로 내려나간다고 할 때, 우리는 다음과 같은 단순확률표본을 얻을 수 있다.

19, 48, 73, 79, 26, 60, 40

즉 위의 번호들은 할당된 쥐들의 단순확률표본이 된다.

이제 모집단이 큰 경우를 생각해 보자. 우리가 커피를 마시는 사람 중에서 자메이카에서 수입된 블루 마운틴 커피를 다른 커피보다 더 좋아하는 사람의 비율에 관해 알고 싶어한다면 바로 그런 경우가 된다. [예 1.5]의 방법처럼 확률표본을 추출하기 위해서 커피를 마시는 모든 사람들에게 번호를 붙인다는 것은 현실적으로 불가능할 것이다. 대신에 우리 나라의 여러 지역에 걸쳐서 임의로 큰 집단을 추출해 낼 수 있다. 이때 표본을 만들기가 편리하다고 해서 가까운 지역에 있는 사람들을 더 많이 추출해서는 안 된다. 즉 어느 지역에 있는 사람이든 추출기회가 공평하게 주어져야 한다. 이와 같은 표본선택 방법은 단순확률표본의 정의를 만족하지 않을 수도 있고 따라서 추정이 편향될지도 모른다. 그러나 이 책의 전체에 걸쳐서 표본이 난수표에 의해서 얻어졌든지 임의추출에 의해 얻어졌든지간에 그것을 단순확률표본으로 취급할 것이다.

1.3 자료의 분석

1. 도수분포

많은 자료들을 여러 개의 계급으로 분류하고 각 계급에 속하는 관측값들의 수를 정리한 것을 도수분포라고 한다. 표본의 자료들을 계급별로 분류하면 모집단의 분포를 더 잘 알아볼 수 있지만 각 관측값들의 개체성은 잃게 된다.

〈표 1.2〉 50개의 화물 무게에 대한 도수분포

무게(kg)	도 수
7～9	2
10～12	8
13～15	14
16～18	19
19～21	7

〈표 1.2〉는 50개의 화물의 무게에 대한 도수분포이다. 여기서는 5개의 계급이 사용되었다. 각 계급에서 가장 작은 값과 가장 큰 값을 계급한계(class limits)라 한다. 계급구간 10～12의 경우 10은 계급하한(lower class limit)이고 12는 계급상한(upper class limit)이다. 화물무게를 소수점 첫째 자리에서 반올림한다면 구간 10～12에 있는 8개의 관측들은 실지로 그 무게가 9.5kg과 12.5kg 사이에 있게 된다. 9.5와 12.5 같은 숫자를 주어진 구간에 대한 계급경계(class boundaries)라 한다. 계급구간 10～12의 경우 9.5를 계급경계하한(lower class boundary)이라 하고 12.5를 계급경계상한(upper class boundary)이라 한다. 그러나 구간 13～15에 대해서는 12.5가 계급경계하한이 된다. 하나의 계급에 속하는 관측값들의 수를 계급도수(class frequency)라 하고 f로 표시한다. 그리고 계급경계상한과 계급경계하한과의 차이를 계급간격(class width)이라 한다. 또한 계급경계상한과 계급경계하한 사이의 중앙점은 계급값(class mark or class midpoint)이라 한다.

〈표 1.2〉의 자료들은 〈표 1.3〉과 같이 표현될 수 있는데, 자료의 여러 성질들을 알아보는 데는 〈표 1.3〉이 더 편리하다.

각 계급의 도수를 총도수로 나눈 것을 그 계급의 상대도수(relative fre-

〈표 1.3〉 50개의 화물 무게에 대한 도수분포

계급구간	계급경계	계급값(x)	도 수(f)
7~9	6.5~ 9.5	8	2
10~12	9.5~12.5	11	8
13~15	12.5~15.5	14	14
16~18	15.5~18.5	17	19
19~21	18.5~21.5	20	7

〈표 1.4〉 50개의 화물에 대한 상대도수분포표

계급구간	계급경계	계급값 (x)	상대도수
7~ 9	6.5~ 9.5	8	0.04
10~12	9.5~12.5	11	0.16
13~15	12.5~15.5	14	0.28
16~18	15.5~18.5	17	0.38
19~21	18.5~21.5	20	0.14

quency)라 하며, 상대도수를 나타낸 표를 상대도수분포표라 한다. 〈표 1.3〉의 자료에 대한 상대도수분포표는 〈표 1.4〉와 같다.

〈표 1.4〉와 같은 상대도수분포표를 작성하는 절차를 요약해 보면 다음과 같다.

① 자료의 최소값과 최대값을 선택

② 중복되지 않고 또한 동일한 간격을 갖도록 계급의 개수를 정한다.

③ 각 계급에 속하는 관측들의 개수를 계산한다.

④ 각 계급의 도수를 총도수로 나눠서 그 계급의 상대도수를 계산한다.

$$\text{계급의 상대도수} = \frac{\text{계급도수}}{\text{총도수}}$$

2. 그래프에 의한 자료의 해석

도수분포를 그래프로 나타내면 정보를 이해하기가 더 쉽다. 수치자료를

〈표 1.5〉 전지수명 (단위 : 년)

2.2	4.1	3.5	4.5	3.2	3.7	3.0	2.6
3.4	1.6	3.1	3.3	3.8	3.1	4.7	3.7
2.5	4.3	3.4	3.6	2.9	3.3	3.9	3.1
3.3	3.1	3.7	4.4	3.2	4.1	1.9	3.4
4.7	3.8	3.2	2.6	3.9	3.0	4.2	3.5

그래프로 표시할 때 널리 쓰이는 방법이 〈그림 1.2〉와 같은 막대그래프이다. 〈그림 1.2〉는 〈표 1.5〉에 나타난 40개의 전지수명에 대한 자료를 나타내고 있다.

〈그림 1.2〉에서 각 기둥의 밑변은 계급구간과 일치하고 높이는 도수를 나타낸다. 막대그래프를 통해서도 자료의 분포를 쉽게 알 수 있지만 기둥그래프(histogram)라고 하는 다른 표현방법이 더 많이 사용된다. 기둥그래프는 기둥의 밑변이 계급구간이 아니라 계급경계라는 점에서 막대그래프와 다르다. 〈표 1.5〉에 대한 기둥그래프를 그려 보면 〈그림 1.3〉과 같다.

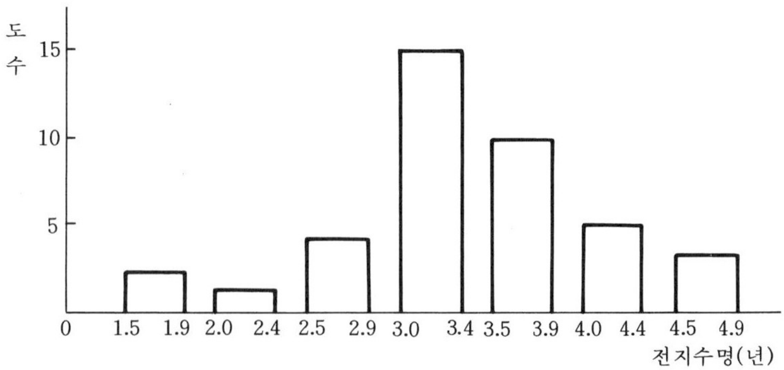

〈그림 1.2〉 막대그래프

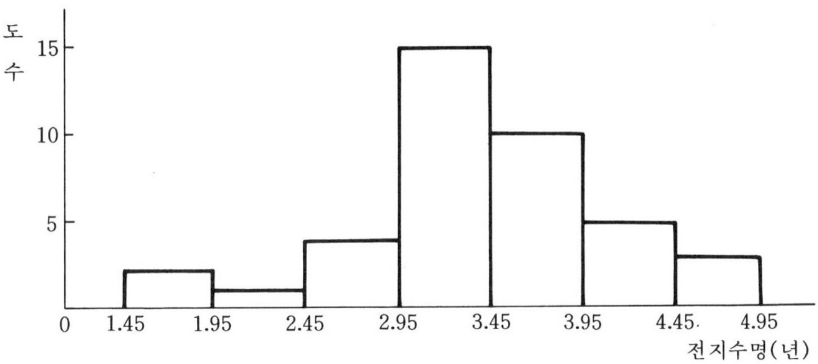

〈그림 1.3〉 도수기둥그래프

3. 줄기-잎 그림(Stem and leaf display)

집단화된 도수분포표를 이용한 막대그래프 또는 도수기둥그래프의 경우에는 집단화에 따른 정보의 손실이 따르게 되며, 표와 그림을 별도로 작성해야 한다는 불편이 있다. 이러한 단점을 보완하는 방법으로 표와 그림을 동시에 볼 수 있는 줄기-잎 그림이 Tukey에 의해 제안되었다. 줄기-잎 그림에서 줄기와 잎을 결정하는 문제는 도수분포표에서 계급구간을 정해 주는 문제와 유사하다. 한 줄기에 잎이 많은 경우에는 자료가 갖고 있는 특성을 한 눈에 구별하기 어렵게 된다. 이때에는 동일한 줄기값을 두 번 사용하되, 잎의 값이 0, 1, 2, 3, 4인 경우는 첫째 줄기에 적어 주고, 잎의 값이 5, 6, 7, 8, 9인 경우는 둘째 줄기에 적어 주는 방법으로 해결할 수 있다.

[예 1.6] 어떤 회사의 신입사원의 초봉이 학력 및 경력에 따라 〈표 1.6〉과 같이 조사되었다. 이를 이용해 줄기-잎 그림을 그려라.

〈표 1.6〉 25명 신입사원의 초봉 (단위 : 천원)

153	198	179	248	148
181	253	258	203	180
209	181	204	216	176
169	195	132	233	195
152	127	277	169	209

(풀이)

줄 기	잎	줄 기	잎
12	7	20	9439
13	2	21	6
14	8	22	
15	32	23	3
16	99	24	8
17	96	25	38
18	110	26	
19	855	27	7

4. 대칭과 왜도(skewness)

측정치들의 분포의 형태는 기둥그래프에 의해서 가장 잘 표현된다. 가능한 분포의 형태 중 몇 가지 예가 〈그림 1.4〉와 〈그림 1.5〉에 나타나 있다. 분포를 어떤 수직축을 따라 접었을 때 양쪽이 일치하면 그 분포를 대칭(symmetric)이라 한다. 〈그림 1.4〉에 나타난 분포들은 모양은 아주 다르지만 각각 대칭임을 알 수 있다. 대칭이 아닌 분포들은 편향되어(skewed) 있다고 한다.

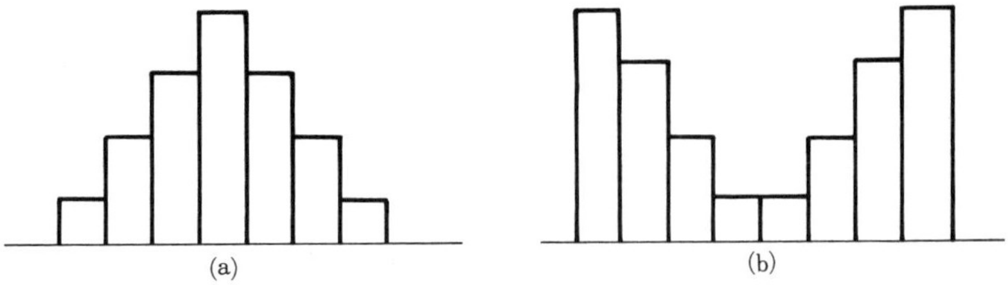

〈그림 1.4〉 **대칭분포**

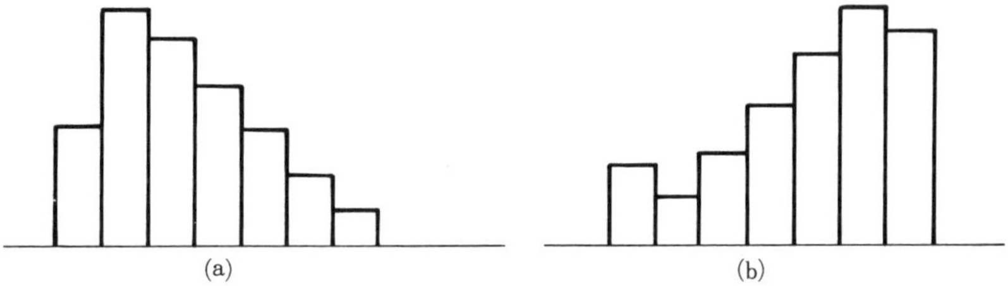

〈그림 1.5〉 **편향된**(skewed) **분포**

〈그림 1.5〉의 (a)와 같은 분포는 왼쪽보다 오른쪽으로 길게 뻗어 있기 때문에 오른쪽 혹은 양의 방향으로 편향되어 있다고 한다. 반대로 〈그림 1.5〉의 (b)와 같은 분포는 왼쪽 혹은 음의 방향으로 편향되어 있다고 한다.

분포가 대칭인 경우 평균과 중앙값은 수평축을 따라 같은 위치에 있게 되지만 〈그림 1.5〉의 (a)처럼 자료가 오른쪽으로 기울어 있으면 왼쪽에 자료가 몰려 있으므로 중앙값은 평균보다 작게 된다. 반대로 〈그림 1.5〉의 (b)의 경우는 중앙값이 평균보다 크게 된다.

[**정의 1.6**] 왜도의 피어슨계수(Pearsonian coefficient of skewness) : 왜도의 피어슨 계수는 다음과 같이 주어진다.

$$SK=\frac{3(\bar{x}-\tilde{x})}{s} \text{ 혹은 } SK=\frac{3(\mu-\tilde{\mu})}{\sigma}$$

[정의 1.6]에서 $\bar{x}$, $\tilde{x}$, μ, $\tilde{\mu}$는 각각 표본평균, 표본중앙값, 모평균, 모집단의 중앙값이고, s와 σ는 표본표준편차와 모표준편차를 나타낸다.

대칭분포인 경우 평균과 중앙값이 동일하므로 SK의 값은 0이 된다. 분포가 왼쪽으로 편향되어 있으면 평균이 중앙값보다 작으므로 SK의 값은 음이 될 것이다. 반대로 분포가 오른쪽으로 편향되어 있으면 평균이 중앙값보다 크고, 따라서 SK의 값은 양이 될 것이다. 일반적으로 SK의 값은 -3과 3 사이에 있게 된다.

[예 1.7] 〈표 1.5〉에 나타난 자료를 가지고 전지의 수명분포에 대한 왜도의 피어슨계수를 계산하라.

(풀이) 〈표 1.5〉의 자료가 표본이라면 $\bar{x}=3.41$, $\tilde{x}=3.40$이고, $s=0.70$이다. 따라서,

$$SK=\frac{3(3.41-3.40)}{0.70}=0.04$$

가 되고, 이것은 분포가 오른쪽으로 아주 조금 기울어 있음을 나타낸다. SK의 값이 매우 작으므로 우리는 이 경우 분포가 거의 대칭이라고 할 수 있다.

기둥그래프가 취할 수 있는 형태는 매우 다양하지만 우리가 접하는 대부분의 분포는 〈그림 1.4〉의 (a)와 같이 왜도의 피어슨계수가 거의 0이 되는 종 모양(bell-shaped)의 기둥그래프처럼 나타난다. 〈그림 1.3〉에 나타난 전지의 수명분포에서도 이러한 사실을 확인할 수 있다.

종 모양의 분포는 앞으로 통계적 추론에서 중요한 역할을 한다. 분포에 따라서는 다른 분포보다 자료의 변화가 더 클 수 있다. 예를 들어, 〈그림 1.6〉의 (a)에서는 대부분의 관측값들이 평균 근처에 모여 있는 데 비해 (b)에서는 관측값들이 (a)에 비해 평균으로부터 흩어져 있다.

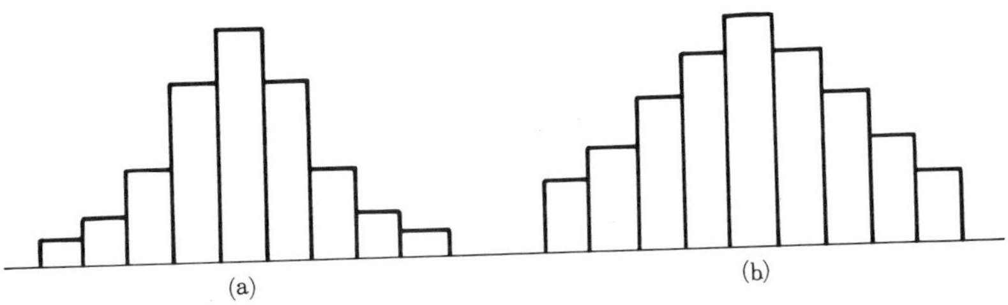

〈그림 1.6〉 평균 근처에서 관측들의 변화도

5. 백분위수, 십분위수와 사분위수

자료 전체를 크기 순서대로 늘어놓았을 때 어떤 위치를 설명해 주는 값이 있는데, 백분위수(percentiles), 십분위수(deciles), 사분위수(quartiles) 같은 것이 그러한 것들이다.

[정의 1.7] 백분위수(percentiles) : 백분위수는 관측값들을 100등분하는 값들이다. 이 값들은 P_1, P_2, …, P_{99}로 표시되는데, 적어도 k%의 관측값들은 P_k 보다 작거나 같아야 하며, 또한 적어도 $(100-k)$%의 관측값들이 P_k 보다 크거나 같아야 한다.

십분위수와 사분위수도 백분위수와 마찬가지로 정의된다.

[정의 1.8] 십분위수(deciles) : 십분위수는 관측값들을 10등분하는 값들이다. 이 값들은 D_1, D_2, …, D_9로 표시되고, D_1 아래에는 10% 의 관측값들이, D_2 아래에는 20% 의 관측값들이, …, D_9 아래에는 90% 의 관측값들이 포함된다.

[정의 1.9] 사분위수(quartiles) : 사분위수는 관측값들을 4등분하는 값들이다. 이 값들은 Q_1, Q_2, Q_3로 표시되는데, Q_1 아래에는 25% 의 관측값들이, Q_2 아래에는 50% 의 관측값들이, Q_3 아래에는 75% 의 관측값들이 포함된다.

백분위수를 계산하는 과정에 대해 알아보기 위하여 〈표 1.5〉의 전지수명 분포에서 P_{85}의 값을 찾아보자. 먼저 〈표 1.7〉과 같이 주어진 자료들을 크기가 증가하는 순서대로 배열한다. 표에 40개의 관측들이 있으므로 어떤 값 아래에서 $(85/100)\times 40=34$개의 관측들이 포함되는지를 알아본다. 즉, 〈표 1.7〉에서 볼 수 있듯이 P_{85}는 4.1과 4.2 사이의 어떤 값이라도 된다. P_{85}를 유일하게 결정하기 위해 P_{85}를 두 관측치의 중간값으로 정의하면 $P_{85}=4.15$가 된다. 이러한 과정은 주어진 백분위수 아래에 있는 관측들의 수가 자연수일 때는 별문제가 없지만, 요구되는 관측들의 수가 유리수일 때는 그 수보다 큰 바

〈표 1.7〉 크기 순서로 배열한 전지수명 (단위 : 년)

1.6	2.6	3.1	3.2	3.4	3.7	3.9	4.3
1.9	2.9	3.1	3.3	3.4	3.7	3.9	4.4
2.2	3.0	3.1	3.3	3.5	3.7	4.1	4.5
2.5	3.0	3.2	3.3	3.5	3.8	4.1	4.7
2.6	3.1	3.2	3.4	3.6	3.8	4.2	4.7

로 다음 자연수를 사용한다. 예를 들어, P_{48}을 찾을 때는 $(48/100)\times40=19.2$ 개의 관측들이 그 아래에 포함되는 값을 찾아야 한다. 19.2는 자연수가 아니므로 20번째 관측이 P_{48}이 된다. 따라서 $P_{48}=3.4$이다. 십분위수나 사분위수의 계산방법도 백분위수의 경우와 유사하다.

1.4 중심위치와 산포의 측도

정량적인 자료의 집합을 조사해 보기 위해서는 자료의 중요한 특성을 설명해 주는 수치측도를 정의하는 것이 유용하다. 관측값들의 집합을 설명해 주는 중요한 방법들 중의 하나는 평균에 의한 것이다.

평균은 자료를 크기에 따라 증가 혹은 감소하는 순서대로 배열했을 때 자료의 집합에 대한 중심의 측정치이다. 예를 들어, 어떤 자동차가 휘발유 1리터당 평균 14.5km를 간다면, 그 값은 휘발유 1리터로 여러 번 주행거리를 측정했을 때 측정치들의 중심이라고 생각되어질 수 있다.

자료를 크기가 증가 혹은 감소하는 순서대로 배열했을 때 자료의 집합의 중심을 나타내는 어떤 측도를 중심위치의 측도(measure of central location or measure of central tendency)라 한다. 중심위치의 측도로 가장 많이 사용되는 것으로 평균(mean), 중앙값(median), 그리고 최빈값(mode) 등이 있다. 이 중 먼저 평균에 대해 알아보자.

[정의 1.10] 모평균(population mean) : 자료의 집합 $x_1, x_2, \cdots, x_N$이 크기 N인 유한모집단을 나타낸다면, 모평균은 다음과 같이 주어진다.

$$\mu=\frac{\sum_{i=1}^{N}x_i}{N}$$

[예 1.8] 다섯 군데의 약국에서 고용하고 있는 종업원 수가 각각 3, 5, 6, 4, 6이었다. 이 자료를 모집단으로 보고 다섯 개의 약국에 대해서 평균종업원수를 하라.

(풀이) 자료가 유한모집단이므로 다음과 같다.

$$\mu = \frac{3+5+6+4+6}{5} = 4.8$$

[정의 1.11] 표본평균(sample mean) : 자료의 집합 $x_1, x_2, \cdots, x_n$이 크기 n인 유한표본을 나타낸다면, 표본평균은 다음과 같이 주어진다.

$$\bar{x} = \frac{\sum_{i=1}^{n} x_i}{n}$$

[예 1.9] 어떤 식료품 검사자가 참치 통조림 깡통에 들어 있는 불순물의 비율(%)을 알아보기 위해서 7개의 깡통을 검사해 보았다. 그 결과 다음과 같은 자료를 얻었다. 1.8, 2.1, 1.7, 1.6, 0.9, 2.7, 1.8. 표본평균을 계산하라.

(풀이) 정의에 의해서

$$\bar{x} = \frac{1.8+2.1+1.7+1.6+0.9+2.7+1.8}{7} = 1.8\%$$

평균을 계산할 때 자료가 복잡한 경우에는 가평균법을 이용하면 계산이 간단해진다. 예를 들어, 모든 관측치에 어떤 상수를 더하거나 뺀 다음 평균을 계산하면 더 편리할 수 있다. 이때 새로이 계산된 평균은 원래의 평균과 어떤 관계가 있을까? $y_i = x_i + a$라 하면,

$$\bar{y} = \frac{\sum_{i=1}^{n} y_i}{n} = \frac{\sum_{i=1}^{n} (x_i + a)}{n} = \bar{x} + a$$

가 된다. 따라서 모든 관측치에 어떤 상수를 더하거나 빼면 평균도 그 상수만큼 변하게 된다. -5, -3, 1, 4, 6의 평균을 구할 때 모든 값에 5를 더해 주면 0, 2, 6, 9, 11의 자료를 얻게 되고, 이 자료에 대한 평균은 5.6이 된다. 따라서 원래 숫자들에 대한 평균은 $5.6-5=0.6$이다.

이제 $y_i = ax_i$라고 해보자. 그러면

$$\bar{y}=\frac{\sum_{i=1}^{n} y_i}{n}=\frac{\sum_{i=1}^{n} ax_i}{n}=a\bar{x}$$

이므로, 모든 관측치에 상수배를 해주면 새로운 평균은 원래 평균의 그 상수배와 같음을 알 수 있다. 4, 6, 14의 평균은 8이 되고 따라서 모든 관측치를 2로 나누어주면 2, 3, 7이 되어 그 평균은 8/2=4가 된다.

중심 위치의 측도로서 그 다음으로 많이 사용되는 것이 중앙값이다. 모집단에 대한 중앙값은 $\tilde{\mu}$, 표본에 대한 중앙값은 $\tilde{x}$로 표시한다.

[정의 1.12] 중앙값(median) : 관측값들을 크기가 증가 혹은 감소하는 순서로 배열했을 때 관측값들의 중앙값은 관측의 수가 홀수일 때는 중간에 있는 값이 되고, 관측의 수가 짝수일 때는 중간에 있는 두 값의 산술평균이 된다.

[예 1.10] 다섯 번의 사회학 시험에서 어느 학생이 82, 93, 86, 92, 79점을 얻었다. 이 성적의 모집단에 대한 중앙값을 구하라.

(풀이) 성적을 크기가 증가하는 순서로 배열하면 다음과 같다.

79, 82, 86, 92, 93

그러므로 중앙값이 $\tilde{\mu}=85$가 된다.

[예 1.11] 어떤 담배 여섯 개로 구성된 확률표본에 대하여 니코틴 함유량(mg)을 조사하여 다음 결과를 얻었다. 2.3, 2.7, 2.5, 2.9, 3.1, 1.9. 중앙값을 구하라.

(풀이) 니코틴 함유량을 크기가 증가하는 순서로 배열하면 다음과 같다.

1.9, 2.3, 2.5, 2.7, 2.9, 3.1

그러므로 중앙값은 2.5와 2.7의 산술평균이다. 즉,

$$\tilde{x}=\frac{2.5+2.7}{2}=2.6\text{mg}$$

다음에는 최빈값(mode)에 대해 알아보자.

[정의 1.13] 최빈값(mode) : 관측값들의 집합에서 최빈값은 발생빈도가 가장 큰 값 혹은 가장 큰 도수를 갖는 값이다.

최빈값이 항상 존재하는 것은 아니다. 예를 들어, 모든 관측들의 도수가 같으면 최빈값이 존재하지 않는다. 어떤 경우에는 가장 큰 도수를 갖는 값이 여러 개 있을 수 있는데, 그 때는 최빈값이 여러 개가 된다.

[예 1.12] 어떤 자선단체에서 실시한 모금에서 사람들이 기부한 돈이 9, 10, 5, 9, 9, 7, 8, 6, 10, 11만 원이라면 9만 원을 기부한 사람의 수가 가장 많으므로 그 값이 최빈값이 된다.

[예 1.13] 12명의 고등학교 학생들을 표본으로 하여 지난달 감상한 영화의 수를 조사하였더니 2, 0, 3, 1, 2, 4, 2, 5, 4, 0, 1, 4의 결과를 얻었다. 이 경우에는 2와 4의 도수가 가장 크고 같으므로 최빈값은 2와 4가 된다.

[예 1.14] [예 1.10]에서는 각 점수의 도수가 모두 1이므로 최빈값이 존재하지 않는다.

마지막으로 평균, 중앙값, 그리고 최빈값의 상대적인 장점에 대해서 알아보자. 평균은 통계학에서 가장 많이 쓰이는 중심위치의 측도이다. 그것은 계산하기도 쉽고 자료에 대한 유용한 정보를 제공해 준다. 모집단에서 반복적으로 표본을 추출하면 표본평균들의 분포를 알 수 있으므로 μ를 추정하기 위해서 사용되는 통계적 추론의 여러 방법들은 표본평균에 기초하고 있다. 평균의 단점은 다른 관측값과 유난히 차이가 큰 이상치들에 의해서 평균값이 크게 좌우된다는 점이다. [예 1.12]에서 기부금의 평균은 8만 4천원인데 그 값은 중앙값(9만)이나 최빈값(9만)과 거의 일치한다. 그러나 어느 한 명의 기부금이 11만 원이 아니고 90만 원이라면 평균기부금은 16만 3천 원이 되어 대부분의 기부자들이 낸 돈보다 훨씬 커진다.

중앙값은 관측의 수가 비교적 적을 때 계산하기가 쉽다는 장점이 있으며 이상치에 크게 좌우되지 않기 때문에 [예 1.12]의 경우 어느 한 명의 기부금이 11만 원이 아니고 90만 원이라고 해도 중앙값은 여전히 9만 원이 되어 현실적인 중심위치의 측도가 된다. 그러나 모집단에서 추출된 표본을 다룰 때 표본평균은 표본이 변함에 따라 중앙값이 변하는 것만큼 크게 변하지는 않는다. 따라서 표본의 값들에 기초하여 모집단의 중심위치를 추정하고자 한다면 중앙값보다는 평균을 사용하는 것이 더 믿을 만하다. 그러므로 표본평균이 표본중앙값보다 모평균에 더 가까운 값이 될 것이다.

최빈값은 평균이나 중앙값에 비해 거의 사용되지 않는다. 자료의 집합이 작은 경우에는 최빈값이 존재한다고 할지라도 거의 쓸모가 없다. 자료가 클 때에만 그 값이 중요한 의미를 갖는다. 최빈값의 두 가지 중요한 장점은, 첫째로 계산할 필요가 없다는 것과, 둘째로 정량적 자료뿐 아니라 정성적 자료에도 사용되어질 수 있다는 점이다. 예를 들어, 여러 가지 운동 중에서 조깅을 다른 것보다 좋아하는 사람이 제일 많다면 조깅이 최빈선택(modal choice)이라 할 수 있다.

앞에서 논의되었던 중심위치의 세 가지 측도는 그 자체만으로는 자료를 적절히 설명해 주지는 못한다. 따라서 우리는 관측값들이 평균을 중심으로 어떻게 분포되어 있는가를 알 필요가 있다. 평균이나 중앙값은 같아도 평균 근처에서 측정치들의 산포가 상당히 다른 관측들의 집합 두 개가 있을 수 있다.

두 회사 A와 B에 의해서 제조된 오렌지 쥬스의 두 표본에 대하여 〈표 1.8〉과 같은 측정치들을 고려해 보자. 측정단위는 리터이다.

〈표 1.8〉 두 회사에서 추출한 표본의 오렌지 쥬스 양

표 본 A	0.97	1.00	0.94	1.03	1.11
표 본 B	1.06	1.01	0.88	1.09	1.14

두 개의 표본의 평균은 1.00 리터로 같지만 A회사 쥬스의 용량이 B회사 쥬스의 용량보다 더 일정함을 알 수 있다. 이런 경우 우리는 표본 B보다 표본 A의 경우 평균으로부터의 산포가 더 작다고 한다. 따라서 오렌지 쥬스를 살 때 A회사 제품을 사면 기준용량에 더 가까울 것이라는 사실을 확신할 수 있다.

자료의 산포를 측정하는 데 있어서 가장 중요한 통계량은 범위(range)와 분산(variance)이다. 둘 중 계산이 더 간단한 것은 범위이다.

[정의 1.14] 범위(range) : 자료의 범위는 그 자료들 중에서 가장 큰 값과 가장 작은 값의 차이로 정의된다.

[예 1.15] 5명의 가족에 대한 IQ 검사에서 108, 112, 127, 118, 113의 결과를 얻었다. 범위를 구하라.

(풀이) 범위는 127−108=19가 된다.

〈표 1.9〉 범위가 12로 같은 두 표본의 비교

표 본 A	3	4	5	6	8	9	10	12	15
표 본 B	3	7	7	7	8	8	8	9	15

앞에서 설명했던 오렌지 쥬스의 경우 A회사 제품의 범위는 0.17로 B회사 제품의 범위 0.26보다 작으므로 B회사 쥬스의 양이 더 넓게 퍼져 있음을 알 수 있다.

범위는 특히 표본이나 모집단의 범위가 클 때에는 산포의 측도로 사용되기에 미흡하다. 그것은 양 끝 값들만 고려하므로 그 두 개의 값 사이에 있는 값들의 분포에 관해서는 아무런 정보를 제공해 주지 못한다. 예를 들어, 〈표 1.9〉와 같이 범위가 12로 같은 두 표본을 고려해 보자.

표본 A에서 평균과 중앙값은 8이지만 관측치들은 구간 3에서 15까지 전역에 걸쳐서 변화하고 있다. 반면, 표본 B에서도 평균과 중앙값은 8이지만 대부분의 관측값들이 자료의 중심 가까이에 있다. 이처럼 범위가 비록 양 끝값 사이에서의 산포를 설명해 주지는 못하지만 유용하게 응용되어질 수 있다. 예를 들어, 산업현장에서 조립라인을 통해 생산되는 제품에 대한 관측값의 범위가 미리 명시되어질 수 있는데, 모든 관측값들이 명시된 범위 내에 있는 한 그 생산과정이 안정되어 있다고 한다.

범위의 단점을 극복하기 위해서 또 다른 산포의 측도로 평균과 각 관측과의 차이를 고려하는 분산(variance)을 도입해 보자. 이것은 평균과의 편차(deviation from the mean)를 조사함으로써 이루어진다. 각 관측값과 평균과의 편차는 주어진 관측으로부터 평균을 뺀 값이다. 유한모집단 x_1, x_2, $\cdots$, x_N의 경우 편차들은

$$x_1-\mu,\ x_2-\mu,\ \cdots,\ x_N-\mu$$

이다. 마찬가지로 자료가 확률표본 x_1, x_2, $\cdots$, x_n이라면 편차들은

$$x_1-\bar{x},\ x_2-\bar{x},\ \cdots,\ x_n-\bar{x}$$

로 주어진다. 관측값이 평균보다 크면 편차는 양이 될 것이고 평균보다 작으면 음이 된다.

앞의 두 표본에 대하여 편차를 비교해 보면 〈표 1.10〉과 같다. 전체적으

〈표 1.10〉 두 표본에 대한 편차비교

표 본 A	−5	−4	−3	−2	0	1	2	4	7
표 본 B	−5	−1	−1	−1	0	0	0	1	7

로 표본 B의 편차들이 표본 A의 편차들보다 작음을 알 수 있고 이 사실은 표본 B의 관측값들 사이에서 산포가 더 작음을 나타낸다.

이제 우리의 목적은 평균과의 편차들을 가지고 하나의 산포의 측도를 얻는 것이다. 편차들의 평균을 구하는 것이 가장 확실한 방법일 것 같으나 어떤 자료에서나 평균과의 편차들의 합은 0이 되고, 결과적으로 그것들의 평균 또한 0이 된다. 이러한 문제를 해결하기 위해 평균편차(mean deviation)라고 하는 산포의 측도를 구할 수 있는데, 이는 편차의 절대값의 평균으로 정의된다.

실제로 평균과의 편차들의 절대값의 평균은 거의 사용되지 않는데, 그것은 절대값을 사용하면 수학적으로 다루기가 곤란하기 때문이다. 대신 모든 편차들의 제곱을 사용하는 분산을 주로 이용하게 된다. 크기가 N인 유한모집단의 경우 분산을 σ^2으로 표시하고 다음 공식에 의해서 계산된다.

[정의 1.15] 모분산(population variance) : 유한모집단 $x_1, x_2, \cdots, x_N$이 주어졌을 때, 모분산은

$$\sigma^2=\frac{\sum_{i=1}^{N}(x_i-\mu)^2}{N}$$

으로 주어진다.

〈표 1.10〉에서 두 집합 A와 B를 모집단이라고 가정하고 분산을 계산해 보자. 집합 A의 경우

$$\sigma^2=\frac{\sum_{i=1}^{9}(x_i-8)^2}{9}$$

$$=\frac{(-5)^2+(-4)^2+\cdots+(4)^2+(7)^2}{9}$$

$$=\frac{124}{9}$$

가 된다. 집합 B의 경우는

$$\sigma^2 = \frac{\sum_{i=1}^{9}(x_i - 8)^2}{9}$$

$$= \frac{(-5)^2 + (-1)^2 + \cdots + (1)^2 + (7)^2}{9}$$

$$= \frac{78}{9}$$

두 개의 분산을 비교해 보면, 집합 A의 자료가 집합 B의 자료보다 더 많이 변화함을 알 수 있다.

분산을 계산할 때 편차의 제곱을 사용했기 때문에 우리는 제곱된 단위의 숫자를 얻는다. 예를 들어, 원래 측정치의 단위가 피트(feet)였다면 분산은 피트의 제곱이 될 것이다. 원래의 자료와 단위가 같은 산포의 측도를 얻기 위하여 우리는 분산에 제곱근을 취하는데, 그것을 표준편차(standard deviation)라 한다.

[예 1.16] 국제체조대회에서 어느 선수의 수행도에 대해 6명의 심판관이 다음과 같은 점수를 주었다. 7, 5, 9, 7, 8, 6. 이 모집단의 표준편차를 구하라.

(풀이) 먼저 모평균을 계산하면

$$\mu = \frac{7+5+9+7+8+6}{6} = 7$$

이고, 분산은

$$\sigma^2 = \frac{\sum_{i=1}^{6}(x_i - 7)^2}{6}$$

$$= \frac{(0)^2 + (-2)^2 + (2)^2 + (0)^2 + (1)^2 + (-1)^2}{6}$$

$$= \frac{5}{3}$$

이다. 따라서 표준편차는 $\sigma = \sqrt{5/3} = 1.29$로 주어진다.

표본의 분산은 s^2으로 표시하는데, 같은 모집단에서 추출한 크기가 n인 서로 다른 표본들의 표준편차 s^2은 일반적으로 표본마다 다를 것이다. 대부분의 통계학 응용분야에서 모수 σ^2은 알려져 있지 않으며 따라서 s^2의 값에 의해서 추정되어진다. 좋은 추정치를 얻기 위해서는 평균적으로 실제 σ^2의 값을 유도해 주는 공식에 의해서 계산이 되어져야 한다. 즉, 모집단으로부터 크기가 n인 모든 가능한 표본을 추출하여 각 표본에 대하여 s^2을 계산하면 모든 s^2값들의 평균이 σ^2과 같아져야 한다. 즉 이런 s^2을 불편추정량이라 하는데, 이에 대한 설명은 제 9 장에서 자세히 하겠다.

직관적으로 s^2을 계산하는 공식은 σ^2을 계산하는 식에서 μ를 $\bar{x}$로 바꾸면 나머지는 같은 것이라고 예상할 수 있으며, 실제로 많은 책에서 그런 식을 사용하고 있다. 그러나 그렇게 계산된 값은 평균적으로 σ^2을 과소추정(underestimate)하는 경향이 있는데, 이런 편향성을 보정해 주기 위해 분모를 n 대신 $n-1$로 치환해서 쓰기로 하자.

[정의 1.16] 표본분산(sample variance) : 확률표본 $x_1, x_2, \cdots, x_n$이 주어져 있을 때 표본분산은 다음과 같이 주어진다.

$$s^2=\frac{\sum_{i=1}^{n}(x_i-\bar{x})^2}{n-1}$$

[예 1.17] 서울에 있는 시멘트 대리점 중 4개를 선택하여 시멘트 가격을 비교해 본 결과 톤당 지난달보다 12, 15, 17, 20만 원씩 인상되었다. 이 확률표본의 분산을 구하라.

(풀이) 표본평균을 계산해 보면 다음과 같다.

$$\bar{x}=\frac{12+15+17+20}{4}=16$$

따라서

$$s^2=\frac{\sum_{i=1}^{4}(x_i-16)^2}{3}$$

$$=\frac{(12-16)^2+(15-16)^2+(17-16)^2+(20-16)^2}{3}$$

$$=\frac{34}{3}$$

만일 $\bar{x}$가 반올림한 수라면, 위의 공식을 사용하면 오차가 누적된다. 이러한 것을 피하기 위해서 더 유용한 공식을 유도해 보자.

[정리 1.1] s^2의 계산공식 : s^2이 크기 n인 확률표본의 분산이라면 다음과 같이 쓸 수 있다.

$$s^2=\frac{n\sum_{i=1}^{n}x_i^2-\left(\sum_{i=1}^{n}x_i\right)^2}{n(n-1)}$$

(증명) 정의에 의해서

$$s^2=\frac{\sum_{i=1}^{n}(x_i-\bar{x})^2}{n-1}=\frac{\sum_{i=1}^{n}(x_i^2-2\bar{x}x_i+\bar{x}^2)}{n-1}$$

$$=\frac{\sum_{i=1}^{n}x_i^2-2\bar{x}\sum_{i=1}^{n}x_i+n\bar{x}}{n-1}$$

$\bar{x}$를 $\sum_{i=1}^{n}x_i/n$으로 치환하고 분모, 분자에 n을 곱하면 다음 식을 얻는다.

$$s^2=\frac{n\sum_{i=1}^{n}x_i^2-\left(\sum_{i=1}^{n}x_i\right)^2}{n(n-1)}$$

표본표준편차(sample standard deviation)는 표본분산의 양의 제곱근으로 정의되고 s로 표시한다.

[예 1.18] 1981년 6월 19일 어떤 양어장에서 6명의 낚시꾼들에 의해 잡힌 송어의 수를 나타내는 자료 3, 4, 5, 6, 6, 7의 분산을 구하라. 이때 주어진 자료는 확률표본이라고 생각하라.

(풀이) 이를 표로 만들면 〈표 1.11〉과 같다.

〈표 1.11〉 표본분산을 구하기 위한 계산표

x_i	x_i^2	
3	9	
4	16	
5	25	
6	36	
6	36	
7	49	
31	171	$n=6$

그러므로

$$s^2=\frac{(6)(171)-(31)^2}{(6)(5)}=\frac{13}{6}$$

이다.

상자그림(Box Plot)

상자 그림은 1.3에서 설명한 줄기-잎 그림을 보완하여 자료의 분포 특성을 요약한 그림이다. 즉, 줄기-잎 그림은 자료의 중심부분을 잘 반영해 주는 반면에 상자 그림은 자료의 양끝 부분을 잘 설명해 준다. 상자 그림을 구성하고 있는 수치는 최대값, 최소값, 사분위수, 중앙값 등으로, 이를 이용해 상자 그림을 그려 보면 자료의 특성을 쉽게 파악할 수 있다. 상자 그림에서 사용되는 용어를 정의하면 다음과 같다.

[정의 1.17] 사분위수 범위 : 사분위수 범위는 제3사분위수와 제1사분위수의 차이를 나타낸다.
단위척도 : 사분위수 범위×1.5
안 울타리(inner fence)의 상한 : 제3사분위수+단위척도
안 울타리(inner fence)의 하한 : 제1사분위수−단위척도
바깥 울타리(outerfence)의 상한 : 제3사분위수+2단위척도
바깥 울타리(outer fence)의 하한 : 제1사분위수−2단위척도

[정의 1.18] 인접값 : 안 울타리 안쪽에 있는 값중 가장 안 울타리에 가까운 값
보통 이상점 : 안 울타리와 바깥 울타리 사이에 있는 값
극단 이상점 : 바깥 울타리의 바깥에 있는 값

그러면 예를 이용해 실제로 상자 그림을 그리는 방법을 설명하겠다.

[예 1.19] [예 1.6]의 줄기-잎 그림을 이용해 상자 그림을 그려라.

(풀이) 먼저 표본의 크기는 25명이고, 최대값과 최소값은 각각 277과 127이다. 그리고 중앙값은 195, 제1사분위수는 169, 제3사분위수는 209이다. 따라서 단위 척도는 209−169=40이 되고, 단위척도는 60이 된다. 그리고 안 울타리의 상, 하한값은 각각 269와 109가 되고, 바깥 울타리의

상, 하한값은 각각 269와 109가 되고, 바깥 울타리의 상, 하한값을 각각 329와 49가 된다. 이를 토대로 상자 그림을 그리면 〈그림 1.7〉과 같다.

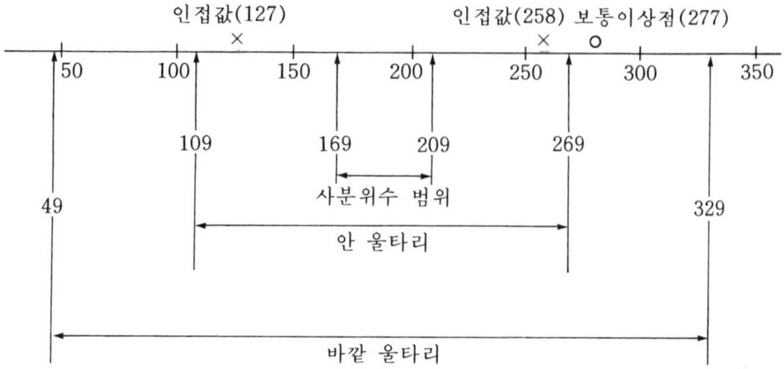

〈그림 1.7〉 상자그림

연습문제

1. 일반 회사나 공장에서의 근로시간은 주 6일 48시간으로부터 주 5일 40시간으로 변화하고 있다. 그런데 갑회사에서는 에너지의 효율적 관리, 교통문제 등을 감안하여, 주 4일 40시간 근무 또는 주 3일 40시간 근무 등을 검토하고 있다. 그리고 이에 대한 직원들의 의견을 알아보기 위해서 25명의 표본을 추출하여 조사한 결과가 다음과 같다.

직원	선호하는 근로조건	직원	선호하는 근로조건
1	주 5일, 40시간	14	주 4일, 40시간
2	주 5일, 40시간	15	주 6일, 48시간
3	주 3일, 40시간	16	주 4일, 40시간
4	주 6일, 48시간	17	주 5일, 40시간
5	주 4일, 40시간	18	주 5일, 40시간
6	주 4일, 40시간	19	주 5일, 40시간
7	주 5일, 40시간	20	주 4일, 40시간
8	주 3일, 40시간	21	주 3일, 40시간
9	주 6일, 48시간	22	주 5일, 40시간
10	주 5일, 40시간	23	주 3일, 40시간
11	주 4일, 40시간	24	주 4일, 40시간
12	주 5일, 40시간	25	주 5일, 40시간
13	주 4일, 40시간		

① 선호하는 근로조건에 따라 막대 그래프를 그려라

② 주 3일, 40시간을 선호하는 직원의 상대도수를 구하라.

2. 멸종위기에 있는 바다거북의 부화에 대해 알아보기 위해 카리브해 연안에 350개의 바다거북 알에 표시를 해놓고 부화결과를 다음과 같이 분류해 보았다. 이를 기초로 막대그래프를 그려라.

부 화 상 태	개 수
성공적인 부화	148
다른 동물에 의해 파손	122
파도에 의해 분실	20
다른 동물의 침입을 받았으나 부화	18
사람에 의해 분실	23
침입받지 않았으나 부화 불가능	19
	350

3. 요즈음 산업용 로보트의 사용이 전세계적으로 보편화되어 가고 있다. 특히 새로 개발된 산업용 로보트는 20~30명의 작업자가 해야 될 일을 처리하고 있는 실정이다. 다음은 선진 7개국이 보유하고 있는 산업용 로보트의 숫자이다. 이를 각국별 막대그래프로 비교하라.

국 명	산업용 로보트 보유대수
프랑스	600
영 국	555
이탈리아	1,500
일 본	30,000
미 국	9,000
독 일	2,550
캐나다	585
	44,790

4. 서울시내 각 고등학교에서 학생들의 성적처리용으로 사용하고 있는 컴퓨터의 종류를 조사하여, 이를 관할 교육구청별로 수합한 내용이 다음과 같다.

교육구청	컴퓨터 종류						기타	합계
	A	B	C	D	E	F		
동 부	0	80	38	3	0	56	21	198
서 부	4	34	3	29	0	98	19	187
남 부	7	208	33	16	11	115	54	444
북 부	11	67	40	26	2	181	79	406
중 부	127	173	12	14	4	87	82	499
계	149	562	126	88	17	537	255	1,734

① 교육구청별로 보유하고 있는 컴퓨터를 막대그래프로 그려라.

② 컴퓨터 종류별로 사용대수를 막대그래프로 그려라.

5. 다음 자료를 이용하여 줄기-잎 그림을 그려라.

213	228	241	268	234	303
274	316	319	320	227	226
224	267	303	266	265	237
288	291	285	270	254	215

6. 다음 자료를 기초로 줄기-잎 그림을 그려라.

5.9	5.3	1.6	7.4	8.6	1.2	2.1
4.0	7.3	8.4	8.9	6.7	4.5	6.3
7.6	9.7	3.5	1.1	4.3	3.3	8.4
1.6	8.2	6.5	1.1	5.0	9.4	6.4

7. 20개 상장회사의 회계연도말 기준으로 1년간의 주당 이익을 산정하여 다음과 같은 결과를 얻었다.

(단위 : 만원)

0.75	4.65	3.54	1.85	2.92
5.23	3.75	2.80	3.27	0.72
6.58	1.35	6.28	9.11	1.72
2.75	1.96	4.40	2.01	1.12

이를 토대로 줄기-잎 그림을 그려라.

8. 신생아 1000명당 태어난 지 1년 이내에 사망하는 영아 사망자수를 세계 16개국에 대해 조사한 자료가 다음과 같다. 이를 기초로 줄기-잎 그림을 그려라.

국 명	1000명당 사망자	국 명	1000명당 사망자
호 주	10.3	네덜란드	8.4
벨기에	9.2	노르웨이	7.8
캐나다	9.1	스페인	9.6
덴마크	8.2	스웨덴	7.0
독 일	10.7	스위스	7.7
핀란드	6.0	영 국	10.1
프랑스	9.0	미 국	10.5
아일랜드	10.5	일 본	6.2

9. 다음표는 갑 마을에 사는 주민중 50명에 대한 작년도 소득을 나타낸 것이다. 이를 토대로 상대도수분포표를 그려라.

(단위 : 천원)

20,500	16,900	18,100	20,100	19,800
12,900	14,600	16,900	40,500	13,300
16,200	15,300	14,100	15,100	22,500
27,100	17,300	24,400	24,900	15,700
17,000	18,100	11,200	20,600	8,100
28,300	38,000	24,900	9,200	23,200
8,900	24,600	18,500	27,400	21,700
29,100	18,000	14,500	30,300	21,300
14,400	19,900	25,200	22,500	17,400
20,400	21,000	25,400	15,800	23,300

10. 다음 자료는 서울시내 54개 종합병원의 병상수를 조사한 것이다. 이를 토대로 계급수를 10으로 하였을 때, 상대도수 분포표를 그려라.

303	550	243	282	195	310
288	188	190	335	473	169
292	492	200	478	182	172
231	375	171	262	198	313
600	264	311	371	145	242
278	183	215	719	519	382
249	350	99	218	300	450
337	330	252	400	514	427
533	930	319	210	550	488

11. 다음 표는 7명의 알코올 중독자의 나이와 과음을 한 기간을 조사한 것이다.

환자번호	나이	과음기간(단위 : 년)
1	41	10
2	42	8
3	47	13
4	26	3
5	28	2
6	40	5
7	35	6

① 환자들의 나이에 대한 평균과 중앙값을 구하라.
② 환자들의 과음기간에 대한 평균과 중앙값을 구하라.

12. 어떤 심리학자는 자기가 개발한 새로운 암기법을 시험하기 위해 20명의 대학생에게 이 방법을 교육시키고 100개의 단어를 외우도록 하였다. 다음 자료는 20명의 대학생이 각각 기억해 낸 단어의 수이다.

68 90 93 83 84 79 80 66 71 72
86 98 90 75 83 64 80 83 87 91

이 자료를 토대로 20명의 대학생이 기억해낸 단어의 평균, 중앙값, 그리고 최빈값을 구하라.

13. 서울시 상수도국에서는 낡은 수도관에 포함되어 나오는 납의 양을 조사하였다. 이를 기초로 납의 양(mg/ℓ)의 평균과 표준편차를 구하라.

0.035	0.060	0.055	0.035	0.031	0.039	0.038
0.049	0.073	0.047	0.031	0.016	0.015	0.015
0.022	0.043	0.030	0.019	0.021	0.036	0.016
0.010	0.020					

14. 오렌지를 재배하기 위해서는 기온이 항상 영상으로 유지되어야 한다. 현재 오렌지를 재배하려고 고려중인 지역의 지난 20년간의 자료를 조사하여 연간 영하로 내려간 일수를 살펴보니 다음과 같았다. 평균과 표준편차를 구하라.

15 14 14 13 9 10 15 17 20 25
18 28 13 12 16 11 13 12 16 6

15. 어떤 병리학자는 병원에 입원한 50명의 환자를 표본으로 각 환자의 백혈구수와 림프구수를 조사하였다.

환자번호	백혈구수	림프구수	환자번호	백혈구수	림프구수
1	4,100	14	26	4,300	9
2	5,000	15	27	5,200	16
3	4,500	19	28	3,900	18
4	4,600	23	29	6,000	17
5	5,100	17	30	4,700	23
6	4,900	20	31	7,900	43
7	4,300	21	32	3,400	17
8	4,400	16	33	6,000	23
9	4,100	27	34	7,700	31
10	8,400	34	35	3,700	11
11	5,600	26	36	5,200	25
12	5,100	28	37	6,000	30
13	4,700	24	38	8,100	32
14	5,600	26	39	4,900	17
15	4,000	23	40	6,000	22
16	3,400	9	41	4,600	20
17	5,400	18	42	5,500	20
18	6,900	28	43	6,200	20
19	4,600	17	44	4,900	26
20	4,200	14	45	7,200	40
21	5,200	8	46	5,800	22
22	4,700	25	47	8,400	61
23	8,600	37	48	3,100	12
24	5,500	20	49	4,000	20
25	4,200	15	50	6,900	35

① 백혈구수와 림프구수에 대해 각각 줄기-잎 그림을 그려라
② 백혈구수와 림프구수에 대해 각각 제3사분위수와 제1사분위수를 구하라.
③ 백혈구수와 림프구수에 대해 안울타리와 바깥울타리의 상·하한을 구하라.

16. 어떤 병원에서 환자가 진료를 받기 위해 기다리는 시간을 조사해 보니 다음과 같았다.

대기시간(분)	환자수
0～3.5	12
3.5～7.0	11
7.0～10.5	7
10.5～14.0	15
14.0～17.5	6
17.5～21.0	3
21.0～24.5	1
	55

환자들의 대기시간에 대한 평균과 표준편차를 구하라.

17. 을 대학교에 육상코치로 새로 부임한 갑씨는 육상부 선수들이 주당 평균 몇 킬로미터씩 연습하고 있는가를 조사하였다. 15명 육상부원들의 주당 평균 주행거리의 평균, 분산, 표준편차를 구하라.

120, 95, 100, 95, 70, 90, 80, 100, 125
75, 85, 100, 115, 130, 90

18. 다음 자료는 25개 공공기관 구내식당의 점심값을 조사한 것이다. (단위 : 원)

1,800	1,750	1,500	1,550	1,250	1,100	1,550
1,600	1,600	1,400	1,600	1,700	1,650	1,800
1,400	1,600	1,200	1,000	1,400	2,200	2,100
2,400	1,500	1,200	1,600			

① 25개 식당 점심값의 중앙값을 구하라.
② 제1사분위수와 제3사분위수를 구하라.

19. 다음 자료는 갑 대학교 산업공학과를 지원한 200명의 수험생에 대한 입학시험 성적이다.

점 수	인원수
135～155	6
155～175	12
175～195	15
195～215	43
215～235	53
235～255	27
255～275	18
275～295	9
295～315	12
315～335	4
335～355	1

수험생들의 평균점수와 표준편차를 구하라.

20. 다음 자료는 어떤 라디오 방송에서 광고하는 50개 광고 프로그램의 방송시간을 조사한 것이다. 광고단위당 방송시간의 평균과 표준편차를 구하라.

광고시간(초)	광고수
6.5～12.5	3
12.5～18.5	18
18.5～24.5	2
24.5～30.5	1
30.5～36.5	10
36.5～42.5	0
42.5～48.5	0
48.5～54.5	2
54.5～60.5	14

제 2 장

확 률

2.1 표본공간과 사상

통계학을 연구할 때 우리는 기본적으로 계획된 연구나 과학적 조사에서 발생할 수 있는 결과의 해석에 관심을 갖는다. 예를 들면, 신호등의 설치를 주장하기 위하여 교차로에서 발생하는 월별 교통사고건수를 조사해 볼 수도 있고, 조립라인에서 생산되는 제품을 양품과 불량품으로 분류할 수도 있다. 혹은 화학반응에서 산도가 변함에 따라 방출되는 기체의 부피에 관심을 가질 수도 있다. 따라서 통계학자들은 횟수나 계측치를 나타내는 수치자료, 또는 어떤 기준에 따라 분류되어질 수 있는 분류자료(categorical data)를 다루게 된다. 이러한 수치자료 또는 분류자료를 얻기 위해서는 관측을 통한 정보의 기록이 있어야 한다. 예를 들어, 작년 1월부터 4월까지 교차로에서 발생한 월별 사고건수가 2, 0, 1, 2였다면, 이것은 관측값들의 집합을 이룬다. 마찬가지로 5개의 제품검사에서 각 제품이 불량품인지 양품인지를 나타내는 분류자료 N, D, N, N, D가 관측을 통해 기록되어질 수 있다.

통계학자들은 자료의 집합을 생성하는 어떤 과정을 기술하기 위해서 실험(experiment)이라는 용어를 사용한다. 동전을 던지는 것은 아주 간단한 통계적 실험의 한 예다. 이 실험에는 발생 가능한 결과가 단 두 가지, 즉 앞면(head)과 뒷면(tail)뿐이다. 미사일을 발사하고 특정한 시간에 속도를 관측하는 것도 또 다른 예가 될 수 있으며, 새로운 판매세에 대한 유권자들의 견해도 실험관측으로 고려되어질 수 있다. 우리는 특히 실험을 반복 시행함으로써 얻어진 관측자료에 관심을 갖는다. 그러나 대부분의 경우, 결과는 기회에 좌우되므로 확실성을 가지고 예측할 수 없다. 만일 화학자가 동일조건하에서 여러 차례 분석을 행한다 하더라도 서로 다른 계측치들을 얻게 될 것이다. 동전을 반복하여 던지는 실험에서도 앞면이 나올 것이라고 확신할 수 없다. 그러나 우리는 한 번 던질 때 발생 가능한 모든 결과의 집합은 알 수 있다.

[정의 2.1] 통계적 실험에서 발생 가능한 서로 다른 모든 결과들의 집합을 표본공간(sample space)이라 하고, S로 표시한다.

표본공간의 각 결과를 원소(element or member), 혹은 간단히 표본점(sample point)이라 한다. 즉 표본점의 집합이 표본공간이다. 예를 들어, 동전 한 개를 던지는 실험에서의 표본공간 S는

$$S=\{H,\ T\}$$

로 표시된다. 여기서 H와 T는 각각 동전 앞면과 뒷면을 나타낸다.

[예 2.1] 한 개의 주사위를 던지는 실험을 생각해 보자. 여기서 윗면에 나타난 숫자에 관심을 가지고 있다면 표본공간은 $S_1=\{1,\ 2,\ 3,\ 4,\ 5,\ 6\}$이 될 것이다. 만일 윗면에 나타난 수가 짝수인지 홀수인지에만 관심을 가지고 있다면 표본공간은 단순히 $S_2=\{$짝수, 홀수$\}$가 될 것이다.

[예 2.1]은 실험결과를 설명하는 데 하나 이상의 표본공간이 사용되어질 수 있다는 사실을 나타내고 있다. 위의 경우 S_1이 S_2보다 더 많은 정보를 제공하고 있다. S_1에서 어떤 결과가 일어났는지를 알고 있다면 S_2에서 어떤 결과가 발생하는지를 말할 수 있다. 그러나 S_2에서의 발생결과를 알고 있다 하더라도 S_1에서의 발생결과는 알 수 없다. 따라서 실험결과에 대해 가장 많은 정보를 줄 수 있는 표본공간을 사용하는 것이 바람직하다. 복잡한 실험에서는 수형도(tree diagram)를 이용해 체계적으로 표본공간의 원소들을 나열해 보는 것이 편리한 방법이다.

[예 2.2] 한 개의 동전을 던져 앞면이 나오면 다시 동전을 던지고, 뒷면이 나오면 한 개의 주사위를 던지는 실험을 생각해 보자. 가장 많은 정보를

제공하는 표본공간의 원소들의 집합을 만들기 위해서 〈그림 2.1〉과 같은 수형도를 그릴 수 있다.

여기서 가지를 이어 하나의 경로를 따라가면 하나의 특정한 표본점에 이르게 된다. 즉, 왼쪽 끝에서 시작하여 오른쪽 첫번째 경로를 따라가면 표본점 HH를 얻는다. 이것은 한 개의 동전을 두 번 던져서 모두 앞면이 나온 경우이다. 마찬가지로 표본점 $T3$는 첫번째로 동전의 뒷면이 나오고 주사위를 던져 윗면의 눈이 3이 나온 경우를 나타낸다. 모든 경로를 따라가 보면 표본공간이 다음과 같음을 알 수 있다.

$$S=\{HH, HT, T1, T2, T3, T4, T5, T6\}$$

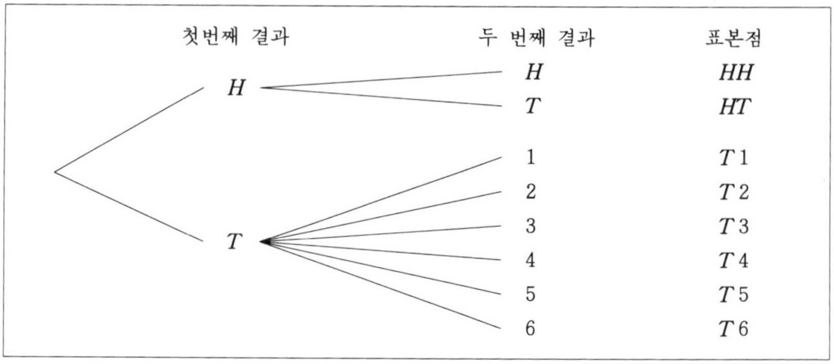

〈그림 2.1〉 [예 2.2]의 수형도

[예 2.3] 제조과정에서 임의로 세 개의 제품을 추출하여 검사한 뒤, 불량품이면 D, 양품이면 N으로 분류한다고 하자. 최대정보를 얻을 수 있는 표본공간의 원소의 집합을 구하기 위해 〈그림 2.2〉와 같은 수형도를 그려보면 발생 가능한 모든 표본점을 구할 수 있다. 즉, 첫번째 경로를 따라가면 표본점 DDD를 얻게 되는데, 이는 세 개의 제품이 모두 불량품임을 의미하는 것이다. 다른 경로들을 따라가 보면 표본공간이 다음과 같음을 알 수 있다.

$$S=\{DDD, DDN, DND, DNN, NDD, NDN, NND, NNN\}$$

표본점의 수가 아주 크거나 무한인 경우 표본공간은 서술식 또는 수식에 의해서 표현될 수도 있다. 예를 들어, 어떤 실험에서 가능한 모든 결과들이,

전세계에서 인구가 백만이 넘는 도시들의 집합이라면, 표본공간은 다음과 같다.

$$S=\{x \mid x\text{는 인구 백만이 넘는 도시}\}$$

유사한 예로, S가 중심이 원점이고 반지름이 2인 원의 원주상과 내부에 있는 모든 점(x, y)의 집합이라고 할 때 표본공간은 다음과 같다.

$$S=\{(x,\ y) \mid x^2+y^2\leq 4\}$$

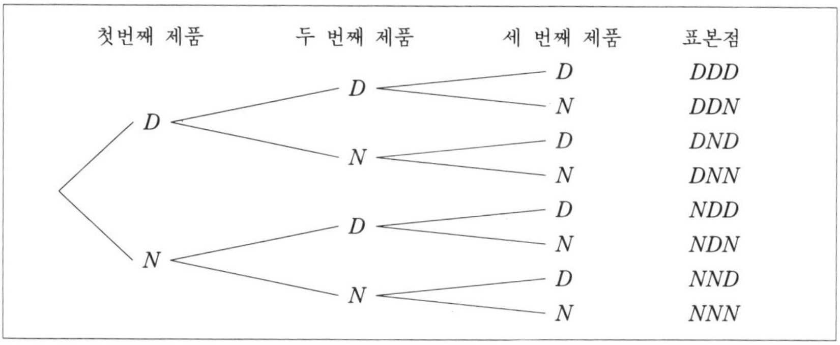

〈그림 2.2〉 [예 2.3]의 수형도

그런데 어떤 실험에서 우리는 표본공간의 모든 원소의 결과보다 특정 사상(events)의 발생에 더욱 관심을 가질 수 있다. 예를 들어, 주사위를 던졌을 때 나타난 결과가 3으로 나누어질 수 있는 사상 A에 관심을 갖고 있다면, 이것은 [예 2.1]에서 결과가 표본공간 S_1의 부분집합 $A=\{3,\ 6\}$인 경우에 해당된다. 더 나아가서 [예 2.3]에서 불량품의 개수가 1보다 큰 사상 B에 관심을 가질 수도 있다. 이것은 결과가 표본공간 S의 부분집합 $B=\{DDN,\ DND,\ NDD,\ DDD\}$인 경우에 해당된다. 즉, 각 사상에 몇 개의 표본점을 할당하면 이것은 표본공간의 부분집합을 구성한다.

[정의 2.2] 사상(event)은 표본공간의 부분집합이다.

[예 2.4] 표본공간 $S=\{t \mid t\geq 0\}$이 주어져 있고, 여기서 t는 어떤 전자부품의 수명(단위 : 년)이라 하면 그 부품이 5년 이전에 고장이 날 사상 A는

$A=\{t \mid 0 \leq t < 5\}$가 되고 이것은 S의 부분집합이 된다.

어떤 사상이 표본공간 S를 모두 포함하는 부분집합일 수도 있고 공집합일 수도 있는데, 공집합인 경우 ϕ로 표시된다. 이것은 하나의 원소도 포함하고 있지 않은 경우이다. 예를 들어, A를 생물학 실험에서 육안으로 미세조직을 감지할 사상이라 하면 $A=\phi$가 된다. 또한 $B=\{x \mid x$는 7의 약수 중 짝수$\}$라 하면, 7의 약수는 1과 7뿐이므로 B는 공집합이다.

어떤 제조회사의 고용인들의 흡연실태를 조사하는 실험을 생각해 보자. 가능한 표본공간의 원소는 비흡연자, 경흡연자, 중흡연자이다. 여기서 흡연자들의 집합을 하나의 사상이라 하면, 모든 비흡연자들은 S의 부분집합이 되는 또 다른 하나의 사상을 이루게 되는데, 이것을 흡연자들의 집합의 여집합(complement)이라 한다.

[정의 2.3] 표본공간 S에 대한 하나의 사상 A의 여집합(complement)은 A의 원소가 아닌 S의 모든 원소들의 집합이고 A'으로 표시한다.

[예 2.5] R을 52장의 카드에서 붉은 색 카드가 뽑혀질 사상이라 하고, S는 모든 카드를 원소로 하는 집합이라 하자. 그러면 R'은 붉은 색이 아니고 검은 색의 카드가 뽑혀질 사상이다.

[예 2.6] 표본공간 $S=\{$책, 촉매, 담배, 침전물, 공학자, 리벳$\}$을 생각해 보자. $A=\{$촉매, 리벳, 책, 담배$\}$라 하자. 그러면 $A'=\{$침전물, 공학자$\}$이다.

이제 사상들을 가지고 새로운 사상을 형성하는 과정을 고려해 보자. 이 새로운 사상들은 같은 표본공간의 부분집합이다. A와 B가 하나의 실험과 관련된 두 사상이라 하자. 즉, A와 B는 같은 표본공간 S의 부분집합이다. 예를 들어, 주사위를 던지는 실험에서 A를 짝수가 나타나는 사상이라 하고, B를 3보다 큰 수가 나타나는 사상이라 하자. 그러면 $A=\{2, 4, 6\}$이고, $B=\{4, 5, 6\}$이다. 그리고 A와 B는 같은 표본공간 $S=\{1, 2, 3, 4, 5, 6\}$의 부분집합이다. 실험결과가 부분집합 $\{4, 6\}$의 원소이면 A와 B가 함께 일어날 것이다. 이것이 바로 A와 B의 교집합이다.

[정의 2.4] 두 사상 A와 B의 교집합(intersection)은 A와 B에 공통으로 속하는 원소들을 포함하는 사상이며, $A \cap B$로 표시한다.

[예 2.7] P를 대중음식점에서 식사를 하고 있는 사람 중에서 임의로 선택된 사람이 남자일 사상이라 하고, Q를 그 사람의 나이가 65세 이상일 사상이라 하자. 그러면 사상 $P \cap Q$는 그 음식점에서 65세 이상인 모든 남자들의 집합이다.

[예 2.8] $M=\{a, e, i, o, u\}$이고, $N=\{r, s, t\}$라 하자. 그러면 $M \cap N=\phi$이다. 즉, M과 N은 공통으로 가지고 있는 원소가 없으며 따라서 동시에 발생할 수 없다.

어떤 통계적 실험에서 두 사상 A와 B가 동시에 발생할 수 없는 경우에 사상 A와 B는 서로 배반(mutually exclusive)이라고 한다.

[정의 2.5] $A \cap B=\phi$, 즉 A와 B가 공통원소를 가지고 있지 않으면 두 사상 A와 B는 서로 배반(mutually exclusive)이다.

[예 2.9] 한 유선방송회사는 8개의 다른 채널을 통해서 방송을 하고 있는데, 이 중 3개는 KBS 1과, 2개는 MBC와, 하나는 KBS 2와 가맹을 맺고 있다. 나머지 두 채널은 교육방송용과 스포츠 중계용이다. 이 유선방송에 가입한 어떤 사람이 임의로 TV스위치를 켰다고 가정하자. 그리고 A를 그 프로그램이 MBC방송망에 속할 사상이라 하고, B를 KBS 2방송망에 속할 사상이라 하자. 그런데 TV프로그램은 두 개 이상의 방송을 동시에 볼 수 없으므로 사상 A와 B는 공통인 사상을 가질 수 없다. 따라서 사상 $A \cap B$는 서로 배반이다.

한편, 어떤 실험과 관련된 두 사상 중 적어도 하나의 사상이 발생하는 경우에 관심을 가질 수 있다. 즉 주사위를 던지는 실험에서 $A=\{2, 4, 6\}$, $B=\{4, 5, 6\}$이라 하면, 우리는 A나 B 둘 중 하나가 발생하거나 A와 B가 동시에 발생하는 경우를 고려해 볼 수 있다. 그런 사상을 A와 B의 합집합(union)이라 하고, 이는 S의 부분집합 $\{2, 4, 5, 6\}$이 된다.

[정의 2.6] 두 사상 A와 B의 합집합(union)은 A 혹은 B에 속하는 모든 원소들을 포함하는 사상이고, $A \cup B$로 표시된다.

[예 2.10] $A=\{a, b, c\}$, $B=\{b, c, d, e\}$라 하자. 그러면 $A \cup B=\{a, b, c, d, e\}$이다.

[예 2.11] P를 어떤 석유시추회사에서 임의로 선택된 한 고용인이 흡연가일 사상, Q를 그 사람이 음주가일 사상이라 하자. 그러면 사상 $P \cup Q$는 흡연을 하거나 음주를 하는 모든 고용인들의 집합이다.

[예 2.12] $M=\{x \mid 3<x<9\}$이고, $N=\{y \mid 5<y<12\}$라 하면, $M \cup N=\{z \mid 3<z<12\}$이다.

다음으로 사상과 표본공간과의 관계를 벤 다이어그램(Venn diagram)을 이용하여 설명하겠다. 벤 다이어그램에서 표본공간은 직사각형, 사상은 그 직사각형 내부에 원으로 표시하기로 하자. 그러면 〈그림 2.3〉에서 다음 사실을 알 수 있다.

$A \cap B=$ 영역 1과 2　　　　$B \cap C=$ 영역 1과 3

$A \cup C=$ 영역 1, 2, 3, 4, 5와 7

$B' \cap A=$ 영역 4와 7

$A \cap B \cap C=$ 영역 1

$(A \cup B) \cap C'=$ 영역 2, 6, 7

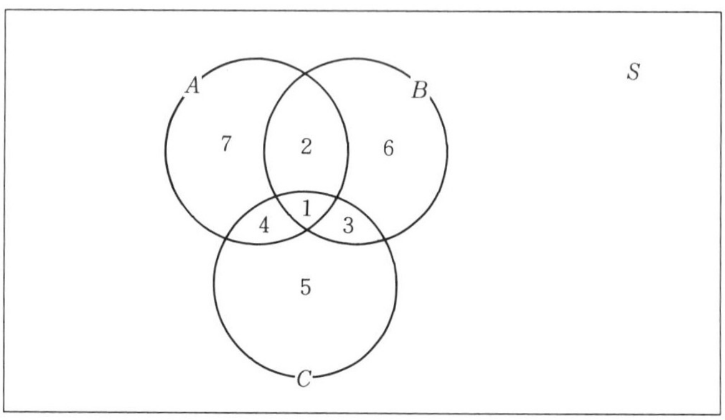

〈그림 2.3〉 여러 영역들로 표시된 사상들

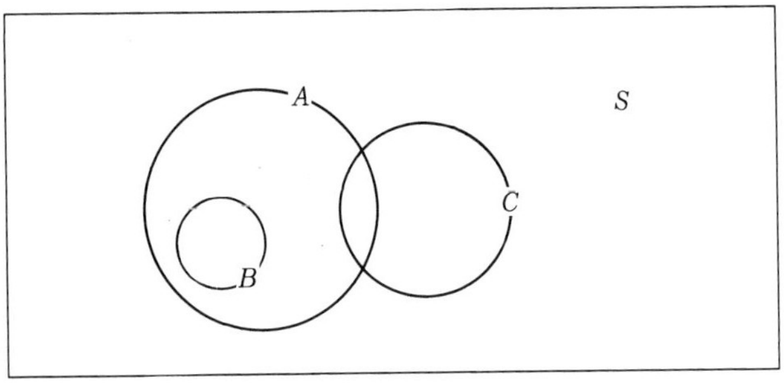

〈그림 2.4〉 표본공간 S의 사상들

〈그림 2.4〉에서 사상 A, B, C가 표본공간 S의 부분집합임을 알 수 있다. 또한 사상 B가 사상 A의 부분집합이라는 것도 자명하다. 사상 $B \cap C$는 원소를 하나도 갖고 있지 않으므로 B와 C는 서로 배반이다. 사상 $A \cap C$는 적어도 하나의 원소를 가지고 있고, $A \cup B = A$가 된다. 그러므로 〈그림 2.4〉는 52장의 카드에서 임의로 하나의 카드를 선택할 때 다음 사상들 중에서 어떤 사상이 발생했는지를 관찰하는 경우로 설명할 수 있다.

A : 카드가 붉은 색일 사상
B : 카드가 다이아몬드 J, 혹은 Q, 혹은 K일 사상
C : 카드가 A일 사상

사상 $A \cap C$가 2개의 붉은 색 A로 구성된다는 것은 명확한 사실이다.

앞의 정의에 따라 다음과 같은 몇 가지 결과가 나오는데, 이것은 벤 다이어그램을 이용하여 쉽게 증명할 수 있다.

① $A \cap \phi = \phi$
② $A \cup \phi = A$
③ $A \cap A' = \phi$
④ $A \cup A' = S$
⑤ $S' = \phi$
⑥ $\phi' = S$
⑦ $(A')' = A$
⑧ $(A \cap B)' = A' \cup B'$
⑨ $(A \cup B)' = A' \cap B'$

2.2 사상과 확률

확률이론이 일찍부터 발달한 것은 도박에 대한 인간의 욕망 때문이었을 것이다. 도박에 이기기 위해서 도박사들은 수학자들에게 여러 가지 경우에 최적전략을 제공해 줄 것을 요구했다. 이러한 전략들을 제공해 준 수학자로는 파스칼, 라이프니쯔, 제임스, 그리고 베르누이 등이 있다. 어떤 특정한 일의 예측이나 이런 것들을 일반화하는 확률이론이 이처럼 일찍부터 발달함에 따라 통계적 추론은 게임뿐만 아니라 정치, 경제, 기상예측, 과학연구 등 기회의 개념이 포함되는 많은 분야로 적용범위를 넓혀 가고 있다. 이러한 예측과 일반화는 아주 합리적이기 때문에 기본적인 확률이론에 대한 이해는 필수적인 것이다.

'갑은 아마도 그 테니스 경기에서 이길 것이다', '주사위를 던졌을 때 짝수 눈을 얻을 기회는 50대 50이다', 혹은 '나는 오늘날 빙고게임에서 이기지 못할 것 같다'라든가, '졸업반 학생들의 대부분은 3년 이내에 결혼할 것 같다'고 말하는 것은 무엇을 의미하는 것일까? 각 경우들은 확실하지 않은 결과들을 표현하고 있다. 그러나 과거의 정보나 실험구조에 대한 이해로부터 그 진술의 타당성에 대해 어느 정도의 신뢰를 가질 수 있다.

이 장의 나머지 부분에서는 표본공간이 유한 개의 원소만 포함하고 있는 실험에 대해서만 고려할 것이다. 그러한 통계적 실험에서 어떤 한 사상이 일어날 가능성은 가중치(weights) 혹은 확률(probability)이라고 하는 실수의 집합에 의해 평가되어지는데, 이것은 0과 1 사이의 값만 취한다. 즉, 표본공간의 모든 원소에 대한 확률의 합이 1이 되도록 확률을 배분한다. 만일 실험을 했을 때 어떤 표본점이 꼭 일어날 것 같다고 믿을 만한 이유가 있다면, 그 확률은 1에 가깝게 할당되어야 한다. 반대로 0에 더 가까운 확률은 거의 일어날 것 같지 않은 표본점에 할당되어야 한다. 동전이나 주사위를 던지는 실험과 같은 많은 실험에서 모든 표본점이 똑같은 발생기회를 가지고 있으며 이러한 경우는 같은 확률이 할당되어진다. 표본공간 밖에 있는 점, 즉 절대로 발생할 수 없는 단순사상에 대해서는 확률 0을 할당한다.

사상 A의 확률을 구하기 위해서는 A 안에 있는 표본점에 할당된 모든 확률을 더한다. 이 합을 A의 확률이라 하고 $P(A)$로 표시한다.

[정의 2.7] 사상 A의 확률은 A안에 있는 모든 표본점들의 가중치의 합이다. 따라서

$$0 \le P(A) \le 1,\ P(\phi)=0,\ P(S)=1$$

[예 2.13] 하나의 동전을 두 번 던지는 실험을 생각해 보자. 적어도 한 번 앞면이 나올 확률은 얼마인가?

(풀이) 이 실험의 표본공간은 다음과 같다.

$$S=\{HH,\ HT,\ TH,\ TT\}$$

그 동전의 앞면과 뒷면의 발생확률이 같다면 S의 모든 원소들의 확률도 같다. 따라서 각 표본점에 확률 w를 할당하면, $4w=1$이 되어 $w=\frac{1}{4}$이다. A를 적어도 하나의 앞면이 나올 사상이라 하면, $A=\{HH,\ HT,\ TH\}$가 되므로 다음과 같이 된다.

$$P(A)=\frac{1}{4}+\frac{1}{4}+\frac{1}{4}=\frac{3}{4}$$

[예 2.14] 짝수가 홀수보다 2배만큼 더 많이 나오는 주사위가 있다. E를 그 주사위를 한 번 던졌을 때 4보다 작은 수가 나올 사상이라 할 때, $P(E)$를 구하라.

(풀이) 표본공간은 $S=\{1,\ 2,\ 3,\ 4,\ 5,\ 6\}$이고, 각 홀수에는 w, 각 짝수에는 $2w$의 확률을 할당하면 확률의 합이 1이 되어야 하므로 $9w=1$이 된다. 즉, $w=1/9$이 된다. 따라서 홀수가 나올 확률은 1/9, 짝수가 나올 확률은 2/9이다.

$$E=\{1,\ 2,\ 3\}$$

이므로

$$P(E)=\frac{1}{9}+\frac{2}{9}+\frac{1}{9}=\frac{4}{9}$$

[예 2.15] [예 2.14]에서 A를 짝수가 나타날 사상, B를 3으로 나누어질 수 있는 수가 나타날 사상이라 하자. 이때 $P(A\cup B)$와 $P(A\cap B)$를 구하라.

(풀이) $A=\{2,\ 4,\ 6\}$, $B=\{3,\ 6\}$이므로, $A\cup B=\{2,\ 3,\ 4,\ 6\}$이고, $A\cap B=\{6\}$이다. 따라서

$$P(A \cup B)=\frac{2}{9}+\frac{1}{9}+\frac{2}{9}+\frac{2}{9}=\frac{7}{9}$$

이고,

$$P(A \cap B)=\frac{2}{9}$$

이다.

어떤 실험에서 표본공간이 N개의 원소를 가지고 있고, 각 원소의 발생 확률이 같다면, N개의 각 원소에 똑같이 확률 $1/N$을 할당한다. 그러면 이 N개의 표본점 중에서 n개의 원소를 가지는 어떤 사상 A의 확률은 S의 원소의 개수에 대한 A의 원소의 개수의 비로 표시된다.

[정리 2.1] 어떤 실험에서 같은 확률을 갖는 N개의 서로 다른 결과가 발생할 수 있고, 이 중 정확히 n개의 원소를 갖는 사상 A가 있으면, 사상 A의 확률은

$$P(A)=\frac{n}{N}$$

이 된다.

[예 2.16] 6개의 박하사탕과 4개의 계피사탕, 3개의 초콜렛이 들어 있는 상자가 있다. 이 상자에서 임의로 하나를 꺼냈을 때, 1) 박하사탕이 나올 확률, 2) 계피사탕이나 초콜렛이 나올 확률을 구하라.

(풀이) M, T, C를 각각 박하사탕을 뽑을 사상, 계피사탕을 뽑을 사상, 초콜렛을 뽑을 사상이라 하자. 총 개수가 13이고, 각각의 확률은 모두 같다.

1) 13개 중 박하사탕이 6개 있으므로 사상 M의 확률은

$$P(M)=\frac{6}{13}$$

이다.

2) 13개 중 7개가 계피사탕이거나 초콜렛이므로

$$P(T \cup C)=\frac{7}{13}$$

이다.

[예 2.17] 포커 게임에서 5장의 카드를 받았을 때, 2장의 A카드와 3장의 J카드를 가지고 있을 확률을 구하라.

(풀이) 4장의 A카드 중 2장을 선택하는 조합의 수는

$$\binom{4}{2}=\frac{4!}{2!2!}=6$$

이다.

4장의 J카드 중 3장을 선택하는 조합의 수는

$$\binom{4}{3}=\frac{4!}{3!1!}=4$$

이다. 따라서 2장의 A와 3장의 J를 가지는 서로 다른 조합의 수는 $6\times4=24$가지이다. 카드의 총수는 52장이고 각 카드의 선택확률이 같으므로, 52장 중 5장을 선택하는 조합의 수는

$$\binom{52}{5}=\frac{52!}{5!47!}=2{,}598{,}960$$

이다.

따라서 5장으로 하는 포커 게임에서 2장의 A카드와 3장의 J카드를 받을 사상 C의 확률은

$$P(C)=\frac{24}{2{,}598{,}960}=0.9\times10^{-5}$$

이다.

어떤 실험에서 각 결과의 발생확률이 같지 않다면, 확률은 사전지식이나 실험적 근거에 의해서 할당되어져야 한다. 예를 들어, 앞면과 뒷면의 발생확률이 같지 않은 동전의 경우 그 동전을 아주 많이 던지고 그 결과를 기록함으로써 앞면과 뒷면의 발생확률을 추정할 수 있다. 확률의 상대도수(relative frequency) 정의에 따르는 정확한 확률은 결국 발생하는 앞면과 뒷면의 비율이다.

테니스 경기에서 이길 확률의 값을 구하기 위해서는 상대방뿐 아니라 우리의 과거 성적도 알아야만 하고 이길 수 있을 것이라는 신념도 어느 정도 관계가 된다. 마찬가지로, 어떤 말이 경주에서 이길 확률을 구하기 위해서는 말에 타고 있는 기수들의 성적뿐만 아니라 경주에 참가하는 모든 말의 과거성적에 기초한 확률을 구해야 한다. 또한 직관도 확률값을 결정하는 데 한몫을 하

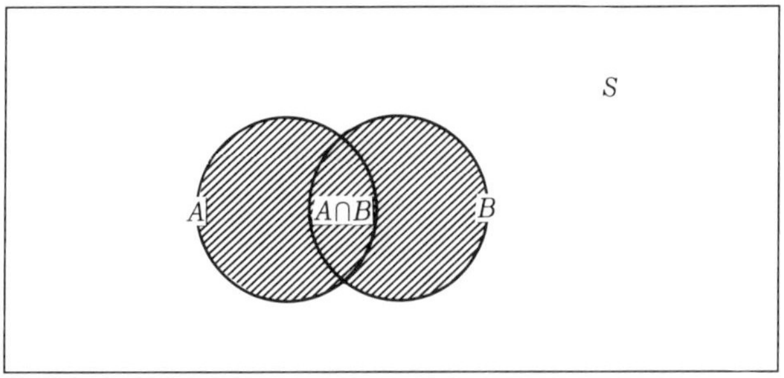

〈그림 2.5〉 확률의 가법정리

게 된다. 확률의 계산에 있어 직관이나 개인적 신념, 그리고 기타 간접적인 정보들을 사용하는 것을 확률의 주관적인 정의라고 한다.

때때로 어떤 사상의 확률을 다른 사상들의 알려진 확률로부터 계산하는 것이 더 쉬울 때가 있다. 이것은 그 사상이 다른 두 사상의 합집합으로 표시되거나 어떤 사상의 여집합으로 표시될 수 있는 경우에 해당된다. 확률의 계산을 간단하게 해주는 몇 가지 중요한 법칙들을 다음에 제시하겠다. 그 첫째는 가법정리(additive rule)라고 하는 것으로 사상의 합집합에 응용된다.

[정리 2.2] A와 B를 어떤 두 사상이라 하면

$$P(A \cup B) = P(A) + P(B) - P(A \cap B)$$

이다.

(증명) 〈그림 2.5〉와 같은 벤 다이어그램을 고려해 보자. $P(A \cup B)$은 $A \cup B$ 안에 있는 표본점의 확률의 합이다. $P(A)+P(B)$는 사상 A의 확률과 사상 B의 확률의 합이다. 따라서 $A \cap B$의 확률을 두 번 더한 셈이다. 그러므로 $P(A \cup B)$를 얻기 위해 $P(A)+P(B)$에서 $P(A \cap B)$를 한 번 빼주어야 하고, 그것이 $P(A \cup B)$가 된다.

[따름정리 2.1] 사상 A와 B가 서로 배반이면,

$$P(A \cup B) = P(A) + P(B)$$

이다.

[따름정리 2.1]은 [정리 2.2]에서 바로 유도된다. 즉, A와 B가 서로 배

반이기 때문에 $A \cap B = \phi$이고, 따라서 $P(A \cap B) = P(\phi) = 0$이 되므로 [따름정리 2.1]이 성립된다. 일반적으로는 다음과 같이 쓸 수 있다.

[따름정리 2.2] $A_1, A_2, \cdots, A_n$이 서로 배반이면,

$$P(A_1 \cup A_2 \cup \cdots \cup A_n) = P(A_1) + P(A_2) + \cdots + P(A_n)$$

이다.

$A_1, A_2, \cdots, A_n$이 표본공간 S의 분할이면

$$P(A_1 \cup A_2 \cup \cdots \cup A_n) = P(A_1) + P(A_2) + \cdots + P(A_n) = P(S) = 1$$

이 됨을 유의하라.

[예 2.18] 갑이 수학시험에 통과할 확률은 2/3이고, 영어시험에 통과할 확률은 4/9이다. 두 시험 모두 통과할 확률이 1/4이라면, 갑이 적어도 하나의 시험에 통과할 확률은 얼마인가?

(풀이) M을 수학시험에 통과할 사상, E를 영어시험에 통과할 사상이라 하면 가법정리에 의해서 다음이 성립한다.

$$\begin{aligned} P(M \cup E) &= P(M) + P(E) - P(M \cap E) \\ &= \frac{2}{3} + \frac{4}{9} - \frac{1}{4} = \frac{31}{36} \end{aligned}$$

[예 2.19] 한 쌍의 주사위를 던졌을 때 두 주사위에 나타난 눈의 합이 7이나 11이 될 확률은 얼마인가?

(풀이) A를 눈의 합이 7이 될 사상, B를 눈의 합이 11이 될 사상이라 하자. 합이 7이 되는 경우는 36개의 표본점 중 6가지이고, 11이 되는 경우는 2가지 경우밖에 없다. 모든 표본점의 발생확률이 같으므로 $P(A) = 1/6$이고 $P(B) = 1/18$이다. 그리고 A와 B는 서로 배반이므로

$$\begin{aligned} P(A \cup B) &= P(A) + P(B) \\ &= \frac{1}{6} + \frac{1}{18} = \frac{2}{9} \end{aligned}$$

가 된다.

이 결과는 또한 사상 $A \cup B$ 안에 있는 점의 개수를 세어 봄으로써도 얻어질 수 있다. 즉

$$P(A \cup B)=\frac{n}{N}=\frac{8}{36}=\frac{2}{9}$$

가 된다.

[예 2.20] 자동차를 사려고 하는 고객이 초록색, 흰색, 붉은색 혹은 청색을 선택할 확률이 각각 0.09, 0.15, 0.21, 0.23 이라고 할 때, 그 구매자가 위의 네 가지 색 중 어느 한 가지 색의 차를 구입할 확률은 얼마인가?

(풀이) G, W, R, B를 각각 초록색, 흰색, 붉은색, 청색의 차를 구입할 사상이라 하면, 이 네 사상은 서로 배반이므로 구하는 확률은

$$\begin{aligned} P(G \cup W \cup R \cup B) &= P(G)+P(W)+P(R)+P(B) \\ &= 0.09+0.15+0.21+0.23 \\ &= 0.68 \end{aligned}$$

이 된다.

때때로 어떤 사상이 일어날 확률을 계산하는 것이 그 사상이 일어나지 않을 확률을 계산하는 것보다 어려울 때가 있다. 어떤 사상 A에 대해 이런 경우가 생기면 먼저 $P(A')$을 구하고 다음 [정리 2.3]을 이용하여 $P(A)$를 구한다.

[정리 2.3] 사상 A와 A'이 서로 여집합 관계에 있으면

$$P(A)+P(A')=1$$

이 된다.

(증명) $A \cup A' = S$ 이고, A와 A'의 교집합은 ϕ이므로

$$\begin{aligned} 1 &= P(S) \\ &= P(A \cup A') \\ &= P(A)+P(A') \end{aligned}$$

이 성립한다.

[예 2.21] 어떤 자동차 수리공이 하루 동안 수리하는 자동차의 수가 3, 4, 5, 6, 7 혹은 8대 이상이 될 확률이 각각 0.12, 0.19, 0.28, 0.24, 0.10, 0.07 이라고 할 때, 임의의 어떤 작업일에 적어도 5대 이상을 수리할 확률은 얼마인가?

(풀이) E를 적어도 5대의 차를 수리할 사상이라 하자. 그러면 $P(E)=1-P(E')$이 되는데, E'은 5대 미만의 차를 수리할 사상이다. $P(E')=0.12+0.19=0.31$이므로, [정리 2.3]에 의해서

$$P(E)=1-0.31=0.69$$

가 된다.

2.3 조건부확률

사상 A가 일어났다고 알려져 있을 때, 그 상황하에서 사상 B가 일어날 확률을 조건부확률이라 하고 $P(B|A)$로 표시한다. $P(B|A)$를 보통 A가 일어났을 때 B가 일어날 확률이라 한다. 주사위를 던졌을 때 완전제곱수를 얻을 사상 B를 고려해 보자. 그 주사위는 짝수가 홀수보다 2배만큼 더 많이 나오도록 되어 있다. 표본공간은 $S=\{1, 2, 3, 4, 5, 6\}$이 되고 각 홀수에는 1/9, 각 짝수에는 2/9의 확률이 할당되어지므로 B가 일어날 확률은 1/3이다. 이제 그 주사위를 던졌을 때 3보다 큰 수가 나온다고 가정하자. 그러면 표본공간 $A=\{4, 5, 6\}$이 되고, 이것은 S의 부분집합이다. 사상 A에 대하여 B가 일어날 확률을 구하기 위해서 먼저 합이 1이 되도록, A의 원소들에 새로운 확률을 할당해야 한다. A 안에 있는 홀수에는 w의 확률을, 두 개의 짝수에는 각각 $2w$의 확률을 할당하면, $5w=1$이 되어 $w=1/5$이 된다. 사상 A에 대하여 B는 원소 4만을 포함하고 있다. 이 사상을 $B|A$라는 기호로 표시한다면 $B|A=\{4\}$가 되어

$$P(B|A)=\frac{2}{5}$$

가 된다. 이 예는 표본공간이 달라지면 사상들의 확률이 달라짐을 보여 주고 있다.

우리는 또한 다음과 같이 쓸 수도 있다.

$$P(B|A)=\frac{2}{5}=\frac{2/9}{5/9}=\frac{P(A\cap B)}{P(A)}$$

여기서 $P(A\cap B)$와 $P(A)$는 원래의 표본공간 S에 의해서 구해질 수

있다. 즉 S의 부분공간 A에 대한 조건부확률은 원래의 표본공간 S의 각 원소에 할당된 확률로부터 바로 계산되어질 수 있다.

[정의 2.8] A가 주어졌을 때 B가 일어날 조건부확률은 $P(B|A)$로 표시하며, $P(A)>0$ 이면

$$P(B|A)=\frac{P(A\cap B)}{P(A)}$$

로 정의된다.

또 다른 예로, 표본공간 S를 어떤 작은 마을에 사는 대학졸업자라 하자. 그리고 〈표 2.1〉과 같이 성별 · 취업상태별에 따라 분류하였다고 하자.

〈표 2.1〉 어떤 마을의 대학졸업자의 성별 · 취업상태별 분류

성별 \ 취업별	취 업	미 취 업	총 계
남 성	460	40	500
여 성	140	260	400
총 계	600	300	900

이 중 이 마을 관광안내원으로 임의로 한 명을 선택한다고 하자. 이때 다음 사상을 고려해보자.

M: 남자가 선택될 사상
E: 선택된 사람이 취업되었을 사상

E를 표본공간이라 하면 다음 사실을 알 수 있다.

$$P(M|E)=\frac{460}{600}=\frac{23}{30}$$

$n(A)$를 어떤 집합 A에 있는 원소들의 수라고 하자. 그러면 다음과 같이 쓸 수 있다.

$$P(M|E)=\frac{n(E\cap M)}{n(E)}=\frac{n(E\cap M)/n(S)}{n(E)/n(S)}=\frac{P(E\cap M)}{P(E)}$$

여기서 $P(E\cap M)$과 $P(E)$는 원래의 표본공간 S에 의해 구해질 수 있

다. 이 결과를 증명해 보자.

$$P(E)=\frac{600}{900}=\frac{2}{3}$$

이고

$$P(E\cap M)=\frac{460}{900}=\frac{23}{45}$$

이다. 따라서

$$P(M\mid E)=\frac{23/45}{2/3}=\frac{23}{30}$$

이므로 앞의 결과와 같다.

[예 2.22] 정규 스케줄에 따라 정시에 비행기가 출발할 확률 $P(D)=0.83$ 이고, 정시에 도착할 확률 $P(A)=0.92$ 라 하자. 그리고 정시에 출발하여 정시에 도착할 확률 $P(D\cap A)=0.78$ 이라 할 때, 1) 비행기가 정시에 출발했을 때 정시에 도착할 확률과, 2) 정시에 도착했을 때 비행기가 정시에 출발했을 확률을 구하라.

(풀이)

1) 비행기가 정시에 출발했을 때 정시에 도착할 확률은

$$P(A\mid D)=\frac{P(A\cap D)}{P(D)}=\frac{0.78}{0.83}=0.94$$

이다.

2) 비행기가 정시에 도착했을 때 그것이 정시에 출발했을 확률은

$$P(D\mid A)=\frac{P(D\cap A)}{P(A)}=\frac{0.78}{0.92}=0.85$$

이다.

[예 2.19]의 주사위를 던지는 실험에서 우리는 $P(B)=1/3$ 인 반면에 $P(B\mid A)=2/5$ 라는 사실을 알고 있다. 즉, $P(B\mid A)\neq P(B)$ 이며 이것은 B 가 A 에 종속되어 있음을 나타낸다. 52장의 카드에서 2장의 카드를 연속적으로 복원추출하는 실험을 고려해 보자. 이때 다음 두 사상을 정의해 보자.

A : 첫번째 카드가 A 일 사상

B: 두 번째 카드가 스페이드일 사상

첫번째 카드가 복원이 되므로 표본공간은 52장의 카드가 된다. 따라서

$$P(B \mid A)=\frac{1/52}{4/52}=\frac{1}{4}$$

이고,

$$P(B)=\frac{13}{52}=\frac{1}{4}$$

이다. 즉, $P(B \mid A)=P(B)$가 된다. 이런 관계가 만족되면, 사상 A와 B는 독립(independent)이라고 한다.

[정의 2.9] 두 사상 A와 B가 독립(independent)이면

$$P(B \mid A)=P(B) \text{이고 } P(A \mid B)=P(A)$$

이다. 그리고 그 역도 성립한다. 그렇지 않으면 A와 B는 종속(dependent)이다.

$P(B \mid A)=P(B)$는 $P(A \mid B)=P(A)$임을 의미하고, 역도 성립한다. 카드를 뽑는 실험에서 $P(B \mid A)=P(B)=1/4$이었으므로, $P(A \mid B)=P(A)=1/13$이 됨을 알 수 있다.

2.4 승법공식과 베이스 정리

[정의 2.8]에서 양변에 $P(A)$를 곱하면 중요한 승법공식을 얻을 수 있다. 또한 이것은 두 사상이 동시에 일어날 확률을 계산하는 데 사용된다.

[정리 2.4] 어떤 실험에서 두 사상 A와 B가 동시에 발생할 수 있다면

$$P(A \cap B)=P(A)P(B \mid A)$$

가 된다.

즉, A와 B가 동시에 일어나 확률은 A가 일어날 확률에 A가 일어났을

때 B가 일어날 확률을 곱한 값과 같다. 사상 $A \cap B$와 $B \cap A$는 같으므로 [정리 2.4]에 의해 다음과 같이 쓸 수도 있다.

$$P(A \cap B) = P(B \cap A) = P(B)P(A \mid B)$$

즉, 어떤 사상이 A에 의해 표시되든지 B에 의해 표시되든지 마찬가지이다.

[예 2.23] 20개의 퓨즈가 들어있는 박스가 있는데, 그 중 5개가 불량품이라고 가정하자. 이 중 2개의 퓨즈를 연속적으로 비복원추출한다고 할 때, 두 개의 퓨즈가 모두 불량품일 확률은 얼마인가?

(풀이) A를 첫번째 퓨즈가 불량품일 사상, B를 두 번째 퓨즈가 불량품일 사상이라고 하자. 그러면 $A \cap B$는 A가 일어나고 그 뒤에 B가 일어나는 사상이라고 해석할 수 있다. 첫번째 퓨즈가 불량품일 확률은 1/4이므로, 나머지 중에서 하나를 뽑았을 때 그것이 불량품일 확률은 4/19가 된다. 따라서

$$P(A \cap B) = \left(\frac{1}{4}\right)\left(\frac{4}{19}\right) = \frac{1}{19}$$

이다.

[예 2.24] 4개의 흰 공과 3개의 검은 공이 들어있는 첫번째 가방과, 3개의 흰 공과 5개의 검은 공이 들어있는 두 번째 가방이 있다. 첫번째 가방에서 공 하나를 꺼내서 보지 않고 그것을 두 번째 가방에 집어넣은 다음에, 두 번째 가방에서 하나의 공을 꺼낼 때, 그 공이 검은 공일 확률은 얼마인가?

(풀이) B_1, B_2, W_1을 각각 첫번째 가방에서 검은 공을 뽑을 사상, 두 번째 가방에서 검은 공을 뽑을 사상, 첫번째 가방에서 흰 공을 뽑을 사상이라 하자. 모든 가능한 경우와 각 경우의 확률이 〈그림 2.6〉에 나타나 있다. 이때

$$\begin{aligned} P[(B_1 \cap B_2) \text{ 또는 } (W_1 \cap B_2)] &= P(B_1 \cap B_2) + P(W_1 \cap B_2) \\ &= P(B_1)P(B_2 \mid B_1) + P(W_1)P(B_2 \mid W_1) \\ &= \left(\frac{3}{7}\right)\left(\frac{6}{9}\right) + \left(\frac{4}{7}\right)\left(\frac{5}{9}\right) \\ &= \frac{38}{63} \end{aligned}$$

이 된다.

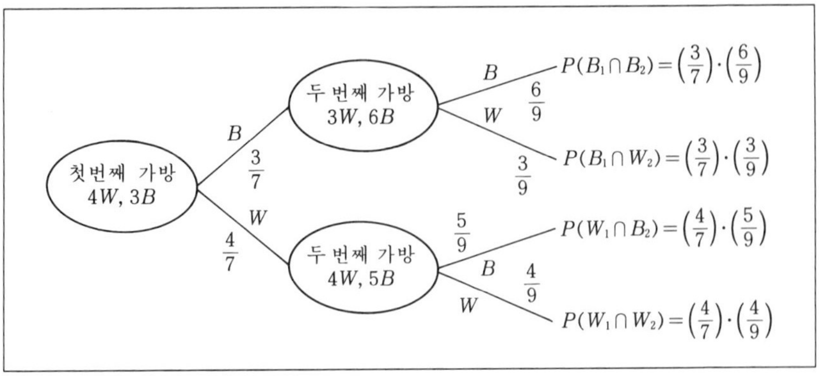

〈그림 2.6〉 [예 2.24]의 수형도

만일 [예 2.23]에서 첫번째 퓨즈가 복원이 되고 충분히 섞은 다음에 두 번째 퓨즈를 추출한다면 두 번째 퓨즈가 불량품일 확률도 역시 1/4이 되어 $P(B|A)=P(B)$이고 따라서 사상 A와 B는 독립이다. 이러한 것이 만족되면 [정리 2.4]에서 $P(B|A)$를 $P(B)$로 치환하면 다음과 같은 사상 A와 B가 독립일 때의 승법정리를 얻을 수 있다.

[정리 2.5] 두 사상 A와 B가 독립이면 $P(A\cap B)=P(A)P(B)$이고 그 역도 성립한다.

따라서 독립인 두 사상이 동시에 일어날 확률을 구하기 위해서는 단순히 각각의 확률의 곱을 구하면 된다.

[예 2.25] 어느 조그마한 마을에는 긴급시에 대비해 소방차 한 대와 앰블런스 한 대를 보유하고 있다. 소방차가 필요할 때 바로 쓸 수 있을 확률은 0.98이고, 앰블런스는 필요할 때 바로 사용할 수 있을 확률이 0.92이다. 건물에 화재가 나서 부상자가 발생한 사건이 발생했을 때 소방차와 앰블런스를 모두 즉시 사용할 수 있는 확률을 구하라.

(풀이) A, B를 각각 소방차와 앰블런스가 즉시 사용 가능한 사상이라 하자. 그러면

$$\begin{aligned} P(A\cap B) &= P(A)P(B) \\ &= (0.98)(0.92) \\ &= 0.9016 \end{aligned}$$

[예 2.26] 한 쌍의 주사위를 두 번 던질 때 두 주사위의 눈의 수의 합이 한 번은 7, 한 번은 11이 나올 확률은 얼마인가?

(풀이) A_1을 첫번째 던졌을 때 합이 7이 될 사상, A_2를 두 번째에 7이 나올 사상, B_1은 첫번째에 11이 나올 사상, B_2를 두 번째에 11이 나올 사상이라 하자. 그러면 서로 배반인 사상 $A_1 \cap B_2$와 $A_2 \cap B_1$의 합집합의 확률을 구하면 된다. 따라서

$$\begin{aligned} P[(A_1 \cap B_2) \cup (A_2 \cap B_1)] &= P(A_1 \cap B_2) + P(A_2 \cap B_1) \\ &= P(A_1)P(B_2) + P(A_2)P(B_1) \\ &= \left(\frac{1}{6}\right)\left(\frac{1}{18}\right) + \left(\frac{1}{18}\right)\left(\frac{1}{6}\right) \\ &= \frac{1}{54} \end{aligned}$$

이 된다.

[정리 2.4]와 [정리 2.5]는 여러 개의 사상에 대해서 다음 정리와 같이 일반화될 수 있다.

[정리 2.6] 어떤 실험에서 사상 A_1, A_2, ⋯, A_k가 발생가능하다면

$$\begin{aligned} &P(A_1 \cap A_2 \cap \cdots \cap A_k) \\ &\quad = P(A_1)P(A_2 \mid A_1)P(A_3 \mid A_1 \cap A_2) \cdots P(A_k \mid A_1 \cap A_2 \\ &\qquad \cap \cdots A_{k-1}) \end{aligned}$$

이다.

사상 A_1, A_2, ⋯, A_k가 독립이면, 다음이 성립한다.

$$P(A_1 \cap A_2 \cap \cdots A_k) = P(A_1)P(A_2) \cdots P(A_k)$$

[예 2.27] 52장의 카드에서 3장의 카드를 연속적으로 비복원 추출하는 실험을 생각해 보자. A_1을 첫번째 카드가 붉은색 A일 사상, A_2를 두 번째 카드가 10이나 J일 사상, A_3를 세 번째 카드가 3보다 크고 7보다 작을 사상이라 할 때, 사상 $A_1 \cap A_2 \cap A_3$가 일어날 확률을 구하라.

(풀이) A_1, A_2, A_3의 정의에 의해 다음을 얻을 수 있다.

$$P(A_1) = \frac{2}{52}$$

$$P(A_2 \mid A_1)=\frac{8}{51}$$

$$P(A_3 \mid A_1 \cap A_2)=\frac{12}{50}$$

그러므로 [정리 2.6]에 의해서

$$\begin{aligned}P(A_1 \cap A_2 \cap A_3) &= P(A_1)P(A_2 \mid A_1)P(A_3 \mid A_1 \cap A_2)\\ &= \left(\frac{2}{52}\right)\left(\frac{8}{51}\right)\left(\frac{12}{50}\right)=\frac{8}{5,525}\end{aligned}$$

이 된다.

[예 2.28] 앞면이 뒷면보다 2배만큼 많이 나오는 편향된 동전이 있다고 하자. 그 동전을 3번 던지는 실험에서 뒷면이 2번, 앞면이 1번 나올 확률은 얼마인가?

(풀이) 표본공간은 다음과 같이 8의 원소로 구성된다.

$$S=\{HHH, HHT, HTH, THH, HTT, THT, TTH, TTT\}$$

그런데 이 동전의 앞면과 뒷면이 나올 확률이 같지 않으므로, 먼저 동전을 한 번 던지는 실험의 표본공간 $S_1=\{H, T\}$를 생각해 보자. 뒷면이 나올 확률을 w라 하면 앞면이 나올 확률은 $2w$가 되고, 따라서 $3w=1$에서 $w=1/3$을 얻는다. 즉, $P(H)=2/3$, $P(T)=1/3$이 된다.

이제 A를 동전을 3번 던졌을 때 뒷면이 2번, 앞면이 1번 나올 사상이라 하자. 그러면 $A=\{TTH, THT, HTT\}$이고, 각각의 시행은 독립이므로 [정리 2.6]에 의해

$$\begin{aligned}P(TTH) &= P(T \cap T \cap H)=P(T)P(T)P(H)\\ &= \left(\frac{1}{3}\right)\left(\frac{1}{3}\right)\left(\frac{2}{3}\right)=\frac{2}{27}\end{aligned}$$

가 된다. 마찬가지로

$$P(THT)=P(HTT)=\frac{2}{27}$$

이므로

$$P(A)=\frac{2}{27}+\frac{2}{27}+\frac{2}{27}=\frac{2}{9}$$

이다.

이제 2.3절의 어떤 마을에서 관광 안내원을 선택하는 문제를 다시 생각

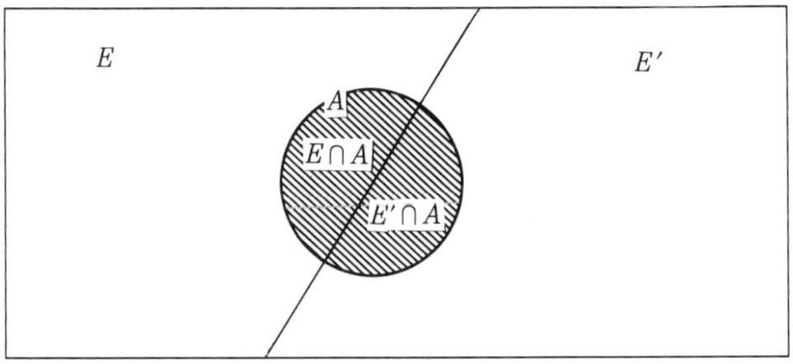

〈그림 2.7〉 사상 A, E, E'의 벤 다이어그램

해 보자. 우리에게 취업자 중 36명과 미취업자 중 12명이 로터리클럽의 회원이라는 정보가 추가적으로 주어졌다고 가정해 보자. 이때 한 명을 선택했을 때 그 사람이 로터리클럽의 회원일 사상 A의 확률을 구하고자 한다. 〈그림 2.7〉과 같이 사상 A를 서로 배반인 두 사상 $E\cap A$와 $E'\cap A$의 합집합으로 쓸 수 있다. 따라서 $A=(E\cap A)\cup(E'\cap A)$이고 [정리 2.2]의 [따름정리 2.1]과 [정리 2.4]에 의해서 다음과 같이 쓸 수 있다.

$$\begin{aligned} P(A) &= P[(E\cap A)+(E'\cap A)] \\ &= P(E\cap A)+P(E'\cap A) \\ &= P(E)P(A\mid E)+P(E')P(A\mid E') \end{aligned}$$

2.3절에서 주어진 자료와 위에서 첨가된 새로운 자료에 의해서 다음을 계산할 수 있다.

$$P(E)=\frac{600}{900}=\frac{2}{3},\ P(A\mid E)=\frac{36}{600}=\frac{3}{50}$$

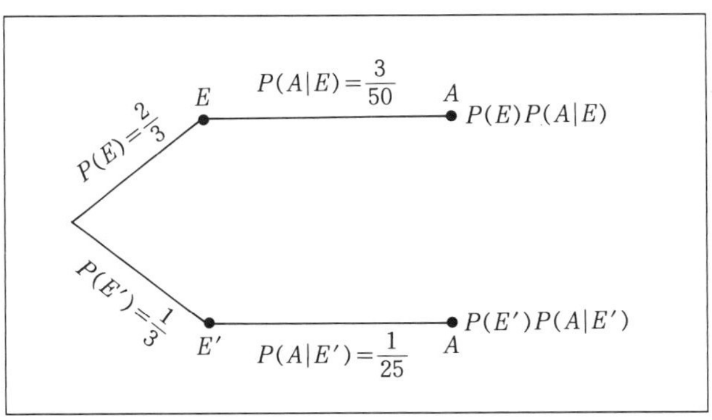

〈그림 2.8〉 수 형 도

그리고

$$P(E')=\frac{1}{3},\ P(A\mid E')=\frac{12}{300}=\frac{1}{25}$$

이러한 확률을 〈그림 2.8〉과 같이 수형도로 그려보면, 첫째 가지는 $P(E)P(A\mid E)$의 값을 나타내고, 둘째 가지는 $P(E')P(A\mid E')$을 나타낸다. 따라서

$$P(A)=\left(\frac{2}{3}\right)\left(\frac{3}{50}\right)+\left(\frac{1}{3}\right)\left(\frac{1}{25}\right)=\frac{4}{75}$$

가 된다.

표본공간이 k개의 부분집합으로 분할되는 경우 앞의 예를 일반화시켜 보면, 다음 정리가 유도되는데, 흔히 이것을 전확률정리라 한다.

[정리 2.7] 사상 $B_1, B_2, \cdots, B_k$를 표본공간 S의 분할이라 하고, $P(B_i)\neq 0$, $i=1, 2, \cdots, k$라 하면, S의 임의의 사상 A에 대하여

$$P(A)=\sum_{i=1}^{k}P(B_i\cap A)=\sum_{i=1}^{k}P(B_i)P(A\mid B_i)$$

가 성립한다.

(증명) 〈그림 2.9〉와 같은 벤 다이어그램을 생각해 보자. 사상 A는 서로 배반인 사상 $B_1\cap A$, $B_2\cap A$, $\cdots$, $B_k\cap A$의 합집합, 즉

$$A=(B_1\cap A)\cup(B_2\cap A)\cup\cdots\cup(B_k\cap A)$$

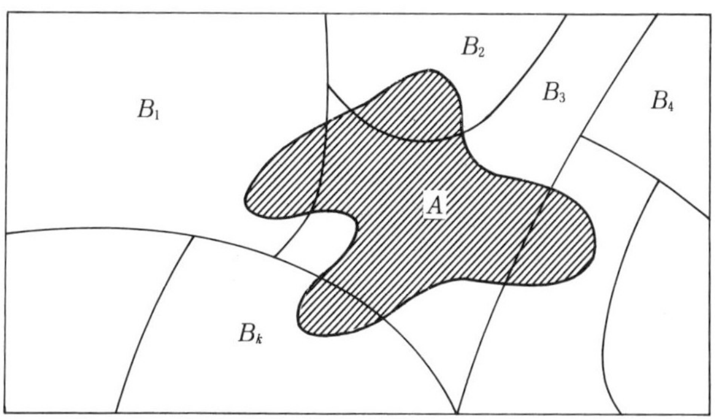

〈그림 2.9〉 표본공간 S의 분할

임을 알 수 있다. [정리 2.2]의 [따름정리 2.2]와 [정리 2.4]에 의해서

$$\begin{aligned} P(A) &= P[(B_1 \cap A) \cup (B_2 \cap A) \cup \cdots \cup (B_k \cap A)] \\ &= P(B_1 \cap A) + P(B_2 \cap A) + \cdots + P(B \cap A) \\ &= \sum_{i=1}^{k} P(B_i \cap A) = \sum_{i=1}^{k} P(B_i) P(A \mid B_i) \end{aligned}$$

가 성립한다.

[예 2.29] 한 사교클럽의 회장선거에 3명이 입후보하였다. A가 당선될 확률은 0.3, B가 당선될 확률은 0.5, C가 당선될 확률은 0.2이다. A가 당선되면 회비가 오를 확률이 0.8, B가 당선되면 0.1, C가 당선되면 0.4일 때 회비가 오를 확률은 얼마인가?

(풀이) 다음 사상들을 생각해 보자.

A: 회비가 오를 사상

B_1: A가 당선될 사상

B_2: B가 당선될 사상

B_3: C가 당선될 사상

전확률정리를 이용하면 다음과 같이 쓸 수 있다.

$$P(A) = P(B_1)P(A \mid B_1) + P(B_2)P(A \mid B_2) + P(B_3)P(A \mid B_3)$$

〈그림 2.10〉에서 볼 수 있듯이 세 가지 경우의 확률은 다음과 같다.

$$P(B_1)P(A \mid B_1) = (0.3)(0.8) = 0.24$$

$$P(B_2)P(A \mid B_2) = (0.5)(0.1) = 0.05$$

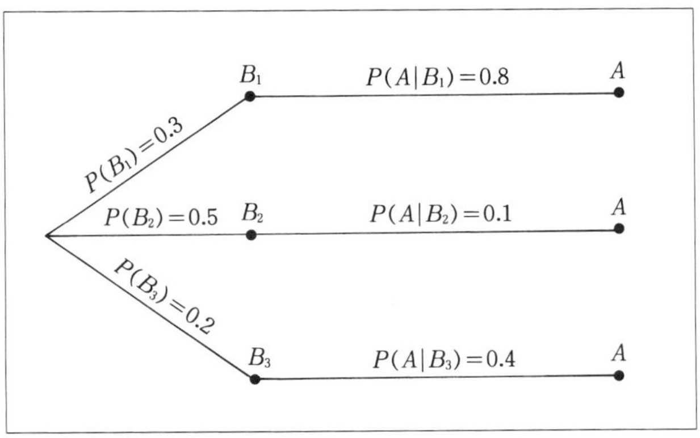

〈그림 2.10〉 [예 2.29]의 수형도

$$P(B_3)P(A \mid B_3) = (0.2)(0.4) = 0.08$$

따라서

$$P(A) = 0.24 + 0.05 + 0.08 = 0.37$$

이다.

[예 2.29]에서 조건부확률 $P(B_3 \mid A)$를 구하는 문제를 고려해 보자. 즉 회비가 올랐다는 사실이 알려져 있을 때 C가 당선되었을 확률은 얼마인가? 이와 같은 문제는 베이스정리(Bayes' rule)라고 하는 다음 정리를 이용하여 풀 수 있다.

[정리 2.8] (베이스정리) 사상 $B_1, B_2, \cdots, B_k$가 표본공간 S의 분할이고, 모든 $i(i=1, 2, \cdots, k)$에 대하여 $P(B_i) \neq 0$이라 하자. 그리고 임의의 사상 A에 대하여 $P(A) \neq 0$이라 하자. 그러면 각 정수값 $r(r=1, 2, \cdots, k)$에 대하여

$$P(B_r \mid A) = \frac{P(B_r \cap A)}{\sum_{i=1}^{k} P(B_i \cap A)} = \frac{P(B_r)P(A \mid B_r)}{\sum_{i=1}^{k} P(B_i)P(A \mid B_i)}$$

이 성립한다.

(증명) 조건부확률의 정의에 의하여

$$P(B_r \mid A) = \frac{P(B_r \cap A)}{P(A)}$$

이고, 분모에 [정리 2.7]을 적용하면, 다음 결과를 얻을 수 있다.

$$P(B_r \mid A) = \frac{P(B_r \cap A)}{\sum_{i=1}^{k} P(B_i \cap A)}$$

분자와 분모에 [정리 2.4]를 적용하면, 다시 다음 식을 얻는다.

$$P(B_r \mid A) = \frac{P(B_r)P(A \mid B_r)}{\sum_{i=1}^{k} P(B_i)P(A \mid B_i)}$$

[예 2.30] [예 2.29]에서 회비가 올랐을 때 C가 회장으로 당선되었을 확률은 얼마인가?

(풀이) 베이스정리를 이용하면

$$P(B_3 \mid A)$$

$$=\frac{P(B_3)P(A \mid B_3)}{P(B_1)P(A \mid B_1)+P(B_2)P(A \mid B_2)+P(B_3)P(A \mid B_3)}$$

이 되고, 여기에 [예 2.29]에서 구한 값들을 대입하면

$$P(B_3 \mid A)=\frac{0.08}{0.24+0.05+0.08}=\frac{8}{37}$$

이 된다. 회비가 인상되었다는 사실에 비추어볼 때, 이 결과는 아마도 C가 회장에 당선되지 않았을 것이라는 사실을 암시하고 있다.

연습문제

1. 한 쌍의 주사위를 던지는 시행에서, 한 개의 주사위는 초록색이고, 나머지 한 개의 주사위는 빨간색일 때, x는 초록색 주사위의 눈의 수이고, y는 빨간색 주사위의 눈의 수라고 한다. 이때 (x, y)를 원소로 갖는 표본공간을 정의해 보라.

2. 하나의 주사위를 던진 다음 윗 면에 나온 눈의 수가 짝수이면 동전을 한 번 던지고, 홀수이면 동전을 두 번 던지는 실험을 생각해 보자. 예를 들어, 주사위의 눈이 4가 나오고, 동전의 앞면이 나온 사상은 $4H$라는 기호로 표시하며, 주사위의 눈이 3이 나오고, 동전은 앞면이 나온 뒤 뒷면이 나온 사상은 $3HT$라는 기호로 표시하기로 하자. 이런 기호를 사용하여 표본공간 S의 18개의 원소를 보여 주는 수형도(tree diagram)를 그려 보라.

3. 화학반에서 임의로 4명의 학생을 선택하여 남자와 여자로 분류한다. 남자는 M, 여자는 F로 표시하기로 할 때 표본공간 S_1을 정의해 보라. 또 여자의 수를 원소로 하는 표본공간 S_2를 정의해 보라.

4. 어떤 대학의 심리학 교수에 지원한 2명의 남자 지원자 이력서가 2명의 여자 지원자 이력서와 같은 파일에 보관되어 있다. 자리는 2개가 있는데, 한 자리는 조교수로 4명의 지원자 중 임의로 한 명을 뽑게 된다. 다른 한 자리는 강사로, 나머지 3명 중 임의로 한 명을 뽑아 채워진다. 예를 들어, 조교수 자리에 두 번째 남자 지원자가 선택되고, 강사 자리에 첫번째 여자 지원자가 선택된 단순사상을 M_2F_1이라는 기호로 표시하기로 하자. 이런 기호를 사용하여 다음 물음에 답하라.
   ① 표본공간 S를 구하라.
   ② 조교수 자리가 남자 지원자에게 돌아갈 사상 A를 구하라.
   ③ 두 자리 중 꼭 한 자리가 남자 지원자에 의해 채워질 사상 B를 구하라.
   ④ 두 자리 중 어느 한 자리도 남자 지원자에게 돌아가지 않을 사상 C를 구하라.
   ⑤ 사상 $A \cap B$를 구하라.
   ⑥ 사상 $A \cup C$를 구하라.
   ⑦ 사상 A, B, C의 관계를 설명해 주는 벤 다이어그램을 그려 보라.

5. $S = \{x \mid 0 < x < 12\}$, $M = \{x \mid 1 < x < 9\}$, 그리고 $N = \{x \mid 0 < x < 5\}$이라 할

때 다음을 구하라.

① $M \cup N$

② $M \cap N$

③ $M' \cap N'$

6. 세 명의 주부에게 특정 세제에 대한 선호도를 조사하여 좋아하면 Y, 싫어하면 N으로 표시하기로 하였다.

① 표본공간을 표시하라.

② 적어도 2명의 주부가 특정세제를 좋아하는 사상을 표시하라.

7. $S=\{0, 1, 2, 3, 4, 5, 6, 7, 8, 9\}$, $A=\{0, 2, 4, 6, 8\}$, $B=\{1, 3, 5, 7, 9\}$, $C=\{2, 3, 4, 5\}$, $D=\{1, 6, 7\}$이라 할 때, 다음 사상들의 집합을 구하라.

① $A \cup C$ ② $A \cap B$ ③ C'

④ $(C' \cap D) \cup B$ ⑤ $(S \cap C)'$ ⑥ $A \cap C \cap D'$

8. 표본공간이 $S=\{$구리, 나트륨, 질소, 칼륨, 우라늄, 산소, 아연$\}$이고, $A=\{$구리, 나트륨, 아연$\}$, $B=\{$나트륨, 질소, 칼륨$\}$, $C=\{$산소$\}$일 때 다음 사상들의 집합을 구하라.

① A' ② $A \cup C$ ③ $(A \cap B') \cup C'$

④ $(B' \cap C')$ ⑤ $A \cap B \cap C$ ⑥ $(A' \cup B') \cap (A' \cap C)$

9. 어떤 병원의 검사실에서는 환자의 혈액형을 AB^+, AB^-, A^+, A^-, B^+, B^-, O^+, O^- 등의 8가지로 분류하고, 혈압은 저혈압 · 정상 · 고혈압으로 분류한다고 한다. 이때 어떤 환자가 이 검사실에서 검사를 받았을 경우 나올 수 있는 결과의 수를 구하라.

10. 어떤 제화회사에서는 5가지 종류의 디자인에, 4가지 색깔로, 6종류의 크기별로 구두를 제조하고 있다. 그러면 구두매장에서 진열할 수 있는 구두 종류의 수를 구하라.

11. 0, 1, 2, 3, 4, 5, 6의 7개의 숫자를 한번씩만 사용하여 3자리 숫자를 만들고자 한다.

① 3자리 숫자를 만들 수 있는 경우의 수를 구하라.

② 이러한 3자리 숫자가 홀수일 경우의 수를 구하라.

③ 이러한 3자리 숫자가 330보다 클 경우의 수를 구하라.

12. 6명의 심리학 교수가 4강좌의 교양심리학 강의를 맡을 수 있는 경우의 수

를 구하라. 단, 한교수는 교양 심리학 두 강좌 이상은 할 수 없다.

13. 4쌍의 부부가 8장의 음악회 입장권을 구입했다.
① 아무 제한없이 4쌍의 부부가 좌석에 앉을 수 있는 경우의 수를 구하라.
② 각 부부가 서로 옆에 앉을 수 있는 경우의 수를 구하라.
③ 남편 넷이 일렬로 앉고, 그 오른쪽에 부인 넷이 일렬로 앉을 수 있는 경우의 수를 구하라.

14. 어떤 대학교 농구팀이 금년 시즌에 12경기에 출전하여 7승 2무 3패의 전적을 올릴 수 있는 경우의 수를 구하라.

15. 상자에 500장의 봉투가 들어 있는데, 각 봉투에는 숫자가 쓰인 카드가 한장씩 들어 있다. 즉, 75장의 봉투에는 100이라고 쓰인 카드가 들어 있고, 150장의 봉투에는 25라고 쓰인 카드가 들어 있고, 나머지 275장의 봉투에는 10이라고 쓰인 카드가 들어 있다.
① 상자에서 한장의 봉투를 꺼낼 때 나올 수 있는 카드의 표본공간을 구하라.
② 이때 카드의 숫자가 100 미만일 확률을 구하라.

16. A와 B가 서로 배반인 사상이고, $P(A)=0.3$, $P(B)=0.5$라 할 때 다음을 구하라.
① $P(A \cup B)$
② $P(A')$
③ $P(A' \cap B)$

17. 영어 알파벳에서 한 글자를 임의로 선택했을 때 다음 확률을 구하라.
① 그 글자가 모음이 확률
② 그 글자가 j 앞에 있을 확률
③ 그 글자가 g 뒤에 있을 확률

18. 단어 white의 5개의 알파벳을 임의로 배열했을 때 다음 확률을 구하라.
① 자음으로 시작할 확률
② 모음으로 끝날 확률
③ 자음과 모음이 번갈아가며 나올 확률

19. 5권의 소설책과 3권의 시집, 1권의 사전이 놓여 있는 선반에서 임의로 3권의 책을 집어낼 때 다음 확률을 구하라.
① 그 3권 중 사전이 들어 있을 확률

② 2권의 소설책과 1권이 시집이 뽑혀질 확률

20. 100명의 고등학교 졸업반 학생들 중에서 54명은 수학을 공부했고, 69명은 역사를 공부했으며, 35명은 수학과 역사 둘 다를 공부했다. 임의로 한 명의 학생을 선택했을 때 다음 확률을 구하라.

① 그 학생이 수학이나 역사를 공부했을 확률

② 그 학생이 둘 중 어느 하나도 공부하지 않았을 확률

③ 그 학생이 역사는 했지만 수학은 하지 않았을 확률

21. 어떤 회사의 공장이 구미에 위치할 확률이 0.7이고, 창원에 위치할 확률이 0.4이며, 구미 혹은 창원에 위치할 확률이 0.8이라 할 때 다음 확률을 구하라.

① 공장이 두 도시에 모두 위치할 확률

② 공장이 두 도시 중 어느 한 도시에도 위치하지 않을 확률

22. 과거 경험에 비추어 어떤 증권업자는 현재와 같은 경제적 상황하에서는 고객이 면세공채에 투자할 확률이 0.6이고, 상호기금에 투자할 확률이 0.3이며, 두 군데 모두 투자할 확률은 0.15라고 한다. 이때 다음 확률을 구하라.

① 둘 중 하나에만 투자할 확률

② 아무곳에도 투자하지 않을 확률

23. 어떤 주유소에서 30분 동안 급유를 한 차량의 수가 0, 1, 2, 3, 4, 혹은 5대 이상일 확률이 각각 0.03, 0.18, 0.24, 0.28, 0.10, 그리고 0.17이라 할 때 다음 확률을 구하라.

① 2대 이상의 차가 급유를 받을 확률

② 기껏해야 4대의 차가 급유를 받을 확률

③ 4대 이상의 차가 급유를 받을 확률

24. 고급물리 수강반은 10명의 3학년생, 30명의 4학년생과 10명의 대학원생으로 구성되어 있다. 기말에 성적을 산출한 결과 3명의 3학년생과 10명의 4학년생, 5명의 대학원생이 A학점을 받았다. 이 수강반에서 임의로 한 명을 선택했을 때, 그 학생이 A학점을 받았다는 가정하에서 그가 4학년생일 확률은 얼마인가?

25. 200명의 성인으로 구성된 집단을 성별·학력별로 다음과 같이 구분하였다.

학 력	남 성	여 성
국 졸	38	45
중 졸	28	50
대 졸	22	17

만일 이 집단에서 임의로 한 명을 뽑았을 때 다음 확률을 구하라.

① 그 사람이 중졸이라는 가정하에서 남자일 확률

② 그 사람이 여성이라는 가정하에서 대학교육을 받지 않았을 확률

26. 100명의 고교 졸업반 학생들 중에서 42명은 수학을, 68명은 심리학을, 54명은 사학을, 22명은 수학과 사학을 모두 다, 25명은 수학과 심리학을 공부하였으며, 7명은 사학만을 공부하였다. 또한 10명은 세 과목 모두 공부하였으며, 8명은 그 셋 중 어느 하나도 공부하지 않았다. 임의로 한 명의 학생을 뽑았을 때 다음 확률을 구하라.

① 심리학을 공부한 학생이 세 과목 모두를 공부했을 확률

② 심리학을 선택하지 않은 학생이 사학과 수학을 모두 다 선택했을 확률

27. 한 쌍의 주사위를 던지는 실험에서 하나의 주사위에서 4가 나왔을 때 다음 확률은 얼마인가?

① 다른 하나의 주사위에서 5가 나올 확률

② 두 주사위의 눈의 합이 7보다 클 확률

28. 흡연습관과 고혈압과의 관계를 조사하기 위해 180명을 대상으로 자료를 수집한 결과가 다음과 같다.

	비 흡 연	하루 1갑 이하 흡연	하루 1갑 이상 흡연
고혈압	21	36	30
정 상	48	26	19

① 이 중에서 한 사람을 선택했을 때, 그 사람이 하루에 1갑 이상의 흡연자라는 가정하에 고혈압일 확률을 구하라.

② 이 중에서 한 사람을 선택했을 때, 그 사람이 정상이라는 가정하에 비흡연자일 확률을 구하라.

29. 의사가 오진을 할 확률은 0.3이고, 오진을 했을 경우 환자가 재판을 걸 확률은 0.9이다. 그러면 의사가 오진을 하고, 환자가 재판을 걸 확률을 구하라.

30. 갑이 앞으로 20년간 생존할 확률은 0.9이고, 을이 앞으로 20년간 생존할 확

률은 0.7이다. 이때 갑과 을 모두 20년간 생존하지 못할 확률을 구하라.

31. 어떤 시험에 불합격할 확률은 0.1로 알려져 있다.

① 이때 4사람의 응시자가 모두 불합격할 확률을 구하라.

② 4사람중 갑과 을은 합격하고 병과 정은 불합격할 확률을 구하라.

32. 어떤 도시의 교외에 살고 있는 부부에 대해서 남편이 국민투표에 참여할 확률이 0.21이고, 그의 아내가 투표에 참여할 확률이 0.28이며, 부부가 모두 참여할 확률은 0.15라는 자료가 있다. 이때 다음 확률을 구하라.

① 부부 중 적어도 한 명은 투표할 확률

② 남편이 투표했을 때 그의 아내가 투표를 할 확률

③ 아내가 투표를 하지 않았을 때 그의 남편이 투표할 확률

33. 4개의 흰 공과 3개의 검은 공이 들어 있는 첫번째 가방과, 3개의 흰 공과 5개의 검은 공이 들어있는 두 번째 가방이 있다. 두 번째 가방에서 임의로 하나의 공을 꺼내어 그것을 보지 않고 첫번째 가방에 집어넣은 다음 첫번째 가방에서 하나의 공을 꺼낼 때 그 공이 흰 공일 확률은 얼마인가?

34. 어떤 마을에 독립적으로 사용 가능한 2대의 소방차가 있다. 필요시에 즉시 사용할 수 있는 확률이 0.96일 때,

① 필요시에 두 대 모두 사용할 수 없는 확률은 얼마인가?

② 필요시에 한 대의 소방차가 사용 가능할 확률은 얼마인가?

35. 아스피린 2병과 소화제 3병이 담긴 첫번째 가방과, 아스피린 3병과 소화제 2병, 그리고 변비약 1병이 담긴 두 번째 가방이 있다. 각 가방에서 임의로 병을 한 개씩 꺼낼 때 다음 확률을 구하라.

① 두 병 모두 소화제일 확률

② 두 병 모두 소화제가 아닐 확률

③ 두 병의 내용물이 틀릴 확률

36. 환자가 심장치료를 받고 회복이 될 확률이 0.8일 때 다음 확률을 구하라.

① 이 치료를 받은 3명 중 2명만 회복이 될 확률

② 이 치료를 받은 3명이 모두 회복될 확률

37. 색깔이 있는 공들이 세 개의 구별할 수 없는 상자 속에 다음과 같이 들어있다.

색깔 \ 상자	상자 1	상자 2	상자 3
붉은색	2	4	3
흰 색	3	1	4
푸른색	5	3	3

임의로 상자 하나를 선택하여 그 상자에서 임의로 하나의 공을 꺼냈더니 그 공이 붉은색이었다. 상자 3이 선택되었을 확률은 얼마인가?

38. 어떤 교외 통근자는 2대의 차를 가지고 있는데, 하나는 소형차고 하나는 표준형이다. 3/4 정도는 소형차를 사용하고 1/4 정도는 표준형을 사용한다고 하자. 그 사람이 소형차를 사용할 때는 75% 정도 오후 5시 30분까지 집에 들어가고, 표준형을 쓸 때는 60% 정도 오후 5시 30분까지 집에 들어간다고 하자. 어느 날 그 사람이 오후 5시 30분 이후에 집에 들어갔을 때 그가 소형차를 사용하였을 확률은 얼마인가?

39. 한 대기업에서는 고객의 접대를 위해 3개의 모텔을 사용하고 있다. 과거의 경험에 의해 고객의 20%는 R모텔에, 50%는 S모텔에, 30%는 L모텔에 투숙한다고 알려져 있다. R모텔의 방들 중에서 5%가 상하수도 시설이 불량하고, S모텔은 4%, L모텔은 8%가 그렇다고 할 때 다음 확률은 얼마인가?

① 고객이 상하수도 시설이 불량한 방에 투숙하게 될 확률

② 상하수도 시설이 불량한 방에 들어 있는 고객이 투숙된 곳이 L모텔일 확률

40. 어떤 지역에서는 40세 이상의 성인을 대상으로 암에 대한 검진 결과, 암에 걸릴 확률이 0.02로 알려져 있다. 그리고 암 환자를 의사가 제대로 점진할 확률은 0.78, 암 환자가 아닌 사람을 암 환자로 오진할 확률은 0.06이라고 할 때, 어떤 사람이 암으로 진단될 확률을 구하라.

41. 24시간 편의점에서 심야에 판매되는 우유중에 유효기간이 경과된 제품이 있다는 제보에 따라 위생조사를 하였다. 50병의 우유중 10병이 유효기간이 경과되었다는 가정하에 5병을 연속적으로 표본추출하였다.

① 첫번째 추출한 우유가 유효기간이 경과되었을 확률을 구하라.

② 첫번째 우유가 유효기간이 경과되지 않았다는 조건하에서 두 번째 우유가 유효기간이 경과되었을 확률을 구하라.

③ 첫번째부터 네 번째 추출된 우유까지 유효기간이 경과되지 않았다는 조건하에서 다섯 번째 우유가 유효기간이 경과되었을 확률을 구하라.

42. 출판협회에서 최근 5년간 발표된 소설을 대상으로 조사한 바에 의하면, 발표된 소설중 1%가 '베스트셀러'였고, 이중 50%는 영상화(영화, 연극, 텔레비전 드라마)되었다고 한다.

사상 A : 어떤 소설이 '베스트셀러'가 됨.

사상 B : 어떤 소설이 '영상화'됨.

① $P(A)$를 구하라.

② $P(B|A)$를 구하라.

③ $P(A \cap B)$를 구하라.

43. 신문사에서 사용되는 윤전기 제조업자는 자사제품이 가동중에 고장날 확률은 0.01이라고 주장하고 있다. 그러면 현재 두 대의 윤전기(1호기, 2호기)를 사용하고 있는 신문사에 대해 다음 확률을 구하라.

① 1호기가 작동중에 고장날 확률

② 2호기가 작동중에 고장나지 않을 확률

③ 1, 2호기 모두 작동중 고장날 확률

44. 해안 경비대에서는 인명구조용으로 모터가 두 개 달린 쾌속선을 도입하였다. 그러나 모두 두 개는 동시에 작동되는 것이 아니라, 첫번째 모터가 고장시에 한해 두 번째 모터를 작동하도록 설계되어 있다. 첫번째 모터가 고장날 확률은 0.2이고, 첫번째 모터가 고장났을 때, 두 번째 모터도 고장날 확률은 0.3이다. 이때 인명구조 임무를 차질 없이 완수할 수 있는 확률을 구하라.

제 3 장

확률변수와 확률분포

3.1 확률변수의 개념

통계적 실험(statistical experiment)이라는 말은 여러 가지 사건들이 생성되는 어떤 과정을 설명하기 위하여 사용된다. 때때로 우리는 각 표본점 개개에 관심을 갖는 것이 아니라 결과를 수치로 나타내는 것에 관심을 가질 때가 있다. 예를 들어, 하나의 동전을 세 번 던지는 실험에서 모든 출현 가능한 결과들을 정확히 보여 주는 표본공간은 다음과 같다.

$$S=\{HHH, HHT, HTH, THH, HTT, THT, TTH, TTT\}$$

만일 앞면이 나타난 횟수에만 관심을 가지고 있다면, 각 표본점에 0, 1, 2, 3의 숫자들을 대응시킬 수 있다. 여기서, 0, 1, 2, 3과 같은 숫자들은 실험결과에 의해서 결정되어지는 실수값이다. 이러한 실수값은 어떤 확률변수(random variable) X의 값으로 생각되어질 수 있는데, 이 경우에 그것은 하나의 동전을 세 번 던질 때 앞면이 나온 횟수를 나타낸다.

[정의 3.1] 확률변수(random variable)는 표본공간 내에 있는 각 원소에 하나의 실수값을 대응시키는 함수로 정의된다.

확률변수는 주로 대문자(즉, X)로 나타내고, 그에 대응하는 하나의 값은

소문자(즉, x)로 나타낸다. 위의 동전을 던지는 실험에서 확률변수 X는 표본공간 S의 부분집한 $E=\{HHT,\ HTH,\ THH\}$의 모든 원소에 대하여 2의 값을 취한다는 사실을 알 수 있다. 즉, x의 모든 가능한 값들은 주어진 실험에서 표본공간의 부분집합이 되는 사상을 나타낸다.

[예 3.1] 4개의 붉은 공과 3개의 검은 공이 들어 있는 항아리에서 연속적으로 두 개의 공을 비복원추출하는 실험에서 Y를 붉은 공의 개수라 할 때, 출현 가능한 결과와 확률변수 Y의 값 y는 다음과 같다.

표본공간	RR	RB	BR	BB
y	2	1	1	0

[예 3.2] 공구보관소의 직원이 세 명의 강철공장 종업원에게 안전 헬밋을 임의로 꺼내 주었다. 만일 갑(A), 을(B), 병(C)의 순서로 헬밋을 받을 때, 헬밋을 돌려받는 가능한 순서들을 나열하라. 그리고 M을 원래 주인에게 돌아가는 헬밋의 수라 할 때, 확률변수 M의 값 m을 구하라.

(풀이) A, B, C가 각각 갑, 을, 병의 헬밋을 나타낸다고 하면 헬밋이 돌아가는 가능한 배열과 각 배열에 대해 헬밋이 원래 주인에게 돌아가는 헬밋의 수는 다음과 같다.

표본공간	ABC	ACB	BAC	BCA	CAB	CBA
m	3	1	1	0	0	1

앞의 두 예에서 표본공간은 유한 개의 원소를 가지고 있다. 반대로, 하나의 주사위를 5의 눈이 나올 때까지 던진다면 표본공간은 다음과 같이 무한 개의 원소를 갖게 된다.

$$S=\{F,\ NF,\ NNF,\ NNNF,\ \cdots\}$$

여기서 F와 N은 5의 눈이 나온 경우와 나오지 않은 경우를 나타낸다. 그러나 이 실험에서도 각 원소에 첫번째, 두 번째, 세 번째, 기타 등과 같이 번호를 부여할 수 있으므로 셀 수는 있다.

[정의 3.2] 표본공간이 유한 개 혹은 셀 수 있는 무한 개의 원소로 이루어질 때 이산표본공간(discrete sample space)이라 한다.

어떤 통계적 실험에서는 출현 가능한 결과들이 유한하지도 않고 셀 수도 없는 경우가 있다. 예를 들어, 어떤 자동차가 5리터의 휘발유로 정규시험코스를 주행한 거리를 측정하는 것은 그런 경우에 해당된다. 거리를 어느 정도의 정확성을 가지고 측정되어지는 변수라고 생각한다면 표본공간 내의 가능한 거리들은 무한 개이며 셀 수도 없다. 또한 화학반응이 일어나는 시간간격을 기록하는 실험에서도 표본공간을 구성하는 가능한 시간간격들이 무한 개이고 셀 수도 없다. 즉 모든 표본공간이 이산적인 경우는 아니라는 사실을 알 수 있다.

[정의 3.3] 표본공간이 실직선의 어떤 구간 내의 모든 수를 포함할 때 연속표본공간(continuous sample space)이라 한다.

확률변수들의 집합이 셀 수 있는 집합이면 그 확률변수를 이산확률변수(discrete random variable)라 한다. [예 3.1]에서 Y의 가능한 값들은 0, 1, 2이고, [예 3.2]에서 M의 가능한 값들은 0, 1, 3이므로 Y와 M은 이산확률변수이다. 확률변수가 연속적인 구간 내의 값을 취하면 연속확률변수(continuous random variable)라 한다. 때때로 연속확률변수의 가능한 값들은 연속적인 표본공간에서 얻어지는 값들과 일치한다. 앞의 예에서 5리터의 휘발유로 시험코스를 주행하는 거리를 나타내는 확률변수가 바로 그런 경우에 해당된다. 대부분의 실제적인 문제에서 연속확률변수는 높이나 무게, 온도, 거리, 혹은 수명기간 등과 같이 측정자료들을 나타내는 반면에, 이산확률변수는 k개의 제품 중에서 불량품 개수나 연간 고속도로 사고횟수 등과 같이 계수자료(count data)를 나타낸다. [예 3.1]과 [예 3.2]의 확률변수 Y와 M은 모두 계수자료(count data)를 나타낸다. 즉, Y는 붉은 공의 수, M은 원래 주인에게 돌아가는 헬밋의 수를 나타내므로 계수자료가 된다.

3.2 이산확률분포

하나의 동전을 세 번 던지는 실험에서 앞면이 나온 횟수를 나타내는 확률변수 X는 3/8의 확률로 2를 취하는데, 8개의 표본점 중에서 앞면이 두 번,

뒷면이 한 번 나오는 경우가 세 가지이기 때문이다. [예 3.2]에서 각각의 단순사상에 대해 똑같은 가중치를 주면 아무도 원래 자기의 헬밋을 받지 못할 확률, 즉 M이 0을 취할 확률은 1/3이 된다. M의 가능한 값 m과 그에 대한 확률은 다음과 같이 주어진다.

m	0	1	3
$P(M=m)$	1/3	1/2	1/6

위의 m값은 M이 취할 수 있는 모든 값들이므로 그 합은 당연히 1이 된다.

때때로 어떤 식에 의해서 확률변수 X의 모든 확률을 나타내는 것이 편리할 때가 있다. 그러나 식은 반드시 수치 x의 함수여야 하며, 그것은 $f(x)$나 $g(x)$, 혹은 $r(x)$, 기타 여러 가지 방법으로 표시할 수 있다. 따라서 $f(x)=P(X=x)$, 즉 $f(3)=P(X=3)$과 같이 쓸 수 있다. $(x,f(x))$와 같은 순서쌍의 집합을 이산확률변수 X의 확률함수(probability function) 혹은 확률분포(probability distribution)라 한다.

[정의 3.4] 순서쌍$(x,\ f(x))$의 집합이 모든 x에 대해 다음 3가지 조건을 만족할 때 확률함수(probability function) 혹은 확률분포(probability distribution)라고 한다.

1) $f(x)\geq 0$
2) $\sum\limits_{x} f(x)=1$
3) $P(X=x)=f(x)$

[예 3.3] 판매지로 보낼 8대의 유사한 마이크로 컴퓨터 중에 불량품이 3대 끼어 있다. 어느 학교에서 이 중 임의로 2대를 구입했을 때 불량품의 개수의 확률분포를 구하라.

(풀이) X가 확률변수이고, X의 값 x를 그 학교에서 구입한 가능한 불량품의 수라 하자. 그러면 x는 0, 1, 2 중에서 어떤 값을 취할 수 있다. 그러므로

$$f(0)=P(X=0)=\frac{\binom{3}{0}\binom{5}{2}}{\binom{8}{2}}=\frac{10}{28}$$

$$f(1)=P(X=1)=\frac{\binom{3}{1}\binom{5}{1}}{\binom{8}{2}}=\frac{15}{28}$$

$$f(2)=P(X=2)=\frac{\binom{3}{2}\binom{5}{0}}{\binom{8}{2}}=\frac{3}{28}$$

이며, 따라서 X의 확률분포는 다음과 같다.

x	0	1	2
$f(x)$	$\frac{10}{28}$	$\frac{15}{28}$	$\frac{3}{28}$

[예 3.4] 어느 대행업체가 판매한 외제차 중 50%가 디젤 엔진을 가지고 있다고 할 때, 이 대행업체에 의해서 판매될 다음 4대 중 디젤 엔진을 가지고 있는 차의 수의 확률분포에 대한 식을 구하라.

(풀이) 디젤 모델이나 가솔린 모델을 판매할 확률은 똑같이 0.5이므로 표본공간에는 발생확률이 똑같은 $2^4=16$개의 표본점이 존재한다. 따라서 모든 확률에 대해서 분모는 16이 될 것이다. 3대의 디젤 모델을 판매할 방법의 수를 구하기 위해서, 3대의 디젤 모델이 한쪽 부분에 할당되고 1대의 가솔린 모델은 다른 한쪽 부분에 할당되도록 4개의 결과를 두 부분으로 나누는 방법의 수를 고려하여야 한다. 이것은 $\binom{4}{3}=4$와 같은 방법으로 계산되어질 수 있다. 일반적으로 x대의 디젤 모델과 $(4-x)$대의 가솔린 모델을 판매할 사상은 $\binom{4}{x}$개의 방법으로 발생할 수 있으며, 여기서 x는 0, 1, 2, 3, 4의 값을 취할 수 있다. 그러므로 확률분포 $f(x)=P(X=x)$는 다음과 같이 표시되어진다.

$$f(x)=\frac{\binom{4}{x}}{16},\ x=0,\ 1,\ 2,\ 3,\ 4$$

보통 확률변수 X의 관측치가 어떤 실수 x보다 작거나 같을 확률을 계산해야 될 문제들이 많이 있다. 모든 실수 x에 대하여 $F(x)=P(X\le x)$라 쓰고, $F(x)$를 확률변수 x의 누적분포(cumulative distribution)라고 한다.

[정의 3.5] 확률분포 $f(x)$를 갖는 이산확률변수 X의 누적분포(cumulative distribution) $F(x)$는

$$F(x)=P(X\leq x)=\sum_{t\leq x}f(t),\ -\infty<x<\infty$$

로 주어진다.

[예 3.2]에서 헬밋이 원래 주인에게 돌아갈 경우의 수를 나타내는 확률변수 M에 대하여 살펴보면 다음 결과를 얻을 수 있다.

$$F(2.4)=P(M\leq 2.4)=f(0)+f(1)=\left(\frac{1}{3}\right)+\left(\frac{1}{2}\right)=\frac{5}{6}$$

M의 누적분포는 다음과 같이 주어진다.

$$F(m)=\begin{cases}0, & m<0\\ 1/3, & 0\leq m<1\\ 5/6, & 1\leq m<3\\ 1, & m\geq 3\end{cases}$$

여기서 누적분포는 주어진 확률변수가 취할 수 있는 값에서뿐만 아니라 모든 실수에서 정의되어진다는 사실에 유의하여야 한다.

[예 3.5] [예 3.4]에서 확률변수 X의 누적분포를 구하라. 그리고 $F(x)$를 사용하여 $f(2)=3/8$이 됨을 증명하라.

(풀이) [예 3.4]의 확률분포를 직접 계산해 보면 $f(0)=1/16$, $f(1)=1/4$, $f(2)=3/8$, $f(3)=1/4$, $f(4)=1/16$이 됨을 알 수 있다. 따라서

$$F(0)=f(0)=\frac{1}{16}$$

$$F(1)=f(0)+f(1)=\frac{5}{16}$$

$$F(2)=f(0)+f(1)+f(2)=\frac{11}{16}$$

$$F(3)=f(0)+f(1)+f(2)+f(3)=\frac{15}{16}$$

$$F(4)=f(0)+f(1)+f(2)+f(3)+f(4)=1$$

그러므로

$$F(x) = \begin{cases} 0, & x < 0 \\ \frac{1}{16}, & 0 \le x < 1 \\ \frac{5}{16}, & 1 \le x < 2 \\ \frac{11}{16}, & 2 \le x < 3 \\ \frac{15}{16}, & 3 \le x < 4 \\ 1, & x \ge 4 \end{cases}$$

$$f(2) = F(2) - F(1) = \frac{11}{16} - \frac{5}{16} = \frac{3}{8}$$

이 됨을 보일 수 있다.

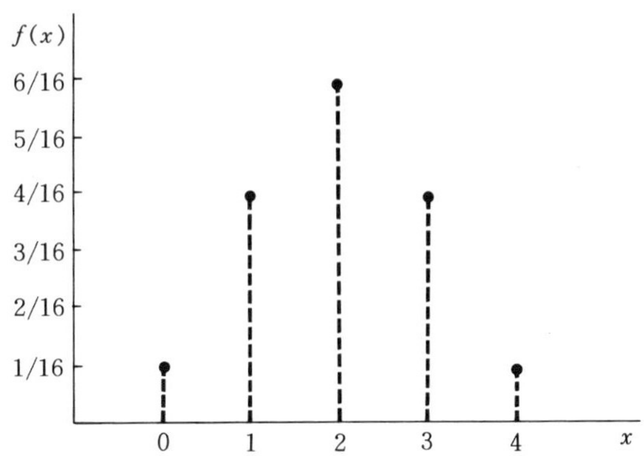

〈그림 3. 1〉 막대그래프

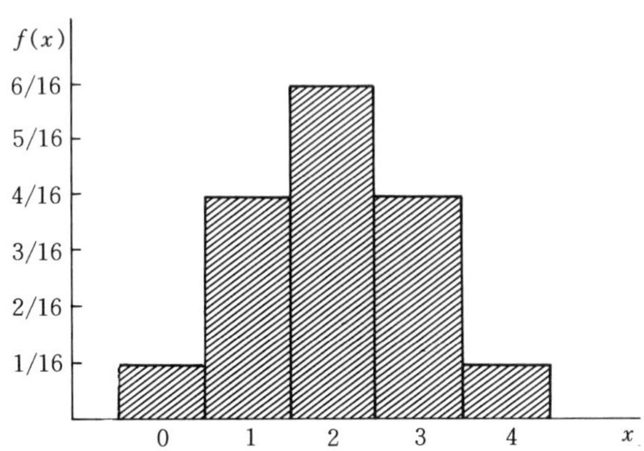

〈그림 3. 2〉 확률기둥그래프

종종 확률분포를 그래프로 그려 보는 것이 유용할 때가 있다. [예 3.4]의 점 $(x, f(x))$를 이용하면 〈그림 3.1〉을 얻을 수 있다. 〈그림 3.1〉에서 점들을 x축과 점선이나 실선으로 연결함으로써 일반적으로 막대그래프(bar chart)라고 부르는 그림을 얻는다. 〈그림 3.1〉을 보면, x의 어떤 값이 가장 빈번히 일어난다는 사실을 알 수 있으며, 또한 이 경우 완전대칭이 됨을 알 수 있다.

점 $(x, f(x))$로 〈그림 3.1〉과 같은 막대그래프를 그리는 것보다 〈그림 3.2〉와 같이 직사각형을 더 많이 사용한다. 여기서 사각형의 밑면은 각 x값을 중심으로 폭이 같으며, 높이는 $f(x)$에 의해서 주어지는 확률값이 된다. 밑변은 직사각형 사이에 빈 공간이 없도록 해야 된다. 〈그림 3.2〉를 확률기둥그래프(probability histogram)라고 한다.

〈그림 3.2〉에서 각 밑변의 길이가 1이므로 $P(X=x)$는 x값을 밑변의 중심으로 하는 직각사각형의 면적과 같아진다. 밑변이 1이 아니더라도 직사각형의 면적이 확률이 되도록 높이를 조절할 수 있다. 면적이 확률을 나타낸다는 개념은 연속확률변수의 확률분포를 고려할 때에도 필요하다.

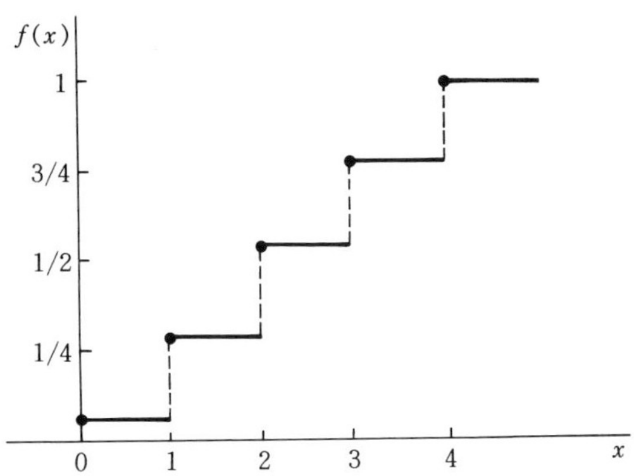

〈그림 3.3〉 이산누적분포

예를 들어, Y를 하나의 동전을 네 번 던질 때 나오는 앞면의 수라고 하면 확률변수 Y에도 적용할 수 있다. 혹은 W가 52장의 트럼프 카드에서 연속적으로 넉 장의 카드를 복원추출할 때 나오는 붉은색 카드의 수라 하면 확률변수 W에도 적용할 수 있다. 여러 가지 실험 상황에 작용되어질 수 있는 특별한 이산확률분포들은 제 4 장에서 다룰 것이다.

3.3 연속확률분포

연속확률변수는 정확히 어느 한 점에서는 0의 확률을 갖는다. 따라서 그것의 확률분포는 테이블 형태로 나타낼 수 없다. 그 이유는 어떤 특정한 점에 있어서의 적분값은 영이 되므로, 한 점에서의 확률값이 영이 되는 것이다.

21세 이상의 사람들의 신장을 나타내는 확률변수에 대해서 생각해 보자. 어떤 두 값 사이, 예를 들어 163.5와 164.5cm, 혹은 163.99와 164.01cm 사이에는 무한히 많은 값이 존재하며 164cm는 그 중 하나의 값이 된다. 임의로 한 명을 뽑을 때 그 사람의 카가 정확히 164cm이고, 164cm에 아주 근접해서 그 차이를 측정할 수 없는 값이 아닐 확률은 매우 적으므로 우리는 그러한 사상에 확률 0을 할당한다. 그러나 그 사람의 키가 163cm 이상이고 165cm 이하일 확률은 그러한 경우가 아니다. 따라서 연속확률분포인 경우는 확률변수의 한 점보다 어떤 구간에 더 관심을 갖게 된다. 즉, $P(a<X<b)$ 혹은 $P(W>c)$와 같이 연속확률변수의 여러 구간에 대한 확률을 계산하는 데 관심을 갖는다. X가 연속확률변수이면

$$
\begin{aligned}
P(a<X\leq b) &= P(a<X<b)+P(X=b) \\
&= P(a<X<b)
\end{aligned}
$$

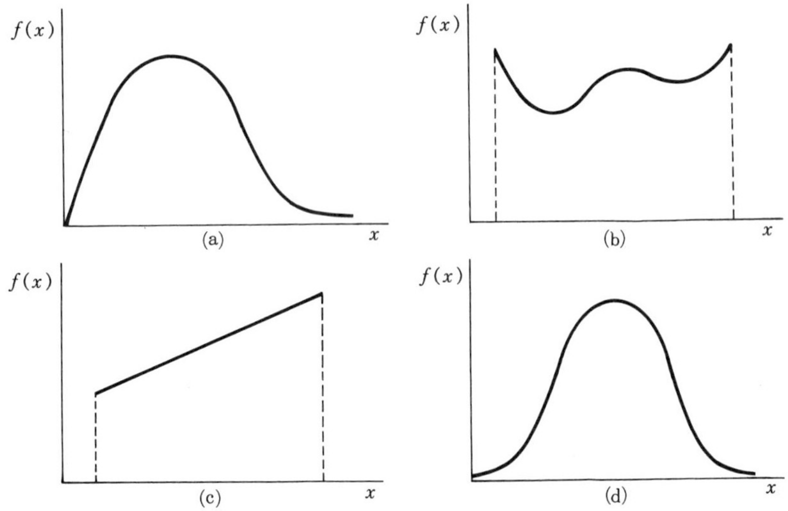

〈그림 3.4〉 전형적인 확률함수들

연속확률분포에서는 어떤 구간의 끝점이 포함이 되든 안 되든 그것은 문제가 되지 않는다. 연속확률변수의 확률분포가 테이블 형태로 표시되지는 않지만 어떤 식으로 표시될 수는 있다. 그러한 식은 필수적으로 연속확률변수 X의 수치함수이어야 하고, 함수기호 $f(x)$와 같이 표시된다. 연속확률변수를 다룰 때 $f(x)$를 X의 확률밀도함수, 혹은 간단히 확률분포라고 한다. X가 연속인 표본공간상에서 정의되므로 $f(x)$가 유한 개의 불연속점을 갖는 것이 가능하다. 그러나 통계자료의 분석에 실질적으로 적용될 수 있는 대부분의 확률함수는 연속적이고 그것의 그래프는 여러 가지 형태를 가질 수 있다. 몇 가지 예가 〈그림 3.4〉에 나타나 있다.

확률밀도함수는 $f(x)$가 정의되는 x의 범위 내에서 그 곡선의 아랫부분의 면적이 1이 되어야 한다. 이 X의 범위가 유한한 구간이면 구간 외의 모든 점에서는 $f(x)=0$이라고 정의함으로써 실수 전체를 포함하는 구간으로 확정하는 것이 가능하다. 〈그림 3.5〉에서 X가 a와 b사이의 값을 취할 확률은 빗금 친 부분의 면적이 되고 적분공식에 의해 다음 식과 같이 표시된다.

$$P(a<X<b)=\int_a^b f(x)dx$$

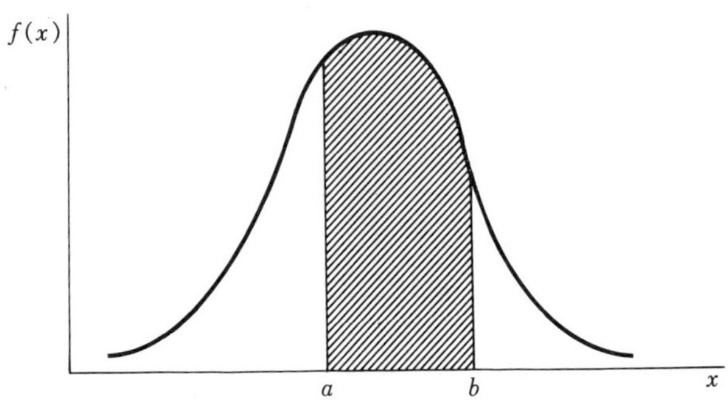

〈그림 3.5〉 $P(a<X<b)$

[정의 3.6] 다음 세 가지 조건이 만족되면 $f(x)$를 실수의 집합 R상에서 정의된 연속확률변수에 대한 확률분포라고 한다.

1) 모든 $x \in R$에 대하여 $f(x) \geq 0$

2) $\int_{-\infty}^{\infty} f(x)dx=1$

3) $P(a<X<b)=\int_b^a f(x)dx$

[예 3.6] 제어실험실의 실험에서 반응온도의 변화에 따른 오차는 다음과 같은 확률분포를 갖는 연속확률변수 X라고 가정하자.

$$f(x)=\begin{cases} \dfrac{x^2}{3}, & -1<x<2 \\ 0, & \text{기타} \end{cases}$$

1) [정의 3.6]의 조건 2)를 증명하라.

2) $P(0<X\le 1)$을 구하라.

(풀이)

1) $\displaystyle\int_{-\infty}^{\infty} f(x)\,dx=\int_{-1}^{2}\frac{x^2}{3}dx=\frac{x^3}{9}\bigg|_{-1}^{2}=\frac{8}{9}+\frac{1}{9}=1$

2) $\displaystyle P(0<X\le 1)=\int_{0}^{1}\frac{x^2}{3}dx=\frac{x^3}{9}\bigg|_{0}^{1}=\frac{1}{9}$

[정의 3.7] 확률밀도함수가 $f(x)$인 연속확률변수 X의 누적분포 $F(x)$는 다음과 같다.

$$F(x)=P(X\le x)=\int_{-\infty}^{x} f(t)\,dt, \quad \infty<x<\infty$$

[정의 3.7]에 의해 다음의 두 가지 사실을 알 수 있다.

1) $P(a<X<b)=F(b)-F(a)$

2) 미분이 가능하면 $f(x)=\dfrac{dF(x)}{dx}$

[예 3.7] [예 3.6]의 확률밀도함수에 대하여 $F(x)$를 구하고 그것을 이용하여 $P(0<X\le 1)$을 구하라.

(풀이) $-1<x<2$인 x에 대하여

$$F(x)=\int_{-\infty}^{x} f(t)\,dt=\int_{-1}^{x}\frac{t^2}{3}dt=\frac{t^3}{9}\bigg|_{-1}^{x}=\frac{x^3+1}{9}$$

따라서

$$F(x)=\begin{cases} 0, & x\le -1 \\ \dfrac{x^3+1}{9}, & -1\le x<2 \\ 1, & x\ge 2 \end{cases}$$

누적분포 $F(x)$는 〈그림 3.6〉의 그래프와 같이 표현된다.

$$P(0<X\leq 1)=F(1)-F(0)=\frac{2}{9}-\frac{1}{9}=\frac{1}{9}$$

이것은 [예 3.6]에서와 같이 확률밀도함수를 사용했을 때의 결과와 일치한다.

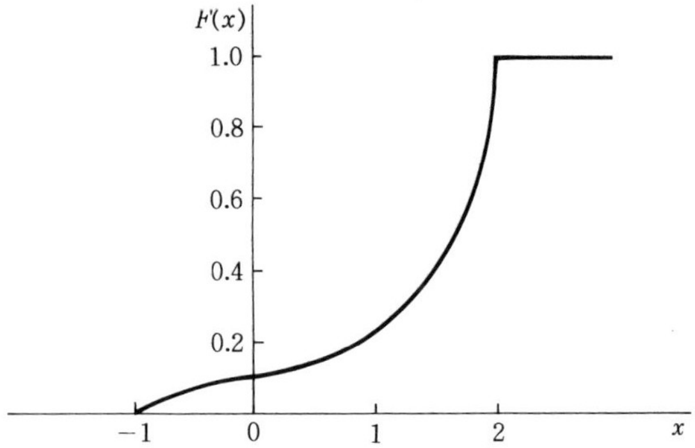

〈그림 3.6〉 연속누적분포

3.4 결합확률분포

앞 절까지의 확률변수와 그것의 확률분포는 일차원 표본공간에 국한되어 있는 단일확률변수에 대해서 다루었다. 그러나 여러 개의 확률변수들의 결과를 동시에 취급해야 될 경우가 있다. 예를 들어, 어떤 화학제어실험에서 침전물의 양 P와 방출되는 가스의 부피 V를 측정하면, (p, v)로 구성되는 2차원 표본공간을 얻을 수 있다. 또는 실온에서 잡아늘인 구리의 강도 H와 T에 관심을 갖는다면 결과가 (h, t)로 표시된다. 고등학교 때의 여러 가지 자료로 대학에서의 성공 가능성을 결정하기 위해서는 3차원 표본공간으로 각 개인에 대하여 적성검사 성적, 고등학교 때의 석차, 대학 1학년 말의 평점 평균 등을 조사해야 한다.

X와 Y가 두 이산확률변수라 할 때 두 변수의 확률분포는 확률변수 X와 Y의 범위 내에서 (x, y)에 대하여 $f(x, y)$를 값으로 갖는 함수로 표시되어질 수 있다. 보통 이러한 함수를 X와 Y의 결합확률분포라 한다. 그러므로 이산적인 경우에는

$$f(x, y)=P(X=x, Y=y)$$

즉, $f(x, y)$는 x와 y가 동시에 일어날 확률이 된다. 예를 들어, X가 TV 수상기의 사용년수, Y를 그 수상기에 들어있는 불량튜브의 수라 하면, $f(5, 3)$은 그 TV 수상기가 5년 된 것이고, 3개의 새로운 튜브를 필요로 할 확률이다.

[정의 3.8] 다음 세 가지 조건이 만족될 때 함수 $f(x, y)$를 이산확률변수 X와 Y의 결합확률분포라 한다.

1) 모든 (x, y)에 대하여 $f(x, y) \geq 0$

2) $\sum_x \sum_y f(x, y) = 1$

3) $P(X=x, Y=y) = f(x, y)$

x, y 평면 상의 어떤 영역 A에 대하여, $P[(X,Y) \in A] = \sum\sum_{A} f(x, y)$가 된다.

[예 3.8] 3개의 파란색 펜과 2개의 붉은색 펜, 3개의 초록색 펜 중에서 임의로 두 개를 추출할 때, X를 파란색 펜의 수, Y를 붉은색 펜의 수라 하자. 이때

1) 결합확률분포 $f(x, y)$를 구하라.

2) $A = \{(x, y) \mid x+y \leq 1\}$이라 할 때 $P[(x, y) \in A]$를 구하라.

(풀이)

1) (x, y)의 가능한 쌍은 (0, 0), (0, 1), (1, 0), (1, 1), (0, 2)와 (2, 0)이다. 이 중 $f(0, 1)$은 하나의 붉은색 펜과 초록색 펜이 선택될 확률이다. 8개 중에서 임의로 2개를 뽑는 방법의 수는 $\binom{8}{2}=28$가지이다. 2개의 붉은 펜 중 하나가 선택되고, 3개의 초록색 펜 중 하나가 선택되는 경우의 수는 $\binom{2}{1}\binom{3}{1}=6$ 가지이다. 따라서 $f(0, 1)=6/28=3/14$이다. 유사한 방법으로 다른 경우에 대해서도 확률을 계산할 수 있으며, 그것이 〈표 3.1〉에 나타나 있다.

이를 일반적인 결합확률분포로 나타내 보면 다음과 같다.

$$f(x, y) = \frac{\binom{3}{x}\binom{2}{y}\binom{3}{2-x-y}}{\binom{8}{2}}$$

$$x=0, 1, 2, \ y=0, 1, 2, \quad 0 \leq x+y \leq 2$$

〈표 3.1〉 [예 3.8]의 결합확률분포

$f(x, y)$		x = 0	1	2	행의 합
y	0	$\frac{3}{28}$	$\frac{9}{28}$	$\frac{3}{28}$	$\frac{15}{28}$
	1	$\frac{3}{14}$	$\frac{3}{14}$		$\frac{3}{7}$
	2	$\frac{1}{28}$			$\frac{1}{28}$
열의 합		$\frac{5}{14}$	$\frac{15}{28}$	$\frac{3}{28}$	1

2) $P[(X, Y) \in A] = P(X+Y \le 1)$

$$= f(0, 0) + f(0, 1) + f(1, 0)$$

$$= \frac{3}{28} + \frac{3}{14} + \frac{9}{28} = \frac{9}{14}$$

[정의 3.9] 다음 세 가지 조건이 만족될 때 함수 $f(x, y)$를 연속확률변수 X와 Y의 결합확률분포라 한다.

1) 모든 (x, y)에 대하여 $f(x, y) \ge 0$이다.

2) $\int_{-\infty}^{\infty} \int_{-\infty}^{\infty} f(x, y)\,dxdy = 1$

3) $P[(X,Y) \in A] = \iint_A f(x, y)\,dxdy$ 이때 A는 xy 평면상의 임의의 영역이다.

[예 3.9] 어느 과자회사에서는 크림 초콜렛, 토피 초콜렛, 땅콩 초콜렛을 만들고 있는데, 모두 다 연한 초콜렛과 진한 초콜렛으로 덮어져 있다. 아무 초콜렛이나 하나 선택했을 때, X와 Y를 크림 초콜렛 중 연한 초콜렛과 진한 초콜렛의 비율이라 하면 결합확률분포는 다음과 같이 주어진다.

$$f(x, y) = \begin{cases} \frac{2}{5}(2x+3y), & 0 \le x \le 1,\ 0 \le y \le 1 \\ 0, & \text{기타} \end{cases}$$

1) [정의 3.9]의 조건 2)를 증명하라

2) $A=\left\{(x, y) \mid 0<x<\frac{1}{2}, \frac{1}{4}<y<\frac{1}{2}\right\}$ 일 때 $P[(X, Y)\in A]$를 구하라.

(풀이)

1) $\int_{-\infty}^{\infty}\int_{-\infty}^{\infty} f(x, y)dxdy=\int_0^1\int_0^1 \frac{2}{5}(2x+3y)dxdy$

$$=\int_0^1 \frac{2x^2}{5}+\frac{6xy}{5}\Big|_{x=0}^{x=1} dy$$

$$=\int_1^0\left(\frac{2}{5}+\frac{6y}{5}\right)dy=\frac{2y}{5}+\frac{3y^2}{5}\Big|_0^1$$

$$=\frac{2}{5}+\frac{3}{5}=1$$

2) $P[(X, Y)\in A]=P\left(0<x<\frac{1}{2}, \frac{1}{4}<Y<\frac{1}{2}\right)$

$$=\int_{1/4}^{1/2}\int_0^{1/2} \frac{2}{5}(2x+3y)dxdy$$

$$=\int_{1/4}^{1/2} \frac{2x^2}{5}+\frac{6xy}{5}\Big|_{x=0}^{x=1/2} dy$$

$$=\int_{1/4}^{1/2}\left(\frac{1}{10}+\frac{3y}{5}\right)dy=\frac{y}{10}+\frac{3y^2}{10}\Big|_{1/4}^{1/2}$$

$$=\frac{1}{10}\left[\left(\frac{1}{2}+\frac{3}{4}\right)-\left(\frac{1}{4}+\frac{3}{16}\right)\right]=\frac{13}{160}$$

이산확률변수 X와 Y의 결합확률분포 $f(x, y)$가 주어져 있을 때, X만의 확률분포 $g(x)$는 $f(x, y)$를 Y의 모든 값에 대하여 합하여 얻을 수 있다. 유사한 방법으로 Y만의 확률분포 $h(y)$도 $f(x, y)$를 X의 모든 값에 대하여 합하여 얻을 수 있다. 이러한 $g(x)$, $h(y)$를 각각 X와 Y의 주변분포 (marginal distribution)라 정의한다. X와 Y가 연속확률변수이면 합 대신에 적분을 해주면 된다.

[**정의** 3. 10] X와 Y의 주변분포(marginal distribution)는 다음과 같이 주어진다.

1) 이산적인 경우

$$g(x)=\sum_y f(x, y),\ h(y)=\sum_x f(x, y)$$

2) 연속적인 경우

$$g(x)=\int_{-\infty}^{\infty} f(x,y)dy,\ h(y)=\int_{-\infty}^{\infty} f(x, y)dx$$

주변(marginal)이라는 말을 사용하는 까닭은, 이산적인 경우 $f(x, y)$의 값들을 직사각형 표로 나타냈을 때 $g(x)$와 $h(y)$의 값들이 바로 각 열과 행의 총합이 되기 때문이다(표 3.1 참조).

[예 3.10] 〈표 3.1〉의 열과 행의 합이 각각 X와 Y의 주변분포가 됨을 증명하라.

(풀이) 확률변수 X에 대하여 우리는 다음 사실을 알고 있다.

$$P(X=0)=g(0)=\sum_{y=0}^{2} f(0, y)=f(0, 0)+f(0, 1)+f(0, 2)$$

$$=\frac{3}{28}+\frac{3}{14}+\frac{1}{28}=\frac{5}{14}$$

$$P(X=1)=g(1)=\sum_{y=0}^{2} f(1, y)=f(1, 0)+f(1, 1)+f(1, 2)$$

$$=\frac{9}{28}+\frac{3}{14}+0=\frac{15}{28}$$

$$P(X=2)=g(2)=\sum_{y=0}^{2} f(2, y)=f(2, 0)+f(2, 1)+f(2, 2)$$

$$=\frac{3}{28}+0+0=\frac{3}{28}$$

이 값들은 〈표 3.1〉의 열의 합과 일치한다. 유사한 방법으로는 $h(y)$의 값들이 행의 합으로 주어짐을 보일 수 있다. 이러한 주변분포는 다음과 같은 표의 형태로 나타낼 수 있다.

x	0	1	2
$g(x)$	$\frac{5}{14}$	$\frac{15}{28}$	$\frac{3}{28}$

y	0	1	2
$h(y)$	$\frac{15}{28}$	$\frac{3}{7}$	$\frac{1}{28}$

[예 3.11] [예 3.9]의 결합분포에 대하여 $g(x)$와 $h(y)$를 구하라.

(풀이) 정의에 따라

$$g(x)=\int_{-\infty}^{\infty} f(x, y)dy=\int_0^1 \frac{2}{5}(2x+3y)dy$$

$$=\frac{4xy}{5}+\frac{6y^2}{10}\Big|_{y=0}^{y=1}=\frac{4x+3}{5},\ 0\le x\le 1$$

그 외의 영역에서는 $g(x)=0$이 된다. 유사한 방법으로

$$h(y)=\int_{-\infty}^{\infty} f(x, y)dx=\int_0^1 \frac{2}{5}(2x+3y)dx$$

$$=\frac{2(1+3y)}{5},\ 0\leq y\leq 1$$

그 외의 영역에서는 $h(y)=0$이 된다.

주변분포 $g(x)$와 $h(y)$가 X와 Y의 확률분포가 된다는 사실은 [정의 3.4]나 [정의 3.6]의 조건들이 만족된다는 것을 보여 줌으로써 쉽게 증명되어질 수 있다. 예를 들어, 연속적인 경우에

$$\int_{-\infty}^{\infty} g(x)dx=\int_{-\infty}^{\infty}\int_{-\infty}^{\infty} f(x,\ y)dydx=1$$

이고,

$$\begin{aligned} P(a<X<b) &= P(a<X<b,\ -\infty<Y<\infty) \\ &= \int_{a}^{b}\int_{-\infty}^{\infty} f(x,\ y)dydx \\ &= \int_{a}^{b} g(x)dx \end{aligned}$$

3.1절에서 확률변수 X의 값 x가 표본공간의 부분집합이 되는 어떤 사상을 나타낸다고 하였다. 제 2 장에서 주어진 조건부확률의 정의를 사용하면

$$P(B|\ A)=\frac{P(A\cap B)}{P(A)},\ P(A)>0$$

가 되는데, 여기서 A와 B를 각각 $X=x$, $Y=y$에 의해서 정의되는 사상이라고 하자. 그리고 X와 Y를 이산확률변수라 할 때

$$P(Y=y\ |\ X=x)=\frac{P(X=x,\ Y=y)}{P(X=x)}=\frac{f(x,\ y)}{g(x)},\ g(x)>0$$

가 된다.

x값이 고정된 상태에서 y의 함수가 되는 함수 $f(x,\ y)/g(x)$가 확률분포의 모든 조건을 만족한다는 사실을 증명하기는 어렵지 않다. $f(x,\ y)$와 $g(x)$가 각각 연속확률변수의 결합밀도함수와 주변분포가 될 때도 이러한 사실이 성립된다. 그러한 확률분포를 $f(y\ |\ x)$로 표시하여 다음 정의를 할 수 있다.

[정의 3.11] X와 Y를 이산 또는 연속적인 두 확률변수라 하자. $X=x$로 주어졌을 때 확률변수 Y의 조건부분포는 다음과 같이 주어진다.

$$f(y \mid x)=\frac{f(x,\ y)}{g(x)},\ g(x)>0$$

유사한 방법으로 $Y=y$로 주어졌을 때 확률변수 X의 조건부분포는 다음과 같이 주어진다.

$$f(x \mid y)=\frac{f(x,\ y)}{h(y)},\ h(y)>0$$

이산확률변수 $Y=y$라고 주어져 있을 때 이산확률변수 X가 a와 b사이의 값을 가질 확률을 구해 보면 다음과 같다.

$$P(a<X<b \mid Y=y)=\sum_{x} f(x \mid y)$$

X와 Y가 연속일 때는

$$P(a<X<b \mid Y=y)=\int_{a}^{b} f(x,\ y)dx$$

[예 3.12] [예 3.8]에서 $Y=1$로 주어졌을 때 X의 조건부분포를 구하고, 그것을 이용하여 $P(X=0,\ Y=1)$을 구하라.

(풀이) $Y=1$일 때 X의 조건부분포를 구하기 위해서는 $h(1)$을 먼저 구해야 한다.

$$h(1)=\sum_{x=0}^{2} f(x,\ 1)=\frac{3}{14}+\frac{3}{14}+0=\frac{3}{7}$$

따라서

$$f(x \mid 1)=\frac{f(x,\ 1)}{h(1)}=\frac{7}{3}f(x,\ 1),\ x=0,\ 1,\ 2$$

가 된다. 그러면

$$f(0 \mid 1)=\frac{7}{3}f(0,\ 1)=\left(\frac{7}{3}\right)\left(\frac{3}{14}\right)=\frac{1}{2}$$

$$f(1 \mid 1)=\frac{7}{3}f(1,\ 1)=\left(\frac{7}{3}\right)\left(\frac{3}{14}\right)=\frac{1}{2}$$

$$f(2 \mid 1)=\frac{7}{3}f(2,\ 1)=\left(\frac{7}{3}\right)0=0$$

이 되고, $Y=1$일 때 X의 조건부분포는 다음과 같다.

x	0	1	2
$f(x \mid 1)$	$\frac{1}{2}$	$\frac{1}{2}$	0

한편,

$$P(X=0 \mid Y=1)=f(0 \mid 1)=\frac{1}{2}$$

따라서, 두 개의 펜 중 하나가 붉은색이라는 사실이 알려지면 다른 하나의 펜이 파란색이 아닐 확률은 1/2이라는 사실을 알 수 있다.

[예 3. 13] X와 Y를 각각 마라톤 경주에서 완주한 남자와 여자의 비율이라 하고, 결합확률분포가 다음과 같이 주어졌다고 하자.

$$f(x,\ y)=\begin{cases} 8xy,\ 0\le x\le 1,\ 0\le y\le x \\ 0,\ \text{기타} \end{cases}$$

이때 $g(x)$, $h(y)$, $f(y \mid x)$를 구하고, 남자 참가선수들 중 1/2이 완주를 했다고 할 때 여자 참가선수들 중 완주한 선수들의 비율이 1/8보다 적을 확률을 구하라.

(풀이) 정의에 의해서

$$g(x)=\int_{-\infty}^{\infty} f(x,\ y)\,dy=\int_0^x 8xy\,dy$$

$$=4xy^2\Big|_{y=0}^{y=x}=4x^3,\ 0\le x\le 1$$

이고,

$$h(y)=\int_{-\infty}^{\infty} f(x,\ y)\,dx=\int_y^1 8xy\,dx$$

$$=4x^2y\Big|_{x=y}^{x=1}=4y\,(1-y^2),\ 0<y<1$$

이다. 그리고

$$f(y \mid x)=\frac{f(x,\ y)}{g(x)}=\frac{8xy}{4x^3}=\frac{2y}{x^2},\ 0<y<x$$

이므로

$$P\left(Y<\frac{1}{8} \mid X=\frac{1}{2}\right)=\int_0^{\frac{1}{8}} 8y\,dy=\frac{1}{16}$$

이 된다.

[예 3. 14] 결합확률분포가 다음과 같이 주어졌을 때 $g(x)$, $h(y)$, $f(x \mid y)$를 구하고, $P(1/4<X<1/2 \mid Y=1/3)$의 값을 계산하라.

$$f(x, y)=\begin{cases}\frac{x(1+3y^2)}{4}, & 0<x<2,\ 0<y<1\\ 0, & \text{기타}\end{cases}$$

(풀이) 정의에 의해서

$$g(x)=\int_{-\infty}^{\infty} f(x, y)dy=\int_0^1 \frac{x(1+3y^2)}{4}dy$$

$$=\frac{xy}{4}+\frac{xy^3}{4}\Big|_{y=0}^{y=1}=\frac{x}{2},\ 0<x<2$$

이고

$$h(y)=\int_{-\infty}^{\infty} f(x, y)dx=\int_0^2 \frac{x(1+3y^2)}{4}dx$$

$$=\frac{x^2}{8}+\frac{3x^2y^2}{8}\Big|_{x=0}^{x=2}=\frac{1+3y^2}{2},\ 0<y<1$$

이다. 따라서

$$f(x\mid y)=\frac{f(x, y)}{h(y)}=\frac{x(1+3y^2)/4}{(1+3y^2)/2}=\frac{x}{2},\ 0<x<2$$

이고,

$$P\left(\frac{1}{4}<X<\frac{1}{2}\mid Y=\frac{1}{3}\right)=\int_{\frac{1}{4}}^{\frac{1}{2}}\frac{x}{2}dx=\frac{3}{64}$$

이 된다.

[예 3.14]와 같이 $f(x\mid y)$가 y에 종속되어 있지 않으면 $f(x\mid y)=g(x)$이고, $f(x, y)=g(x)h(y)$가 된다. 이것의 증명은 다음과 같다. 정의에 의해

$$f(x, y)=f(x\mid y)h(y)$$

이고,

$$g(x)=\int_{-\infty}^{\infty} f(x, y)dy=\int_{-\infty}^{\infty} f(x\mid y)h(y)dy$$

가 된다. 그런데 만일 $f(x\mid y)$가 y에 종속되어 있지 않다면,

$$g(x)=f(x\mid y)\int_{-\infty}^{\infty} h(y)dy$$

라고 쓸 수 있다. 한편, $h(y)$가 Y의 확률분포이므로

$$\int_{-\infty}^{\infty} h(y)dy=1$$

이고, 따라서 $g(x)=f(x \mid y)$가 된다. 그러므로

$$f(x,\ y)=g(x)h(y)$$

이다. 이 결과를 정리하면 다음 정의와 같아진다.

[정의 3. 12] X와 Y를 결합확률분포 $f(x,\ y)$와 주변분포 $g(x)$, $h(y)$를 갖는 이산 혹은 연속확률변수라 하자. 이때 모든 $(x,\ y)$에 대하여 $f(x,\ y)=g(x)h(y)$가 성립하면 확률변수 X와 Y를 통계적 독립(statistically independent)이라 하고 그 역도 성립한다.

[예 3. 14]의 두 연속확률변수는 각각의 주변분포의 곱이 결합밀도함수와 같아지므로 통계적 독립이다. [예 3. 13]의 변수들이 이 경우에 해당하지 않는다는 것은 명백하다. 이산확률변수의 경우에는 $(x,\ y)$의 어떤 값들에 대해서는 주변분포의 곱과 결합확률분포가 같아지지만 나머지 값들에 대해서는 성립하지 않는 경우가 발생할 수 있으므로 통계적 독립 여부를 알아보기 위해서는 모든 경우에 대해 조사해야 한다. $f(x,\ y)\neq g(x)h(y)$인 어떤 점 $(x,\ y)$가 존재하면, 이산확률변수 X와 Y는 통계적 독립이 아니다.

[예 3. 15] [예 3. 8]의 확률변수들이 통계적 독립이 아님을 증명하라.

(풀이) 점 $(0, 1)$을 고려해 보자. 〈표 3. 1〉에 의해 $f(0, 1)$, $g(0)$, 그리고 $h(1)$의 값들을 알 수 있다.

$$f(0,\ 1)=\frac{3}{14}$$

$$g(0)=\sum_{y=0}^{2} f(0,\ y)=\frac{3}{28}+\frac{3}{14}+\frac{1}{28}=\frac{5}{14}$$

$$h(1)=\sum_{x=0}^{2} f(x,\ 1)=\frac{3}{14}+\frac{3}{14}+0=\frac{3}{7}$$

그러므로

$$f(0,\ 1)\neq g(0)h(1)$$

이고, 따라서 X와 Y는 통계적 독립이 아니다.

그런데 [정의 3. 12]의 의미를 확장하면 다음과 같은 결론을 유도할 수 있다.

[정리 3.1] X와 Y의 결합확률분포 $f(x, y)$가 x만의 함수와 y만의 함수의 곱으로 나타내질 수 있으면 X와 Y는 통계적으로 독립이다. 단, x와 y의 영역간에는 서로 독립적인 관계를 만족해야 된다. 즉,

$$f(x, y)=p(x)g(y)$$

이 성립하고, x의 영역을 A, y의 영역을 B라고 할 때, x와 y의 적공간(product space) S는 $S=\{(x, y); x\in A, y\in B\}$를 만족하면, X와 Y는 서로 독립이다.

(증명) X와 Y가 통계적으로 독립이면 [정의 3.12]에 의해 $f(x, y)=g(x)h(y)$가 된다. 여기서 $g(x)$와 $h(y)$는 각각 X와 Y의 주변분포이므로, $g(x)$는 x만의 함수로 표시되고, $h(y)$는 y만의 함수로 표시된다. 따라서, $f(x, y)=p(x)q(y)$가 만족된다. 다음에는 역으로 $f(x, y)=p(x)q(y)$가 성립하면 연속형 확률변수에 대해

$$\begin{aligned} g(x) &= \int_{-\infty}^{\infty} p(x)q(y)dy \\ &= p(x)\int_{-\infty}^{\infty} q(y)dy \\ &= C_1 p(x) \end{aligned}$$

과

$$\begin{aligned} h(y) &= \int_{-\infty}^{\infty} p(x)q(y)dx \\ &= q(y)\int_{-\infty}^{\infty} p(x)dx \\ &= C_2 q(y) \end{aligned}$$

이고, 여기서 C_1과 C_2는 상수이다. 그리고 $f(x, y)=p(x)q(y)$가 성립하므로

$$\begin{aligned} \int_{-\infty}^{\infty}\int_{-\infty}^{\infty} p(x)q(y)dxdy &= \left[\int_{-\infty}^{\infty} p(x)dx\right]\left[\int_{-\infty}^{\infty} q(y)dy\right] \\ &= C_1 C_2 = 1 \end{aligned}$$

이 된다. 따라서

$$f(x, y)=p(x)q(y)=C_1 p(x) C_2 q(y)=g(x)h(y)$$

가 되므로 X와 Y는 통계적으로 독립이다.

[정리 3.2] X와 Y가 각각 주변분포 $g(x)$와 $h(y)$를 갖고, 통계적으로 독립이라면, 상수 $a<b$와 $c<d$에 대해서

$$P[a<X<b,\ c<Y<d]=P[a<X<b]\ P[c<Y<d]$$

가 된다.

(증명) X와 Y가 통계적으로 독립이므로

$$\begin{aligned} P[a<X<b,\ c<Y<d] &= \int_a^b \int_c^d g(x)h(y)\,dydx \\ &= \left[\int_a^b g(x)dx\right]\left[\int_c^d h(y)dy\right] \\ &= P[a<X<b]\ P[c<Y<d] \end{aligned}$$

가 된다. 한편, X와 Y가 이산적인 경우는

$$\begin{aligned} P[a<X<b,\ c<Y<d] &= \left[\sum_{a<x<b} g(x)\right]\left[\sum_{c<y<d} h(y)\right] \\ &= P[a<X<b]P[c<Y<d] \end{aligned}$$

이상에서는 두 개의 확률변수의 독립성에 대해서만 취급했는데, 확률변수가 n개인 일반적인 경우에도 적용될 수 있다. $f(x_1,\ x_2,\ \cdots,\ x_n)$을 확률변수 $X_1,\ X_2,\ \cdots,\ X_n$의 결합확률분포라 하자. 이산확률변수인 경우 X_1의 주변분포는

$$g(x_1)=\sum_{x_2}\cdots\sum_{x_n} f(x_1,\ x_2,\ \cdots,\ x_n)$$

으로 주어지고, 연속확률변수인 경우에는

$$g(x_1)=\int_{-\infty}^{\infty}\cdots\int_{-\infty}^{\infty} f(x_1,\ x_2,\ \cdots,\ x_n)\,dx_2dx_3\cdots dx_n$$

으로 주어진다. 또한 $\phi(x_1,\ x_2)$와 같은 결합주변분포를 얻을 수 있다. 즉,

$$\phi(x_1,\ x_2)= \begin{cases} \displaystyle\sum_{x_3}\cdots\sum_{x_n} f(x_1,\ x_2,\ \cdots,\ x_n)\ (\text{이산적인 경우}) \\ \displaystyle\int_{-\infty}^{\infty}\cdots\int_{-\infty}^{\infty} f(x_1,\ x_2,\ \cdots,\ x_n)\,dx_3dx_4\cdots\ dx_n\ (\text{연속적인 경우}) \end{cases}$$

한편, 결합주변분포를 이용하면 다음과 같은 결합조건부분포를 구할 수 있다. 예를 들어, $X_4=x_4,\ X_5=x_5,\ \cdots,\ X_n=x_n$으로 주어져 있을 때, $X_1,\ X_2,$

X_3의 결합조건부분포(joint conditional distribution)는 다음과 같이 쓸 수 있다.

$$f(x_1, x_2, x_3 \mid x_4, x_5, \cdots, x_n)=\frac{f(x_1, x_2, \cdots, x_n)}{g(x_4, x_5, \cdots, x_n)}$$

여기서 $g(x_4, x_5, \cdots, x_n)$은 확률변수 $X_4, X_5, \cdots, X_n$의 결합주변분포이다.

[정의 3.12]를 일반화시켜보면 다음과 같이 변수 $X_1, X_2, \cdots, X_n$의 상호 통계적 독립에 대한 정의를 얻을 수 있다.

[정의 3.13] $X_1, X_2, \cdots, X_n$을 결합확률분포 $f(x_1, x_2, \cdots, x_n)$과 주변분포 $f_1(x_1), f_2(x_2), \cdots, f_n(x_n)$을 갖는 이산 혹은 연속확률변수라 하자. 이때 모든 $(x_1, x_2, \cdots, x_n)$에 대하여

$$f(x_1, x_2, \cdots, x_n)=f_1(x_1)f_2(x_2)f_n(x_n)$$

이 성립하면 $X_1, X_2, \cdots, X_n$을 통계적 독립(statistically independent)이라 하고 그 역도 성립한다.

[예 3.16] 종이 팩으로 포장된 부패성 식품의 보존기간(단위 : 년)이 다음과 같은 확률밀도함수를 갖는 확률변수라 하자.

$$f(x)=\begin{cases} e^{-x}, & x>0 \\ 0, & \text{기타} \end{cases}$$

X_1, X_2, X_3가 독립적으로 추출한 세 개의 포장단위에 대한 보존기간을 나타낸다고 할 때 $P(X_1<2, 1<X_2<3, X_3>2)$를 구하라.

(풀이) 세 개의 포장단위가 독립적으로 추출되었으므로, 확률변수 X_1, X_2, X_3가 통계적 독립이라고 할 수 있고, 따라서 결합밀도함수는 다음과 같다.

$$\begin{aligned} f(x_1, x_2, x_3) &= f(x_1)f(x_2)f(x_3) \\ &= e^{-x_1}e^{-x_2}e^{-x_3} \\ &= e^{-x_1-x_2-x_3}, \quad x_1>0,\ x_2>0,\ x_3>0 \end{aligned}$$

따라서

$$\begin{aligned} P(X_1<2, 1<X_2<3, X_3>2) &= \int_2^\infty \int_1^3 \int_0^2 e^{-x_1-x_2-x_3}\,dx_1dx_2dx_3 \\ &= (1-e^{-2})(e^{-1}-e^{-3})e^{-2} \\ &= 0.0376 \end{aligned}$$

연습문제

1. 배에 선적되어 있는 5대의 자동차 중에서 2대가 도장에 약간 흠을 갖고 있다. 대리점에서 이 중 임의로 3대를 선정할 때, 흠이 있는 것은, B, 흠이 없는 것은 N으로 표시하여 표본공간을 구해 보라. 그리고 각 표본점에 대리점에서 구입한 것 중 도장에 흠이 있는 자동차 수를 나타내는 확률변수 X의 값 x를 대응시켜 보라.

2. 하나의 동전을 세 번 던질 때 앞면이 나온 횟수에서 뒷면이 나온 횟수를 뺀 값을 확률변수 W라고 하자. 표본공간을 구하고 각 표본점에 W의 값 w를 대응시켜보라.

3. 하나의 동전을 연속해서 세 번 앞면이 나올 때까지 던지는 실험을 생각해 보자. 표본공간 중에서 6번 혹은 그 이하의 실험에서 끝나게 되는 원소들의 집합을 구해보라. 이것은 이산표본공간인가?

4. 다음 함수들이 이산확률변수 X의 확률분포가 되도록 c값을 결정하라.

① $f(x)=c(x^2+4)$, $x=0, 1, 2, 3$

② $f(x)=c\binom{2}{x}\cdot\binom{3}{3-x}$, $x=0, 1, 2$

5. 52장의 트럼프 카드에서 3장의 카드를 비복원 추출하는 시행이 있다. 이때 추출된 3장의 카드에 포함된 스페이드의 장수에 대한 확률분포를 구하라.

6. 7대의 텔레비전 세트 중 2대의 불량품이 섞여 있다. 이 중에서 3대의 텔레비전 세트를 구입하려고 한다. 이때 포함된 불량품의 수를 X라고 하자.

① X의 확률분포를 구하라.

② $P(X=1)$을 구하라.

③ $P(0<X\leq 2)$를 구하라.

7. 일정한 폭의 합성직물의 10m 당 결점의 수 X의 확률분포가 다음과 같이 주어져 있다.

x	0	1	2	3	4
$f(x)$	0.41	0.37	0.16	0.05	0.01

이때 X의 누적분포의 그래프를 그려 보라.

8. 한 투자회사에서는 고객들에게 만기 연도수가 다른 공채를 제공하고 있다. 임의로 하나의 공채를 뽑았을 때 그것의 만기까지의 연도수 T의 누적분포는 다음과 같이 주어져 있다.

$$F(t)=\begin{cases}0, & t<1\\ \frac{1}{4}, & 1\le t<3\\ \frac{1}{2}, & 3\le t<5\\ \frac{3}{4}, & 5\le t<7\\ 1, & t\ge 7\end{cases}$$

이때 다음을 구하라.

① $P(T=5)$

② $P(T>3)$

③ $P(1.4<T<6)$

9. 1과 3 사이의 값을 취하는 연속확률변수 X가 $f(x)=1/2$인 확률분포를 가질 때 다음을 구하라.

① 곡선 아래 부분의 면적이 1이 됨을 증명하라.

② $P(2<X<2.5)$를 구하라.

③ $P(X\le 1.6)$을 구하라.

10. 2와 5 사이의 값을 취하는 연속확률변수 X가 $f(x)=2(1+x)/27$인 확률분포를 가질 때 다음을 구하라.

① $P(X<4)$

② $P(3<X<4)$

11. 어떤 통신판매요청에 응답한 사람들의 비율이 다음과 같은 확률분포를 갖는 연속확률변수 X일 때,

$$f(x)=\begin{cases}\frac{2(x+2)}{5}, & 0<x<1\\ 0, & \text{기타}\end{cases}$$

① $P(0<X<1)=1$임을 증명하라.

② 접촉한 사람등 중 1/4 이상 1/2 이하가 이 요청에 응답했을 확률을 구하라.

12. 100시간을 단위로 하여 한 가정에서 1년 동안 진공청소기를 사용하는 시간의 총수가 다음과 같은 확률분포를 갖는 연속확률변수 X일 때,

$$f(x)-\begin{cases} x,\ 0<x<1 \\ 2-x,\ 1\le x<2 \\ 0,\ \text{기타} \end{cases}$$

1년 동안 그 가정에서 진공청소기를

① 120시간 이하로 사용할 확률을 구하라.

② 50시간 이상 100시간 이하 사용할 확률을 구하라.

13. 다음과 같은 확률분포

$$f(x)=\begin{cases} k\sqrt{x},\ 0<x<1 \\ 0,\ \text{기타} \end{cases}$$

에 대하여

① k값을 구하라.

② $F(x)$를 구하고 그것을 사용하여 $P(0.3<X<0.6)$을 계산하라.

14. 어떤 조제약의 보존기간(단위: 일)이 다음과 같은 확률분포를 갖는 확률변수일 때,

$$f(x)=\begin{cases} \dfrac{20,000}{(x+100)^3},\ x>0 \\ 0,\ \text{기타} \end{cases}$$

이 약의 보존기간이

① 적어도 200일이 될 확률

② 80일에서 120일 사이일 확률을 구하라.

15. 어떤 은행에서 한 고객이 은행에 도착하고, 다음 고객이 도착할 때까지의 도착 시간 간격을 확률변수로 하여 누적분포를 구해 보니 다음과 같았다. (단위: 분)

$$F(x)=1-e^{-8x},\ x>0$$

이때 도착시간 간격이 0.2분 이하일 확률을 구하라.

16. 다음의 함수가 결합확률분포가 되도록 c값을 정하라.

① $f(x,\ y)=cxy,\ x=1,\ 2,\ 3;\ y=1,\ 2,\ 3$

② $f(x,\ y)=c\,|\,x-y\,|,\ x=-2,\ 0,\ 2;\ y=-2,\ 3$

17. X와 Y의 결합확률분포가

$$f(x,\ y)=\frac{(x+y)}{30},\ x=0,\ 1,\ 2,\ 3,\ y=0,\ 1,\ 2$$

와 같이 주어졌을 때 다음을 구하라.

① $P(X\le 2,\ Y=1)$

② $P(X>2,\ Y\leq 1)$
③ $P(X>Y)$
④ $P(X+Y=4)$

18. 하나의 주사위를 두 번 던지는 실험을 생각해 보자. X를 4의 눈이 나온 횟수, Y를 5의 눈이 나온 횟수라 할 때, 다음을 구하라.
① X와 Y의 결합확률분포
② $A=\{(x,\ y)\mid 2x+y<3\}$라 할 때 $P[(X,\ Y)\in A]$

19. 속이 보이지 않는 주머니에 3종류의 과일이 들어 있다. 즉 3개의 오렌지와, 2개의 사과, 3개의 바나나 등 8개의 과일 중 4개를 임의로 꺼낼 때, X를 추출된 오렌지의 수, Y를 추출된 사과수라고 하자.
① X와 Y의 결합확률분포를 구하라.
② $A=\{(x,\ y)\mid x+y\leq 2\}$라 할 때 $P[(X,\ Y)\in A]$를 구하라.

20. 확률변수 X는 동전의 앞이 나온 횟수를 나타내고, Y는 동전 앞이 나온 횟수에서 뒤가 나온 횟수를 뺀 수를 나타낸다. 동전을 던지는 시행을 3회 할 때 X와 Y의 결합확률분포를 구하라

21. 두 확률변수의 결합확률분포가 다음과 같이 주어졌다.

$$f(x,\ y)=\begin{cases}4xy, & 0<x<1,\ 0<y<1\\ 0, & \text{기타}\end{cases}$$

이때 다음을 구하라.
① $P(0\leq X\leq 3/4,\ 1/8\leq Y\leq 1/2)$
② $P(Y>X)$

22. X와 Y의 결합확률분포가

$$f(x,\ y)=\begin{cases}\dfrac{1}{y}, & 0<x<y,\ 0<y<1\\ 0, & \text{기타}\end{cases}$$

와 같이 주어졌을 때 $P(X+Y>1/2)$을 구하라.

23. X와 Y의 결합확률분포가 다음과 같이 주어졌다.

$$f(x,\ y)=k(x^2+y^2),\ 0\leq x\leq 2,\ 1\leq y\leq 4$$

① k를 구하라.
② $P[1<X<2,\ 2<Y\leq 3]$을 구하라.
③ $P[1\leq X\leq 2]$를 구하라.

④ $P[X+Y>4]$를 구하라.

24. 동전을 두 번 던지는 시행이 있다. Z는 첫번째 시행에서 동전 앞면이 나온 횟수를 나타태고, W는 두 번의 시행에서 동전 앞면이 나온 횟수를 나타낸다. 그리고 동전의 앞면이 나올 확률은 0.4로 알려져 있다.

① W와 Z의 결합확률분포를 구하라.

② W의 주변분포를 구하라.

③ Z의 주변분포를 구하라.

④ 적어도 한번 앞면이 나올 확률을 구하라.

25. X와 Y의 결합확률분포가 다음 표와 같을 때 아래 문제에 답하라.

$f(x, y)$		x		
		1	2	3
y	1	0	1/6	1/12
	2	1/5	1/9	0
	3	2/15	1/4	1/18

① X의 주변분포를 구하라.

② Y의 주변분포를 구하라.

③ $P(Y=3 \mid X=2)$를 구하라.

26. X와 Y의 결합확률분포가 다음표와 같다.

$f(x, y)$		x	
		2	4
y	1	0.10	0.15
	3	0.20	0.30
	5	0.10	0.15

① X의 주변분포를 구하라.

② Y의 주변분포를 구하라.

27. 어떤 패스트푸드 전문점에서는 자동차를 탄 채로 서비스를 받을 수 있는 시설을 갖추었다. 그리고 자동차를 타고 서비스를 받을 수 있는 시설의 이용률을 X라 하고, 고객이 매장까지 걸어 들어와서 이용하는 판매대의 이용률을 Y라 하자. 이때, X와 Y의 결합확률분포는 다음과 같다고 알려져 있다.

$$f(x, y)=\frac{2}{3}(x+2y),\ 0\leq x\leq 1,\ 0\leq y\leq 1$$

① X의 주변분포를 구하라.

② Y의 주변분포를 구하라.

③ 자동차를 이용한 시설의 사용률이 1/2이하일 확률을 구하라.

28. X와 Y의 결합확률분포가

$$f(x, y)=\begin{cases}\frac{6-x-y}{8},\ 0<x<2,\ 2<y<4\\ 0,\ \text{기타}\end{cases}$$

와 같이 주어졌을 때 $P(1<Y<3 \mid X=2)$를 구하라.

29. 천 리터를 단위로 하여, 어느날 아침 탱크에 들어있는 등유의 양을 Y라 하고 그날 중에 팔린 양을 X라 하자. $x\leq y$가 되도록 하기 위해 하루 중 탱크를 다시 채우는 경우는 없다고 가정하고, 두 변수의 결합확률분포가

$$f(x, y)=\begin{cases}2,\ 0<x<y,\ 0<y<1\\ 0,\ \text{기타}\end{cases}$$

와 같이 주어졌을 때 다음 물음에 답하라.

① X와 Y가 독립인가를 알아보라.

② $P(1/4<X<1/2 \mid Y=3/4)$을 구하라.

30. 확률변수 X와 Y의 결합확률분포가

$$f(x, y)=\begin{cases}6x,\ 0<x<1,\ 0<y<1-x\\ 0,\ \text{기타}\end{cases}$$

와 같이 주어졌을 때 다음 물음에 답하라.

① X와 Y가 독립이 아님을 증명하라.

② $P(X>0.3 \mid Y=0.5)$를 구하라.

31. 확률변수 X, Y는 각각 두 전자 부품의 수명(단위: 년)을 나타낸다. 그리고 X와 Y의 결합확률분포는

$$f(x, y)=\begin{cases}e^{-(x+y)},\ x>0,\ y>0\\ 0,\ \text{기타}\end{cases}$$

와 같을 때, $P(0<X<1 \mid Y=2)$를 구하라.

32. X, Y, Z의 결합확률분포가

$$f(x, y, z)=\begin{cases}kxy^2z,\ 0<x<1,\ 0<y<1,\ 0<z<2\\ 0,\ \text{기타}\end{cases}$$

와 같이 주어졌을 때 다음을 구하라.

① k ② $P(X<1/4,\ Y>1/2,\ 1<Z<2)$

33. 확률변수 X, Y, Z의 결합확률분포가

$$f(x,\ y,\ z)=\begin{cases}\dfrac{4xyz^2}{9}, & 0<x<1,\ 0<y<1,\ 0<z<3\\ 0, & \text{기타}\end{cases}$$

와 같이 주어졌을 때 다음을 구하라.

① Y와 Z의 결합주변분포

② Y의 주변분포

③ $P(1/4<X<1/2,\ Y>1/3,\ 1<Z<2)$

④ $P(0<X<1/2 \mid Y=1/4,\ Z=2)$

제 4 장

기 대 값

4.1 평 균

두 개의 동전을 16번 던지고 X를 각 시행에서 나오는 앞면의 수라 하면, X가 취할 수 있는 값은 0, 1, 2이다. 이 실험에서 앞면이 안 나온 경우가 네 번, 한 번 나온 경우가 일곱 번, 두 번 나온 경우가 다섯 번이라 하자. 그러면 각 시행에서 앞면이 나오는 평균횟수는

$$\frac{(0)(4)+(1)(7)+(2)(5)}{16}=1.06$$

이 된다. 이것은 평균값이고 실험에서 실지로 나올 수 있는 값은 아니다. 또 하나의 예로, 어느 외판원의 평균 월수입이 어떤 달의 월급과도 같지 않을 것이다.

이제 위의 평균계산식을 다른 형태로 써 보겠다.

$$(0)\left(\frac{4}{16}\right)+(1)\left(\frac{7}{16}\right)+(2)\left(\frac{5}{16}\right)=1.06$$

이렇게 쓸 때 4/16, 7/16, 5/16는 각각 X값이 0, 1, 2가 되는 횟수와 총 시행횟수의 비가 된다. 이러한 분수들은 그 실험에서 각 X값에 대한 상대도수들이다. 그러므로 총 시행횟수를 모르더라도 실험에서 나올 수 있는 값과 그 값에 대한 상대도수만 알면 평균을 계산해낼 수 있다. 따라서, 앞면이 한 번도

안 나오는 상대도수가 4/16, 한 번 나올 상대도수가 7/16, 두 번 나올 상대도수가 5/16이면, 총 시행횟수가 16번이든 1,000번이든 10,000번이든 간에 각 시행에서 앞면이 나오는 평균횟수는 1.06이 된다.

이러한 평균값을 확률변수 X의 평균(mean of the random variable) 혹은 X의 확률분포의 평균(mean of the probability distribution of X)이라 하고, 그것을 μ_x, 또는 어떤 확률변수의 평균값을 의미하는지를 명확하게 알 수 있을 때는 간단히 μ로 쓴다. 이러한 평균값을 통계학자들 사이에서는 흔히 확률변수 X의 수학적 기대값(mathematical expectation) 혹은 기대값(expected value)이라 하고 $E(X)$로 표시한다.

한 쌍의 동전을 던지는 실험에서 표본공간이 $S=\{HH, HT, TH, TT\}$로 주어짐을 우리는 알고 있다. 4개의 표본점이 일어날 가능성이 모두 같으므로 다음과 같이 쓸 수 있다.

$$P(X=0)=P(TT)=\frac{1}{4}$$

$$P(X=1)=P(TH)+P(HT)=\frac{1}{2}$$

$$P(X=2)=P(HH)=\frac{1}{4}$$

여기서 TH는 첫번째 동전은 뒷면, 두 번째 동전을 앞면이 나오는 경우를 나타낸다. 위의 확률들은 결국 주어진 사상에 대한 상대도수가 된다. 그러므로

$$\mu=E(X)=(0)\left(\frac{1}{4}\right)+(1)\left(\frac{1}{2}\right)+(2)\left(\frac{1}{4}\right)=1$$

이다. 이것은 두 개의 동전을 계속해서 던지면 평균적으로 각 시행에서 나오는 앞면의 수가 1이 된다는 사실을 의미한다.

두 개의 동전을 던지는 실험의 각 시행에서 나오는 앞면의 수의 기대값을 계산하는 데 사용되었던 위의 방법은 이산확률변수의 평균 혹은 기대값이 확률변수 X의 각 값 $x_1, x_2, \cdots, x_n$에 각각의 확률 $f(x_1), f(x_2), \cdots, f(x_n)$을 곱하고 그것들을 더함으로써 얻어질 수 있다는 사실을 보여 주고 있다. 그러나 이것은 이산확률변수에만 국한된 이야기다. 연속확률변수의 경우에는 기대값의 정의가 합 대신에 적분으로 바뀌어져야 한다.

[정의 4.1] X가 확률분포 $f(x)$를 갖는 확률변수라 하자. 그러면 X가 이산적인 경우에 X의 평균 혹은 기대값은

$$\mu = E(X) = \sum_x x f(x)$$

로 표시되고, X가 연속적인 경우에는

$$\mu = E(X) = \int_{-\infty}^{\infty} x f(x) dx$$

로 표시된다.

[예 4.1] 4명의 화학자와 3명의 생물학자 중에서 임의로 3명을 선택했을 때 화학자 수의 기대값을 구하라.

(풀이) X를 화학자의 수라고 하자. 그러면 X의 확률분포는

$$f(x) = \frac{\binom{4}{x}\binom{3}{3-x}}{\binom{7}{3}}, \quad x = 0,\ 1,\ 2,\ 3$$

으로 주어진다. 따라서 $f(0)=1/35$, $f(1)=12/35$, $f(2)=18/35$, $f(3)=4/35$가 됨을 쉽게 계산할 수 있다. 그러므로

$$\mu = E(X) = (0)\left(\frac{1}{35}\right) + (1)\left(\frac{12}{35}\right) + (2)\left(\frac{18}{35}\right) + (3)\left(\frac{4}{35}\right)$$

$$= \frac{12}{7} = 1.7$$

이다. 즉 4명의 화학자와 3명의 생물학자 중에서 3명을 선택하는 실험을 반복해서 행하면 그 안에는 평균적으로 1.7명의 화학자가 포함된다.

[예 4.2] 3개의 동전을 던져서 모두 앞면이나 뒷면이 나오면 500원을 받고, 하나 혹은 두 개의 앞면이 나오면 300원을 지불해야 하는 도박 게임이 있다. 이때 이 게임을 하는 사람의 기대소득은 얼마인가?

(풀이) 세 개의 동전을 동시에 던질 때, 혹은 하나의 동전을 세 번 던질 때 발생 가능한 결과들에 대한 표본공간은 다음과 같다.

$$S = \{HHH,\ HHT,\ HTH,\ THH,\ HTT,\ THT,\ TTH,\ TTT\}$$

각 원소의 발생 가능성은 모두 같으므로 확률이 1/8이 된다. 이 확률을 구하는 또 다른 방법으로 S의 각 원소의 독립사상들에 대하여 확률의 승법정리를 적용할 수도 있다. 예를 들면

$$P(HHT)=P(H)P(H)P(T)$$
$$=\left(\frac{1}{2}\right)\left(\frac{1}{2}\right)\left(\frac{1}{2}\right)=\frac{1}{8}$$

X를 도박사의 이익을 나타내는 확률변수라 할 때 X가 취할 수 있는 값들은 사상 $E_1=\{HHH, TTT\}$가 일어난 경우에 500원을 받고, 사상 $E_2=\{HHT, HTH, THH, HTT, THT, TTH\}$가 일어난 경우에 300원을 지불한다. E_1과 E_2는 각각 1/4과 3/4의 확률로 일어나므로

$$\mu=E(X)=(500)\left(\frac{1}{4}\right)+(-300)\left(\frac{3}{4}\right)=-100$$

이 된다. 즉 이 게임을 한다면 매 시행당 평균적으로 100원을 잃게 된다.

[예 4.3] X를 어떤 종류의 튜브의 수명(단위: 시간)을 표시하는 확률변수라 하자. 확률분포가

$$f(x)=\begin{cases}\dfrac{20{,}000}{x^3}, & x>100,\\ 0, & \text{기타}\end{cases}$$

로 주어졌을 때 이 튜브의 기대수명을 구하라.

(풀이) [정의 4.1]을 이용하여 다음 결과를 얻을 수 있다.

$$\mu=E(X)=\int_{100}^{\infty} x\frac{20{,}000}{x^3}dx$$
$$=\int_{100}^{\infty}\frac{20{,}000}{x^2}dx$$
$$=200$$

그러므로 이 튜브의 수명은 평균적으로 200시간이라고 할 수 있다.

이제 X에 종속된 새로운 확률변수 $g(X)$를 생각해 보자. 즉 X의 값을 알면 $g(x)$의 각 값이 결정된다. X가 2이면 $g(X)$는 $g(2)$의 값을 갖도록 $g(X)$를 X^2이나 $3X-1$ 등과 같이 정할 수 있다. 예컨대, X가 확률분포 $f(x)$, $x=-1, 0, 1, 2$를 갖는 이산확률변수이고 $g(X)=X^2$이라면

$$P[g(X)=0]=P(X=0)=f(0).$$
$$P[g(X)=1]=P(X=-1)+P(X=1)=f(-1)+f(1)$$
$$P[g(X)=4]=P(X=2)=f(2)$$

이므로 $g(X)$의 확률분포는 다음과 같다.

$g(X)$	0	1	4
$P[g(X)=g(x)]$	$f(0)$	$f(-1)+f(1)$	$f(2)$

따라서 $g(X)$의 기대값은 다음과 같다.

$$\begin{aligned}\mu_{g(X)} &= E[g(X)] \\ &= 0f(0)+1[f(-1)+f(1)]+4f(2) \\ &= (-1)^2 f(-1)+(0)^2 f(0)+(1)^2 f(1)+(2)^2 f(2) \\ &= \sum_x g(x)f(x)\end{aligned}$$

이 결과는 [정리 4.1]에서 확률변수가 이산적인 경우와 연속적인 경우 모두에 대해 일반화될 수 있다.

[정리 4.1] X가 확률분포 $f(x)$를 갖는 확률변수라 하자. 그러면 확률변수 $g(X)$의 평균 혹은 기대값은 X가 이산적인 경우에는

$$\mu_{g(X)} = E[g(X)] = \sum_x g(x)f(x)$$

가 되고, X가 연속적인 경우에는 다음과 같이 된다.

$$\mu_{g(X)} = E[g(X)] = \int_{-\infty}^{\infty} g(x)f(x)\,dx$$

[예 4.4] 어느 맑은 금요일 오후 4시와 5시 사이에 세차장에서 서비스를 받고 나가는 차의 수 X의 확률분포가 다음과 같다고 하자.

x	4	5	6	7	8	9
$P(X=x)$	$\frac{1}{12}$	$\frac{1}{12}$	$\frac{1}{4}$	$\frac{1}{4}$	$\frac{1}{6}$	$\frac{1}{6}$

$g(X)=2X-1$을 그 세차장의 경영자가 종업원에게 지불하는 수당(단위: 천 원)이라고 할 때 종업원의 기대수익을 구하라.

(풀이) [정리 4.1]에 의해 종업원의 기대수익은 다음과 같이 표시된다.

$$\begin{aligned}E[g(X)] = E[2X-1] &= \sum_{x=4}^{9}(2x-1)f(x) \\ &= (7)\left(\frac{1}{12}\right)+(9)\left(\frac{1}{12}\right)+(11)\left(\frac{1}{4}\right)+(13)\left(\frac{1}{4}\right)\end{aligned}$$

$$+(15)\left(\frac{1}{6}\right)+(17)\left(\frac{1}{6}\right)$$
$$=12.67$$

[예 4.5] 확률변수 X의 확률분포가

$$f(x)=\begin{cases}\frac{x^2}{3}, & -1<x<2\\ 0, & \text{기타}\end{cases}$$

와 같이 주어졌을 때 $g(X)=4X+3$의 기대값을 구하라.

(풀이) [정리 4.1]에 의해서

$$E(4X+3)=\int_{-1}^{2}\frac{(4x+3)x^2}{3}dx=\frac{1}{3}\int_{-1}^{2}(4x^3+3x^2)dx=8$$

이제 결합확률분포 $f(x, y)$를 갖는 두 확률변수 X와 Y의 경우의 수학적 기대값으로 개념을 확장시켜 보자.

[정의 4.2] X와 Y를 결합확률분포 $f(x, y)$를 갖는 확률변수라 하자. 확률변수 $g(X, Y)$의 평균 혹은 기대값은 X와 Y가 이산적인 경우에는

$$\mu_{g(X,Y)}=E[g(X, Y)]=\sum_x\sum_y g(x, y)f(x, y)$$

가 되고, X와 Y가 연속적인 경우에는

$$\mu_{g(X,Y)}=E[g(X, Y)]=\int_{-\infty}^{\infty}\int_{-\infty}^{\infty}g(x, y)f(x, y)\,dx\,dy$$

가 된다.

여러 개의 확률변수의 함수에 대한 수학적 기대값을 계산하는 데 있어서 [정의 4.2]를 일반화하여 사용하는 것은 간단한 일이다.

[예 4.6] X와 Y를 제3장의 〈표 3.1〉과 같은 결합확률분포를 갖는 확률변수라 할 때, $g(X, Y)=XY$의 기대값을 구하라.

(풀이) [정의 4.2]에 의해서 다음과 같이 쓸 수 있다.

$$E(XY)=\sum_{x=0}^{2}\sum_{y=0}^{2}xyf(x, y)$$
$$=(0)\ (0)f(0, 0)+(0)\ (1)f(0, 1)+(0)\ (2)f(0, 2)$$
$$+(1)\ (0)f(1, 0)+(1)\ (1)f(1, 1)+(2)\ (0)f(2, 0)$$

$$=f(1, 1)=\frac{3}{14}$$

[예 4.7] 다음과 같은 결합확률분포

$$f(x, y)=\begin{cases}\dfrac{x(1+3y^2)}{4}, & 0<x<2,\ 0<y<1\\ 0, & \text{기타}\end{cases}$$

에 대하여 $E(Y/X)$를 구하라.

(풀이) $E\left(\dfrac{Y}{X}\right)=\displaystyle\int_0^1\int_0^2\frac{y(1+3y^2)}{4}dx\,dy$

$$=\int_0^1\frac{y+3y^3}{2}dy=\frac{5}{8}$$

[정의 4.2]에서 $g(X, Y)=X$라 하면,

$$E(X)=\begin{cases}\displaystyle\sum_x\sum_y xf(x, y)=\sum_x xg(x) & (\text{이산적인 경우})\\ \displaystyle\int_{-\infty}^{\infty}\int_{-\infty}^{\infty}xf(x, y)dx\,dy=\int_{-\infty}^{\infty}xg(x)dx & (\text{연속적인 경우})\end{cases}$$

가 됨을 알 수 있다. 여기서 $g(x)$는 X의 주변분포이다. 그러므로 2차원 공간상에서 $E(X)$를 계산할 때는 X와 Y의 결합확률분포를 사용할 수도 있고 X의 주변분포를 사용할 수도 있다.

유사한 방법으로 다음을 정의할 수 있다.

$$E(Y)=\begin{cases}\displaystyle\sum_x\sum_y yf(x, y)=\sum_y yh(y) & (\text{이산적인 경우})\\ \displaystyle\int_{-\infty}^{\infty}\int_{-\infty}^{\infty}yf(x, y)dx\,dy=\int_{-\infty}^{\infty}yh(y)dy & (\text{연속적인 경우})\end{cases}$$

여기서 $h(y)$는 확률변수 Y의 주변분포이다.

한편, 3장에서 설명한 조건부분포에 기대값 개념을 도입하면 조건부기대값을 구할 수 있다. 즉 X, Y 두 개의 확률변수로 이루어진 조건부 확률분포 $f(y \mid x)$는 $X=x$로 주어졌을 경우 Y의 확률분포를 나타내므로, Y의 함수인 $u(Y)$의 조건부 기대값은

$$E[u(Y) \mid x]=\begin{cases}\displaystyle\sum_y u(y)f(y \mid x) & (\text{이산적인 경우})\\ \displaystyle\int_{-\infty}^{\infty}u(y)f(y \mid x)dy & (\text{연속적인 경우})\end{cases}$$

로 표현된다. 마찬가지 방법으로 $Y=y$가 주어졌을 경우 $u(X)$의 조건부 기대값은

$$E[u(X) \mid y]=\begin{cases}\sum_x u(x)f(x \mid y) & (\text{이산적인 경우}) \\ \int_{-\infty}^{\infty} u(x)f(x \mid y)dx & (\text{연속적인 경우})\end{cases}$$

로 표현된다.

4.2 분산과 공분산

확률변수 X의 평균 혹은 기대값은 확률분포의 중심 위치를 설명해 주는 값이므로 통계학에서 매우 중요하다. 그러나 평균값이 분포의 형태를 설명하지는 못한다. 우리는 관측값들이 평균으로부터 얼마나 퍼져 있는가를 알아야 할 필요가 있다. 〈그림 4.1〉에서 볼 수 있듯이 평균은 $\mu=2$로 같지만 관측값들의 변화도 혹은 산포도가 상당히 틀린 두 개의 이산확률분포의 기둥그래프를 볼 수 있다.

확률변수 X의 산포도의 가장 좋은 측도는 [정리 4.1]에서 $g(X)=(X-\mu)^2$으로 놓음으로써 얻어진다. 통계학에서는 이것을 확률변수 X의 분산(variance of the random variable X), 혹은 X의 확률분포의 분산(variance of probability distribution of X)이라 하고, $\mathrm{Var}(X)$ 혹은 σ_X^2으로 표시한다. 어떤 확률변수에 관한 것인지가 명백할 때는 간단히 σ^2으로 표시하기도 한다.

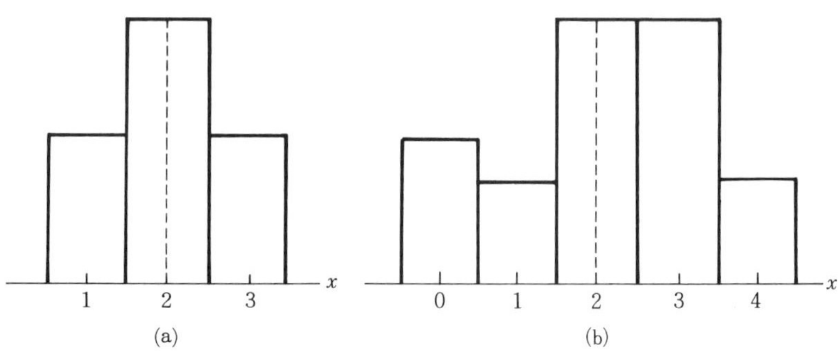

〈그림 4.1〉 평균은 같지만 산포도가 다른 두 분포

[정의 4.3] X를 확률분포 $f(x)$와 평균 μ를 갖는 확률변수라 하자. X의 분산(variance)은 X가 이산적일 때는

$$\sigma^2 = E[(X-\mu)^2] = \sum_x (x-\mu)^2 f(x)$$

가 되고, X가 연속적일 때는

$$\sigma^2 = E[(X-\mu)^2] = \int_{-\infty}^{\infty} (x-\mu)^2 f(x)\,dx$$

가 된다. 분산의 양의 제곱근, 즉 σ를 표준편차(standard deviation)라 한다.

[정의 4.3]에서 $x-\mu$를 관측치의 평균으로부터의 편차라 한다. 이러한 관측값들을 제곱하여 평균을 구하므로 μ에 가까운 x값들의 집합에 대한 σ^2이 μ에서 상당히 떨어져 있는 x값들의 집합에 대한 σ^2보다 훨씬 작을 것이다.

[예 4.8] 확률변수 X를 어느날 사업상 사용된 자동차의 수라 하자. A회사에 대한 확률분포(〈그림 4.1〉의 (a))는 다음과 같이 주어져 있다.

x	1	2	3
$f(x)$	0.3	0.4	0.3

그리고 B회사에 대한 확률분포(〈그림 4.1〉의 (b))는 다음과 같다.

x	0	1	2	3	4
$f(x)$	0.2	0.1	0.3	0.3	0.1

이때 B회사에 대한 확률분포의 분산이 A회사의 분산보다 큼을 증명하라.

(풀이) A회사에 대하여는

$$\mu = E(X) = (1)(0.3) + (2)(0.4) + (3)(0.3) = 2.0$$

그리고

$$\sigma^2 = \sum_{x=1}^{3} (x-2)^2 f(x)$$

$$= (1-2)^2(0.3) + (2-2)^2(0.4) + (3-2)^2(0.3)$$

$$= 0.6$$

B회사에 대하여는

$$\begin{aligned}\mu &= E(X) \\ &= (0)(0.2)+(1)(0.1)+(2)(0.3)+(3)(0.3)+(4)(0.1) \\ &= 2.0\end{aligned}$$

그리고

$$\begin{aligned}\sigma^2 &= \sum_{x=0}^{4}(x-2)^2 f(x) \\ &= (0-2)^2(0.2)+(1-2)^2(0.1)+(2-2)^2(0.3)+(3-2)^2(0.3) \\ &\quad +(4-2)^2(0.1) \\ &= 1.6\end{aligned}$$

따라서 사용하는 차량 수의 분산은 B회사의경우가 A회사의 경우보다 더 크다.

σ^2을 더 간단히 계산하는 공식이 있는데, 그것은 다음 정리와 같다.

[정리 4.2] 확률변수 X의 분산은 다음과 같다.

$$\sigma^2 = E(X^2) - \mu^2$$

(증명)

$$\begin{aligned}\sigma^2 &= \sum_x (x-\mu)^2 f(x) = \sum_x (x^2 - 2\mu x + \mu^2) f(x) \\ &= \sum_x x^2 f(x) - 2\mu \sum_x x f(x) + \mu^2 \sum_x f(x)\end{aligned}$$

정의에 의해서 $\mu = \sum_x x f(x)$이고, $\sum_x f(x) = 1$ 이므로

$$\begin{aligned}\sigma^2 &= \sum_x x^2 f(x) - \mu^2 \\ &= E(X^2) - \mu^2\end{aligned}$$

이 된다. 연속적인 경우도 합을 적분으로 바꾸어 위와 똑같은 단계를 밟으면 쉽게 증명된다.

[예 4.9] 3개의 미사일을 발사했을 때 결함이 있는 것의 수를 확률변수 X라 할 때 X의 확률분포는 다음과 같다.

x	0	1	2	3
$f(x)$	0.51	0.38	0.10	0.01

[정리 4.2]를 사용하여 σ^2을 계산하라.

(풀이) 먼저 평균을 계산하면

$$\mu=(0)(0.51)+(1)(0.38)+(2)(0.10)+(3)(0.01)$$
$$=0.61$$

이 된다. 그리고

$$E(X^2)=(0)(0.51)+(1)(0.38)+(4)(0.10)+(9)(0.01)$$
$$=0.87$$

이다. 따라서

$$\sigma^2=0.87-(0.61)^2=0.4979$$

[예 4.10] 리터를 단위로 하여 콜라의 주당 수요가 다음과 같은 확률분포를 갖는 확률변수 X라 하자.

$$f(x)=\begin{cases}2(x-1), & 1<x<2\\ 0, & \text{기타}\end{cases}$$

이때 X의 평균과 분산을 구하라.

(풀이)

$$\mu=E(X)=2\int_1^2 x(x-1)\,dx=\frac{5}{3}$$

이고,

$$E(X^2)=2\int_1^2 x^2(x-1)\,dx=\frac{17}{6}$$

이다. 따라서

$$\sigma^2=\frac{17}{6}-\left(\frac{5}{3}\right)^2=\frac{1}{18}$$

이러한 점에서 측정단위가 같은 두 개 혹은 그 이상의 분포를 비교할 때는 분산이나 표준편차만이 의미를 가질 수 있다. 따라서 우리는 두 회사에 대하여 병에 담긴 오렌지 쥬스 양의 분포의 분산을 비교할 수 있는데, 분산이 더 크다는 것은 각 병마다 쥬스의 양이 덜 일정하다는 사실을 나타낸다. 그러나 측정단위가 다른 신장의 분포의 분산과 적성검사 성적분포의 분산을 비교하는 것은 의미가 없다.

이제 확률변수 X의 분산의 개념을 X와 연결된 확률변수의 경우로 확장시켜보자. 확률변수 $g(X)$에 대하여 분산을 $\sigma^2_{g(X)}$로 표시하고 그 값은 다음 정리에 의해서 계산되어진다.

[정리 4.3] X를 확률분포 $f(x)$를 갖는 확률변수라 하자. 확률변수 $g(X)$의 분산은 X가 이산적인 경우에는

$$\sigma^2_{g(X)}=E\{[g(X)-\mu_{g(X)}]^2\}=\sum_x[g(X)-\mu_{g(X)}]^2 f(x)$$

로 주어지고, X가 연속적인 경우에는

$$\sigma^2_{g(X)}=E\{[g(X)-\mu_{g(X)}]^2\}=\int_{-\infty}^{\infty}[g(X)-\mu_{g(X)}]^2 f(x)\,dx$$

로 주어진다.

(증명) [정리 4.1]에서 정의된 바와 같이 $g(X)$ 자체가 $\mu_{g(X)}$를 평균으로 갖는 확률변수이므로 [정의 4.3]으로부터 다음 식이 성립한다.

$$\sigma^2_{g(X)}=E\{[g(X)-\mu_{g(X)}]^2\}$$

여기서 [정리 4.1]을 확률변수 $[g(X)-\mu_{g(X)}]^2$에 적용하면 증명이 된다.

[예 4.11] 확률변수 X의 확률분포가

x	0	1	2	3
$f(x)$	1/4	1/8	1/2	1/8

와 같이 주어졌을 때, $g(X)=2X+3$의 분산을 계산하라.

(풀이) 먼저 확률변수 $2X+3$의 평균을 구해보자. [정리 4.1]에 따라

$$\mu_{2X+3}=E(2X+3)=\sum_{x=0}^{3}(2x+3)f(x)=6$$

[정리 4.3]을 사용하면 다음 결과를 얻을 수 있다.

$$\begin{aligned}\sigma^2_{2X+3}&=E\{[(2X+3)-\mu_{2X+3}]^2\}\\&=E\{[2X+3-6]^2\}\\&=E(4X^2-12X+9)\\&=\sum_{x=0}^{3}(4x^2-12x+9)f(x)\\&=4\end{aligned}$$

[예 4.12] X를 [예 4.5]의 확률분포를 갖는 확률변수라 하자. 이때 확률변수 $g(X)=4X+3$의 분산을 구하라.

(풀이) [예 4.5]에서 우리는 $\mu_{4X+3}=8$이라는 사실을 알고 있다. [정리 4.3]을 이용하면

$$\begin{aligned}\sigma^2_{4X+3} &= E\{[(4X+3)-8]^2\} \\ &= E\{[4X-5]^2\} \\ &= \int_{-1}^{2} (4x-5)^2 \frac{x^2}{3} dx \\ &= \frac{1}{3}\int_{-1}^{2} (16x^4-40x^3+25x^2)\,dx = \frac{51}{5}\end{aligned}$$

$\mu_X=E(X)$, $\mu_Y=E(Y)$라고 할 때, $g(X, Y)=(X-\mu_X)(Y-\mu_Y)$라 하면, [정의 4.2]에 의해서 공분산(covariance)이라고 하는 기대값이 계산되는데, 우리는 이것을 σ_{XY} 혹은 Cov(X, Y)로 표시한다.

[정의 4.4] X와 Y를 결합확률분포 $f(x, y)$를 갖는 확률변수라 하자. X와 Y의 공분산은 X와 Y가 이산적인 경우에는

$$\sigma_{XY}=E[(X-\mu_X)(Y-\mu_Y)]=\sum_x\sum_y(x-\mu_X)(y-\mu_Y)f(x, y)$$

로 주어지고, X와 Y가 연속적인 경우에는

$$\begin{aligned}\sigma_{XY} &= E[(X-\mu_X)(Y-\mu_Y)] \\ &= \int_{-\infty}^{\infty}\int_{-\infty}^{\infty}(x-\mu_X)(y-\mu_Y)f(x, y)\,dx\,dy\end{aligned}$$

로 주어진다.

X의 값이 클 때 Y의 값도 크고, X의 값이 작을 때 Y의 값도 작다면 공분산은 양의 값을 가질 것이다. X의 값이 작은데 Y의 값이 크거나 그 반대의 경우에는 공분산이 음의 값을 가질 것이다. X와 Y가 통계적으로 독립이면 공분산이 0의 값을 가짐을 보일 수 있다.([정리 4.10]의 [따름정리 4.7]을 보라.) 그러나 일반적으로 그 역은 성립하지 않는다. 즉 두 변수의 공분산이 0이지만 통계적으로 독립이 아닐 수도 있다.

σ_{XY}를 계산하는 또 다른 공식이 다음 정리에 나타나 있다.

[정리 4.4] μ_X와 μ_Y를 평균으로 하는 두 확률변수 X와 Y의 공분산은 다음과 같다.

$$\sigma_{XY} = E(XY) - \mu_X \mu_Y$$

(증명) 이산적인 경우를 증명해 보면 다음과 같다.

$$\begin{aligned}\sigma_{XY} &= \sum_x \sum_y (x-\mu_X)(y-\mu_Y) f(x, y) \\ &= \sum_x \sum_y (xy - \mu_X y - \mu_Y x + \mu_X \mu_Y) f(x, y) \\ &= \sum_x \sum_y xyf(x, y) - \mu_X \sum_x \sum_y yf(x, y) - \mu_Y \sum_x \sum_y xf(x, y) \\ &\quad + \mu_X \mu_Y \sum_x \sum_y f(x, y)\end{aligned}$$

정의에 의해서 $\mu_X = \sum_x \sum_y xf(x, y)$, $\mu_Y = \sum_x \sum_y yf(x, y)$이고, 또한 $\sum_x \sum_y f(x, y) = 1$ 이므로 다음이 성립된다.

$$\begin{aligned}\sigma_{XY} &= E(XY) - \mu_X \mu_Y - \mu_Y \mu_X + \mu_X \mu_Y \\ &= E(XY) - \mu_X \mu_Y\end{aligned}$$

연속적인 경우에는 합을 적분으로 바꿔 주면 증명은 위와 같아진다.

[정의 4.5] 두 확률변수 X와 Y의 공분산을 σ_{XY}라 하고, X의 표준편차를 σ_X, Y의 표준편차를 σ_Y라 하면 X와 Y의 상관계수 ρ_{XY}는 다음과 같다.

$$\rho_{XY} = \frac{\sigma_{XY}}{\sigma_X \sigma_Y}$$

[예 4.13] 어떤 상자에서 임의로 2개의 볼펜을 꺼낼 때, 파란색 볼펜의 수 X와 붉은색 볼펜의 수 Y의 결합확률분포가 다음과 같다([예 3.8] 참조). 이때 X와 Y의 공분산을 구하라.

(풀이) [예 4.6]으로부터 $E(XY)=3/14$ 임을 알고 있다. 한편

$$\begin{aligned}\mu_X = E(X) &= \sum_{x=0}^{2} \sum_{y=0}^{2} xf(x, y) = \sum_{x=0}^{2} xg(x) \\ &= (0)\left(\frac{5}{14}\right) + (1)\left(\frac{15}{28}\right) + (2)\left(\frac{3}{28}\right) \\ &= \frac{3}{4}\end{aligned}$$

$f(x, y)$		x			$h(y)$
		0	1	2	
y	0	$\frac{3}{28}$	$\frac{9}{28}$	$\frac{3}{28}$	$\frac{15}{28}$
	1	$\frac{3}{14}$	$\frac{3}{14}$		$\frac{3}{7}$
	2	$\frac{1}{28}$			$\frac{1}{28}$
$g(x)$		$\frac{5}{14}$	$\frac{15}{28}$	$\frac{3}{28}$	

이고,

$$\begin{aligned}\mu_Y = E(Y) &= \sum_{x=0}^{2}\sum_{y=0}^{2} yf(x, y) = \sum_{y=0}^{2} yh(y)\\ &= (0)\left(\frac{15}{28}\right) + (1)\left(\frac{3}{7}\right) + (2)\left(\frac{1}{28}\right)\\ &= \frac{1}{2}\end{aligned}$$

이다. 따라서

$$\begin{aligned}\sigma_{XY} &= E(XY) - \mu_X\mu_Y\\ &= \frac{3}{14} - \left(\frac{3}{4}\right)\left(\frac{1}{2}\right)\\ &= -\frac{9}{56}\end{aligned}$$

[예 4.14] [예 3.13]에서 마라톤 코스를 완주한 남자의 비율 X와 여자의 비율 Y의 결합확률분포가 다음과 같았다.

$$f(x, y) = \begin{cases} 8xy, & 0 \le x \le 1,\ 0 \le y \le x \\ 0, & \text{기타} \end{cases}$$

이때 X와 Y의 공분산을 구하라.

(풀이) [예 3.13]으로부터 주변분포는 다음과 같았다.

$$g(x) = \begin{cases} 4x^3, & 0 \le x \le 1 \\ 0, & \text{기타} \end{cases}$$

$$h(y) = \begin{cases} 4y(1-y^2), & 0 \le y \le 1 \\ 0, & \text{기타} \end{cases}$$

그리고 앞에서 주어진 결합확률분포로부터 다음을 구할 수 있다.

$$\mu_X = E(X) = \int_0^1 4x^4 dx = \frac{4}{5}$$

$$\mu_Y = E(Y) = \int_0^1 4y^2(1-y^2) dy = \frac{8}{15}$$

또한,

$$E(XY) = \int_0^1 \int_y^1 8x^2y^2 dx\, dy = \frac{4}{9}$$

이다. 그러면

$$\begin{aligned}\sigma_{XY} &= E(XY) - \mu_X \mu_Y \\ &= \frac{4}{9} - \left(\frac{4}{5}\right)\left(\frac{8}{15}\right) \\ &= \frac{4}{225}\end{aligned}$$

또한 앞절에서 설명한 조건부 기대값과 마찬가지로 $X=x$가 주어졌을 때 Y의 조건부 분산은

$$E\{[Y-E(Y \mid x)]^2 \mid x\} = E[Y^2 \mid x] - [E(Y \mid x)]^2$$

으로 표시되고, $Y=y$가 주어졌을 때 X의 조건부분산은

$$E\{[X-E(X \mid y)]^2 \mid y\} = E[X^2 \mid y] - [E(X \mid y)]^2$$

으로 나타낼 수 있다.

4.3 평균과 분산의 성질

이 절에서는 앞에서 설명한 평균과 분산의 성질에 대해 알아보겠다. 이러한 성질들은 구하고자 하는 기대값을, 이미 알려져 있거나 쉽게 구할 수 있는 다른 기대값을 이용하여 구할 수 있도록 해준다. 여기서 제시할 모든 결과들은 확률변수가 이산적인 경우와 연속적인 경우에 모두 유용하다. 증명은 연속적인 경우에 대해서만 하겠다.

[정리 4.5] a와 b가 상수이면 $E(aX+b) = aE(X)+b$이다.

(증명) 기대값의 정의에 따라

$$E(aX+b)=\int_{-\infty}^{\infty}(ax+b)f(x)dx$$
$$=a\int_{-\infty}^{\infty}xf(x)dx+b\int_{-\infty}^{\infty}f(x)dx$$

우변의 첫번째 적분값은 $E(X)$이고 두 번째 적분값은 1이다. 따라서 다음 결과를 얻을 수 있다.

$$E(aX+b)=aE(X)+b$$

[따름정리 4.1] $a=0$으로 놓으면 $E(b)=b$가 된다.

[따름정리 4.2] $b=0$으로 놓으면 $E(aX)=aE(X)$가 된다.

[예 4.15] [정리 4.5]를 이산확률변수 $g(X)=2X-1$에 적용하여 [예 4.4]를 다시 풀어 보라.

(풀이) [정리 4.5]를 적용하면 다음과 같이 쓸 수 있다.

$$E(2X-1)=2E(X)-1$$

그런데

$$\mu=E(X)=\sum_{x=4}^{9}xf(x)$$
$$=(4)\left(\frac{1}{12}\right)+(5)\left(\frac{1}{12}\right)+(6)\left(\frac{1}{4}\right)+(7)\left(\frac{1}{4}\right)+(8)\left(\frac{1}{6}\right)+(9)\left(\frac{1}{6}\right)$$
$$=\frac{41}{6}$$

이므로

$$\mu_{2X-1}=(2)\left(\frac{41}{6}\right)-1=12.67$$

이 된다.

[예 4.16] [정리 4.5]를 연속확률변수 $g(X)=4X+3$에 적용하여 [예 4.5]를 다시 풀어 보라.

(풀이) [예 4.5]에 [정리 4.5]를 적용하면 다음과 같다.

$$E(4X+3)=4E(X)+3$$

그런데

$$E(X)=\int_{-1}^{2} x\left(\frac{x^2}{3}\right)dx=\int_{-1}^{2}\frac{x^3}{3}dx=\frac{5}{4}$$

이므로,

$$E(4X+3)=(4)\left(\frac{5}{4}\right)+3=8$$

이 된다.

[정리 4.6] 확률변수 X의 두 개 이상의 함수의 합이나 차이의 기대값은 각 함수의 기대값의 합이나 차이와 같다. 즉

$$E[g(X)\pm h(X)]=E[g(X)]\pm E[h(X)]$$

(증명) 정의에 의해서

$$\begin{aligned}E[g(X)\pm h(X)]&=\int_{-\infty}^{\infty}[g(x)\pm h(x)]f(x)dx\\&=\int_{-\infty}^{\infty}g(x)f(x)dx\pm\int_{-\infty}^{\infty}h(x)f(x)dx\\&=E[g(X)]\pm E[h(X)]\end{aligned}$$

[예 4.17] X를 다음과 같은 확률분포를 갖는 확률변수라 하자.

x	0	1	2	3
$f(x)$	1/3	1/2	0	1/6

이때 $Y=(X-1)^2$의 기대값을 구하라.

(풀이) [정리 4.6]을 함수 $Y=(X-1)^2$에 적용하면, 다음과 같이 쓸수 있다.

$$E[(X-1)^2]=E(X^2-2X+1)=E(X^2)-2E(X)+E(1)$$

[정리 4.5]의 [따름정리 4.1]로부터 $E(1)=1$ 이고, $E(X)$와 $E(X^2)$은 각각,

$$E(X)=(0)\left(\frac{1}{3}\right)+(1)\left(\frac{1}{2}\right)+(2)(0)+(3)\left(\frac{1}{6}\right)=1$$

$$E(X^2)=(0)\left(\frac{1}{3}\right)+(1)\left(\frac{1}{2}\right)+(4)(0)+(9)\left(\frac{1}{6}\right)=2$$

이므로,

$$E[(X-1)^2]=2-(2\times1)+1=1$$

[예 4.18] 1,000리터를 단위로 하여 어느 연쇄점에 있어서 맥주의 주당 수요가 연속확률변수 $g(X)=X^2+X-2$로 나타난다. 여기서 X는 다음과 같은 확률분포를 갖는다.

$$f(x)=\begin{cases}2(x-1), & 1<x<2\\ 0, & \text{기타}\end{cases}$$

이때 $g(X)=X^2+X-2$의 기대값을 구하라.

(풀이) [정리 4.6]에 의하면 다음과 같이 쓸 수 있다.

$$E(X^2+X-2)=E(X^2)+E(X)-E(2)$$

[정리 4.5]의 [따름정리 4.1]에 의해서 $E(2)=2$이고, $E(X)$와 $E(X^2)$은 다음과 같다.

$$E(X)=\int_1^2 2x(x-1)\,dx=2\int_1^2(x^2-x)\,dx=\frac{5}{3}$$

$$E(X^2)=\int_1^2 2x^2(x-1)\,dx=2\int_1^2(x^3-x^2)\,dx=\frac{17}{6}$$

따라서,

$$E(X^2+X-2)=\frac{17}{6}+\frac{5}{3}-2=\frac{5}{2}$$

이다. 즉 주당 평균수요는 2,500리터가 된다.

다음으로 결합확률분포 $f(x, y)$를 갖는 확률변수 X와 Y를 생각해 보자. 즉, [정리 4.6]의 확장으로 두 확률변수의 합과 차이, 그리고 곱의 기대값을 구하고자 한다.

[정리 4.7] 확률변수 X와 Y에 대한 둘 혹은 그 이상의 함수의 합이나 차이의 기대값은 각 함수의 기대값의 합이나 차이와 같다. 즉

$$E[g(X, Y)\pm h(X, Y)]=E[g(X, Y)\pm E[h(X, Y)]$$

(증명) [정의 4.2]에 의해

$$E[g(X, Y)\pm h(X, Y)]=\int_{-\infty}^{\infty}\int_{-\infty}^{\infty}[g(x, y)\pm h(x, y)]f(x, y)\,dx\,dy$$

$$= \int_{-\infty}^{\infty}\int_{-\infty}^{\infty} g(x, y)f(x, y)\,dx\,dy$$

$$\pm \int_{-\infty}^{\infty}\int_{-\infty}^{\infty} h(x, y)f(x, y)\,dx\,dy$$

$$= E[g(X, Y)] \pm E[h(X, Y)]$$

[따름정리 4.3] $g(X, Y)=g(X)$이고, $h(X, Y)=h(Y)$라 하면 다음과 같이 쓸 수 있다.

$$E[g(X) \pm h(Y)] = E[g(X)] \pm E[h(Y)]$$

[따름정리 4.4] $g(X, Y)=X$이고, $h(X, Y)=Y$라 하면

$$E[X \pm Y] = E(X) \pm E(Y)$$

만일 X가 어떤 제품의 기계 A에서의 일일 생산량을 나타내고, Y는 같은 제품의 기계 B에서의 일일 생산량이라 하면, $X+Y$는 두 기계에서 생산되는 그 제품의 일일 총생산량을 나타낸다. [정리 4.7]의 [따름정리 4.4]는 두 기계에서의 일일 평균생산량이 각 기계에서의 일일 평균생산량의 합과 같다는 사실을 설명해 준다.

[정리 4.8] X와 Y를 독립인 확률변수라 하자. 그러면,

$$E(XY) = E(X)E(Y)$$

이다.

(증명) [정의 4.2]에 의해서

$$E(XY) = \int_{-\infty}^{\infty}\int_{-\infty}^{\infty} xyf(x, y)\,dx\,dy$$

X와 Y가 독립이므로 $f(x, y)=g(x)h(y)$로 쓸 수 있다. 여기서 $g(x)$와 $h(y)$는 각각 X와 Y의 주변분포이다. 그러므로,

$$E(XY) = \int_{-\infty}^{\infty}\int_{-\infty}^{\infty} xyg(x)\,h(y)\,dx\,dy$$

$$= \int_{-\infty}^{\infty} xg(x)\,dx \int_{-\infty}^{\infty} yh(y)\,dy$$

$$= E(X)E(Y)$$

[정리 4.8]은 초록색 주사위와 붉은색 주사위를 던지는 실험과 같이 이산확률변수인 경우에도 적용될 수 있다. 확률변수 X를 초록색 주사위에서 나타나는 눈의 수, Y를 붉은색 주사위에서 나타나는 눈의 수라 하자. 그러면, XY는 두 개의 주사위에서 나타난 눈의 수의 곱이 된다. 결국 그 두 수의 곱의 평균은 초록색 주사위에서 나타날 눈의 평균수와 붉은색 주사위에서 나타날 눈의 평균수의 곱과 같아진다.

[정리 4.8]을 확장하면 다음 정리가 성립된다.

[정리 4.9] 통계적으로 독립인 두 확률변수 X, Y는 각각 주변분포로 $g(x)$와 $h(y)$를 갖는다고 하자. 이때 X만의 함수 $u(X)$와 Y만의 함수 $v(Y)$의 곱의 기대값은 $u(X)$의 기대값과 $v(Y)$의 기대값의 곱과 같다. 즉

$$E[u(X)\ v(Y)]=E[u(X)]\ E[v(Y)]$$

(증명)

$$\begin{aligned}E[u(X)\ v(Y)]&=\int_{-\infty}^{\infty}\int_{-\infty}^{\infty}u(x)\,v(y)\,g(x)\,h(y)\,dx\,dy\\&=\left[\int_{-\infty}^{\infty}u(x)g(x)dx\right]\left[\int_{-\infty}^{\infty}v(y)g(y)dy\right]\\&=E[u(X)]\ E[v(y)]\end{aligned}$$

가 되고, 이산적인 경우는

$$\begin{aligned}E[u(X)\ v(Y)]&=\sum_x\sum_y u(x)\,v(y)\,g(x)\,h(y)\\&=\sum_x u(x)g(x)\ \sum_y v(y)h(y)\\&=E[u(X)]\ E[v(Y)]\end{aligned}$$

[예 4.19] X와 Y를 다음과 같은 결합확률분포를 갖는 확률변수라 하자.

$$f(x,\ y)=\begin{cases}\dfrac{x(1+3y^2)}{4}, & 0<x<2,\ 0<y<1\\ 0, & \text{기타}\end{cases}$$

이때 [정리 4.8]이 성립됨을 증명하라.

(풀이)

$$E(XY)=\int_0^1\int_0^2\frac{x^2y(1+3y^2)}{4}dx\,dy$$

$$= \int_0^1 \frac{x^3 y (1+3y^2)}{12} \Big|_{x=0}^{x=2} dy$$

$$= \int_0^1 \frac{2y(1+3y^2)}{3} dy$$

$$= \frac{5}{6}$$

$$E(X) = \int_0^1 \int_0^2 \frac{x^2(1+3y^2)}{4} dx\, dy$$

$$= \int_0^1 \frac{x^3(1+3y^2)}{12} \Big|_{x=0}^{x=2} dy$$

$$= \int_0^1 \frac{2(1+3y^2)}{3} dy$$

$$= \frac{4}{3}$$

$$E(Y) = \int_0^1 \int_0^2 \frac{xy(1+3y^2)}{4} dx\, dy$$

$$= \int_0^1 \frac{x^2 y (1+3y^2)}{8} \Big|_{x=0}^{x=2} dy$$

$$= \int_0^1 \frac{y(1+3y^2)}{2} dy$$

$$= \frac{5}{8}$$

그러므로,

$$E(X)E(Y) = \left(\frac{4}{3}\right)\left(\frac{5}{8}\right) = \frac{5}{6} = E(XY)$$

마지막으로, 분산이나 표준편차의 계산에 유용하게 사용되는 두 개의 정리를 살펴보기로 하자.

[정리 4. 10] a 와 b 가 상수이면, $\sigma^2_{aX+b} = a^2\sigma^2_X = a^2\sigma^2$ 이다.

(증명) 정의에 의해서

$$\sigma^2_{aX+b} = E\{[(aX+b) - \mu_{aX+b}]^2\}$$

이다. 그런데

$$\mu_{aX+b} = E(aX+b) = a\mu + b$$

이므로,

$$\sigma^2_{aX+b} = E[(aX+b-a\mu-b)^2]$$
$$= a^2E[(X-\mu)^2]$$
$$= a^2\sigma^2$$

[따름정리 4.5] $a=1$로 놓으면 $\sigma^2_{X+b}=\sigma^2_X=\sigma^2$이 됨을 알 수 있다.

[따름정리 4.6] $b=0$로 놓으면 $\sigma^2_{aX}=a^2\sigma^2_X=a^2\sigma^2$이 됨을 알 수 있다.

[따름정리 4.5]는 확률변수에 어떤 상수를 더해주거나 빼주어도 분산이 변하지 않는다는 사실을 설명해 준다. 어떤 상수를 더하거나 빼는 것은 단순히 X의 값을 오른쪽이나 왼쪽으로 이동시킬 뿐이며 분산을 변화시키지는 않는다. 그러나 만약 확률변수에 어떤 상수를 곱해 주면 [따름정리 4.6]에서 보았듯이 분산은 그 상수의 제곱의 배수로 나타내진다.

[정리 4.11] X와 Y를 결합확률분포 $f(x, y)$를 갖는 확률변수라 하면,

$$\sigma^2_{aX+bY} = a^2\sigma^2_X + b^2\sigma^2_Y + 2ab\sigma_{XY}$$

이다.

(증명) 정의에 의해서

$$\sigma^2_{aX+bY} = E\{[(aX+bY)-\mu_{aX+bY}]^2\}$$

이다. 그런데 [정리 4.7]의 [따름정리 4.4]에 의해서

$$\mu_{aX+bY} = E(aX+bY) = aE(X)+bE(Y) = a\mu_X + b\mu_Y$$

이므로,

$$\sigma^2_{aX+bY} = E\{[(aX+bY)-a\mu_X-b\mu_Y]^2\}$$
$$= E\{[a(X-\mu_X)+b(Y-\mu_Y)]^2\}$$
$$= a^2E[(X-\mu_X)^2]+b^2E[(Y-\mu_Y)^2]+2abE[(X-\mu_X)(Y-\mu_Y)]$$
$$= a^2\sigma_X^2 + b^2\sigma^2_Y + 2ab\sigma_{XY}$$

이다.

[따름정리 4.7] X와 Y를 독립인 확률변수라 하면,

$$\sigma^2_{aX+bY}=a^2\sigma^2_X+b^2\sigma^2_Y$$

이다.

[따름정리 4.7]은 [정리 4.11]에서 독립인 확률변수 X와 Y의 공분산이 0이 됨을 보여 줌으로써 얻어진다. 확률변수가 독립인 경우 $E(XY)=E(X)E(Y)$이므로, [정리 4.4]로부터

$$\sigma_{XY}=E(XY)-\mu_X\mu_Y$$
$$=0$$

이 된다.

[따름정리 4.8] X와 Y를 독립인 확률변수라 하면,

$$\sigma^2_{aX-bY}=a^2\sigma^2_X+b^2\sigma^2_Y$$

이다.

[따름정리 4.8]은 [따름정리 4.7]에서 b를 $-b$로 치환하면 바로 얻어진다. n개의 독립인 확률변수의 1차 결합으로 일반화시키면 다음과 같다.

[따름정리 4.9] $X_1, X_2, \cdots, X_n$을 독립인 확률변수라 하면,

$$\sigma^2_{a_1X_1+a_2X_2+\cdots+a_nX_n}=a_1^2\sigma^2_{X_1}+a_2^2\sigma^2_{X_2}+\cdots+a_n^2\sigma^2_{X_n}$$

이다.

[예 4.20] X와 Y를 $\sigma^2_X=2$, $\sigma^2_Y=4$이고, 공분산 $\sigma_{XY}=-2$인 확률변수라 할 때, 확률변수 $Z=3X-4Y+8$의 분산을 구하라.

(풀이)

$$\sigma^2_Z=\sigma^2_{3X-4Y+8}$$
$$=\sigma^2_{3X-4Y}$$ ([정리 4.9]의 [따름정리 4.5]에 의해서)
$$=9\sigma^2_X+16\sigma^2_Y-24\sigma_{XY}$$ ([정리 4.10]에 의해서)
$$=(9)(2)+(16)(4)+(24)(-2)$$
$$=130$$

[예 4.21] X와 Y를 $\sigma^2_X=1$이고, $\sigma^2_Y=2$인 독립확률변수라 할 때, 확률변수 $Z=3X-2Y+5$의 분산을 구하라.

(풀이)

$$\sigma^2_Z = \sigma^2_{3X-2Y+5}$$
$$= \sigma^2_{3X-2Y} \text{ ([정리 4.10]의 [따름정리 4.5]에 의해서)}$$
$$= 9\sigma^2_X + 4\sigma^2_Y \text{ ([정리 4.11]의 [따름정리 4.6]에 의해서)}$$
$$= (9)(1) + (4)(2)$$
$$= 17$$

4.4 체비셰프 정리

4.2 절에서 확률변수의 분산이 평균값을 중심으로 관측값들이 얼마나 떨어져 있는가를 나타낸다는 것을 보았다. 만일 분산이 작으면, 대부분의 값들이 평균값 근처에 밀집되어 있을 것이라고 생각할 수 있다. 그러므로, 확률변수가 어떤 구간 내의 값을 취할 확률은 표준편차의 값이 작을수록 더 커진다. 확률을 밀도함수의 아래 부분의 면적으로 간주한다면, 〈그림 4.2〉(a)와 같이 대부분의 면적이 μ에 근접해 있는, 즉 표준편차가 작은 연속확률분포를 예상해 볼 수 있다. 그러나 σ의 값이 크면 변화의 폭이 크므로 〈그림 4.2〉(b)와 같이 면적이 더 퍼져 있는 경우를 예상할 수 있다.

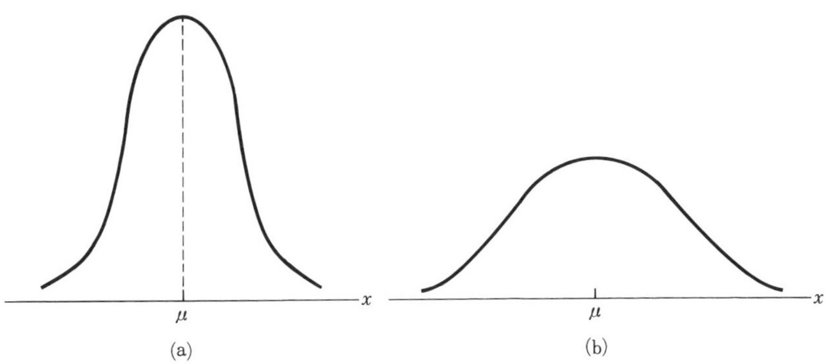

〈그림 4.2〉 평균값 근처에서 연속적인 관측값들의 변화성

이산확률분포인 경우에도 똑같이 생각할 수 있다. 〈그림 4.3〉(b)의 확률기둥그래프의 면적이 〈그림 4.3〉(a)의 면적보다 훨씬 더 퍼져 있음을 볼 수 있고, 이것은 관측값이나 결과의 산포가 더 심하다는 사실을 나타내 준다.

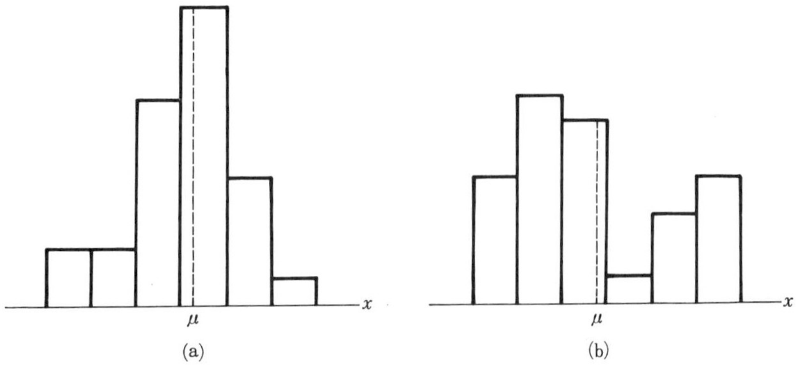

〈그림 4.3〉 평균값 근처에서 이산적인 관측값들의 변화성

러시아의 수학자 체비셰프(P. L. Chebyshev, 1821～1894)는 평균값을 중심으로 대칭인 두 값 사이의 면적이 표준편차와 관계되어 있음을 알아냈다. 확률분포곡선 아래 부분의 면적이나 확률기둥 그래프의 면적은 합해서 1이 되므로, 어떤 두 값 사이의 면적은 확률변수가 그 두 값 사이의 값을 취할 확률이 된다.

체비셰프에 의한 다음 정리는 확률변수가 어떤 실수 k에 대하여 평균으로부터 표준편차의 k배 범위 내의 값을 취할 확률의 대략적인 예측치를 제공해 준다. 증명은 연속적인 경우에 대해서만 하고, 이산적인 경우의 증명은 연습문제로 남겨두겠다.

[정리 4.12] (체비셰프 정리) 확률변수 X가 평균에서 표준편차의 k배 범위 내의 값을 취할 확률은 $1-\frac{1}{k^2}$ 이상이 된다. 즉,

$$P(\mu-k\sigma<X<\mu+k\sigma)\geq 1-\frac{1}{k^2}$$

(증명) 분산의 정의에 의해서

$$\begin{aligned}\sigma^2&=E[(X-\mu)^2]\\&=\int_{-\infty}^{\infty}(x-\mu)^2 f(x)\,dx\\&=\int_{-\infty}^{\mu-k\sigma}(x-\mu)^2 f(x)\,dx+\int_{\mu-k\sigma}^{\mu+k\sigma}(x-\mu)^2 f(x)\,dx\end{aligned}$$

$$+\int_{\mu+k\sigma}^{\infty}(x-\mu)^2 f(x)\,dx$$

$$\geq\int_{-\infty}^{\mu-k\sigma}(x-\mu)^2 f(x)\,dx$$

$$+\int_{\mu+k\sigma}^{\infty}(x-\mu)^2 f(x)\,dx$$

$x\geq\mu+k\sigma$ 이거나 $x\leq\mu-k\sigma$ 이면 $|x-\mu|\geq k\sigma$ 이므로, $(x-\mu)^2\geq k^2\sigma^2$ 이 된다. 따라서

$$\sigma^2\geq\int_{-\infty}^{\mu-k\sigma}k^2\sigma^2 f(x)\,dx+\int_{\mu+k\sigma}^{\infty}k^2\sigma^2 f(x)\,dx$$

이고,

$$\int_{-\infty}^{\mu-k\sigma}f(x)\,dx+\int_{\mu+k\sigma}^{\infty}f(x)\,dx\leq\frac{1}{k^2}$$

이다. 그러므로

$$P(\mu-k\sigma<X<\mu+k\sigma)=\int_{\mu-k\sigma}^{\mu+k\sigma}f(x)\,dx\geq1-\frac{1}{k^2}$$

이 되어 체비셰프 정리가 성립된다.

$k=2$ 라면, 위의 정리는 확률변수 X가 평균을 중심으로 표준편차의 2배 범위 내에 들어갈 확률이 적어도 $1-1/2^2=3/4$ 이 됨을 나타낸다. 즉 어떤 분포의 관측값들의 3/4 이상이 구간 $\mu\pm2\sigma$ 내에 존재하게 된다. 마찬가지로 어떤 분포의 관측값들의 8/9 이상은 구간 $\mu\pm3\sigma$ 내에 들어간다.

[예 4.22] 확률변수 X의 평균은 $\mu=8$ 이고, 분산은 $\sigma^2=9$ 이며 확률분포는 알려져 있지 않다. 이때 1) $P(-4<X<20)$과 2) $P(|X-8|\geq6)$을 구하라.

(풀이)

1) $P(-4<X<20)=P[8-(4)(3)<X<8+(4)(3)]\geq\frac{15}{16}$

2) $P(|X-8|\geq6)=1-P(|X-8|<6)$

$=1-P(-6<X-8<6)$

$=1-P[8-(2)(3)<X<8+(2)(3)]\leq\frac{1}{4}$

체비셰프 정리는 관측값들의 분포에 관계 없이 성립하는데, 이런 이유

때문에 그 결과는 실제로 크게 유용하지는 않다. 즉 정리에 의해서 주어지는 값은 단지 확률값의 상한치 또는 하한치일 뿐이다. 즉 확률변수가 구간 $\mu \pm 2\sigma$ 내에 들어갈 확률이 3/4보다는 적을 수 없다는 사실만 알 수 있으며, 그 값이 정확히 얼마인지는 결코 알 수 없다. 따라서 확률분포가 알려져 있을 때만 정확한 확률을 계산할 수 있다.

연습문제

1. 배에 선적되어 있는 7대의 TV 중에 2대의 불량품이 포함되어 있다. 어느 호텔에서 이 중 임의로 3대를 구입했다. X를 그 호텔에서 구입한 TV 중 불량품의 수라 할 때 X의 평균을 구하라.

2. 이산확률변수 X의 확률분포가

$$f(x)=\binom{3}{x}\left(\frac{1}{4}\right)^{x}\left(\frac{3}{4}\right)^{3-x}, \qquad x=0,\ 1,\ 2,\ 3$$

과 같이 주어졌을 때 X의 평균을 구하라.

3. 폭이 일정한 합성섬유 10m당 흠의 수 X의 확률분포가 다음과 같이 주어져 있다.

x	0	1	2	3	4
$f(x)$	0.41	0.37	0.16	0.05	0.01

이때 이 섬유의 10m당 평균 흠의 수를 구하라.

4. 동전의 앞면이 뒷면보다 3배만큼 많이 나오는 동전이 있다. 이러한 동전을 두 번 던질 때 뒷면이 나올 기대값을 구하라.

5. 어떤 자동차 세차장 종업원은 하루에 세차한 차량수에 비례하여 일당을 받고 일하고 있다. 그가 일당으로 7,000원, 9,000원, 11,000원, 13,000원, 15,000원, 17,000원을 각각 받을 수 있는 확률값은 1/12, 1/12, 1/4, 1/4, 1/6, 1/6로 알려져 있다. 세차장 종업원의 일당의 기대값을 구하라.

6. 어떤 증권 투자가가 특정회사 주식을 사고팔아 1년에 4,000만원의 이익을 볼 수 있는 확률은 0.3이고, 1,000만원의 손해를 볼 수 있는 확률은 0.7이다. 이러한 투자가의 1년동안의 기대이익을 구하라.

7. 어떤 상자에 들어 있는 5장의 카드 중 두 장을 꺼내 각 카드에 쓰여 있는 금액대로 돈을 받는 도박게임이 있다. 상자 안에는 3장의 2만원짜리 카드와 2장의 4만원짜리 카드가 있고, 이 게임을 한 번 하는데 56,000원을 내야 한다면, 이 게임은 공정한지 밝혀라.

8. 갑씨는 5천만원 상당의 자동차를 보험에 들려고 한다. 보험회사의 추정에 의하면 자동차가 100% 못 쓰게 될 확률은 0.002, 50% 못 쓰게 될 확률은

0.01, 25 % 정도 못 쓰게 될 확률은 0.1로 나타났다. 이 자동차를 보험에 가입시켜 매년 평균 50만원의 이익을 올리려면 보험료를 얼마로 책정해야 되는지 산정하라.

9. 확률변수 X의 확률분포가

$$f(x)=\begin{cases}\dfrac{4}{\pi(1+x^2)}, & 0<x<1\\ 0, & \text{기타}\end{cases}$$

와 같을 때, X의 평균을 구하라.

10. 어느 고대 보석 취급자는 금속목걸이의 판매에 관심을 가지고 있는데, 그것을 250만 원의 이득으로 판매할 수 있는 확률이 0.22, 150만 원의 이득으로 판매할 확률이 0.36, 이익도 손해도 없이 판매할 확률은 0.28이고, 150만 원의 손해를 보고 판매할 확률이 0.14라고 하자. 이때 그 사람의 기대이익은?

11. 새로운 자동차의 판매이익(단위: 만 원)이 다음과 같은 확률분포를 갖는 확률변수 X라 하자.

$$f(x)=\begin{cases}2(1-x), & 0<x<1\\ 0, & \text{기타}\end{cases}$$

이때 자동차당 평균이익을 구하라.

12. X를 통신판매에 응답하는 사람의 비율이라 할 때 X의 확률분포가 다음과 같다.

$$f(x)=\begin{cases}\dfrac{2(x+2)}{5}, & 0<x<1\\ 0, & \text{기타}\end{cases}$$

이때 X의 평균을 구하라.

13. 100시간을 단위로 하여, 어느 가정에서 일 년 동안의 진공청소기 사용시간을 연속확률변수 X라 하자. 이때 X의 확률분포가

$$f(x)=\begin{cases}x, & 0<x<1\\ 2-x, & 1\le x<2\\ 0, & \text{기타}\end{cases}$$

와 같이 주어졌을 때, 일 년 동안 진공청소기의 평균사용시간의 수는 얼마인가?

14. X를 하나의 주사위를 던질 때 나타나는 결과라 하자. $g(X)=3X^2+4$라

할 때, $\mu_{g(x)}$를 구하라.

15. 연속확률변수 X의 확률분포가

$$f(x)=\begin{cases} e^{-x}, & x>0 \\ 0, & \text{기타} \end{cases}$$

와 같이 주어졌을 때 $g(X)=e^{2X/3}$의 기대값을 구하라.

16. 확률변수 X의 확률분포가 다음과 같을 때 $g(X)=(2X+1)^2$의 기대값 $\mu_{g(X)}$를 구하라.

x	-3	6	9
$f(x)$	1/6	1/2	1/3

17. 어떤 회사에서는 매년 말 타자기를 개체하고 있다. 개체 기준은 그 해에 발생된 타자기 고장수에 따른다고 한다. 매년 새로 구입한 타자기의 수를 X라 할 때 X의 확률분포는 다음과 같다.

x	0	1	2	3
$f(x)$	1/10	3/10	2/5	1/5

타자기 가격은 120만 원이고, 새로 X대의 타자기를 구입하면 $5X^2$만 원을 할인해 준다고 한다. 이때 이 회사에서 금년말에 타자기 구입에 지불할 금액의 기대값을 구하라.

18. 어떤 병원에서 맹장염 수술을 받은 환자의 재원일수를 나타내는 Y는, $Y=X+4$를 따르고, X는 다음과 같은 확률분포를 따른다고 한다.(단위: 일)

$$f(x)=\begin{cases} \dfrac{32}{(x+4)^3}, & x>0 \\ 0, & \text{기타} \end{cases}$$

이때 어떤 환자가 맹장염으로 입원했을 경우 평균 재원일수를 구하라.

19. X와 Y의 결합확률분포가 다음과 같다고 가정하자.

$f(x, y)$		x	
		2	4
y	1	0.10	0.15
	3	0.20	0.30
	5	0.10	0.15

① $g(X, Y)=XY^2$의 기대값을 구하라.

② μ_X와 μ_Y를 구하라.

20. X와 Y를 다음과 같은 결합확률분포를 갖는 확률변수라 하자.

$$f(x, y)=\begin{cases} 4xy, & 0<x<1,\ 0<y<1 \\ 0, & \text{기타} \end{cases}$$

이때 $Z=\sqrt{X^2+Y^2}$의 기대값을 구하라.

21. X와 Y의 확률분포가

$$g(x)=\begin{cases} 8/x^3, & x>2 \\ 0, & \text{기타} \end{cases}$$

와

$$h(y)=\begin{cases} 2y, & 0<y<1 \\ 0, & \text{기타} \end{cases}$$

로 주어졌을 때 $Z=XY$의 기대값을 구하라.

22. X를 다음과 같은 확률분포를 갖는 확률변수라 하자.

x	-2	3	5
$f(x)$	0.3	0.2	0.5

이때 X의 표준편차를 구하라.

23. 어느 지역에서 연간 전원이 0, 1, 2, 3번 끊어질 확률이 각각 0.4, 0.3, 0.2, 0.1이라고 하자. X가 이 지역에서 전원이 끊어질 횟수를 나타내는 확률변수라 할 때 X의 평균과 분산을 구하라.

24. 어느 공항에서 비행기가 이륙하기까지 기다리는 시간이(단위: 분) $Y=3X-2$라는 확률변수를 따른다고 하자. 여기서 X는 다음과 같은 확률분포를 갖는다.

$$f(x)=\begin{cases} \frac{1}{4}e^{-x/4}, & x>0 \\ 0, & \text{기타} \end{cases}$$

이때 확률변수 Y의 평균과 분산을 구하라.

25. 확률변수 X와 Y의 결합확률분포가

$$f(x)=\begin{cases} x+y, & 0<x<1,\ 0<y<1 \\ 0, & \text{기타} \end{cases}$$

와 같이 주어졌을 때 X와 Y의 공분산을 구하라.

26. $\mathrm{Cov}(aX, bY)=ab(X, Y)$임을 증명하라.

27. X와 Y의 결합확률분포는 $f(x, y)=x+y$, $0<x<1$, $0<y<1$로 주어져 있다. 이때 $X=x$가 주어졌을 때 Y의 조건부 평균과 조건부 분산을 구하라.

28. X와 Y의 결합확률분포가 $f(x, y)=21x^2y^3$, $0<x<y<1$로 주어져 있다. 그러면 $Y=y$, $0<y<1$가 주어졌을 때 X의 조건부 평균과 분산을 구하라.

29. 어느 식료품점에서 5상자의 탈지우유를 한 상자당 12,000원의 도매가로 구입하여 상자당 16,500원의 소매가로 판매한다고 가정하자. 유효기간이 지날 때까지 판매되지 않은 우유는 공급자에게 되돌려 주고 구입가의 3/4을 받는다. 판매된 상자의 수를 나타내는 확률변수 X의 확률분포가 다음과 같이 주어져 있다.

x	0	1	2	3	4	5
$f(x)$	$\frac{1}{15}$	$\frac{2}{15}$	$\frac{2}{15}$	$\frac{3}{15}$	$\frac{4}{15}$	$\frac{3}{15}$

이때 기대이익을 구하라.

30. 100시간을 단위로 하여 어떤 사람이 연간 전축을 켜는 시간이 다음과 같은 확률분포를 갖는다고 가정하자.

$$f(x)=\begin{cases} x, & 0<x<1 \\ 2-x, & 1\le x<2 \\ 0, & \text{기타} \end{cases}$$

[정리 4.6]을 이용하여 확률변수 $Y=60X^2+39X$의 평균을 구하라. 여기서 Y는 연간소비전력(kw/시)이다.

31. X와 Y를 다음과 같은 결합확률분포를 갖는 독립확률변수라 하자.

$f(x, y)$		$x=2$	$x=4$
y	1	0.10	0.15
	3	0.20	0.30
	5	0.10	0.15

이때 다음을 구하라.

① $E(2X-3Y)$

② $E(XY)$

32. 확률변수 X에 대해서 $E[(X-1)^2]=10$, $E[(X-2)^2]=6$으로 주어져 있다. 이때 X의 평균과 분산을 구하라.

33. 확률변수 X는 파란색 주사위를 던졌을 때 나온 눈의 수이고, Y는 초록색 주사위를 던졌을 때 나온 눈의 수이다.

① $E(X+Y)$를 구하라.

② $E(X-Y)$를 구하라.

③ $E(XY)$를 구하라.

34. X와 Y의 결합확률분포가

$$f(x, y)=\begin{cases} \frac{2}{7}(x+y), & 0<x<1,\ 1<y<2 \\ 0, & \text{기타} \end{cases}$$

와 같을 때, $g(X, Y)=(X/Y^3)+X^2Y$의 기대값을 구하라.

35. X를 초록색 주사위를 던졌을 나타나는 눈의 수, Y를 붉은 색 주사위를 던졌을 때 나타나는 눈의 수라 하자. 이때 다음 확률변수의 분산을 구하라.

① $2X-Y$

② $X+3Y-5$

36. 확률변수 X, Y는 다음과 같은 결합확률분포를 갖는다. 각 경우에 대해 X, Y의 상관계수를 구하라.

① $f(x, y)=\frac{1}{3}$, $(x, y)=(0, 0), (1, 1), (2, 2)$

② $f(x, y)=\frac{1}{3}$, $(x, y)=(0, 2), (1, 1), (2, 0)$

③ $f(x, y)=\frac{1}{3}$, $(x, y)=(0, 0), (1, 1), (2, 0)$

37. X와 Y는 다음과 같은 결합확률분포를 갖는다.

(x, y)	(1, 1)	(1, 2)	(1, 3)	(2, 1)	(2, 2)	(2, 3)
$f(x, y)$	$\frac{2}{15}$	$\frac{4}{15}$	$\frac{3}{15}$	$\frac{1}{15}$	$\frac{1}{15}$	$\frac{4}{15}$

이때 X와 Y의 상관계수를 구하라.

38. 확률변수 X의 평균은 $\mu=12$이고, 분산은 $\sigma^2=9$이며, 확률분포는 알려져 있지 않다. 이때 체비셰프 정리를 이용하여 다음을 구하라.

① $P(6<X<18)$

② $P(3<X<21)$

39. 확률변수 X의 평균은 $\mu=10$, 분산은 $\sigma^2=4$이다. 이때 체비셰프 정리를 이용하여 다음을 구하라.

① $P(|X-10|\geq 3)$

② $P(|X-10|<3)$

③ $P(5<X<15)$

④ $P(|X-10|\geq c)\leq 0.04$인 상수 c의 값을 구하라.

40. X의 확률분포가 $f(x)=6x(1-x)$, $0<x<1$일 때 $P(\mu-2\sigma<X<\mu+2\sigma)$를 구하고 그 값고 체비셰프 정리에 의해서 구한 결과를 비교해 보라.

41. 이산확률변수에 대하여 체비셰프 정리를 증명하라.

제 5 장

이산확률분포

5. 1 이산일양분포

모든 이산확률분포 중에서 가장 간단한 것은 확률변수가 취할 수 있는 각 값들이 모두 같은 확률을 갖는 경우이다. 그러한 확률분포를 이산일양분포(discrete uniform distribution)라 한다.

이산일양분포 : 확률변수 X가 똑같은 확률로 x_1, x_2, $\cdots$, x_k의 값을 취한다면, 이산일양분포는

$$f(x\,;\,k)=\frac{1}{k},\ x=x_1,\ x_2,\ \cdots,\ x_k$$

로 주어진다.

일양분포는 모수에 종속되어 있음을 나타내기 위하여 $f(x)$ 대신에 $f(x\,;\,k)$라는 기호를 사용한다.

[예 5. 1] 40 와트, 60 와트, 75와트, 100 와트의 전구가 들어 있는 상자에서 임의로 하나의 전구를 꺼낼 때, 표본공간 $S=\{40,\ 60,\ 75,\ 100\}$의 각 원소는 1/4의 발생확률을 갖는다. 따라서 X의 확률분포는 $f(x)=1/4$, $x=40,\ 60,\ 75,\ 100$인 일양분포를 갖는다.

[예 5. 2] 하나의 주사위를 던지는 실험에 표본공간 $S=\{1,\ 2,\ 3,\ 4,\ 5,\ 6\}$의

각 원소의 발생확률은 1/6로 같다. 따라서 X의 확률분포는 $f(x)=1/6$, $x=1, 2, \cdots, 6$인 일양분포를 갖는다.

기둥그래프로 일양분포를 나타내면 같은 높이를 갖는 직사각형들의 집합이 된다. [예 5.2]에 대한 기둥그래프가 〈그림 5.1〉에 나타나 있다.

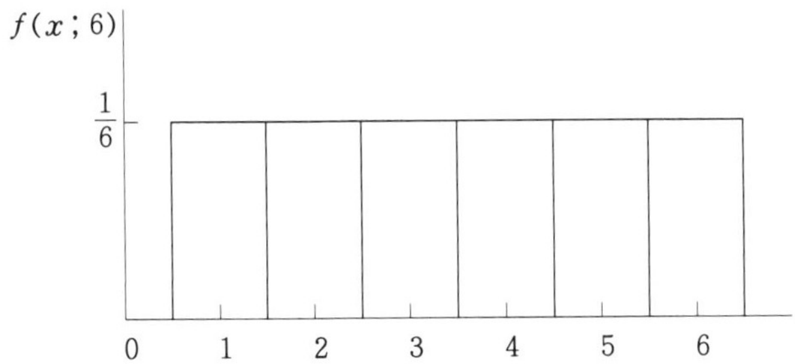

〈그림 5.1〉 하나의 주사위를 던지는 실험에 대한 기둥 그래프

[정리 5.1] 이산일양분포의 평균과 분산은

$$\mu=\frac{\sum_{i=1}^{k} x_i}{k} \text{ 와 } \sigma^2=\frac{\sum_{i=1}^{k}(x_i-\mu)^2}{k}$$

이 된다.

(증명) 정의에 의해서

$$\mu=E(X)=\sum_{i=1}^{k} x_i f(x_i\,;\,k)=\sum_{i=1}^{k}\frac{x_i}{k}=\frac{\sum_{i=1}^{k} x_i}{k}$$

이다. 또한 분산은

$$\sigma^2=E[(X-\mu)^2]=\sum_{i=1}^{k}(x_i-\mu)^2 f(x_i\,;\,k)$$

$$=\sum_{i=1}^{k}\frac{(x_i-\mu)^2}{k}=\frac{\sum_{i=1}^{k}(x_i-\mu)^2}{k}$$

[예 5.3] [예 5.2]에서 X의 평균과 분산을 구해 보면

$$\mu=\frac{1+2+3+4+5+6}{6}=3.5$$

이고

$$\sigma^2 = \frac{(1-3.5)^2+(2-3.5)^2+\cdots+(6-3.5)^2}{6} = \frac{35}{12}$$

임을 알 수 있다.

5.2 이항분포 및 다항분포

어떤 실험이 반복시행으로 구성되고, 각 시행이 성공(success)과 실패(failure) 등의 두 가지 가능한 결과만을 갖는 경우가 있다. 조립라인에서 생산되는 제품의 검사에서 그 제품의 양·불량만을 가려낸다면 그러한 경우에 해당한다. 우리는 그 실험에서 결과를 성공과 실패로 정의할 수도 있다. 트럼프 카드에서 연속적으로 카드를 뽑아 그 카드가 하트이면 성공, 하트가 아니면 실패라 할 때도 그 경우에 해당한다. 만약 뽑혀진 카드가 복원이 되고 다음 번 추출 전에 충분히 섞여진다면 각 시행은 독립이고 매 시행마다 성공확률은 일정 상수가 된다.

그러나 카드 추출 실험에서 카드가 복원이 되지 않는다면 매 시행마다 성공의 확률이 변하게 된다는 사실에 유의해야 한다. 즉 첫번째 추출에서 하트를 뽑을 확률은 1/4이지만, 두 번째 추출에서는 첫번째 추출에서 하트가 뽑혔느냐 아니냐에 따라 각각 13/51, 12/51의 값을 갖는 조건부확률이 된다. 따라서 이러한 실험은 이항실험으로 간주되지 않는다.

이항실험은 다음과 같은 성질들을 갖는다.

① 실험은 n 번 반복시행으로 구성된다.

② 각 시행에서는 성공이나 실패로 구분되어질 수 있는 결과가 발생한다.

③ p로 표시되는 성공확률은 매 시행마다 일정하다.

④ 각 시행은 서로 독립이다.

제조과정에서 임의로 세 개의 제품을 추출하여 검사하고, 양·불량으로 구분하는 이항실험을 생각해 보자. 불량을 발견하는 경우를 성공이라 하자. 그러면 성공 횟수는 0에서 3 사이의 값을 취하는 확률변수 X가 된다. 8가지 가능한 결과와 각 경우에 대한 X의 값은 다음과 같다.

결　과	x
NNN	0
NDN	1
NND	1
DNN	1
NDD	2
DND	2
DDN	2
DDD	3

제품들 중 25%가 불량품이라고 가정하면 공정에서 제품들이 독립적으로 추출되므로,

$$P(NDN) = P(N)P(D)P(N) = \left(\frac{3}{4}\right)\left(\frac{1}{4}\right)\left(\frac{3}{4}\right) = \frac{9}{64}$$

가 된다. 유사한 방법으로 나머지 결과들에 대해서도 확률을 구할 수 있다. 따라서 X의 확률분포는

x	0	1	2	3
$f(x)$	$\frac{27}{64}$	$\frac{27}{64}$	$\frac{9}{64}$	$\frac{1}{64}$

로 주어진다.

이항실험의 n번 시행에서 성공횟수 X를 이항확률변수(binomial random variable)라 하고, 이 이산확률변수의 확률분포를 이항분포(binomial distribution)라 하며, 확률은 시행횟수와 각 시행에서의 성공확률에 종속되어 있으므로 $b(x; n, p)$로 표시한다. 따라서 불량품의 수, X의 확률분포에 대하여

$$P(X=2) = f(2) = b\left(2; 3, \frac{1}{4}\right) = \frac{9}{64}$$

가 된다.

다음으로 $b(x; n, p)$에 대한 공식을 얻기 위하여 위의 설명을 일반화해 보자. 즉 n회 반복의 이항실험에서 x번의 성공이 일어날 확률을 구하고자 한다. 먼저 어떤 특정한 배열에서 x번의 성공과 $n-x$번의 실패가 일어날 확률을 생각해 보자. 각 시행이 독립이므로 그 확률은 각 시행의 결과들의 확률의 곱으로 나타낼 수 있다. 각 시행에서 성공확률은 p이고 실패확률은 $q=1-p$

이다. 따라서 그 특정배열의 발생확률은 $p^x q^{n-x}$이 된다. 이제 우리는 이 실험에서 x번의 성공과 $n-x$번의 실패를 포함하고 있는 표본점의 총수를 결정해야 한다. 이 수는 n개 중 임의로 x개의 성공이 일어났고 나머지 $(n-x)$개의 실패가 일어났다고 볼 때 $\binom{n}{x}$가 된다. 따라서 $p^x q^{n-x}$에 $\binom{n}{x}$를 곱하여 일반적인 공식을 얻어낼 수 있다.

이항분포(binomial distribution) : 이항실험의 각 시행에서 성공확률이 p, 실패확률이 $q=1-p$라 하면, n회의 독립시행에서 성공의 횟수를 나타내는 이항확률변수 X의 확률분포는

$$b(x\,;\,n,\,p)=\binom{n}{x}p^x q^{n-x},\quad x=0,\,1,\,2,\,\cdots,\,n$$

으로 주어진다.

$n=3$이고 $p=1/4$이라 할 때, 불량품의 수 X의 확률분포는 다음과 같이 나타낼 수 있다.

$$b\left(x;\,3,\,\frac{1}{4}\right)=\binom{3}{x}\left(\frac{1}{4}\right)^x\left(\frac{3}{4}\right)^{3-x},\quad x=0,\,1,\,2,\,3$$

[예 5.4] 어떤 종류의 부품이 충격시험에서 충격을 견딜 확률이 3/4이다. 4개의 부품에 대해 실험했을 때 정확하게 2개가 충격을 견딜 확률을 구하라.

(풀이) 각 시험이 독립이고, 각 시험에 대해 $p=3/4$이므로

$$\begin{aligned}b\left(2;\,4,\,\frac{3}{4}\right)&=\binom{4}{2}\left(\frac{3}{4}\right)^2\left(\frac{1}{4}\right)^2\\&=\frac{4!}{2!2!}\times\frac{3^2}{4^4}\\&=\frac{27}{128}\end{aligned}$$

이항분포라는 이름은 $(q+p)^n$의 이항전개에서 각 항이 $x=0,\,1,\,2,\,\cdots,\,n$일 때 $b(x\,;\,n,\,p)$의 각 값들과 일치한다는 사실에서 연유한 것이다. 즉

$$\begin{aligned}(q+p)^n&=\binom{n}{0}q^n+\binom{n}{1}pq^{n-1}+\binom{n}{2}p^2q^{n-2}+\cdots+\binom{n}{n}p^n\\&=b(0\,;\,n,p)+b(1\,;\,n,p)+b(2\,;\,n,p)+\cdots+b(n\,;\,n,p)\end{aligned}$$

이다. $p+q=1$ 이므로 $\sum_{x=0}^{n} b(x\,;\, n, p)=1$ 이 됨을 알 수 있다.

때때로 우리는 $P(X<r)$이나 $P(a \le X \le b)$를 구할 필요가 있는 문제에 직면할 때가 있다. 다행스럽게도 이항분포의 누적합 $B(r\,;\, n, p)=\sum_{x=0}^{r} b(x\,;\, n, p)$이 $n=1, 2, \cdots, 20$과 0.1과 0.9 사이의 몇 개의 p값에 대하여 부록 A.1에 주어져 있어 유용하게 쓰일 수 있다. 다음 예제를 통해 부록 A.1의 사용방법을 설명하겠다.

[예 5.5] 빈혈환자가 회복될 확률이 0.4라 하자. 15명이 빈혈에 걸렸을 때, 1) 적어도 10명이 회복될 확률, 2) 3명에서 8명 사이의 사람이 회복될 확률, 3) 정확히 5명이 회복될 확률은 얼마인가?

(풀이) X를 회복된 환자의 수라 하자.

1) $$\begin{aligned} P(X \ge 10) &= 1-P(X<10) \\ &= 1-\sum_{x=0}^{9} b(x\,;\, 15,\, 0.4) \\ &= 1-0.9662 \\ &= 0.0338 \end{aligned}$$

2) $$\begin{aligned} P(3 \le X \le 8) &= \sum_{x=3}^{8} b(x\,;\, 15,\, 0.4) \\ &= \sum_{x=0}^{8} b(x\,;\, 15,\, 0.4)-\sum_{x=0}^{2} b(x\,;\, 15,\, 0.4) \\ &= 0.9050-0.0271 \\ &= 0.8779 \end{aligned}$$

3) $$\begin{aligned} P(X=5) &= b(5\,;\, 15,\, 0.4) \\ &= \sum_{x=0}^{5} b(x\,;\, 15,\, 0.4)-\sum_{x=0}^{4} b(x\,;\, 15,\, 0.4) \\ &= 0.4032-0.2173 \\ &= 0.1859 \end{aligned}$$

이항확률변수의 확률분포는 모수 n, p, q가 취하는 값에 의해 결정되므로 이항확률변수의 평균과 분산 역시 이러한 모수들이 취하는 값에 종속되어 있다고 가정하는 것이 합당하다. 실지로 이항분포의 평균과 분산을 구해 보면 이것을 알 수 있다.

[정리 5.2] 이항분포 $b(x; n, p)$의 평균과 분산은 다음과 같다.

$$\mu = np, \ \sigma^2 = npq$$

(증명) j 번째 시행에서의 결과를 확률변수 I_j로 표시하면 I_j는 q와 p의 확률로 각각 0과 1의 값을 취한다. 이것을 베르누이 변수(Bernoulli variable)라고 한다. 따라서 이항실험에서 성공횟수는 n개의 독립된 베르누이 변수의 합으로 쓰여질 수 있다. 그러므로

$$X = I_1 + I_2 + \cdots + I_n$$

I_j의 평균은 $E(I_j) = 0q + 1p = p$이다. 따라서 [정리 4.7]의 [따름정리 4.4]를 이용하면 이항분포의 평균은

$$\begin{aligned}\mu = E(X) &= E(I_1) + E(I_2) + \cdots + E(I_n) \\ &= \underbrace{p + p + \cdots + p}_{n \text{ 항}} \\ &= np\end{aligned}$$

가 된다. I_j의 분산은

$$\begin{aligned}\sigma^2_{Ij} &= E[(I_j - p)^2] = E(I_j^2) - p^2 \\ &= (0)^2 q + (1)^2 p - p^2 = p(1-p) = pq\end{aligned}$$

[정리 4.10]의 [따름정리 4.8]을 n개의 독립변수인 경우까지 확장함으로써 이항분포의 분산은

$$\begin{aligned}\sigma^2_X &= \sigma^2_{I1} + \sigma^2_{I2} + \sigma^2_{In} \\ &= \underbrace{pq + pq + \cdots + pq}_{n \text{ 항}} \\ &= npq\end{aligned}$$

[예 5.6] [예 5.5]의 이항확률변수에 대한 평균과 분산을 구하고 체비셰프 정리를 사용하여 구간 $\mu \pm 2\sigma$의 의미를 설명해 보라.

(풀이) [예 5.5]는 $n = 15$이고 $p = 0.4$인 이항실험이므로 [정리 5.2]를 적용하여 다음 결과를 얻을 수 있다.

$$\mu = (15)(0.4) = 6, \quad \sigma^2 = (15)(0.4)(0.6) = 3.6$$

3.6의 제곱근을 취하면 $\sigma = 1.897$이 된다. 그러므로 문제에서 요구하는 구간은 $6 \pm (2) \cdot (1.897)$, 즉 2.206에서 9.794까지가 된다. 따라서 체

비셰프 정리는 빈혈에서 걸린 15명의 환자 중 회복될 사람의 수가 2.206과 9.794 사이, 혹은 자료가 이산이므로 3명에서 9명까지가 될 확률이 적어도 3/4이 됨을 설명해 준다.

각 시행에서 가능한 결과가 둘보다 많으면 이항실험은 다항실험(multinomial experiment)이 된다. 그러므로 어떤 생산품을 무게에 따라 가벼운 것, 무거운 것, 적당한 것으로 분류하는 실험은 다항실험이 된다. 트럼프 카드에서 한 장의 카드를 연속적으로 복원추출할 때 결과를 무늬에 따라 분류한다면 역시 다항실험이 된다.

일반적으로, 각 시행에서 p_1, p_2, …, p_k의 확률로 가능한 결과 E_1, E_2, …, E_k 중 어느 하나가 일어난다고 하면, 다항분포는 n번의 독립시행에서 E_1이 x_1번 일어날 확률, E_2가 x_2번 일어날 확률, …, E_k가 x_k번 일어날 확률을 나타내는데, 여기서 $x_1+x_2+\cdots+x_k=n$이 된다. 이러한 결합확률분포를 $f(x_1, x_2, \cdots, x_k; p_1, p_2, \cdots, p_k, n)$으로 표시하기로 하자. 각 시행에서의 결과는 k개의 가능한 결과들 중의 하나이므로, $p_1+p_2+\cdots+p_k=1$이 됨은 명백하다.

일반적인 공식을 유도해 내기 위해 이항분포의 경우와 같이 전개해 보자. 각 시행이 독립이므로 E_1이 x_1번, E_2가 x_2번, …, E_k가 x_k번 나타나는 어떤 특정한 배열이 일어날 확률은 $p_1^{x_1}+p_2^{x_2}+\cdots+p_k^{x_k}$이 된다. n번 시행에서 같은 결과를 갖는 배열의 총수는 n개 중 k개의 그룹을 만들어, 첫번째 그룹에 x_1, 두 번째 그룹에 x_2, …, k번째 그룹에 x_k를 대응시키는 경우의 수와 같다. 즉

$$\binom{n}{x_1,\ x_2,\ \cdots,\ x_k}=\frac{n!}{x_1!x_2!\cdots x_k!}$$

모든 분할이 서로 배타적이고 같은 확률을 가지고 발생하므로 어떤 특정한 배열의 확률에 배열의 총수를 곱함으로써 다항분포를 얻을 수 있다.

다항분포(multinomial distribution) : 각 시행에서 p_1, p_2, …, p_k의 확률로 k개의 결과 E_1, E_2, …, E_k 중 어느 하나가 발생한다면, n번의 독립시행에서 각각 E_1, E_2, …, E_k의 발생횟수를 나타내는 확률변수 X_1, X_2, …, X_k의 확률분포는 다음과 같다.

$$f(x_1, x_2, \cdots, x_k; p_1, p_2, \cdots, p_k, n)$$

$$=\binom{n}{x_1,\ x_2,\ \cdots,\ x_k} p_1^{x_1} p_2^{x_2} \cdots p_k^{x_k}$$

여기서 $\sum_{i=1}^{k} x_i = n$ 이고, $\sum_{i=1}^{k} p_i = 1$ 이다.

다항분포라는 이름은 $(p_1+p_2+\cdots+p_k)^n$ 의 다항전개에서 각 항이 $f(x_1,\ x_2,\ \cdots,\ x_k\ ;\ p_1,\ p_2,\ \cdots,\ p_k,\ n)$의 가능한 모든 값들과 일치한다는 사실에서 연유한 것이다.

[예 5.7] 한 쌍의 주사위를 여섯 번 던지는 실험에서 두 눈의 합이 7이나 11이 되는 경우가 두 번, 두 눈이 같은 경우가 한 번, 앞의 두 경우 중 어느 하나도 일어나지 않는 경우가 세 번 발생할 확률은 얼마인가?

(풀이) 가능한 사상들은 다음과 같다.

E_1 : 눈의 합이 7이나 11이 되는 사상.

E_2 : 두 눈의 수가 같은 사상.

E_k : 눈의 합이 7이나 11이 아니고 두 눈이 같지 않을 사상.

매 시행에서 각 사상의 발생확률은 각각 $p_1=2/9$, $p_2=1/6$ 이고, $p_3=11/18$ 이다. 이 값들은 모든 시행에서 일정하다. $x_1=2$, $x_2=1$, $x_3=3$ 인 다항분포를 이용하면 구하고자 하는 확률은 다음과 같다.

$$f\left(2,\ 1,\ 3\ ;\ \frac{2}{9},\ \frac{1}{6},\ \frac{11}{18},\ 6\right)=\binom{6}{2,1,3}\left(\frac{2}{9}\right)^2\left(\frac{1}{6}\right)^1\left(\frac{11}{18}\right)^3$$

$$=\frac{6!}{2!1!3!}\times\frac{2^2}{9^2}\times\frac{1}{6}\times\frac{11^3}{18^3}$$

$$=0.1127$$

5.3 초기하분포

52장의 트럼프 카드에서 5장의 카드를 뽑았을 때 3장의 붉은색 카드가 관측될 확률을 구하고자 할 때, 뽑혀진 각 카드가 복원이 되어 다음 번 추출 전에 충분히 섞여지지 않는다면 5.2절의 이항분포를 적용할 수 없다. 비복원 추출 문제를 풀기 위해서 문제를 다시 기술해 보자. 52장의 트럼프 카드에서 임의로 5장의 카드를 추출하는 경우 26장의 붉은색 카드 중 3장이 뽑히고, 역시 26장의 검은색 카드 중 2장이 뽑히는 경우를 생각해 보자. 3장의 붉은색 카드를 뽑는 방법의 수는 $\binom{26}{3}$ 만큼 있고, 그 각각의 경우에 대하여 2장의 검은색 카드는 $\binom{26}{2}$ 가지 방법으로 뽑을 수 있다. 따라서 5장 중 3장의 붉은색 카드와 2장의 검은색 카드를 뽑는 방법의 총수는 $\binom{26}{3}\cdot\binom{26}{2}$ 가 된다. 그리고 52장의 카드 중 5장을 뽑는 방법의 총수는 $\binom{52}{5}$ 가 된다. 그러므로 5장의 카드를 비복원추출할 때 그 중 3장이 붉은색이고 2장이 검은색일 확률은

$$\frac{\binom{26}{3}\binom{26}{2}}{\binom{52}{5}}=\frac{(26!/3!23!)(26!/2!24!)}{(52!/5!47!)}$$

로 주어진다.

일반적으로 N개 중에서 크기 n인 확률표본을 취할 때 k개의 성공 중 x개를 취하고, $(N-k)$개의 실패 중 $(n-x)$개의 확률을 고려해 보자. 이러한 실험은 초기하실험(hypergeometric experiment)이라고 알려져 있다.

초기하실험은 다음 두 가지 성질을 갖는다.

1) 크기 N의 유한모집단 중 크기 n의 확률표본을 취한다.

2) N개 중 k개는 성공으로, 나머지 $(N-k)$개는 실패로 분류되어질 수 있다.

초기하실험에서 성공의 수 X를 초기하확률변수(hypergeometric random variable)라고 한다. 따라서 초기하변수의 확률분포를 초기하분포라 하고, 그 값은 모집단의 크기 N과 샘플의 크기 n, 그리고 N개 중 성공의 개수 k에 좌우되므로 $h(x\,;\,N,\,n,\,k)$로 표시한다.

[예 5.8] 세 명의 화학자와 다섯 명의 물리학자 중 임의로 다섯 명을 선택하여 위원회를 구성한다고 하자. 이때 그 위원회에 포함된 화학자의 수의 확률분포를 구하라.

(풀이) 확률변수 X를 위원회에 포함된 화학자의 수라 하자. 그러면 초기하실험의 두 가지 성질이 만족된다. 그러므로

$$P(X=0)=h(0\,;\,8,\,5,\,3)=\frac{\binom{3}{0}\binom{5}{5}}{\binom{8}{5}}=\frac{1}{56}$$

$$P(X=1)=h(1\,;8,\,5,\,3)=\frac{\binom{3}{1}\binom{5}{4}}{\binom{8}{5}}=\frac{15}{56}$$

$$P(X=2)=h(2\,;8,\,5,\,3)=\frac{\binom{3}{2}\binom{5}{3}}{\binom{8}{5}}=\frac{30}{56}$$

$$P(X=3)=h(3\,;8,\,5,\,3)=\frac{\binom{3}{3}\binom{5}{2}}{\binom{8}{5}}=\frac{10}{56}$$

X의 확률분포를 표로 나타내면 다음과 같다.

x	0	1	2	3
$h(x\,;8,\,5,\,3)$	$\left(\frac{1}{56}\right)$	$\left(\frac{15}{56}\right)$	$\left(\frac{30}{56}\right)$	$\left(\frac{10}{56}\right)$

한편, X의 확률분포가 다음 공식으로 주어진다는 것은 쉽게 알 수 있다.

$$h(x\,;8,\,5,\,3)=\frac{\binom{3}{x}\binom{5}{5-x}}{\binom{8}{5}},\quad x=0,\,1,\,2,\,3$$

$h(x\,;N,\,n,\,k)$인 경우에 대해 공식을 찾기 위해 [예 5.8]을 일반화시켜 보자. N개 중 크기 n의 표본을 취하는 모든 경우의 수는 $\binom{N}{n}$이다. 그리고 그 각각의 발생확률은 같다. 또한 k개의 성공 중 x개를 취하는 경우의 수는 $\binom{k}{x}$이고, 그 각각에 대하여 $(n-x)$개의 실패를 취하는 경우의 수는 $\binom{N-k}{n-x}$가 된다. 따라서 우리가 취할 수 있는 표본의 총수는 $\binom{N}{n}$가지 중 $\binom{k}{x}\cdot\binom{N-k}{n-x}$가지이다.

초기하분포(hypergeometric distribution) : k개의 성공과 $N-k$개의 실패를 갖고 있는 크기 N인 유한모집단에서 크기 n인 확률표본을 취할 때, 성공의 개수를 나타내는 초기하확률변수 X의 확률분포는 다음과 같다.

$$h(x\,;N,\,n,\,k)=\frac{\binom{k}{x}\binom{N-k}{n-x}}{\binom{N}{n}},\quad x=0,\,1,\,2,\,\cdots,\,n$$

[예 5.9] 40개의 부품들로 구성된 한 로트에 불량품이 3개 이하 들어있으면 그 로트를 받아들인다. 그 로트에서 임의로 5개의 부품을 취하여 하나의 불량품이라도 발견되면 그 로트를 거부한다고 할 때, 3개의 불량품이 들어 있는 로트에서 5개를 취했을 때 정확히 1개의 불량품이 발견될 확률은 얼마인가?

(풀이) $n=5$, $N=40$, $k=3$이고, $x=1$인 초기하분포를 사용하면 구하고자 하는 확률은

$$h(1\,;40,\,5,\,3)=\frac{\binom{3}{1}\binom{37}{4}}{\binom{40}{5}}=0.3011$$

[정리 5.3] 초기하분포 $h(x\,;N,\,n,\,k)$의 평균과 분산은 다음과 같다.

$$\mu=\frac{nk}{N},\quad \sigma^2=\frac{N-n}{N-1}\,n\frac{k}{N}\left(1-\frac{k}{N}\right)$$

(증명) 초기하분포의 평균을 얻기 위해서,

$$E(X)=\sum_{x=0}^{n}x\frac{\binom{k}{x}\binom{N-k}{n-x}}{\binom{N}{n}}$$

$$=k\sum_{x=1}^{n}\frac{(k-1)!}{(x-1)!(k-x)!}\frac{\binom{N-k}{n-x}}{\binom{N}{n}}$$

$$=k\sum_{x=1}^{n}\frac{\binom{k-1}{x-1}\binom{N-k}{n-x}}{\binom{N}{n}}$$

여기서 $y=x-1$이라 하면,

$$E(X)=k\sum_{y=0}^{n-1}\frac{\binom{k-1}{y}\binom{N-k}{n-1-y}}{\binom{N}{n}}$$

가 된다. 한편

$$\binom{N-k}{n-1-y}=\binom{(N-1)-(k-1)}{n-1-y}$$

이고

$$\binom{N}{n}=\frac{N!}{n!(N-n)!}=\frac{N}{n}\binom{N-1}{n-1}$$

이므로

$$E(X)=\frac{nk}{N}\sum_{y=0}^{n-1}\frac{\binom{k-1}{y}\binom{(N-1)-(k-1)}{n-1-y}}{\binom{N-1}{n-1}}$$

$$=\frac{nk}{N}$$

분산을 구하기 위해서 위에서와 같은 방법으로 하면 다음 결과를 얻는다.

$$E(X(X-1))=\frac{k(k-1)n(n-1)}{N(N-1)}$$

한편, [정리 4.2]에 의해서

$$\begin{aligned}\sigma^2&=E[X^2]-\mu^2\\&=E[X(X-1)]+\mu-\mu^2\\&=\frac{k(k-1)n(n-1)}{N(N-1)}+\frac{nk}{N}-\frac{n^2k^2}{N^2}\\&=\frac{nk(N-k)(N-n)}{N^2(N-1)}\\&=\frac{N-n}{N-1}n\frac{k}{N}\left(1-\frac{k}{N}\right)\end{aligned}$$

[예 5.10] [예 5.9]에서 확률변수의 평균과 분산을 구하고, 체비셰프 정리를 이용하여 구간 $\mu\pm2\sigma$의 의미를 해석해 보라.

(풀이) [예 5.9] $N=40$, $n=5$, $k=3$인 초기하실험이므로, [정리 5.3]에 의하여

$$\mu=\frac{5.3}{40}=\frac{3}{8}=0.375$$

이고

$$\begin{aligned}\sigma^2&=\left(\frac{40-5}{39}\right)(5)\left(\frac{3}{40}\right)\left(1-\frac{3}{40}\right)\\&=0.3113\end{aligned}$$

이다. 0.3113에 제곱근을 취하면 $\sigma=0.558$이 된다. 그러므로 문제에서 요구한 구간은 $0.375\pm(2)(0.558)$, 혹은 -0.741에서 1.491까지가 된다.

체비셰프 정리는 3개의 불량품이 포함된 로트에서 임의로 5개를 취할 때 얻어지는 불량품의 개수가 −0.741에서 1.491 사이에 있을 확률이 적어도 3/4이됨을 설명해 주고 있다. 즉 5개에 포함된 불량품이 둘보다 적을 확률이 적어도 3/4이된다.

만일 N에 비해서 n이 상대적으로 작다면, 각 추출에서의 확률 값이 약간만 변할 것이다. 그러므로 초기하분포를 $p=k/N$인 이항분포로 근사시킬 수 있다. 평균과 분산도 또한 공식에 의해 다음과 같이 근사화될 수 있다.

$$\mu=np=\frac{nk}{N}$$

$$\sigma^2=npq=n\frac{k}{N}\left(1-\frac{k}{N}\right)$$

이 식을 [정리 5.3]과 비교해 보면 평균은 서로 같으나 분산의 경우에는 유한수정계수라고 하는 $(N-n)/(N-1)$에 의해서 차이가 난다. 이것은 n이 N에 비해서 상대적으로 작으면 무시할 수 있다.

[예 5.11] 자동차 타이어 제조업자에 의하면 어느 지역으로 보내기 위해서 선적된 5,000개의 타이어 중에서 1,000개가 약간의 결함을 가지고 있다고 한다. 어떤 사람이 이 타이어 중에서 임의로 10개를 구입했을 때 그 중 3개가 결함을 갖고 있을 확률은 얼마인가?

(풀이) 표본 크기 $n=10$에 대해서 $N=5{,}000$이 상대적으로 크기 때문에, 구하고자 하는 확률은 이항분포를 이용하여 근사적으로 계산할 수 있다. 결함이 있는 타이어를 구입할 확률은 0.2이다. 따라서 3개의 결함이 있는 타이어를 구입할 확률은

$$\begin{aligned} h(3\,;\,5{,}000,\,10,\,1{,}000) &\simeq b(3\,;\,10,\,0.2)\\ &=\sum_{x=0}^{3} b(x\,;\,10, 0.2)-\sum_{x=0}^{2} b(x\,;\,10,\,0.2)\\ &=0.8791-0.6778\\ &=0.2013 \end{aligned}$$

초기하분포를 N개의 유한모집단이 k개의 집합, 즉 A_1, A_2, $\cdots$, A_k로 분할될 수 있는 경우로 확장해 보자. 이때 집합 A_1에는 a_1개의 원소가, A_2에

는 a_2개의 원소가, …, A_k에는 a_k개의 원소가 들어 있다고 하자. 여기서 n 개의 확률표본을 취했을 때, 집합 A_1에서 x_1개의 원소를, 집합 A_2에서 x_2개의 원소를, …, 집합 A_k에서 x_k개의 원소를 취할 확률을

$$f(x_1, x_2, \cdots, x_k ; a_1, a_2, \cdots, a_k, N, n)$$

으로 표시하기로 하자. N개 중 n개를 취하는 모든 방법의 수가 $\binom{N}{n}$이고, A_1에서 x_1개를 취하는 방법은 $\binom{a_1}{x_1}$ 가지이고, A_2에서 x_2개를 취하는 방법의 수는 $\binom{a_2}{x_2}$ 가지이다. 이런 식으로 계속하여 n 개 중 A_1에서 x_1개, A_2에서 x_2개, …, A_k에서 x_k개를 취하는 방법의 수는 $\binom{a_1}{x_1}\binom{a_2}{x_2}\cdots\binom{a_k}{x_k}$가 된다. 그러므로 우리가 구하고자 하는 확률분포는 다음 정의와 같이 된다.

다변량 초기하분포(multivariate hypergeometric distribution) : N개의 유한 모집단이 k개의 집합 A_1, A_2, …, A_k로 분할되어질 수 있고, 각각의 집합이 a_1, a_2, …, a_k개의 원소를 가지고 있다면, n개의 확률분포 중 A_1, A_2, …, A_k의 원소의 수를 나타내는 확률변수 X_1, X_2, …, X_k의 확률변수는

$$f(x_1, x_2, \cdots, x_k ; a_1, a_2, \cdots, a_k, N, n) = \frac{\binom{a_1}{x_1}\binom{a_2}{x_2}\cdots\binom{a_k}{x_k}}{\binom{N}{n}}$$

으로 주어지고,

$$\sum_{i=1}^{k} x_i = n, \quad \sum_{i=1}^{k} a_i = N$$

이 된다.

[예 5. 12] 어느 생물학 실험의 대상이 될 10명이 있다. 이 중 3명의 혈액형이 O형, 4명은 A형이고, 나머지 3명은 B형이다. 5명을 임의로 선택할 때, O형인 사람이 1명, A형인 사람이 2명, B형인 사람이 2명일 확률은 얼마인가?

(풀이) $x_1=1$, $x_2=2$, $x_3=2$, $a_1=3$, $a_2=4$, $a_3=3$, $N=10$이고 $n=5$인 초기하분포를 확장하면, 구하고자 하는 확률은 다음과 같다.

$$f(1,\ 2,\ 2\ ;\ 3,\ 4,\ 3,\ 10,\ 5)=\frac{\binom{3}{1}\binom{4}{2}\binom{3}{2}}{\binom{10}{5}}=\frac{3}{14}$$

5.4 기하분포

시행이 고정된 성공횟수가 일어날 때까지 반복되는 것만 제외하고 나머지 성질들은 이항분포에서와 모두 같은 실험을 생각해 보자. 즉, 고정된 n 번의 시행에서 x 번의 성공이 일어날 확률을 구하는 대신에 k 번째 성공이 x 번째 시행에서 일어날 확률을 구하고자 한다. 이러한 종류의 실험을 음이항실험(negative binomial experiments)이라 한다.

한 예로, 60%의 효력이 있는 약을 생각해 보자. 그 약이 투여되었을 때 일정수준 이상의 효과가 나타나야만 성공이라고 가정해 보자. 이때 어느 한 주일 동안 다섯 번째 성공이 일곱 번째 환자에게 일어날 확률을 구하고자 한다. 성공을 S, 실패를 F로 표시할 때, $SFSSSFS$는 가능한 한 경우가 되는데, 그 확률은 $(0.6)(0.4)(0.6)(0.6)(0.6)(0.4)(0.6)=(0.6)^5(0.4)^2$이 된다. 여기서 2개의 F와 5개의 S를 배열함으로써 모든 가능한 경우를 찾아낼 수 있는데, 이때 마지막은 항상 S가 되어야 한다. 따라서 가능한 배열의 총수는 2개의 F와 4개의 S를 배열하는 방법의 수와 같다. 이것은 $\binom{6}{4}=15$가 된다. 그러므로 X를 다섯 번째 성공이 나타날 때까지의 환자의 수라 하면

$$P(X=7)=\binom{6}{4}(0.6)^5(0.4)^2=0.1866$$

이 된다.

음이항실험에서 k 번째 성공이 일어날 때까지의 시행횟수 X를 음이항확률변수(negative binomial random variable)라 하고 그 확률분포를 음이항분포라 한다. 그 확률은 성공횟수와 한 번 시행에서의 성공확률에 종속되므로 우리는 그것을 $b^*(x\,;\,k,\ p)$로 표시한다. $b^*(x\,;\,k,\ p)$에 대한 일반적인 공식을 얻기 위해, $(x-1)$번째 시행까지 $(k-1)$번의 성공이 일어나고, $(x-k)$번의 실패가 일어난 뒤 x 번째 시행에서 성공이 일어날 확률을 고려해 보자. 각 시행이

서로 독립이므로 우리는 각 시행에서의 확률을 곱할 수 있다. 각 시행에서 성공의 확률이 p, 실패의 확률이 q라 하면 x번째 시행에서 k번째 성공이 나타나는 어느 특정배열에 대한 확률은 $p^{k-1}\cdot q^{x-k}\cdot p=p^kq^{x-k}$이 된다. 배열의 총수는 $(x-1)$개 중 임의로 $(k-1)$개를 뽑아 그곳에 모두 성공(S)을 대응시키고 나머지에는 모두 실패(F)를 대응시키는 경우의 수와 같다. 이 수는 $\binom{x-1}{k-1}$이 되고 각각은 서로 배타적으로 p^kq^{k-1}의 확률을 갖고 발생하므로, 우리는 p^kq^{x-k}에 $\binom{x-1}{k-1}$을 곱함으로써 일반적인 공식을 얻을 수 있다.

음이항분포(negative binomial distribution) : 독립인 반복시행에서 성공확률이 p, 실패확률이 q라 하면, k번째 성공이 일어날 때까지의 시행횟수 X의 확률분포는

$$b^*(x\,;k,\ p)=\binom{x-1}{k-1}p^kq^{x-k},\quad x=k,\ (k+1),\ (k+2),\ \cdots$$

로 주어진다.

[예 5.13] 동시에 세 개의 동전을 던질 때 다섯 번째 시행에서 두 번째로 모두 앞면이거나 모두 뒷면이 나올 확률을 구하라.

(풀이) $x=5$, $k=2$인 음이항분포를 사용하면 $p=1/4$이므로

$$b^*\left(5\,;2,\ \frac{1}{4}\right)=\binom{4}{1}\left(\frac{1}{4}\right)^2\left(\frac{3}{4}\right)^3$$

$$=\frac{4!}{1!3!}\cdot\frac{3^3}{4^5}$$

$$=\frac{27}{256}$$

음이항분포라는 이름은 $p(1-q)^{-k}$의 전개에서 각 항이 $x=k,\ k+1,\ k+2,\ \cdots$일 때 $b^*(x\,;k,\ p)$의 값들과 일치한다는 사실에 유추된다.

음이항분포에서 $k=1$인 특별한 경우를 고려한다면 첫번째 성공이 일어날 때까지의 시행횟수의 확률분포를 얻는다. 한 예로, 동전의 앞면이 나올 때까지 동전을 던지는 실험이 있을 수 있다. 우리는 네 번째 시행에서 첫번째로 앞면이 나올 확률에 관심을 가질지도 모른다. 음이항분포가 $b^*(x\,;1,\ p)=pq^{x-1}$, $x=1,\ 2,\ 3,\ \cdots$의 형태를 가질 때, 연속되는 항들이 기하수열을 구성하기 때문에 이러한 특별한 경우를 기하분포(geometric distribution)라 한다.

기하분포(geometric distribution) : 독립인 반복시행에서 성공확률이 p, 실패확률이 $q=1-p$라 할 때, 첫번째 성공이 일어날 때까지의 시행횟수 X의 확률분포는

$$g(x\,;\,p)=pq^{x-1},\quad x=1,\,2,\,3,\,\cdots$$

으로 주어진다.

[예 5.14] 어떤 제조공정에서 100개의 제품 중 평균적으로 한 개의 불량품이 들어 있다고 알려져 있다. 제품을 하나씩 검사할 때 첫번째 불량품이 다섯 번째 검사에서 발견될 확률은 얼마인가?

(풀이) $x=5$, $p=0.01$인 기하분포를 따르므로,

$$\begin{aligned} g(5\,;\,0.01) &= (0.01)(0.99)^4 \\ &\fallingdotseq 0.0096 \end{aligned}$$

[정리 5.4] 기하분포 $g(x\,;\,p)=pq^{x-1}$의 평균은 $1/p$이고 분산은 q/p^2이다.

(증명)

$$\begin{aligned} E(X) &= \sum_{x=1}^{\infty} xpq^{x-1} \\ &= p\sum_{x=1}^{\infty}\frac{d}{dq}q^x \\ &= p\frac{d}{dq}\sum_{x=1}^{\infty}q^x \\ &= p\frac{d}{dq}\left[\frac{q}{1-q}\right] \\ &= \frac{1}{p} \end{aligned}$$

분산을 구하기 위해 먼저 $E(X^2)$을 구해 보자.

$$\begin{aligned} E(X^2) &= \sum_{x=1}^{\infty} x^2pq^{x-1} \\ &= \sum_{x=1}^{\infty}(x^2+x-x)pq^{x-1} \\ &= \sum_{x=1}^{\infty}x(x+1)pq^{x-1}-\sum_{x=1}^{\infty}xpq^{x-1} \end{aligned}$$

$$= p\frac{d^2}{dq^2}\sum_{x=1}^{\infty} q^{x+1} - p\frac{d}{dq}\sum_{x=1}^{\infty} q^x$$
$$= 2/p^2 - 1/p$$

그러면

$$\sigma^2 = 2/p^2 - 1/p - 1/p^2$$
$$= q/p^2$$

이 된다.

5.5 포아송분포

주어진 일정 시간 동안 혹은 일정 영역 내에서 발생하는 결과들의 수를 나타내는 확률변수 X의 값들을 얻어내는 실험을 흔히 포아송실험(Poisson experiments)이라고 한다. 주어진 시간간격은 일 분이 될 수도 있고, 하루, 일주일, 한 달, 혹은 일 년이 될 수도 있다. 따라서 사무실에 시간당 걸려오는 전화의 수나, 겨울 동안 눈 때문에 휴교하는 날의 수, 혹은 야구 시즌 중에 비로 인해 연기된 경기의 수 등에 대한 관측은 모두 포아송실험이 된다. 일정한 영역은 선분일 수도 있고, 면적, 체적, 혹은 한 조각의 물질이 될 수도 있다. 이러한 경우 확률변수 X는 1에이커당 들쥐의 수나, 배양기 안에 있는 박테리아의 수, 혹은 한 페이지당 타이핑 오타의 수 같은 것을 나타내게 된다.

포아송실험은 다음과 같은 몇 가지 성질들을 가지고 있다.

1) 매우 짧은 시간간격이나 작은 영역에서 단 한 번의 결과가 일어날 확률은 시간간격의 길이나 영역의 크기에 비례하며 그 시간간격이나 영역 외부에서 발생하는 결과의 수와는 무관하다.

2) 매우 짧은 시간간격이나 작은 영역에서 둘 이상의 결과가 일어날 확률은 무시할 수 있다.

3) 단위시간간격이나 일정 영역에서 발생하는 결과의 수는 서로 겹치지 않는 다른 시간간격이나 영역에서 발생하는 수와 독립이다.

포아송실험에서 결과의 발생횟수 X를 포아송확률변수라 하고 X의 확률분포를 포아송분포라고 한다. 포아송분포에서는 확률들이 주어진 시간간격이나 일정 영역에서 발생하는 결과의 평균값 μ에만 종속되어 있기 때문에

$p(x;\ \mu)$라는 기호로 표시한다. 위에서 열거한 포아송실험의 성질들을 이용하여 $p(x;\ \mu)$에 대한 공식 유도는 참고에서 다루었으니 참조하기 바란다.

포아송분포(Poisson distribution) : 주어진 시간간격이나 일정 영역에서 발생하는 결과의 수를 나타내는 포아송확률변수 X의 확률분포는 다음과 같다.

$$p(x;\mu)=\frac{e^{-\mu}\mu^{x}}{x!},\quad x=0,\ 1,\ 2,\ \cdots$$

여기서 μ는 X의 평균값이고, $e=2.71828\cdots$이다.

부록 A.2에는 0.1과 18 사이의 몇 가지 μ값에 대해서 포아송확률분포의 누적합 $P(r;\ \mu)=\sum_{x=0}^{r} P(x;\ \mu)$의 값들이 나와 있다. 다음 두 개의 예제를 통해서 그 표의 이용방법을 알아보자.

[예 5.15] 실험실에서 1/1,000초 동안 카운터를 통과하는 방사능 입자의 평균 수는 4이다. 그 간격 동안 6개의 입자가 카운터를 통과할 확률은 얼마인가?

(풀이) $x=6$이고 $\mu=4$인 포아송분포를 사용하면 부록 A.2로부터 다음 사실을 알 수 있다.

$$p(6;\ 4)=\frac{e^{-6}4^{6}}{6!}=\sum_{x=0}^{6}p(x;\ 4)-\sum_{x=0}^{5}p(x;\ 4)=0.8893-0.7851$$
$$=0.1042$$

[예 5.16] 어느 항구 도시에 하루에 도착하는 유조선의 평균 수가 10으로 알려져 있다. 그 항구에 있는 시설은 하루에 기껏해야 15척의 유조선을 취급할 수 있다고 할 때, 어느날 유조선이 다른 곳으로 보내져야 할 확률은 얼마인가?

(풀이) X를 하루에 도착하는 유조선의 수라 하자. 그러면 부록 A.2로부터 다음 결과를 얻을 수 있다.

$$\begin{aligned}P(X>15)&=1-P(X\leq 15)\\&=1-\sum_{x=0}^{15}P(x;\ 10)\\&=1-0.9513\\&=0.0487\end{aligned}$$

[정리 5.5] 포아송분포 $p(x;\mu)$의 평균과 분산은 μ이다.

(증명) 먼저 평균이 μ가 됨을 증명해 보자.

$$E(X)=\sum_{x=0}^{\infty}x\frac{e^{-\mu}\mu^x}{x!}=\sum_{x=1}^{\infty}x\frac{e^{-\mu}\mu^x}{x!}$$

$$=\mu\sum_{x=1}^{\infty}x\frac{e^{-\mu}\mu^{x-1}}{(x-1)!}$$

$y=x-1$ 이라 하면

$$\sum_{y=0}^{\infty}\frac{e^{-\mu}\mu^y}{y!}=\sum_{y=0}^{\infty}p(y;\ \mu)=1$$

이므로

$$E(X)=\mu\sum_{y=0}^{\infty}\frac{e^{-\mu}\mu^y}{y!}=\mu$$

가 된다. 분산을 구하기 위해서 다음을 계산해 보자.

$$E[X(X-1)]=\sum_{x=0}^{\infty}x(x-1)\frac{e^{-\mu}\mu^x}{x!}=\sum_{x=2}^{\infty}x(x-1)\frac{e^{-\mu}\mu^x}{x!}$$

$$=\mu^2\sum_{x=2}^{\infty}\frac{e^{-\mu}\mu^{x-2}}{(x-2)!}$$

$y=x-2$ 라 두면 다음 결과를 얻는다.

$$E[X(X-1)]=\mu^2\sum_{y=0}^{\infty}\frac{e^{-\mu}\mu^y}{y!}=\mu^2$$

그러므로

$$\begin{aligned}\sigma^2&=E[X(X-1)]+\mu-\mu^2\\&=\mu^2+\mu-\mu^2\\&=\mu\end{aligned}$$

[예 5.15]에서 $\mu=4$ 이므로 $\sigma^2=4$ 이고 $\sigma=2$ 임을 알 수 있다. 체비셰프 정리를 이용하면 확률변수가 구간 $\mu\pm2\sigma=4\pm(2)(2)$, 즉 0에서 8 사이에 있을 확률이 적어도 3/4이 됨을 알 수 있다. 따라서 1/1,000초 동안 카운터를 통과하는 방사능 입자들의 수들 중에서 적어도 3/4은 0과 8 사이에 있게 된다.

다음으로, 이항분포에서 $n\rightarrow\infty$, $p\rightarrow0$ 이고 np가 상수일 때 포아송분포로 근사하게 되는 것을 유도해 보자. 즉 n 이 크고 p가 0에 가까운 값이라면 이항분포가 $\mu=np$인 포아송분포로 근사한다는 것이다. p가 1에 가까운 값이라 하더라도 p가 0에 가까운 값이 되도록 성공과 실패를 바꾸어 정의함으로써 이항분포를 포아송분포로 근사시킬 수 있다.

[정리 5.6] X를 $b(x;\ n,\ p)$를 따르는 이항확률변수라 하자. $n\to\infty$, $p\to 0$이고, $\mu=np$가 상수이면,

$$b(x;\ n,\ p)\longrightarrow p(x;\ \mu)$$

(증명) 이항분포는 다음과 같이 쓸 수 있다.

$$\begin{aligned} b(x;\ n,\ p) &= \binom{n}{x} p^x q^{n-x} \\ &= \frac{n!}{x!(n-x)!} p^x (1-p)^{n-x} \\ &= \frac{n(n-1)\cdots(n-x+1)}{x!} p^x (1-p)^{n-x} \end{aligned}$$

여기서 $p=\mu/n$로 치환하면 다음 결과를 얻는다.

$$\begin{aligned} b(x;\ n,\ p) &= \frac{n(n-1)\cdots(n-x+1)}{x!}\left(\frac{\mu}{n}\right)^x\left(1-\frac{\mu}{n}\right)^{n-x} \\ &= 1\left(1-\frac{1}{n}\right)\cdots\left(1-\frac{x-1}{n}\right)\frac{\mu^x}{x!}\left(1-\frac{\mu}{n}\right)^n\left(1-\frac{\mu}{n}\right)^{-x} \end{aligned}$$

x와 μ가 상수일 때 $n\to\infty$ 임에 따라

$$\lim_{n\to\infty} 1\left(1-\frac{1}{n}\right)\cdots\left(1-\frac{x-1}{n}\right)=1$$

$$\lim_{n\to\infty}\left(1-\frac{\mu}{n}\right)^{-x}=1$$

이고, e의 정의로부터

$$\lim_{n\to\infty}\left(1-\frac{\mu}{n}\right)^n=\lim_{n\to\infty}\left\{\left[1+\frac{1}{(-n)/\mu}\right]^{-n/\mu}\right\}^{-\mu}=e^{-\mu}$$

그러므로 주어진 극한조건하에서

$$b(x;\ n,\ p)\longrightarrow\frac{e^{-\mu}\mu^x}{x!},\quad x=0,\ 1,\ 2,\ 3,\ \cdots$$

[예 5.17] 유리컵 제조공정에서 종종 기포가 생겨서 시장에 출하할 수 없는

상품이 나오는 경우가 있다. 1,000개 중 평균적으로 1개에 하나 이상의 기포가 생긴다고 알려져 있다. 8,000개의 확률표본 중에서 기포를 가지고 있는 유리컵의 개수가 7보다 작을 확률은 얼마인가?

(풀이) 이것은 원래 $n=8,000$이고 $p=0.001$인 이항실험이지만, p가 0에 근사한 값이고 n이 매우 크므로 우리는 $\mu=(8000)(0.001)=8$인 포아송분포로 근사시킬 수 있다. 그러므로 X를 기포를 가지고 있는 유리컵의 개수라 하면, 구하고자 하는 확률은

$$
\begin{aligned}
P(X<7) &= \sum_{x=0}^{6} b(x;\ 8000,\ 0.001) \\
&\simeq \sum_{x=0}^{6} p(x;\ 8) \\
&= 0.3134
\end{aligned}
$$

(**참고**) 포아송 과정(Poisson Process)

어떤 고정된 구간(시간 구간 또는 공간 구간 등)에 있어서 사건이 발생하는 횟수는 흔히 포아송 분포를 갖는 확률변수로 가정될 수 있다. 그런데 어떤 과정이 포아송 분포로 유도된다면 이 과정을 포아송 과정이라 한다. 포아송 과정을 만족하는 몇 가지 가정을 열거하면 다음과 같다.

$g(x;w)$는 길이가 w인 각 구간에서 x번의 사건이 발생할 확률이라고 정의하자. 또한 $o(h)$는 $\lim_{h\to 0}\dfrac{o(h)}{h}=0$을 만족하는 임의의 함수를 나타낸다고 하자. 예를 들면 $h^2=o(h)$이고 $o(h)+o(h)=o(h)$이다. 그러면 포아송 과정을 적용하기 위한 조건은

① $g(1,\ h)=\lambda h+o(h)$, 여기서 λ는 양의 실수이고, $h>0$이다.

② $\sum_{x=2}^{\infty} g(x,\ h)=o(h)$

③ 겹치지 않는 구간에서의 사건 발생횟수는 확률적으로 서로 독립이다.

여기서 $g(0,\ 0)=1$이 되며, 길이 h인 구간에서 적어도 하나의 사건이 발생할 확률은 $\lambda h+o(h)+o(h)=\lambda h+o(h)$이며, 길이 h인 구간에서 사건이 일어나지 않을 확률은 $1-\lambda h-o(h)$이다. 따라서 길이 $w+h$인 구간에서 사건이 일어나지 않을 확률 $g(0,\ w+h)$는 길이 w인 구간에서 사건이 일어나지 않을 확률 $g(0,\ w)$와 길이 h인 겹치지 않는 구간에서 사건이 일어나지 않을 확률 $1-\lambda h-o(h)$와의 곱과 같다. 즉 $g(0,\ w+h)=g(0,\ w)[1-\lambda h-o(h)]$

가 되고, 이를 다시 쓰면

$$\frac{g(0,\ w+h)-g(0,\ w)}{h}=-\lambda g(0,\ w)-\frac{o(h)g(0,\ w)}{h}$$

이 된다. $h\to 0$일 때 극한을 취하면

$$g'(0,\ w)=-\lambda g(0,\ w)$$

이 되고 이의 해는

$$g(0,\ w)=ce^{-\mu w}$$

이다. 초기 조건 $g(0,\ 0)=1$로부터 $c=1$임을 알 수 있다. 따라서 $g(0,\ w)=e^{-\mu w}$.

만일 x가 양의 정수이면 $g(x,\ 0)=0$이다. 그리고 위에 열거한 세 가지 조건으로부터

$$g(x,\ w+h)=g(x,\ w)[1-\lambda h-o(h)]$$
$$+g(x-1,\ w)[\lambda h+o(h)]+o(h)$$

가 된다. 따라서 $x=1,\ 2,\ 3,\ \cdots$에 대해서

$$\frac{g(x,\ w+h)-g(x,\ w)}{h}=-\lambda g(x,\ w)+\lambda g(x-1,\ w)+\frac{o(h)}{h}$$

이고,

$$g'(x,\ w)=-\lambda g(x,\ w)+\lambda g(x-1,\ w)$$

가 된다. 수학적 귀납법에 의해 $x=1,\ 2,\ 3,\ \cdots$에 대해 $g(x,\ 0)=0$이며 이들 미분방정식에 대한 해는 각각

$$g(x,\ w)=\frac{(\lambda w)^{x}e^{-\lambda w}}{x!},\quad x=1,\ 2,\ 3,\ \cdots$$

이 됨을 알 수 있다. 따라서 길이 w인 구간에서 사건 발생수 X는 모수 $m=\lambda w=\mu$인 포아송 분포를 갖는다.

연습문제

1. 1부터 10까지의 번호가 매겨져 있는 10개의 꼬리표가 들어 있는 상자에서 임의로 하나의 꼬리표를 꺼내어 10명의 직원 중 어떤 프로젝트의 감독으로 한 명을 선택한다. 뽑혀진 꼬리표에 적힌 숫자를 나타내는 X의 확률분포를 구하라. 그리고 그 숫자가 4보다 작을 확률은 얼마인가?

2. 면적이 같은 25개의 부분에 1부터 25까지의 번호가 쓰여진 회전 원판이 있다. 그 원판을 돌렸을 때 나타나는 숫자를 나타내는 X의 확률분포를 구하라.

3. 어느 과수원 경영자는 자신의 농장에서 수확한 배 중에서 2/3가 병충해를 받았다고 주장하고 있다. 이 과수원에서 네 개의 배를 검사했을 때 다음 확률을 구하라.

① 네 개 모두 오염되었을 확률

② 한 개에서 세 개까지가 오염되었을 확률

4. 작년도 통계자료에 의하면 절도죄를 저지른 사람들의 75%가 유흥비를 마련하기 위한 것으로 나타났다. 그러면 절도죄를 저지른 다섯 사람에 대해 다음 확률을 구하라.

① 5명 중 2명이 유흥비 마련을 위해 절도를 했을 확률

② 5명 중 3명 이하가 유흥비 마련을 위해 절도를 했을 확률

5. 노동부 자료에 의하면 종업원 50인 이상 100인 이하의 중소업체 중 1/3에 해당하는 업체에서는 근속연수가 20년 이상이면 연간 2주간의 휴가를 준다고 한다. 표본으로 6개업체를 선정하여, 20년 이상 근속한 종업원의 휴가가 2주인 회사를 조사하였다.

① 휴가가 2주인 업체 수가 2개에서 5개까지일 확률을 구하라.

② 휴가가 2주인 업체 수가 3보다 작을 확률을 구하라.

6. 확률변수 X를 하나의 동전을 던질 때 나타나는 앞면의 수라고 정의할 때 X의 확률분포를 구하라. 이 확률분포는 이산일양분포인가, 이항분포인가, 혹은 그 둘 다인가?

7. 비포장 도로에서 어떤 트럭 타이어에 대한 성능시험에서 25%의 트럭이 파열 없이 그 시험을 통과한 것으로 알려져 있다. 임의로 15대의 트럭에 대해

시험을 할 때 다음 확률을 구하라.

① 타이어가 파열된 차량이 3대에서 6대까지일 확률

② 타이어가 파열된 차량이 4대 미만일 확률

③ 타이어가 파열된 차량이 5대보다 많을 확률

8. 어느 교통 공학자의 조사에 의하면 어떤 지점을 통과하는 차의 75%가 서울시의 차라고 한다. 이곳을 통과하는 9대의 차량을 조사했을 때, 서울시의 차가 아닌 차량의 수가 4보다 작을 확률은 얼마인가?

9. 서울시에 거주하는 사람들을 대상으로 조사해 본 결과 20%의 사람들의 흰색 전화기를 다른 색보다 선호하는 것으로 나타났다. 서울에 20대의 전화가 새로 가설되었을 때 흰색 전화기의 수가 반을 넘을 확률은 얼마인가?

10. 정신과 전문의의 발표에 의하면 신경안정제를 복용하는 사람들의 60%가 단순히 심리적인 요인 때문이라고 한다. 이를 기초로 8명의 환자를 대상으로 조사했을 때 다음 확률을 구하라.

① 정확히 3명이 심리적 요인으로 신경안정제를 복용했을 확률

② 적어도 5명이 심리적이 아닌 다른 요인으로 신경안정제를 복용했을 확률

11. 어떤 질병으로부터 완치될 확률이 0.9로 알려져 있다. 그러면 이 질병에 걸린 7명의 환자 중 5명이 완치될 확률을 구하라.

12. 비행기의 엔진들은 서로 독립적으로 작동하고 있으며, 각 엔진의 고장확률은 0.4로 알려져 있다. 그런데 이 엔진들 중에서 반이상만 작동하면 비행에는 지장이 없다고 한다. 그러면 4개의 엔진을 가진 비행기와 2개의 엔진을 가진 비행기의 안전비행 확률을 각각 구하라.

13. 혈청주사를 맞은 쥐의 60%가 어떤 질병으로부터 보호된다고 알려져 있다. 5마리의 쥐에게 혈청주사를 놓았을 때, 다음 확률을 구하라.

① 한 마리도 그 질병에 걸리지 않을 확률

② 그 질병에 걸린 쥐의 수가 2보다 작을 확률

③ 그 질병에 걸린 쥐의 수가 3보다 클 확률

14. ① 하나의 동전을 64번 던질 때 앞면이 몇 번이나 나올 것이라고 예상할 수 있는가?

② 체비셰프 정리에 의해서, 이 실험을 반복할 때 앞면이 나온 횟수가 20에서 44 사이에 있을 확률은 얼마인가?

15. 52장의 트럼프카드에서 1장을 임의로 꺼내 어떤 무늬인지를 기록하고 다시 집어 넣는 시행을 5회 반복했을 때 2번 스페이드가 나오고 1번 하트가 나올 확률을 구하라.

16. 학회에 참석하는 사람들이 학회 개최장소에 올 때 이용하는 교통 수단으로는 비행기, 버스, 자동차, 기차 등이 있는데 각각의 확률값은 0.4, 0.2, 0.3, 0.1이다. 그러면 9명의 참석자를 조사했을 때, 3사람은 비행기, 3사람은 버스, 1사람은 자동차, 2사람은 기차를 이용했을 확률을 구하라.

17. 세관검사를 피하기 위하여 어느 여행자는 6알의 마취약을 모양이 흡사한 9알의 비타민이 든 병에 넣었다. 세관직원이 검사를 위해 그 중 임의로 3개를 취할 때, 그 여행자가 마취약의 불법소지혐의로 체포될 확률은 얼마인가?

18. 어떤 사람이 5개의 튤립 씨앗과 4개의 수선화 씨앗이 들어 있는 상자에서 임의로 6개의 씨앗을 선택하여 그것을 마당에 심었다. 이때 그 사람이 2개의 수선화 씨앗과 4개의 튤립 씨앗을 심었을 확률은 얼마인가?

19. 10개의 미사일 중 임의로 4개를 선택하여 발사시험을 하려고 한다. 그 10개 중 발사가 되지 않는 3개의 불량한 미사일이 있을 때 다음 확률은 얼마인가?

① 4개 모두 발사될 확률

② 기껏해야 2개가 발사되지 않을 확률

20. 4명의 의사와 2명의 간호사 중 임의로 3명을 선택하여 위원회를 구성하려고 한다. 그 위원회에 소속될 의사의 수를 나타내는 확률변수 X의 확률분포에 대한 공식을 구하고 $P(2 \leq X \leq 3)$을 구하라.

21. 어느 회사에서는 50개의 동일한 상품 중 5개를 조사하여 불량품이 2개 이하로 발견되면 선적을 시킨다. 20%의 불량품이 들어 있는 50개가 선적될 확률은 얼마인가?

22. 어떤 공장에서는 제품의 품질검사를 다음과 같은 2단계로 실시하고 있다. 즉 포장된 25개의 제품 박스 중 3개를 임의로 추출해 불량품이 있는지를 검사한다. 여기서 불량품이 발견되면 100% 검사를 하고, 불량품이 없으면 그대로 출하된다.

① 25개 중 3개의 불량품이 들어 있을 때, 그대로 선적될 확률을 구하라.

② 25개 중 오직 1개의 불량품이 들어 있는데, 100% 검사될 확률을 구하라.

23. 어떤 주머니에 3개의 초록색 공과, 2개의 파란색 공, 4개의 빨간색 공이 들어 있다. 이 중 5개의 공을 임의로 꺼낼 때, 2개의 파란색 공과 적어도 1개의 빨간색 공이 나올 확률을 구하라.

24. 52장의 트럼프 카드에서 13장을 받았을 때 하트의 수에 대한 기대값은 얼마인가? 하트의 수가 어느 두 값 사이에 있을 확률이 적어도 75%가 되는 두 값을 구하라.

25. 어느 마을의 10,000명의 유권자 중 4,000명이 새로운 판매세에 반대하는 것으로 평가되었다. 15명의 유권자를 임의로 선택하여 그들의 의견을 물어보았을 때, 기껏해야 7명이 새로운 판매세에 대해서 찬성할 확률은 얼마인가?

26. 갑 대학에서 전국의 4학년 학생 17,000명을 대상으로 하여 그들의 흡연 의견에 관해 조사해 본 결과, 그들 중에서 약 70%가 하루에 한 갑 이상을 피워서는 안 된다고 생각하는 것으로 나타났다. 임의로 18명의 4학년 학생들을 뽑아서 그들의 의견을 물어보았을 때, 하루에 한 갑 이상을 피워서는 안 된다고 생각하는 학생의 수가 9명보다는 많고 14명보다는 적을 확률은 얼마인가?

27. 한 외국인 학생 클럽에서는 캐나다인이 2명, 일본인이 3명, 이탈리아인이 5명, 독일인이 2명 있다. 이 중 임의로 4명을 취할 때 다음 확률을 구하라.
① 네 명의 국적이 모두 다를 확률
② 이탈리아인만 없을 확률

28. 어느 도시에 살고 있는 사람이 개를 키우고 있을 확률이 0.3인 것으로 알려져 있다. 이 도시에 거주하는 사람들을 대상으로 임의로 조사를 할 때 10번째로 조사한 사람이, 개를 키우고 있는 다섯 번째 사람이 될 확률을 구하라.

29. 어느 과학자가 한 번에 한 마리의 쥐에 병원균을 주사하는데, 그 질병에 걸리는 쥐가 두 마리가 될 때까지 이 실험을 계속해서 행한다고 하자. 쥐가 그 질병에 걸릴 확률이 1/6이라고 할 때 8마리의 쥐가 필요할 확률은 얼마인가?

30. 하나의 동전을 던졌을 때 다음 확률을 구하라.
① 일곱 번째 시행에서 세 번째로 앞면이 나올 확률
② 네 번째 시행에서 첫번째로 앞면이 나올 확률

31. 세 사람이 각각 동전을 하나씩 던져 다른 두 사람과 결과가 틀린 한 사람이

커피를 사기로 했다. 세 명 모두 같은 결과를 얻으면 다시 한다고 할 때 시행횟수가 4보다 적을 확률을 구하라.

32. 어떤 사람이 운전면허시험에 합격할 확률이 0.7이다. 이때 그 사람이 ① 세 번째 시행에서, ② 네 번째 시행 이전에 시험을 통과할 확률을 구하라.

33. 정신과 의사의 조사에 의하면 신경안정제를 복용하는 사람 중 2/3가 여성인 것으로 나타났다. 이를 기초로 어떤 특정한 날, 다섯 번째 신경안정제를 처방받은 사람에 대해 답하라.

① 이 사람이 첫번째 여성일 확률

② 이 사람이 세 번째 여성일 확률

34. 어느 교차로에서는 한 달에 평균적으로 세 건의 교통사고가 발생한다. 이때 어느 한 달 동안 다음 확률을 구하라.

① 5건의 사고가 발생할 확률

② 3건 미만의 사고가 발생할 확률

③ 적어도 2건의 사고가 발생할 확률

35. 어느 여비서는 한 페이지당 평균적으로 2개의 오자를 타이프한다. 이때 다음 확률을 구하라.

① 다음 페이지에서 4개 이상의 오자를 칠 확률

② 하나의 오자도 치지 않을 확률

36. 우리 나라에는 일 년에 평균적으로 6번의 태풍이 온다. 이때 어느 해에 대하여 다음 확률을 구하라.

① 4번 미만의 태풍이 올 확률

② 6번 내지 8번의 태풍이 올 확률

37. 어떤 사람이 호흡기 질병으로 사망할 확률이 0.002다. 이때 그 질병에 걸린 2,000명의 환자 중에서 사망하는 사람의 수가 5보다 작을 확률을 구하라.

38. 어떤 상점에서 하루 상품 판매량은 평균 5개로 알려져 있다. 이때 다음 확률값을 구하라.

① 하루에 6개 이상의 상품이 팔릴 확률

② 하루 판매량이 0일 확률

39. 햄버거 가게에서 하루에 소비하는 양상치의 양은 평균 5kg으로 알려져 있다. 이 가게에서 소비되는 양상치의 양이 5kg을 넘을 확률을 구하라.

40. 어떤 특정한 검사에서 1,000명 중 1명이 결함이 발견된다고 한다. 그러면 이 검사를 10,000명이 받았을 경우 6명, 7명, 8명의 결함이 발견될 확률을 구하라.

41. 우주선이 대기권 밖에서 소정의 임무를 마치고, 다시 대기권으로 진입시 성공할 확률은 0.85로 알려져 있다. 따라서 이를 보완하기 위해 대기권으로 진입시 작동해야 되는 부품을 4개 설치하여, 이 중 어느 한 개라도 작동되면 대기권으로 진입하게 된다. 각 부품은 서로 독립적으로 작동한다고 가정할 때, 대기권 진입에 실패할 확률을 구하라.

42. 경찰청의 작년도 통계자료에 의하면, 작년에 24시간 편의점 중 20%에 해당하는 업체가 강도를 당한 경험이 있다고 한다. 그러면 편의점을 경영하고 있는 3사람의 경영주를 만나 보았을 때 다음 확률을 구하라.

① 3사람 모두 작년에 강도를 당했을 확률

② 작년에 3사람 중 1사람만 강도를 당한 경험이 있을 확률

43. 2,052명의 납세자를 대상으로 현재의 소득세가 공정한가를 조사했더니, 60%가 불공정하다고 답하였다. 이 중 20명을 표본으로 추출하였을 때 다음 확률값을 구하라.

① 20명 중 15명 이하가 불공정하다고 대답했을 확률

② 20명 중 불공정하다고 답한 사람이 10명보다 많을 확률

44. 의학협회에서 발표하기를 우리 나라 50세 이상 인구의 10%가 고혈압 증세가 있다고 하였다. 이를 기초로 50세 이상 1,200명을 표본으로 추출하였을 때 다음에 답하라.

① 의학협회 발표내용이 맞다고 할 때, 1,200명 중 고혈압 증세를 갖고 있는 사람의 평균을 구하라.

② 확률변수 X를 1,200명 중 고혈압 증세를 갖고 있는 환자수라고 할 때, X가 평균 ±2(표준편차) 사이에 들어갈 경계값을 구하라.

45. 경영자 협회의 조사에 의하면 생산직 근로자의 20%가 건강상의 이유로 정상적인 생산활동에 지장을 받고 있는 것으로 나타났다. 이를 입증하기 위해 25명의 생산직 근로자를 대상으로 조사를 했다는 가정하에 다음에 답하라.

① 건강상 문제가 있는 근로자의 평균을 구하라.

② 건강상 문제가 있는 근로자의 표준편차를 구하라.

46. 언론연구소에서는 신문 구독자들이 신문에 게재된 내용을 신뢰하고 있는가

를 조사하였다. 결과는 독자의 5%만 신문 게재 내용을 믿고 있다고 답하였다. 이 여론 조사 결과가 맞다고 가정했을 때, 9명의 독자에게 물어 보아 2명 이상이 기사를 신뢰한다고 답할 확률을 구하라.

47. 환경청 조사발표에 의하면 우리 나라 화학공장의 5%가 무단으로 폐기물을 방류시켜 환경을 오염시키는 것으로 나타났다. 만약 이것이 사실이라면 20개 화학공장을 표본으로 조사하였을 경우 다음 확률을 구하라.

① 환경을 오염시킨 공장이 없을 확률

② 환경을 오염시킨 공장수가 2개 미만일 확률

③ 환경을 오염시킨 공장수가 2개 이상일 확률

48. 올림픽 경기에 출전하는 선수들은 근육증강제(steroid)를 복용하지 못하도록 규정되어 있다. 그런데 이에 대한 찬성, 반대 여론을 조사해 보니까 70%가 현재안에 대해 찬성하는 것으로 나타났다. 이 사실이 맞다고 가정했을 때, 과거에 올림픽에 출전한 경험이 있는 10사람에게 근육증강제 복용에 대한 찬, 반을 물어보았다. 10명 중 근육증강제 복용을 반대하는 사람수를 X라 할 때 다음 확률을 구하라.

① $P[X=10]$

② X가 적어도 3일 확률

③ X가 기껏해야 1일 확률

49. 요즘에는 전화 보급의 증가로 여론조사시 전화를 이용해서 하는 경우가 많다. 그런데 여기서 가장 큰 문제로 대두되는 것은 응답자가 설문에 대해 기권을 하는 것이다. 즉 특정 설문에 대해 대답을 하지 않는 것이다. 여론 조사기관의 통계치에 의하면 전화를 매개체로 한 조사시의 기권율은 20%로 알려져 있다. 그러면 지금부터 25명에게 전화로 여론조사를 실시하고자 할 때 다음 확률값을 구하라.

① 5사람 이상이 기권할 확률

② 3사람 미만이 기권할 확률

50. 경제인 연합회에서는 회원사 310개를 선정하여 내년도 경기전망에 대한 설문조사를 하였는데, 그 중 67%는 내년도 전망이 밝은 것으로 답하였다. 이 중 5개 회사를 선정하여 회사대표에게 내년도 경기전망에 대해 물어 보았을 때 다음 확률을 구하라.

① 5개 회사대표 모두가 내년도 경기전망을 밝게 볼 확률

② 경기 전망을 밝게 본 회사가 5개 미만일 확률

제 6 장

연속확률분포

6.1 연속일양분포

연속일양분포는 확률변수 X가 일정한 유한 구간 내에서 정의되며, 그 구간 내에서의 확률밀도가 동일한 경우의 확률분포이다. 예를 들어 0부터 1사이에서 임의의 한 점을 선택할 때, 0부터 1까지의 구간에서 임의의 한 점이 뽑힐 확률은 동일하다. 이와 같이 확률변수 X가 정의되는 영역이 연속적인 경우, 연속일양분포(continuous uniform distribution)라 한다.

연속일양분포 : 확률변수 X의 확률분포는

$$f(x)=\frac{1}{b-a},\ a<x<b$$

와 같이 주어진다.

[예 6.1] 수평선상의 0과 1사이에서 임의의 한 점을 선택할 때, 확률분포는 $f(x)=1,\ 0<x<1$인 일양분포를 갖는다.

[정리 6.1] 연속일양분포의 평균과 분산은

$$\mu=\frac{a+b}{2} \text{ 와 } \sigma^2=\frac{(b-a)^2}{12}$$

이 된다.

(증명) 정의에 의해서

$$\mu=E(X)=\int_a^b x\frac{1}{b-a}dx=\frac{a+b}{2}$$

이다. 또한 분산은

$$\sigma^2=E[(X-\mu)^2]=\int_a^b(x-\mu)^2\frac{1}{b-a}dx$$

$$=\int_a^b\left(x-\frac{a+b}{2}\right)^2\frac{1}{b-a}dx$$

$$=\frac{(b-a)^2}{12}$$

[예 6.2] [예 6.1]에서 X의 평균과 분산을 구해 보면

$$\mu=\frac{1+0}{2}=\frac{1}{2}$$

이고

$$\sigma^2=\frac{(1-0)^2}{12}=\frac{1}{12}$$

임을 알 수 있다.

6.2 정규분포

통계학의 모든 분야에서 가장 중요한 분포는 정규분포(normal distribution)이다. 정규곡선(normal curve)이라고 하는 정규분포의 그래프는 〈그림 6.1〉에 나타난 것처럼 종 모양의 곡선으로 많은 통계학 이론에 기초를 제공해

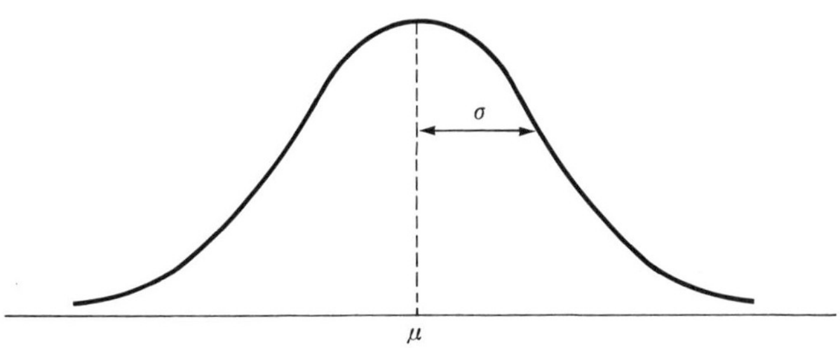

〈그림 6.1〉 정규곡선

주었다.

동일한 양의 반복 측정에서의 오차에 관한 연구에서 정규곡선의 방정식을 유도해 내었던 가우스(Gauss)를 기리기 위하여 정규분포를 종종 가우스분포(Gaussian distribution)라고도 한다.

〈그림 6.1〉과 같이 종 모양의 분포를 갖는 연속확률변수 X를 정규확률변수라 한다. 정규변수의 확률분포는 평균과 표준편차, 즉 μ와 σ에 의해서 결정된다. 그러므로 정규변수 X의 밀도함수를 $n(x;\ \mu, \sigma)$로 표시한다.

정규분포(normal distribution) : 평균 μ와 분산 σ^2을 갖는 정규확률변수 X의 확률분포는

$$n(x;\ \mu, \sigma) = \frac{1}{\sqrt{2\pi}\,\sigma} e^{-(1/2)[(x-\mu)/\sigma]^2}, \quad -\infty < x < \infty$$

와 같이 주어진다. 여기서 $\pi = 3.14159\cdots$이고, $e = 2.71828\cdots$이다.

일단 μ와 σ가 결정되면, 정규곡선이 결정된다. 예를 들어, $\mu = 50$이고 $\sigma = 5$라 하면, 여러 가지 x값에 대한 $n(x;\ 50, 5)$의 값은 쉽게 계산되어질 수 있으며 따라서 곡선을 그릴 수 있다. 〈그림 6.2〉에는 평균은 다르지만 표준편차가 같은 두 개의 정규곡선이 나타나 있다. 두 곡선의 형태는 동일하지만 수평축을 따라서 중심 위치가 다르다.

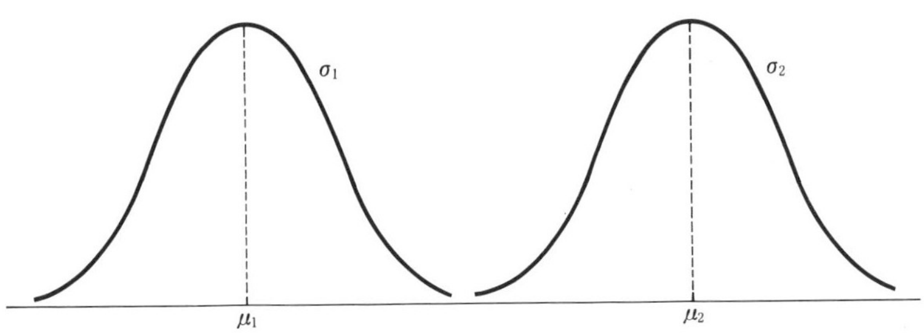

〈그림 6.2〉 $\mu_1 < \mu_2$과 $\sigma_1 = \sigma_2$인 두 정규곡선

〈그림 6.3〉에는 평균은 같고 표준편차가 다른 두 개의 정규곡선이 나타나 있다. 여기서는 두 곡선이 수평축 위의 중심 위치가 같지만 표준편차가 더 큰 곡선이 작은 곡선보다 아래쪽에 위치하고 더 넓게 퍼져 있다. 곡선 아래 부분의 면적이 1이 되어야 하므로 관측값들의 변화가 심하면 심할수록 곡선

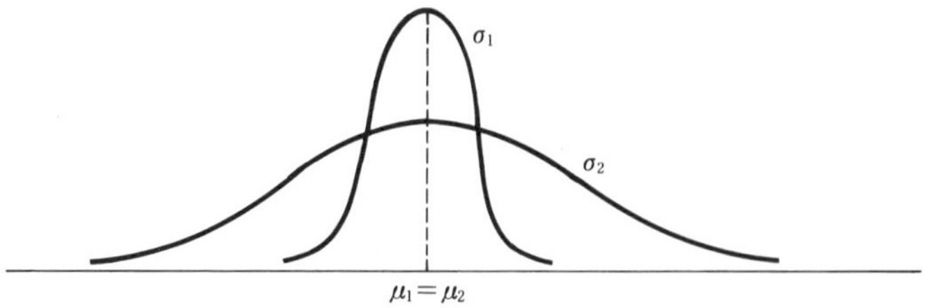

〈그림 6.3〉 $\mu_1=\mu_2$이고 $\sigma_1<\sigma_2$인 두 정규곡선

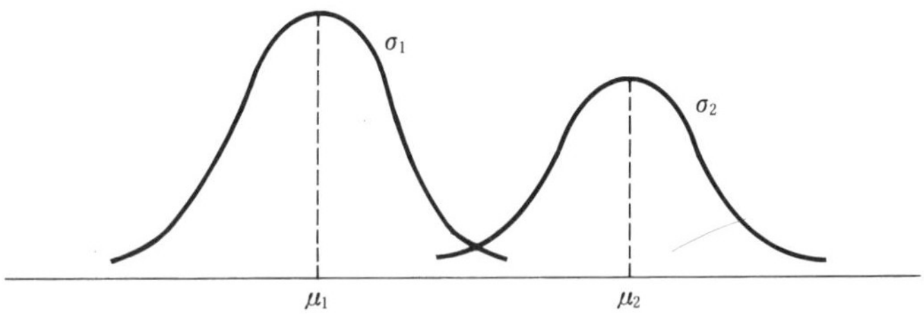

〈그림 6.4〉 $\mu_1<\mu_2$이고 $\sigma_1<\sigma_2$인 두 정규곡선

은 낮고 넓어질 것이라는 것을 알 수 있다.

〈그림 6.4〉는 평균과 표준편차가 다른 두 개의 정규곡선을 보여 주고 있다. 그림으로부터 수평축 위의 중심 위치도 다르고 서로 다른 σ값을 갖기 때문에 모양도 달라짐을 쉽게 확인할 수 있다.

앞에 제시했던 네 개의 그림과 $n(x;\ \mu,\ \sigma)$의 일차미분과 이차미분으로부터 우리는 정규곡선의 몇 가지 성질들을 찾을 수 있다.

1) 곡선이 최대값이 되는 수평축 위의 점, 즉 최빈값(mode)은 $x=\mu$가 된다.

2) 곡선은 평균 μ를 지나서 수직축에 대하여 대칭이다.

3) 곡선은 $x=\mu\pm\sigma$에서 변곡점을 갖는데, $\mu-\sigma<X<\mu+\sigma$이면 아래로 오목이고, 나머지 구간에서는 위로 오목이다.

4) 평균에서 멀어질수록 정규곡선은 수평축에 접근한다.

5) 곡선 아래 부분과 수평축 윗 부분의 총면적은 1이 된다.

이제 인자 μ와 σ^2이 실제로 평균과 분산이 됨을 알아보자. 평균값을 구하기 위해서

$$E(X)=\frac{1}{\sqrt{2\pi}\sigma}\int_{-\infty}^{\infty} xe^{-(1/2)[(x-\mu)/\sigma]^2}dx$$

$Z=(x-\mu)/\sigma$로 놓고 $dx=\sigma dz$라 하면, 다음 결과를 얻을 수 있다.

$$E(X)=\frac{1}{\sqrt{2\pi}}\int_{-\infty}^{\infty}(\mu+\sigma z)e^{-z^2/2}dz$$

$$=\mu\frac{1}{\sqrt{2\pi}}\int_{-\infty}^{\infty}e^{-z^2/2}dz+\frac{\sigma}{\sqrt{2\pi}}\int_{-\infty}^{\infty}ze^{-z^2/2}dz$$

윗 식에서 우변의 첫번째 항은 평균이 0이고 분산이 1인 정규곡선 아래 면적의 μ배이므로 μ가 된다. 두 번째 항은 직접 계산을 해보면 0이 된다. 그러므로

$$E(X)=\mu$$

정규분포의 분산은 다음과 같이 주어진다.

$$E[(X-\mu)^2]=\frac{1}{\sqrt{2\pi}\sigma}\int_{-\infty}^{\infty}(x-\mu)^2e^{-(1/2)[(x-\mu)/\sigma]^2}dx$$

여기서도 $z=(x-\mu)/\sigma$, $dx=\sigma dz$로 놓으면 다음 결과를 얻을 수 있다.

$$E[(X-\mu)^2]=\frac{\sigma^2}{\sqrt{2\pi}}\int_{-\infty}^{\infty}z^2e^{-z^2/2}dz$$

$u=z$이고 $dv=ze^{-z^2/2}dz$라 하고 부분적분을 하면 $du=dz$, $v=-e^{-z^2/2}$가 되어 다음과 같이 된다.

$$E[(X-\mu)^2]=\frac{\sigma^2}{\sqrt{2\pi}}\left(-ze^{-z^2/2}\Big|_{-\infty}^{\infty}+\int_{-\infty}^{\infty}e^{-z^2/2}dz\right)$$

$$=\sigma^2(0+1)$$

$$=\sigma^2$$

많은 경우에 μ와 σ^2이 알려지면 그 확률변수는 정규분포에 의해서 적절히 기술되어질 수 있는 확률분포를 갖는다. 따라서 이 장에서는 두 인자가 과거의 조사로부터 이미 알려져 있다고 가정한다. 그리고 제 9 장에서 μ와 σ^2이 알려져 있지 않을 때, 유용한 실험자료들로 그 값을 추정하는 통계적 추론을 다룰 것이다.

6.3 표준정규분포와 누적표준정규분포

모든 연속확률분포 혹은 밀도함수의 곡선은 $x=x_1$과 $x=x_2$ 사이에서 곡선 아래 부분의 면적이, 확률변수 X가 $x=x_1$과 $x=x_2$ 사이의 값을 취할 확률과 같아진다. 그러므로 〈그림 6.5〉에 나타난 정규곡선에 대하여

$$P(x_1<X<x_2)=\int_{x_1}^{x_2} n(x;\ \mu,\ \sigma)dx$$

$$=\frac{1}{\sqrt{2\pi}\sigma}\int_{x_1}^{x_2} e^{-(1/2)[(x-\mu)/\sigma]^2}dx$$

는 빗금 친 부분의 면적을 나타낸다.

〈그림 6.2〉, 〈그림 6.3〉과 〈그림 6.4〉에서, 정규곡선이 분포의 평균과 표준편차에 얼마나 종속되어 있는지를 보았다. 그러면 어느 두 값 사이에서의 곡선 아래 부분의 면적 또한 μ와 σ의 값에 종속되어 있어야 한다. 이러한 사실은 〈그림 6.6〉에서 명확히 볼 수 있는데, 여기서 빗금 친 부분은 평균과 분

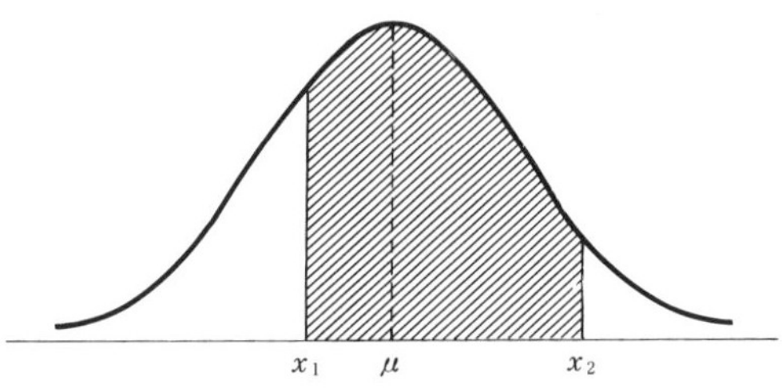

〈그림 6.5〉 $P(x_1<X<x_2)$=빗금 친 부분의 면적

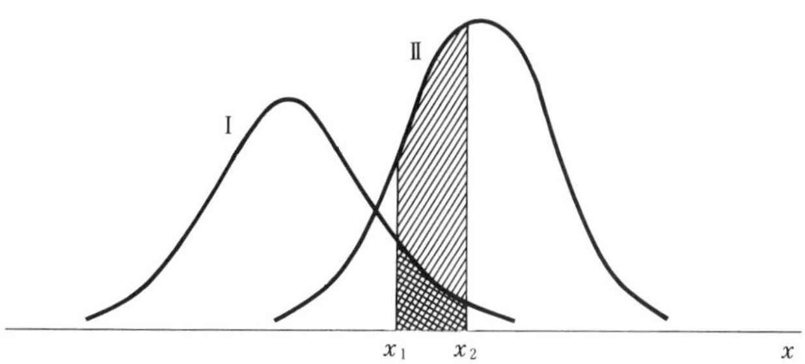

〈그림 6.6〉 서로 다른 정규곡선에 대한 $P(x_1<X<x_2)$

산이 다른 두 곡선에 대하여 $P(x_1<X<x_2)$값과 일치한다. X가 확률분포 I에 해당하는 확률변수일 때 $P(x_1<X<x_2)$는 빗금이 두 번 쳐진 영역으로 설명되어진다. X가 분포 II에 해당하는 확률변수라면 $P(x_1<X<x_2)$는 총 빗금 친 부분의 면적이 된다.

정규분포의 적분을 계산하는 것은 어렵기 때문에 여러 구간에 대한 면적들의 표를 필요로 한다. 그러나 모든 가능한 μ와 σ값에 대하여 그러한 값들을 만들어 놓는다는 것은 불가능하다. 그러나 다행스럽게도 모든 정규확률변수 X를 평균이 0이고 분산이 1인 정규확률변수 Z로 변환할 수 있다. 이것은 다음과 같은 변수변환에 의해서 이루어진다.

$$Z=\frac{X-\mu}{\sigma}$$

X가 x값을 취할 때 그에 대응하는 Z의 값은 $z=(x-\mu)/\sigma$로 주어진다. 그러므로 X가 $x=x_1$과 $x=x_2$ 사이의 값을 취한다면 확률변수 Z는 $z_1=(x_1-\mu)/\sigma$와 $z_2=(x_2-\mu)/\sigma$ 사이의 값을 취할 것이다. 따라서

$$\begin{aligned}P(x_1<X<x_2)&=\frac{1}{\sqrt{2\pi}\,\sigma}\int_{x_1}^{x_2}e^{-(1/2)[(x-\mu)/\sigma]^2}dx\\&=\frac{1}{\sqrt{2\pi}}\int_{z_1}^{z_2}e^{-z^2/2}dz\\&=\int_{z_1}^{z_2}n(z;\ 0,\ 1)\,dz=P(z_1<Z<z_2)\end{aligned}$$

여기서 Z는 평균이 0이고 분산이 1인 정규확률변수가 된다.

[정의 6.1] 평균이 0이고 분산이 1인 정규확률변수의 분포를 표준정규분포(standard normal distribution)라고 한다.

원래의 분포와 변환된 분포가 〈그림 6.7〉에 설명되어 있다. x_1과 x_2 사이의 X의 모든 값들이 z_1과 z_2 사이의 Z값에 대응하므로 〈그림 6.7〉의 X곡선하에서 $x=x_1$과 $x=x_2$ 사이의 면적은 Z곡선하에서 변환된 값 $z=z_1$과 $z=z_2$ 사이의 면적과 같다.

따라서 표준정규확률변수 z값을 알면 부록 A.3을 이용하여 확률값을 찾

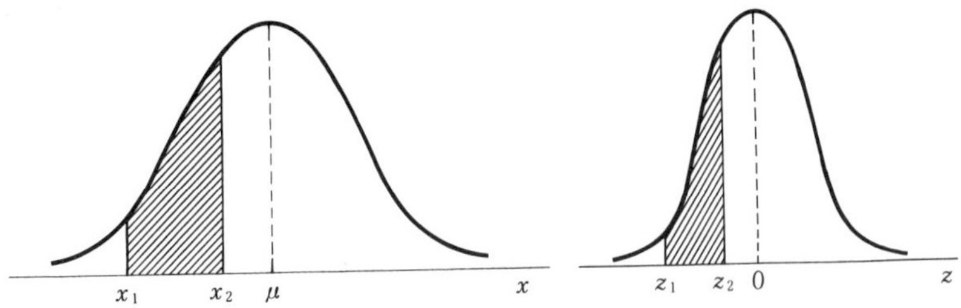

〈그림 6.7〉 원래의 정규분포와 변환된 정규분포

을 수 있다. 부록 A.3에는 -3.49와 3.49 사이의 z값들에 대하여 $P(Z<z)$에 대응하는 표준정규곡선 하의 면적이 나타나 있다. 이 표를 이용하여 Z가 1.74보다 작을 확률을 구해보자. 먼저 표의 좌측 열에서 z가 1.7이 되는 위치를 찾은 다음 그 행을 따라 0.04의 열까지 이동한다. 여기서 우리는 0.9591이라는 값을 찾을 수 있다. 즉 $P(Z<1.74)=0.9591$이다. 주어진 확률에 대응하는 z값을 찾기 위해서는 위의 과정을 거슬러 올라가면 된다. 예를 들어, 어떤 값 좌측의 면적이 0.2148이 되는 z값은 -0.79가 된다.

[예 6.3] 표준정규분포가 주어졌을 때, 다음 면적을 구하라.

1) $z=1.84$의 우측 면적

2) $z=-1.97$과 $z=0.86$ 사이의 면적

(풀이)

1) 〈그림 6.8〉(a)에서 보는 바와 같이, $z=1.84$의 우측의 면적은 1에서 부록 A.3에 나와 있는 $z=1.84$의 좌측 면적을 6뺀 값, 즉 $1-0.9671=0.0329$와 같아진다.

2) 〈그림 6.8〉의 (b)에서 보는 바와 같이, $z=-1.97$과 $z=0.86$ 사이의 면적은 $z=0.86$의 좌측 면적에서 $z=-1.97$의 좌측 면적을 뺀 값과 같

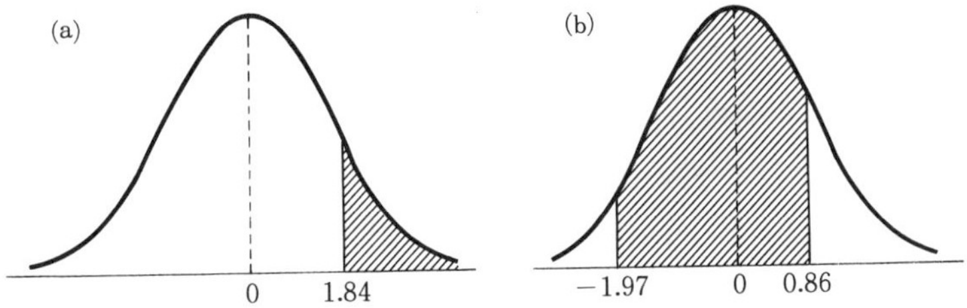

〈그림 6.8〉 [예 6.3]에 대한 면적

다. 부록 A.3으로부터 그 면적이

$$0.8051-0.0244=0.7807$$

이 됨을 알 수 있다.

[예 6.4] 표준정규분포가 주어졌을 때, 다음 각 경우에 대하여 k값을 구하라.

1) $P(Z>k)=0.3015$

2) $P(k<Z<-0.18)=0.4197$

(풀이)

1) 〈그림 6.9〉(a)에서 보듯이 k값 우측의 면적이 0.3015이므로 그 좌측의 면적은 0.6985임을 알 수 있다. 부록 A.3에서 이를 만족하는 k값은 $k=0.52$가 된다.

2) 부록 A.3에 의해서 -0.18의 좌측 면적은 0.4286이 된다. 〈그림 6.9〉(b)에서 보듯이 k와 -0.18 사이의 면적이 0.4197이 되어야 하므로 k값 좌측의 면적은 $0.4286-0.4197=0.0089$가 되어야만 한다. 그러므로 부록 A.3으로부터 $k=-2.37$이 됨을 알 수 있다.

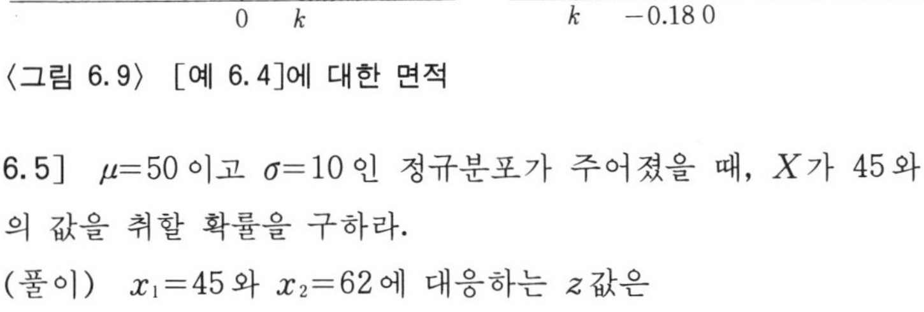

〈그림 6.9〉 [예 6.4]에 대한 면적

[예 6.5] $\mu=50$이고 $\sigma=10$인 정규분포가 주어졌을 때, X가 45와 62 사이의 값을 취할 확률을 구하라.

(풀이) $x_1=45$와 $x_2=62$에 대응하는 z값은

$$z_1=\frac{45-50}{10}=-0.5$$

와

$$z_2=\frac{62-50}{10}=1.2$$

이다. 그러므로

$$P(45<X<62)=P(-0.5<Z<1.2)$$

$P(-0.5<Z<1.2)$는 〈그림 6.10〉의 빗금 친 부분의 면적으로 주어진다. 이 면적은 $z=1.2$의 좌측 면적에서 $z=-0.5$의 좌측 면적을 뺀 값이다. 부록 A.3을 사용하여

$$\begin{aligned}P(45<X<62)&=P(-0.5<Z<1.2)\\&=P(Z<1.2)-P(Z<-0.5)\\&=0.8849-0.3085\\&=0.5764\end{aligned}$$

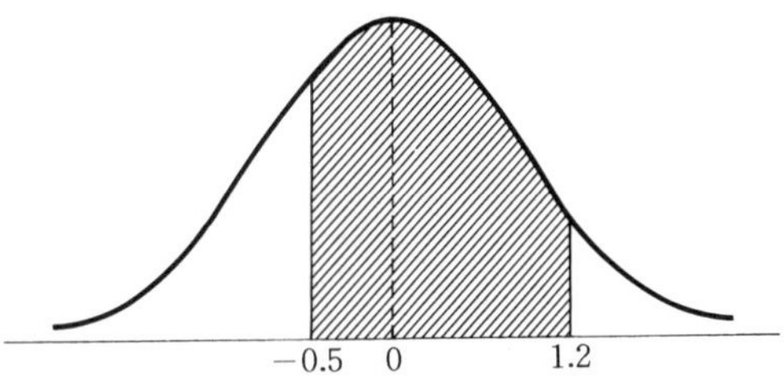

〈그림 6.10〉 [예 6.5]에 대한 면적

[예 6.6] $\mu=300$이고 $\sigma=50$인 정규분포가 주어졌을 때 X가 362보다 큰 값을 취할 확률을 구하라.

(풀이) 구하고자 하는 면적을 보여 주는 정규확률분포가 〈그림 6.11〉에 주어져 있다. $P(X>362)$를 구하기 위해서는 $x=362$의 우측에 대한 정규곡선 아래 부분의 면적을 구해야 한다. 이것은 먼저 $x=362$를 그에 대응하는 z값으로 변환한 다음 부록 A.3에서 그 z값 좌측의 면적을 구하고 1에서 그 값을 뺌으로써 얻어진다.

$$z=\frac{362-300}{50}=1.24$$

그러므로

$$\begin{aligned}P(X>362)&=P(Z>1.24)\\&=1-P(Z<1.24)\\&=1-0.8925\\&=0.1075\end{aligned}$$

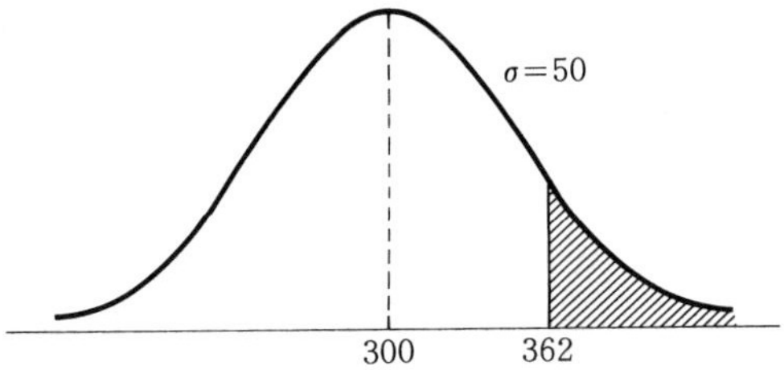

〈그림 6.11〉 [예 6.6]에 대한 면적

체비셰프 정리에 의하면, 확률변수가 평균으로부터 표준편차의 ±2배이내의 구간의 값들을 취할 확률이 적어도 3/4이다. 만일 확률변수가 정규분포를 한다면, $x_1=\mu-2\sigma$와 $x_2=\mu+2\sigma$에 대응하는 z값들은 다음과 같이 계산할 수 있다.

$$z_1=\frac{(\mu-2\sigma)-\mu}{\sigma}=-2 \qquad z_2=\frac{(\mu+2\sigma)-\mu}{\sigma}=2$$

그러므로

$$\begin{aligned} P(\mu-2\sigma<X<\mu+2\sigma) &= P(-2<Z<2) \\ &= P(Z<2)-P(Z<-2) \\ &= 0.9772-0.0228=0.9544 \end{aligned}$$

가 되고, 이것은 체비셰프 정리에 의해서 주어지는 것보다 훨씬 정확하다.

지금까지는 z에 대응되는 확률값을 부록 A.3에서 찾는 방법에 대해 설명하였다. 다음에는 반대로 주어진 확률값에 대응되는 z값을 찾는 방법에 대해 설명하겠다. 만일 주어진 확률값이 표에 나타나 있는 어느 두 확률의 중간값이면, 그에 대응하는 두 개의 z값의 중간값을 선택한다. 예를 들어, 확률 0.7975에 대응하는 z값을 구하고자 할 때, 그 확률이 부록 A.3에서 0.7967과 0.7995 사이에 존재하게 되는데, 0.7975가 0.7967에 더 가까우므로 $z=0.83$을 선택한다. 반면에 주어진 확률이 0.7981이라면 그 값이 0.7967과 0.7995의 중앙에 위치하므로 $z=0.835$를 선택한다.

바로 앞의 두 예제에서는 x값을 z값으로 변환한 다음 구하고자 하는 면적을 계산함으로써 문제를 풀었다. [예 6.7]에서는 반대로 주어진 확률로부터 z값을 찾은 다음 공식

$$z=\frac{x-\mu}{\sigma}$$

를 $x=\sigma z+\mu$로 바꾸어 x를 결정하게 된다.

[예 6.7] $\mu=40$이고 $\sigma=6$인 정규분포가 주어졌을 때, 다음 각 경우의 x값을 구하라.

1) 좌측 면적이 전체 면적의 45%가 되는 x

2) 우측 면적이 전체 면적의 14%가 되는 x

(풀이)

1) 구하고자 하는 x의 좌측 면적이 0.45가 되는 경우는 〈그림 6.12〉(a)에 나타나 있다. 좌측 면적이 0.45가 되는 z값을 알기 위해 부록 A.3으로부터 $P(Z<-0.13)=0.45$가 됨을 알 수 있으므로 $z=-0.13$이다. 그러므로

$$\begin{aligned}x&=(6)(-0.13)+40\\&=39.22\end{aligned}$$

2) 〈그림 6.12〉(b)에서는 구하고자 하는 x의 우측 면적이 0.14가 되는 경우이다. 여기서는 우측 면적이 0.14이므로 그 좌측의 면적이 0.86이 되는 z값을 찾아야 한다. 역시 부록 A.3으로부터 $P(Z<1.08)=0.86$이 됨을 알 수 있으므로

$$\begin{aligned}x&=(6)(1.08)+40\\&=46.48\end{aligned}$$

이제 정규분포를 적용할 수 있는 몇 가지 문제들을 다음 예제에서 살펴보자. 이항확률변수를 정규곡선에 근사시키는 방법은 6.3절에서 다루겠다.

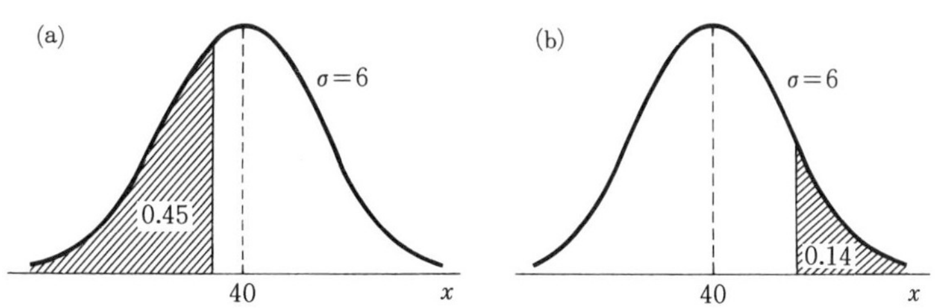

〈그림 6.12〉 [예 6.7]에 대한 면적

[예 6.8] 어느 축전지의 평균수명이 3년이고 표준편차가 0.5년인 것으로 알려져 있다. 축전지의 수명이 정규분포를 이룬다고 가정할 때 하나의 주어진 전지의 수명이 2.3년보다 적을 확률을 구하라.

(풀이) 먼저 〈그림 6.13〉과 같이 축전지 수명의 분포곡선과 구하고자 하는 면적을 그려 보자. $P(X<2.3)$을 구해야 하므로 정규곡선하에서 2.3 좌측의 면적을 구해야 한다. 이 확률값은 대응하는 z값의 좌측 면적을 찾으면 된다.

$$z=\frac{2.3-3}{0.5}=-1.4$$

이므로 부록 A.3을 사용하여 다음 결과를 얻을 수 있다.

$$\begin{aligned} P(X<2.3) &= P(Z<-1.4) \\ &= 0.0808 \end{aligned}$$

[예 6.9] 어느 전기회사에서는 평균수명이 800시간이고 표준편차가 40시간인 정규분포의 수명분포를 갖는 전구를 생산하고 있다. 이때 주어진 전구의 수명이 778시간과 834시간 사이에 있을 확률을 구하라.

(풀이) 전구의 수명분포는 〈그림 6.14〉와 같다. $x_1=778$과 $x_2=834$에 대응하는 z값은

$$z_1=\frac{778-800}{40}=-0.55 \text{와} \quad z_2=\frac{834-800}{40}=0.85$$

이다. 그러므로

$$\begin{aligned} P(778<X<834) &= P(-0.55<Z<0.85) \\ &= P(Z<0.85)-P(Z<-0.55) \\ &= 0.8023-0.2912 \\ &= 0.5111 \end{aligned}$$

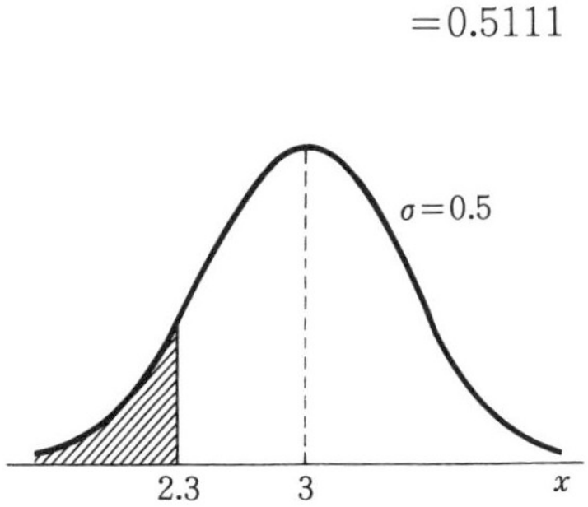

〈그림 6.13〉 [예 6.8]에 대한 면적

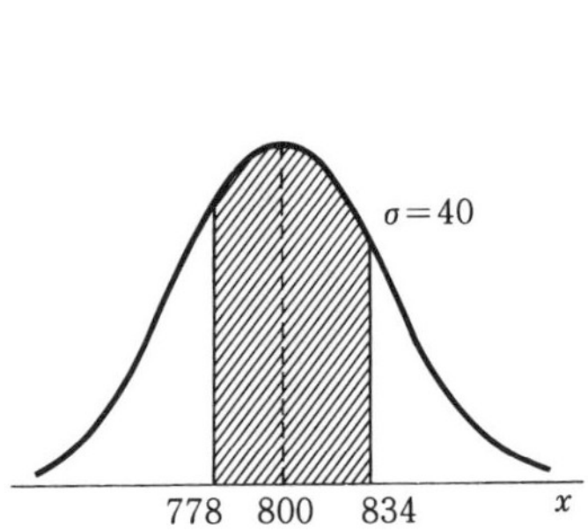

〈그림 6.14〉 [예 6.9]에 대한 면적

[예 6. 10] 어느 시험에서 성적의 평균이 74였고 표준편차는 7이었다. 만일 12%의 학생이 A를 받고, 성적은 정규분포를 따른다고 하면서, A의 가능한 최저점수와 B의 가능한 최고점수는 얼마인가?

(풀이) 이 예제에서는 면적, 즉 확률이 이미 알려져 있다. 그러므로 z값을 찾은 다음 $x=\sigma z+\mu$로부터 x값을 결정해야 한다. A를 받는 학생의 비율을 나타내는 면적 0.12가 〈그림 6. 15〉에 나타나 있다. 우리는 우측 면적이 0.12이므로 좌측 면적은 0.88이 되는 z값을 알아야 한다. 부록 A. 3으로부터 $P(Z<1.175)=0.88$이므로

$$x=(7)(1.175)+74$$
$$=82.225$$

그러므로 A의 가능한 최저점수는 83이고, B의 가능한 최고점수는 82이다.

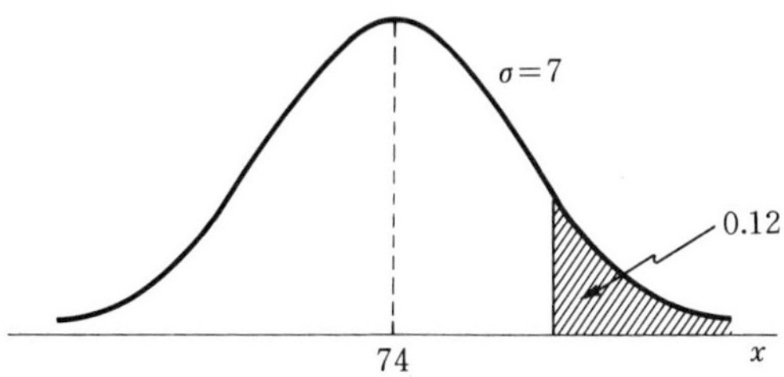

〈그림 6. 15〉 [예 6. 10]에 대한 면적

[예 6. 11] [예 6. 10]에서 제 6 십분위수를 구하라.

(풀이) 제 6 십분위수를 D_6라 하면 그것은 〈그림 6. 16〉에 나타난 것과 같이 좌측 면적이 총면적의 60%가 되는 x 값이 된다. 부록 A. 3으로부터

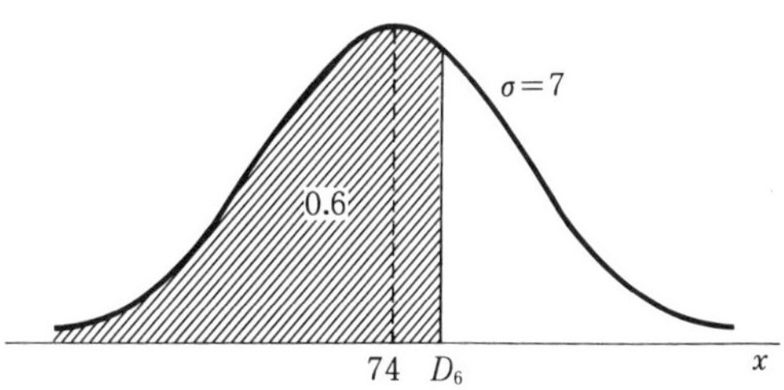

〈그림 6. 16〉 [예 6. 11]에 대한 면적

$P(Z<0.25)=0.6$ 이 되므로

$$x=(7)(0.25)+74$$
$$=75.75$$

가 된다. 그러므로 $D_6=75.75$ 이다. 즉 성적의 60%가 75점 이하이다.

[예 6.12] 생산품 검사를 위해 계기를 사용하고 있는데 $1.50\pm d$ 내에 들어 있지 않으면 불합격 처리하기로 하였다. 측정치가 평균 1.50, 표준편차 0.2 인 정규분포를 이룬다고 할 때, 그 기준이 측정치의 95%를 포함하도록 d 값을 결정하라.

(풀이) 부록 A.3으로부터

$$P(-1.96<Z<1.96)=0.95$$

이다. 따라서

$$1.96=\frac{(1.50+d)-1.50}{0.2}$$

이고, 여기서

$$d=(0.2)(1.96)=0.392$$

가 됨을 알 수 있다. 이를 그림으로 나타내면 〈그림 6.17〉과 같다.

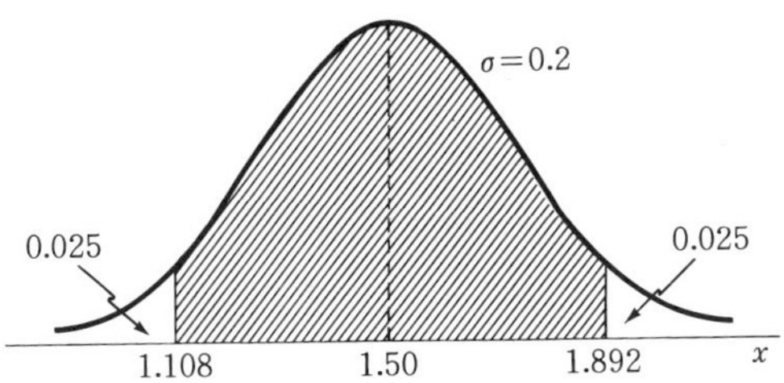

〈그림 6.17〉 [예 6.12]에 대한 영역

[예 6.13] 평균저항이 40Ω이고 표준편차가 2Ω인 전기저항을 만드는 기계가 있다. 저항이 정규분포를 따르고 어떤 정확도에 따라 측정되어진다고 가정할 때, 43Ω이 넘는 저항은 몇 퍼센트나 되겠는가?

(풀이) 구하고자 하는 값은 상대도수에 100%를 곱하면 된다. 어떤 구간에 대한 상대도수는 확률변수가 그 구간 안의 값을 취할 확률과 같으므로 〈그림 6.18〉에서 $x=43$ 우측의 면적을 알아야만 한다. 이 면적은 $x=43$ 을 그에 대응하는 z값으로 변환하여 부록 A.3에서 z값 좌측의 면적을

구한 다음, 1에서 그 값을 빼면 된다.

$$z=\frac{43-40}{2}=1.5$$

이므로

$$\begin{aligned} P(X>43) &= P(Z>1.5) \\ &= 1-P(Z<1.5) \\ &= 1-0.9332 \\ &= 0.0668 \end{aligned}$$

따라서 저항기의 6.68% 가 43Ω이 넘는 저항을 갖게 될 것이다.

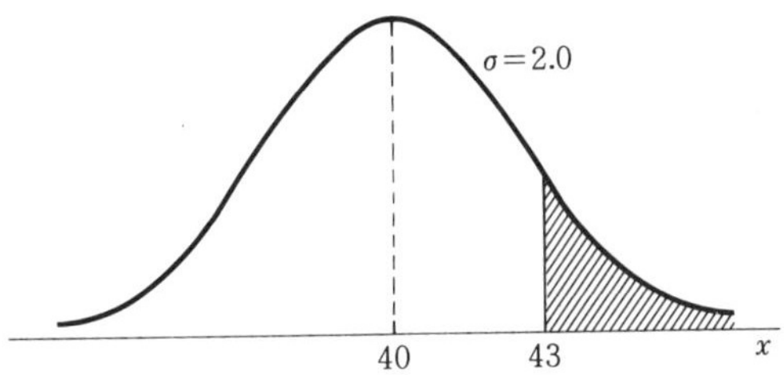

〈그림 6. 18〉 [예 6. 13]에 대한 면적

[예 6. 14] [예 6. 13]에서 저항의 측정값을 소수 첫째 자리에서 반올림할 때 43Ω이 넘는 저항기의 퍼센트를 구하라.

(풀이) 이 문제는 저항이 42.5Ω보다 크고 43.5Ω보다 작은 저항기는 모두 43Ω의 저항을 갖는다고 보는 점에서 [예 6. 13]과 틀려진다. 구하고자 하는 면적은 〈그림 6. 19〉에 나타나 있듯이 43.5 우측의 빗금 친 영역이다.

$$z=\frac{43.5-40}{2}=1.75$$

이므로

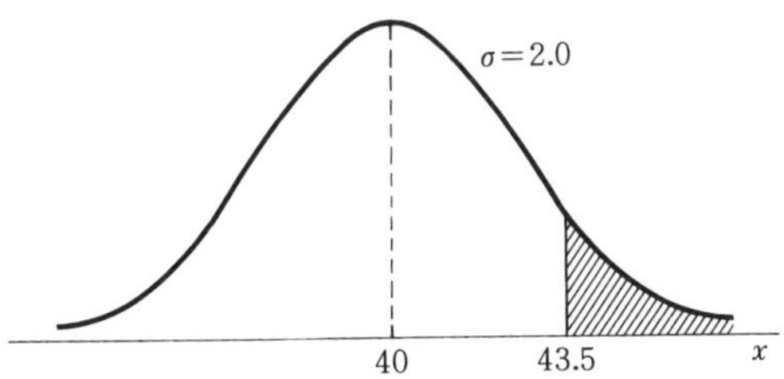

〈그림 6. 19〉 [예 6. 14]에 대한 면적

$$\begin{aligned} P(X>43.5) &= P(Z>1.75) \\ &= 1-P(Z<1.75) \\ &= 1-0.9599 \\ &= 0.0401 \end{aligned}$$

이다. 따라서 이같은 측정방법 하에서는 43Ω을 넘는 저항은 4.01% 이다. 이 결과와 [예 6.13]의 결과와의 차이 6.68%−4.01%=2.67%는 43Ω보다 크고 43.5Ω보다 작은 저항을 갖는 비율을 나타내고 있다.

[예 6.15] 300명의 대학 1년생에 대한 적성검사 점수가 근사적으로 평균 2.1, 표준편차 0.6인 정규분포를 따른다고 한다. 점수가 소수 둘째 자리에서 반올림되어진다고 할 때 2.5에서 3.5까지의 점수를 받을 학생수는 얼마나 되겠는가?

(풀이) 점수가 소수 둘째 자리에서 반올림되므로 우리가 구하는 면적은 〈그림 6.20〉과 같이 $x_1=2.45$와 $x_2=3.55$ 사이의 면적이 된다. 그에 대응하는 z값들은

$$z_1=\frac{2.45-2.1}{0.6}=0.58 \text{과} \quad z_2=\frac{3.55-2.1}{0.6}=2.42$$

이므로

$$\begin{aligned} P(2.45<X<3.55) &= P(0.58<Z<2.42) \\ &= P(Z<2.42)-P(Z<0.58) \\ &= 0.9922-0.7190 \\ &= 0.2732 \end{aligned}$$

가 된다. 그러므로 27.32%, 즉 대략 82명의 학생들이 2.5에서 3.5까지의 점수를 받을 것이다.

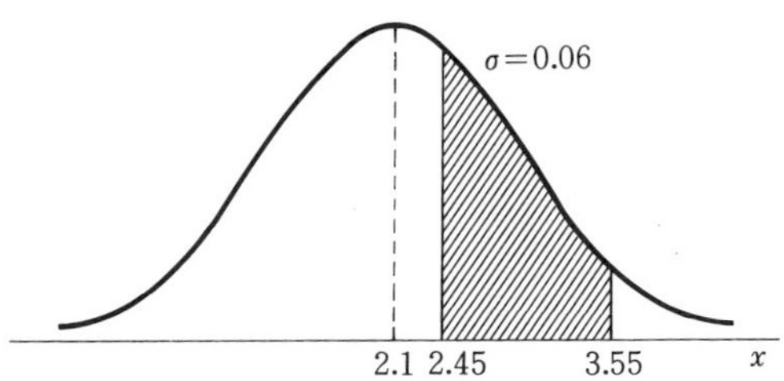

〈그림 6.20〉 [예 6.15]에 대한 면적

6.4 이항분포의 정규근사

이항실험에 관련된 확률들은 n 이 작을 때 부록 A.1이나 $b(x;\ n,\ p)$에 의해서 쉽게 얻어질 수 있다. n 이 커지면, 이항확률을 근사과정을 통해 구한다. 5.5절에서 우리는 n 이 매우 크고 p가 0이나 1에 가까운 값일 때, 이항분포가 포아송분포에 근사됨을 보았다. 그러나 이항분포는 이산적인 분포이고 정규분포는 연속적인 분포이므로 다음 정리에 의해 근사적으로 확률값을 구할 수 있다.

[정리 6.2] X가 $\mu=np$이고 $\sigma^2=npq$인 이항확률변수이면, $n\to\infty$ 일 때

$$Z=\frac{X-np}{\sqrt{npq}}$$

의 극한분포는 $n(z;\ 0,\ 1)$, 즉 표준정규분포를 따른다.

---

n 이 크고 p가 0이나 1에 가까운 값이 아닐 때 이항분포는 $\mu=np$, $\sigma^2=np(1-p)$인 정규분포에 근사시킬 수 있을 뿐 아니라 n 이 작고 p가 1/2에 가까운 값일 때도 그러한 정규분포에 근사가 가능하다.

이항분포의 정규근사에 대해 알아보기 위해, 먼저 $b(x;\ 15,\ 0.4)$에 대한 기둥그래프를 그린 다음 그 이항변수 X와 평균과 분산이 같은 정규곡선을 그 위에 겹치게 그려 보자. 즉

$$\mu=np=(15)(0.4)=6 \text{ 이고, } \sigma^2=npq=15(0.4)(0.6)=3.6$$

인 정규곡선을 그릴 수 있다. $b(x;\ 15,\ 0.4)$의 기둥그래프와 그에 대응하는

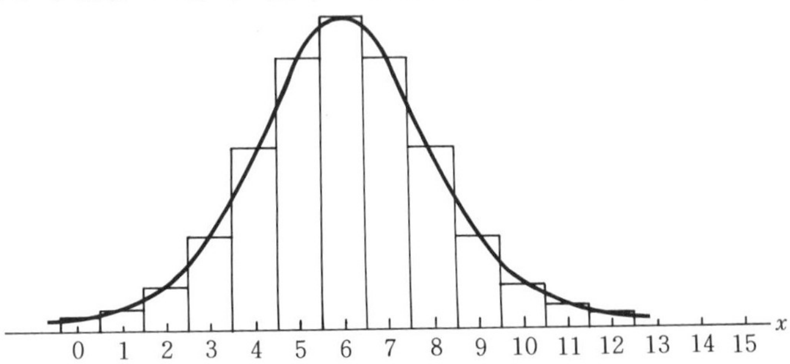

〈그림 6.21〉 $b(x;\ 15,\ 0.5)$의 정규근사

정규곡선은 〈그림 6.21〉에 나타나 있다.

이항확률변수 X가 주어진 x값을 취할 확률은 x가 밑변의 중심이 되는 직사각형의 면적과 같다. 예를 들어, X가 4의 값을 취할 확률은 $x=4$가 밑변의 중심이 되는 직사각형의 면적과 같다. 부록 A.1을 사용하여 이 면적을 구해 보면,

$$P(X=4)=b(4;\ 15,\ 0.4)=0.1268$$

이며, 이 값은 〈그림 6.22〉에 나타나 있듯이 정규곡선 하에서 $x_1=3.5$와 $x_2=4.5$ 사이의 빗금 친 면적과 근사적으로 같아진다. X에 대응하는 z값을 구해 보면,

$$z_1=\frac{3.5-6}{1.897}=-1.32 \text{ 이고,} \quad z_2=\frac{4.5-6}{1.897}=-0.79$$

이므로, X가 이항확률변수, Z가 표준정규변수이면

$$\begin{aligned} P(X=4)&=b(4;\ 15,\ 0.4)\\ &=P(-1.32<z<-0.79)\\ &=P(z<-0.79)-P(z<-1.32)\\ &=0.2148-0.0934\\ &=0.1214 \end{aligned}$$

가 되어 이 결과는 앞에서 구한 0.1268과 근사한 값이 된다.

이항분포의 정규근사는 n이 큰 경우 이항분포표에 나와 있지 않은 누적확률을 계산하는 데 매우 유용하게 사용될 수 있다. 〈그림 6.22〉에서 X가 7

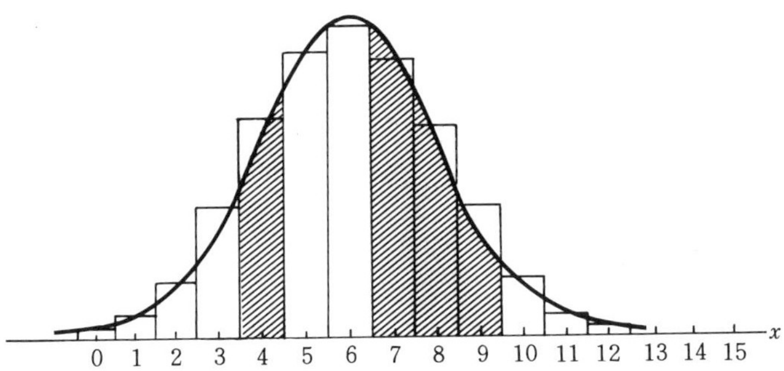

〈그림 6.22〉 $b(4;\ 15,\ 0.4)$와 $\sum_{x=7}^{9} b(x;\ 15,\ 0.4)$의 정규근사

에서 9까지의 값을 취할 확률을 구해 보자. 먼저 이항분포를 이용해 정확한 값을 구해 보면

$$
\begin{aligned}
P(7 \le X \le 9) &= \sum_{x=7}^{9} b(x;\ 15,\ 0.4) \\
&= \sum_{x=0}^{9} b(x;\ 15,\ 0.4) - \sum_{x=0}^{6} b(x;\ 15,\ 0.4) \\
&= 0.9662 - 0.6098 \\
&= 0.3564
\end{aligned}
$$

이 값은 밑변의 중심이 각각 $x=7,\ 8,\ 9$인 세 개의 직사각형의 면적의 합과 같다. 정규근사를 할 경우에는 〈그림 6.22〉에서 $x_1=6.5$와 $x_2=9.5$ 사이의 면적(빗금 친 부분)을 구하면 된다. X에 대응하는 Z값들은

$$
z_1 = \frac{6.5-6}{1.897} = 0.26 \text{과} \quad z_2 = \frac{9.5-6}{1.897} = 1.85
$$

이다. 그러므로

$$
\begin{aligned}
P(7 \le X \le 9) &\simeq P(0.26 < Z < 1.85) \\
&= P(Z < 1.85) - P(Z < 0.26) \\
&= 0.9678 - 0.6026 \\
&= 0.3652
\end{aligned}
$$

여기서도 정규근사가 정확한 값 0.3564와 거의 일치하는 값을 제공해 주고 있다. 정규곡선이 기둥그래프에 얼마나 근사할 수 있는가를 좌우하는 정확도는 n이 증가함에 따라 같이 증가할 것이다. 이러한 사실은 p가 1/2에 가까운 값이 아니고 기둥그래프가 대칭이 아닐 때에도 성립한다. 〈그림 6.23〉과 〈그림 6.24〉는 각각 $b(x;\ 6,\ 0.2)$와 $b(x;\ 15,\ 0.2)$에 대한 기둥그래프를 보

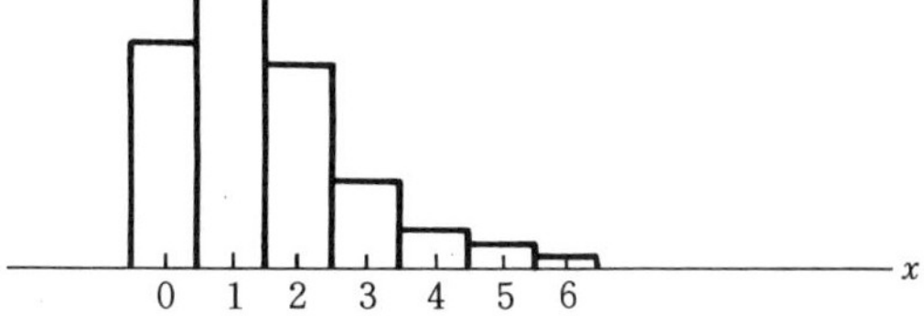

〈그림 6.23〉 $b(x;\ 6,\ 0.2)$에 대한 기둥그래프

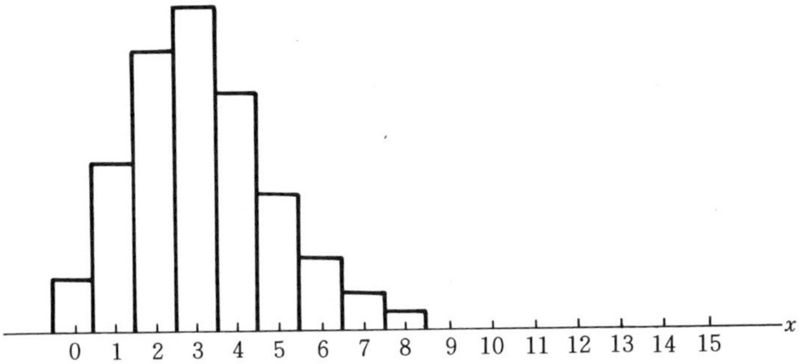

〈그림 6.24〉 $b(x;\ 15,\ 0.2)$에 대한 기둥그래프

여 주고 있다. 두 그림에서 $n=6$일 때보다 $n=15$일 때 기둥그래프가 정규곡선의 형태와 더 유사해짐을 명백히 볼 수 있다.

지금까지의 결과를 요약해 보면, p가 0이나 1에 가까운 값이 아닐 때는 언제나 이항확률을 계산할 때 정규근사를 사용할 수 있다. n이 큰 값이면 근사가 아주 잘 들어맞고, p가 1/2에 가까운 값일 때는 n이 작아도 근사가 잘 들어맞는다. 언제 정규근사가 사용될 수 있는가를 결정하는 한 가지 기준으로 np와 nq가 사용되어질 수 있는데, np와 nq가 둘 다 5 이상이면 근사가 잘 들어맞는다.

[예 6.16] 어느 질병에 걸린 환자가 회복될 확률은 0.4라고 한다. 100명의 사람이 이 질병에 걸렸다고 알려졌을 때, 회복되는 환자의 수가 30보다 작을 확률은 얼마인가?

(풀이) 이항변수 X가 회복되는 환자의 수를 나타낸다고 하자. $n=100$이므로

$$\mu=np=(100)(0.4)=40,$$
$$\sigma=\sqrt{npq}=\sqrt{(100)(0.4)(0.6)}=4.899$$

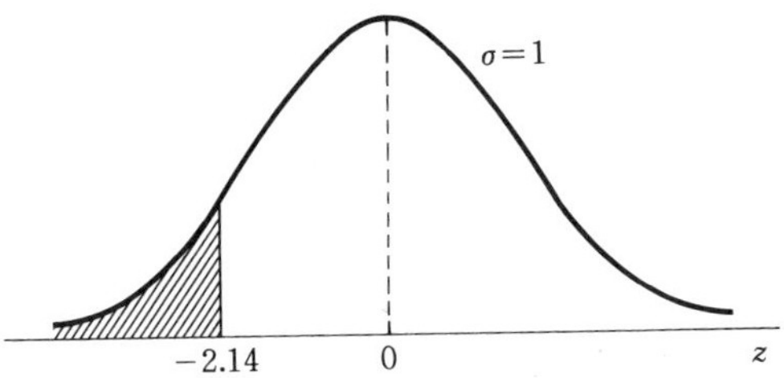

〈그림 6.25〉 [예 6.16]에 대한 면적

인 정규분포에 근사시켜도 매우 정확한 값을 얻을 수 있다. 구하고자 하는 확률은 $x=29.5$ 좌측의 면적이 된다. 29.5에 대응하는 z값은

$$z=\frac{29.5-40}{4.899}=-2.14$$

이고, 100명 중 30명보다 적은 사람이 회복될 확률은 〈그림 6.25〉의 빗금 친 영역이 된다. 그러므로

$$P(X<30)\simeq P(Z<2.14)=0.0162$$

[예 6.17] 4개의 보기 중 하나의 정답이 있는 200문제의 시험이 있다고 하자. 그 시험문제에 관해서 아무런 지식을 갖고 있지 않은 학생이 200문제 중 80문제의 답을 순전히 추측으로 골랐을 때 그 중 정답이 25개에서 30개까지일 확률은 얼마인가?

(풀이) 80문제 각각에 대해서 정답을 고를 확률 $p=1/4$이다. X가 그 학생이 맞힌 정답의 수를 나타낸다고 할 때,

$$P(25\leq X\leq 30)=\sum_{x=25}^{30} b\left(x;\ 80,\ \frac{1}{4}\right)$$

이다.

$$\mu=np=(80)\left(\frac{1}{4}\right)=20$$

이고

$$\sigma=\sqrt{npq}=\sqrt{(80)\left(\frac{1}{4}\right)\left(\frac{3}{4}\right)}=3.873$$

인 정규곡선에 근사시키면, $x_1=24.5$와 $x_2=30.5$ 사이의 면적을 구하면 된다. 대응하는 z값은

$$z_1=\frac{24.5-20}{3.873}=1.16$$

과

$$z_2=\frac{30.5-20}{3.873}=2.71$$

이므로, 구하고자 하는 확률은 〈그림 6.26〉의 빗금 친 부분의 면적이 된다. 부록 A.3으로부터

$$P(25\leq X\leq 30)=\sum_{x=25}^{30} b\left(x;\ 80,\ \frac{1}{4}\right)$$

$$\simeq P(1.16 < Z < 2.71)$$
$$= P(Z < 2.71) - P(Z < 1.16)$$
$$= 0.9966 - 0.8770$$
$$= 0.1196$$

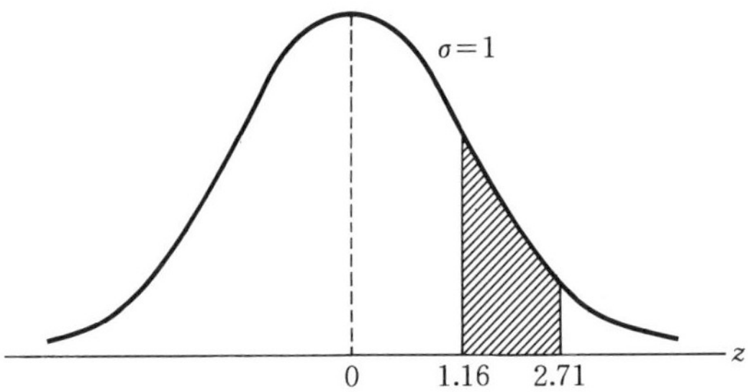

〈그림 6. 26〉 [예 6. 17]에 대한 면적

6. 5 감마분포, 지수분포 및 카이제곱분포

정규분포가 공학과 과학에서 많은 문제들을 푸는 데 사용될 수 있다고 하지만, 여전히 다른 형태의 확률분포를 요구하는 경우가 많이 있다. 그러한 확률분포 중 많이 사용되는 감마분포, 지수분포, 카이제곱분포에 대해서 설명하겠다.

감마분포라는 이름은 수학의 많은 분야에 나오는 감마함수에서 연유한 것이다. 감마분포에 대해 살펴보기 전에 먼저 감마함수와 그것의 몇 가지 중요한 성질들에 대해서 알아보기로 하자.

[정의 6. 2] 감마함수(gamma function)는 $\alpha>0$ 인 α에 대해서

$$\Gamma(\alpha)=\int_0^\infty x^{\alpha-1}e^{-x}dx$$

로 정의되어진다.

감마함수에서 $u=x^{\alpha-1}$, $dv=e^{-x}dx$로 놓고 부분적분을 하면, 다음 결과를 얻을 수 있다.

$$\Gamma(\alpha) = -e^{-x}x^{\alpha-1}\Big|_0^{\infty} + \int_0^{\infty} e^{-x}(\alpha-1)x^{\alpha-2}dx$$
$$= (\alpha-1)\int_0^{\infty} x^{\alpha-2}e^{-x}dx$$

$\alpha>1$ 일 경우에 감마함수는 다음과 같이 표현될 수 있다.

$$\Gamma(\alpha) = (\alpha-1)\Gamma(\alpha-1)$$

이것을 반복 적용해 나가면

$$\Gamma(\alpha) = (\alpha-1)(\alpha-2)\Gamma(\alpha-2)$$
$$= (\alpha-1)(\alpha-2)(\alpha-3)\Gamma(\alpha-3)$$

과 같이 된다. $\alpha=n$ 이고 n 이 양의 정수이면,

$$\Gamma(n) = (n-1)(n-2)\cdots\Gamma(1)$$

이 된다. 그런데 [정의 6.2]에 의해서

$$\Gamma(1) = \int_0^{\infty} e^{-x}dx = 1$$

이므로

$$\Gamma(n) = (n-1)!$$

이 된다.

감마분포(gamma distribution) : 연속확률변수 X의 확률분포가

$$f(x) = \begin{cases} \dfrac{1}{\beta^{\alpha}\Gamma(\alpha)} x^{\alpha-1} e^{-x/\beta}, & x>0 \\ 0, \text{ 기타}, & (\text{단}, \alpha>0,\ \beta>0) \end{cases}$$

과 같이 주어졌을 때 X는 모수 α, β를 갖는 감마분포를 따른다.

특정한 α, β값에 대하여 몇 개의 감마분포의 그래프가 〈그림 6.27〉에 나타나 있다. $\alpha=1$ 인 특수한 감마분포를 특별히 지수분포라고 한다.

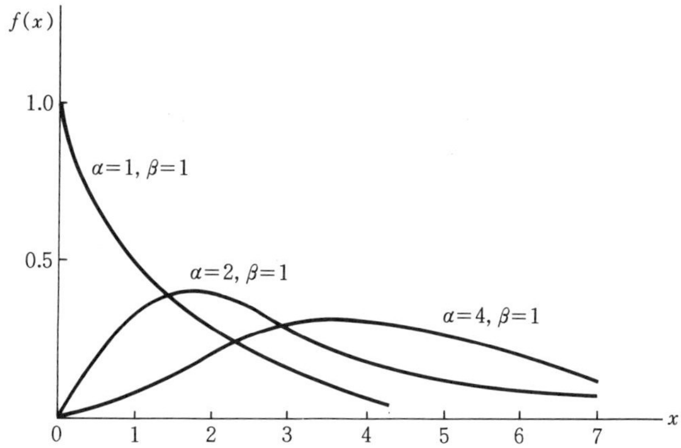

〈그림 6.27〉 몇 가지 감마분포

지수분포(exponential distribution) : 연속확률변수 X의 확률분포가

$$f(x)=\begin{cases}\frac{1}{\beta}e^{-x/\beta}, & x>0,\\ 0, & \text{기타}, \ (\text{단}, \ \beta>0)\end{cases}$$

과 같이 주어졌을 때 X는 모수 β를 갖는 지수분포를 따른다.

지수분포는 신뢰성 이론과 대기시간 혹은 대기행렬 등과 같은 응용통계학의 여러 분야에 적용이 된다. 신뢰성 이론에 대한 지수분포의 한 응용의 예가 다음 예제에 나와 있다.

[예 6.18] 어떤 부품의 고장나기까지의 시간(단위: 년)을 나타내는 확률변수를 T라고 하자. 그리고 T는 모수 $\beta=5$를 갖는 지수분포를 따른다고 하자. 이 부품 5개가 각각 다른 시스템에 설치되었다고 할 때, 8년이 지난 후 적어도 2개의 부품이 여전히 작동하고 있을 확률은 얼마인가?

(풀이) 하나의 부품이 8년 이상 작동할 확률은 다음과 같다.

$$\begin{aligned}P(T>8)&=\frac{1}{5}\int_8^\infty e^{-t/5}dt\\&=e^{-8/5}\\&\simeq 0.2\end{aligned}$$

X가 8년 이후에 작동하고 있는 부품의 수를 나타낸다고 하자. 그러면 이항분포를 사용하여

$$P(X\geq 2)=\sum_{x=2}^{5} b(x;\ 5,\ 0.2)$$
$$=1-\sum_{x=0}^{1} b(x;\ 5,\ 0.2)$$
$$=1-0.7373$$
$$=0.2627$$

이 된다.

감마분포의 두 번째 특수한 경우는 $\alpha=\nu/2$, $\beta=2$로 놓음으로써 얻어진다. 여기서 ν는 양의 정수이다. 그렇게 하여 얻어진 확률분포를 자유도 ν인 카이제곱분포라고 한다.

카이제곱분포(chi-square distribution) : 연속확률변수 X의 확률분포가

$$f(x)=\begin{cases}\dfrac{1}{2^{\nu/2}\Gamma(\nu/2)}x^{\nu/2-1}e^{-x/2}, & x>0,\\ 0, \text{ 기타, (단, } \nu\text{는 양의 정수)}\end{cases}$$

와 같이 주어졌을 때 X는 자유도 ν인 카이제곱분포를 따른다.

카이제곱분포는 제 10 장에서 다룰 가설검정에서 많이 쓰이게 될 분포이다. 그러면 앞의 세 가지 분포에 대하여 평균과 분산을 유도해 보자.

[정리 6.3] 감마분포의 평균과 분산은 다음과 같다.

$$\mu=\alpha\beta,\ \sigma^2=\alpha\beta^2$$

(증명) 감마분포의 평균을 구하기 위해서,

$$\mu=E(X)=\frac{1}{\beta^{\alpha}\Gamma(\alpha)}\int_0^{\infty}x^{\alpha}e^{-x/\beta}dx$$

여기서 $y=x/\beta$라 하면,

$$\mu=\frac{\beta}{\Gamma(\alpha)}\int_0^{\infty}y^{\alpha}e^{-y}dy$$
$$=\frac{\beta\Gamma(\alpha+1)}{\Gamma(\alpha)}=\alpha\beta$$

감마분포의 분산을 구하기 위해서는 먼저 $E(X^2)$을 구해야 한다.

$$E(X^2)=\frac{\beta^2\Gamma(\alpha+2)}{\Gamma(\alpha)}=(\alpha+1)\alpha\beta^2$$

이므로,

$$\sigma^2=E(X^2)-\mu^2=(\alpha+1)\alpha\beta^2-\alpha^2\beta^2$$
$$=\alpha\beta^2$$

이 된다.

[따름정리 6.1] 지수분포의 평균과 분산은 다음과 같다.

$$\mu=\beta,\ \sigma^2=\beta^2$$

[따름정리 6.2] 카이제곱분포의 평균과 분산은 다음과 같다.

$$\mu=\nu,\ \sigma^2=2\nu$$

감마분포는 흔히 대기시간에 대한 확률모형으로 쓰인다. 이를 살펴보기 위해 포아송 과정의 조건을 가정하고 길이 W를 시간구간으로 보기로 하자. 시간구간을 나타내는 확률변수 W를 k개의 사건이 발생하는 데 소요되는 시간이라고 하면 W의 누적분포는

$$G(w)=P(W\le w)=1-P(W>w)$$

이 된다. $w>0$에 대해 사상 $[W>w]$는 길이 w인 시간동안에 k개 미만의 사건이 발생하는 사상을 뜻한다. 즉, 확률변수 X를 길이 w인 시간구간에서의 사건발생수라고 하면

$$P(W>w)=\sum_{x=0}^{k-1}P(X=x)$$
$$=\sum_{x=0}^{k-1}\frac{(\lambda w)^x e^{-\lambda\omega}}{x!}$$

가 된다. 그런데

$$\int_{\lambda\omega}^{\infty}\frac{z^{k-1}\,e^{-z}}{(k-1)!}dz=\sum_{x=0}^{k-1}\frac{(\lambda w)^x e^{-\lambda\omega}}{x!}$$

가 되므로

$$G(w)=1-\int_{\lambda\omega}^{\infty}\frac{z^{k-1}e^{-z}}{\Gamma(k)}dz$$

$$=\int_{0}^{\lambda\omega}\frac{z^{k-1}e^{-z}}{\Gamma(k)}dz,\ w>0$$

이다. 여기서 $z=\lambda y$로 치환하면

$$G(w)=\int_{0}^{\omega}\frac{\lambda^{k}y^{k-1}e^{-\lambda y}}{\Gamma(k)}dy$$

가 되므로 W의 확률분포는

$$g(w)=G'(w)=\frac{\lambda^{k}w^{k-1}e^{-\lambda\omega}}{\Gamma(k)},\ 0<w<\infty$$

이다. 즉 W는 $\alpha=k$, $\beta=\frac{1}{\lambda}$인 감마분포를 따르는 것을 알 수 있다. W가 첫번째 사건이 발생할 때까지의 시간을 나타낸다면 $k=1$이므로 W의 확률분포는

$$g(w)=\lambda e^{-\lambda\omega},\ 0<w<\infty$$

인 지수분포가 된다.

6.6 와이블분포

현대산업사회에서는 다양한 부품으로 구성된 시스템의 신뢰성 제고에 많은 신경을 쓰고 있다. 즉 시스템을 구성하고 있는 부품의 고장에 큰 관심을 갖게 되었다. 예를 들어, 퓨즈가 탄다든가, 강철이 휘어진다든가, 열감지장치가 고장이 날 수 있다. 동일한 환경조건에 적용되는 동일한 부품이라 할지라도 고장시간이 부품마다 틀려지고 예측할 수도 없을 것이다. 최근에 그러한 문제를 다룰 때 많이 사용되는 분포는 1939년에 스웨덴 물리학자 와이블(Weibull)에 의해 유도된 와이블분포이다.

와이블분포(Weibull distribution) : 연속확률변수 X의 확률분포가

$$f(x)=\begin{cases}\alpha\beta x^{\beta-1}e^{-\alpha x^{\beta}}, & x>0,\\ 0, & \text{기타, (단, } \alpha>0,\ \beta>0)\end{cases}$$

과 같이 주어졌을 때 X는 모수 α, β를 갖는 와이블분포를 따른다.

$\alpha=1$로 고정시키고 β값을 변화시켰을 때의 몇 가지 형태가 〈그림 6.28〉에 나타나 있다. 여기서 그림의 형태가 모수들의 값, 특히 β값에 따라 상당히 달라짐을 알 수 있다. $\beta=1$로 놓으면 와이블분포는 지수분포가 된다. $\beta>1$인 경우에는 어느 정도 종 모양의 그래프가 되어 정규곡선의 형태와 비슷하지만 비대칭임을 알 수 있다.

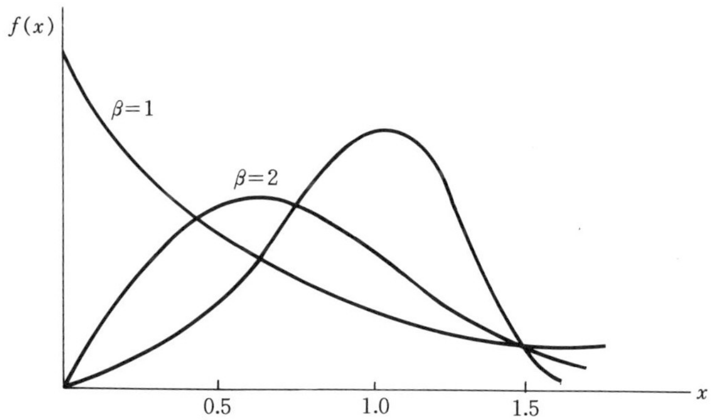

〈그림 6.28〉 와이블분포($\alpha=1$)

[정리 6.4] 와이블분포의 평균과 분산은 다음과 같다.

$$\mu=\alpha^{-1/\beta}\Gamma\left(1+\frac{1}{\beta}\right)$$

$$\sigma^2=\alpha^{-2/\beta}\left\{\Gamma\left(1+\frac{2}{\beta}\right)-\left[\Gamma\left(1+\frac{1}{\beta}\right)^2\right]\right\}$$

와이블분포는 종종 부품의 고장까지의 시간 혹은 수명 등과 같이 신뢰성과 수명시험문제에 적용된다. 이 시간을 확률분포 $f(t)$를 갖는 연속확률변수 T로 표시하기로 하고, $f(t)$는 와이블분포를 따른다고 하자. 와이블분포를 신뢰성 이론에 적용하기 위해, 먼저 부품이나 생산품의 신뢰도를 특정조건하에서 최소한 어느 특정시간까지 작동할 확률로 정의하자. 따라서 $R(t)$를 시점 t에서 주어진 부품의 신뢰도로 정의하면, 다음과 같이 쓸 수 있다.

$$R(t)=P(T>t)$$

$$= \int_t^\infty f(t)\,dt$$
$$= 1 - F(t)$$

여기서 $F(t)$는 T의 누적분포이다. 부품이 시간 t까지 작동했을 때, 구간 $T=t$와 $T=t+\Delta t$ 사이에 고장날 조건부확률은 다음과 같이 주어진다.

$$\frac{F(t+\Delta t)-F(t)}{R(t)}$$

이것을 Δt로 나눈 다음 $\Delta t \to 0$로 극한을 취하면 $Z(t)$로 표시되는 고장률을 얻게 된다. 그러므로

$$Z(t) = \lim_{\Delta t \to 0} \frac{F(t+\Delta t)-F(t)}{\Delta t} \frac{1}{R(t)}$$
$$= \frac{F'(t)}{R(t)} = \frac{f(t)}{R(t)} = \frac{f(t)}{1-F(t)}$$

$R(t)=1-F(t)$라는 사실로부터 $R'(t)=-F'(t)$이므로 윗 식을 다음과 같은 미분방정식으로 쓸 수 있다.

$$Z(t) = \frac{-R'(t)}{R(t)} = \frac{-d[\ln R(t)]}{dt}$$

그리고 이것을 풀면

$$\ln R(t) = -\int Z(t)\,dt + \ln c$$

혹은

$$R(t) = c\exp[-\int Z(t)\,dt]$$

가 된다. 여기서 c는 $R(0)=1$ 혹은 $F(0)=1-R(0)=0$인 초기조건을 만족한다. 그러므로 확률분포 $f(t)$나 고장률 $Z(t)$ 중 어느 하나를 알면 나머지 함수를 유도할 수 있다.

[예 6.19] 고장률 함수가 $Z(t)=\alpha\beta t^{\beta-1}$, $t>0$이기 위한 필요충분조건은 고장분포가 와이블분포, 즉 $f(t)=\alpha\beta t^{\beta-1}e^{-\alpha t^{\beta}}$, $t>0$임을 증명하라.

(풀이) $Z(t)=\alpha\beta t^{\beta-1}$, $t>0$ 이라 하자.

$$f(t)=Z(t)R(t)$$

이고,

$$R(t)=c\exp[-\int Z(t)dt]=c\exp[-\int \alpha\beta t^{\beta-1}dt]=ce^{-\alpha t^{\beta}}$$

이다. $R(0)=1$ 이라는 조건으로부터 $c=1$ 이 된다. 그러므로

$$R(t)=e^{-\alpha t^{\beta}}$$

이고

$$f(t)=\alpha\beta t^{\beta-1}e^{-\alpha t^{\beta}},\ t>0$$

이다. 역으로

$$f(t)=\alpha\beta t^{\beta-1}e^{-\alpha t^{\beta}},\ t>0$$

라고 가정하면 $Z(t)$는 다음과 같다.

$$Z(t)=\frac{f(t)}{R(t)}$$

여기서

$$\begin{aligned}R(t)&=1-F(t)=1-\int_0^t \alpha\beta x^{\beta-1}e^{-\alpha x^{\beta}}dx\\&=1+\int_0^t d(e^{-\alpha x^{\beta}})\\&=e^{-\alpha t^{\beta}}\end{aligned}$$

이다. 그러면

$$Z(t)=\frac{\alpha\beta t^{\beta-1}\ e^{-\alpha t^{\beta}}}{e^{-\alpha t^{\beta}}}=\alpha\beta t^{\beta-1},\ t>0$$

[예 6.19]에서 고장률은 $\beta<1$ 이면 시간에 대해 감소하고, $\beta>1$ 이면 시간에 대해 증가하며, $\beta=1$ 이면 일정하게 된다. $\beta=1$ 인 와이블분포가 지수분포라는 사실에서 일정 고장률의 가정을 흔히 지수가정이라고도 한다.

연습문제

1. 표준정규분포에 대하여 곡선 아래 부분에 대하여 다음 면적을 구하라.

① $z=1.43$ 의 좌측

② $z=-0.89$ 의 우측

③ $z=-2.16$ 과 $z=-0.65$ 사이

④ $z=-1.39$ 의 좌측

⑤ $z=1.96$ 의 우측

⑥ $z=-0.48$ 과 $z=1.74$ 사이

2. 표준정규곡선하에서 면적이 다음과 같을 때 z값을 구하라.

① z값 좌측의 면적이 0.3622

② z값 우측의 면적이 0.1131

③ $z>0$ 일 때 0과 z 사이의 면적이 0.4838

④ $z>0$ 일 때 $-z$와 z 사이의 면적이 0.9500

3. 표준정규분포에서 다음 확률을 만족하는 k의 값을 구하라.

① $P[Z<k]=0.0427$

② $P[Z>k]=0.2946$

③ $P[-0.93<Z<k]=0.7235$

4. 평균이 30, 표준편차가 6인 정규분포에 대하여 다음에 답하라.

① $x=17$의 우측 면적

② $x=22$ 의 좌측 면적

③ $x=32$ 와 $x=41$ 사이의 면적

④ x 좌측의 면적이 80%가 되는 x값

⑤ 평균을 중심으로 75 %의 면적을 차지하는 x의 상, 하한값

5. 확률변수 X가 평균이 18, 표준편차가 2.5인 정규분포를 따를 때 다음에 답하라.

① $P(X<15)$

② $P(X<k)=0.2236$ 을 만족하는 k값

③ $P(X>k)=0.1814$ 를 만족하는 k값

④ $P(17<X<21)$

6. 동물학자의 실험에 의하면 쥐의 수명은 평균이 40개월, 표준편차가 6.3개월인 정규분포라고 한다. 이를 기초로 다음에 답하라.

① 쥐의 수명이 32개월 이상일 확률

② 쥐의 수명이 28개월 이하일 확률

③ 쥐의 수명이 37개월 이상 49개월 미만일 확률

7. 어떤 제과점에서 식빵을 만들어 팔고 있는데, 식빵 길이에 대한 분포를 조사해 보니, 평균 30cm, 표준편차가 2cm인 정규분포를 따랐다.

① 식빵 길이가 31.7cm 이상일 확률을 구하라.

② 식빵 길이가 29.3cm와 33.5cm 사이일 확률을 구하라.

③ 식빵 길이가 25.5cm 미만일 확률을 구하라.

8. 체비셰프 정리에 의하면 확률변수가 $\mu\pm3\sigma$ 내의 값을 취할 확률이 적어도 8/9이 된다. 그 확률변수가 평균이 μ이고 표준편차가 σ인 정규분포를 따를 때 $P(\mu-3\sigma<X<\mu+3\sigma)$의 정확한 값은 얼마인가?

9. 어느 음료 판매기계는 한 컵당 평균적으로 200ml의 양을 내보내도록 되어 있다. 음료의 양이 표준편차가 15ml인 정규분포를 따를 때 다음을 구하라.

① 224ml 이상의 음료를 내보낼 확률

② 191과 209ml 사이의 음료를 내보낼 확률

③ 230ml 컵을 사용하여 1,000개의 음료를 뽑았을 때 넘치는 컵의 수

④ 어떤 값 아래에서 하위 25%의 양을 얻게 되는가?

10. 어느 법률가가 교외에 있는 집에서 시내에 있는 사무실까지 출근하는 데 평균 24분이 걸리고, 표준편차는 3.8분이라고 한다. 출근 소요시간이 정규분포를 따른다고 가정할 때,

① 적어도 1/2시간이 걸릴 확률은 얼마인가?

② 사무실이 오전 9 : 00에 문을 열고, 그는 매일 오전 8 : 45에 그의 집을 나선다고 할 때, 그가 지각할 확률은 얼마인가?

③ 그가 오전 8 : 35에 집을 나서고, 8 : 50부터 9 : 00까지 사무실에서 커피가 제공된다고 한다면, 그가 커피를 마시지 못할 확률은 얼마인가?

④ 소요시간이 상위 15%가 되는 값을 구하라.

⑤ 3번의 출근 중 2번이 적어도 1/2시간이 소요될 확률을 구하라.

11. 통계학 시험성적이 평균 74, 표준편차 7.9인 정규분포를 따른다고 할 때 다음을 구하라.

① 하위 10% 학생들에게 F를 줄 때, 시험을 통과할 최하점수
② 상위 5% 학생들에게 A를 줄 때, B의 최고점수
③ 상위 10% 학생들에게 A를, 그 다음 25% 학생들에 B를 줄 때, B의 최하점수

12. 피스톤 링 안쪽 지름은 평균이 10 cm, 표준편차가 0.03 cm인 정규분포를 따른다고 알려져 있다.
① 피스톤 링의 지름이 10.075 cm를 넘을 확률을 구하라.
② 피스톤 링의 지름이 9.97 cm와 10.03 cm 사이에 있을 확률을 구하라.

13. 수학 시험 성적은 평균이 82점, 표준편차가 5점인 정규분포를 따른다. 그리고 88점부터 94점까지의 학생들은 B학점을 받았다. B학점을 받은 학생수가 8명이라고 할 때, 시험에 응시한 학생 수를 구하라.

14. 갑 대학교 공과대학의 1,000명 학생을 대상으로 키를 측정하였더니, 평균이 174.5 cm, 표준편차 6.9 cm인 정규분포를 따랐다. 이를 기초로 다음에 해당되는 학생수를 구하라. 단, 측정방법은 측정치로부터 가장 가까운 0.5 cm 단위로 측정하였다.
① 160.0 cm 보다 작은 학생수
② 171.5 cm 이상 182.0 cm 이하인 학생수
③ 175.0 cm인 학생수
④ 188.0 cm 이상인 학생수

15. 어떤 식당에서는 종업원의 일부를 시간제로 고용하고 있는데, 이러한 시간제 종업원의 임금은 시간당 평균 925원, 표준편차 60원인 정규분포를 따른다.
① 시간당 임금이 875원에서 969원 사이에 속할 확률을 구하라.
② 시간당 임금이 높은 쪽의 5%에 해당되려면 얼마 이상 되어야 하는가?

16. 어떤 금속의 장력은 cm^2당 평균이 10,000 kg, 표준편차가 100 kg인 정규분포를 따른다. 측정방법은 측정치로부터 가장 가까운 50 kg 단위로 측정하였다.
① cm^2당 장력이 10,150 kg을 넘을 확률을 구하라.
② 품질관리 규정에 장력이 9,800 kg과 10,200 kg 사이를 들어야만 합격처리한다고 되어 있다. 그러면 이 금속제품이 불합격될 확률을 구하라.

17. 어떤 관측값들의 집합이 정규분포를 따를 때, 평균에서 다음만큼 떨어진 관

측값들의 비율은 얼마인가?

① 1.3σ 이상

② 0.52σ 미만

18. 어느 대학 지원자 600명에 대한 지능검사 결과가 평균 115, 표준편차 12인 정규분포를 따른다고 한다. 그 대학이 최소 95의 지능을 요구할 때, 다른 성적과는 무관하게 지능 때문에 탈락하게 될 학생의 수는 얼마나 되겠는가?

19. 어느 작은 모터의 평균수명이 10년, 표준편차가 2년인 것으로 알려졌다. 제조업자가 보증기간 내에 고장이 난 것에 대해서는 무료로 교체해 준다. 그가 고장난 모터의 3%만을 교체해 주고자 한다면 보증기간을 얼마로 해야 하겠는가? 모터의 수명은 정규분포를 따른다고 가정하라.

20. 포도주의 질은 그것이 제조된 해에 의해 결정된다. 그리고 포도주는 잘 익히기 위해 나무통에 보관하게 된다. 그런데 나무에는 미세한 기공이 있기 때문에 장기간 보관하게 되면 포도주 중의 일부는 증발하게 된다. 이러한 증발양에 대한 분포를 조사해 보니 평균이 5%, 표준편차가 1%인 정규분포를 따랐다.

① 7.5% 이상 증발될 확률을 구하라.

② 3% 미만 증발될 확률을 구하라.

21. 요즈음 체중감소 프로그램을 시행하는 클리닉이 증가일로에 있는데, 그 중 한 광고에 의하면 3개월 동안 이 프로그램을 실행할 경우 평균 10kg 감소한다고 한다. 그리고 이때 체중감량에 대한 표준편차는 5kg이고, 분포는 정규분포를 따른다고 한다. 어떤 사람이 이 프로그램에 가입하여 3개월 동안 실행했다는 가정하에 다음을 구하라.

① 적어도 12kg을 감량했을 확률

② 2kg의 체중이 늘었을 확률

22. 비행장 주변에서의 가장 큰 문제는 비행기 이륙시의 소음이다. 현재 어떤 비행장에서의 소음을 조사해 보니 평균이 100db, 표준편차가 6db인 정규분포를 따랐다.

① 비행기 이륙 소음이 108db 이상일 확률을 구하라.

② 소음이 비행장 주변에 사는 주민들의 민원 문제이므로 정부에서는 규제조치로서 105db 이하가 될 확률을 0.95로 유지시키려 하고 있다. 그러면 소음의 평균은 얼마가 되어야 하는가? 단, 표준편차는 현재와 같다고 가

정하라.

23. 원격화상회의, 전자우편, 워드프로세서, 개인용컴퓨터 등의 사무 자동화기기의 도입으로 회의 시간이 많이 감소하게 되었다. 이를 정량적으로 분석해 본 결과, 회의 감소 시간은 이전에 비해 평균 15%, 표준편차 4%인 정규분포를 따른다고 한다.

① 회의시간이 22% 이상 감소될 확률을 구하라.

② 회의시간이 10% 미만 감소될 확률을 구하라.

24. 갑지역에서 을지역까지 기차로 통근하는 사람이 기차의 연착시간에 대한 정량적 분석을 하였다. 결과는 연착시간의 분포가 평균 5분, 분산이 11분인 정규분포로 나왔다. 이를 토대로 다음에 답하라.

① 기차가 연착할 확률을 구하라.

② 기차가 예정보다 일찍 도착할 확률을 구하라.

③ 기차가 5분 이상 연착할 확률을 구하라.

④ 기차가 적어도 10분 연착할 확률을 구하라.

25. 전기스위치 생산업자가 과거의 수요를 분석하여 일당 수요분포가 평균 200개, 표준편차 50개인 정규분포임을 알아내었다.

① 일당 수요가 90개 미만일 확률을 구하라.

② 일당 수요가 225개와 275개 사이일 확률을 구하라.

③ 생산 비용을 감안해 봤을 때, 생산업자의 판단으로는 수요의 94%를 충족시키도록 매일매일 생산하는 것이 최적이라고 결론지었다. 그렇다면 매일 몇 개의 스위치를 생산하여야 되는가?

26. 다음 각 경우에 있어서 $n=15$이고 $p=0.2$인 이항변수 X에 대하여 $P(1 \leq X \leq 4)$를 구하라.

① 부록 A.1을 이용하여 구하라.

② 정규근사를 이용하여 구하라.

27. 하나의 동전을 400번 던지는 실험에서 이항분포의 정규근사를 이용하여 다음 각 확률을 구하라.

① 앞면이 185번에서 210번까지 나올 확률

② 정확히 205번의 앞면이 나올 확률

③ 앞면이 176번보다 적게 혹은 227번보다 많이 나올 확률

28. 한 쌍의 주사위를 180번 던질 때, 두 눈의 합이 7이 되는 경우가 다음과

같이 일어날 확률은 얼마인가?

① 적어도 25번

② 33번에서 41번까지

③ 정확히 30번

29. 어떤 공정에서는 10%의 불량품이 생산된다고 알려져 있다. 그 공정에서 임의로 100개의 상품을 추출하였을 때 불량품의 수가 다음과 같을 확률은 얼마인가?

① 13개를 초과

② 8개 미만

30. 서울시 거주자 중 20%가 흰색 전화기를 다른 색 전화기보다 더 선호하는 것으로 밝혀졌다. 서울시에 1,000대의 전화기가 새로 가설된다고 할 때 다음 확률은 얼마인가?

① 170대에서 185대까지가 흰색 전화기일 확률

② 225대를 넘지 않으면서 적어도 210대의 전화기일 확률

31. 한 제약회사가 자사에서 만든 약이 어느 질병을 평균적으로 80% 정도 치료할 수 있다고 주장하였다. 그 주장을 검정하기 위해, 정부측 시험관이 100명의 사람들에게 그 약을 복용시킨 다음 75명 이상의 사람들이 치료되면 그 주장을 받아들이기로 결정하였다.

① 실제로 치료확률이 0.8일 때 그 주장이 기각될 확률은 얼마인가?

② 치료확률이 0.7일 때 그 주장이 정부에 의해서 받아들여질 확률은 얼마인가?

32. 어떤 환자가 특수한 심장수술을 받을 경우, 완치될 수 있는 확률은 0.9라고 알려져 있다. 만약 100명의 환자가 같은 수술을 받았을 경우 다음 확률을 구하라.

① 84명 이상 95명 이하가 완치될 확률

② 86명 미만이 완치될 확률

33. 의학 연구소의 조사에 의하면 신경안정제는 사람의 마음을 편안하게 해준다고 답한 사람이 75%에 달했다. 이 사실을 기초로 80명에게 의견 조사를 했을 때 다음 확률을 구하라.

① 적어도 50명이 신경안정제는 사람의 마음을 편안하게 해준다고 답할 확률

② 기껏해야 56명이 신경안정제는 사람의 마음을 편안하게 해준다고 답할 확률

34. 서울에 있는 갑대학의 신입생 중 $\frac{1}{6}$이 다른 시도에서 올라온 학생이라고 한다. 이 신입생 중 180명을 기숙사에 배치할 때 적어도 $\frac{1}{5}$ 이 다른 시도에서 올라온 학생일 확률을 구하라.

35. 약품 검사소에서 어떤 약의 함량미달에 대해 조사하였더니, 약 10%가 함량이 미달된 것으로 판명되었다. 그렇다면 200알의 약 중에서 9알 이하의 함량미달이 발견될 확률을 구하라.

36. 고속도로 순찰대에 의하면 주말에 특정지역을 통과하는 차량을 조사해 보니 10명중 1명이 음주운전을 하고 있었다. 이것을 토대로 주말에 400명의 운전자를 대상으로 조사했을 때 다음 확률을 구하라.

① 31명 이하가 음주운전을 할 확률

② 50명 이상이 음주운전을 할 확률

③ 35명 이상 47명 미만이 음주운전을 할 확률

37. 사회행동연구소에서 직장인들을 대상으로 신경안정제의 복용 여부를 조사하였더니, 직장인들의 49%가 신경안정제를 복용하고 있는 것으로 나타났다. 그러면 1,000명의 직장인에게 같은 조사를 했을 때, 신경안정제를 복용하는 수가 482명 이상 510명 이하일 확률을 구하라.

38. 작년도 인구센서스 결과에 의하면 우리 나라 가구당 구성원수가 3~4인 경우가 전체의 53%를 차지했다. 그러면 1,000가구를 임의로 추출했을 때, 490가구 이상 515가구 이하의 구성원 수가 3~4인일 확률을 구하라.

39. 확률변수 X가 $\alpha=2$, $\beta=1$인 감마분포를 따를 때, $P(1.8<X<2.4)$를 구하라.

40. 어느 도시에서 일일 물소비량(단위 : $10^6 l$)은 근사적으로 $\alpha=2$, $\beta=3$인 감마분포를 따른다. 이 도시의 일일 물공급량이 $9\times10^6 l$일 때, 어느 날 공급부족이 일어날 확률은 얼마인가?

41. 시간을 단위로 하여 어느 전기 펌프를 수리하는 데 소요되는 시간이 $\alpha=2$, $\beta=1/2$인 감마분포를 갖는 확률변수 X라 하자. 이때 수리시간이 다음과 같을 확률은 얼마인가?

① 기껏해야 한 시간일 확률
② 최소한 두 시간일 확률

42. 어느 도시에서 일일 소비전력(단위: 10^6kw/시)이 $\mu=6$, $\sigma^2=12$인 감마분포를 갖는 확률변수 X이다.
① α와 β값을 구하라.
② 어느 날 소비전력이 12×10^6kw/시를 초과할 확률을 구하라.

43. 어느 식당에서 손님 한 명이 서비스받는 시간의 길이가 평균 4분인 지수분포를 따른다. 어떤 사람이 그 식당에 6번 갔을 때 최소한 4번은 3분 이하로 서비스를 받을 확률은 얼마인가?

44. 어떤 전기 스위치의 수명(단위: 년)은 $\beta=2$인 지수분포를 따른다. 이러한 전기 스위치를 100개 설치하였을 때, 1년에 많아 보아야 30개의 스위치가 고장날 확률을 구하라.

45. 확률변수 X의 확률분포가

$$f(x)=\begin{cases}\dfrac{1}{\beta-\alpha}, & \alpha<x<\beta\\ 0, & \text{기타}\end{cases}$$

와 같이 주어져 있으면, X는 연속일양분포를 갖는다. $\alpha=2$, $\beta=7$인 연속일양분포에 대하여
① $P(X\geq4)$를 구하라.
② $P(3<X<5.5)$를 구하라.

46. 공항 로비에 설치된 자동판매기에 의한 일일 커피판매량(단위: 리터)은 $\alpha=7$, $\beta=10$인 연속일양분포를 갖는 확률변수 X이다. 어느 날 그 기계에 의한 커피판매량이 다음과 같을 확률을 구하라.
① 기껏해야 8.8 l일 확률
② 7.4 l보다는 많고 9.5 l보다는 적을 확률
③ 최소한 8.5 l일 확률

47. 연속일양분포가 주어졌을 때, 다음을 증명하라.
① $\mu=\dfrac{\alpha+\beta}{2}$
② $\sigma^2=\dfrac{(\beta-\alpha)^2}{12}$

48. 보청기용 전지의 수명(단위: 년)이 $\alpha=1/2$, $\beta=2$ 인 와이블분포를 따른다고 하자. 이때

① 그 전지의 수명이 얼마나 될 것이라고 기대할 수 있는가?

② 그 전지의 수명이 2년보다 길 확률은 얼마인가?

49. 자동차 타이어의 수명이 고장률 $Z(t)=1/\sqrt{t}$ 인 와이블분포를 따른다. 그 타이어를 4년 넘게 사용할 수 있는 확률은 얼마인가?

50. 지수분포는 포아송 과정에서 사건 사이의 대기시간에 적용되어진다. 전화 응답 서비스에 의해서 시간당 받는 통화의 수가 인자 $\mu=6$ 인 포아송 확률변수이면 통화 도착 간의 시간은 $\beta=1/6$ 인 지수분포를 갖는다는 것이 증명되어질 수 있다. 어떤 두 통화 도착 사이의 간격이 15분보다 클 확률은 얼마인가?

제 7 장

확률변수의 함수

7.1 이산확률변수의 변수변환

통계학에서는 하나 또는 둘 이상의 확률변수로 이루어진 함수의 확률분포를 유도해야 될 경우가 자주 발생한다. 예를 들어 이산적 확률변수 X의 확률분포가 $f(x)$를 따르고, 새로 정의된 Y라는 변수는 $Y=u(X)$의 관계를 만족하면서 X와 Y는 1대 1 대응관계에 있다고 하자. 여기서 1대 1 대응관계라고 하는 것은 특정한 x값에 대응되는 y값은 $y=u(x)$라는 하나의 값이고, 반대로 특정한 y값에 대응되는 x값은 $x=w(y)$라는 하나의 값이 되는 것을 의미한다. 단 $w(y)$라는 함수는 $y=u(x)$를 y에 대해 역변환시킨 함수이다. 따라서 X라는 확률변수를 Y로 변환시킬 경우 Y의 확률분포는

$$g(y)=P(Y=y)=P[X=w(y)]=f[w(y)]$$

가 된다.

[정리 7.1] X가 $f(x)$라는 확률분포를 따르는 이산적 확률변수이고, X와 Y 사이에는 $Y=u(X)$라는 1대 1 대응관계가 성립할 때, Y의 확률분포는

$$g(y)=f[w(y)]$$

가 된다.

[예 7.1] X가 $f(x)=3/4(1/4)^{x-1}$, $x=1, 2, 3 \cdots$의 기하분포를 따를 때 $Y=X^2$의 확률분포를 구하라.

(풀이) X가 가질 수 있는 값은 모두 양수이므로 x값과 y값 사이에는 1대 1 대응관계가 성립한다. 즉 $y=x^2$을 x에 대해 풀면 $x=\sqrt{y}$가 되므로

$$g(y)=f(\sqrt{y})=\frac{3}{4}\left(\frac{1}{4}\right)^{\sqrt{y}-1}, \quad y=1, 4, 9, \cdots$$

가 된다.

이상에서는 확률변수가 한 개인 경우에 대해 살펴보았다. 그러면 이를 확장하여 두 개의 이산적인 확률변수가 서로 1대 1 대응관계에 있을 경우의 변수변환에 대해 살펴보기로 하자. 즉 X_1과 X_2는 $f(x_1, x_2)$라는 결합확률분포를 따르는 이산적 확률변수이고, Y_1과 Y_2는 각각 $Y_1=u_1(X_1, X_2)$, $Y_2=u_2(X_1, X_2)$로 정의되는 확률변수라 하고, (x_1, x_2)와 (y_1, y_2)는 서로 1대 1 대응관계가 있다고 하자. 여기서 1대 1 대응관계가 있으므로 Y_1과 Y_2를 역변환시키면 $x_1=w_1(y_1, y_2)$, $x_2=w_2(y_1, y_2)$가 유일하게 존재하게 된다. 따라서 Y_1과 Y_2의 결합확률분포는

$$\begin{aligned} g(y_1, y_2) &= P(Y_1=y_1, Y_2=y_2) \\ &= P[X_1=w_1(y_1, y_2), X_2=w_2(y_1, y_2)] \\ &= f[w_1(y_1, y_2), w_2(y_1, y_2)] \end{aligned}$$

가 된다.

[정리 7.2] X_1과 X_2는 $f(x_1, x_2)$라는 결합확률분포를 갖는 이산적 확률변수이고, (x_1, x_2)와 (y_1, y_2)는 서로 1 대 1 대응관계를 가지면서 $Y_1=u_1(X_1, X_2)$, $Y_2=u_2(X_1, X_2)$라고 정의할 때, Y_1과 Y_2의 결합확률분포는

$$g(y_1, y_2)=f[w_1(y_1, y_2), w_2(y_1, y_2)]$$

가 된다.

[정리 7.2]와 같이 두 개의 확률변수가 서로 1대 1 대응관계에 있을 때 둘 중 어느 하나의 확률변수에 대한 확률분포를 구하려면, 제 2 장에서 언급한 주변분포를 구하는 방법을 이용하면 된다. 즉 X_1과 X_2라는 두 개의 확률변

수를 Y_1과 Y_2로 변환시켰을 경우, Y_1에 대한 주변분포를 구하려면, $g(y_1, y_2)$에서 y_2가 가질 수 있는 모든 값에 대해 확률값을 더하면 된다. Y_1에 대한 확률분포를 $h(y_1)$이라 하면

$$h(y_1)=\sum_{y_2} g(y_1,\ y_2)$$

가 된다.

[예 7.2] X_1과 X_2는 각각 μ_1, μ_2의 모수를 갖는 포아송분포를 따르면서, 서로 독립일 때 $Y_1=X_1+X_2$의 확률분포를 구하라.

(풀이) X_1과 X_2가 서로 독립이므로

$$\begin{aligned} f(x_1,\ x_2)&=f(x_1)f(x_2)\\ &=\frac{e^{-\mu_1}\mu_1^{x_1}}{x_1!}\ \frac{e^{-\mu_2}\mu_2^{x_2}}{x_2!}\\ &=\frac{e^{-(\mu_1+\mu_2)}\mu_1^{x_1}\mu_2^{x_2}}{x_1!x_2!} \qquad \begin{matrix} x_1=0,\ 1,\ 2,\ \cdots \\ x_2=0,\ 1,\ 2,\ \cdots \end{matrix} \end{aligned}$$

가 된다. 그런데 문제는 Y_1의 확률분포를 구하는 것이므로, 1 대 1 대응관계를 만족시키기 위해서는 $Y_2=X_2$라는 가변수를 정의하여 Y_1, Y_2에 대한 결합확률분포를 구한 후, Y_1의 주변분포를 구해야 한다. Y_1과 Y_2를 역변환하면 $x_1=y_1-y_2$와 $x_2=y_2$가 되므로 Y_1과 Y_2의 결합확률분포를 구하면

$$g(y_1,\ y_2)=\frac{e^{-(\mu_1+\mu_2)}\mu_1^{y_1-y_2}\mu_2^{y_2}}{(y_1-y_2)!y_2!}, \qquad \begin{matrix} y_1=0,\ 1,\ 2,\ \cdots \\ y_2=0,\ 1,\ 2,\ \cdots,\ y_1 \end{matrix}$$

이 된다. 따라서 Y_1에 대한 주변분포를 구하면

$$\begin{aligned} h(y_1)&=\sum_{y_2=0}^{y_1} g(y_1,\ y_2)\\ &=e^{-(\mu_1+\mu_2)}\sum_{y_2=0}^{y_1}\frac{\mu_1^{y_1-y_2}\mu_2^{y_2}}{(y_1-y_2)!y_2!}\\ &=\frac{e^{-(\mu_1+\mu_2)}}{y_1!}\sum_{y_2=0}^{y_1}\frac{y_1!}{y_2!(y_1-y_2)!}\mu_1^{y_1-y_2}\mu_2^{y_2}\\ &=\frac{e^{-(\mu_1+\mu_2)}}{y_1!}\sum_{y_2=0}^{y_1}\binom{y_1}{y_2}\mu_1^{y_1-y_2}\mu_2^{y_2} \end{aligned}$$

$$= \frac{e^{-(\mu_1+\mu_2)} (\mu_1+\mu_2)^{y_1}}{y_1!}, \quad y_1=0,\ 1,\ 2,\ \cdots$$

가 된다. 즉 Y_1의 확률분포는 $(\mu_1+\mu_2)$의 모수를 갖는 포아송분포를 따른다.

7.2 연속확률변수의 변수변환

앞 절에서는 확률변수 X가 이산적인 경우의 변수변환에 대해 살펴보았는데, 이 절에서는 X가 연속적인 경우의 변수변환에 대해 살펴보기로 하자.

[정리 7.3] X가 $f(x)$라는 확률분포를 따르는 연속적 확률변수이고, X와 Y 사이에는 $Y=u(X)$라는 1 대 1 대응관계가 성립할 때, Y의 확률분포는

$$g(y)=f[w(y)]\,|J|$$

가 된다. 여기서 $J=w'(y)$이며, 이를 야코비안(Jacobian)이라고 부른다.

(증명) 증명은 $y=u(x)$가 증가함수인 경우와 감소함수인 경우로 나누어 살펴보겠다.

1) $y=u(x)$가 증가함수인 경우 :

이때 Y가 a와 b 사이에 속할 확률은

$$P(a<Y<b)=P[w(a)<X<w(b)]$$
$$=\int_{w(a)}^{w(b)} f(x)\,dx$$

가 된다. 여기서 확률변수 x를 y로 변환하기 위해서는 $x=w(y)$의 관계로부터 $dx=w'(y)dy$를 구해 적분식에 대입하면

$$P(a<Y<b)=\int_b^a f[w(y)]w'(y)\,dy$$

가 된다. 따라서 Y의 확률분포 $g(y)$는

$$g(y)=f[w(y)]w'(y)=f[w(y)]\,J$$
$$=f[w(y)]\,|J|$$

가 된다.

2) $y=u(x)$가 감소함수인 경우 :

$$
\begin{aligned}
P(a<Y<b) &= P[w(b)<X<w(a)] \\
&= \int_{w(b)}^{w(a)} f(x)dx \\
&= \int_{b}^{a} f[w(y)]w'(y)dy \\
&= -\int_{a}^{b} f[w(y)]w'(y)dy
\end{aligned}
$$

이므로,

$$g(y)=-f[w(y)]w'(y)=-f[w(y)]J$$

가 된다. 그런데 $u(x)$가 감소함수이므로 곡선의 기울기는 음이고 $J=-|J|$ 이므로

$$g(y)=f[w(y)]|J|$$

가 된다.

[예 7.3] X의 확률분포 $f(x)$가

$$f(x)=\frac{x}{12},\ 1<x<5$$

를 따를 때, $Y=2X-3$의 확률분포를 구하라.

(풀이) $y=2x-3$을 x에 대해 풀면 $x=(y+3)/2$가 되고, $J=w'(y)=dx/dy=1/2$이 된다. 따라서 [정리 7.3]을 이용하면

$$g(y)=\frac{(y+3)/2}{12}\left(\frac{1}{2}\right)=\frac{y+3}{48},\ -1<y<7$$

이 된다.

[정리 7.4] X_1과 X_2는 $f(x_1, x_2)$라는 결합확률분포를 따르는 연속적 확률변수이고, (x_1, x_2)와 (y_1, y_2)는 서로 1 대 1 대응관계를 가지면서 $y_1=u_1(x_1, x_2)$, $y_2=u_2(x_1, x_2)$라고 정의할 때, Y_1과 Y_2의 결합확률분포는

$$g(y_1, y_2)=f[w_1(y_1, y_2), w_2(y_1, y_2)]|J|$$

가 된다. 단, $x_1=w_1(y_1, y_2)$, $x_2=w_2(y_1, y_2)$이고

$$J=\begin{vmatrix} \partial x_1/\partial y_1 & \partial x_1/\partial y_2 \\ \partial x_2/\partial y_1 & \partial x_2/\partial y_2 \end{vmatrix}$$

[예 7.4] X_1과 X_2는 연속적인 확률변수로

$$f(x_1,\ x_2)=4x_1x_2,\ 0<x_1<1,\ 0<x_2<1$$

을 따를 때, $Y_1=X_1^2$과 $Y_2=X_1X_2$의 결합확률분포를 구하라.

(풀이) $y_1=x_1^2$과 $y_2=x_1x_2$를 각각 x_1, x_2에 대해 풀면 $x_1=\sqrt{y_1}$과 $x_2=y_2/\sqrt{y_1}$이 되고,

$$J=\begin{vmatrix} \dfrac{1}{2\sqrt{y_1}} & 0 \\ \dfrac{-y_2}{2y_1^{\frac{3}{2}}} & \dfrac{1}{\sqrt{y_1}} \end{vmatrix}=\frac{1}{2y_1}$$

이 된다. 그리고 x_1x_2평면에서 정의된 점의 집합을 A라고 하고, 변수 변환시켰을 때 y_1y_2평면에서 대응되는 점의 집합을 B라고 할 때, 집합 B는 어떻게 이루어지는지 살펴보자. 이를 찾기 위해서는 집합 A의 경계선을 따라, 이에 대응되는 집합 B를 구하도록 한다. 즉 $x_1=0$, $x_2=0$, $x_1=1$, $x_2=1$에 대응되는 y_1, y_2는 $y_1=0$, $y_2=0$, $y_1=1$, $y_2=\sqrt{y_1}$ 또는 $y_2^2=y_1$이 된다. 이를 그림으로 나타내보면 〈그림 7.1〉과 같다. 즉

$$A=\{(x_1,\ x_2)\mid 0<x_1<1,\ 0<x_2<1\}$$

이고,

$$B=\{(y_1,\ y_2)\mid y_2^2<y_1<1,\ 0<y_2<1\}$$

이 된다.

따라서 [정리 7.4]를 이용하면

$$g(y_1,\ y_2)=4(\sqrt{y_1})\frac{y_2}{\sqrt{y_1}}\ \frac{1}{2y_1}$$

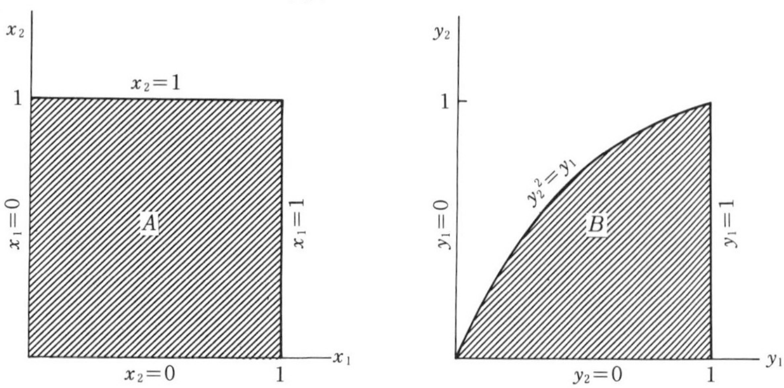

〈그림 7.1〉 집합 A와 B의 대응관계

$$=\frac{2y_2}{y_1}, \quad y_2^2<y_1<1,\ 0<y_2<1$$

이 된다.

[예 7.5] A를 〈그림 7.2〉에 표시된 집합 $A=\{(x_1, x_2);\ 0<x_1<1,\ 0<x_2<1\}$이라 하자. 이때 1 대 1의 변환

$$y_1=x_1+x_2$$

$$y_2=x_1-x_2$$

에 의한 변환 영역 B를 결정하고, 야코비안을 구하라.

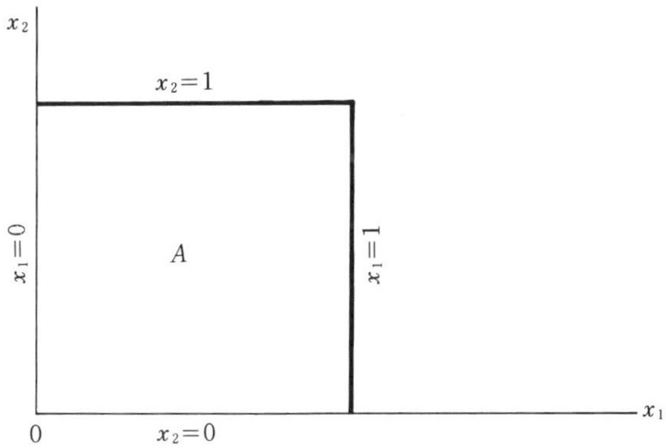

〈그림 7.2〉 A의 영역

(풀이) 역변환하면

$$x_1=w_1(y_1, y_2)=\frac{1}{2}(y_1+y_2)$$

$$x_2=w_2(y_1, y_2)=\frac{1}{2}(y_1-y_2)$$

가 된다. 그런데 이와 같은 변환에 의하여 A가 y_1y_2의 평면집합 B로 변환되는 집합 B를 결정하기 위해서는 A의 경계가 B의 경계로 표시된다는 것을 유의해야 된다.

즉 $x_1=0$에서 $0=\frac{1}{2}(y_1+y_2)$

$x_1=1$에서 $1=\frac{1}{2}(y_1+y_2)$

$x_2=0$에서 $0=\frac{1}{2}(y_1-y_2)$

$x_2=1$에서 $1=\frac{1}{2}(y_1-y_2)$

가 되므로 B는 〈그림 7.3〉과 같이 표현된다.

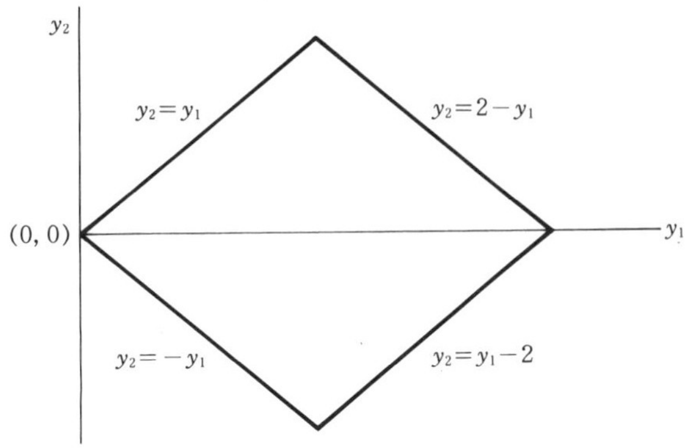

〈그림 7.3〉 B의 영역

따라서 야코비안은

$$J=\begin{vmatrix} \frac{1}{2} & \frac{1}{2} \\ \frac{1}{2} & -\frac{1}{2} \end{vmatrix}=-\frac{1}{2}$$

이 된다.

[예 7.6] 확률변수 X의 확률분포는

$$f(x)=1,\ 0<x<1$$

을 가지며, X_1, X_2는 이 분포에서 추출한 확률표본이라 하면, X_1과 X_2의 결합확률분포는

$$f(x_1,\ x_2)=f(x_1)f(x_2)=1,\ 0<x_1<1,\ 0<x_2<1$$

이다. 이때 $Y_1=X_1+X_2$, $Y_2=X_1-X_2$의 결합확률분포를 구하라.

(풀이) [예 7.5]의 결과를 이용하면

$$\begin{aligned} g(y_1,\ y_2)&=f\left[\frac{1}{2}(y_1+y_2),\ \frac{1}{2}(y_1-y_2)\right]|J| \\ &=f\left[\frac{1}{2}(y_1+y_2)\right]f\left[\frac{1}{2}(y_1-y_2)\right]|J| \\ &=\frac{1}{2},\ (y_1,\ y_2)\in B \end{aligned}$$

가 된다. 여기서 참고로 Y_1과 Y_2의 주변분포를 구해 보면 다음과 같다.

$$g_1(y_1)=\int_{-\infty}^{\infty} g(y_1,\ y_2)dy_2$$

$$=\begin{cases} \displaystyle\int_{-y_1}^{y_1} \frac{1}{2}dy_2=y_1, & 0<y_1\le 1 \\ \displaystyle\int_{y_1-2}^{2-y_1} \frac{1}{2}dy_2=2-y_1, & 1<y_1<2 \end{cases}$$

$$g_2(y_2)=\begin{cases} \displaystyle\int_{-y_2}^{y_2+2} \frac{1}{2}dy_1=y_2+1, & -1<y_2\le 0 \\ \displaystyle\int_{y_2}^{2-y_2} \frac{1}{2}dy_1=1-y_2, & 0<y_2<1 \end{cases}$$

[예 7.7] X_1과 X_2가 각각 감마분포를 따르고, 결합확률분포가

$$f(x_1,\ x_2)=\frac{1}{\Gamma(\alpha)\Gamma(\beta)}x_1^{\alpha-1}x_2^{\beta-1}e^{-x_1-x_2},\quad \begin{matrix} 0<x_1<\infty \\ 0<x_2<\infty \end{matrix}$$

이고, X_1과 X_2는 서로 독립인 확률변수이다. 그러면 $Y_1=X_1+X_2$, $Y_2=X_1/(X_1+X_2)$로 변수변환했을 때 Y_1과 Y_2가 서로 독립임을 보여라.

(풀이) $y_1=x_1+x_2$

$$y_2=\frac{x_1}{x_1+x_2}$$

를 역변환하면

$$x_1=y_1y_2,\ x_2=y_1(1-y_2)$$

이므로

$$J=\begin{vmatrix} y_2 & y_1 \\ 1-y_2 & -y_1 \end{vmatrix}=-y_1\neq 0$$

이 된다. 따라서 Y_1과 Y_2의 결합확률분포는

$$g(y_1,\ y_2)=(y_1)\frac{1}{\Gamma(\alpha)\Gamma(\beta)}(y_1y_2)^{\alpha-1}[y_1(1-y_2)]^{\beta-1}e^{-y_1}$$

$$=\frac{y_2^{\alpha-1}(1-y_2)^{\beta-1}}{\Gamma(\alpha)\Gamma(\beta)}y_1^{\alpha+\beta-1}e^{-y_1},\ 0<y_1<\infty,\ 0<y_2<1$$

Y_1과 Y_2의 독립성을 알아 보기 위해 Y_2의 주변분포를 구해 보면

$$g_2(y_2)=\frac{y_2^{\alpha-1}(1-y_2)^{\beta-1}}{\Gamma(\alpha)\Gamma(\beta)}\int_0^{\infty} y_1^{\alpha+\beta-1}e^{-y_1}dy_1$$

$$=\frac{\Gamma(\alpha+\beta)}{\Gamma(\alpha)\Gamma(\beta)}y_2{}^{\alpha-1}(1-y_2)^{\beta-1},\quad 0<y_2<1$$

한편 Y_1의 주변분포를 구해 보면

$$g_1(y_1)=\frac{1}{\Gamma(\alpha+\beta)}\ y_1{}^{\alpha+\beta-1}\ e^{-y_1},\ 0<y_1<\infty$$

이므로 $g(y_1,\ y_2)=g_1(y_1)g_2(y_2)$가 된다. 따라서 Y_1과 Y_2는 서로 독립이다. 여기서 Y_2의 주변분포 $g_2\ (y_2)$는 모수로 α, β를 갖는 베타분포가 된다. 그리고 $g_1(y_1)$은 모수로 $\alpha+\beta$와 1을 갖는 감마분포가 된다.

[예 7.8] X_1과 X_2는 확률적으로 독립인 확률변수로 각각 $\chi^2(2)$를 따른다. 즉, X_1과 X_2의 결합분포는

$$f(x_1,\ x_2)=f(x_1)f(x_2)=\frac{1}{4}\ \exp\left(-\frac{x_1+x_2}{2}\right),\ 0<x_1<\infty,\ 0<x_2<\infty$$

이때 $Y=\frac{1}{2}(X_1-X_2)$의 분포를 구하라.

(풀이) 1 대 1 대응관계를 만족시키기 위해 $Y_1=\frac{1}{2}(X_1-X_2)$와 $Y_2=X_2$라는 가변수를 이용하여, 역변환을 하면 $x_1=2y_1+y_2$, $x_2=y_2$가 되고, 이때 영역은 $-2y_1<y_2$이고 $0<y_2$, $-\infty<y_1<\infty$ 이 된다.

야코비안은 $J=\begin{vmatrix}2 & 1\\0 & 1\end{vmatrix}=2$

이므로, Y_1과 Y_2의 결합분포는

$$g(y_1,\ y_2)=\frac{|2|}{4}e^{-y_1-y_2}$$

이다. 따라서 Y_1의 주변분포는

$$g_1(y_1)=\begin{cases}\displaystyle\int_{-2y_1}^{\infty}\frac{1}{2}e^{-y_1-y_2}dy_2=\frac{1}{2}e^{y_1},\ -\infty<y_1<0\\ \displaystyle\int_{0}^{\infty}\frac{1}{2}e^{-y_1-y_2}dy_2=\frac{1}{2}e^{-y_1},\ 0\le y_1<\infty\end{cases}$$

이 된다. 즉 $g_1(y_1)=\frac{1}{2}e^{-|y_1|}$, $-\infty<y_1<\infty$로 되는데, 이러한 분포를 이중지수분포(double exponential distribution)라고 부른다.

지금까지는 확률분포 X가 연속적이면서 $Y=u(X)$라는 변수변환을 할 때 X와 Y가 서로 1 대 1 대응관계를 가질 경우에 대해 설명하였다. 그러나 이와 같이 1 대 1 대응관계가 성립되지 않을 경우가 종종 발생하게 되는데,

이런 경우의 변수변환에 대해 설명하겠다. 예를 들어 $f(x)$가 $-1<x<2$에서 양의 값을 갖고 나머지 영역에서는 0일 경우, $y=x^2$으로의 변수변환을 생각해보자. 이 경우 $y=x^2$을 x에 대해서 풀면 $0<y<1$에서는 $x=\pm\sqrt{y}$ 가 되고, $1<y<4$에서는 $x=\sqrt{y}$가 된다. 즉 $0<y<1$에서는 1 대 1 대응관계가 성립하지 않는다. 그리고 $1<y<4$에서는 1 대 1 대응관계가 성립하므로 [정리 7.3]을 이용하면

$$g(y)=f[w(y)]\,|\,J\,|=\frac{f(\sqrt{y})}{2\sqrt{y}},\ 1<y<4$$

가 된다. 남은 문제는 $0<y<1$에서의 변수변환인데, 이를 대응되는 x의 영역으로 나타내 보면

$$x=-\sqrt{y},\quad -1<x<0$$

과

$$x=\sqrt{y},\quad 0<x<1$$

이 된다. 즉 x의 영역을 $-1<x<1$로 한꺼번에 생각하지 않고, 두 부분으로 나누어 $-1<x<0$인 영역과 $0<x<1$인 영역으로 나누어 생각하면 각각 $0<y<1$인 영역으로 1 대 1 대응관계를 이룬다. 따라서 각각 1 대 1로 대응되는 영역에 대해 앞서 설명한 변수변환방법을 그대로 이용하면 y에 대한 확률분포를 구할 수 있다. 이를 〈그림 7.4〉를 이용하여 전개해 보면

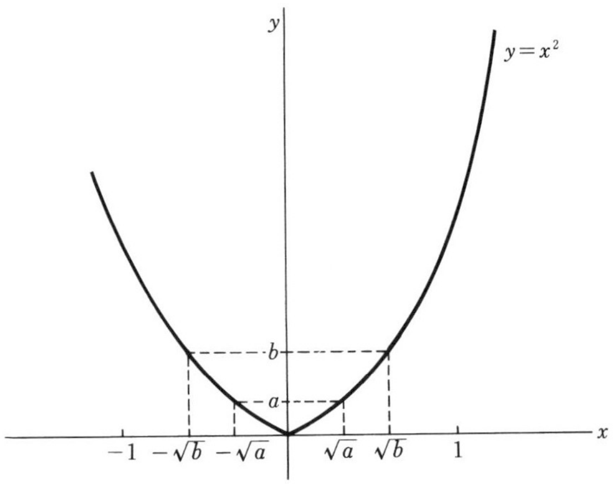

〈그림 7.4〉 감소, 증가함수

$$\begin{aligned}P(a<Y<b)&=P(-\sqrt{b}<X<-\sqrt{a})+P(\sqrt{a}<X<\sqrt{b})\\&=\int_{-\sqrt{b}}^{-\sqrt{a}}f(x)dx+\int_{\sqrt{a}}^{\sqrt{b}}f(x)dx\\&=\int_{b}^{a}f(-\sqrt{y})J_1dy+\int_{a}^{b}f(\sqrt{y})J_2dy\\&=-\int_{a}^{b}f(-\sqrt{y})J_1dy+\int_{a}^{b}f(\sqrt{y})J_2dy\end{aligned}$$

가 된다. 단, 여기서

$$J_1=\frac{d(-\sqrt{y})}{dy}=\frac{-1}{2\sqrt{y}}=-|J_1|$$

$$J_2=\frac{d(\sqrt{y})}{dy}=\frac{1}{2\sqrt{y}}=|J_2|$$

이다. 따라서

$$\begin{aligned}g(y)&=f(-\sqrt{y})|J_1|+f(\sqrt{y})|J_2|\\&=\frac{[f(-\sqrt{y})+f(\sqrt{y})]}{2\sqrt{y}},\quad 0<y<1\end{aligned}$$

이를 종합해서 y에 대한 확률분포를 구해 보면,

$$g(y)=\begin{cases}\dfrac{[f(-\sqrt{y})+f(\sqrt{y})]}{2\sqrt{y}}, & 0<y<1\\[2ex]\dfrac{f(\sqrt{y})}{2\sqrt{y}}, & 1<y<4\end{cases}$$

가 된다.

[정리 7.5] X는 확률분포 $f(x)$를 갖는 확률변수이고, $Y=u(X)$로 변수변환을 하려고 한다. 그런데 X와 Y가 1 대 1 대응관계를 만족하지 못하는 경우는 X의 영역을 k개의 서로 배반인 영역으로 분할하여, k개 각각의 영역이 1 대 1 대응관계를 갖도록 하여 Y의 확률분포를 구한다. 즉 $x_1=w_1(y)$, $x_2=w_2(y)$, $\cdots$, $x_k=w_k(y)$는 각각 1 대 1 대응관계를 가지므로 Y의 확률분포는

$$g(y)=\sum_{i=1}^{k}f[w_i(y)]|J_i|$$

가 된다. 단, $J_i = w_i'(y)$, $i=1, 2, \cdots, k$.

[예 7.9] X가 평균이 μ, 분산이 σ^2인 정규분포를 따를 때, $Y=(X-\mu)^2/\sigma^2$은 자유도 1인 카이제곱분포를 따르는 것을 증명하라.

(풀이) $Z=(X-\mu)/\sigma$으로 치환하면 Z는 표준정규분포를 따르는 것은 이미 설명하였다. 즉

$$f(z)=\frac{1}{\sqrt{2\pi}}\ e^{-z^2/2}, \quad -\infty<z<\infty$$

문제에서 $Y=(X-\mu)^2/\sigma^2=Z^2$이므로 이를 z에 대해 풀면 $Z=\pm\sqrt{y}$ 가 된다. 따라서 1 대 1 대응관계를 만족시키기 위해서 z가 음인 영역에서는 $z_1=-\sqrt{y}$, z가 양인 영역에서는 $z_2=\sqrt{y}$ 로 분할하면 각각 1 대 1 대응관계를 갖게 된다.

$$\begin{aligned} g(y) &= \frac{1}{\sqrt{2\pi}}\ e^{-y/2}\left|\frac{-1}{2\sqrt{y}}\right| + \frac{1}{\sqrt{2\pi}}\ e^{-y/2}\left|\frac{1}{2\sqrt{y}}\right| \\ &= \frac{1}{2^{1/2}\sqrt{\pi}}\ y^{1/2-1}e^{-y/2}, \quad y>0 \end{aligned}$$

그런데 $g(y)$는 확률분포이므로

$$\begin{aligned} 1 &= \frac{1}{2^{1/2}\sqrt{\pi}}\int_0^\infty y^{1/2-1}e^{-y/2}dy \\ &= \frac{\Gamma(1/2)}{\sqrt{\pi}}\int_0^\infty \frac{1}{2^{1/2}\Gamma(1/2)}\ y^{1/2-1}e^{-y/2}dy \\ &= \frac{\Gamma(1/2)}{\sqrt{\pi}} \end{aligned}$$

이 된다. 따라서 $\sqrt{\pi}=\Gamma(1/2)$이므로

$$g(y)=\frac{1}{2^{1/2}\Gamma(1/2)}\ y^{1/2-1}e^{-y/2},\ y>0$$

은 자유도 1인 카이제곱분포를 따른다.

7.3 확률변수의 곱, 비, 합의 분포

앞에서는 이산적 또는 연속적 확률변수들의 기본적 변환방법에 대해 살펴보았는데, 이 절에서는 특히 확률변수들의 곱, 비 또는 합의 분포를 구하는

방법에 대해 살펴보겠다.

첫째, 두 확률변수의 곱의 분포에 대해 살펴보겠다.

[정리 7.6] 확률변수 X, Y는 서로 독립이면서 연속적이라고 하자. 그러면 $f(x, y)=g(x)h(y)$가 성립한다. 이때 $W=XY$의 분포를 구하면

$$p(w)=\int_{-\infty}^{\infty} g(u)h\left(\frac{w}{u}\right)\left|\frac{1}{u}\right|du$$

가 된다.

(증명) $w=xy$의 분포를 구하기 위해 가변수 $u=x$를 도입하여, 역변환을 하면 $x=u$, $y=w/u$이므로 야코비안은

$$J=\begin{vmatrix} 1 & 0 \\ \frac{-w}{u^2} & \frac{1}{u} \end{vmatrix}=\frac{1}{u}$$

따라서 $s(w, u)=g(u)h\left(\frac{w}{u}\right)\left|\frac{1}{u}\right|$

여기서 $s(w, u)$는 W와 U의 결합확률분포이므로 W에 대한 주변분포를 구하면

$$p(w)=\int_{-\infty}^{\infty} g(u)h\left(\frac{w}{u}\right)\left|\frac{1}{u}\right|du$$가 된다.

[예 7.10] 전류 I의 분포는 $g(i)=2i$, $0\le i\le 1$이고, 저항 R의 분포는 $h(r)=\frac{r^2}{9}$, $0\le r\le 3$일 때, 전압을 나타내는 $E=IR$의 분포를 구하라. 단, 전류와 저항은 서로 독립이다.

(풀이) $p(e)=\int_{-\infty}^{\infty} g(i)h\left(\frac{e}{i}\right)\left|\frac{1}{i}\right|di$

그런데 $0\le i\le 1$, $0\le\frac{e}{i}\le 3$으로부터 i의 영역이 $\frac{e}{3}\le i\le 1$임을 알 수 있다. 따라서

$$p(e)=\int_{\frac{e}{3}}^{1} 2i\frac{e^2}{9i^2}\ \frac{1}{i}\,di$$

$$=\frac{2}{9}\ e(3-e),\ 0\le e\le 3$$

[정리 7.7] 확률변수 X, Y는 서로 독립이면서 연속적이라고 하자. 그러면

$f(x,\ y)=g(x)h(y)$가 성립한다. 이때 $Z=X/Y$의 분포를 구하면

$$p(z)=\int_{-\infty}^{\infty} g(vz)h(v)\,|\,v\,|\,dv$$

가 된다.

(증명) $Z=x/y$의 분포를 구하기 위해 가변수 $v=y$를 도입하여, 역변환을 하면 $x=vz,\ y=v$가 되므로, 야코비안은

$$J=\begin{vmatrix} v & z \\ 0 & 1 \end{vmatrix}=v$$

따라서 $s(z,\ v)=g(vz)h(v)\,|\,v\,|$가 되므로 Z의 주변분포는

$$p(z)=\int_{-\infty}^{\infty} g(vz)h(v)\,|\,v\,|\,dv$$

[예 7.11] 확률변수 $X,\ Y$는 각기 서로 다른 공장에서 생산되는 전구의 수명을 나타낸다. 그리고 각각의 확률분포는

$$f(x)=e^{-x},\ x\geq 0$$

$$g(y)=2e^{-2y},\ y\geq 0$$

으로 주어져 있다. 이때 두 수명의 비 $Z=X/Y$의 분포를 구하라.

(풀이) $v\geq 0,\ vz\geq 0$ 이므로 $v\geq 0$

따라서
$$\begin{aligned} p(z) &= \int_0^{\infty} e^{-vz}\,2e^{-2v}\,vdv \\ &= 2\int_0^{\infty} ve^{-v(2+z)}\,dv \\ &= 2\int_0^{\infty} [v(2+z)]\,e^{-v(2+z)}\,d(v(2+z))\frac{1}{(2+z)^2} \\ &= 2\Gamma(2)\frac{1}{(2+z)^2} \\ &= \frac{2}{(2+z)^2} \end{aligned}$$

[정리 7.8] 확률변수 $X,\ Y$는 서로 독립이면서 연속적이라고 하자. 그러면 $f(x,\ y)=g(x)h(y)$가 성립한다. 이때 $Z=X+Y$의 분포는

$$p(z)=\int_{-\infty}^{\infty} g(w)h(z-w)dw$$

(증명) $z=x+y$의 분포를 구하기 위해 가변수 $w=x$를 도입하여 야코비안을 구하면,

$$J=\begin{vmatrix} 0 & 1 \\ 1 & -1 \end{vmatrix}=-1$$

그러면 $s(z, w)=g(w)h(z-w)$이므로 Z의 주변분포는

$$p(z)=\int_{-\infty}^{\infty} g(w)h(z-w)dw$$

가 된다. 그런데 $p(z)$를 함수 g와 h의 회선적분(convolution integral)이라 부르고 $g*h$로 표시하기도 한다.

[예 7.12] 다음 그림과 같이 대기구조를 가진 두 개의 부품이 있다. 대기구조에서는 1번 부품이 먼저 작동을 하고, 2번 부품은 대기상태로 있다가,

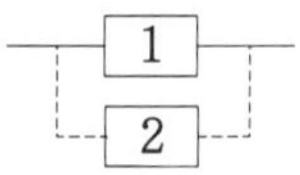

1번 부품이 고장나면 작동이 시작된다. 여기서 1번, 2번 부품 각각의 고장까지의 시간을 나타내는 확률변수 T_1, T_2는 모수가 α_1, α_2인 지수분포를 따른다고 한다. 그러면 전체 대기구조의 수명 $T=T_1+T_2$의 분포는 어떻게 되는지 유도하라.

(풀이) $p(t)=\int_{-\infty}^{\infty} g(t_1)h(t-t_1)dt_1,\ t\geq 0$

시간영역은 $t_1\geq 0$, $t-t_1\geq 0$이므로 t_1의 영역은 $0\leq t_1\leq t$가 된다. 따라서 T의 확률분포는

$$\begin{aligned} p(t)&=\int_0^t \alpha_1 e^{-\alpha_1 t_1}\alpha_2 e^{-\alpha_2(t-t_1)}dt_1 \\ &=\frac{\alpha_1\alpha_2}{\alpha_2-\alpha_1}(e^{-\alpha_1 t}-e^{-\alpha_2 t}) \end{aligned}$$

만약 여기서 $\alpha_1=\alpha_2=\alpha$라고 하면

$$\begin{aligned} p(t)&=\int_0^t \alpha e^{-\alpha t_1}\ \alpha e^{-\alpha(t-t_1)}\ dt_1 \\ &=\alpha^2 e^{-\alpha t}\int_0^t dt_1 \\ &=\alpha^2 te^{-\alpha t} \end{aligned}$$

가 되고, 이때 T는 감마분포를 따르는 것을 알 수 있다.

이상에서는 확률변수가 연속적인 경우에 대해 살펴보았는데 이산적인 경우에는 다음과 같이 구할 수 있다.

[정리 7.9] 확률변수 X, Y는 서로 독립이면서 이산적이라고 하자. 즉

$$P(X=k)=p(k),\ k=0,\ 1,\ 2,\ \cdots$$

$$P(Y=r)=q(r),\ r=0,\ 1,\ 2,\ \cdots$$

라 하고,

$$Z=X+Y,\ P(Z=i)=w(i)$$

라고 하면

$$w(i)=\sum_{k=0}^{i}p(k)q(i-k),\ i=0,\ 1,\ 2,\ \cdots$$

이 성립한다.

(증명)

$$\begin{aligned} w(i) &= P(Z=i) \\ &= P[(X=0,\ Y=i)\cup(X=1,\ Y=i-1)\cup\cdots\cup(X=i,\ Y=0)] \\ &= \sum_{k=0}^{i}P[X=k,\ Y=i-k] \\ &= \sum_{k=0}^{i}p(k)q(i-k) \end{aligned}$$

[예 7.13] 방사능 물질 1과 2로부터 미리 정해진 t시간 동안 각각 방출되는 α입자수를 나타내는 확률변수 X, Y는 평균이 $\beta_1 t$, $\beta_2 t$인 포아송분포를 따른다. 그러면 두 방사능 물질로부터 방출되는 α입자의 합, $Z=X+Y$의 확률분포를 구하라. 단, X와 Y는 서로 독립이다.

(풀이)
$$\begin{aligned} P(Z=i) &= \sum_{k=0}^{i}\frac{(\beta_1 t)^k e^{-\beta_1 t}}{k!}\frac{(\beta_2 t)^{i-k}e^{-\beta_2 t}}{(i-k)!} \\ &= e^{-(\beta_1+\beta_2)t}\sum_{k=0}^{i}\frac{(\beta_1 t)^k(\beta_2 t)^{i-k}}{k!(i-k)!}\,i!\,\frac{1}{i!} \\ &= e^{-(\beta_1+\beta_2)t}\frac{(\beta_1 t+\beta_2 t)^i}{i!} \end{aligned}$$

즉 서로 독립인 포아송 확률변수인 두 변수의 합은 포아송분포를 따르는 것을 알 수 있다.

7.4 변수변환 기법의 확장

앞 절에서는 연속적이거나 이산적인 경우의 2차원 변수변환방법에 대해 살펴보았다. 여기서는 이를 n차원으로 확장한 변수변환에 대해 알아보고자 한다.

먼저 n차원공간 A의 부분집합 A에 대해

$$\int_A \cdots \int f(x_1, x_2, \cdots, x_n)dx_1\, dx_2 \cdots dx_n$$

인 적분을 생각하자. 그리고 A를 1대 1의 대응관계를 만족하면서 $y_1, y_2, \cdots, y_n$의 n차원공간 B로 변환한다고 가정하자. 즉 $x_1, x_2, \cdots, x_n$을 $y_1=u_1(x_1, x_2, \cdots, x_n)$, $y_2=u_2(x_1, x_2, \cdots, x_n)$, $\cdots$, $y_n=u_n(x_1, x_2, \cdots, x_n)$으로 변환시키려면, 2차원변환에서와 마찬가지로 역변환과 야코비안을 구해야 한다. 역변환 함수는 $x_1=w_1(y_1, y_2, \cdots, y_n)$, $x_2=w_2(y_1, y_2, \cdots, y_n)$, $\cdots$, $x_n=w_n(y_1, y_2, \cdots, y_n)$이 되고, 야코비안은

$$J=\begin{vmatrix} \partial x_1/\partial y_1 & \partial x_1/\partial y_2 & \cdots & \partial x_1/\partial y_n \\ \partial x_2/\partial y_1 & \partial x_2/\partial y_2 & \cdots & \partial x_2/\partial y_n \\ \vdots & \vdots & \vdots & \\ \partial x_n/\partial y_1 & \partial x_n/\partial y_2 & \cdots & \partial x_n/\partial y_n \end{vmatrix}$$

와 같이 구할 수 있다.

이상을 정리하면 $X_1, X_2, \cdots, X_n$의 결합확률분포가 $f(x_1, x_2, \cdots, x_n)$일 때 확률변수 $Y_1=u_1(X_1, X_2, \cdots, X_n)$, $Y_2=u_2(X_1, X_2, \cdots, X_n)$, $\cdots$, $X_n=u_n(X_1, X_2, \cdots, X_n)$의 결합확률분포는 $(y_1, y_2, \cdots, y_n)\in B$에서 $g(y_1, y_2, \cdots, y_n)=|J|f[w_1(y_1, y_2, \cdots, y_n) \cdots, w_n(y_1, y_2, \cdots, y_n)]$과 같이 구해진다.

[예 7.14] $X_1, X_2, \cdots, X_{k+1}$이 각각 $\beta=1$인 감마분포를 갖고, 서로 독립인 확률변수라고 하면

$$f(x_1, x_2, \cdots, x_{k+1})=\prod_{i=1}^{k+1}\frac{1}{\Gamma(\alpha_i)}x_i^{\alpha i-1}e^{-x_i},\ 0<x_i<\infty$$

이 된다. 여기서 $X_1, X_2, \cdots, X_{k+1}$을 다음과 같이 정의된 $Y_1, Y_2, \cdots, Y_{k+1}$로 변수변환하였을 때 $Y_1, Y_2, \cdots, Y_{k+1}$의 결합확률분포를 구하라.

$$Y_i = \frac{X_i}{X_1 + X_2 + \cdots + X_{k+1}}, \quad i = 1, 2, \cdots, k$$

$$Y_{k+1} = X_1 + X_2 + \cdots + X_{k+1}$$

(풀이) 먼저 변수변환되는 영역을 대비해 보면 공간 $A = \{(x_1, x_2, \cdots, x_{k+1})\ ;\ 0 < x_i < \infty,\ i = 1, 2, \cdots, k+1\}$을 공간 $B = \{(y_1, y_2, \cdots, y_{k+1})\ ;\ 0 < y_i,\ i = 1, 2, \cdots, k,\ y_1 + y_2 + \cdots + y_k < 1,\ 0 < y_{k+1} < \infty\}$로 변환시키는 것이다. 그리고 역함수는 $x_1 = y_1 y_{k+1}, \cdots, x_k = y_k y_{k+1}, x_{k+1} = y_{k+1}(1 - y_1 - \cdots - y_k)$이므로 야코비안은

$$J = \begin{vmatrix} y_{k+1} & 0 & \cdots & 0 & y_1 \\ 0 & y_{k+1} & \cdots & 0 & y_2 \\ \vdots & \vdots & & \vdots & \vdots \\ 0 & 0 & \cdots & y_{k+1} & y_k \\ -y_{k+1} & -y_{k+1} & \cdots & -y_{k+1} & 1 - y_1 - \cdots - y_k \end{vmatrix} = y_{k+1}^k$$

이 된다. 따라서 $Y_1, Y_2, \cdots, Y_{k+1}$의 결합확률분포는 $(y_1, y_2, \cdots, y_{k+1}) \in B$에서

$$\frac{y_{k+1}^{\alpha_1 + \cdots + \alpha_{k+1} - 1}\, y_1^{\alpha_1 - 1}\, y_2^{\alpha_2 - 1}\, y_k^{\alpha_k - 1}(1 - y_1 - \cdots - y_k)^{\alpha_{k+1} - 1}\, e^{-y_{k+1}}}{\Gamma(\alpha_1)\cdots\Gamma(\alpha_k)\Gamma(\alpha_{k+1})}$$

이 된다. 여기서 $Y_1, \cdots, Y_k$의 결합확률분포를 구해 보면

$$g(y_1, y_2, \cdots, y_k) = \frac{\Gamma(\alpha_1 + \cdots + \alpha_{k+1})}{\Gamma(\alpha_1)\cdots\Gamma(\alpha_{k+1})} y_1^{\alpha_1 - 1} \cdots y_k^{\alpha_k - 1}(1 - y_1 - \cdots - y_k)^{\alpha_{k+1} - 1}$$

이 된다. 이와 같은 결합확률분포는 모수가 $\alpha_1, \cdots, \alpha_k, \alpha_{k+1}$인 Dirichlet 분포라 하고, 특히 $k = 1$인 경우는 베타분포라고 한다.

7.5 순서통계량의 분포

모집단에서 n개의 확률분포 $X_1, X_2, \cdots, X_n$을 추출했을 때 이 중에서 제일 작은 것을 Y_1, 그 다음으로 작은 것을 Y_2 등으로 하여 크기의 오름순으로 배열한다면 $Y_1 < Y_2 < \cdots < Y_n$이 될 것이다. 그러면 Y_i는 확률표본 $X_1, X_2, \cdots, X_n$의 i번째 순서통계량(order statistic)이 되며, $Y_1, Y_2, \cdots, Y_n$의 결합확

률분포는

$$g(y_1, y_2, \cdots, y_n)=(n!)f(y_1)f(y_2)\cdots f(y_n)$$
$$a<y_1<y_2<\cdots<y_n<b$$

가 된다. 이것을 $n=3$일 때 증명해 보겠다. 즉 $n=3$일 때 X_1, X_2, X_3의 결합확률분포는 $f(x_1)f(x_2)f(x_3)$가 된다. 그런데 x_1, x_2, x_3를 크기 순으로 나열할 수 있는 방법은 $3!=6$가지이므로 다음과 같은 6개의 집합이 존재한다.

$$A_1=\{(x_1, x_2, x_3)\,;\, a<x_1<x_2<x_3<b\}$$
$$A_2=\{(x_1, x_2, x_3)\,;\, a<x_2<x_1<x_3<b\}$$
$$A_3=\{(x_1, x_2, x_3)\,;\, a<x_1<x_3<x_2<b\}$$
$$A_4=\{(x_1, x_2, x_3)\,;\, a<x_2<x_3<x_1<b\}$$
$$A_5=\{(x_1, x_2, x_3)\,;\, a<x_3<x_1<x_2<b\}$$
$$A_6=\{(x_1, x_2, x_3)\,;\, a<x_3<x_2<x_1<b\}$$

그리고 $y_1=\min(x_1, x_2, x_3)$, $y_2=x_1, x_2, x_3$ 중 중간치, $y_3=\max(x_1, x_2, x_3)$이므로 A_1, A_2, $\cdots$, A_6를 집합 $B=\{(y_1, y_2, y_3)\,;\, a<y_1<y_2<y_3<b\}$상으로 변수변환하는 것이 된다. 예로서 A_1에서 B로 변수변환을 해보면 $x_1=y_1$, $x_2=y_2$, $x_3=y_3$ 이므로, 야코비안은

$$J_1=\begin{vmatrix} 1 & 0 & 0 \\ 0 & 1 & 0 \\ 0 & 0 & 1 \end{vmatrix}=1$$

이 된다. 마찬가지로 A_2에서 B로의 변수변환시 야코비안을 구하면

$$J_2=\begin{vmatrix} 0 & 1 & 0 \\ 1 & 0 & 0 \\ 0 & 0 & 1 \end{vmatrix}=-1$$

이 된다. 이것을 A_6에서 B로 변수변환시키는 것까지 일반화시켜 Y_1, Y_2, Y_3의 결합확률분포를 나타내 보면

$$g(y_1, y_2, y_3)=|J_1|f(y_1)f(y_2)f(y_3)+|J_2|f(y_2)f(y_1)f(y_3)$$
$$+\cdots+|J_6|f(y_3)f(y_2)f(y_1)$$

$$=(3!)f(y_1)f(y_2)f(y_3),\ a<y_1<y_2<y_3<b$$

가 성립된다.

[예 7.15] 연속확률변수 X의 확률분포는 $f(x)$이고, X의 누적분포는

$$F(x)=\int_a^x f(w)dw,\ a<x<b$$

이다. 그리고 $F(m)=\frac{1}{2}$을 만족하는 유일한 중위수가 존재할 때, X_1, X_2, X_3는 이러한 분포에서 추출한 확률표본이라고 하자. X_1, X_2, X_3를 크기순으로 배열해 $Y_1<Y_2<Y_3$의 순서통계량으로 나타낼 때 $Y_2\leq m$인 확률을 구하라.

(풀이) $g(y_1,\ y_2,\ y_3)=6f(y_1)f(y_2)f(y_3),\ a<y_1<y_2<y_3<b$이다. 이때 Y_2의 확률분포는

$$h(y_2)=6f(y_2)\int_{y_2}^b\int_a^{y_2}f(y_1)f(y_3)dy_1dy_3$$

$$=6f(y_2)F(y_2)[1-F(y_2)],\ a<y_2<b$$

이다. 따라서

$$P[Y_2\leq m]=6\int_a^m\{F(y_2)f(y_2)-[F(y_2)]^2f(y_2)\}dy_2$$

$$=6\left\{\frac{[F(y_2)]^2}{2}-\frac{[F(y_2)]^3}{3}\right\}_a^m$$

$$=\frac{1}{2}$$

X_1, X_2, $\cdots$, X_n은 확률분포 $f(x)$에서 추출된 크기 n인 확률표본을 나타내고, Y_1, Y_2, $\cdots$, Y_n은 이 확률표본의 순서 통계량을 나타낸다고 하자. 그러면 Y_1, Y_2, $\cdots$, Y_n의 결합분포는

$$g(y_1,\ y_2,\ \cdots,\ y_n)=n!\ f(y_1)f(y_2)\cdots f(y_n),\ a<y_1<y_2<\cdots<y_n<b$$

이다. 첫째로 Y_n의 주변분포가 어떻게 표현되는지 유도해 보기로 하자.

$$g_n(y_n)=\int_a^{y_n}\cdots\int_a^{y_4}\int_a^{y_3}\int_a^{y_2}n!f(y_1)f(y_2)\cdots f(y_n)dy_1dy_2\cdots dy_{n-1}$$

$$=\int_a^{y_n}\cdots\int_a^{y_4}\int_a^{y_3}n!\left(\int_a^{y_2}f(y_1)dy_1\right)f(y_2)\cdots f(y_n)dy_2\cdots dy_{n-1}$$

$$= \int_a^{y_n} \cdots \int_a^{y_4} \int_a^{y_3} n! F(y_2) f(y_2) \cdots f(y_n) dy_2 \cdots dy_{n-1}$$

그런데 $F(a)=0$ 이므로

$$\int_a^{y_3} F(y_2) f(y_2) dy_2 = \frac{[F(y_2)]^2}{2} \Big|_a^{y_3}$$
$$= \frac{[F(y_3)]^2}{2}$$

이다. 따라서

$$g_n(y_n) = \int_a^{y_n} \cdots \int_a^{y_4} n! \frac{[F(y_3)]^2}{2} f(y_3) \cdots f(y_n) dy_3 \cdots dy_{n-1}$$

그런데

$$\int_a^{y_4} \frac{[F(y_3)]^2}{2} f(y_3) dy_3 = \frac{[F(y_3)]^3}{2 \cdot 3} \Big|_a^{y_4}$$
$$= \frac{[F(y_4)]^3}{2 \cdot 3}$$

이므로

$$g_n(y_n) = \int_a^{y_n} \cdots \int_a^{y_5} n! \frac{[F(y_4)]^3}{2} f(y_4) \cdots f(y_n) dy_4 \cdots dy_{n-1}$$

이다. 계속해서 축차적분을 실시하면,

$$g_n(y_n) = n! \frac{[F(y_n)]^{n-1}}{(n-1)!} f(y_n)$$
$$= n[F(y_n)]^{n-1} f(y_n), \quad a < y_n < b$$

가 됨을 알 수 있다. 두 번째로 Y_1의 주변분포를 유도해 보기로 하자.

$$g_1(y_1) = \int_{y_1}^{b} \cdots \int_{y_{n-3}}^{b} \int_{y_{n-2}}^{b} \int_{y_{n-1}}^{b} n! f(y_1) f(y_2) \cdots f(y_n) dy_n dy_{n-1} \cdots dy_2$$
$$= \int_{y_1}^{b} \cdots \int_{y_{n-3}}^{b} \int_{y_{n-2}}^{b} n! f(y_1) f(y_2) \cdots f(y_{n-1}) [1-F(y_{n-1})] dy_{n-1} \cdots dy_2$$

가 된다. 여기서

$$\int_{y_{n-2}}^{b} [1-F(y_{n-1})] f(y_{n-1}) dy_{n-1} = \frac{[1-F(y_{n-1})]^2}{2} \Big|_{y_{n-2}}^{b}$$

$$=\frac{[1-F(y_{n-2})]^2}{2}$$

이므로

$$g_1(y_1)=\int_{y_1}^{b}\cdots\int_{y_{n-3}}^{b} n!\ f(y_1)\cdots f(y_{n-2})\frac{[1-F(y_{n-2})]^2}{2}dy_{n-2}\cdots dy_2$$

가 되는데, 이를 계속 축차적으로 적분해 보면,

$$g_1(y_1)=n[1-F(y_1)]^{n-1}f(y_1),\ a<y_1<b$$

가 됨을 알 수 있다. 셋째로 Y_k의 주변분포를 구해 보자.

$$g_k(y_k)=\int_a^{y_k}\cdots\int_a^{y_2}\int_{y_k}^{b}\cdots\int_{y_{n-1}}^{b} n!f(y_1)f(y_2)\cdots f(y_n)dy_n\cdots dy_{k+1}$$
$$dy_1\cdots dy_{k-1}$$

을 계산함으로써 구해진다. 이 계산을 위에서와 마찬가지로 축차적으로 행하면

$$g_k(y_k)=\frac{n!}{(k-1)!\ (n-k)!}[F(y_k)]^{k-1}[1-F(y_k)]^{n-k}f(y_k),\ a<y_k<b$$

가 된다.

[예 7.16] $Y_1<Y_2<Y_3<Y_4$는 $f(x)=2x,\ 0<x<1$인 확률분포에서 추출한 크기 4인 확률표본의 순서통계량이다. 이때 $P\left[\frac{1}{2}<Y_3\right]$을 구하라.

(풀이) $g_3(y_3)=\frac{4!}{2!\ 1!}(y_3^2)^2(1-y_3^2)(2y_3),\ 0<y_3<1$

이므로

$$P\left[\frac{1}{2}<Y_3\right]=\int_{\frac{1}{2}}^{\infty} g_3(y_3)\,dy_3$$
$$=\int_{\frac{1}{2}}^{1} 24(y_3^5-y_3^7)\,dy_3$$
$$=\frac{243}{256}$$

이 된다.

다음으로는 두 순서통계량, 즉 $Y_i<Y_j$의 결합확률분포는 어떻게 표현되는지 살펴보기로 하자.

$$g_{ij}(y_i, y_j)=\int_a^{y_i}\cdots\int_a^{y_2}\int_{y_i}^{y_j}\cdots\int_{y_{j-2}}^{y_j}\int_{y_j}^{b}\cdots\int_{y_{n-1}}^{b} n!\, f(y_1)\cdots f(y_n)dy_n$$
$$\cdots dy_{j+1}dy_{j-1}\cdots dy_{i+1}dy_1\cdots dy_{i-1}$$

이고 $\gamma>0$에 대해

$$\int_x^y [F(y)-F(w)]^{\gamma-1}f(w)dw=\frac{[F(y)-F(w)]^\gamma}{\gamma}\Bigg|_x^y$$
$$=\frac{[F(y)-F(x)]^\gamma}{\gamma}$$

이므로, $a<y_i<y_j<b$에 대해서

$$g_{ij}(y_i, y_j)=\frac{n!}{(i-1)!(j-i-1)!(n-j)!}[F(y_i)]^{i-1}$$
$$[F(y_j)-F(y_i)]^{j-i-1}[1-F(y_j)]^{n-j}f(y_i)f(y_j)$$

[예 7. 17] Y_1, Y_2, Y_3를 확률분포 $f(x)=1$, $0<x<1$로부터 추출한 크기인 3인 확률표본의 순서통계량이라 할 때, 표본의 범위 $Z_1=Y_3-Y_1$의 확률분포를 구하라.

(풀이) Y_1과 Y_3의 결합확률분포는

$$g_{13}(y_1, y_3)=6(y_3-y_1),\ 0<y_1<y_3<1$$

이다. $Z_1=Y_3-Y_1$에 대해 가변수 $Z_2=Y_3$를 설정한 뒤, 역변환을 하면 $y_1=z_2-z_1$, $y_3=z_2$가 되므로 야코비안은

$$J=\begin{vmatrix}-1 & 1\\ 0 & 1\end{vmatrix}=-1$$

이 된다. 따라서 Z_1과 Z_2의 결합확률분포는

$$h(z_1, z_2)=|-1|\,6z_1=6z_1,\ 0<z_1<z_2<1$$

이 되므로, 크기 3인 확률표본의 범위 Z_1의 확률분포는

$$h_1(z_1)=\int_{z_1}^{1}6z_1dz_2=6z_1(1-z_1),\ 0<z_1<1$$

이 된다.

7.6 모멘트와 적률모함수

[정의 7.1] 확률변수 X의 원점에 대한 r번째 모멘트를 μ_r'이라 할 때

$$\mu_r' = E(X^r) = \begin{cases} \sum_x x^r f(x), & X\text{가 이산적인 경우} \\ \int_{-\infty}^{\infty} x^r f(x)dx, & X\text{가 연속적인 경우} \end{cases}$$

이를 앞서 설명한 평균과 분산에 적용시켜 보면 $\mu_1' = E(X)$, $\mu_2' = E(X^2)$이므로, 평균 $\mu = \mu_1'$이고, $\sigma^2 = \mu_2' - \mu^2$이 된다.

[정의 7.2] 확률변수 X의 적률모함수는 $E(e^{tX})$이고 이를 $M_X(t)$로 쓰기로 할 때,

$$M_X(t) = E(e^{tX}) = \begin{cases} \sum_x e^{tx} f(x), & X\text{가 이산적인 경우} \\ \int_{-\infty}^{\infty} e^{tx} f(x)dx, & X\text{가 연속적인 경우} \end{cases}$$

적률모함수는 [정의 7.2]의 식의 합 또는 적분이 수렴할 경우에만 존재하게 된다. 즉 X의 적률모함수가 존재한다면 X의 모든 모멘트를 구할 수 있다.

[정리 7.10] X의 적률모함수를 $M_X(t)$라 할 때,

$$\left.\frac{d^r M_X(t)}{dt^r}\right|_{t=0} = \mu_r'$$

이 된다.

(증명) $M_X(t)$를 이산적인 경우와 연속적인 경우 각각 t에 대해 r번 미분하면

$$\frac{d^r M_X(t)}{dt^r} = \begin{cases} \sum_x x^r e^{tx} f(x), & X\text{가 이산적인 경우,} \\ \int_{-\infty}^{\infty} x^r e^{tx} f(x)dx, & X\text{가 연속적인 경우} \end{cases}$$

가 된다. 여기서 $t=0$을 대입하면 이산적인 경우, 연속적인 경우 모두 $E(X^r) = \mu_r'$이 된다.

[예 7.18] 확률변수 X가 이항분포를 따를 때, X의 적률모함수를 구하고, 이를 이용하여 평균 $\mu=np$, 분산 $\sigma^2=npq$가 됨을 보여라.

(풀이) [정의 7.2]로부터

$$M_X(t)=\sum_{x=0}^{n} e^{tx}\binom{n}{x}p^x q^{n-x}$$

$$=\sum_{x=0}^{n}\binom{n}{x}(pe^t)^x q^{n-x}$$

$$=(pe^t+q)^n$$

$$\frac{dM_X(t)}{dt}=n(pe^t+q)^{n-1}pe^t$$

$$\frac{d^2M_X(t)}{dt^2}=np[e^t(n-1)(pe^t+q)^{n-2}pe^t+(pe^t+q)^{n-1}e^t]$$

위 두 식에 $t=0$을 대입하면

$$\mu_1{}'=np,\quad \mu_2{}'=np[(n-1)p+1]$$

이 되므로

$$\mu=\mu_1{}'=np$$

$$\sigma^2=\mu_2{}'-\mu^2=np(1-p)=npq$$

[예 7.19] 확률변수 X가 정규분포를 따를 때, X의 적률모함수 $M_X(t)=e^{\mu t+\sigma^2t^2/2}$가 됨을 유도하라.

(풀이)

$$M_X(t)=\int_{-\infty}^{\infty} e^{tx}\frac{1}{\sqrt{2\pi}\,\sigma}e^{-(1/2)[(x-\mu)/\sigma]^2}dx$$

$$=\int_{-\infty}^{\infty}\frac{1}{\sqrt{2\pi}\,\sigma}e^{-[x^2-2(\mu+t\sigma^2)x+\mu^2]/2\sigma^2}dx$$

$$=\int_{-\infty}^{\infty}\frac{1}{\sqrt{2\pi}\,\sigma}e^{-([x-(\mu+t\sigma^2)]^2-2\mu t\sigma^2-t^2\sigma^4)/2\sigma^2}dx$$

$$=e^{\mu t+\sigma^2t^2/2}\int_{-\infty}^{\infty}\frac{1}{\sqrt{2\pi}\,\sigma}e^{-(1/2)\{[x-(\mu+t\sigma^2)]^2\}/\sigma^2}dx$$

여기서 $w=[x-(\mu+t\sigma)]/\sigma$로 치환하면 $dx=\sigma dw$ 이므로

$$M_X(t)=e^{\mu t+\sigma^2t^2/2}\int_{-\infty}^{\infty}\frac{1}{\sqrt{2\pi}}e^{-w^2/2}dw$$

$$=e^{\mu t+\sigma^2t^2/2}$$

[예 7.20] 확률변수 X가 자유도 ν인 카이제곱분포를 따를 때, X의 적률모함수는 $M_X(t)=(1-2t)^{-\nu/2}$임을 유도하라.

(풀이) 카이제곱분포는 감마분포에서 $\alpha=\nu/2$, $\beta=2$인 경우이므로 [정리 7.2]를 이용해 $M_X(t)$를 구하면

$$M_X(t)=\int_0^\infty e^{tx}\frac{1}{2^{\nu/2}\Gamma(\nu/2)}x^{\nu/2-1}e^{-x/2}dx$$
$$=\frac{1}{2^{\nu/2}\Gamma(\nu/2)}\int_0^\infty x^{\nu/2-1}e^{-x(1-2t)/2}dx$$

여기서 $y=x(1-2t)/2$로 치환하면 $dx=[2/(1-2t)]dy$이므로

$$M_X(t)=\frac{1}{2^{\nu/2}\Gamma(\nu/2)}\int_0^\infty\left(\frac{2y}{1-2t}\right)^{\nu/2-1}e^{-y}\frac{2}{1-2t}dy$$
$$=\frac{1}{\Gamma(\nu/2)(1-2t)^{\nu/2}}\int_0^\infty y^{\nu/2-1}e^{-y}dy$$
$$=(1-2t)^{-\nu/2}$$

7.1절과 7.2절에서 확률변수 X가 각각 이산적·연속적인 경우의 변수변환에 대해 설명하였는데, 변수변환이 독립인 여러 개의 확률변수의 선형관계로 형성될 때에는 이 절에서 설명한 적률모함수를 이용하면 편리하다.

[정리 7.11] 두 확률변수 X와 Y의 적률모함수가 각각 $M_X(t)$, $M_Y(t)$일 때, 모든 t값에 대해 $M_X(t)=M_Y(t)$이면 X와 Y는 같은 확률분포를 갖는다.

[정리 7.12] $M_{X+a}(t)=e^{at}M_X(t)$

(증명)

$$M_{X+a}(t)=E[e^{t(x+a)}]$$
$$=e^{at}E(e^{tX})=e^{at}M_X(t)$$

[정리 7.13] $M_{aX}(t)=M_X(at)$

(증명)

$$M_{aX}(t)=E[e^{t(aX)}]=E[e^{(at)X}]$$
$$=M_X(at)$$

[정리 7.14] n개의 확률변수 $X_1, X_2, \cdots, X_n$은 서로 독립이면서 각각의 적률모함수가 $M_{X_1}(t), M_{X_2}(t), \cdots, M_{X_n}(t)$일 때, $Y=X_1+X_2+\cdots+X_n$의 적률모함수는

$$M_Y(t)=M_{X_1}(t)M_{X_2}(t)\cdots M_{X_n}(t)$$

가 된다.

(증명) 연속적인 경우에 대해서

$$M_Y(t)=E(e^{ty})=E[e^{t(x_1+x_2+\cdots+x_n)}]$$
$$=\int_{-\infty}^{\infty}\cdots\int_{-\infty}^{\infty}e^{t(x_1+x_2+\cdots+x_n)}f(x_1, x_2, \cdots, x_n)dx_1dx_2\cdots dx_n$$

n개의 확률변수는 서로 독립이므로

$$f(x_1, x_2, \cdots, x_n)=f_1(x_1)f_2(x_2)\cdots f_n(x_n)$$
$$M_X(t)=\int_{-\infty}^{\infty}e^{tx_1}f_1(x_1)dx_1\int_{-\infty}^{\infty}e^{tx_2}f_2(x_2)dx_2\cdots\int_{-\infty}^{\infty}e^{tx_n}f_n(x_n)dx_n$$
$$=M_{X_1}(t)M_{X_2}(t)\cdots M_{X_n}(t)$$

이산적인 경우도 마찬가지 방법으로 증명이 된다.

[예 7.2]를 위에 열거한 정리를 이용해서 풀어보기로 하자. 즉 X_1과 X_2는 서로 독립이면서 평균이 각각 μ_1, μ_2인 포아송분포를 따른다고 했으므로

$$M_{X_1}(t)=e^{\mu_1(e^t-1)},\ M_{X_2}(t)=e^{\mu_2(e^t-1)}$$

이 된다. 이때 $Y_1=X_1+X_2$의 적률모함수는 [정리 7.14]를 이용하면

$$M_{Y_1}(t)=M_{X_1}(t)M_{X_2}(t)$$
$$=e^{\mu_1(e^t-1)}e^{\mu_2(e^t-1)}$$
$$=e^{(\mu_1+\mu_2)(e^t-1)}$$

이 되는데, 이는 평균이 $\mu_1+\mu_2$인 포아송분포의 적률모함수이다. 따라서 앞에서 구한 결과와 같아짐을 알 수 있다.

이를 더 일반화시켜서 X_1, X_2는 서로 독립이면서 각각 평균이 μ_1, μ_2, 분

산이 σ_1^2, σ_2^2을 갖는 정규분포를 따른다고 할 때, $Y=a_1X_1+a_2X_2$의 적률모함수를 구해 보자.

$$\begin{aligned} M_Y(t) &= M_{a_1X_1}(t)\ M_{a_2X_2}(t) \\ &= M_{X_1}(a_1t)\,M_{X_2}(a_2t) \\ &= e^{a_1\mu_1 t + a_1^2\sigma_1^2t^2/2 + a_2\mu_2 t + a_2^2\sigma_2^2t^2/2} \\ &= e^{(a_1\mu_1+a_2\mu_2)t + (a_1^2\sigma_1^2+a_2^2\sigma_2^2)t^2/2} \end{aligned}$$

즉 Y의 분포는 평균이 $a_1\mu_1+a_2\mu_2$이고 분산이 $a_1^2\sigma_1^2+a_2^2\sigma_2^2$인 정규분포를 따름을 알 수 있다.

[예 7.21] 두 확률변수 X_1과 X_2는 각각 평균이 μ_1, 분산이 μ_2, σ_1^2, σ_2^2인 정규분포를 따른다고 한다. 이 때 $Y=X_1-X_2$의 분포는 평균이 u_1-u_2, 분산이 $\sigma_1^2+\sigma_2^2$인 정규분포가 됨을 보여라.

(풀이)

$$\begin{aligned} M_Y(t) &= E[e^{t(x_1-x_2)}] \\ &= E[e^{tx_1}e^{-tx_2}] \\ &= E(e^{tx_1})\,E(e^{-tx_2})] \end{aligned}$$

여기서 $E(e^{tx_1})=\exp\left(u_1t+\dfrac{\sigma_1^2t^2}{2}\right)$

$$E(e^{-tx_2})=\exp\left(-u_2t+\frac{\sigma_2^2t^2}{2}\right)$$

이므로 $M_Y(t)=\exp\left(u_1t+\dfrac{\sigma_1^2t^2}{2}\right)\exp\left(-u_2t+\dfrac{\sigma_2^2t^2}{2}\right)$

$$=\exp\left[(u_1-u_2)t+\frac{(\sigma_1^2+\sigma_2^2)t^2}{2}\right]$$

이 된다. 따라서 Y의 분포는 정규분포를 따르며, 평균은 u_1-u_2, 분산은 $\sigma_1^2+\sigma_2^2$임을 알 수 있다.

[정리 7.15] n개의 확률변수 X_1, X_2, $\cdots$, X_n은 서로 독립이면서 각각 평균이 μ_1, μ_2, $\cdots$, μ_n이고, 분산이 σ_1^2, σ_2^2, $\cdots$, σ_n^2인 정규분포를 따를 때, $Y=a_1X_1+a_2X_2+\cdots+a_nX_n$은 평균이 $\mu_Y=a_1\mu_1+a_2\mu_2+\cdots+a_n\mu_n$이고, 분산이 $\sigma_Y^2=a_1^2\sigma_1^2+a_2^2\sigma_2^2+\cdots+a_n^2\sigma_n^2$인 정규분포를 따른다.

[정리 7.16] n 개의 확률변수 $X_1, X_2, \cdots, X_n$은 서로 독립이면서 각각 자유도가 $\nu_1, \nu_2, \cdots, \nu_n$인 카이제곱분포를 따를 때, $Y=X_1+X_2+\cdots+X_n$은 자유도가 $\nu=\nu_1+\nu_2+\cdots+\nu_n$인 카이제곱분포를 따른다.

(증명) [정리 7.10]에 의해

$$M_Y(t)=M_{X_1}(t)M_{X_2}(t)M_{X_n}(t)$$

[예 7.20]의 결과로

$$M_{X_i}(t)=(1-2t)^{-\nu_i/2},\ i=1, 2, \cdots, n$$

그러므로

$$M_Y(t)=(1-2t)^{-\nu_1/2}(1-2t)^{-\nu_2/2}\cdots(1-2t)^{-\nu_n/2}$$
$$=(1-2t)^{-(\nu_1+\nu_2+\cdots+\nu_n)/2}$$

[따름정리 7.1] n 개의 확률변수 $X_1, X_2, \cdots, X_n$은 서로 독립이면서 평균이 μ, 분산이 σ^2인 정규분포를 따를 때, $Y=\sum_{i=1}^{n}\left(\frac{X_i-\mu}{\sigma}\right)^2$ 은 자유도 $\nu=n$ 인 카이제곱분포를 따른다.

위의 보조정리는 [예 7.9]에서 설명한 자유도 1인 카이제곱분포를 따르는 n 개의 독립인 확률변수의 합이므로 [정리 7.16]에 의해 자유도 n 인 카이제곱분포가 됨을 알 수 있다.

연습문제

1. 확률변수 X는 $f(x)=1/3,\ x=1,\ 2,\ 3$인 확률분포를 가질 때, $Y=2X-1$의 확률분포를 구하라.

2. 확률변수 X가 다음과 같은 이항분포를 따를 때 $Y=X^2$의 확률분포를 구하라.

$$f(x)=\binom{3}{x}\left(\frac{2}{5}\right)^x\left(\frac{3}{5}\right)^{3-x},\quad x=0,\ 1,\ 2,\ 3$$

3. 확률변수 $X_1,\ X_2$가 다음과 같은 다항분포를 따를 때, $Y_1=X_1+X_2$와 $Y_2=X_1-X_2$의 결합확률분포를 구하라.

$$f(x_1,\ x_2)=\binom{2}{x_1,\ x_2,\ 2-x_1-x_2}\left(\frac{1}{4}\right)^{x_1}\left(\frac{1}{3}\right)^{x_2}\left(\frac{5}{12}\right)^{2-x_1-x_2}$$

$$x_1=0,\ 1,\ 2,\ x_2=0,\ 1,\ 2,\ x_1+x_2\leq 2$$

4. 이산적 확률변수 $X_1,\ X_2$가 다음과 같은 결합확률분포를 가질 때 $Y=X_1X_2$의 확률분포를 구하라.

$$f(x_1,\ x_2)=\frac{x_1x_2}{18},\ x_1=1,\ 2\ \ x_2=1,\ 2,\ 3$$

5. 확률변수 X의 확률분포가 $f(x)=1,\ 0<x<1$을 따를 때, $Y=-2\ \ln X$의 분포는 자유도 2인 카이제곱분포가 됨을 보여라.

6. 어떤 가스의 팽창상태에서 분자의 속도 V가 다음과 같은 확률분포를 따른다고 한다.

$$f(v)=kv^2e^{-bv^2}\quad v>0$$

여기서 k는 상수이고 b는 분자의 절대온도와 무게에 따라 정해진다. 이때 $W=mV^2/2$의 확률분포를 구하라.

7. 확률변수 X의 확률분포가 다음과 같을 때, $Y=X^2$의 확률분포를 구하라.

$$f(x)=2(1-x)\quad 0<x<1$$

8. 확률변수 X의 확률분포가 다음과 같을 때, $Y=X+4$의 확률분포를 구하라.

$$f(x)=\frac{32}{(x+4)^3}\quad x>0$$

9. 확률변수 X와 Y의 결합확률분포가 다음과 같을 때, $Z=X+Y$의 분포를 구하라.

$$f(x, y)=24xy,\ 0\le x\le 1,\ 0\le y\le 1,\ x+y\le 1$$

10. 두 확률변수 X, Y의 결합확률분포가 다음과 같을 때, $Z=Y-X$의 확률분포를 구하라.

$$f(x, y)=2,\quad 0<x<y,\ 0<y<1$$

11. 어떤 전선의 저항이 R오옴일 때, 이를 통과하는 전류 I의 분포는 다음과 같다.

$$f(i)=6i(1-i),\quad 0<i<1$$

그리고 전류와는 독립적으로 저항 R의 분포는 다음과 같다.

$$g(r)=2r,\ 0<r<1$$

이때 $W=I^2R$의 분포를 구하라.

12. 확률변수 X의 확률분포가 다음과 같을 때, $Y=X^2$의 확률분포를 구하라.

$$f(x)=\frac{1+x}{2},\quad -1<x<1$$

13. 두 확률변수 X_1, X_2은 서로 독립이면서 확률분포는 똑같이 $f(x)=e^{-x}$, $x>0$을 따른다고 한다. 이때 $Y_1=X_1+X_2$, $Y_2=X_1/(X_1+X_2)$는 서로 독립임을 보여라.

14. 확률변수 X가 $f(x)=\dfrac{2(x+1)}{9}$, $-1<x<2$를 따를 때, $Y=X^2$의 확률분포를 구하라.

15. 확률변수 X의 확률분포가 다음과 같을 때 $Y=X^3$의 확률분포를 구하라.

$$f(x)=\frac{x^2}{9},\quad 0<x<3$$

16. 확률변수 X_1, X_2의 분포가 각각 표준정규분포를 따르고, 서로 독립일 때 $Y_1=X_1/X_2$분포는 다음과 같은 코시분포가 됨을 보여라.

$$g(y_1)=\frac{1}{\pi(1+y_1^2)},\quad -\infty<y_1<\infty$$

17. 확률변수 X의 확률분포는 $f(x)=\dfrac{1}{3}$, $x=1,\ 2,\ 3$이다. 이때 $Y=2X+1$의 확률분포를 구하라.

18. 확률변수 X의 확률분포는 $f(x)=\left(\frac{1}{2}\right)^x$, $x=1, 2, 3, \cdots$이다. 이때 $Y=X^3$의 확률분포를 구하라.

19. 확률변수 X_1과 X_2의 결합확률분포는 $f(x_1, x_2)=\frac{x_1x_2}{36}$, $x_1=1, 2, 3$, $x_2=1, 2, 3$이다. 이때 $Y_1=X_1X_2$의 확률분포를 구하라.

20. X_1, X_2, X_3는 표준정규분포를 각각 따르고 서로 독립이라고 한다. 이러한 X_1, X_2, X_3로 이루어진 Y_1, Y_2, Y_3가 다음과 같이 정의될 때, Y_1, Y_2, Y_3는 서로 독립임을 보여라.

$$X_1=Y_1\cos Y_2\sin Y_3,\ X_2=Y_1\sin Y_2\sin Y_3,\ X_3=Y_1\cos Y_3,$$
$$0\le Y_1<\infty,\ 0\le Y_2<2\pi,\ 0\le Y_3\le\pi$$

21. X_1, X_2, X_3는 확률분포 $f(x)=e^{-x}$를 각각 따르고, $0<x<\infty$, 서로 독립이라고 한다. 그러면 다음과 같이 정의된 Y_1, Y_2, Y_3는 서로 독립임을 보여라.

$$Y_1=\frac{X_1}{X_1+X_2},\ Y_2=\frac{X_1+X_2}{X_1+X_2+X_3},\ Y_3=X_1+X_2+X_3$$

22. 확률변수 X가 $f(x)=\frac{1}{2}$, $-1<x<1$을 따를 때, $Y=X^2$의 확률분포를 구하라.

23. 확률변수 X_1, X_2는 각각 표준정규분포를 따르며 서로 독립이다. 이때 $Y_1=X_1^2+X_2^2$과 $Y_2=X_2$의 결합확률분포를 구하라.

24. 감마분포에서 원점에 대한 r번째 모멘트가

$$\mu'_r=\frac{\beta^r\Gamma(\alpha+r)}{\Gamma(\alpha)}$$

임을 보여라.

25. 확률변수 X가 다음과 같은 이산적 일양분포를 따른다고 한다.

$$f(x, k)=\frac{1}{k},\ x=1, 2, 3, \cdots, k$$

이때 X의 적률모함수 $M_X(t)$가

$$M_X(t)=\frac{e^t(1-e^{kt})}{k(1-e^t)}$$

가 됨을 보여라.

26. 확률변수 X가 $g(x;\ p)=pq^{x-1}$, $x=1, 2, 3, \cdots$인 기하분포를 따를 때, X의 적률모함수가

$$M_X(t)=\frac{pe^t}{1-qe^t}$$

이 됨을 보여라. 그리고 이를 이용하여 기하분포의 평균과 분산을 구하라.

27. 확률변수 X가 $p(x;\ \mu)=e^{-\mu}\mu^{x}/x!$, $x=0, 1, 2, \cdots$ 인 포아송분포를 따를 때, X의 적률모함수가 $M_X(t)=e^{\mu(e^t-1)}$ 이 됨을 보이고, 이를 이용하여 포아송분포의 평균과 분산을 구하라.

28. 포아송 확률변수인 X의 적률모함수가

$$M_X(t)=e^{4(e^t-1)}$$

이라고 할 때, $P(u-2\sigma<X<u+2\sigma)$를 구하라.

29. 적률 모함수를 이용하여 카이제곱 분포의 평균은 자유도 ν 이고, 분산은 2ν 가 됨을 보여라.

30. e^{tx}을 Maclaurin급수를 이용하여 전개할 때

$$\begin{aligned} M_X(t) &= \int_{-\infty}^{\infty} e^{tx} f(x)dx \\ &= 1+\mu t+\mu_2{}'\frac{t^2}{2!}+\cdots+\mu_r{}'\frac{t^r}{r!} \end{aligned}$$

이 됨을 보여라.

31. n 개의 확률변수 $X_1, X_2, \cdots, X_n$이 서로 독립이면서 똑같이 모두 θ를 갖는 지수분포를 따를 때, $Y=X_1+X_2+\cdots+X_n$의 확률밀도함수는 $\alpha=n$, $\beta=\theta$인 감마분포가 됨을 보여라.

32. 매년 한국에 태풍이 상륙하는 횟수는 $\mu=6$ 인 포아송분포를 따른다고 한다.

① 2년 동안 태풍이 15번 상륙할 확률을 구하라.

② 2년 동안 태풍이 9번 이하 상률할 확률을 구하라.

33. 약제사가 하나의 처방전에 대해 약을 제조하는 데 소요되는 시간은 $\theta=5$분인 지수분포를 따른다고 한다. 다음 확률을 구하라.

① 두 개의 처방을 8분 미만에 조제할 확률

② 세 개의 처방을 적어도 12분에 조제할 확률

34. 확률변수 X의 적률모함수가 $\left(\frac{1}{3}+\frac{2}{3}e^t\right)^5$일 때 $P(X=2$ 또는 $3)$을 구하라.

35. 서로 독립인 3개의 확률변수 X_1, X_2, X_3는 동일한 확률분포 $f(x)=3x^2$, $0<x<1$을 따른다. 이들 세 변수 중에 정확히 2개가 $\frac{1}{2}$보다 클 확률을 구하라.

36. 확률변수 X의 적률모함수가 $(1-2t)^{-6}$, $t<\frac{1}{2}$일 때 $P(X<5.23)$을 구하라.

37. 확률변수 X의 적률모함수가 $\exp(3t+8t^2)$ 일 때 $P(-1<X<0)$을 구하라.

38. 확률변수 X의 기대값으로서 $E(X^{2m})=\frac{(2m)!}{2^m m!}$, $m=1, 2, 3, \cdots$ 과 $E(X^{2m-1})=0$, $m=1, 2, 3, \cdots$을 만족한다고 하자. 이때 X의 적률모함수와 확률분포를 구하라.

39. 확률변수 X는 $\alpha=\frac{r}{2}$, $r=1, 2, 3, \cdots$, $\beta>0$인 감마분포를 따른다고 한다. 그러면 $Y=\frac{2X}{\beta}$의 확률분포를 구하라.

40. $Y_1<Y_2<Y_3<Y_4$를 $f(x)=e^{-x}$, $0<x<\infty$에서 추출한 크기인 4인 확률표본의 순서통계량이라 할 때, $P(3\le Y_4)$를 구하라.

41. X_1, X_2, X_3를 $f(x)=2x$, $0<x<1$로부터 추출한 확률표본이라 할 때, X_1, X_2, X_3중의 최소치가 분포의 중앙값보다 클 확률을 구하라.

42. Y_1, Y_2, Y_3, Y_4는 $f(x)=1$, $0<x<1$인 일양분포에서 추출한 확률표본의 순서통계량이다. 이때 확률표본의 범위가 $\frac{1}{2}$보다 작을 확률을 구하라.

43. Y_1, Y_2, Y_3를 $f(x)=2x$, $0<x<1$인 분포에서 추출한 확률표본의 순서통계량이다. 이때 $Z_1=Y_1/Y_2$, $Z_2=Y_2/Y_3$, $Z_3=Y_3$는 서로 통계적으로 독립임을 보여라.

44. $f(x)=2(1-x)$, $0<x<1$인 분포로부터 크기 2인 확률표본을 추출하여 $Y_1<Y_2$인 순서통계량으로 표현했을 때, $P[Y_2\ge 2Y_1]$을 구하라.

45. 확률변수 X는 $f(x)=2x$, $0<x<1$인 확률분포를 하고, Y는 $g(y)=3y^2$, $0<y<1$인 확률분포를 하고, X와 Y는 서로 독립이다. 이때 $U=\min(X, Y)$, $V=\max(X, Y)$라 할 때 U와 V의 결합확률분포를 구하라.

제 8 장

확률표본과 표본분포

8.1 확률표본

통계적 실험의 결과는 수치 또는 결과의 기술로 나타내어질 수 있다. 즉 두 개의 주사위를 던져서 나오는 눈의 합에 주된 관심이 있을 경우 결과는 수치로 표현이 된다. 한편 학교에서 학생들의 혈액형 검사를 할 때, 혈액형에 주 관심이 있을 경우 결과는 AB, A, B, O형 등의 기술로 표현이 된다. 그러나 통계학자는 주로 수치로 표현된 자료에 더 관심이 크다. 즉 위에서 예를 든 혈액형 문제에서도 각 혈액형에 대응되는 번호를 붙이고, 각 번호에 해당되는 혈액형을 가진 학생수를 기록하는 것이 편리할 것이다. 이와 같은 통계적 연구에서는 가능한 관측수는 작은 경우, 큰 경우, 무한인 경우, 유한인 경우로 나눌 수 있다. 예를 들어 혈액형의 문제에서 가능한 관측수는 학교 전체 학생수와 같을 것이다. 반면 두 개의 주사위를 무한히 던지면서 나온 수의 합을 기록한다면 관측수는 무한집합이 될 것이다.

이와 같이 결과로 나올 수 있는 가능한 모든 관측값의 집합을 모집단이라고 부른다. 과거에는 모집단이라는 말은 주로 사람에 관계된 통계적 연구에서만 사용했으나, 요즈음은 통계적으로 관심이 있는 모든 대상에 대해서 모집단이라는 말을 사용한다.

[정의 8.1] 모집단이란 관심이 있는 대상과 관련된 모든 관측가능한 값의 집합이다.

모집단에서 관측가능한 수를 모집단의 크기라고 한다. 즉 600명의 학생을 대상으로 혈액형을 조사한다면 모집단의 크기는 600이 된다. 또한 트럼프 카드, 어떤 도시의 거주자들의 키, 또는 어떤 호수의 물고기의 길이 등은 유한모집단이 된다. 그러나 주사위를 계속 던지는 실험, 또는 과거로부터 미래까지 매일매일의 기압을 측정하는 것은 무한모집단이 된다. 통계학에서는 이론적으로 유한모집단에 속하나 모집단의 크기가 상당히 큰 경우는 무한으로 간주하는 경우도 종종 있다.

모집단에서 각각의 관측값은 확률분포 $f(x)$를 갖는 확률변수 X의 값이 된다. 예를 들어 조립공정의 결함을 조사하고자 할 때, 각 조립라인의 검사결과는 양호 또는 불량으로 표현되는 이항분포의 확률변수 X로 표현된다. 즉 검사결과 양호한 경우 $x=0$이라 하고, 결함이 있는 경우 $x=1$이라 하면, X는 $b(x;\ 1,\ p)=p^x q^{1-x}$, $x=0,\ 1$의 분포를 따른다. 한편 건전지의 수명을 알고자 할 때는 정규모집단을 가정한다. 이와 같이 모집단의 분포에 따라 이항모집단, 또는 정규모집단, 일반적으로 모집단 $f(x)$라고 쓰기도 한다. 따라서 확률변수들의 평균, 분산은 대응되는 모집단의 평균, 분산과 밀접한 연관이 있다.

그런데 통계학자가 어떤 결론을 유도하기 위해 모집단 전체의 집합을 관측하기는 불가능하다. 즉 모든 관측값을 측정하는 데 소요되는 비용이 엄청나므로 모집단으로부터 표본을 추출하여 모집단을 추측하는 통계적 추론이 나온 것이다.

[정의 8.2] 표본이란 모집단의 부분집합이다.

모집단으로부터 표본을 추출할 때는 모집단의 성질을 가장 잘 반영할 수 있도록 해야 한다. 즉 표본을 추출하여 이를 기초로 모집단의 속성을 판단하는 것이므로, 표본추론에 착오가 생기면 모집단의 과대추정 또는 과소 추정이 발생된다. 이를 제거하기 위해서는 추출된 관측들이 무작위로 이루어지고 서로 독립이라는 가정하에서 확률표본을 추출하는 것이 바람직하다.

모집단 $f(x)$로부터 n개의 표본을 추출할 때 i번째 추출되는 표본을 확률변수 X_i, $i=1, 2, \cdots, n$으로 나타내기로 하자. 즉 모집단 $f(x)$로부터 같은 조건하에서 독립적으로 n개의 표본을 추출할 때, 확률변수 $X_1, X_2, \cdots, X_n$의 수치는 $x_1, x_2, \cdots, x_n$으로 표현된다. 또한 n개의 표본추출은 독립적으로 이루어지기 때문에 $X_1, X_2, \cdots, X_n$의 확률분포는 각각 $f(x_1), f(x_2), \cdots, f(x_n)$으로 표현되고, 결합확률분포는

$$f(x_1, x_2, \cdots, x_n)=f(x_1)f(x_2)\cdots f(x_n)$$

이 된다.

[정의 8.3] 서로 독립인 n개의 확률변수 $X_1, X_2, \cdots, X_n$은 같은 확률분포 $f(x)$를 따를 때, $X_1, X_2, \cdots, X_n$을 크기 n인 확률표본이라 부르고, 결합확률분포는

$$f(x_1, x_2, \cdots, x_n)=f(x_1)f(x_2)\cdots f(x_n)$$

이 된다.

[예 8.1] X_1, X_2, X_3는 평균이 0, 분산이 1인 표준정규분포로부터 추출된 확률표본이다. 그리고 $Y=X_1^2+X_2^2+X_3^2$라고 할 때, Y는 $\chi^2(3)$을 따르는 것을 보여라.

(풀이) X_1, X_2, X_3가 표준정규분포에서 추출된 확률표본이므로 Y의 확률분포를 구하기 위해서는, 먼저 Y의 누적분포를 구하고 이를 y에 대해 미분하는 방법을 취하도록 한다. 이를 누적분포함수 기법(distribution function technique)이라고 한다. 따라서 Y의 누적분포는

$$\begin{aligned} F(y) &= P[X_1^2+X_2^2+X_3^2 \le y] \\ &= \iiint_A \frac{1}{(2\pi)^{\frac{3}{2}}} \exp\left[-\frac{1}{2}(x_1^2+x_2^2+x_3^2)\right] dx_1\, dx_2\, dx_3 \end{aligned}$$

가 되고, 여기서 적분영역 A는 중심이 (0, 0, 0)이고 반지름이 $\sqrt{y}$인 구의 내부점들의 집합이다. 이를 적분하기 위해서 구면좌표를 이용한 치환적분을 한다. 즉

$$x_1=\rho\cos\theta\sin\varphi,\ x_2=\rho\sin\theta\sin\varphi,\ x_3=\rho\cos\varphi,$$

단 $\rho\ge 0$, $0\le\theta<2\pi$, $0\le\varphi<\pi$이다.

$$F(y)=\int_0^{\sqrt{y}}\int_0^{2\pi}\int_0^{\pi}\frac{1}{(2\pi)^{\frac{3}{2}}}\ e^{-\frac{\rho^2}{2}}\rho^2\sin\varphi d\varphi d\theta d\rho$$

$$=\sqrt{\frac{2}{\pi}}\ \int_0^{\sqrt{y}}\ \rho^2 e^{-\frac{\rho^2}{2}}d\rho$$

여기서 $\rho=\sqrt{w}$로 치환하면,

$$F(y)=\sqrt{\frac{2}{\pi}}\ \int_0^{\sqrt{y}}\ \frac{\sqrt{w}}{2}\ e^{-\frac{w}{2}}dw$$

가 된다. 따라서 확률변수 Y의 확률분포는

$$f(y)=F'(y)$$

$$=\frac{1}{\sqrt{2\pi}}\ y^{\frac{3}{2}-1}\ e^{-\frac{y}{2}},\ 0<y<\infty$$

이 된다. 여기서 $\Gamma\left(\frac{3}{2}\right)=\frac{1}{2}\ \Gamma\left(\frac{1}{2}\right)=\frac{1}{2}\sqrt{\pi}$ 이므로 $\sqrt{2\pi}=\Gamma\left(\frac{3}{2}\right)2^{\frac{3}{2}}$ 이므로 Y는 $\chi^2(3)$을 따름을 알 수 있다.

이와 같이 모집단으로부터 표본을 추출하는 목적은 미지의 모집단에 대한 정보를 얻기 위한 것이다. 예를 들어, 한국에서 판매되는 특정 담배에 대한 흡연율을 알고자 할 때, 모든 흡연자를 대상으로 전부 조사하기는 불가능하다. 따라서 이런 경우에서 표본을 추출하여 특정 담배의 흡연율 p에 대한 정보 $\hat{p}$를 조사해야 한다. $\hat{p}$는 확률변수 $\hat{P}$에 대한 실제값으로 표본에 따라 변화가 가능한 값이다. 이와 같은 확률변수를 통계량이라 부른다.

[정의 8.4] 확률분포에 의해 형성되는 확률변수의 함수를 통계량이라 한다.

8.2 표본분포

통계적 추론의 목적은 모집단의 모수에 대한 예측이다. 예를 들어, 국회의원선거에서 특정 후보에 대한 지지율을 알기 위해 거리로 직접 나가서 통행하는 사람들의 의견을 듣고 지지율이 60%라고 예측할 수도 있다. 이때는 매우 큰 유한모집단에서 확률표본을 추출하여 지지율에 대한 정보를 알아내는 것이다. 반면에 서울 시내에서 주택을 지을 때 가구당 어느 정도의 돈을 들이는가를 조사하기 위해 주택 건설업자 30명 중 3명에게 물어보아서 대개 가구당 4천만 원에서 4천5백만 원 정도 들인다고 예측할 수도 있다. 이때 매우 작은 유한모집단에서 확률표본을 추출하여 모집단에 대한 정보를 알아내는 것이다. 마지막으로 어떤 전구에 대한 수명은 평균 240시간이라고 알려져 있다. 그런데 이 회사 간부가 실제로 40개의 전구를 임의 추출하여 수명을 조사하였더니 평균이 236시간이었다. 즉 이런 경우 모집단의 평균은 $\mu=240$시간인데 표본의 평균은 $\bar{x}=236$시간인 것이다.

이 예들에서 보다시피, 표본평균은 모집단의 평균보다 클 수도 있고 작을 수도 있는 것이다. 이 예에서는 표본에 대한 설명을 하기 위해서 모집단의 평균이 240시간으로 알려져 있다고 가정했으나, 실제는 모집단에 대한 정보가 없으므로 각 표본에서 나온 결과로 모집단의 속성을 유추해야 한다. 이와 같이 통계량이란 관측된 표본에 따라 변하는 확률변수로서 확률분포를 갖게 되어 있다.

[정의 8.5] 통계량의 확률분포를 표본분포라 부른다.

통계량의 표본분포는 모집단의 크기, 표본의 크기, 표본추출방법에 따라 달라진다. 이 장의 나머지 부분에서는 자주 사용되는 통계량의 표본분포에 대해 설명하고자 한다.

8.3 표본평균의 분포

평균이 μ, 분산이 σ^2인 정규모집단으로부터 n개의 표본을 추출했을 때 표본의 평균 $\overline{X}$의 분포에 대해 알아보자. 이를 위해 앞서 설명한 [정리 7.15]를 이용하면

$$\overline{X}=\frac{X_1+X_2+\cdots+X_n}{n}$$

의 분포는, 평균이

$$\mu_{\overline{X}}=\frac{\mu+\mu+\cdots+\mu}{n}=\mu$$

이고, 분산이

$$\sigma_{\overline{X}}^2=\frac{\sigma^2+\sigma^2+\cdots+\sigma^2}{n^2}=\frac{\sigma^2}{n}$$

인 정규분포를 따른다.

이상은 원래 모집단이 정규모집단일 경우로 한정했으나 다음에 설명할 중심극한정리에 의하면 모집단의 성질에 관계 없이 표본의 크기가 상당히 크면 표본평균의 분포는 근사적으로 평균이 μ, 분산이 σ^2/n인 정규분포를 따르는 것을 알 수 있다.

[정리 8.1] (중심극한정리) 평균이 μ이고 분산이 σ^2인 모집단으로부터 크기 n인 표본을 추출했을 때, 표본의 평균 $\overline{X}$에 대해서

$$Z=\frac{\overline{X}-\mu}{\sigma/\sqrt{n}}$$

는 n이 상당히 클 때 표준정규분포 $n(z;\ 0,\ 1)$에 접근한다. 여기서 n이 상당히 크다는 것은 일반적으로 30 이상일 때를 말한다.

(증명) 모집단으로부터 추출된 확률표본을 $X_1,\ X_2,\ \cdots,\ X_n$이라 하고, $M(t)=E(e^{tx})$이므로 $m(t)=E(e^{t(x-\mu)})=e^{-\mu t}M(t)$가 된다. 즉 $m(t)$는 $-h<t<h$에서 $(x-\mu)$에 대한 적률모함수이다. 따라서 $m(0)=1$이 되고, 0과 t 사이에 임의의 ξ에 대해

$$\begin{aligned} m(t)&=m(0)+m'(0)t+\frac{m''(\xi)t^2}{2} \\ &=1+\frac{m''(\xi)t^2}{2} \\ &=1+\frac{\sigma^2t^2}{2}+\frac{[m''(\xi)-\sigma^2]t^2}{2},\ 0<\xi<t \end{aligned}$$

이 된다. 그리고 확률표본 $X_1,\ X_2,\ \cdots,\ X_n$에 대한 적률모함수는

$$\begin{aligned} M(t)&=E\left[\exp\left(t\frac{\sum_{i=1}^{n}X_i-n\mu}{\sigma\sqrt{n}}\right)\right] \\ &=E\left[\exp\left(t\frac{X_1-\mu}{\sigma\sqrt{n}}\right)\exp\left(t\frac{X_2-\mu}{\sigma\sqrt{n}}\right)\cdots\exp\left(t\frac{X_n-\mu}{\sigma\sqrt{n}}\right)\right] \end{aligned}$$

$$= E\left[\exp\left(t\frac{X_1-\mu}{\sigma\sqrt{n}}\right)\right]\cdots E\left[\exp\left(t\frac{X_n-\mu}{\sigma\sqrt{n}}\right)\right]$$

$$= \left\{E\left[\exp\left(t\ \frac{X-\mu}{\sigma\sqrt{n}}\right)\right]\right\}^n$$

$$= \left[m\left(\frac{t}{\sigma\sqrt{n}}\right)\right]^n$$

이다. $m(t)$에서 t를 $\frac{t}{\sigma\sqrt{n}}$로 대체하면

$$m\left(\frac{t}{\sigma\sqrt{n}}\right)=1+\frac{t^2}{2n}+\frac{[m''(\xi)-\sigma^2]t^2}{2n\sigma^2}$$

이 되므로

$$M(t)=\left\{1+\frac{t^2}{2n}+\frac{[m''(\xi)-\sigma^2]t^2}{2n\sigma^2}\right\}^n$$

이 된다. 여기서

$$\lim_{n\to\infty}[m''(\xi)-\sigma^2]=0$$

이 되므로 $\lim_{n\to\infty}M(t)=e^{\frac{t^2}{2}}$

이다. 즉 $\dfrac{\sum_{i=1}^{n}X_i-n\mu}{\sigma\sqrt{n}}=\dfrac{\overline{X}-\mu}{\sigma/\sqrt{n}}$는 평균 0, 분산이 1인 표준정규분포에 접근함을 알 수 있다.

[예 8.2] 어떤 전구 생산공장에서 생산되는 전구의 수명은 평균이 800시간이고, 표준편차가 40시간인 정규분포를 따른다고 알려져 있다. 이 공장에서 16개의 전구를 추출해 시험했을 때 평균수명이 775시간 미만일 확률을 구하라.

(풀이) $\overline{X}$의 분포는 $\mu_{\overline{X}}=800$, $\sigma_{\overline{X}}=40/\sqrt{16}=10$인 정규분포를 따르므로, 표준정규계수 z는

$$z=\frac{775-800}{10}=-2.5$$

가 된다. 즉

$$\begin{aligned}P(\overline{X}<775)&=P(Z<-2.5)\\&=0.0062\end{aligned}$$

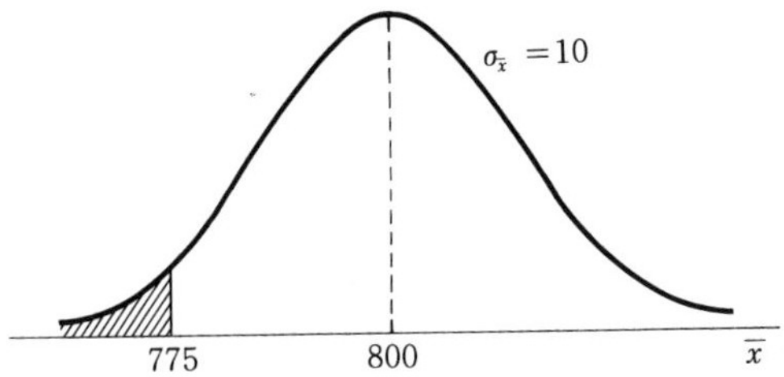

〈그림 8.1〉 **표본평균의 분포형태**

이를 그림으로 나타내 보면 〈그림 8.1〉과 같다.

[예 8.3] 확률분포가 $f(x)=1/4$, $x=0, 1, 2, 3$을 따르는 모집단에서 36개의 표본을 복원추출하였을 때, 표본평균이 1.4보다 크고 1.8보다 작을 확률을 구하라.

(풀이) 먼저 일양분포의 평균과 분산을 구하면

$$\mu=\frac{0+1+2+3}{4}=\frac{3}{2}$$

$$\sigma^2=\frac{\left(0-\frac{3}{2}\right)^2+\left(1-\frac{3}{2}\right)^2+\left(2-\frac{3}{2}\right)^2+\left(3-\frac{3}{2}\right)^2}{4}$$

$$=\frac{5}{4}$$

그러면 $\bar{X}$의 분포는 근사적으로 평균이 $\mu_{\bar{X}}=3/2$, $\sigma_{\bar{X}}^2=\sigma^2/n=5/144$인 정규분포를 따른다. 이를 이용해 표본평균이 각각 1.4, 1.8일 때 표준정규계수를 구하면

$$z_1=\frac{1.45-1.5}{0.186}=-0.27$$

$$z_2=\frac{1.75-1.5}{0.186}=1.34$$

따라서

$$\begin{aligned} P(1.4<\bar{X}<1.8) &\simeq P(-0.27<Z<1.34) \\ &=P(Z<1.34)-P(Z<-0.27) \\ &=0.9099-0.3936 \\ &=0.5163 \end{aligned}$$

이를 그림으로 나타내 보면 〈그림 8.2〉와 같다.

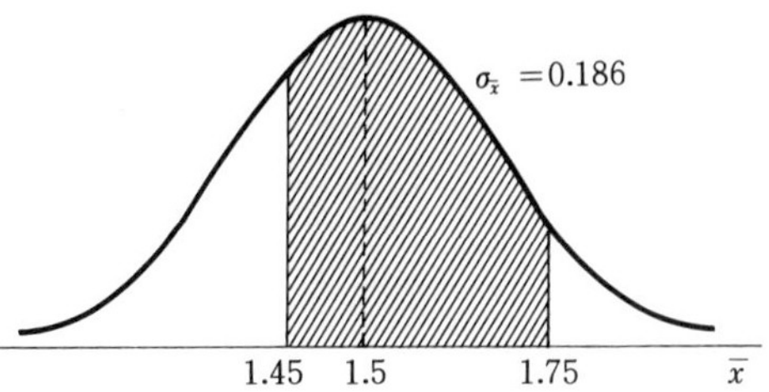

〈그림 8.2〉 표본평균의 분포형태

지금까지는 모집단이 한 개인 경우에 대해 살펴보았는데, 다음으로 두 모집단이 독립이면서 각각 평균이 μ_1, μ_2, 분산이 σ_1^2, σ_2^2일 때, 각 모집단에서 n_1, n_2개의 표본을 추출했을 때, $\bar{X}_1$와 $\bar{X}_2$의 차이는 어떤 분포를 따르는지 살펴보겠다.

먼저 [정리 8.1]에 의해서 $\bar{X}_1$의 분포는 근사적으로 평균이 μ_1, 분산이 σ_1^2/n_1인 정규분포를 따르고, $\bar{X}_2$의 분포는 근사적으로 평균이 μ_2, 분산이 σ_2^2/n_2인 정규분포를 따른다. 그리고 $\bar{X}_1$와 $\bar{X}_2$는 서로 독립적이므로 [정리 7.15]에 의해 $\bar{X}_1-\bar{X}_2$의 분포는 평균이

$$\mu_{\bar{X}_1-\bar{X}_2}=\mu_{\bar{X}_1}-\mu_{\bar{X}_2}=\mu_1-\mu_2$$

이고, 분산이

$$\sigma_{\bar{X}_1-\bar{X}_2}{}^2=\sigma_{\bar{X}_1}{}^2+\sigma_{\bar{X}_2}{}^2=\frac{\sigma_1^2}{n_1}+\frac{\sigma_2^2}{n_2}$$

인 정규분포를 따른다.

[정리 8.2] 두 모집단이 서로 독립적이면서 각각 평균이 μ_1, μ_2이고 분산이 σ_1^2, σ_2^2일 때, 각 모집단으로부터 n_1, n_2개의 표본을 추출했을 때, 표본평균의 차이 $\bar{X}_1-\bar{X}_2$의 분포는 근사적으로 평균이 $\mu_{\bar{X}_1-\bar{X}_2}=\mu_1-\mu_2$이고, 분산이 $\sigma_{\bar{X}_1-\bar{X}_2}{}^2=(\sigma_1^2/n_1)+(\sigma_2^2/n_2)$인 정규분포를 따른다. 그리고

$$Z=\frac{(\bar{X}_1-\bar{X}_2)-(\mu_1-\mu_2)}{\sqrt{(\sigma_1^2/n_1)+(\sigma_2^2/n_2)}}$$

는 근사적으로 표준정규분포를 따른다.

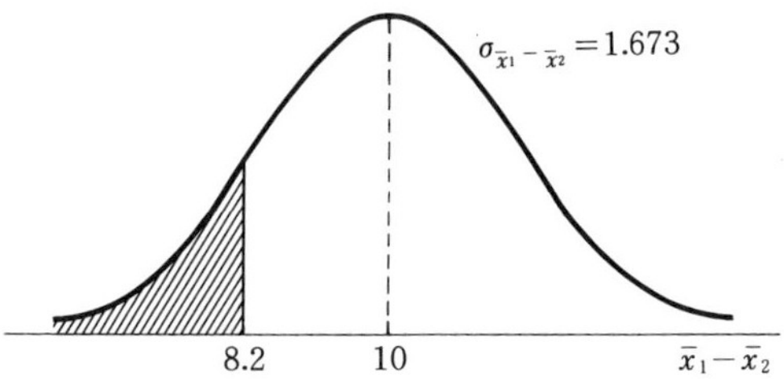

〈그림 8.3〉 두 표본평균 차이의 분포형태

[정리 8.2]에서 n_1과 n_2가 30 이상이면 모집단의 분포에 관계 없이 정규근사가 되고, n_1과 n_2가 30보다 작으면 모집단이 정규모집단이어야 타당성이 있게 된다.

[예 8.4] 두 모집단이 있는데, 제 1 모집단은 평균이 $\mu_1=50$, 분산이 $\sigma_1^2=9$인 정규모집단이고, 제 2 모집단은 평균이 $\mu_2=40$, 분산이 $\sigma^2=4$인 정규모집단이다. 이때 제 1 모집단에서는 $n_1=5$인 표본을 추출했고, 제 2 모집단에서는 $n_2=4$인 표본을 추출했다. 이때 $P(\overline{X}_1-\overline{X}_2<8.2)$를 구하라.

(풀이) $\overline{X}_1-\overline{X}_2$의 분포는 평균이

$$\mu_{\bar{x}_1-\bar{x}_2}=\mu_1-\mu_2=10$$

이고, 분산은

$$\sigma_{\bar{x}_1-\bar{x}_2}^2=\frac{\sigma_1^2}{n_1}+\frac{\sigma_2^2}{n_2}$$
$$=2.8$$

인 정규분포를 따른다. 표준정규계수 z는

$$z=\frac{8.2-10}{\sqrt{2.8}}=-1.08$$

$$P(\overline{X}_1-\overline{X}_2<8.2)=P(Z<-1.08)$$
$$=0.1401$$

이를 그림으로 나타내 보면 〈그림 8.3〉과 같다.

[예 8.5] 두 회사에서 텔레비전 브라운관을 생산하고 있다. 갑회사에서 생산되는 브라운관의 수명은 평균이 6.5년, 표준편차가 0.9년, 을회사에서 생산되는 브라운관의 수명은 평균이 6년, 표준편차가 0.8년이라고 알려져 있다. 갑회사에서는 36개의 표본을 추출하고, 을회사에서는 49개의 표본

을 추출했을 때, 두 표본평균의 차이가 1년 이상일 확률을 구하라.

(풀이) [정리 8.2]에 의하면 $\overline{X}_1-\overline{X}_2$의 분포는 근사적으로 평균이

$$\mu_{\bar{x}_1-\bar{x}_2}=6.5-6.0=0.5$$

이고, 표준편차가

$$\sigma_{\bar{x}_1-\bar{x}_2}=\sqrt{\frac{0.81}{36}+\frac{0.64}{49}}=0.189$$

인 정규분포를 따른다.

$$z=\frac{1.0-0.5}{0.189}=2.65$$

$$\begin{aligned}P(\overline{X}_1-\overline{X}_2\geq 1.0)&=P(Z>2.65)\\&=1-P(Z<2.65)\\&=1-0.9960\\&=0.0040\end{aligned}$$

이를 그림으로 나타내 보면 〈그림 8.4〉와 같다.

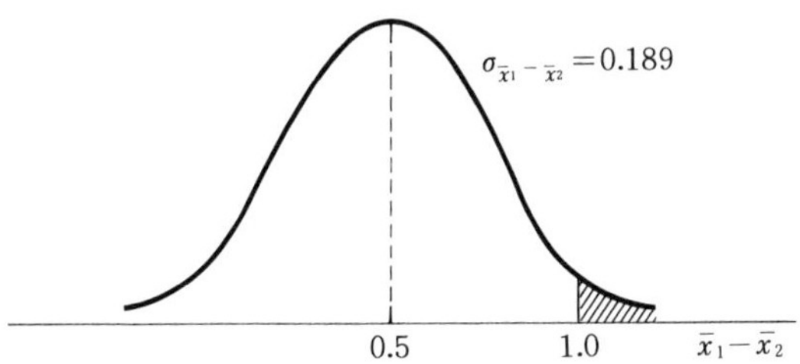

〈그림 8.4〉 두 표본평균 차이의 분포형태

8.4 표본분산의 분포

평균이 μ이고 분산이 σ^2인 정규모집단으로부터 크기 n의 표본을 추출했을 때, 표본분산의 통계량 S^2의 값을 얻기 위해 표본분산 S^2을 계산한다. 그러나 통계학에서는 S^2의 분포보다는 $(n-1)S^2/\sigma^2$의 통계량이 더 많이 이용된다. 즉

$$\sum_{i=1}^{n}(X_i-\mu)^2=\sum_{i=1}^{n}[(X_i-\overline{X})+(\overline{X}-\mu)]^2$$
$$=\sum_{i=1}^{n}(X_i-\overline{X})^2+\sum_{i=1}^{n}(\overline{X}-\mu)^2+2(\overline{X}-\mu)\sum_{i=1}^{n}(X_i-\overline{X})$$
$$=\sum_{i=1}^{n}(X_i-\overline{X})^2+n(\overline{X}-\mu)^2$$

양변을 σ^2로 나누고, $\sum_{i=1}^{n}(X_i-\overline{X})$를 $(n-1)S^2$으로 대체하면

$$\frac{\sum_{i=1}^{n}(X_i-\mu)^2}{\sigma^2}=\frac{(n-1)S^2}{\sigma^2}+\frac{(\overline{X}-\mu)^2}{\sigma^2/n}$$

그런데 [정리 7.16]에서 설명했듯이 $\sum_{i=1}^{n}(X_i-\mu)^2/\sigma^2$은 자유도 n인 카이제곱분포를 따르고, 마찬가지로 $(\overline{X}-\mu)^2/(\sigma^2/n)$은 자유도 1인 카이제곱분포를 따른다. 한편 이 책에서는 증명은 생략했지만 $\sum_{i=1}^{n}(X_i-\mu)^2/\sigma^2$과 $(\overline{X}-\mu)^2/(\sigma^2/n)$은 서로 독립이라고 알려져 있다. 따라서 $(n-1)S^2/\sigma^2$은 자유도 $(n-1)$인 카이제곱분포를 따른다.

[정리 8.3] 분산이 σ^2인 정규모집단으로부터 크기 n인 표본을 추출하였을 때, 표본분산을 S^2이라 하면 통계량

$$\chi^2=\frac{(n-1)S^2}{\sigma^2}$$

은 자유도 $\nu=n-1$인 카이제곱분포를 따른다.

[정리 8.3]에서 확률변수 χ^2의 값은

$$\chi^2=\frac{(n-1)s^2}{\sigma^2}$$

에 의해 계산된다. 이렇게 계산된 χ^2값이 어떤 특정한 값보다 클 확률은 카이제곱분포곡선에서 특정한 값의 오른쪽 면적과 같아진다. 즉 계산된 χ^2 값이 어떤 특정한 값보다 큰 확률이 α라면, 특정한 값은 χ^2_α이라고 나타낸다. 이것을 카이제곱분포곡선상에 나타내 보면 〈그림 8.5〉와 같다. 부록 A.5의 카이제곱분포표값은 지정된 자유도에서, 주어진 α값을 만족하는 χ^2_α 값을 나타낸다.

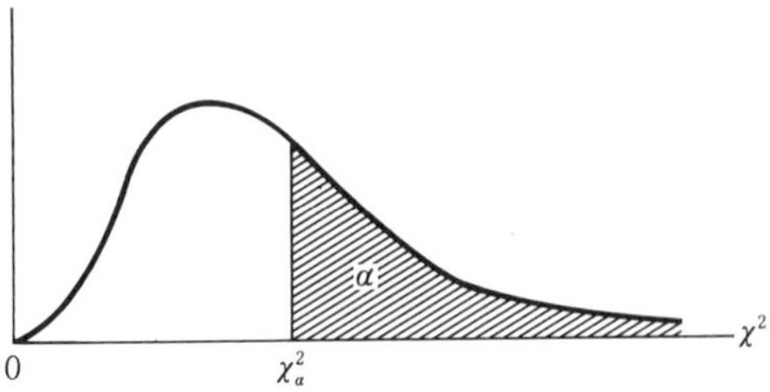

〈그림 8.5〉 카이제곱분포곡선

즉 자유도 $\nu=7$인 경우 $\alpha=0.05$이면 $\nu_{0.05}{}^2=14.067$을 표에서 찾을 수 있고, $\alpha=0.95$이면 $\chi_{0.95}{}^2=2.167$이 된다.

[예 8.6] 어떤 자동차 배터리 제조업자는 자사에서 제조한 배터리의 수명이 평균은 3년, 표준편차는 1년이라고 주장하고 있다. 그래서 5개의 배터리를 추출하여 시험한 결과 1.9년, 2.4년, 3.0년, 3.5년, 4.2년이었다. 이 결과를 가지고 제조업자가 주장하는 표준편차가 1년이라는 것을 믿을 수 있는가?

(풀이) 먼저 5개의 배터리의 표본분산을 구해 보면

$$S^2=\frac{(5)(48.26)-(15)^2}{(5)\ (4)}=0.815$$

따라서

$$\chi^2=\frac{(4)\ (0.815)}{1}=3.26$$

그런데 카이제곱분포값에서 자유도 4인 경우 $\alpha=0.95$이면 $\chi_{0.95}{}^2=0.711$이다. $\chi^2=3.26>\chi_{0.95}{}^2=0.711$이므로 제조업자의 표준편차가 1년이라는 것은 믿을 만하다. 이에 대한 자세한 설명은 제10장의 가설검정에서 다루기로 하겠다.

8.5 t분포

모집단의 분산 σ^2이 알려져 있는 경우는 표본평균 또는 표본분산에 대한 분포를 앞 절에서 설명한 방법으로 구할 수 있다. 그러나 실제 문제에 있어서는 모분산 σ^2을 알고 있는 경우는 극히 드물다. 이럴 때는 σ^2 대신 표본의 분산 S^2을 이용해야 하는데, 표본의 크기가 30 이상이면 $(\overline{X}-\mu)/(S/\sqrt{n})$는 근사적으로 표준정규분포를 따른다고 알려져 있다. 그러나 표본의 크기가 30보다 작은 경우에는 $(\overline{X}-\mu)/(S/\sqrt{n})$는 표준정규분포를 따른다고 할 수 없다. 그러면 n이 30보다 작은 경우

$$T=\frac{\overline{X}-\mu}{S/\sqrt{n}}$$

로 놓고, T가 어떤 분포를 따르는지 알아보기로 하자. T의 분포를 알아내기 위해 모집단은 정규모집단이라고 가정하자. 그러면

$$T=\frac{(\overline{X}-\mu)/(\sigma/\sqrt{n})}{\sqrt{S^2/\sigma^2}}=\frac{Z}{\sqrt{V/(n-1)}}$$

여기서

$$Z=\frac{\overline{X}-\mu}{\sigma/\sqrt{n}},$$

$$V=\frac{(n-1)S^2}{\sigma^2}$$

으로, Z는 표준정규분포를 따르는 확률변수이고, V는 자유도 $\nu=n-1$인 카이제곱분포를 따르는 확률변수이다. 그런데 정규모집단에서 표본을 추출할 경우 $\overline{X}$와 S^2은 서로 독립적이므로 Z와 V도 서로 독립이 된다. 이와 같은 개념을 가지고 T가 갖는 분포를 유도해 보기로 하자.

[정리 8.4] Z는 표준정규확률변수이고, V는 자유도 ν인 카이제곱확률 변수이고, Z와 V는 서로 독립이라면

$$T=\frac{Z}{\sqrt{V/\nu}}$$

의 확률분포는

$$h(t)=\frac{\Gamma[(\nu+1)/2]}{\Gamma(\nu/2)\sqrt{\pi\nu}}\left(1+\frac{t^2}{\nu}\right)^{-(\nu+1)/2},\quad -\infty<t<\infty$$

가 된다. 즉 $h(t)$는 자유도 ν인 t분포의 확률분포이다.

(증명) Z와 V는 서로 독립이므로 결합확률분포는 Z와 V 각각의 확

률분포의 곱으로 나타내진다.

$$f(z,\ v)=\frac{1}{\sqrt{2\pi}}e^{-z^2/2}\frac{1}{2^{\nu/2}\Gamma(\nu/2)}v^{\nu/2-1}e^{-v/2},\ -\infty<z<\infty,\ 0<v<\infty$$

또한 새로운 확률변수 U를 $U=V$로 놓자. 그 다음 변수변환방법을 이용하여 야코비안과 T와 U의 결합확률분포를 구해 보자.

$t=z/\sqrt{v/\nu}$와 $u=v$를 역변환하면 $z=t\sqrt{u}/\sqrt{\nu}$와 $v=u$가 된다.

$$J=\begin{vmatrix}\sqrt{u}/\sqrt{\nu} & t/2\sqrt{u\nu}\\ 0 & 1\end{vmatrix}=\frac{\sqrt{u}}{\sqrt{\nu}}$$

그리고 변수변환시 서로 대응되는 영역을 보면 $\{(z,\ v)\mid-\infty<z<\infty,\ 0<v<\infty\}$에서 $\{(t,\ u)\mid-\infty<t<\infty,\ 0<u<\infty\}$로 된다.

$$g(t,\ u)=\frac{1}{\sqrt{2\pi}\,2^{\nu/2}\Gamma(\nu/2)}u^{\nu/2-1}e^{-\{(u/2)[1+(t^2/\nu)]\}}\frac{\sqrt{u}}{\sqrt{\nu}},$$

$$-\infty<t<\infty,\ 0<u<\infty$$

$g(t,\ u)$에서 t에 대한 주변분포를 구하면,

$$h(t)=\int_0^\infty g(t,\ u)\,du$$

$$=\int_0^\infty\frac{1}{\sqrt{2\pi\nu}\,2^{\nu/2}\Gamma(\nu/2)}u^{[(\nu+1)/2]-1}e^{-\{(u/2)[1+(t^2/\nu)]\}}du$$

$z=u(1+t^2/\nu)/2$로 치환하면 $du=2dz/(1+t^2/\nu)$이므로

$$h(t)=\frac{1}{\sqrt{2\pi\nu}\,2^{\nu/2}\Gamma(\nu/2)}\int_0^\infty\left(\frac{2z}{1+t^2/\nu}\right)^{[(\nu+1)/2]-1}e^{-z}\left(\frac{2}{1+t^2/\nu}\right)dz$$

$$=\frac{1}{\Gamma(\nu/2)\sqrt{\pi\nu}}\left(1+\frac{t^2}{\nu}\right)^{-[(\nu+1)/2]}\int_0^\infty z^{\{\nu+1)/2\}-1}e^{-z}dz$$

$$=\frac{\Gamma[(\nu+1)/2]}{\Gamma(\nu/2)\sqrt{\pi\nu}}\left(1+\frac{t^2}{\nu}\right)^{-(\nu+1)/2},\ -\infty<t<\infty$$

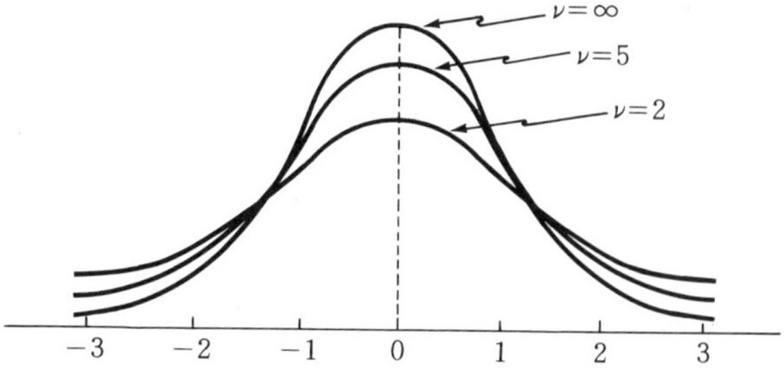

〈그림 8.6〉 자유도 변화에 다른 t분포의 형태

이와 같은 t분포는 1908년 Gosset가 Student라는 가명으로 발표한 것이다. 따라서 이를 Student t분포라고 부르기도 한다. t분포의 형태는 표준 정규분포와 같이 Y축을 중심으로 대칭을 이룬다. 단, 표준정규확률변수 Z값은 $\bar{X}$에 따라 달라지고, T값은 $\bar{X}$와 S^2에 따라 달라진다. 그리고 〈그림 8.6〉에서 볼 수 있듯이 t분포에서 자유도가 커질수록 표준정규분포에 접근한다.

부록 A.4에서 나와 있는 t분포표값은 〈그림 8.7〉에서 볼 수 있듯이 양쪽 면적이 각각 α가 되는 점을 t_α와 $t_{1-\alpha}$로 나타낸다. 그런데 t분포는 Y축을 중심으로 대칭이므로 $t_{1-\alpha}=-t_\alpha$가 된다. 즉 $t_{0.95}=-t_{0.05}$, $t_{0.99}=-t_{0.01}$이 된다.

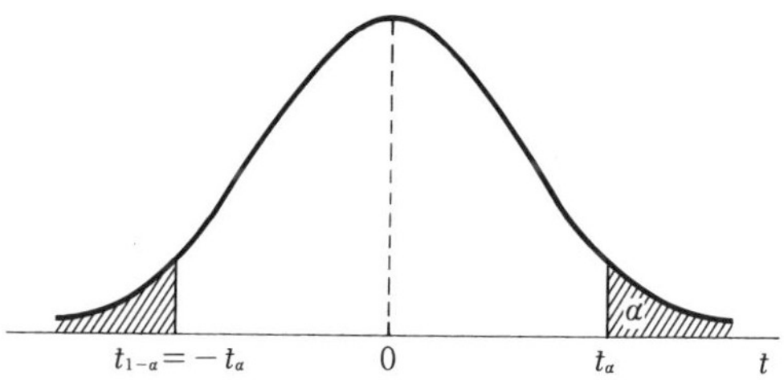

〈그림 8.7〉 t분포의 대칭성

[예 8.7] $P(-t_{0.025}<T<t_{0.05})$을 구하라.

(풀이) $t_{0.05}$는 t분포곡선에서 오른쪽 끝부분의 면적이 0.05이고, $-t_{0.025}$는 왼쪽 끝부분의 면적이 0.025이므로 나머지 면적은

$$1-0.05-0.025=0.925$$

이다. 따라서

$$P(-t_{0.025}<T<t_{0.05})=0.925$$

[예 8.8] 정규모집단에서 15개의 표본을 추출했을 때, $P(k<T<-1.761)=0.045$를 만족하는 k값을 구하라.

(풀이) 자유도 14인 t분포에서 1.761은 $t_{0.05}$에 대응된다. 따라서 $-t_{0.05}=-1.761$이므로 $k=-t_\alpha$이다. 그러면 〈그림 8.8〉에서 볼 수 있듯이

$$0.045=0.05-\alpha$$

이므로

$$\alpha=0.005$$

$$k=-t_{0.005}=-2.977$$

[예 8.9] 어떤 전구 생산업자는 자사 생산전구는 평균수명이 500시간이라고 주장하고 있다. 그는 이를 입증하기 위해 25개의 전구를 추출하여 수명시험을 하였다. 이 결과 t값이 $-t_{0.05}$와 $t_{0.05}$ 사이에 있으면 그의 주장이 타당성이 있다고 생각된다. 25개 전구의 수명시험결과 표본평균은 518시간이고 표준편차는 40시간이었을 때 어떤 결론을 낼 수 있겠는가? 단, 전구 수명 분포는 근사적으로 정규분포를 따른다고 가정하라.

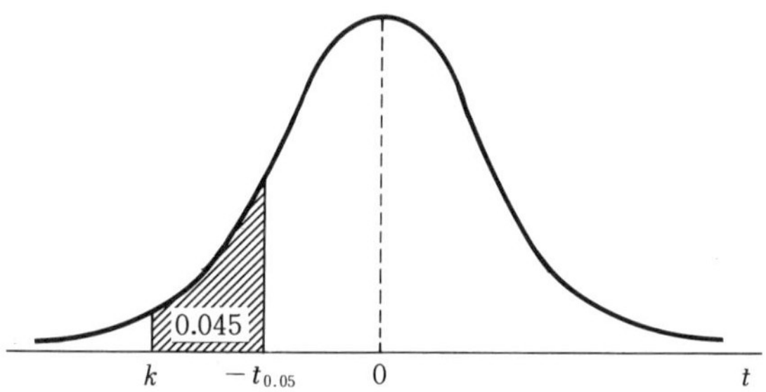

〈그림 8.8〉 t분포표값의 면적

(풀이)

$$t=\frac{518-500}{40/\sqrt{25}}=2.25$$

자유도가 24인 경우 $t_{0.05}=1.711$이다. t값이 $t_{0.05}$보다 크므로 실제 생산되는 전구수명은 500시간보다 길다고 할 수 있다.

8.6 F분포

F통계량은 두 개의 서로 독립된 카이제곱확률변수의 비로 나타내어진다. 즉,

$$F=\frac{U/\nu_1}{V/\nu_2}$$

에서 U와 V는 서로 독립이면서 각각 자유도가 ν_1, ν_2인 카이제곱확률변수이다. 그러면 F분포의 확률분포를 유도해 보자.

[정리 8.5] 확률변수 U와 V는 각각 자유도 ν_1, ν_2를 갖는 카이제곱분포를 따를 때,

$$F=\frac{U/\nu_1}{V/\nu_2}$$

의 확률분포는

$$h(f)=\frac{\Gamma[(\nu_1+\nu_2)/2](\nu_1/\nu_2)^{\nu_1/2}}{\Gamma(\nu_1/2)\Gamma(\nu_2/2)}\ \frac{f^{\nu_1/2-1}}{(1+\nu_1 f/\nu_2)^{(\nu_1+\nu_1)/2}},\ 0<f<\infty$$

이때, $h(f)$를 자유도 ν_1, ν_2인 F분포라 한다.

(증명) U와 V의 결합확률분포는

$$\phi(u,\ v)=r(u)s(v)$$

여기서 $r(u)$와 $s(v)$는 각각 U와 V의 확률분포이다.

$$\phi(u,\ v)=\frac{1}{2^{\nu_1/2}\Gamma(\nu_1/2)}u^{\nu_1/2-1}e^{-u/2}\frac{1}{2^{\nu_2/2}\Gamma(\nu_2/2)}v^{\nu_2/2-1}e^{-v/2}$$

$$=\frac{1}{2^{(\nu_1+\nu_2)/2}\Gamma(\nu_1/2)\Gamma(\nu_2/2)}u^{\nu_1/2-1}v^{\nu_2/2-1}e^{-(u+v)/2},$$

$0<u<\infty,\ 0<v<\infty$

또한 새로운 확률변수 W를 $W=V$로 놓자. 그 다음 변수변환과 야코비안을 이용하여 F와 W의 결합확률분포를 구해 보자.

$$J=\begin{vmatrix}(\nu_1/\nu_2)w & (\nu_1/\nu_2)f \\ 0 & 1\end{vmatrix}=\frac{\nu_1}{\nu_2}w$$

$$g(f,\ w)=\frac{1}{2^{(\nu_1+\nu_2)/2}\Gamma(\nu_1/2)\Gamma(\nu_2/2)}$$

$$\times\left(\frac{\nu_1 fw}{\nu_2}\right)^{\nu_1/2-1}w^{\nu_2/2-1}e^{-(w/2)[(\nu_1 f/\nu_2)+1]}\frac{\nu_1 w}{\nu_2},$$

$0<f<\infty,\ 0<w<\infty$

$g(f,\ w)$에서 F에 대한 주변분포를 구하면

$$h(f)=\int_0^\infty g(f,\ w)\,dw$$

$$=\frac{(\nu_1/\nu_2)^{\nu_1/2}f^{\nu_1/2-1}}{2^{(\nu_1+\nu_2)/2}\Gamma(\nu_1/2)\Gamma(\nu_2/2)}\int_0^\infty w^{[(\nu_1+\nu_2)/2]-1}e^{-(w/2)[(\nu_1 f/\nu_2)+1]}dw$$

$z=(w/2)[(\nu_1 f/\nu_2)+1]$로 치환하면

$$dw=[2/(\nu_1 f/\nu_2+1)]dz$$

이므로

$$h(f)=\frac{(\nu_1/\nu_2)^{\nu_1/2}f^{\nu_1/2-1}}{2^{(\nu_1+\nu_2)/2}\Gamma(\nu_1/2)\Gamma(\nu_2/2)}\int_0^\infty\left(\frac{2z}{\nu_1 f/\nu_2+1}\right)^{(\nu_1+\nu_2)/2-1}$$

$$\times e^{-z}\frac{2}{\nu_1 f/\nu_2+1}dz$$

$$=\frac{(\nu_1/\nu_2)^{\nu_1/2}f^{\nu_1/2-1}}{\Gamma(\nu_1/2)\Gamma(\nu_2/2)(1+\nu_1 f/\nu_2)^{(\nu_1+\nu_2)/2}}\int_0^\infty z^{(\nu_1+\nu_2)/2-1}e^{-z}dz$$

$$=\frac{\Gamma[(\nu_1+\nu_2)/2](\nu_1/\nu_2)^{\nu_1/2}}{\Gamma(\nu_1/2)\Gamma(\nu_2/2)}\ \frac{f^{\nu_1/2-1}}{(1+\nu_1 f/\nu_2)^{(\nu_1+\nu_2)/2}},$$

$$0<f<\infty$$

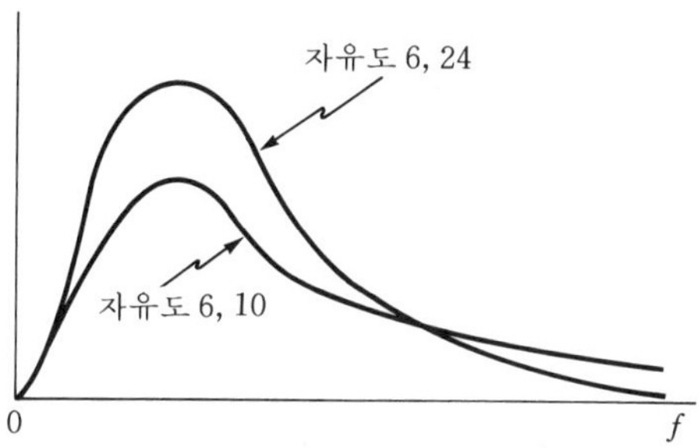

〈그림 8.9〉 F분포곡선형태

F분포곡선의 형태는 〈그림 8.9〉와 같이 두 자유도 ν_1과 ν_2에 의해 결정된다. 그리고 F분포에서 자유도는 분자에 있는 카이제곱확률변수의 자유도를 먼저 쓰고, 그 다음으로 분모에 있는 카이제곱확률변수의 자유도를 쓴다.

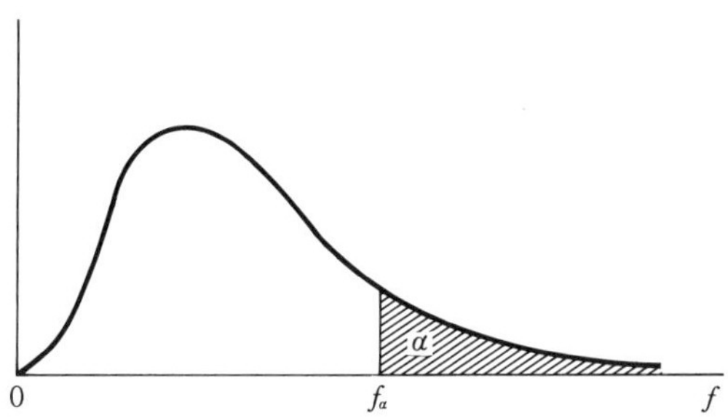

〈그림 8.10〉 F분포표값의 면적

한편 F분포표값에 나와 있는 f_α라는 점은 f_α보다 큰 면적이 α가 된다는 것이다. 예를 들어 자유도 6과 10일 때 $f_{0.05}=3.22$가 된다. 이를 그림으로 나타내보면 〈그림 8.10〉과 같다.

[정리 8.6] 자유도 ν_1, ν_2에서 f_α값을 $f_\alpha(\nu_1, \nu_2)$로 나타낼 때,

$$f_{1-\alpha}(\nu_1, \nu_2)=\frac{1}{f_\alpha(\nu_2, \nu_1)}$$

이다.

예를 들어 자유도 6과 10이고 $\alpha=0.05$일 때,

$$f_{0.95}(6, 10)=\frac{1}{f_{0.05}(10, 6)}=\frac{1}{4.06}=0.246$$

이 된다.

두 모집단의 모분산이 각각 σ_1^2, σ_2^2으로 알려져 있는 정규모집단에서 크기 n_1, n_2인 분포를 추출했다고 하자. 그러면 [정리 8.3]에 의해

$$\chi_1^2=\frac{(n_1-1)S_1^2}{\sigma_1^2},$$

$$\chi_2^2=\frac{(n_2-1)S_2^2}{\sigma_2^2}$$

이 되며, 각각의 자유도는 $\nu_1=n_1-1$과 $\nu_2=n_2-1$이다. 그리고, [정리 8.5]에서 $\chi_1^2=U$와 $\chi_2^2=V$로 치환하면 다음 정리가 성립한다.

[정리 8.7] 모분산이 각각 σ_1^2, σ_2^2인 정규모집단에서 서로 독립적으로 크기 n_1, n_2인 표본을 추출하여 표본분산을 S_1^2, S_2^2이라고 할 때,

$$F=\frac{S_1^2/\sigma_1^2}{S_2^2/\sigma_2^2}=\frac{\sigma_2^2 S_1^2}{\sigma_1^2 S_2^2}$$

은 자유도 $\nu_1=n_1-1$과 $\nu_2=n_2-1$인 F분포를 따른다.

연습문제

1. 평균이 50이고 표준편차가 5인 정규모집단에서 크기 16인 표본을 추출했을 때 표본평균이 $\mu_{\bar{X}}-1.9\sigma_{\bar{X}}$와 $\mu_{\bar{X}}-0.4\sigma_{\bar{X}}$ 사이에 들어갈 확률을 구하라.

2. 모집단이 $f(x)=1/3$, $x=2, 4, 6$인 이산적 일양분포를 따를 때, 크기 54인 표본을 복원추출하였다. 표본평균이 4.1보다 크고 4.4보다 작을 확률을 구하라.

3. 무한모집단에서 크기 36의 표본을 추출하여 표본평균에 대한 표준오차를 구해 보니 2였다. 이때 표준오차를 1.2로 줄이려면 표본의 크기는 얼마로 해야 하는가?

4. 어떤 전선의 저항은 평균이 40오옴, 표준편차가 2오옴으로 알려져 있다. 이러한 전선 중 36개를 임의추출하였을 때 저항의 합이 1,458오옴보다 클 확률을 구하라.

5. 어떤 공장에서 생산되는 실의 장력은 평균이 78.3kg, 표준편차가 5.6kg으로 알려져 있다. 이때 모집단의 크기를 무한이라고 가정하고, 표본의 크기가 다음과 같이 변할 때 표준편차의 변화를 구하라.
   ① 표본의 크기가 64에서 196으로 증가
   ② 표본의 크기가 784에서 49로 감소

6. 확률변수 X는 어떤 타자수가 한 페이지를 타자했을 때 나오는 오타수를 나타내며, 확률분포는 다음과 같다.

x	4	5	6	7
$P(X=x)$	0.2	0.4	0.3	0.1

   ① X의 평균과 분산을 구하라.
   ② 표본의 크기가 36일 때 $\bar{X}$의 평균과 분산을 구하라.
   ③ 36페이지에 포함된 오타수의 평균이 5.5보다 적을 확률을 구하라.

7. 어떤 기계의 수명은 평균이 5년, 표준편차가 1년인 정규분포를 따른다고 알려져 있다. 이때 9대의 기계를 임의추출하여 수명을 조사하였을 때 표본평균이 4.4년 이상 5.2년 이하일 확률을 구하라.

8. 손님의 입·출금 업무를 담당하는 은행원이 한 손님당 소요되는 시간은 μ

$=3.2$분, $\sigma=1.6$분이라고 알려져 있다. 64명의 손님을 임의추출하여 조사하였을 때 한 손님당 소요된 평균이 3.5분 이상일 확률을 구하라.

9. n이 매우 클 때 $\ln(1+v)$를 Maclaurin 급수로 전개시키고, 이를 이용해 다음을 증명하라.

$$\lim_{n\to\infty}\ln M_{(\bar{X}-\mu)/(\sigma/\sqrt{n})}(t)=\frac{t^2}{2}$$

$$\lim_{n\to\infty}M_{(\bar{X}-\mu)/(\sigma/\sqrt{n})}(t)=e^{t^2/2}$$

10. 두 개의 모집단이 있는데, 제1모집단은 평균이 80, 표준편차가 5인 정규모집단이고, 제2모집단은 평균이 75, 표준편차가 3인 정규모집단이다. 그리고, 제1모집단에서는 25개의 표본을 추출하고, 제2모집단에서는 36개의 표본을 임의추출하였다. 이때 제1모집단에서 추출한 표본평균이 제2모집단에서 추출한 표본평균보다 3.4이상 5.9이하로 클 확률을 구하라.

11. 어떤 대학교 1학년 학생을 대상으로 적성검사를 실시한 결과 평균이 540점, 표준편차가 50점이었다. 이러한 학생들 중에서 각각 32명, 50명의 두 그룹으로 표본을 추출하였을 때, 두 그룹의 표분평균이 20점 이상일 확률을 구하라.

12. $\bar{X}_1$는 다음과 같은 확률분포를 따르는 모집단으로부터 추출한 확률표본의 평균이다.

x	2	3	7
$f(x)$	$\frac{1}{3}$	$\frac{1}{3}$	$\frac{1}{3}$

그리고 $\bar{X}_2$는 다음과 같은 확률분포를 따르는 모집단으로부터 추출한 확률표본의 평균이다.

x	1	3
$f(x)$	$\frac{2}{3}$	$\frac{1}{3}$

각 모집단에서 추출한 확률표본의 크기가 각각 $n_1=125$, $n_2=100$일 때, $\bar{X}_1-\bar{X}_2$가 1.84보다 크고 2.63미만일 확률을 구하라.

13. 카이제곱분포에서 다음 수표값을 구하라.

① 자유도가 15일 때 $\chi_{0.025}{}^2$값

② 자유도가 7일 때 $\chi_{0.01}{}^2$값

③ 자유도가 5일 때 $\chi_{0.005}^2$값

14. 카이제곱분포에서 다음을 만족하는 χ_α^2 값을 구하라.

① 자유도가 4일 때 $P(\chi^2 < \chi_\alpha^2) = 0.99$

② 자유도가 19일 때 $P(\chi^2 < \chi_\alpha^2) = 0.025$

③ 자유도가 25일 때 $P(37.652 < \chi^2 < \chi_\alpha^2) = 0.045$

15. 어떤 고등학교에서 조사한 최근 5년간의 자료에 의하면 모의고사 성적은 평균이 74점, 분산이 8점인 정규분포를 따르는 것으로 나타났다. 그런데 금년에 20명을 임의추출하여 시험을 치른 결과 $S^2 = 20$이었다. 그러면 모분산 $\sigma^2 = 8$은 타당하다고 할 수 있는가?

16. t분포에서 다음을 만족하는 값을 구하라.

① 자유도가 14일 때 $t_{0.025}$ 값

② 자유도가 10일 때 $-t_{0.01}$ 값

③ 자유도가 7일 때 $t_{0.995}$ 값

17. t분포에서 다음을 만족하는 값을 구하라.

① 자유도가 7일 때 $P(T < 2.365)$

② 자유도가 24일 때 $P(T > 1.318)$

③ 자유도가 12일 때 $P(-1.356 < T < 2.179)$

18. 정규모집단에서 크기 24인 표본을 추출했을 때 다음을 만족하는 K 값을 구하라.

① $P(-2.069 < T < K) = 0.965$

② $P(K < T < 2.807) = 0.095$

③ $P(-K < T < K) = 0.90$

19. 전매청 발표에 의하면 어떤 특정 담배에 함유된 니코틴 함량의 평균이 1.83 밀리그램이라고 하였다. 이를 조사하기 위해 8개의 표본을 추출한 결과, 니코틴 함량이 각각 2.0, 1.7, 2.1, 1.9, 2.2, 2.1, 2.0, 1.6밀리그램이었다. 이 조사 결과로 볼 때 전매청의 발표가 타당하다고 할 수 있는가?

20. F분포에서 다음을 만족하는 수표값을 구하라.

① 자유도가 7과 15일 때 $f_{0.05}$ 값

② 자유도가 15와 7일 때 $f_{0.05}$ 값

③ 자유도가 24와 19일 때 $f_{0.01}$ 값

④ 자유도가 19와 24일 때 $f_{0.95}$ 값

21. 분산이 각각 $\sigma_1^2=10$과 $\sigma_2^2=15$인 두 정규모집단에서 $n_1=25$와 $n_2=31$인 표본을 추출하여, 각각의 표본분산 S_1^2과 S_2^2을 구했을 때 $P(S_1^2/S_2^2>1.26)$을 구하라.

22. 분산이 동일한 두 정규모집단으로부터 각각 $n_1=8$, $n_2=12$인 표본을 추출하여, 각각의 표본분산 S_1^2과 S_2^2을 구했을 때 $P(S_1^2/S_2^2<4.89)$를 구하라.

23. 어떤 의학자는 에스키모인들이 생선을 많이 먹기 때문에 심장질환에 의한 사망률이 낮다고 보고하였다. 그리고 하루에 에스키모인이 섭취하는 생선의 양은 평균 400g, 표준편차는 50g이라고 하였다.

① 에스키모인들중 25명을 표본으로 추출했을 때 $\overline{X}$의 평균과 표준편차를 구하라.

② $\overline{X}$가 405g 이상 425g 이하일 확률을 구하라.

24. 전매청에서는 최근에 시판된 담배에 함유된 타르 함량은 평균이 3.9mg, 표준편차는 1.0mg이라고 발표하였다. 100개피의 담배를 임의로 추출하여 타르 함량을 조사했을 때, $\overline{X}$가 4.15mg 이상일 확률을 구하라.

25. 병원 운영에 있어서, 환자가 병원에 도착하여 진료받기 위하여 기다리는 시간과 진료시간에 따라 의사와 간호사의 숫자가 결정된다. 어떤 병원에서 각 환자가 병원에 도착하는 시간간격은 평균이 4.1분, 표준편차가 3.7분이라고 알려져 있다.

① 20명의 환자를 임의로 추출하여 도착시간 간격을 조사해 보았을 때 중심극한정리를 이용하여, $\overline{X}$의 평균과 표준편차를 구하라.

② $P(\overline{X}<2)$를 구하라.

26. 새로운 학습방법에 의한 교육이 작년부터 시행되고 있다. 작년도 말에 이 방법에 따라 교육받은 학생들의 성적은 평균이 75점, 표준편차가 10점이었다. 이중 36명을 임의로 추출하였을 때 다음에 답하라.

① $\overline{X}$의 평균과 표준편차를 구하라.

② $P(\overline{X}\geq 79)$을 구하라.

27. $\alpha=2$, $\beta=4$인 감마분포에서 크기 128인 확률표본을 추출하였을 때, $P(7<\overline{X}<9)$를 구하라.

28. $f(x)=3x^2$, $0<x<1$인 모집단에서 $n=15$인 표본을 추출했을 때, 확률표본의 평균이 $\frac{3}{5}$과 $\frac{4}{5}$ 사이에 있을 확률을 구하라.

29. X_1, X_2를 각각 $f(x)=e^{-x}$, $0<x<\infty$에서 추출한 확률표본이라 할 때, $Z=X_1/X_2$의 분포는 F분포가 됨을 유도하라.

30. 확률변수 T가 t분포를 따를 때, T^2은 F분포가 됨을 보여라.

제 9 장

추　　정

9.1 통계적 추론

통계적 추론에서는 모집단에 대한 추측과 그의 일반화 과정을 생각할 수 있다. 근래에 들어와서는 모집단으로부터 추출한 표본에서 직접적으로 얻은 정보만을 이용하여 모집단에 대한 추측 또는 결정을 하는 고전적인 방법과 미지의 모집단의 분포에 대한 사전지식을 표본자료와 연관시켜 추측하는 베이지안 방법으로 구분한다. 통계적 추론에서는 확률분포를 모집단의 분포에 대한 이론적 모형으로 하고, 이 분포의 평균, 분산, 모비율 등과 같이 모집단의 특성을 나타내는 수치적 측도를 모수라고 한다. 이 장에서는 이러한 모수를 추정하기 위하여 임의표본으로부터 통계량을 계산하거나, 표본분포의 이론을 적용하는 고전적인 방법을 이용하였다. 또한 9.9 절에서는 베이지안 추정방법에 관하여 간단히 살펴보기로 하자.

통계적 추론은 크게 추정과 가설검정으로 나눌 수 있다. 제 9 장에서는 추정에 관하여, 제 10 장에서는 가설검정에 관하여 다루도록 한다. 이 두 가지를 명백히 구분하기 위해 다음 예를 생각해 보자. 어느 국회의원 후보가 실제 그를 지지하는 유권자의 비율을 알기 위해 100 명의 유권자를 임의추출하여 지지율을 추정하고자 한다. 표본에서 유권자 중 그를 지지하는 비율로서 모집단인 모든 유권자 중에서의 모비율의 참값을 추정하고자 한다. 모비율의 표본분포에 관한 지식에 따라 이 추정량이 얼마나 정확한지 알 수 있다. 이런 문제가 추정의 영역에 속한다.

한 가정주부가 A왁스가 B왁스보다 저항에 더 강한지를 알고 싶다고 하자. 우선 A가 B보다 더 저항에 강하다고 가정하고, 검사를 한 다음 이 가설을 채택 또는 기각할 것이다. 이 예에서는 모수를 추정하는 것이 아니라, 미리 제시한 가설에 관하여 올바른 결론에 도달하도록 한다. 여기서도 결론에 대한 정확성은 표본분포에 따라 달라진다.

9.2 추정의 고전적인 방법

모수 θ의 점추정치는 통계량 $\hat{\Theta}$의 한 값 $\hat{\theta}$이다. 예를 들면 통계량 $\overline{X}$의 한 값 $\bar{x}$는 n인 표본으로부터 계산되며 모평균 μ의 점추정치이다. 마찬가지로 이항시행에서 표본비율 $\hat{p}=x/n$는 모비율의 참값 p에 대한 점추정치이다.

점추정치를 얻기 위해 사용하는 통계량을 추정량 또는 결정함수라 부른다. 따라서 결정함수 S^2은 확률분포의 함수로 모분산 σ^2의 추정량이며 그 추정치 s^2은 실제 계산 가능한 값이다. 일반적으로 서로 다른 표본으로부터는 서로 다른 추정치를 얻게 된다.

미지의 모수 θ에 의하여 특징지어지는 모집단으로부터의 확률표본을 $X_1, X_2, \cdots, X_n$이라 하자. 확률표본 $X_1, X_2, \cdots, X_n$의 관측값 $x_1, x_2, \cdots, x_n$이 얻어지면 특정방법에 의해 하나의 수값 $Y=u(X_1, X_2, \cdots, X_n)$이 계산되고 이를 θ의 참값으로 추측하게 된다. 이때 $Y=u(X_1, X_2, \cdots, X_n)$은 통계량으로서 θ의 추정량이라 하며 $\hat{\theta}(X_1, X_2, \cdots, X_n)$ 또는 $\hat{\theta}$로 나타낸다.

점추정을 하는데 흔히 사용되는 방법으로 최우추정법을 들 수 있다. 이를 예를 들어 설명하면 다음과 같다. $X_1, X_2, \cdots, X_n$은 $f(x)=\theta^x(1-\theta)^{1-x}$, $x=0, 1$로부터 추출한 확률표본이라고 하자. 단, $0\le\theta\le1$이다. 그러면 $X_1=x_1, X_2=x_2, \cdots, X_n=x_n$의 결합확률분포는

$$\theta^{x_1}(1-\theta)^{1-x_1}\theta^{x_2}(1-\theta)^{1-x_2}\cdots\theta^{x_n}(1-\theta)^{1-x_n}=\theta^{\Sigma xi}(1-\theta)^{n-\Sigma xi}$$

가 된다. 여기서 $x_i=0$ 또는 1의 값을 가지며, $X_1, X_2, \cdots, X_n$의 결합확률분포를 θ의 함수로 보면 $L(\theta)=\theta^{\Sigma xi}(1-\theta)^{n-\Sigma xi}$, $0\le\theta\le1$이 되는데, 이를 우도함수(likelihood function)라 한다. 여기서 우도함수의 값이 최대가 되도록 θ의

값을 정해주는 방법을 최우추정법이라 한다.

$L(\theta)$ 가 최대값을 가질 경우의 θ값에서 $\ln L(\theta)$의 값도 최대가 되므로, $\ln L(\theta)$를 θ에 대해 미분한 식을 0으로 놓고 풀면 최우추정량을 구할 수 있다.

즉 $\ln L(\theta)=\left(\sum_{i=1}^{n} x_i\right)\ln\theta+\left(n-\sum_{i=1}^{n} x_i\right)\ln(1-\theta)$

로부터

$$\frac{d\ln L(\theta)}{d\theta}=\frac{\sum_{i=1}^{n}x_i}{\theta}-\frac{n-\sum_{i=1}^{n}x_i}{1-\theta}=0$$

이 된다. 이를 풀면

$$(1-\theta)\sum_{i=1}^{n} x_i=\theta\left(n-\sum_{i=1}^{n} x_i\right)$$

가 되므로, θ에 대한 해는 $\sum_{i=1}^{n} x_i/n$이다.

따라서 $\hat{\theta}=\frac{\sum_{i=1}^{n}X_i}{n}$ 을 θ의 최우추정량(maximum likelihood estimator)이라 하고, 실제 관측치 $\sum_{i=1}^{n} x_i/n$ 을 θ의 최우추정치(maximum likelihood estimate)라고 한다. 예로 $n=3$, $x_1=1$, $x_2=0$, $x_3=1$일 때, $L(\theta)=\theta^2(1-\theta)$이고, $\hat{\theta}=\frac{2}{3}$가 최우추정치이다. 이상을 일반화시키면 다음과 같다.

[정의 9.1] 모집단의 확률분포가 $f(x;\theta)$인 모집단에서 추출한 확률표본 X_1, X_2, $\cdots$, X_n의 결합확률분포는 $f(x_1;\theta)f(x_2;\theta)\cdots f(x_n;\theta)$이다. 이 결합확률분포를 θ의 함수로 표현하면

$$L(\theta;x_1,x_2,\cdots,x_n)=f(x_1;\theta)f(x_2;\theta)\cdots f(x_n;\theta)$$

과 같은 우도함수가 된다. 여기서 θ가 $u(x_1,x_2,\cdots,x_n)$으로 대치되었을 때, 우도함수 L이 최대가 된다면 통계량 $u(X_1,X_2,\cdots,X_n)$을 θ의 최우추정량이라고 부르고, $\hat{\theta}=u(X_1,X_2,\cdots,X_n)$으로 표시한다.

[예 9.1] X_1, X_2, $\cdots$, X_n을 표준정규분포로부터 추출한 확률표본이라 할 때, 평균에 대한 최우추정량을 구하라.

(풀이) 우도함수는

$$L(\theta;\ x_1,\ x_2,\ \cdots,\ x_n)=\left(\frac{1}{\sqrt{2\pi}}\right)^n \exp\left[-\sum_{i=1}^{n}(x_i-\theta)^2/2\right]$$

이므로,

$$\frac{d \ln L(\theta;\ x_1,\ x_2,\ \cdots,\ x_n)}{d\theta}=\sum_{i=1}^{n}(x_i-\theta)$$

를 0으로 놓아 풀면, θ에 대한 해는

$u(x_1,\ x_2,\ \cdots,\ x_n)=\sum_{i=1}^{n}x_i/n$ 이 된다. 따라서

통계량

$$\hat{\theta}=u(X_1,\ X_2,\ \cdots,\ X_n)=\frac{\sum_{i=1}^{n}X_i}{n}=\overline{X}$$

는 평균 θ의 유일한 최우추정량이다.

[정의 9.2] 추정문제에서 얻어질 수 있는 모든 가능한 추정치들의 집합을 추정치 공간 또는 결정공간이라 부른다.

어떤 추정량이든지 오차 없이 모수를 추정한다고 기대할 수는 없다. $\overline{X}$는 모평균 μ를 정확히 추정한다고 기대하는 것이 아니라 크게 벗어나지는 않는 값으로 기대하는 것이다. 예를 들어, 실제는 모르는 값으로 되어 있지만 평균이 4인 모집단에서 2, 5, 11의 세 값을 가지는 표본을 추출하였다고 하자. 모평균 μ를 추정하는 데 있어서 표본평균을 이용한다면 $\bar{x}=6$으로 추정할 것이고, 중앙값을 이용한다면 $\tilde{x}=5$로 추정할 것이다. 이 경우에는 추정량 $\tilde{X}$가 추정량 $\overline{X}$보다 모수의 참값에 더욱 가깝게 되었다. 한편 확률표본으로부터 2, 6, 7의 값을 얻었을 경우에는 $\bar{x}=5$, $\tilde{x}=6$이 되므로 $\overline{X}$가 더 좋은 추정량이 된다. 그러나 μ의 참값은 모르는 것이므로 추정량으로 $\overline{X}$를 사용할지 $\tilde{X}$를 사용할지는 사전에 결정하여야 한다.

좋은 결정함수가 갖는 바람직한 성질이란 무엇인가? 즉 어떤 성질을 갖기 때문에 그 추정량을 택하게 되는가? 어떤 미지의 모수에 대한 점추정치가 $\hat{\theta}$일 때 $\hat{\Theta}$를 추정량이라고 부르자. 아마도 Θ의 표본분포가 추정된 모수와 같은 평균을 갖기를 바랄 것이다. 이런 성질을 갖는 추정량을 불편추정량이라 부른다.

[정의 9.3] $\mu_{\hat{\Theta}}=E(\hat{\Theta})=\theta$이면 통계량 $\hat{\Theta}$를 모수 θ의 불편추정량이라 한다.

[예 9.2] 표본분산 S^2이 모분산 σ^2의 불편추정량임을 보여라.

(풀이) 표본분산 S^2의 분자를 풀어쓰면,

$$\begin{aligned}\sum_{i=1}^{n}(X_i-\bar{X})^2&=\sum_{i=1}^{n}[(X_i-\mu)-(\bar{X}-\mu)]^2\\&=\sum_{i=1}^{n}(X_i-\mu)^2-2(\bar{X}-\mu)\sum_{i=1}^{n}(X_i-\mu)+n(\bar{X}-\mu)^2\\&=\sum_{i=1}^{n}(X_i-\mu)^2-n(\bar{X}-\mu)^2\end{aligned}$$

여기서

$$\begin{aligned}E(S^2)&=E\left[\frac{\sum_{i=1}^{n}(X_i-\bar{X})^2}{n-1}\right]\\&=\frac{1}{n-1}\left[\sum_{i=1}^{n}E(X_i-\mu)^2-nE(\bar{X}-\mu)^2\right]\\&=\frac{1}{n-1}\left(\sum_{i=1}^{n}\sigma_{X_i}{}^2-n\sigma^2_{\bar{X}}\right)\end{aligned}$$

그런데,

$$\sigma_{X_i}=\sigma^2,\ i=1,\ 2,\ \cdots,\ n$$

이고

$$\sigma_{\bar{X}}{}^2=\frac{\sigma^2}{n}$$

이므로

$$E(S^2)=\frac{1}{n-1}\left(n\sigma^2-n\frac{\sigma^2}{n}\right)=\sigma^2$$

이다.

S^2은 σ^2의 불편추정량이지만 S는 σ의 편의추정량이 된다. 그러나 그 편의는 표본크기가 클 때는 거의 무시될 수가 있다.

만약에 $\hat{\Theta}_1$와 $\hat{\Theta}_2$가 다같이 모두 θ의 불편추정량일 때는 표본분포가 보다 작은 분산을 갖는 추정량을 택하게 된다. 이때 $\sigma_{\hat{\Theta}_1}{}^2<\sigma_{\hat{\Theta}_2}{}^2$ 이면 $\hat{\Theta}_1$가 $\hat{\Theta}_2$보다 더욱 유효하다고 말한다.

[정의 9.4] 모수 θ의 불편추정량들 중에서 가장 작은 분산을 갖는 추정량을 θ의 최소분산불편추정량이라 부른다.

〈그림 9.1〉은 서로 다른 θ의 추정치 $\hat{\Theta}_1$, $\hat{\Theta}_2$, $\hat{\Theta}_3$에 대한 표본분포를 나타내고 있다. 그 중 $\hat{\Theta}_1$와 $\hat{\Theta}_2$의 분포가 θ를 중심으로 나타나므로 불편추정량이 되며, 추정량 $\hat{\Theta}_1$가 $\hat{\Theta}_2$보다 작은 분산을 가지므로 더욱 유효하다. 따라서 θ의 추정량으로 $\hat{\Theta}_1$를 택하는 것이 바람직하다.

정규분포를 따르는 모집단에서는 $\overline{X}$와 $\tilde{X}$는 모두 모평균 μ에 대한 불편추정량이다. 그러나 $\overline{X}$의 분산이 $\tilde{X}$의 분산보다 작다. 따라서 추정치 $\bar{x}$와 $\tilde{x}$는 기대값이 모평균 μ가 된다는 점에서는 같지만, 주어진 표본에 대해서 $\tilde{x}$가 μ에 더욱 근접하게 되므로 $\overline{X}$가 $\tilde{X}$보다 더욱 유효하다.

가장 유효한 불편추정량일지라도 정확히 모수를 추정하는 것은 아니다. 표본의 크기를 늘임으로써 정확도를 증가시킬 수는 있지만 표본으로부터 추정하려는 모수에 정확히 같아지는 추정치를 기대할 수는 없다. 따라서 모수의 참값이 속하리라고 기대되는 구간을 결정하는 것이 더욱 바람직하게 된다. 모수 θ의 구간추정이란 $\hat{\theta}_L < \theta < \hat{\theta}_U$의 형태로 주어지며, 여기서 $\hat{\theta}_L$와 $\hat{\theta}_U$는 특정한 표본과 그에 해당하는 표본분포 $\hat{\Theta}$에 따라 변하는 통계량 $\hat{\Theta}$의 값에 따라 결정된다.

대학 신입생들의 통계시험 점수에 대한 평균을 추정하는 문제에서 확률표본으로부터 점수의 참값이 530에서 550 사이에 있다고 기대해 보자. 여기서 530이나 550이란 값은 표본평균 $\bar{x}$와 $\overline{X}$의 표본분포에 따라 결정되는 값이다. 표본크기를 늘인다면 $\sigma_{\overline{X}}^2 = \sigma^2/n$이 되므로 분산이 작아지고 추정치는 결과적으로 모수 μ에 더욱 근접하게 되어 보다 짧은 구간을 갖게 된다. 그러므

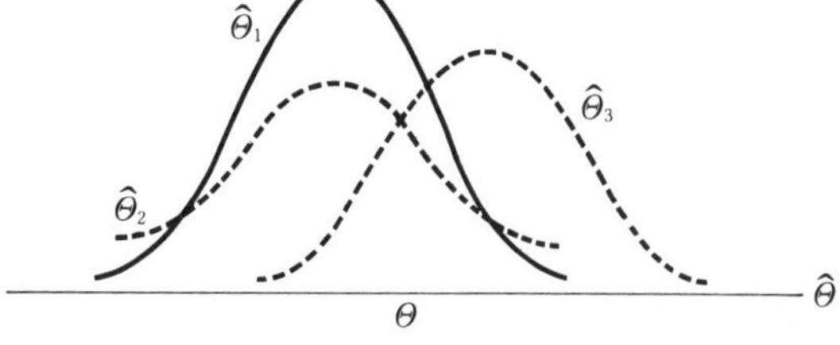

〈그림 9.1〉 서로 다른 θ의 추정량의 표본분포

로 구간추정치는 그 구간의 길이로 점추정치의 정확성을 제시할 수 있다.

서로 다른 표본으로부터는 $\hat{\Theta}$의 값으로서 서로 다른 값이 얻어지므로 $\hat{\theta}_L$, $\hat{\theta}_U$도 달라지게 된다. 구간의 양 끝점은 변수 $\hat{\Theta}_L$와 $\hat{\Theta}_U$에 따르는 값이므로 $\hat{\Theta}$의 표본분포로부터 $P(\hat{\Theta}_L<\theta<\hat{\Theta}_U)$가 다음과 같이 정의되도록 $\hat{\theta}_L$와 $\hat{\theta}_U$를 결정할 수 있다. 만일 예를 들어, $0<\alpha<1$에 대해

$$P(\hat{\Theta}_L<\theta<\hat{\Theta}_U)=1-\alpha$$

가 되는 $\hat{\theta}_L$와 $\hat{\theta}_U$를 찾게 된다면 이는 확률표본으로부터 θ를 포함하는 구간을 얻게 될 확률이 $1-\alpha$가 된다는 뜻이다. 선택된 표본으로부터 얻어진 구간 $\hat{\theta}_L<\theta<\hat{\theta}_U$를 $(1-\alpha)100\%$ 신뢰구간이라 부르며, 확률 $1-\alpha$를 신뢰계수 또는 신뢰수준이라 부르며, 양 끝점 $\hat{\theta}_L$와 $\hat{\theta}_U$를 신뢰한계라 부른다. 따라서 $\alpha=0.05$일 때는 95% 신뢰구간을, $\alpha=0.01$일 때는 보다 넓은 99% 신뢰구간을 구하게 된다. 신뢰구간이 넓어질수록 더욱 확실하게 미지의 모수를 포함하는 신뢰구간을 얻게 된다. 그러나 TV의 트렌지스터의 평균수명을 이야기할 때 95% 신뢰수준으로 6년 내지 7년이라고 이야기하는 것이 99% 신뢰수준으로 3년 내지 10년이라 하는 것보다 듣기에 좋다. 상식적으로는 보다 높은 신뢰수준을 만족하면서 보다 짧은 구간을 얻기를 원한다. 그러나 표본크기에 제약이 있을 때 신뢰수준을 줄이지 않고 보다 짧은 신뢰구간을 얻을 수는 없다.

9.3 모평균의 추정

모평균 μ의 점추정량으로 통계량 $\overline{X}$를 흔히 생각한다. $\overline{X}$의 표본분포는 μ를 중심으로 나타나며 대부분의 경우 다른 추정치보다 작은 분산을 갖는다. 따라서 표본평균 $\bar{x}$가 모수 μ에 대한 점추정치로 많이 쓰인다. 또한 $\sigma_{\overline{X}}^2=\sigma^2/n$이므로 표본크기가 클 때는 $\overline{X}$의 관측치는 보다 작은 분산을 갖는 표본분포로부터 얻어지게 된다. 따라서 $\bar{x}$는 표본크기 n이 클 때 μ의 매우 정확한 추정치가 될 수 있다.

이제 μ의 구간추정치에 대해 생각해 보자. 표본이 정규분포를 따르는 모집단에서 추출되었거나 그렇지 않더라도 n이 충분히 크다면 μ의 신뢰구간은 $\overline{X}$의 표본분포로부터 계산해 낼 수 있다. 중심극한정리에 의하면 $\overline{X}$의 표

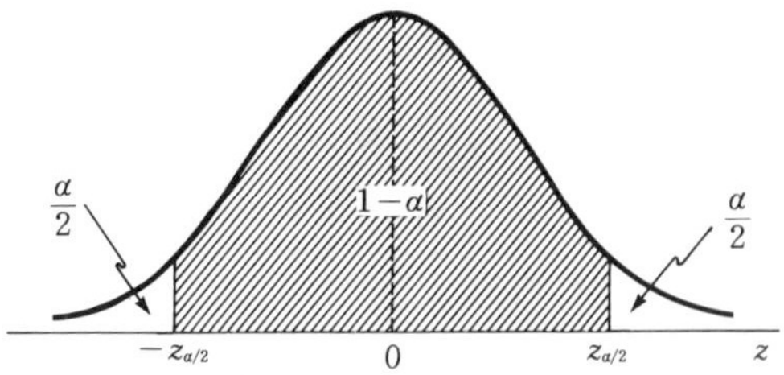

〈그림 9.2〉 $P(-z_{\alpha/2}<Z<z_{\alpha/2})=1-\alpha$

본분포는 근사적으로 평균이 $\mu_{\bar{X}}=\mu$ 이고 표준편차가 $\sigma_{\bar{X}}=\sigma/\sqrt{n}$ 가 되는 정규분포를 따른다고 기대할 수 있다. $z_{\alpha/2}$ 란 〈그림 9.2〉에서 보는 바와 같이 그 점 이상의 면적이 $\alpha/2$ 가 되는 z값을 가리킨다. 즉

$$P(-z_{\alpha/2}<Z<z_{\alpha/2})=1-\alpha$$

여기서

$$Z=\frac{\bar{X}-\mu}{\sigma/\sqrt{n}}$$

이고, 따라서

$$P\left(-z_{\alpha/2}<\frac{\bar{X}-\mu}{\sigma/\sqrt{n}}<z_{\alpha/2}\right)=1-\alpha$$

이다.

부등식의 양변에 $\sigma/\sqrt{n}$ 를 곱하고 $\bar{X}$를 뺀 다음 -1을 곱하면 다음 식을 얻을 수 있다.

$$P\left(\bar{X}-z_{\alpha/2}\frac{\sigma}{\sqrt{n}}<\mu<\bar{X}+z_{\alpha/2}\frac{\sigma}{\sqrt{n}}\right)=1-\alpha$$

크기가 n 인 확률표본이 σ^2 이 기지인 모집단에서 추출되면 표본평균 $\bar{x}$를 계산해 내고 이에 따라 $(1-\alpha)100\%$ 신뢰구간을 구할 수 있다.

[μ에 대한 신뢰구간 : σ는 기지] : $\bar{x}$가 σ^2 이 기지인 모집단으로부터 추출된 크기 n 인 표본의 평균일 때 μ에 대한 $(1-\alpha)100\%$ 신뢰구간은

$$\bar{x}-z_{\alpha/2}\frac{\sigma}{\sqrt{n}}<\mu<\bar{x}+z_{\alpha/2}\frac{\sigma}{\sqrt{n}}$$

이다. 여기서 $z_{\alpha/2}$는 이 점 오른쪽 면적이 $\alpha/2$가 되는 z값이다.

표본의 크기가 작고 모집단이 정규분포를 따르지 않을 때는 신뢰정도가 정확하다고 볼 수 없다. 그러나 표본크기가 $n \geq 30$일 때는 모집단이 어떤 분포를 따르더라도 좋은 결과를 기대할 수 있다.

[정의 9.2]에서 신뢰한계로 정의된 확률변수 $\hat{\Theta}_L$와 $\hat{\Theta}_U$의 값은

$$\hat{\theta}_L = \bar{x} - z_{\alpha/2}\frac{\sigma}{\sqrt{n}} \text{ 와 } \hat{\theta}_U = \bar{x} + z_{\alpha/2}\frac{\sigma}{\sqrt{n}}$$

이다. 〈그림 9.3〉에서 보는 바와 같이, 서로 다른 표본으로부터는 $\bar{x}$값도 달라지며, 따라서 서로 다른 구간추정치를 얻게 된다.

각 구간 중앙에 있는 점은 각 확률분포에 따른 점추정치 $\bar{x}$의 위치를 나타낸다. 대부분의 구간들은 μ를 포함하나 반드시 그렇지는 않다. $\bar{x}$가 계산된 뒤 $z_{\alpha/2}$를 선택하고 그에 따라 구간의 길이도 결정된다. $z_{\alpha/2}$를 크게 택하면 구간은 넓어지며 보다 확실히 신뢰구간이 미지의 모수 μ를 포함하게 된다.

μ에 대한 $(1-\alpha)100\%$ 신뢰구간을 계산하기 위해서는 σ를 알아야 한다. 그러나 $n \geq 30$일 때는 σ를 표본표준편차 S로 대신하여도 좋다.

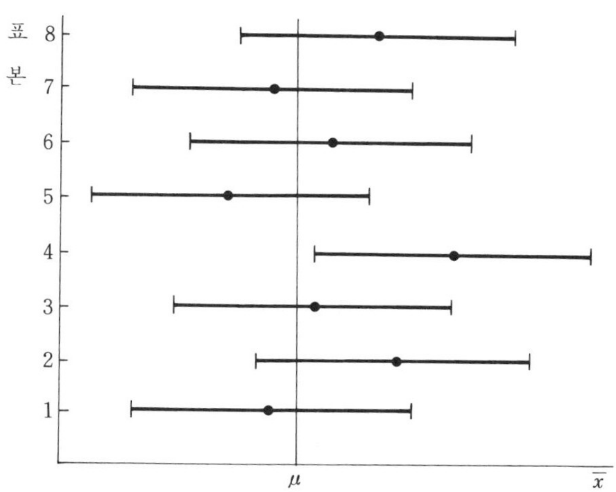

〈그림 9.3〉 서로 다른 표본에 따른 μ에 대한 구간추정치

[예 9.3] 임의의 36개 단과대학 2학년 학생을 추출한 결과 평균성적과 표준편차가 각각 2.6과 0.3으로 나타났다. 전체 2학년 학생의 성적의 평균에

대한 95% 와 99% 의 신뢰구간을 구하라.

(풀이) μ의 점추정치는 $\bar{x}=2.6$ 이다. 표본의 크기가 크므로 표준편차 σ는 근사적으로 $s=0.3$ 으로 생각할 수 있다. z값은 그 점 오른쪽 면적이 0.025 가 되는 값, 즉 왼쪽 면적이 0.975 가 되는 값으로 $z_{0.025}=1.96$ 을 찾을 수 있다. 따라서 95% 신뢰구간은

$$2.6-(1.96)\frac{0.3}{\sqrt{36}}<\mu<2.6+(1.96)\frac{0.3}{\sqrt{36}}$$

이며, 이를 간략히 써보면 다음과 같다.

$$2.50<\mu<2.70$$

99% 신뢰구간을 구하기 위해서는 z값은 그 점 오른쪽 면적이 0.005 가 되는 값, 즉 왼쪽 면적이 0.995 가 되는 값이다. 즉 이를 부록 A. 3 에서 찾아보면 $z_{0.005}=2.575$ 가 되며, 99% 신뢰구간은

$$2.6-(2.575)\left(\frac{0.3}{\sqrt{36}}\right)<\mu<2.6+(2.575)\left(\frac{0.3}{\sqrt{36}}\right)$$

이고, 간단히 쓰면

$$2.47<\mu<2.73$$

이 된다. 여기서 보다 정확한 추정치를 얻기 위해서는 신뢰구간의 길이가 길어져야 함을 알 수 있다.

$(1-\alpha)100\%$ 신뢰구간으로 점추정치에 대한 정확도를 알 수 있다. μ가 실제로 구간의 중심값이 된다면 $\bar{x}$는 오차 없이 μ를 추정하게 된다. 그러나 대부분의 경우에는 $\bar{x}$는 정확히 μ와 일치될 수 없고 오차를 갖는 점추정치가 된다. 이 오차의 크기는 μ와 $\bar{x}$의 차이가 절대치가 되며 $(1-\alpha)100\%$ 의 신뢰구간은 그 차이가 $z_{\alpha/2}\sigma/\sqrt{n}$ 를 넘지 않게 된다. 〈그림 9. 4〉와 같이 가설적인 신뢰구간의 도표를 그려보면 알 수 있다.

〈그림 9. 4〉 μ의 추정치로서의 x의 오차

[정리 9. 1] $\bar{x}$가 μ의 추정치로 사용될 때 $(1-\alpha)100\%$ 확신을 가지고 그 오차가 $z_{\alpha/2}\sigma/\sqrt{n}$ 를 넘지 않는다고 할 수 있다.

[예 9.3]에서 표본평균 $\bar{x}=2.6$이 모평균의 참값 μ로부터 0.1 이하의 오차를 갖고 있다고 95% 확신할 수 있고, 오차가 0.13 이하가 된다고 99% 확신할 수 있다.

때때로 μ를 추정하는 데 있어서 오차가 어떤 특정값 e보다 작아지기 위해 필요한 표본크기를 알고 싶을 때가 있다. 이때는 [정리 9.1]에 의해 $z_{\alpha/2}\sigma/\sqrt{n}=e$를 만족하는 n을 택하면 된다. 이 방정식을 n에 대해 풀면 다음 공식을 유도할 수 있다.

[정리 9.2] μ의 추정치로 $\bar{x}$를 선택할 때, $100(1-\alpha)\%$ 확신을 갖고 오차가 어떤 특정값 e를 넘지 않게 하려면 그 때 필요한 표본크기는

$$n=\left(\frac{z_{\alpha/2}\sigma}{e}\right)^2$$

이 된다.

표본크기 n에 대해 풀 때 소수점 이하는 올려서 그 다음 자연수를 택하면 된다. 이렇게 함으로써 확신의 정도를 $(1-\alpha)100\%$ 미만이 되지 않게 할 수 있다. 그러나 [정리 9.2]의 공식은 실제로 표본이 추출된 모집단의 분산을 알고 있을 때만 적용된다. 분산에 관하여 아는 바가 없다면 미리 크기가 30 이상인 예비표본을 추출하여 σ를 추정한 뒤 그 추정치 s를 이용하여 [정리 9.2]의 공식에 적용하도록 한다. 이렇게 하면 원하는 정확도를 만족시키기 위해 필요한 표본크기를 근사적으로 구할 수 있다.

[예 9.4] [예 9.3]에서 95% 확신을 갖고 μ의 추정치가 0.05 이하의 오차를 가지기 위해 필요한 표본의 크기는?

(풀이) 36개 표본으로부터 얻을 표본표준편차 $s=0.3$을 σ의 추정치로 이용한다. 그러면 [정리 9.2]에 의해 필요한 표본크기는

$$n=\left(\frac{(1.96)(0.3)}{0.05}\right)^2=138.3$$

이 된다. 따라서 95% 확신을 갖고 말할 때 139개의 표본을 추출하면 추정치 $\bar{x}$가 μ로부터 0.05 이하의 오차를 갖게 된다.

때로는 모평균 μ를 추정하는 데 있어 모분산도 모르고 표본크기가 30 이상이 되기 어려운 때가 있다. 비용 때문에 표본크기에 제약을 받을 수도 있다.

모집단이 근사적으로 종 형태에 가까울 때 σ^2을 모르고 표본크기도 작으면 T 분포를 이용하여 신뢰구간을 구할 수 있다. 여기서

$$T=\frac{X-\mu}{S/\sqrt{n}}$$

가 된다. 신뢰구간을 구하는 과정은 표준정규분포 대신 t분포를 이용하는 것을 제외하고는 표본크기가 클 때와 동일하다.

〈그림 9.5〉에 의하면

$$P(-t_{\alpha/2}<T<t_{\alpha/2})=1-\alpha$$

가 된다.

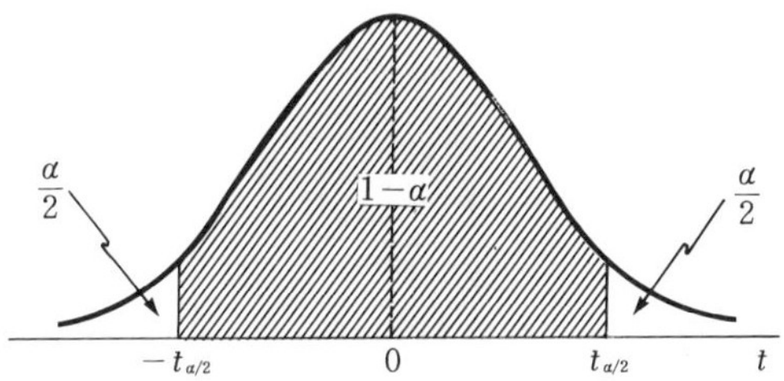

〈그림 9.5〉 $P(-t_{\alpha/2}<T<t_{\alpha/2})=1-\alpha$

여기서 $t_{\alpha/2}$는 자유도 $n-1$일 때 그 점 오른쪽 면적이 $\alpha/2$가 되는 값을 가리킨다. t분포는 대칭이므로 왼쪽 면적이 $\alpha/2$가 되는 값은 $-t_{\alpha/2}$가 된다. 앞의 식 T대신 $T=(\bar{X}-\mu)/(S/\sqrt{n})$를 대입해주면 다음과 같이 쓸 수 있다.

$$P\left(-t_{\alpha/2}<\frac{\bar{X}-\mu}{S/\sqrt{n}}<t_{\alpha/2}\right)=1-\alpha$$

부등식의 각 항에 $S/\sqrt{n}$를 곱하고 $\bar{X}$를 뺀 후 -1을 곱하면 다음 식을 얻게 된다.

$$P\left(\bar{X}-t_{\alpha/2}\frac{S}{\sqrt{n}}<\mu<\bar{X}+t_{\alpha/2}\frac{S}{\sqrt{n}}\right)=1-\alpha$$

표본크기 n인 임의표본에서 $\bar{x}$와 표준편차 s를 계산하고 이에 따라 μ에 대한 $(1-\alpha)100\%$ 신뢰구간을 구할 수 있다.

[표본크기가 작을 때 μ에 대한 신뢰구간 : σ는 미지] : 모집단이 근사적으로 정규분포를 따르고 σ^2을 모를 때 $\bar{x}$와 s가 표본크기가 30 이하인 확률표본의 평균과 표준편차라면 μ에 대한 $(1-\alpha)100\%$ 신뢰구간은

$$\bar{x}-t_{\alpha/2}\frac{s}{\sqrt{n}}<\mu<\bar{x}+t_{\alpha/2}\frac{s}{\sqrt{n}}$$

가 된다. 여기서 $t_{\alpha/2}$는 자유도 $n-1$일 때 그 점 오른쪽 면적이 $\alpha/2$가 되는 값을 가리킨다.

[예 9.5] 어떤 화학공장에서 7일간의 생산량은 각각 9.8, 10.2, 10.4, 9.8, 10.0, 10.2, 9.6톤이었다. 모집단이 근사적으로 정규분포를 따른다고 할 때 이공장에서의 하루 생산량의 평균에 대한 95% 신뢰구간을 구하여라.

(풀이) 주어진 자료로부터 표본평균과 표준편차를 구하면

$$\bar{x}=10.0,\ s=0.283$$

이다. 부록 A.4에서 자유도 6일 때 $t_{0.025}=2.447$을 찾을 수 있다. 따라서 μ에 대한 95% 신뢰구간은

$$10.0-(2.447)\left(\frac{0.283}{\sqrt{7}}\right)<\mu<10.0+(2.447)\left(\frac{0.283}{\sqrt{7}}\right)$$

이 되고, 이를 간략히 하면

$$9.74<\mu<10.26$$

이 된다.

9.4 두 모평균 차이의 추정

평균이 각각 μ_1, μ_2이고, 분산이 각각 σ_1^2, σ_2^2인 두 모집단에서 두 모평균의 차 $\mu_1-\mu_2$에 대한 점추정량으로 통계량 $\bar{X}_1-\bar{X}_2$를 사용한다. 따라서 $\mu_1-\mu_2$의 점추정치를 얻기 위해 각 모집단에서 서로 독립이며 표본크기가 각각 n_1, n_2인 확률표본을 추출하여 표본평균의 차 $\bar{x}_1-\bar{x}_2$를 계산한다.

모집단이 정규분포를 따르지 않거나 n_1, n_2가 30보다 작을 때에는 $\bar{X}_1-\bar{X}_2$의 표본분포를 이용하여 $\mu_1-\mu_2$의 신뢰구간을 추정할 수 있다.

[정리 8.2]에 의하면, $\bar{X}_1-\bar{X}_2$의 표본분포는 근사적으로 평균이 $\mu_{\bar{X}_1-\bar{X}_2}$

$=\mu_1-\mu_2$ 이고, 표준편차가 $\sigma_{\bar{X}_1-\bar{X}_2}=\sqrt{\sigma_1^2/n_1+\sigma_2^2/n_2}$ 인 정규분포가 된다. 따라서 표준정규확률변수

$$Z=\frac{(\bar{X}_1-\bar{X}_2)-(\mu_1-\mu_2)}{\sqrt{\sigma_1^2/n_1+\sigma_2^2/n_2}}$$

가 $-z_{\alpha/2}$와 $z_{\alpha/2}$ 사이에 있을 확률이 $1-\alpha$가 된다. 〈그림 9.2〉을 다시 살펴보면 다음과 같다.

$$P(-z_{\alpha/2}<Z<z_{\alpha/2})=1-\alpha$$

Z를 위의 식에 대입하여 보면

$$P\left[-z_{\alpha/2}<\frac{(\bar{X}_1-\bar{X}_2)-(\mu_1-\mu_2)}{\sqrt{\sigma_1^2/n_1+\sigma_2^2/n_2}}<z_{\alpha/2}\right]=1-\alpha$$

가 되어 $\mu_1-\mu_2$에 대한 $(1-\alpha)100\%$ 신뢰구간을 유도하게 된다.

[$\mu_1-\mu_2$에 대한 신뢰구간 : σ_1^2과 σ_2^2은 기지] : 분산이 각각 σ_1^2과 σ_2^2으로 알고 있는 두 모집단에서 크기가 n_1, n_2이고 서로 독립인 확률표본의 평균을 각각 $\bar{x}_1$, $\bar{x}_2$라 할 때, $\mu_1-\mu_2$에 대한 $(1-\alpha)100\%$ 신뢰구간은

$$(\bar{x}_1-\bar{x}_2)-z_{\alpha/2}\sqrt{\frac{\sigma_1^2}{n_1}+\frac{\sigma_2^2}{n_2}}<\mu_1-\mu_2<(\bar{x}_1-\bar{x}_2)+z_{\alpha/2}\sqrt{\frac{\sigma_1^2}{n_1}+\frac{\sigma_2^2}{n_2}}$$

이 되며, 여기서 $z_{\alpha/2}$는 그 점 오른쪽 면적이 $\alpha/2$가 되는 값이다.

신뢰정도는 표본이 정규모집단에서 추출되었을 때는 정확한 값이다. 정규모집단이 아니더라도 n_1, n_2가 모두 30 이상이면 근사적인 신뢰구간을 구할 수 있다. 또한 σ_1^2과 σ_2^2을 모르더라도 표본의 크기가 충분히 크다면 신뢰구간에 크게 영향을 미치지 않으면서 σ_1^2 대신 s_1^2을, σ_2^2 대신 s_2^2을 사용할 수 있다.

[예 9.6] 화학시험을 50명의 여학생과 75명의 남학생에게 실시하였다. 여학생의 평균점수는 76이고 표준편차는 6이며, 남학생의 평균점수는 82이고 표준편차는 8이었다. 모평균의 차 $\mu_1-\mu_2$에 대한 96% 신뢰구간을 구하여라. 단, μ_1은 모든 남학생의 평균점수이고 μ_2는 모든 여학생의 평균점수이다.

(풀이) $\mu_1-\mu_2$의 점추정치는 $\bar{x}_1-\bar{x}_2=82-76=6$이다. n_1과 n_2가 충분히 크므로 σ_1 대신 $s_1=8$을, σ_2 대신 $s_2=6$을 대신 사용할 수 있다. $\alpha=0.04$이므로 부록 A.3에서 $z_{0.02}=2.05$를 찾을 수 있다. 따라서 위의 공식에 대입하면 96% 신뢰구간은

$$6-2.05\sqrt{\frac{64}{75}+\frac{36}{50}}<\mu_1-\mu_2<6+2.05\sqrt{\frac{64}{75}+\frac{36}{50}}$$

이 되며, 간단히 다음과 같이 나타낼 수 있다.

$$3.43<\mu_1-\mu_2<8.57$$

이런 과정에 의해 두 모평균의 차이를 추정하려면 σ_1^2과 σ_2^2을 알거나 표본의 크기가 큰 경우에만 가능하다. 만일 표본의 크기가 작다면 모집단이 근사적으로 정규분포를 따를 때에 한해서 신뢰구간을 구하는 데 t분포를 이용할 수 있다.

σ_1^2과 σ_2^2을 모르고, n_1과 n_2가 작다고(<30) 가정하자. 만일 $\sigma_1^2=\sigma_2^2=\sigma^2$이라면, 다음과 같은 형태의 표준정규변수를 얻을 수 있다.

$$Z=\frac{(\bar{X}_1-\bar{X}_2)-(\mu_1-\mu_2)}{\sqrt{\sigma^2[(1/n_1)+(1/n_2)]}}$$

[정리 8.3]에 의하면, 두 확률변수 $(n_1-1)S_1^2/\sigma^2$과 $(n_2-1)S_2^2/\sigma^2$은 자유도 n_1-1과 n_2-1을 갖는 카이제곱분포를 따른다. 뿐만 아니라, 서로 독립적으로 추출한 확률표본이므로 두 카이제곱변수는 서로 독립이다. 결과적으로 두 변수의 합은

$$V=\frac{(n_1-1)S_1^2}{\sigma^2}+\frac{(n_2-1)S_2^2}{\sigma^2}=\frac{(n_1-1)S_1^2+(n_2-1)S_2^2}{\sigma^2}$$

이며, 자유도가 $\nu=n_1+n_2-2$인 카이제곱분포를 따른다.

위에서의 Z와 V는 서로 독립이므로, [정리 8.4]에 의해 다음 통계량 T는

$$T=\frac{(\bar{X}_1-\bar{X}_2)-(\mu_1-\mu_2)}{\sqrt{\sigma^2[(1/n_1)+(1/n_2)]}}\Bigg/\sqrt{\frac{(n_1-1)S_1^2+(n_2-1)S_2^2}{\sigma^2(n_1+n_2-2)}}$$

가 되어, 자유도가 $\nu=n_1+n_2-2$인 t분포를 따르게 된다.

공통분산 σ^2을 모르는 경우에는 σ^2의 점추정량으로 표본분산의 합동추정

량을 사용한다. 합동추정량 S_P^2은

$$S_P^2=\frac{(n_1-1)S_1^2+(n_2-1)S_2^2}{n_1+n_2-2}$$

으로 나타내진다. S_P^2을 사용하면 T통계량은

$$T=\frac{(\overline{X}_1-\overline{X}_2)-(\mu_1-\mu_2)}{S_P\sqrt{1/n_1+1/n_2}}$$

로 나타낼 수 있으므로 보다 이해하기 쉬운 형태가 된다. T통계량을 이용하면

$$P(-t_{\alpha/2}<T<t_{\alpha/2})=1-\alpha$$

가 되며, 여기서 $t_{\alpha/2}$는 자유도 n_1+n_2-2인 t값이 되며, $t_{\alpha/2}$ 이상의 면적이 $\alpha/2$가 되는 값을 가리킨다. 윗 식을 정리하면

$$P\left[-t_{\alpha/2}<\frac{(\overline{X}_1-\overline{X}_2)-(\mu_1-\mu_2)}{S_P\sqrt{(1/n_1)+(1/n_2)}}<t_{\alpha/2}\right]=1-\alpha$$

가 된다. 표본으로부터 표본평균의 차 $\bar{x}_1-\bar{x}_2$와 합동분산

$$s_P^2=\frac{(n_1-1)s_1^2+(n_2-1)s_2^2}{n_1+n_2-2}$$

을 계산하고 이에 따라 $\mu_1-\mu_2$에 대한 $(1-\alpha)100\%$ 신뢰구간을 구할 수 있다.

[**표본크기가 작을 때 $\mu_1-\mu_2$에 대한 신뢰구간 : $\sigma_1^2=\sigma_2^2$이고 미지**] : 표본의 크기가 작고 서로 독립인 두 임의표본에서 $\bar{x}_1$, $\bar{x}_2$가 각각 평균이며 표본의 크기는 각각 n_1, n_2일 때, 또한 모집단이 근사적으로 정규분포를 따르고 그 분포의 분산은 서로 같으나 미지일 때 $\mu_1-\mu_2$에 대한 $(1-\alpha)100\%$ 신뢰구간은 다음과 같다.

$$(\bar{x}_1-\bar{x}_2)-t_{\alpha/2}s_P\sqrt{\frac{1}{n_1}+\frac{1}{n_2}}<\mu_1-\mu_2<(\bar{x}_1-\bar{x}_2)+t_{\alpha/2}s_P\sqrt{\frac{1}{n_1}+\frac{1}{n_2}}$$

여기서 s_P는 모집단의 표준편차에 대한 합동추정치이며, $t_{\alpha/2}$는 자유도가 $\nu=n_1+n_2-2$인 t값으로 그 점 오른쪽 면적이 $\alpha/2$가 되는 값이다.

[예 9.7] 서로 다른 두 장소에서 추출한 확률표본이 있다. 강 상류에서 12달에 걸쳐 추출한 표본의 평균은 $\bar{x}_1=3.11$, $s_1=0.771$ 이고, 강 하류에서 10달에 걸쳐 추출한 표본의 평균은 $\bar{x}_2=2.04$, $s_2=0.448$ 이다. 두 모집단의 평균간의 차에 대한 신뢰구간을 구하여라. 모집단은 공통분산을 갖고 근사적으로 정규분포를 따른다.

(풀이) 두 장소에서의 모집단의 평균은 μ_1과 μ_2라 하고 $\mu_1-\mu_2$의 90% 신뢰구간을 구해 보자. $\mu_1-\mu_2$의 점추정량은 $\bar{x}_1-\bar{x}_2=3.11-2.04=1.07$ 이다. 공통분산의 합동추정량 s_P^2은 다음과 같다.

$$s_P^2=\frac{(n_1-1)s_1^2+(n_2-1)s_2^2}{n_1+n_2-2}$$

$$=\frac{(11)(0.771^2)+(9)(0.448^2)}{12+10-2}=0.417$$

제곱근을 취하면 $s_P=0.646$ 이 된다. 유의수준으로 $\alpha=0.1$을 사용하면 부록 A.4에서 자유도가 $\nu=n_1+n_2-2=20$ 인 경우 $t_{0.05}=1.725$를 찾을 수 있다. 따라서 $\mu_1-\mu_2$의 90% 신뢰구간은

$$1.07-(1.725)(0.646)\sqrt{\frac{1}{12}+\frac{1}{10}}<\mu_1-\mu_2<1.07+(1.725)(0.646)\sqrt{\frac{1}{12}+\frac{1}{10}}$$

이 되며, 간략히 쓰면

$$0.593<\mu_1-\mu_2<1.547$$

이 된다. 즉 90% 확신을 갖고 말할 때 두 장소에서의 표본평균의 차이가 0.593에서 1.547 사이에 있다는 것을 뜻한다. 신뢰한계가 둘 다 양의 값을 가지므로 강 상류에서보다 하류에서의 평균이 크다고 이야기할 수 있다.

표본크기가 작은 경우 모집단이 정규분포를 따르고 공통분산을 가질 때 $\mu_1-\mu_2$에 대한 신뢰구간을 구하는 과정을 생각해 보자. 이 경우에도 신뢰구간이 크게 달라지지는 않는다. 앞으로 제10장에서 모르는 두 모집단의 분산이 같은가를 검정하기 위해 표본분산을 이용하는 방법이 소개된다. 모집단의 분산이 상당히 다른 경우라도 모집단이 정규분포를 따르고 $n_1=n_2$일 때는 바람직한 결과를 얻을 수 있다. 그러므로 계획된 실험에서는 표본의 크기를 같도록 하는 것이 좋다.

이번에는 표본크기가 작고 모집단의 분산이 같지 않을 때 $\mu_1-\mu_2$의 신뢰구간을 찾아보자. 표본크기가 작을 때는 언제나 표본크기를 같게 맞추는 것이 불가능해진다. 이런 경우 흔히 사용되는 통계량은

$$T'=\frac{(\bar{X}_1-\bar{X}_2)-(\mu_1-\mu_2)}{\sqrt{S_1^2/n_1+S_2^2/n_2}}$$

이며, 근사적으로 자유도 ν인 t분포를 따른다. 여기서

$$\nu=\frac{(s_1^2/n_1+s_2^2/n_2)^2}{[(s_1^2/n_1)^2/(n_1-1)]+[(s_2^2/n_2)^2/(n_2-1)]}$$

이다. ν는 정수가 아닐 경우가 많은데 이때는 소수점 이하를 반올림하거나, 보간법을 이용하여 해당되는 t분포 표값을 구하면 된다. T' 통계량을 이용하면 다음 식을 얻을 수 있다.

$$P(-t_{\alpha/2}<T'<t_{\alpha/2})\simeq 1-\alpha$$

여기서 $t_{\alpha/2}$는 자유도 ν인 t분포에서 이 점 이상의 면적이 $\alpha/2$가 되는 값이다. 부등식을 T'에 대해 풀면 앞과 같은 식이 되어 신뢰구간을 구할 수 있다.

[표본크기가 작은 경우 $\mu_1-\mu_2$에 대한 신뢰구간 : $\sigma_1^2\neq\sigma_2^2$이고 미지] : $\bar{x}_1$, s_1^2, $\bar{x}_2$와 s_2^2이 크기가 n_1, n_2이고 서로 독립인 표본에서의 평균과 분산일 때, 그리고 모집단이 근사적으로 정규분포를 따르며 분산은 미지이며 같지 않을 때, $\mu_1-\mu_2$에 대한 $(1-\alpha)100\%$ 신뢰구간은

$$(\bar{x}_1-\bar{x}_2)-t_{\alpha/2}\sqrt{\frac{s_1^2}{n_1}+\frac{s_2^2}{n_2}}<\mu_1-\mu_2<(\bar{x}_1-\bar{x}_2)+t_{\alpha/2}\sqrt{\frac{s_1^2}{n_1}+\frac{s_2^2}{n_2}}$$

이 되며, 여기서 $t_{\alpha/2}$는 자유도가

$$\nu=\frac{(s_1^2/n_1+s_2^2/n_2)^2}{[(s_1^2/n_1)^2/(n_1-1)]+[(s_2^2/n_2)^2/(n_2-1)]}$$

인 t분포에서 이 점보다 오른쪽 면적이 $\alpha/2$가 되는 값이다.

[예 9.8] 강 상류와 하류에서 검출되는 인광성 물질의 양의 차이에 대해 조사하기로 했다. 물 1 리터당 들어 있는 인광성 물질의 양을 밀리그램으로 나타내었다. 상류에서는 15 개 표본을 택하고 하류에서는 12 개 표본을 택하였다. 상류 15 개 표본에서의 평균은 3.84 밀리그램이며 표준편차는

3.07 밀리그램이었다. 한편 하류 12개 표본에서의 평균은 1.49 밀리그램이고 표준편차는 0.80 밀리그램이다. 관측값들이 정규분포를 따르고 서로 다른 분산을 갖는 모집단에서 추출되었다고 할 때, 두 장소에서의 인광성 물질량의 평균의 차이에 대한 95% 신뢰구간을 구하여라.

(풀이) 강 상류에서는 $\bar{x}_1=3.84$, $s_1=3.07$, $n_1=15$이며, 하류에서는 $\bar{x}_2=1.49$, $s_2=0.80$, $n_2=12$이다. $\mu_1-\mu_2$에 대한 95% 신뢰구간을 구해 보자. 모집단의 분산이 같지 않고 표본크기가 같지 않으므로 근사적인 95% 신뢰구간을 구하기 위해서 자유도 ν인 t분포를 이용할 수밖에 없다. 여기서 ν는

$$\nu=\frac{(3.07^2/15+0.80^2/12)^2}{[(3.07^2/15)^2/14]+[(0.80^2/12)^2/11]}$$

$$=16.3\simeq 16$$

이며, $\mu_1-\mu_2$의 점추정치는 $\bar{x}_1-\bar{x}_2=3.84-1.49=2.35$이다. $\alpha=0.05$를 사용하면 부록 A.4에서 자유도 $\nu=16$일 때 $t_{0.025}=2.120$을 찾을 수 있다. 따라서 $\mu_1-\mu_2$에 대한 95% 신뢰구간은

$$2.35-2.120\sqrt{\frac{3.07^2}{15}+\frac{0.80^2}{12}}<\mu_1-\mu_2<2.35+2.120\sqrt{\frac{3.07^2}{15}+\frac{0.80^2}{12}}$$

이다. 이를 간략히 하면 다음과 같다.

$$0.60<\mu_1-\mu_2<4.10$$

95% 확신을 갖고 말할 때 두 장소에서의 평균 인광성 물질량의 차이는 1리터당 0.60 밀리그램에서 4.10 밀리그램이 된다.

이번에는 표본이 서로 독립이 아니고 분산도 같지 않은 두 모집단에서 추출되었을 때 두 모평균의 차이에 대해 추정하는 경우를 생각해 보자. 두 관측값이 서로 연관되어 있을 때, 즉 두 표본에서 쌍으로 관측치를 추출하였을 때가 이에 해당된다. 예를 들어 15명에게 식이요법의 효과를 검정하기 위하여 식이요법 이전과 이후의 몸무게로 두 표본을 택하였다. 두 표본에서의 관측치들은 같은 사람의 경우 식이요법 이전과 이후의 몸무게로 서로 연관되어 있으며 쌍을 이루어 추출되어 있다. 이 식이요법의 효과를 검정하기 위해 쌍으로 이루어진 관측치들의 차이 $d_1, \cdots, d_n$을 먼저 생각해야 한다. 이들 차이들은 확률분포 $D_1, \cdots, D_n$의 관측치가 되고 모집단의 차이의 평균이 $\mu_D=\mu_1-\mu_2$이고 분산이 σ_D^2인 정규분포를 따른다. σ_D^2의 추정량으로 s_d^2을, 즉 모집단의

차이의 분산을 표본의 차이의 분산으로 사용한다. 이때 μ_D의 점추정량은 $\overline{D}$가 된다.

이러한 쌍체비교에서 통계량 $\overline{D}$의 분산은 서로 독립인 확률표본에서의 $\overline{X}_1 - \overline{X}_2$의 분산보다 작게 되고, $\mu_1 - \mu_2$의 통계적 추론에서 $\overline{D}$를 이용하는 것이 보다 바람직하다. 이러한 이유에서 실험계획을 할 때 종종 의도적으로 쌍체비교를 한다. 서로 다른 n개의 실험에서, 즉 사람이든, 동물이든, 식물이든지 간에 각각 X_1과 X_2의 기록을 얻었다 하자. 확률변수가 식이요법 이전과 이후의 n개의 개체에서의 각 몸무게를 나타낸다고 하자. n개의 피실험자를 택하는 데 있어, IQ, 나이 등 비슷한 특징을 갖는 n개의 쌍을 택한다. 그런 다음 각 쌍에서 임의로 선택하여 X_1의 값을 구하고 나머지에서 X_2의 값을 구한다. 또 다른 예로 X_1과 X_2는 IQ가 같은 두 명이 한 명은 과거의 방법대로, 다른 한 명은 새로 개발된 학습방법에 의해 학습받았을 때의 성적을 나타낼 수도 있다.

μ_D의 $(1-\alpha)100\%$ 신뢰구간은 다음 식에서부터 구할 수 있다.

$$P(-t_{\alpha/2} < T < t_{\alpha/2}) = 1-\alpha$$

여기서

$$T = \frac{\overline{D} - \mu_D}{S_d/\sqrt{n}}$$

이고, $t_{\alpha/2}$는 자유도 $n-1$인 t분포에서의 값이다. 따라서 위의 부등식에 T를 대입하면 $\mu_1 - \mu_2 = \mu_D$에 대한 $(1-\alpha)100\%$ 신뢰구간을 계산해 낼 수 있다.

[쌍체비교에서 $\mu_D = \mu_1 - \mu_2$에 대한 신뢰구간] : 모평균의 차이가 평균이 $\overline{d}$이고 표준편차가 s_d인 정규분포를 따를 때 n개의 임의의 쌍을 추출해 보면 이때 $\mu_D = \mu_1 - \mu_2$에 대한 $(1-\alpha)100\%$ 신뢰구간은

$$\overline{d} - t_{\alpha/2}\frac{s_d}{\sqrt{n}} < \mu_d < \overline{d} + t_{\alpha/2}\frac{s_d}{\sqrt{n}}$$

가 되고, 여기서 $t_{\alpha/2}$는 자유도인 $\nu = n-1$인 t분포에서 그 점보다 오른쪽 면적이 $\alpha/2$가 되는 t값이다.

[예 9.9] 신선한 토마토와 이를 토마토 깡통으로 만들었을 때 포함하는 구리 함량의 차이를 조사하고자 한다.

쌍	신선한 토마토	토마토 깡통	차 이
1	0.066	0.085	0.019
2	0.079	0.088	0.009
3	0.069	0.091	0.022
4	0.076	0.096	0.020
5	0.071	0.093	0.022
6	0.087	0.095	0.008
7	0.071	0.079	0.008
8	0.073	0.078	0.005
9	0.067	0.065	−0.002
10	0.062	0.068	0.006

신선한 토마토와 토마토 깡통의 구리함량의 차이의 참값에 대한 98% 신뢰구간을 구하여라. 여기서 차이는 정규분포를 따른다고 가정하자.

(풀이) μ_1과 μ_2가 각각 토마토 깡통과 신선한 토마토에서의 구리함량의 평균의 참값이라고 하자. 관측치들이 쌍으로 주어졌으므로 $\mu_1-\mu_2=\mu_D$가 된다. μ_D의 점추정치는 $\bar{d}=0.0117$이 되고, 표본의 차이의 표준편차 s_d는

$$s_d=\sqrt{\frac{n\sum_{i=1}^{n}d_i^2-\left(\sum_{i=1}^{n}d_i\right)^2}{n(n-1)}}=\sqrt{\frac{(10)(0.002003)-(0.117)^2}{(10)(9)}}$$

$$=0.0084$$

이며, α값으로 $\alpha=0.02$를 택하면 부록 A.4에서 자유도 $\nu=n-1=9$일 때 $t_{0.01}=2.821$을 찾을 수 있다. 따라서 98% 신뢰구간은

$$0.0117-(2.821)\left(\frac{0.0084}{\sqrt{10}}\right)<\mu_D<0.0117+(2.821)\left(\frac{0.0084}{\sqrt{10}}\right)$$

가 되고, 이를 간단히 하면

$$0.0042<\mu_D<0.0192$$

가 된다. 따라서 토마토 깡통이 신선한 토마토보다 구리함량이 많다는 결론을 내릴 수 있다.

9.5 모비율의 추정

이항시행에서 모비율 p에 대한 점추정량은 통계량 $\hat{p}=X/n$로 주어진다. 여기서 X는 n번 시행에서의 성공 횟수를 가리킨다. 그러므로 표본비율 $\hat{p}=x/n$는 모수 p의 점추정량으로 흔히 쓰인다.

미지의 모비율 p가 0이나 1에 아주 가까운 경우를 제외하고는 $\hat{P}$의 표본분포를 이용하여 p에 대한 신뢰구간을 구할 수 있다. 매번의 이항시행에서 성공일 때는 1, 실패일 때는 0의 값을 주면, 성공 횟수 x는 n개의 0또는 1의 합이 된다. 또한 $\hat{P}$는 이들 n개의 값들에 대한 표본평균이 된다. 따라서 중심극한정리에 의해 n이 충분히 크다면 $\hat{P}$는 근사적으로 평균과 분산이 다음과 같은 정규분포를 따르게 된다.

$$\mu_{\hat{P}}=E(\hat{P})=E\left(\frac{X}{n}\right)=\frac{np}{n}=p$$

$$\sigma_{\hat{P}}{}^2=\sigma_{X/n}{}^2=\frac{\sigma_X{}^2}{n^2}=\frac{npq}{n^2}=\frac{pq}{n}$$

또 다음 식도 구할 수 있다.

$$P(-z_{\alpha/2}<Z<z_{\alpha/2})=1-\alpha$$

여기서

$$Z=\frac{\hat{P}-p}{\sqrt{pq/n}}$$

이고, $z_{\alpha/2}$는 표준정규분포에서 그 이상의 면적이 $\alpha/2$가 되는 값이다. 위의 식을 Z에 관해 풀어 보면

$$P\left(-z_{\alpha/2}<\frac{\hat{P}-p}{\sqrt{pq/n}}<z_{\alpha/2}\right)=1-\alpha$$

가 되고, 부등식의 각 항에 $\sqrt{pq/n}$를 곱하고 $\hat{P}$를 뺀 다음 -1을 곱하면

$$P\left(\hat{P}-z_{\alpha/2}\sqrt{\frac{pq}{n}}<p<\hat{P}+z_{\alpha/2}\sqrt{\frac{pq}{n}}\right)=1-\alpha$$

가 된다.

위의 부등식에서 p와 독립적인 신뢰한계를 구하기는 간단하지 않다. n이 상당히 크다면 p대신 p의 점추정량 $\hat{p}=x/n$를 이용하여도 큰 오차가 생기지 않으므로 다음 식을 대신 이용할 수 있다.

$$P\left(\hat{P}-z_{\alpha/2}\sqrt{\frac{\hat{p}\hat{q}}{n}}<p<\hat{P}+z_{\alpha/2}\sqrt{\frac{\hat{p}\hat{q}}{n}}\right)\simeq 1-\alpha$$

임의표본 크기가 n일 때 먼저 표본비율 $\hat{p}=x/n$를 계산하고 이에 따라 p에 대한 $(1-\alpha)100\%$ 신뢰구간을 근사적으로 구할 수 있다.

[표본크기가 클 때 p에 대한 신뢰구간] : 임의표본의 크기가 n이고 $\hat{q}=1-\hat{p}$인 경우, 이항모수 p에 대한 근사적인 $(1-\alpha)100\%$ 신뢰구간은

$$\hat{p}-z_{\alpha/2}\sqrt{\frac{\hat{p}\hat{q}}{n}}<p<\hat{p}+z_{\alpha/2}\sqrt{\frac{\hat{p}\hat{q}}{n}}$$

가 되며, 여기서 $z_{\alpha/2}$는 이 점보다 오른쪽 면적이 $\alpha/2$가 되는 값이다.

표본크기 n이 작고 미지의 모수 p가 0 또는 1에 가깝다면 위에서 구한 신뢰구간은 쓸모없게 된다. 따라서 위의 식은 $n\hat{p}$와 $n\hat{q}$가 모두 5 이상일 때에만 이용된다.

[예 9.10] 임의로 TV를 갖고 있는 500가정을 표본으로 추출하였다. 이 중 340가정이 KBS를 시청하고 있다. KBS의 시청률의 참값에 대한 95% 신뢰구간을 구하여라.

(풀이) p의 점추정량은 $\hat{p}=340/500=0.68$이고, 부록 A.3을 찾아보면 $z_{0.025}=1.96$이다. 따라서 p에 대한 95% 신뢰구간은

$$0.68-1.96\sqrt{\frac{(0.68)(0.32)}{500}}<p<0.68+1.96\sqrt{\frac{(0.68)(0.32)}{500}}$$

이고, 이를 간략히 쓰면

$$0.64<p<0.72$$

가 된다.

만일 p가 $(1-\alpha)100\%$ 신뢰구간의 중앙에 위치하는 값이라면 $\hat{p}$는 오차없이 p를 추정하게 된다. 그러나 대부분의 경우에 $\hat{p}$는 정확히 p를 추정하지 못하며 오차를 수반하는 점추정량이 된다. 오차의 크기는 p와 $\hat{p}$의 차의 절대

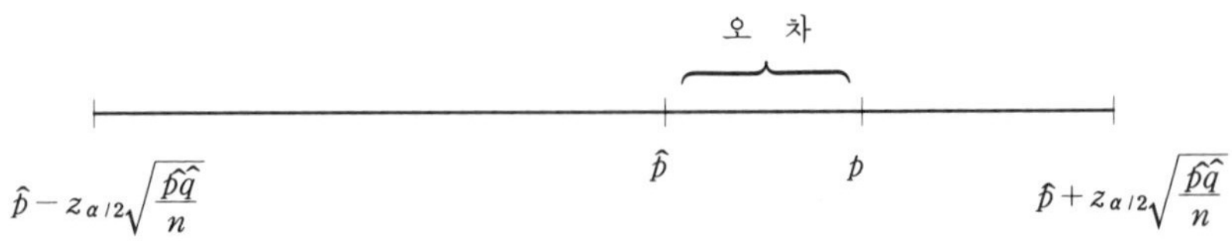

〈그림 9.6〉 $\hat{p}$를 p의 점추정량으로 할 때의 오차

값이며, $(1-\alpha)100\%$ 확신을 갖고 말할 때 그 차는 $z_{\alpha/2}\sqrt{\hat{p}\hat{q}/n}$를 넘지 않게 된다. 신뢰구간을 그림으로 그려 보면 〈그림 9.6〉과 같이 된다.

[정리 9.3] $\hat{p}$가 p의 점추정량일 때 $(1-\alpha)100\%$ 확신을 갖고 오차는 $z_{\alpha/2}\sqrt{\hat{p}\hat{q}/n}$를 넘지 않는다고 말할 수 있다.

[예 9.10]에서 95% 확신을 갖고 말할 때 표본비율 $\hat{p}=0.68$이 모수 p의 참값과의 차이가 0.04를 넘지 않게 된다. 여기서 모수 p를 추정할 때 그 오차가 일정한 값 e를 넘지 않게 하기 위해 필요한 표본크기를 결정할 수 있다. [정리 9.3]에 의하면, 표본크기 n은 $z_{\alpha/2}\sqrt{\hat{p}\hat{q}/n}=e$를 만족하도록 선택하면 된다.

[정리 9.4] $\hat{p}$가 p의 추정량으로 사용될 때 표본크기가 다음 식을 만족하면 $100(1-\alpha)\%$ 확신을 갖고 오차가 일정한 값 e보다 작다고 말할 수 있다.

$$n=\frac{z_{\alpha/2}{}^2\hat{p}\hat{q}}{e^2}$$

[정리 9.4]에서 $\hat{p}$는 표본으로부터 계산되는 값이므로 표본크기 n을 결정하기 위해 $\hat{p}$를 이용한다는 것은 약간 모순으로 보일 수 있다. 만일 표본을 추출하기 전에 p에 대해 알고 있는 정보가 있다면 이 값으로 $\hat{p}$를 대신하여 n을 결정한다. 그러나 사전에 아는 정보가 없다면 표본크기가 $n\geq30$이 되는 예비표본을 택하여 p를 추정한다. 그런 다음 [정리 9.4]를 이용하여 원하는 정확도를 만족시키는 표본크기를 근사적으로 결정한다. 여기서 n값은 소수점 이하를 올려 정수로 구한다.

[예 9.11] [예 9.10]에서 95% 확신을 갖고 p의 추정치의 오차가 0.02 이내

가 되기 위해 필요한 표본크기는 얼마인가?

(풀이) 500가정을 예비표본으로 하여 조사한 결과 $\hat{p}=0.68$이었다. [정리 9.4]에 의하면

$$n=\frac{(1.96)^2(0.69)(0.32)}{(0.02)^2}=2{,}090$$

이 된다. 따라서 p를 추정하는 데 필요한 표본의 크기는 2,090이 되고 이때 표본비율이 모비율의 참값과 0.02 이상 차이가 나지 않는다고 95% 확신을 갖고 말할 수 있다.

때로는 정해진 신뢰도를 만족하는 표본크기를 구하는 문제에서 p의 사전 추정치를 얻는 것이 불가능할 때가 있다. 이런 경우 n의 최대값은 $\hat{p}\hat{q}=\hat{p}(1-\hat{p})$일 때 생기며, $\hat{p}$는 0에서 1 사이의 값이므로 $\hat{p}\hat{q}$가 1/4을 넘지 않는다.

$$\begin{aligned}\hat{p}(1-\hat{p})&=-(\hat{p}^2-\hat{p})=\frac{1}{4}-\left(\hat{p}^2-\hat{p}+\frac{1}{4}\right)\\&=\frac{1}{4}-\left(\hat{p}-\frac{1}{2}\right)^2\end{aligned}$$

이므로, $\hat{p}=1/2$일 때를 제외하고는 $\hat{p}\hat{q}$는 1/4보다 작으며 최대값은 $\hat{p}=1/2$일 때 1/4이 된다. 따라서 [정리 9.4]에서 $\hat{p}$ 대신 1/2을 대입하면 충분하다. 실제 p가 1/2이 아니라면 구해지는 표본크기 n은 정해진 신뢰도를 만족하는 데 필요한 표본크기보다 커지게 되며, 이때 신뢰도는 자연히 증가하게 된다.

[정리 9.5] $\hat{p}$를 p의 추정치로 사용할 때, 추정치의 오차가 적어도 $(1-\alpha)100\%$ 확신을 갖고 정해진 최대오차 e를 넘지 않도록 하는 표본크기는 다음과 같다.

$$n=\frac{z_{\alpha/2}{}^2}{4e^2}$$

[예 9.12] [예 9.10]에서 적어도 95% 확신으로 p의 오차가 0.02 이내가 될 표본크기를 구하여라.

(풀이) [예 9.11]과는 달리 p에 대한 사전 추정치를 제공할 예비표본이 없으므로 적어도 95% 확신으로 표본비율이 모비율의 참값과 0.02 이내의

오차를 가질 표본크기는

$$n=\frac{(1.96)^2}{(4)(0.02)^2}=2{,}401$$

이 된다.

[예 9.11]과 [예 9.12]의 결과를 비교해 보면 예비표본 또는 과거 경험으로부터 p에 관한 정보가 있을 때는 보다 작은 크기의 표본을 추출하여도 정해진 신뢰도를 만족시킬 수 있게 된다.

9.6 두 모비율 차이의 추정

두 이항모수 p_1, p_2의 차이를 추정하는 문제를 생각해 보자. 예를 들어, 후두암 환자 중 흡연자 비율을 p_1, 비흡연자 비율을 p_2라 하자. 여기서 두 모비율의 차이에 대한 추정을 생각해 보자. 첫째, 평균이 각각 n_1p_1, n_2p_2이고 분산이 각각 $n_1p_1q_1$, $n_2p_2q_2$인 두 개의 이항모집단에서 크기가 각각 n_1, n_2이고 서로 독립인 임의표본을 추출하자. 그리고 표본의 후두암 환자 중 흡연자 수를 x_1, 비흡연자 수를 x_2라 하면, 표본비율은 $\hat{p}_1=x_1/n_1$, $\hat{p}_2=x_2/n_2$가 된다. 또 모비율의 차이 p_1-p_2의 점추정량은 통계량 $\hat{P}_1-\hat{P}_2$로 주어지며, 표본비율의 차이 $\hat{p}_1-\hat{p}_2$가 p_1-p_2의 점추정치가 된다.

p_1-p_2에 대한 신뢰구간은 $\hat{P}_1-\hat{P}_2$의 표본분포를 이용하여 구할 수 있다. 9.5절에서 살펴본 바와 같이 $\hat{P}_1$와 $\hat{P}_2$는 근사적으로 각각 평균이 p_1, p_2이고 분산이 p_1q_1/n_1, p_2q_2/n_2인 정규분포를 따른다. 두 모집단에서 서로 독립인 표본을 추출하므로 확률변수 $\hat{P}_1$와 $\hat{P}_2$는 서로 독립이며, [정리 7.15]에서 본 바와 같이 정규분포의 합의 성질에 의해 $\hat{P}_1-\hat{P}_2$는 평균과 분산이 다음과 같은 정규분포를 근사적으로 따르게 된다.

$$\mu_{\hat{P}_1-\hat{P}_2}=p_1-p_2$$

$$\sigma^2_{\hat{P}_1-\hat{P}_2}=\frac{p_1q_1}{n_1}+\frac{p_2q_2}{n_2}$$

따라서

$$P(-z_{\alpha/2}<Z<z_{\alpha/2})=1-\alpha$$

가 되며, 여기서

$$Z=\frac{(\hat{P}_1-\hat{P}_2)-(p_1-p_2)}{\sqrt{(p_1q_1/n_1)+(p_2q_2/n_2)}}$$

이고 $z_{\alpha/2}$는 표준정규분포에서 그 이상의 면적이 $\alpha/2$가 되는 값이다. 위 식을 Z에 대해 풀면 다음과 같이 된다.

$$P\left[-z_{\alpha/2}<\frac{(\hat{P}_1-\hat{P}_2)-(p_1-p_2)}{\sqrt{(p_1q_1/n_1)+(p_2q_2/n_2)}}<z_{\alpha/2}\right]=1-\alpha$$

$n_1\hat{p}_1$, $n_1\hat{q}_1$, $n_2\hat{p}_2$, $n_2\hat{q}_2$가 모두 5 이상이면 p_1, p_2, q_1, q_2 대신 추정치 $\hat{p}_1=x_1/n_1$, $\hat{p}_2=x_2/n_2$, $\hat{q}_1=1-\hat{p}_1$, $\hat{q}_2=1-\hat{p}_2$를 이용할 수 있으며, 따라서 p_1-p_2에 대한 $(1-\alpha)100\%$ 근사신뢰구간을 구할 수 있다.

[표본크기가 클 때 p_1-p_2에 대한 신뢰구간] : $\hat{p}_1$, $\hat{p}_2$가 표본크기가 각각 n_1, n_2인 이항시행에서의 성공률이고 $\hat{q}_1=1-\hat{p}_1$, $\hat{q}_2=1-\hat{p}_2$를 만족할 때 두 이항모수의 차 p_1-p_2에 대한 $(1-\alpha)100\%$ 근사신뢰구간은

$$(\hat{p}_1-\hat{p}_2)-z_{\alpha/2}\sqrt{\frac{\hat{p}_1\hat{q}_1}{n_1}+\frac{\hat{p}_2\hat{q}_2}{n_2}}<p_1-p_2<(\hat{p}_2-\hat{p}_2)+z_{\alpha/2}\sqrt{\frac{\hat{p}_1\hat{q}_1}{n_1}+\frac{\hat{p}_2\hat{q}_2}{n_2}}$$

가 되며, 여기서 $z_{\alpha/2}$는 그 이상의 면적이 $\alpha/2$가 되는 값이다.

[예 9.13] 새로운 공정에 의해 어떤 부품을 만들려고 한다. 새로운 공정이 기존의 공정보다 불량률이 저하되는지를 알기 위해 두 공정에 의해 생산된 부품 중 각각 표본을 추출하였다. 기존 공정으로 생산된 1,500개 부품 중에서 75개가 불량품이고, 새 공정으로 생산된 2,000개 부품 중에서 80개가 불량품이었다. 두 공정에 의한 불량률의 차이의 참값에 대한 90% 신뢰구간을 구하여라.

(풀이) p_1과 p_2 두 공정에서의 불량률의 참값이라 하자. 표본비율은 $\hat{p}_1=75/1{,}500=0.05$이고, $\hat{p}_2=80/2{,}000=0.04$가 되며, p_1-p_2의 점추정치는 $\hat{p}_1-\hat{p}_2=0.05-0.04=0.01$이다. 부록 A.3에서 $z_{0.05}=1.645$를 찾을 수 있다. 따라서 위의 공식에 의해 90% 신뢰구간을 구하면

$$0.01-1.645\sqrt{\frac{(0.05)(0.95)}{1,500}+\frac{(0.04)(0.96)}{2,000}}<p_1-p_2<0.01$$
$$+1.645\sqrt{\frac{(0.05)(0.95)}{1,500}+\frac{(0.04)(0.96)}{2,000}}$$

이 되며, 이를 간략히 하면

$$-0.0017<p_1-p_2<0.0217$$

이 된다. 신뢰구간이 0을 포함하므로 새 공정이 기존 공정보다 불량률이 저하되었다고 확신을 갖고 말할 수는 없다.

9.7 모분산의 추정

분산이 σ^2인 정규모집단에서 크기 n인 표본을 추출할 때 그 표본분산이 s^2이면 이를 가지고 통계량 S^2의 값을 얻을 수 있다. 이렇게 σ^2의 점추정치는 쉽게 표본분산을 이용하여 구할 수 있으므로 통계량 S^2을 σ^2의 추정량이라 한다.

σ^2에 대한 신뢰구간은 다음 통계량을 이용하여 구할 수 있다.

$$\chi^2=\frac{(n-1)S^2}{\sigma^2}$$

정규모집단에서 추출한 표본일 때는, [정리 8.3]에 의하면 통계량 χ^2은 자유도가 $n-1$인 카이제곱분포를 따른다. 따라서 다음 식을 이용할 수 있다(그림 9.7 참조).

$$P(\chi^2_{1-\alpha/2}<\chi^2<\chi^2_{\alpha/2})=1-\alpha$$

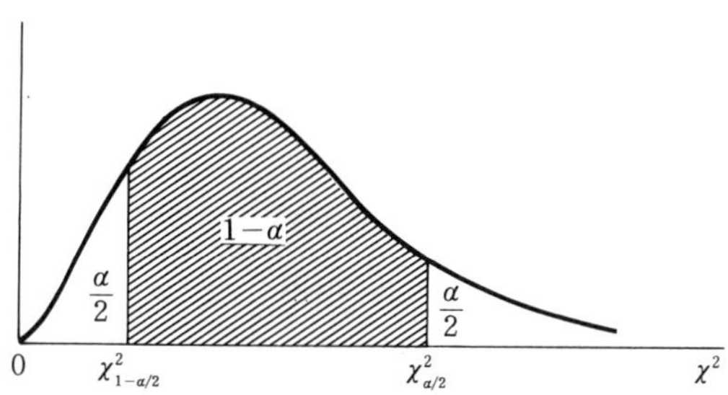

〈그림 9.7〉 $P(\chi^2_{1-\alpha/2}<\chi^2<\chi^2_{\alpha/2})=1-\alpha$

여기서 $\chi^2_{1-\alpha/2}$와 $\chi^2_{\alpha/2}$는 자유도 $n-1$인 카이제곱분포에서 이 점보다 오른쪽 면적이 각각 $1-\alpha/2$, $\alpha/2$가 되는 값이다. 위 식에 χ^2을 대입하면 다음 식을 얻을 수 있다.

$$P\left[\chi^2_{1-\alpha/2} < \frac{(n-1)S^2}{\sigma^2} < \chi^2_{\alpha/2}\right] = 1-\alpha$$

부등식의 각 항을 $(n-1)S^2$으로 나누고 역수를 취하면

$$P\left[\frac{(n-1)S^2}{\chi^2_{\alpha/2}} < \sigma^2 < \frac{(n-1)S^2}{\chi^2_{1-\alpha/2}}\right] = 1-\alpha$$

가 된다. 따라서 크기가 n인 표본에서 표본분산 S^2을 계산한 후, 이에 따라 σ^2에 대한 $(1-\alpha)100\%$ 신뢰구간을 구할 수 있다.

[σ^2에 대한 신뢰구간] : 정규모집단에서 추출된 크기 n인 표본의 분산이 s^2일 때 모분산 σ^2에 대한 $(1-\alpha)100\%$ 신뢰구간은 다음과 같다.

$$\frac{(n-1)s^2}{\chi^2_{\alpha/2}} < \sigma^2 < \frac{(n-1)s^2}{\chi^2_{1-\alpha/2}}$$

여기서 $\chi^2_{\alpha/2}$와 $\chi^2_{1-\alpha/2}$는 자유도 $n-1$인 카이제곱분포에서 이 점보다 오른쪽 면적이 각각 $\alpha/2$, $1-\alpha/2$가 되는 값이다.

σ에 대한 $(1-\alpha)100\%$ 신뢰구간은 σ^2에 대한 신뢰구간의 신뢰한계의 제곱근을 취하여 얻는다.

[예 9.14] 어떤 회사에서 포장한 씨앗 10봉지의 각 무게가 다음과 같다. 46.4, 46.1, 45.8, 47.0, 46.1, 45.9, 45.8, 46.9, 45.2, 46.0. 이 회사에서 포장한 모든 씨앗 한 봉지 무게의 분산에 대한 95% 신뢰구간을 구하여라. 단, 정규모집단을 가정하자.

(풀이) 우선, 표본분산은 다음과 같이 계산된다.

$$s^2 = \frac{n\sum_{i=1}^{n} x_i^2 - (\sum_{i=1}^{n} x_i)^2}{n(n-1)} = \frac{(10)(21{,}273.12) - (461.2)^2}{(10)(9)} = 0.286$$

95% 신뢰구간을 구하기 위해 $\alpha=0.05$를 택하고, 부록 A.5를 찾으면 자유도가 9일 때 $\chi^2_{0.025}=19.023$, $\chi^2_{0.975}=2.700$임을 알 수 있다. 따라서 σ^2에 대한 95% 신뢰구간은

$$\frac{(9)(0.286)}{19.023}<\sigma^2<\frac{(9)(0.286)}{2.700}$$

이 되며, 이를 간단히 하면 다음과 같다.

$$0.135<\sigma^2<0.953$$

9.8 두 모분산의 비의 추정

두 모분산의 비 σ_1^2/σ_2^2의 점추정치는 표본분산의 비 s_1^2/s_2^2으로 주어진다. 따라서 통계량 s_1^2/s_2^2을 σ_1^2/σ_2^2의 추정량이라 부른다.

σ_1^2과 σ_2^2이 정규모집단의 분산이라면, σ_1^2/σ_2^2에 대한 신뢰구간을 다음 통계량 F를 이용하여 구할 수 있다.

$$F=\frac{\sigma_2^2 S_1^2}{\sigma_1^2 S_2^2}$$

[정리 8.7]에 의하면, 확률변수 F는 자유도가 $\nu_1=n_1-1$, $\nu_2=n_2-1$인 F분포를 따른다. 그러므로 다음 식을 만족한다(그림 9.8 참조).

$$P[f_{1-\alpha/2}(\nu_1, \nu_2)<F<f_{\alpha/2}(\nu_1, \nu_2)]=1-\alpha$$

여기서 $f_{1-\alpha/2}(\nu_1, \nu_2)$ 와 $f_{\alpha/2}(\nu_1, \nu_2)$ 는 자유도가 ν_1, ν_2인 F분포에서 그 점보다 오른쪽 면적이 각각 $1-\alpha/2$, $\alpha/2$가 되는 값이다. 위 부등식에 F를 대입하면

$$P\left[f_{1-\alpha/2}(\nu_1, \nu_2)<\frac{\sigma_2^2 S_1^2}{\sigma_1^2 S_2^2}<f_{\alpha/2}(\nu_1, \nu_2)\right]=1-\alpha$$

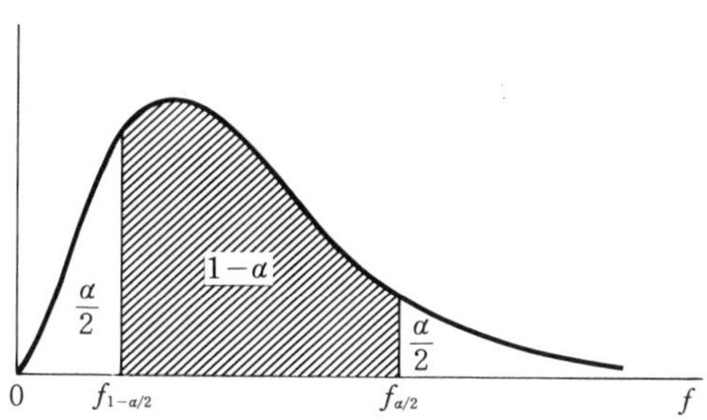

〈그림 9.8〉 $P[f_{1-\alpha/2}(\nu_1, \nu_2)<F<f_{\alpha/2}(\nu_1, \nu_2)]=1-\alpha$

가 된다. 이 부등식의 각 항에 S_2^2/S_1^2을 곱하고 역수를 취하면

$$P\left[\frac{S_1^2}{S_2^2}\frac{1}{f_{\alpha/2}(\nu_1, \nu_2)}<\frac{\sigma_1^2}{\sigma_2^2}<\frac{S_1^2}{S_2^2}\frac{1}{f_{1-\alpha/2}(\nu_1, \nu_2)}\right]=1-\alpha$$

가 된다.

[정리 8.6]의 결과에 따라 $f_{1-\alpha/2}(\nu_1, \nu_2)$ 를 $1/f_{\alpha/2}(\nu_2, \nu_1)$ 로 바꿔 쓸 수 있다. 따라서 다음과 같이 구해진다.

$$P\left[\frac{S_1^2}{S_2^2}\frac{1}{f_{\alpha/2}(\nu_1, \nu_2)}<\frac{\sigma_1^2}{\sigma_2^2}<\frac{S_1^2}{S_2^2}f_{\alpha/2}(\nu_2, \nu_1)\right]=1-\alpha$$

두 정규모집단에서 추출한 크기가 n_1, n_2인 확률표본에서 표본분산의 비 s_1^2/s_2^2을 계산하고, 이에 따라 σ_1^2/σ_2^2에 대한 $(1-\alpha)100\%$ 신뢰구간을 구할 수 있다.

[σ_1^2/σ_2^2에 대한 신뢰구간] : 정규모집단에서 추출한 크기가 n_1, n_2인 표본의 분산을 s_1^2, s_2^2이라 하자. σ_1^2/σ_2^2에 대한 $(1-\alpha)100\%$ 신뢰구간은

$$\frac{s_1^2}{s_2^2}\frac{1}{f_{\alpha/2}(\nu_1, \nu_2)}<\frac{\sigma_1^2}{\sigma_2^2}<\frac{s_1^2}{s_2^2}f_{\alpha/2}(\nu_2, \nu_1)$$

이다. 여기서 $f_{\alpha/2}(\nu_1, \nu_2)$ 는 자유도 $\nu_1=n_1-1$, $\nu_2=n_2-1$인 F분포에서 그 점보다 오른쪽 면적이 $\alpha/2$가 되는 값이다.

앞 절에서처럼, σ_1/σ_2에 대한 $(1-\alpha)100\%$ 신뢰구간을 σ_1^2/σ_2^2에 대한 신뢰구간의 신뢰한계의 제곱근을 취하여 얻을 수 있다.

[예 9.15] 강 상류와 하류에서의 인광성 물질의 양의 차이에 대해 알아보기로 하여 1리터당 인광성 물질량을 밀리그램으로 나타내었다. 정규모집단의 분산은 서로 같지 않은 것으로 할 때, 두 모분산의 비 σ_1^2/σ_2^2에 대한 98% 신뢰구간을 구하여라.([예 9.8]의 자료를 참조할 것.)

(풀이) [예 9.8]에서 $n_1=15$, $n_2=12$, $s_1=3.07$, $s_2=0.80$이다. 98% 신뢰구간을 구하려면 $\alpha=0.02$로 정하면 된다. 부록 A.6에서 찾아보면, $f_{0.01}(14, 11)\simeq 4.30$, $f_{0.01}(11, 14)\simeq 3.87$임을 알 수 있다. 따라서 σ_1^2/σ_2^2에 대한 98% 신뢰구간은

$$\frac{3.07^2}{0.80^2}\left(\frac{1}{4.30}\right)<\frac{\sigma_1^2}{\sigma_2^2}<\frac{3.07^2}{0.80^2}(3.87)$$

이고, 이를 간단히 하면

$$3.425<\frac{\sigma_1^2}{\sigma_2^2}<56.991$$

이다. 또 이 신뢰구간의 상한과 하한의 제곱근을 취하면 σ_1/σ_2에 대한 98% 신뢰구간은 다음과 같이 구할 수 있다.

$$1.851<\frac{\sigma_1}{\sigma_2}<7.549$$

이 신뢰구간은 1을 포함하지 않으므로 $\sigma_1 \neq \sigma_2$, 또는 $\sigma_1^2 \neq \sigma_2^2$이라는 가정이 맞다고 할 수 있다.

9.9 베이지안 추정법

추정에 있어서 지금까지 설명한 고전적인 방법은 확률표본에서 얻은 정보만을 이용하여 왔다. 이러한 방법들은 확률을 상대도수로 해석하는 것이다. 예를 들어, 모평균 μ에 대한 95% 신뢰구간을 구할 때, 식 $P(-1.96<Z<1.96)=0.95$의 의미는 반복시행에서 Z가 -1.96과 1.96 사이에 있게 되는 경우가 95% 정도 생긴다는 것이다. 이런 형태의 확률이란 상대도수라는 의미에서 객관적 확률이라 할 수 있다. 통계적 추정방법에서 베이지안 접근법이란 표본에서 얻은 정보와, 그 밖에 적절하고 유용한 사전확률을 연관시키는 방법을 뜻한다.

모집단의 분포가 $f(x;\theta)$일 때 모수 θ의 점추정치를 구하는 문제를 생각해 보자. 고전적인 접근법에서는 크기가 n인 임의표본으로부터 얻은 정보를 이용하여 적당한 추정량이나 결정함수로 바꾼다. 따라서 이항분포 $b(x;n,p)$를 따르는 모집단의 분포에서 p의 점추정치는 성공률, 즉 $\hat{p}=x/n$가 된다. 또한 추가적으로 θ에 관한 정보, 즉 확률분포가 $f(\theta)$임이 알려져 있다고 하면 이때 $f(\theta)$를 사전분포라 부르고, 평균을 사전평균 μ_0, 분산을 사전분산 σ_0^2이라 부른다. 즉 θ를 확률분포 $f(\theta)$를 갖는 확률변수 Θ의 값으로 가정하고, 이미 추출된 확률표본으로부터 얻은 정보를 이용하여 모집단의 모수 θ의 특정값을 추정하려고 한다. 이렇게 사전확률을 고려한 확률을 주관적 확률이

라 부르고, 모수의 위치에 대한 개인의 확신도의 측도로 볼 수 있다. 사전확률로부터 주관적 확률을 얻고자 할 때는 개인의 경험과 지식을 이용하게 된다. 베이지안 기법이란, 사전분포 $f(\theta)$와 표본의 결합분포 $f(x_1, \cdots, x_n; \theta)$를 연결시켜 사후확률 $f(\theta | x_1, \cdots, x_n)$을 계산하는 방법이다. 사후확률이란, 주관적 사전확률과 객관적인 표본분포로부터 얻은 정보를 모두 이용하여 표본을 관측한 후의 모수 θ의 위치에 대한 확신도로 표현된다.

모수 θ를 확률변수로 생각하고자 할 경우는 표본의 결합확률분포를 $f(x_1, \cdots, x_n; \theta)$ 대신 $f(x_1, \cdots, x_n | \theta)$로 표기한다. 따라서 표본 $X_1, \cdots, X_n$과 모수 Θ의 결합확률분포는

$$f(x_1, x_2, \cdots, x_n, \theta) = f(x_1, x_2, \cdots, x_n | \theta) f(\theta)$$

가 되고, 또한 주변분포도 다음과 같이 쉽게 구할 수 있다.

$$g(x_1, x_2, \cdots, x_n) = \begin{cases} \sum_{\theta} f(x_1, x_2, \cdots, x_n, \theta) & (\text{이산적인 경우}) \\ \int_{-\infty}^{\infty} f(x_1, x_2, \cdots, x_n, \theta) d\theta & (\text{연속적인 경우}) \end{cases}$$

따라서 사후확률은

$$f(\theta | x_1, x_2, \cdots, x_n) = \frac{f(x_1, x_2, \cdots, x_n, \theta)}{g(x_1, x_2, \cdots, x_n)} = \frac{f(x_1, x_2, \cdots, x_n | \theta) f(\theta)}{g(x_1, x_2, \cdots, x_n)}$$

로 쓸 수 있다.

[정의 9.5] 사후확률분포 $f(\theta | x_1, \cdots, x_n)$의 평균은 θ^*로 나타내며 θ에 대한 베이지안 추정치라 부른다.

[예 9.16] 어떤 기계에서 생산되는 부품의 불량률 p에 대한 사전분포가 다음과 같다.

p	0.1	0.2
$f(p)$	0.6	0.4

표본 2개 중 1개가 불량품일 때 이 기계에서 생산되는 부품의 불량률에 대한 베이지안 추정치를 구하여라.

(풀이) X를 추출된 표본에서의 불량품수라 하자. 그러면 추출된 표본에 대한 확률분포는 다음과 같다.

$$f(x|p)=b(x;\ n,\ p)=\binom{2}{x}p^x q^{2-x},\ x=0,\ 1,\ 2$$

$p=0.1$ 이라면 표본 2개 중 1개가 불량품일 확률은

$$f(1|0.1)=b(1\ ;\ 2,\ 0.1)=\binom{2}{1}\ (0.1)\ (0.9)=0.18$$

이고, $p=0.2$ 이라면

$$f(1|0.2)=b(1\ ;\ 2,\ 0.2)=\binom{2}{1}\ (0.2)\ (0.8)=0.32$$

가 된다. $f(x,\ p)=f(x\mid p)f(p)$이므로 다음 표를 만들 수 있다.

p	0.1	0.2
$f(1,\ p)$	0.108	0.128

또한 주변분포를 구할 수 있다.

$$g(1)=\sum_p f(1,\ p)=0.236$$

$x=1$일 때 공식 $f(p\mid x)=f(x,\ p)/g(x)$를 이용하여 불량률 p에 대한 사후확률을 구해 보면

p	0.1	0.2
$f(p\mid x=1)$	0.458	0.542

이 되고, p의 베이지안 추정량 p^*는 다음과 같이 계산된다.

$$p^*=(0.1)\ (0.458)+(0.2)\ (0.542)=0.1542$$

여기서 베이지안 추정치는 고전적인 추정치 $\hat{p}=x/n$ 로부터 얻어지는 값 1/2보다 훨씬 작아졌다.

[예 9.17] 일양사전분포 $f(p)=1,\ 0<p<1$을 이용하여 [예 9.16]을 반복하여 보자.

(풀이) 앞의 예와 마찬가지로

$$f(x|p)=\binom{2}{x}p^x q^{2-x},\ x=0,\ 1,\ 2$$

를 얻을 수 있고, 또 $f(x,\ p)=f(x|p)f(p)$로부터

$$f(1, p) = \binom{2}{1} pq$$
$$= 2p(1-p), \ 0 < p < 1$$

이고, 또

$$g(1) = \int_0^1 2p(1-p)\,dp = \frac{1}{3}$$

이 된다. $x=1$일 때 불량률 p의 사후확률은

$$f(p \mid x=1) = \frac{2p(1-p)}{1/3}$$
$$= 6p(1-p), \ 0 < p < 1$$

이며, p의 베이지안 추정치는

$$p^* = 6\int_0^1 p^2(1-p)\,dp = \frac{1}{2}$$

이 된다. 이번에는 베이지안 추정치 p^*가 고전적인 추정치 $\hat{p}$와 같게 되었다.

모수 θ에 대한 $(1-\alpha)100\%$ 베이지안 구간은 사후평균을 중심으로 사후확률 $(1-\alpha)100\%$를 포함하는 구간이 된다.

[정의 9.6] θ의 $(1-\alpha)100\%$ 베이지안 구간은

$$\int_{\theta^*}^{b} f(\theta \mid x_1, x_2, \cdots, x_n)\,d\theta = \int_a^{\theta^*} f(\theta \mid x_1, x_2, \cdots, x)\,d\theta = \frac{1-\alpha}{2}$$

를 만족하는 $a < \theta < b$가 된다.

정규모집단의 모평균 μ에 대한 베이지안 추정치는 다음 정리에 따라 구할 수 있다.

[정리 9.6] 분산이 σ^2으로 기지인 정규모집단에서 추출된 크기가 n인 표본의 평균을 $\bar{x}$라 하고 모평균의 사전분포가 평균이 μ_0, 분산이 σ_0^2인 정규분포일 때, 모평균의 사후분포는 평균이 μ^*, 분산이 σ^{*2}인 정규분포가 된다. 여기서

$$\mu^* = \frac{n\bar{x}\sigma_0^2 + \mu_0\sigma^2}{n\sigma_0^2 + \sigma^2} \text{ 이고, } \sigma^* = \sqrt{\frac{\sigma_0^2\sigma^2}{n\sigma_0^2 + \sigma^2}}$$

이다.

(증명) 표본의 확률분포와

$$f(x_1, x_2, \cdots, x_n|\mu)=\frac{1}{(2\pi)^{n/2}\cdot\sigma^n}\exp\left[-\left(\frac{1}{2}\right)\sum_{i=1}^{n}\left(\frac{x_i-\mu}{\sigma}\right)^2\right],$$

$$-\infty<x_i<\infty,\ i=1, 2, \cdots, n$$

사전분포

$$f(\mu)=\frac{1}{\sqrt{2\pi}\sigma_0}e^{-(1/2)[(\mu-\mu_0)/\sigma_0]^2},\ -\infty<\mu<\infty$$

를 곱하면, 확률표본과 추출된 표본에 의한 모평균의 결합확률분포를 구할 수 있다.

$$f(x_1, x_2, \cdots, x_n, \mu)=\frac{1}{(2\pi)^{(n+1)/2}\sigma^n\sigma_0}$$

$$\times\exp\left\{-\left(\frac{1}{2}\right)\left[\sum_{i=1}^{n}\left(\frac{x_i-\mu}{\sigma}\right)^2+\left(\frac{\mu-\mu_0}{\sigma_0}\right)^2\right]\right\}$$

8.4절에서

$$\sum_{i=1}^{n}(x_i-\mu)^2=\sum_{i=1}^{n}(x_i-\bar{x})^2+n(\bar{x}-\mu)^2$$

이므로

$$f(x_1, x_2\ \cdots, x_n, \mu)=\frac{1}{(2\pi)^{(n+1)/2}\sigma^n\sigma_0}\exp\left[-\left(\frac{1}{2}\right)\sum_{i=1}^{n}\left(\frac{x_i-\bar{x}}{\sigma}\right)^2\right]$$

$$\times e^{-(1/2)\{n[(\bar{x}-\mu)/\sigma]^2+[(\mu-\mu_0)/\sigma_0]^2\}}$$

를 유도해낼 수 있다. 위 식의 대괄호 안을 고쳐 쓰면 확률표본과 모평균의 결합확률분포를 간단히 나타낼 수 있다.

$$f(x_1, x_2, \cdots, x_n, \mu)=Ke^{-(1/2)[(\mu-\mu^*)/\sigma^*]^2}$$

여기서

$$\mu^*=\frac{n\bar{x}\sigma_0^2+\mu_0\sigma^2}{n\sigma_0^2+\sigma^2}$$

$$\sigma^*=\sqrt{\frac{\sigma_0^2\sigma^2}{n\sigma_0^2+\sigma^2}}$$

이고, K는 표본의 값들과 알고 있는 모수들의 함수이다. 따라서 표본의 주변분포는

$$g(x_1, x_2, \cdots, x_n)=K\sqrt{2\pi}\sigma^*\int_{-\infty}^{\infty}\frac{1}{\sqrt{2\pi}\sigma^*}e^{-(1/2)[(\mu-\mu^*)/\sigma^*]^2}d\mu$$

$$=K\sqrt{2\pi}\sigma^*$$

이며, 사후분포는

$$f(\mu \mid x_1, x_2, \cdots, x_n) = \frac{f(x_1, x_2, \cdots, x_n, \mu)}{g(x_1, x_2, \cdots, x_n)}$$
$$= \frac{1}{\sqrt{2\pi}\sigma^*} e^{-(1/2)[(\mu-\mu^*)/\sigma^*]^2}, \quad -\infty < \mu < \infty$$

이다. μ^*, σ^*가 앞에서 정의한 바와 같을 때 위의 식에서 μ가 평균 μ^*, 표준편차 σ^*인 정규분포를 따르는 것은 쉽게 알 수 있다.

여기서 사후 평균 μ^*는 최우추정치 $\bar{x}$와 사전평균 μ_0의 가중평균임을 알 수 있다. 또한 베이지안 추정치 μ^*는 n이 증가함에 따라 최우추정치 $\bar{x}$에 접근하게 된다. 이는 베이지안 방법은 의사결정자가 그 자신의 경험 또는 주관적 의견을 결과에 반영하는 것으로, 경험 또는 주관적 판단은 표본 크기가 커짐에 따라 점점 감소하게 된다.

모집단이 정규분포를 따르지 않는다 하더라도 평균의 사전분포가 근사적으로 정규분포를 따르면 표본의 크기가 $n \geq 30$일 때 [정리 9.6]을 이용하여 중심극한정리를 적용할 수 있다.

[정리 9.6]의 공식에서 μ^*, σ^*를 계산하려면 σ^2을 알아야 한다. 일반적으로 그렇지 못하더라도 표본크기가 $n \geq 30$일 때는 σ^2 대신 표본분산 s^2을 사용할 수 있다. 사후평균 μ^*는 모평균의 베이지안 추정치가 되고, μ에 대한 $(1-\alpha)100\%$ 베이지안 구간은

$$\mu^* - z_{\alpha/2}\sigma^* < \mu < \mu^* + z_{\alpha/2}\sigma^*$$

로서, 사후평균을 중심으로 $(1-\alpha)100\%$ 사후확률을 포함하도록 하는 구간이다.

[예 9.18] 어떤 공장에서 생산되는 전구의 수명이 표준편차가 100시간인 근사정규분포를 따른다고 하자. 과거 경험으로 보면, 모평균 μ는 평균이 $\mu_0 = 800$시간이고 표준편차가 $\sigma_0 = 10$시간이었다. 25개 표본의 평균수명이 780시간일 때 μ에 대한 95% 베이지안 구간을 구하여라.

(풀이) [정리 9.6]에 의하면, 평균의 사후분포는 평균과 분산이 다음과 같은 정규분포가 된다.

$$\mu^* = \frac{(25)(780)(10)^2 + (800)(100)^2}{(25)(10)^2 + (100)^2} = 796$$

$$\sigma^* = \sqrt{\frac{(10)^2(100)^2}{(25)(10)^2 + (100)^2}} = \sqrt{80}$$

μ에 대한 95% 베이지안 구간은

$$796 - 1.96\sqrt{80} < \mu < 796 + 1.96\sqrt{80}$$

이 되며, 이를 간략히 쓰면 다음과 같다.

$$778.5 < \mu < 813.5$$

[예 9. 18]에서 μ에 대한 사전정보를 무시해 보면 9. 3 절에서와 같이 고전적인 방법에 의해 95% 신뢰구간을 구할 수 있다.

$$780 - (1.96)\left(\frac{100}{\sqrt{25}}\right) < \mu < 780 + (1.96)\left(\frac{100}{\sqrt{25}}\right)$$

이를 간단히 하면

$$740.8 < \mu < 819.2$$

라고 쓸 수 있으며, 이는 베이지안 구간보다도 훨씬 넓은 것임을 알 수 있다.

연습문제

1. $S'^2=\sum_{i=1}^{n}(X_i-\overline{X})^2/n$ 이라 할 때 $E(S'^2)=\frac{n-1}{n}\sigma^2$이 됨을 보여라.

2. X가 이항확률변수일 때 $\hat{P}=\frac{X}{n}$는 p의 불편추정량임을 보여라.

3. 어떤 전등 제조회사에서 생산되는 전등의 수명은 근사적으로 정규분포를 따르며, 표준편차가 40시간으로 알려져 있다. 이 회사에서 생산된 전등 30개를 표본추출하여 시험해 보니, 평균이 780시간이었다. 이때 전구수명에 대한 96% 신뢰구간을 구하라.

4. 어떤 대학교 신입생 50명을 대상으로 키를 측정해 보았더니 평균이 174.5 cm, 표준편차가 6.9 cm 였다. 키에 대한 98 % 신뢰구간을 구하라.

5. 서울시에 거주하고 있는 100명의 자동차 소유자를 대상으로 연간 주행거리를 조사해 보니, 평균이 23,500 km, 표준편차가 3,900 km이었다. 이때 서울시에 거주하고 있는 자동차 소유자들의 연간 주행거리에 대한 99 % 신뢰구간을 구하라.

6. 어떤 공장의 공정관리자는 금속판에 구멍을 뚫는 공정에 소요되는 평균시간을 정하려고 한다. 이때 95%의 확신을 가지고, 표본평균이 모평균으로부터 15초 이내에 들어오도록 하려면 표본의 크기는 얼마로 해야 하는가? 단, 표준편차는 40초로 알고 있다고 가정하라.

7. 어떤 동물학자는 쥐의 수명에 대한 연구 결과를 발표하였는데, 쥐의 먹이의 칼로리를 약 40% 정도 감소시키면 수명이 25% 증가한다고 하였다. 이를 99% 확신을 가지고 표본평균이 모평균으로부터 2개월 이내에 들어오도록 하고 싶다면, 몇 마리의 쥐를 표본으로 추출하여야 하는가? 단, 표준편차는 5.8개월로 알고 있다고 가정하라.

8. 담배의 니코틴 함량을 알기 위해 8개피의 담배를 표본으로 조사해 보니, 니코틴 함량의 평균이 2.6 mg, 표준편차가 0.9 mg이었다. 니코틴 함량은 정규분포를 따른다고 가정하고, 이에 대한 99 % 신뢰구간을 구하라.

9. 다음 자료는 라텍스 페인트의 건조시간을 측정한 것이다. 모집단의 분포는 정규모집단이라고 가정하고, 건조시간에 대한 99% 신뢰구간을 구하라.

1.01	0.97	1.03	1.04	0.99
0.98	0.99	1.01	1.03	

10. 어떤 타자학원의 졸업생 12명을 대상으로 분당 타자수를 측정해 보았더니, 평균이 79.3자, 표준편차가 7.8자였다. 정규모집단이라 가정하고, 이 학원 졸업생의 평균 타자수의 95% 신뢰구간을 구하라.

11. 표준편차가 $\sigma_1=5$인 정규모집단에서 표본크기 $n_1=25$인 표본을 추출해 표본평균을 구해 보니 $\bar{x}_1=80$이었다. 한편 표준편차가 $\sigma_2=3$인 다른 정규모집단에서 표본크기 $n_2=36$인 표본을 추출해 표본평균을 구해 보니 $\bar{x}_2=75$이었다. 이를 이용해 $\mu_1-\mu_2$의 94% 신뢰구간을 구하라.

12. 두 종류 실의 강도를 비교하기 위해 50개씩 표본을 추출해 실험하였다. A 상표의 실의 강도는 표본평균이 78.3kg, 표준편차가 5.6kg이었고, B 상표의 실의 강도는 표본평균이 87.2kg, 표준편차가 6.3kg이었다. 이 자료들을 이용해 두 종류 실의 인장강도의 모평균 차이에 대한 95% 신뢰구간을 구하라.

13. 화학실험에서 두 가지 촉매가 실험결과에 미치는 영향을 조사하고자 각각 12개와 10개씩의 표본을 추출하였다. 촉매 1의 경우 표본평균이 85, 표준편차가 4인 결과를 얻었으며, 촉매 2의 경우는 표본평균이 81, 표준편차가 5인 결과를 얻었다. 이를 이용해 두 촉매 간의 모평균차이에 대한 90% 신뢰구간을 구하라. 단, 두 모집단은 분산이 같은 정규모집단이라고 가정하라.

14. 학생들이 물리과목을 수강할 때 실험 없이 3학기 동안 강의를 들을 수도 있고, 실험을 포함하여 4학기 동안 수강할 수도 있다. 그리고 학기말에는 수강방법에 관계 없이 같은 시험을 본다고 한다. 후자의 강의를 수강한 학생 중 12명의 평균이 84점, 표준편차가 4점이었고, 전자의 강의를 수강한 학생 중 18명의 평균이 77점, 표준편차가 6점이었다. 이를 이용해 두 수강방법에 따른 평균점수의 차이의 99% 신뢰구간을 구하라. 단, 두 모집단은 근사적으로 분산이 같은 정규모집단이라고 가정하라.

15. 금속 마모를 실험하기 위해 약품 처리를 하지 않은 용액과 약품처리를 한 용액에 각각 24시간 담가 두었다가 마모된 양을 측정하였다. 즉 금속시편 100개를 약품처리하지 않은 용액에 담갔다가 꺼냈을 때 마모량은 평균이 12.2mm, 표준편차는 1.1mm이었고, 200개의 시편을 약품처리한 용액에 담갔다가 꺼냈을 때 마모량은 평균이 9.1mm, 표준편차는 0.9mm이었다. 이를 기초로 약품처리를 하지 않았을 때와 약품처리를 했을 때 금속마모량의 차이에 대한 98% 신뢰구간을 구하라.

16. 어떤 식물 연구원에서는 같은 크기의 묘목을 같은 조사량과 같은 수분을 흡

수할 수 있는 위치에 심었다. 다만, 한 그룹의 묘목은 질소를 식목당시 주입하였고, 나머지 한 그룹은 질소 주입 없이 식목하고, 140일 후에 줄기무게를 측정하였다.

질소 주입 안함	질소 주입
0.32	0.26
0.53	0.43
0.28	0.47
0.37	0.49
0.47	0.52
0.43	0.75
0.36	0.79
0.42	0.86
0.38	0.62
0.43	0.46

질소를 주입하지 않은 그룹과 주입한 그룹의 줄기무게 차이에 대해서 95% 신뢰구간을 구하라.

17. 두 종류의 타이어 수명을 측정하기 위해, 각 타이어 종류마다 8대의 차에 장착하여 일정량 마모될 때까지 주행거리를 측정하였다. 이를 토대로 두 타이어 수명의 모평균 차이에 대해 99% 신뢰구간을 구하라. 단 주행거리 차이는 정규분포를 따른다고 가정하라.

자동차	1 타이어	2 타이어
1	34,400	36,700
2	45,500	46,800
3	36,700	37,700
4	32,000	31,100
5	48,400	47,800
6	32,800	36,400
7	38,100	38,900
8	30,100	31,500

18. 어떤 특정 질병의 두 가지 치료방법을 비교하고자 각각 표본을 추출하여 치료기간을 조사한 결과 다음 표와 같은 정보를 얻었다. 이를 이용해 $\mu_2 - \mu_1$의 99% 신뢰구간을 구하라. 단, 모집단은 분산이 같은 정규모집단이라고 가정하라.

치료법 1	치료법 2
$n_1=14$ $\bar{x}_1=17$ $s_1^2=1.5$	$n_2=16$ $\bar{x}_2=19$ $s_2^2=1.8$

19. A, B 두 회사에서 생산되는 승용차의 휘발유 1리터당 주행거리를 비교해 보기 위해 각각 12대, 10대씩의 표본을 추출하였다. A회사 승용차의 평균주행거리는 16 km, 표준편차는 1.0 km이었고, B회사 승용차의 평균주행거리는 11 km, 표준편차는 0.8 km이었다. 이를 기초로 두 자동차의 평균주행거리의 차이에 대한 90% 신뢰구간을 구하라. 단, 두 모집단은 분산이 같은 정규모집단이라고 가정하라.

20. 택시회사에서 두 종류의 타이어 중 어떤 타이어를 구입할 것인가를 정하기 위해 각각 12개씩의 타이어를 표본으로 추출하여 주행시험을 한 결과 다음과 같은 결과를 얻었다.

A타이어 : $\bar{x}_1=36{,}300$ km, $s_1=5{,}000$ km

B타이어 : $\bar{x}_2=38{,}100$ km, $s_2=6{,}100$ km

이를 기초로 $\mu_1-\mu_2$의 95% 신뢰구간을 구하라. 단, 두 모집단은 근사적으로 등분산인 정규모집단으로 가정하라.

21. 다음 자료는 두 영화회사에서 제작한 영화의 상영시간을 조사한 것이다. 이를 기초로 두 회사에서 제작한 영화의 평균상영시간의 차이에 대한 90% 신뢰구간을 구하라. 단, 영화상영시간의 차이는 근사적으로 정규분포를 따른다고 가정하라.

	상 영 시 간(분)						
영화사 I	103	94	110	87	98		
영화사 II	97	82	123	92	175	88	118

22. 농촌진흥청에서는 전국을 9지역으로 나누어 두 품종의 벼의 수확량을 조사하였다. 이를 이용하여 두 품종의 수확량의 모평균차이에 대한 95% 신뢰구간을 구하라. 단, 수확량의 차이는 근사적으로 정규분포를 따른다고 가정하라.

	1	2	3	4	5	6	7	8	9
품 종 1	38	23	35	41	44	29	37	31	38
품 종 2	45	25	31	38	50	33	36	40	43

23. 새로 개발된 감량계에 대해 제조업자가 주장하기는 2주 안에 4.5 kg 의 감량 효과가 있다고 한다. 이를 알아보기 위해 7명의 여성을 대상으로 실험한 결과가 다음 표와 같다. 이를 이용해 약 복용 전과 후의 몸무게 차이에 대한 95% 신뢰구간을 구하라. 단, 몸무게의 차이는 근사적으로 정규분포를 따른다고 가정하라.

	1	2	3	4	5	6	7
복용 전 몸무게	58.5	60.3	61.7	69.0	64.0	62.6	56.7
복용 후 몸무게	60.0	54.9	58.1	62.1	58.5	59.9	54.4

24. 새로 개발된 운동방법에 의하면, 이 운동을 매일 계속하면 5일 동안 허리둘레를 2 cm 줄일 수 있다고 한다. 이를 입증하기 위해 6명의 남성을 대상으로 조사한 자료가 아래 표와 같다. 이를 이용해 운동 전과 후의 허리둘레의 감소에 대한 95% 신뢰구간을 구하라. 단, 운동 전과 후의 허리둘레의 차이는 근사적으로 정규분포를 따른다고 가정하라.

	1	2	3	4	5	6
운동 전 허리둘레	90.4	95.5	98.7	115.9	104.0	85.6
운동 후 허리둘레	91.7	93.9	97.4	112.8	101.3	84.0

25. 어떤 법안에 대한 찬성률을 조사하기 위해 200명의 표본을 추출하여 조사하였더니 114명이 찬성하였다. 이를 기초로 찬성률에 대한 96% 신뢰구간을 구하라.

26. 어떤 도시에서 기름을 이용한 난방률을 알아보기 위해 1,000가구를 대상으로 조사하였더니, 이 중 228가구가 기름을 사용하고 있었다. 이를 이용해 기름에 의한 난방률의 99% 신뢰구간을 구하라.

27. 어떤 구조물을 만드는데 기존공법의 성공률은 $p=0.8$로 알려져 있다. 그런데 새로운 공법을 제안한 사람은 새로운 공법이 기존공법보다 성공률이 높다고 주장하고 있다. 이를 입증하기 위해, 새로운 공법으로 시도한 40개의 표본을 추출하여 조사하였더니, 이 중 34개가 성공하였다고 한다. 이를 기초로,

① 성공률의 95% 신뢰구간을 구하라.

② 새로운 공법이 기존공법보다 좋다고 할 수 있는가?

28. 우주개발에 대한 국민의 지지 여부를 조사하기 위해 1,600명의 표본을 추

출해 알아본 결과 2/3가 찬성하였다. 이를 기초로 우주개발의 지지율에 대한 95% 신뢰구간을 구하라.

29. 500명의 흡연자를 대상으로 특정 담배에 대한 선호도를 조사하였더니 이 중 86명이 선호하는 것으로 나타났다. 이를 기초로 특정담배에 대한 선호율의 90% 신뢰구간을 구하라.

30. 아프리카의 풍토병에 대해 연구하는 학자가 아프리카 원주민 100명의 남자를 대상으로 혈청검사를 해 보니까 24명이 감염된 것으로 나타났다. 그러면 이 지방에 거주하고 있는 주민의 감염률에 대한 99% 신뢰구간을 구하라.

31. 우리별 1호 발사에 대해 국민들의 의견을 조사하기 위해 전화를 이용해 2,500명의 의견을 수집하였다. 이 중 1,500명은 우리별 1호 발사는 국가적으로 유익한 투자라는 의견을 제시하였다. 그러면 우리별 1호 발사에 대한 국민 전체의 지지율의 99% 신뢰구간을 구하라.

32. 연습문제 25에서 96%의 확신을 가지고 표본비율과 모비율의 참값의 오차가 0.02 이하가 되기 위한 표본크기를 구하라.

33. 어떤 공장에서는 제품의 불량률을 알기 위해 100개의 표본을 추출해 보니 8개의 불량품이 나왔다. 이를 기초로 98%의 확신을 가지고 표본비율과 모비율의 참값의 오차가 0.05 이하가 되기 위한 표본크기를 구하라.

34. 시당국에서는 식수에 불소를 섞는 안에 대한 찬성률을 알고자 한다. 이때 적어도 95% 이상의 확신을 가지고 추정값이 모비율의 참값의 1% 이내에 포함되기 위한 표본의 크기를 구하라.

35. 어떤 유전학자는 특정 병이 남자와 여자에게 각각 발병하는 비율에 대해 연구하고 있다. 이를 알아보기 위해 추출한 남자 1,000명 중 250명이 이 병에 걸려 있고, 추출한 여자 1,000명 중 275명이 이 병에 걸려 있었다. 이를 기초로 남녀 사이의 발병률의 차이에 대한 95% 신뢰구간을 구하라.

36. 임상실험을 통해, 주사 접종시 발생하는 특정 병의 발생률을 조사하고자 쥐를 대상으로 실험하였다. 즉 1,000마리의 쥐를 2등분하여 500마리는 접종을 하고, 나머지 500마리는 아무 조치도 취하지 않았다. 결과로는 접종받은 쥐 500마리 중 98마리가 발병했고, 나머지 500마리 중 120마리가 발병하였다. p_1을 접종받지 않은 쥐의 발병률이라 하고, p_2를 접종받은 쥐들의 발병률이라 할 때, p_1-p_2의 90% 신뢰구간을 구하라.

37. 원자력 발전소를 건설하는 데 따른 찬성률을 알아보기 위해 도시민 400명과 도시 외곽지역 주민 500명을 추출하여 의견을 조사하였다. 도시민 400명 중 168명이 찬성하였고, 외곽지역 주민 500명 중 145명이 찬성하였다. 이를 기초로 도시민과 도시 외곽지역 주민의 찬성률의 차이에 대한 95% 신뢰구간을 구하라.

38. 두 종류의 담배를 생산하는 회사의 자료에 의하면 갑이라는 담배가 을보다 8% 더 많이 팔리는 것으로 나타나 있다. 이를 입증하기 위해 실제 흡연자를 대상으로 조사해 보니, 200명의 흡연자 중 42명이 갑을 선호하였고, 150명의 흡연자 중 18명이 을을 선호하였다. 갑과 을 두 담배의 선호율 차이에 대한 94% 신뢰구간을 구하라.

39. 어떤 자동차 배터리 제조업자는 자사 제품은 평균수명이 3년이고 분산이 1년이라고 주장하고 있다. 이를 입증하기 위해 5개의 표본을 추출해 수명시험을 한 결과, 1.9, 2.4, 3.0, 3.5, 4.2년이었다. 이를 기초로 σ^2에 대한 95% 신뢰구간을 구하고, $\sigma^2=1$이라는 주장은 타당한가를 검토하라. 단, 배터리 수명은 근사적으로 정규분포를 따른다고 가정하라.

40. 20명의 학생을 표본으로 추출하여 배치고사를 본 결과, $\bar{x}=72$, $s^2=16$이었다. 점수는 근사적으로 정규분포를 따른다고 가정할 때, σ^2의 98% 신뢰구간을 구하라.

41. 음료수 자동판매기에서 음료수가 넘칠 비율 p의 사전분포 $f(p)=10$, $0.05<p<0.15$인 일양분포를 따르는 것으로 알려져 있다. 4컵 중 1컵의 음료수가 넘쳤을 때 다음을 구하라.

① p의 사후분포를 구하라.

② p의 베이지안 추정치를 구하라.

42. 로케트 발사시 1단계 연소시간은 표준편차가 0.8분인 정규확률변수라고 한다. 그리고 μ에 대한 사전분포는 평균이 8분, 표준편차가 0.2분인 정규분포라고 알려져 있다. 10번의 로케트 발사시 연소시간의 평균이 9분이었다고 할 때, μ에 대한 95% 베이지안 구간을 구하라.

43. 제품 불량률에 대한 시전분포가 다음과 같이 주어졌다.

p	0.05	0.10	0.15
$f(p)$	0.3	0.5	0.2

그리고 제품 9개 중 2개가 불량품으로 판명되었다.

① 불량률에 대한 사후분포를 구하라.

② 불량률의 베이지안 추정치를 구하라.

44. 서울시에서는 관인 탁아소 200개를 대상으로, 각 탁아소에 등록된 어린이 수를 조사하였다. 결과는 평균 3.8명, 표준편차는 1.5명이었다. 이를 기초로 전국 탁아소당 등록된 어린이 수의 99% 신뢰구간을 구하라.

45. 보건사회부에서는 식품위생에 대한 감독, 지도를 하고 있는데, 이 중 특정 식품에 함유된 설탕의 양을 제한하고 있다. 특정식품에 대한 설탕의 양을 측정하기 위해 100단위의 제품을 조사한 결과 평균 3.2, 표준편차 0.5의 값을 얻었다. 이때 제품 단위당 포함된 설탕 양에 대한 90% 신뢰구간을 구하라.

46. 어떤 동물학자는 아프리카산 코끼리의 수명에 관심을 갖고, 15마리의 코끼리에 대한 자료수집을 한 결과 평균이 27.8년, 표준편차가 5.5년이라는 것을 알았다. 이를 기초로 아프리카 산 코끼리 수명의 90% 신뢰구간을 구하라.

47. 정부발표에 의하면 현재 우리 나라의 실업률은 8.2%라고 한다. 그런데 한 민간연구소에서는 실업률이 이보다 높을 것이라고 주장하며 표본 1,000명을 추출해 실업자를 조사해 보니 114명이 나왔다. 이를 토대로 실업률에 대한 92% 신뢰구간을 구하라.

48. 어떤 심리학자는 공장에서 감독자의 유, 무에 따라 생산량이 어떻게 변하는지를 보기 위해, 각 경우 60명의 작업자를 대상으로 2주 동안 생산량의 자료를 조사해 보니 다음과 같았다.

감독자 유	감독자 무
$n_1=60$ $\bar{x}_1=85.3$ $s_1=6.2$	$n_2=60$ $\bar{x}_2=89.9$ $s_2=18.1$

두 그룹간의 평균 생산량의 차이에 대한 90% 신뢰구간을 구하라.

49. 아스팔트 콘크리트의 수분 흡수성을 측정하기 위해 아스팔트 함유율 3%, 7%의 두 종류 시편을 만들어 측정한 결과가 다음과 같다. 수분 흡수성의 차

이에 대한 90% 신뢰구간을 구하라.

아스팔트 함유율	
3%	7%
1,189	853
840	900
1,020	733
980	785

50. 체중감소를 위한 식이요법의 효과를 측정하기 위해 5명을 대상으로 식이요법 전, 후의 몸무게를 조사하여 다음 표를 얻었다. 식이요법 전, 후의 몸무게의 평균 차이에 대한 95% 신뢰구간을 구하라.

대상자	식이요법 전	식이요법 후
1	150	143
2	195	190
3	188	185
4	197	191
5	204	200

제 10 장

가 설 검 정

10. 1 통계적 가설

제 9 장에서는 모집단의 여러 모수를 추정하는 방법에 대해서 설명하였는데, 이 장에서는 모집단에 대한 어떤 가설을 채택 또는 기각하는 결정과정에 대해 설명하겠다. 예를 들면, 커피를 많이 마시는 사람이 암에 걸릴 확률이 높은 것을 입증하기 위해 암환자를 대상으로 조사를 한다든지, 공장에서 두 종류의 기계를 가동하고 있을 때 두 종류 기계에 정확성의 차이가 있다는 것을 입증하기 위해 각 기계에서 생산되는 제품을 표본추출하여 조사한 결과를 토대로 위에 기술한 가설의 진위를 밝히는 것이다.

[정의 10. 1] 통계적 가설이란 하나 또는 여러 모집단에 관한 주장 또는 가정이다.

그러나 이러한 통계적 가설의 진위를 절대적으로 알기 위해서는 모집단 전체를 조사하여야 한다. 그런데 모집단 전체를 조사한다는 것은 현실적으로 불가능하므로 모집단으로부터 임의로 확률표본을 추출하여 통계적 가설이 맞고, 틀리는가에 대한 정보를 얻는 것이다. 즉 표본에서 얻은 정보가 가설과 일치하면 가설을 채택하는 것이고, 그렇지 못할 때는 가설을 기각하는 것이다. 여기서 유념해 둘 것은 가설을 채택 또는 기각한 결과가 절대적으로 맞는 것은 아니라는 것이다. 즉 어떤 가설을 표본에서 얻은 정보에 기초해서 채택한

다는 것은 기각할 만한 충분한 근거가 없기 때문이고, 반대로 기각한다는 것은 채택할 만한 충분한 근거가 없기 때문이다.

이러한 가설검정에는 반드시 귀무가설과 대립가설이 있다. 귀무가설은 특별한 입증자료가 없으면 고수하려고 하는 가설이고, 대립가설은 현재까지 알려지고 있는 사실에 대한 반박으로 확실한 증거를 제시하여야 채택이 되는 가설이다. 일반적으로 귀무가설은 H_0로 표시하고, 대립가설은 H_1으로 표시한다.

10.2 가설검정의 원리

가설검정의 원리를 설명하기 위해 다음과 같은 예를 들어 보자. 어떤 감기 백신은 현재 25%의 효과가 있다고 알려져 있다. 그런데 새로 개발된 감기 백신의 효과는 25%가 넘는다고 주장한다. 이를 입증하기 위해 20명을 표본으로 추출하여 조사하였다. 그러면 가설은

$$H_0 : p = \frac{1}{4}$$

$$H_1 : p > \frac{1}{4}$$

이고, 추출된 표본 20명 중 효과가 있는 사람의 수를 X라고 하자. X는 0부터 20까지 변할 수 있는 수인데, 이를 둘로 나누어 8 이하일 때와 8보다 클 때로 나누어 보자. 귀무가설 H_0와 대립가설 H_1 중 어느 한 가설을 택하는 데 X를 이용하여, X가 8 이하일 때는 귀무가설을 받아들이기로 하고, 8보다 클 때는 귀무가설을 기각하기로 하자. 이와 같이 귀무가설과 대립가설 중 어느 한 가설 택하는 데 사용되는 통계량을 검정통계량(test statistic)이라 한다. 여기서 8보다 클 경우를 기각역이라 부른다. 즉, 귀무가설이 기각되는 영역을 기각역(critical region)이라 하고, 귀무가설이 채택 또는 기각되는 경계값을 기각치(critical value)라고 한다. 이 예에서는 $x > 8$이 기각역이 되고, 8이 기각치가 된다.

그런데 앞 절에서도 언급했듯이, 모집단에서 추출한 표본에 의해 가설의 채택, 기각 여부를 결정하면 반드시 오류가 발생하게 된다. 즉, 귀무가설이 사실은 참인데 기각하게 되는 오류를 제 1 종 오류라 하고, 반대로 귀무가설이

〈표 10.1〉 가설검정의 네 가지 결과

	H_0가 참	H_1가 참
H_0채택	올바른 결정	제 2 종 오류
H_0기각	제 1 종 오류	올바른 결정

사실은 거짓인데 이를 채택하는 오류를 제 2 종 오류라 한다. 따라서 어떤 가설검정을 하더라도 〈표 10.1〉과 같이 네 가지 결과가 나온다.

그러면 위 예에서 제 1 종 오류를 범할 확률을 구해 보자.

$$\begin{aligned}\alpha &= P(\text{제 1 종 오류}) \\ &= P\left(X>8 \mid p=\frac{1}{4}\right) \\ &= \sum_{x=9}^{20} b\left(x\,;\,20,\ \frac{1}{4}\right) \\ &= 1-\sum_{x=0}^{8} b\left(x\,;\,20,\ \frac{1}{4}\right) \\ &= 1-0.9591 \\ &= 0.0409\end{aligned}$$

즉 귀무가설 $p=1/4$이 참이고, 기각역이 $X>8$일 때, 잘못된 결정을 내릴 확률은 0.0409로 매우 작다고 볼 수 있다. 한편, 제 2 종 오류를 범할 확률을 구해 보면

$$\begin{aligned}\beta &= P(\text{제 2 종 오류}) \\ &= P\left(X\le 8 \mid p=\frac{1}{2}\right) \\ &= \sum_{x=0}^{8} b\left(x\,;\,20,\ \frac{1}{2}\right) \\ &= 0.2517\end{aligned}$$

여기서는 대립가설을 $p=1/2$이 참이라고 했을 때 이를 기각할 수 있는 확률을 구했는데, 0.2517로 상당히 큰 값이 구해졌다. 가설검정에서는 가급적 제 1 종 오류를 범할 확률과 제 2 종 오류를 범할 확률이 작게 되는 것이 바람직하다. 그러나 두 종류 오류를 범할 확률을 동시에 줄일 수는 없다. 따라서 오류를 범할 확률을 미리 지정된 값 이하로 해 주는 검정법을 찾도록 한다.

즉 제 1 종 오류를 범할 확률을 지정된 확률값 이하가 되도록 하여 주는 검정법을 찾는다. 이때 제 1 종 오류를 범할 확률의 최대 허용한계를 유의수준(significance level)이라 한다.

$$\begin{aligned}\beta &= P(\text{제 2 종 오류})\\ &= P(X \le 8 \mid p = 0.7)\\ &= \sum_{x=0}^{8} b\left(x\,;\,20,\ 0.7\right)\\ &= 0.0051\end{aligned}$$

따라서 p가 1에 가까워질수록 β값은 작아짐을 알 수 있다.

그러면 이번에는 기각역을 $x \le 7$로 놓고 귀무가설 $p = 1/4$이 참일 때와 대립가설 $p = 1/2$이 참일 때의 제 1 종 오류를 범할 확률과 제 2 종 오류를 범할 확률을 구해 보자.

$$\begin{aligned}\alpha &= \sum_{x=8}^{20} b\left(x\,;\,20,\ \frac{1}{4}\right)\\ &= 1 - \sum_{x=0}^{7} b\left(x\,;\,20,\ \frac{1}{4}\right)\\ &= 1 - 0.8982\\ &= 0.1018\end{aligned}$$

$$\begin{aligned}\beta &= \sum_{x=0}^{7} b\left(x\,;\,20,\ \frac{1}{2}\right)\\ &= 0.1316\end{aligned}$$

여기서는 알 수 있는 것은, 표본의 크기가 고정되어 있을 때 제 1 종 오류를 범할 확률과 제 2 종 오류를 범할 확률의 관계는 한쪽 확률이 커지면 다른 쪽 확률은 작아진다는 것을 알 수 있다. 그리고 이를 동시에 줄이기 위해서는 표본의 크기를 증가시켜야 한다. 예를 들어, 표본의 크기를 100으로 증가시키고, 기각치를 36이라 할 때, 제 1 종 오류와 제 2 종 오류를 범할 확률을 정규근사를 이용해서 구해 보자.

$$\mu = np = (100)\left(\frac{1}{4}\right) = 25$$

$$\sigma = \sqrt{npq} = \sqrt{(100)\left(\frac{1}{4}\right)\left(\frac{3}{4}\right)} = 4.33$$

$x=36.5$ 일 때 표준정규계수는

$$z=\frac{36.5-25}{4.33}=2.66$$

따라서

$$\begin{aligned}\alpha &= P(\text{제 1 종 오류})\\ &= P\left(X>36 \mid p=\frac{1}{4}\right)\\ &\simeq P(Z>2.66)\\ &=1-P(Z<2.66)\\ &=1-0.9961\\ &=0.0039\end{aligned}$$

제 1 종 오류를 범할 확률은 〈그림 10.1〉과 같다.

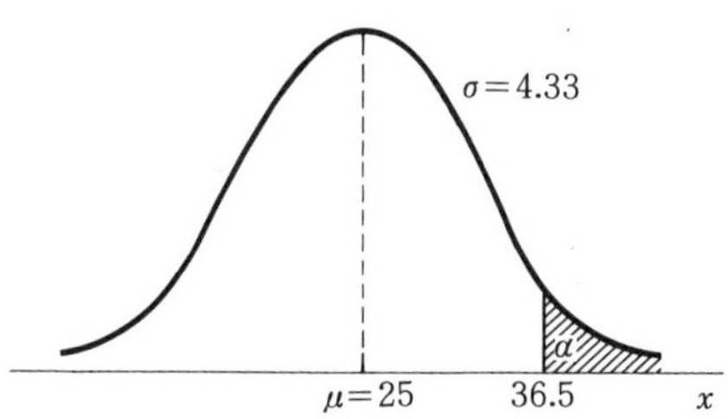

〈그림 10.1〉 제 1 종 오류를 범할 확률

대립가설 $p=1/2$ 이 참일 때 제 2 종 오류를 범할 확률을 구해 보자.

$$\mu=np=(100)\left(\frac{1}{2}\right)=50$$

$$\sigma=\sqrt{npq}=\sqrt{(100)\left(\frac{1}{2}\right)\left(\frac{1}{2}\right)}=5$$

$x=36.5$ 일 때 표준정규계수는

$$z=\frac{36.5-50}{5}=-2.7$$

따라서

$$\beta=P(\text{제 2 종 오류})$$

$$
\begin{aligned}
&= P\left(X \le 36 | p = \frac{1}{2}\right) \\
&\simeq P(Z < -2.7) \\
&= 0.0035
\end{aligned}
$$

제 2 종 오류를 범할 확률을 그림으로 나타내면 〈그림 10.2〉와 같다.

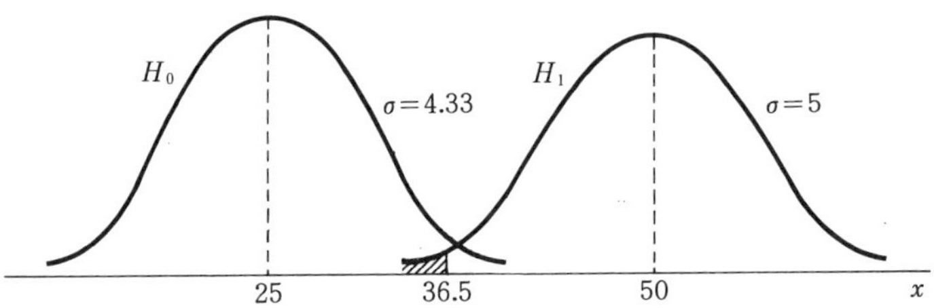

〈그림 10.2〉 **제 2 종 오류를 범할 확률**

지금까지는 이산적인 경우의 예였고, 다음으로는 연속적인 경우에 대해 살펴보기로 하자. 어떤 대학교 남학생의 평균 몸무게는 68kg으로 알려져 있는데, 이에 대한 대립가설로 68kg이 아니라고 가정해 보자. 즉

$$
\begin{aligned}
&H_0 : \mu = 68 \\
&H_1 : \mu \neq 68
\end{aligned}
$$

기각역으로 임의로 표본평균이 67kg보다 작든가, 69kg보다 클 때로 놓자. 표본으로는 36명을 추출하였고, 모집단의 평균은 68kg, 표준편차는 3.6kg이라고 가정하자. 그러면 표본평균의 분포는 근사적으로 평균이 68, 표준편차가 $\sigma_{\bar{x}} = \sigma/\sqrt{n} = 0.6$인 정규분포를 따른다. 그러므로 제 1 종 오류를 범할 확률은

$$
\begin{aligned}
\alpha &= P(\bar{X} < 67 | \mu = 68) + P(\bar{X} > 69 | \mu = 68) \\
&= P(Z < -1.67) + P(Z > 1.67) \\
&= 2P(Z < -1.67) \\
&= 0.0950
\end{aligned}
$$

이를 그림으로 나타내면 〈그림 10.3〉과 같다. 여기서 α값을 줄이기 위해 표본의 수를 64로 증가시키면 $\sigma_{\bar{x}} = 3.6/8 = 0.45$가 된다.

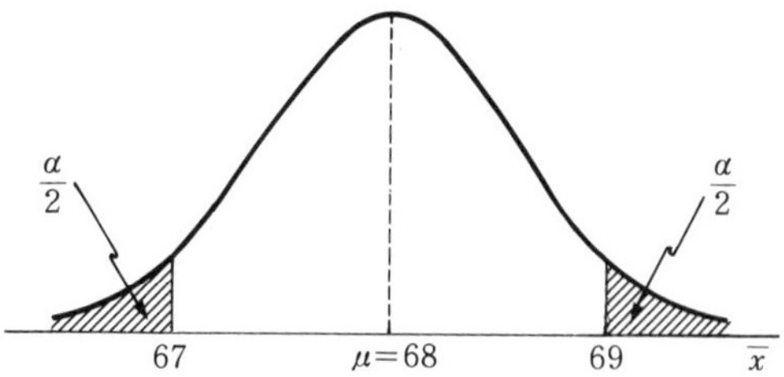

〈그림 10.3〉 기 각 역

$$z_1=\frac{67-68}{0.45}=-2.22$$

$$z_2=\frac{69-68}{0.45}=2.22$$

$$\alpha=P(Z<-2.22)+P(Z>2.22)$$
$$=2P(Z<-2.22)$$
$$=0.0264$$

그리고 대립가설 $\mu=70$이 참일 때 제 2 종 오류를 범할 확률을 구해 보면 다음과 같다.

$$\beta=P(67\leq\bar{X}\leq 69|\mu=70)$$

$$z_1=\frac{67-70}{0.45}=-6.67$$

$$z_2=\frac{69-70}{0.45}=-2.22$$

$$\beta=P(-6.67<Z<-2.22)$$
$$=P(Z<-2.22)-P(Z<-6.67)$$
$$=0.0132-0.0000$$
$$=0.0132$$

이를 그림으로 나타내면 〈그림 10.4〉와 같다.

대립가설 $\mu=66$이 참일 때 β값도 0.0132가 된다. 대립가설의 μ값이 귀무가설의 μ값에 접근하면 할수록 β값은 증가하게 된다. 즉 대립가설 $\mu=68.5$가 참일 때 제 2 종 오류를 범할 확률은

$$\beta=P(67\leq\bar{X}\leq 69|\mu=68.5)$$

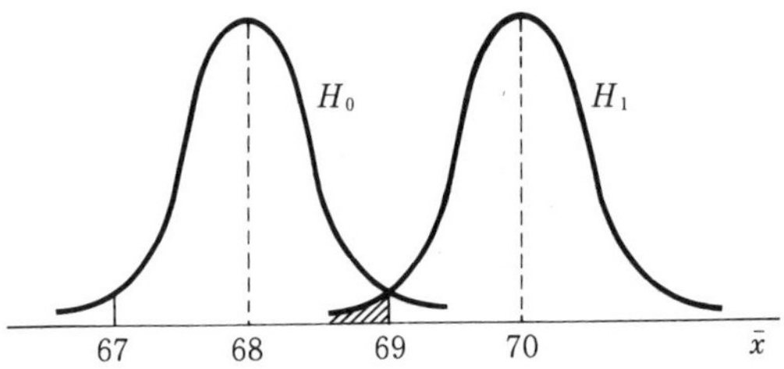

〈그림 10.4〉 제 2 종 오류를 범할 확률

$$z_1=\frac{67-68.5}{0.45}=-3.33$$

$$z_2=\frac{69-68.5}{0.45}=1.11$$

$$\begin{aligned}\beta&=P(-3.33<Z<1.11)\\&=P(Z<1.11)-P(Z<-3.33)\\&=0.8665-0.0004\\&=0.8661\end{aligned}$$

이를 그림으로 나타내면 〈그림 10.5〉와 같다.

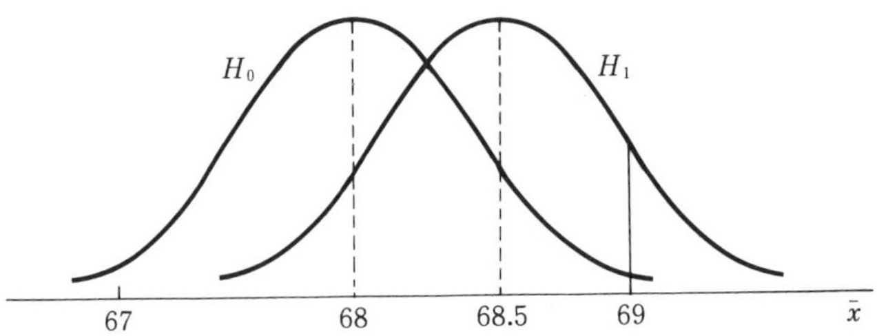

〈그림 10.5〉 $\mu=68$을 $\mu=68.5$에 대해 검정할 때 제 2 종 오류를 범할 확률

이상을 정리하면 다음과 같이 요약된다.

1) 제 1 종 오류를 범할 확률과 제 2 종 오류를 범할 확률은 서로 한쪽 확률이 커지면 다른 쪽 확률이 작아진다.

2) 기각치의 값이 달라짐에 따라 기각역이 달라지고, 또한 제 1 종 오류를 범할 확률도 달라진다.

3) 표본의 크기가 커지면 α와 β값을 동시에 줄일 수 있다.

4) 귀무가설이 거짓일 때 모수의 사실값이 귀무가설의 값에 접근할수록

β값은 커진다.

앞의 예에서 살펴본 바와 같이 제 1 종 오류를 범할 확률은 미지의 평균 μ에 따른 함수로 볼 수 있다. 따라서 모평균 μ의 변화에 따라, 귀무가설 H_0를 기각하는 확률의 변화를 나타내는 함수를 검정력 함수(power function)라고 하며, 검정력 함수의 값을 검정력이라 한다. 예로서,

$$H_0 : \mu = 850$$
$$H_1 : \mu > 850$$

인 가설에 대해 기각역은 $\overline{X} > 880$인 검정에서 검정력을 구해 보면 다음과 같다. 단, 표본의 표준편차는 25라고 한다.

$\mu = 840$이 참일 때, 귀무가설이 기각될 확률은

$$\begin{aligned} &P(\overline{X} > 880 \mid \mu = 840) \\ &= P\left(Z > \frac{880 - 840}{25}\right) \\ &= 0.05 \end{aligned}$$

$\mu = 860$이 참일 때, 귀무가설이 기각될 확률은

$$\begin{aligned} &P(\overline{X} > 880 \mid \mu = 860) \\ &= P\left(Z > \frac{880 - 860}{25}\right) \\ &= 0.21 \end{aligned}$$

$\mu = 880$이 참일 때, 귀무가설이 기각될 확률은

$$\begin{aligned} &P(\overline{X} > 880 \mid \mu = 880) \\ &= P\left(Z > \frac{880 - 880}{25}\right) \\ &= 0.5 \end{aligned}$$

$\mu = 900$이 참일 때, 귀무가설이 기각될 확률은

$$\begin{aligned} &P(\overline{X} > 880 \mid \mu = 900) \\ &= P\left(Z > \frac{880 - 900}{25}\right) \\ &= 0.79 \end{aligned}$$

$\mu=920$ 이 참일 때, 귀무가설이 기각될 확률은

$$
\begin{aligned}
&P(\bar{X}>880 \mid \mu=920)\\
&=P\left(Z>\frac{880-920}{25}\right)\\
&=0.95
\end{aligned}
$$

이상의 결과를 토대로 검정력 곡선을 그려 보면 〈그림 10.6〉과 같다.

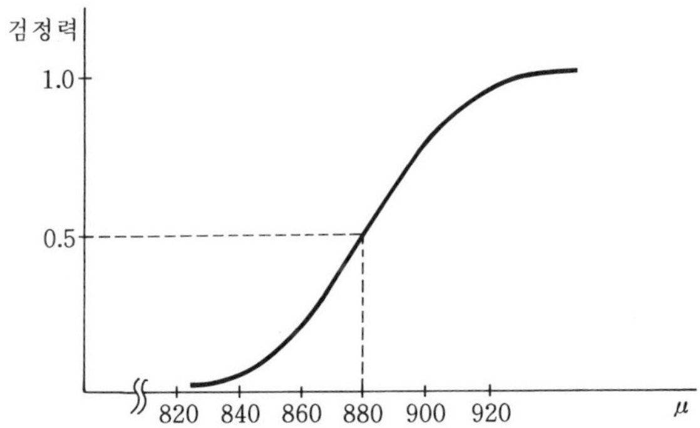

〈그림 10.6〉 μ 변화에 따른 검정력 곡선

한편 검정력 곡선과 반대되는 개념으로, 모평균 μ값의 변화에 따라 귀무가설 H_0가 채택될 확률을 나타낸 곡선을 검사특성곡선(operating characteristic curve)이라 한다. 앞의 예를 가지고 검사특성 곡선을 구해 보면 다음과 같다.

$$
\begin{aligned}
&P(\bar{X}\leq 880 \mid \mu=840)\\
&=P\left(Z\leq\frac{880-840}{25}\right)\\
&=0.95\\
&P(\bar{X}\leq 880 \mid \mu=860)\\
&=P\left(Z\leq\frac{880-860}{25}\right)\\
&=0.79\\
&P(\bar{X}\leq 880 \mid \mu=880)\\
&=P\left(Z\leq\frac{880-880}{25}\right)\\
&=0.5
\end{aligned}
$$

$$P(\bar{X} \leq 880 | \mu = 900)$$
$$= P\left(Z \leq \frac{880-900}{25}\right)$$
$$= 0.21$$
$$P(\bar{X} \leq 880 | \mu = 920)$$
$$= P\left(Z \leq \frac{880-920}{25}\right)$$
$$= 0.05$$

이를 토대로 검사특성곡선을 그려 보면 〈그림 10.7〉과 같다.

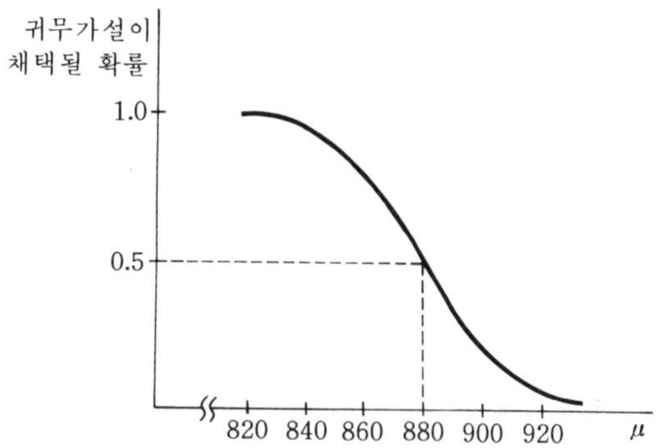

〈그림 10.7〉 μ 변화에 따른 검사특성 곡선

10.3 단측검정과 양측검정

단측검정이란 귀무가설과 대립가설이

$$H_0 : \theta = \theta_0$$
$$H_1 : \theta > \theta_0$$

또는

$$H_0 : \theta = \theta_0$$
$$H_1 : \theta < \theta_0$$

의 형태로 표시되는 것이다. 반면에 양측검정이란

$H_0 : \theta = \theta_0$

$H_1 : \theta \neq \theta_0$

의 형태로 표시되는 것이다. 그리고 기각역은 대립가설에 따라 부등호가 달라진다. 즉 $\theta > \theta_0$ 이면 분포의 오른쪽 꼬리에 기각역이 존재하고, $\theta < \theta_0$ 이면 분포의 왼쪽 꼬리에 기각역이 존재하고, $\theta \neq \theta_0$ 이면 분포의 양쪽 꼬리에 기각역이 존재하게 된다.

[예 10.1] 전매청에서 어떤 특정 담배의 니코틴 함유량은 2.5mg을 넘지 않는다고 한다. 이때 귀무가설과 대립가설을 세우고, 기각역에 대해 설명하라.

(풀이) 전매청의 주장은 μ가 2.5mg보다 크면 기각된다. 따라서 귀무가설과 대립가설은 각각

$H_0 : \mu = 2.5$

$H_1 : \mu > 2.5$

가 된다. 여기서 귀무가설의 $\mu = 2.5$는 꼭 등호관계가 성립한다는 의미가 아니고 H_1이 아닌 모든 사실을 내포하고 있는 것이다. 기각역은 $\overline{X}$의 분포의 오른쪽 꼬리 부분에 존재하게 된다.

[예 10.2] 어떤 주택건설업자가 주장하기는, 우리 나라 사람들의 60%는 가구당 방이 3개인 집을 원한다고 한다. 이를 입증하기 위해 표본을 추출하여 조사하였다. 이에 대한 귀무가설과 대립가설을 세우고, 기각역에 대해 설명하라.

(풀이) 검정통계량이 $p = 0.6$보다 작든지 크면 주택업자의 주장은 기각되므로

$H_0 : p = 0.6$

$H_1 : p \neq 0.6$

그리고 양측검정이므로 기각역은 p분포의 양쪽 꼬리에 존재하게 된다.

이상에서 설명한 가설검정의 절차를 요약하면 다음과 같다.

1) $H_0 : \theta = \theta_0$

2) $H_1 : \theta < \theta_0$, $\theta > \theta_0$, 또는 $\theta \neq \theta_0$

3) 유의수준 α 선정

4) 기각역 계산

5) 표본에 의한 검정통계량값 계산

6) H_0의 채택, 기각 여부 결정

10.4 모평균검정

분산이 σ^2으로 알려진 모집단의 평균 μ에 대해서

$$H_0 : \mu = \mu_0$$
$$H_1 : \mu > \mu_0$$

라는 가설을 검정해 보자.

표본평균 $\overline{X}$값이 클수록 H_1이 사실이라는 증거가 된다. 따라서 기각역은 $\overline{X} \geq c$의 형태로 표현될 것이다. 여기서 c는 유의수준 α가 되도록 정해 주어야 한다. 그리고 $\overline{X}$의 분포는 중심극한 정리에 의해 근사적으로 $\mu_{\overline{X}} = \mu$, $\sigma_{\overline{X}}^2 = \sigma^2/n$을 갖는 정규분포를 따르므로 표준정규 확률변수 Z를 이용하여 검정력 함수를 다음과 같이 나타낼 수 있다.

$$\begin{aligned}\gamma(\mu) &= P(\overline{X} \geq c \mid \text{모평균} = \mu) \\ &= P\left(\frac{\overline{X} - \mu}{\sigma/\sqrt{n}} \geq \frac{c - \mu}{\sigma/\sqrt{n}}\right) \\ &= P\left(Z \geq \frac{c - \mu}{\sigma/\sqrt{n}}\right)\end{aligned}$$

제 1 종 오류를 범할 확률은 실제 모평균이 μ_0일 때 최대가 되므로, 유의수준이 α라면

$\gamma(\mu_0) = \alpha$, 즉 $\dfrac{c - \mu_0}{\sigma/\sqrt{n}} = z_\alpha$가 만족되는 c값을 정한다. 따라서 기각역은

$$\overline{X} \geq \mu_0 + z_\alpha \frac{\sigma}{\sqrt{n}} \quad \text{또는} \quad \frac{\overline{X} - \mu_0}{\sigma/\sqrt{n}} \geq z_\alpha$$

로 주어진다.

한편 $H_0 : \mu = \mu_0$, $H_1 : \mu < \mu_0$의 가설하에서, 유의수준이 α인 기각역은

$$\overline{X} \leq \mu_0 - z_\alpha \frac{\sigma}{\sqrt{n}} \text{ 또는 } \frac{\overline{X}-\mu_0}{\sigma/\sqrt{n}} \leq -z_\alpha$$

로 주어진다.

또한 $H_0 : \mu=\mu_0$, $H_1 : \mu \neq \mu_0$일 때는 $\overline{X}$가 μ_0로부터 멀리 떨어질수록 H_1이 사실이라는 증거가 명백해지므로, 기각역은 $|\overline{X}-\mu_0| \geq c$의 형태로 표현된다. 이때 제 1 종 오류를 범할 확률은

$$P(|\overline{X}-\mu_0| \geq c \mid \text{모평균}=\mu_0)$$
$$=P\left(\frac{|\overline{X}-\mu_0|}{\sigma/\sqrt{n}} \geq \frac{c}{\sigma/\sqrt{n}}\right)$$

가 되므로, 유의수준이 α로 주어졌을 때 기각역은 $\left|\frac{\overline{X}-\mu_0}{\sigma/\sqrt{n}}\right| \geq z_{\alpha/2}$가 된다. 이를 그림으로 나타내면 〈그림 10.8〉과 같다.

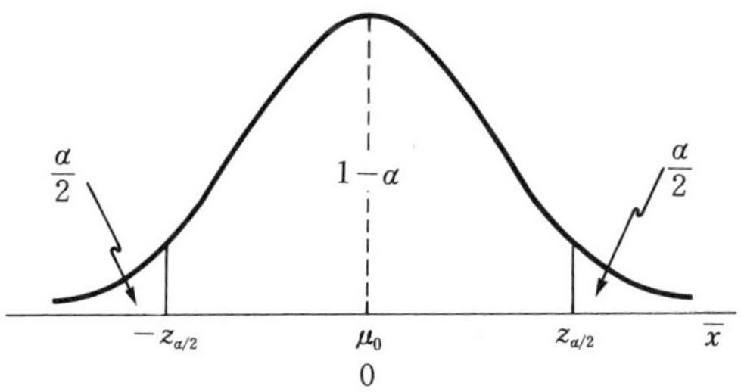

〈그림 10.8〉 대립가설 $\mu \neq \mu_0$에 대한 기각역

따라서 $-z_{\alpha/2} \leq z \leq z_{\alpha/2}$이면 H_0를 채택하게 된다. 이를 앞 장의 추정과 비교해 보면 구간추정에서 모평균의 $(1-\alpha)100\%$ 구간추정의 결과와 같아짐을 알 수 있다.

[예 10.3] 작년 한 해 동안 사망한 사람 중 100명을 추출해서 평균수명을 조사해 보니 71.8년이었다. 그리고 표준편차는 8.9년이었다. 이 결과를 기초로 오늘날 평균수명이 70년보다 길다고 할 수 있는지를 유의수준 0.05로 검정하라.

(풀이)

1) $H_0 : \mu=70$

2) $H_1 : \mu>70$

3) $\alpha=0.05$

4) 기각역 : $z>1.645$

5) $\bar{x}=71.8,\ \sigma\simeq s=8.9$

$$z=\frac{71.8-70}{8.9/\sqrt{100}}=2.02$$

6) H_0 기각

[예 10.4] 어떤 그물 제조회사에서는 새로운 합성그물을 개발하고, 이의 인장강도는 평균이 8kg, 분산이 0.25kg 이라고 주장한다. 이를 검정하기 위해서 귀무가설은 $\mu=8$ 로 하고 대립가설은 $\mu\neq 8$ 로 하여 유의수준 0.01로 검정하라. 단, 이를 위해 50줄을 표본조사하였더니 평균 인장강도가 7.8kg 이었다.

(풀이)

1) $H_0:\mu=8$

2) $H_1:\mu\neq 8$

3) $\alpha=0.01$

4) 기각역 : $z<-2.575,\ z>2.575$

5) 검정통계량 : $x=\dfrac{7.8-8}{0.5/\sqrt{50}}=-2.83$

6) H_0 기각

[예 10.5] 어떤 전기회사에서는 진공청소기의 1년 전력소모량을 46 킬로와트라고 발표하였다. 이를 입증하기 위해 12개의 표본을 추출하여 조사한 결과 평균이 42 킬로와트이었다. 그리고 표준편차는 11.9 킬로와트였다. 이를 기초로 대립가설로 진공청소기의 전력소비량은 46 킬로와트 미만이라는 것을 유의수준 0.05로 검정하라. 단 모집단은 정규모집단이라고 가정하라.

(풀이)

1) $H_0:\mu=46$

2) $H_1:\mu<46$

3) $\alpha=0.05$

4) 기각역 : $t<-1.796$

5) 검정통계량 : $t=\dfrac{42-46}{11.9/\sqrt{12}}=-1.16$

6) H_0 채택

[예 10.6] 두 가지 재질의 금속에 대한 마모성을 비교하기 위해, 각각 12개, 10개의 시료를 추출해 실험한 결과, 제1재질로 만든 금속은 평균이 85, 표준편차가 4이었고, 제2재질로 만든 금속은 평균이 81, 표준편차가 5이었다. 이를 기초로 제1재질이 제2재질보다 마모성 단위가 2단위 더 높다고 할 수 있는가를 유의수준 0.05로 검정하라. 단 두 모집단은 같은 분산을 갖는 정규분포라고 가정하라.

(풀이)

1) $H_0 : \mu_1 - \mu_2 = 2$

2) $H_1 : \mu_1 - \mu_2 > 2$

3) $\alpha = 0.05$

4) 기각역 : $t > 1.725$

5) $\bar{x}_1 = 85,\ s_1 = 4,\ n_1 = 12$

$\bar{x}_2 = 81,\ s_2 = 5,\ n_2 = 10$

$$s_p = \sqrt{\frac{(11)(16)+(9)(25)}{12+10-2}} = 4.478$$

$$t = \frac{(85-81)-2}{4.478\sqrt{(1/12)+(1/10)}} = 1.04$$

6) H_0 채택

[예 10.7] 어떤 특수한 약의 효과를 알아보기 위해 야생하는 노루 15마리를 표본으로 추출하여 포획 당시 피 속에 포함된 특정 성분의 양과, 주사 후 30분이 지난 시점에서의 양을 조사한 것이 〈표 10.2〉와 같다. 주사가 피의 어떤 특정 성분에 영향을 미치는가를 유의수준 0.05로 검정하라.

(풀이)

1) $H_0 : \mu_1 = \mu_2$, 또는 $\mu_D = \mu_1 - \mu_2 = 0$

2) $H_1 : \mu_1 \neq \mu_2$, 또는 $\mu_D = \mu_1 - \mu_2 \neq 0$

3) $\alpha = 0.05$

4) 기각역 : $t < -2.145$, 또는 $t > 2.145$

5) $\bar{d} = 9.848\ \ s_d = 18.474$

$$t = \frac{9.848-0}{18.474/\sqrt{15}} = 2.06$$

〈표 10.2〉 노루 포획시와 주사 후의 특정 성분 변화

노 루	포획시	주사 후 30분 이 지난 시점	d_i
1	2.76	7.02	4.26
2	5.18	3.10	−2.08
3	2.68	5.44	2.76
4	3.05	3.99	0.94
5	4.10	5.21	1.11
6	7.05	10.26	3.21
7	6.60	13.91	7.31
8	4.79	18.53	13.74
9	7.39	7.91	0.52
10	7.30	4.85	−2.45
11	11.78	11.10	−0.68
12	3.90	3.74	−0.16
13	26.00	94.03	68.03
14	67.48	94.03	26.55
15	17.04	41.70	24.66

6) H_0 채택

모평균의 검정에 사용되는 검정통계량과 각 대립가설에 대한 기각역이 〈표 10.3〉에 정리되어 있다.

10.5 표본크기 결정

앞서도 설명한 바와 같이, 표본의 크기가 늘어남에 따라 α, β값이 작아진다. 예를 들어, 정규모집단에서 분산은 알고 있을 때 다음의 가설을 검정한다고 하자.

$$H_0 : \mu = \mu_0$$
$$H_1 : \mu > \mu_0$$

유의수준이 α라 하고, 대립가설에서 $\mu = \mu_0 + \delta$가 참이라면

$$1 - \beta = P(\overline{X} > a \mid \mu = \mu_0 + \delta)$$

〈표 10.3〉 평균에 대한 검정

H_0	검 정 통 계 량 값	H_1	기 각 역
$\mu=\mu_0$	$z=\dfrac{\bar{x}-\mu_0}{\sigma/\sqrt{n}}$; σ기지 또는 $n\geq 30$	$\mu<\mu_0$ $\mu>\mu_0$ $\mu\neq\mu_0$	$z<-z_\alpha$ $z>z_\alpha$ $z<-z_{\alpha/2}$와 $z>z_{\alpha/2}$
$\mu=\mu_0$	$t=\dfrac{\bar{x}-\mu_0}{s/\sqrt{n}}$; $\nu=n-1$, σ 미지, $n<30$	$\mu<\mu_0$ $\mu>\mu_0$ $\mu\neq\mu_0$	$t<-t_\alpha$ $t>t_\alpha$ $t<-t_{\alpha/2}$와 $t>t_{\alpha/2}$
$\mu_1-\mu_2=d_0$	$z=\dfrac{(\bar{x}_1-\bar{x}_2)-d_0}{\sqrt{(\sigma_1^2/n_1)+(\sigma_2^2/n_2)}}$; σ_1와 σ_2기지	$\mu_1-\mu_2<d_0$ $\mu_1-\mu_2>d_0$ $\mu_1-\mu_2\neq d_0$	$z<-z_\alpha$ $z>z_\alpha$ $z<-z_{\alpha/2}$와 $z>z_{\alpha/2}$
$\mu_1-\mu_2=d_0$	$t=\dfrac{(\bar{x}_1-\bar{x}_2)-d_0}{s_P\sqrt{(1/n_1)+(1/n_2)}}$; $\nu=n_1+n_2-2$, $\sigma_1=\sigma_2$, 미지 $s_P^2=\dfrac{(n_1-1)s_1^2+(n_2-1)s_2^2}{n_1+n_2-2}$	$\mu_1-\mu_2<d_0$ $\mu_1-\mu_2>d_0$ $\mu_1-\mu_2\neq d_0$	$t<-t_\alpha$ $t>t_\alpha$ $t<-t_{\alpha/2}$와 $t>t_{\alpha/2}$
$\mu_1-\mu_2=d_0$	$t'=\dfrac{(\bar{x}_1-\bar{x}_2)-d_0}{\sqrt{(s_1^2/n_1)+(s_2^2/n_2)}}$; $\nu=\dfrac{(s_1^2/n_1+s_2^2/n_2)^2}{\dfrac{(s_1^2/n_1)^2}{n_1-1}+\dfrac{(s_2^2/n_2)^2}{n_2-1}}$; $\sigma_1\neq\sigma_2$, 미지	$\mu_1-\mu_2<d_0$ $\mu_1-\mu_2>d_0$ $\mu_1-\mu_2\neq d_0$	$t'<-t_\alpha$ $t'>t_\alpha$ $t'<-t_{\alpha/2}$와 $t'>t_{\alpha/2}$
$\mu_D=d_0$	$t=\dfrac{\bar{d}-d_0}{s_d/\sqrt{n}}$; $\nu=n-1$, 쌍체표본	$\mu_D<d_0$ $\mu_D>d_0$ $\mu_D\neq d_0$	$t<-t_\alpha$ $t>t_\alpha$ $t<-t_{\alpha/2}$와 $t>t_{\alpha/2}$

가 된다. 이를 그림으로 나타내면 〈그림 10.9〉와 같다.

그러므로,

$$\beta=P(\bar{X}<a\,|\,\mu=\mu_0+\delta)$$
$$=P\left[\frac{\bar{X}-(\mu_0+\delta)}{\sigma/\sqrt{n}}<\frac{a-(\mu_0+\delta)}{\sigma/\sqrt{n}}\ \middle|\ \mu=\mu_0+\delta\right]$$

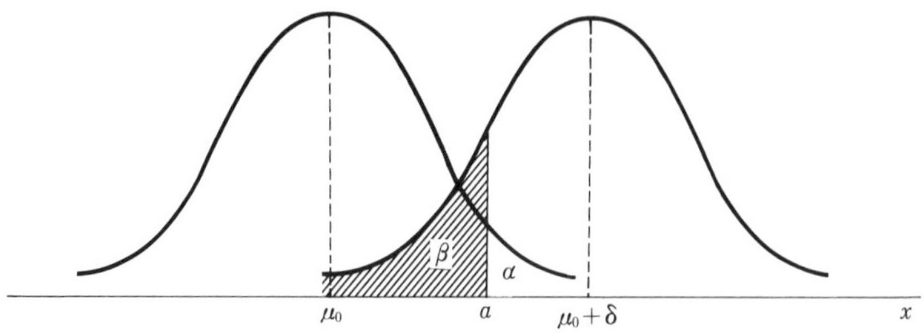

〈그림 10.9〉 $\mu=\mu_0+\delta$에 대한 $\mu=\mu_0$의 검정

$$=P\left(Z<\frac{a-\mu_0}{\sigma/\sqrt{n}}-\frac{\delta}{\sigma/\sqrt{n}}\right)$$

$$=P\left(Z<z_\alpha-\frac{\delta}{\sigma/\sqrt{n}}\right)$$

따라서

$$-z_\beta=z_\alpha-\frac{\delta\sqrt{n}}{\sigma}$$

이를 n에 대해 풀면

$$n=\frac{(z_\alpha+z_\beta)^2\sigma^2}{\delta^2}$$

이같은 결과는 대립가설이 $\mu<\mu_0$일 때도 성립한다. 그리고 양측검정일 때는

$$n\simeq\frac{(z_{\alpha/2}+z_\beta)^2\sigma^2}{\delta^2}$$

이 된다.

[예 10.8] 두 가설

$H_0: \mu=68$

$H_1: \mu>68$

을 유의수준 0.05로 검정할 때, 평균 69인 경우 검정력이 0.95가 되려면 몇 개의 표본을 추출하여야 하는지 계산하라. 단, $\sigma=5$라고 알려져 있다.

(풀이) $\alpha=\beta=0.05$이므로 $z_\alpha=z_\beta=1.645$, $\mu=69$이면 $\delta=1$이므로

$$n=\frac{(1.645+1.645)^2(25)}{1}=270.6$$

따라서 271 개의 표본을 추출한다.

다음으로 두 모집단의 평균의 차이에 대한 검정에서도 마찬가지 절차로 $n\,(n_1=n_2)$의 값을 구할 수 있다. 예를 들어, σ_1, σ_2를 알고 있을 때 두 가설

$$H_0: \mu_1-\mu_2=d_0$$
$$H_1: \mu_1-\mu_2\neq d_0$$

를 검정하고자 한다. 여기서 대립가설 중 $\mu_1-\mu_2=d_0+\delta$가 참이라고 할 때 검정력을 구해 보면 〈그림 10.10〉에서 보는 바와 같이,

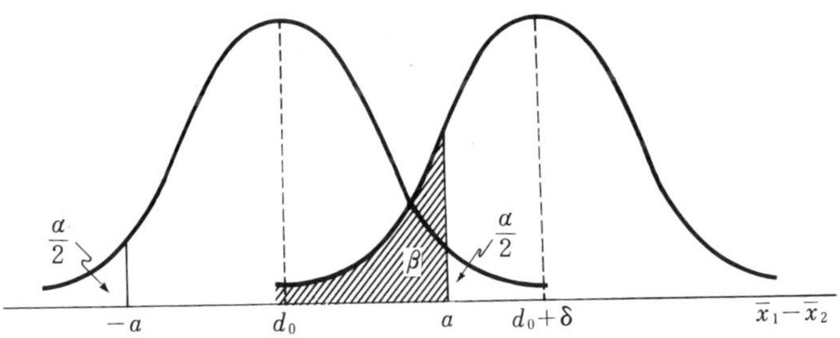

〈그림 10.10〉 $\mu_1-\mu_2=d_0+\delta$에 대한 $\mu_1-\mu_2=d_0$의 검정

$$\beta=P(-a<\overline{X}_1-\overline{X}_2<a\,|\,\mu_1-\mu_2=d_0+\delta)$$
$$=P\left[\frac{-a-(d_0+\delta)}{\sqrt{(\sigma_1^2+\sigma_2^2)/n}}<\frac{\overline{X}_1-\overline{X}_2-(d_0+\delta)}{\sqrt{(\sigma_1^2+\sigma_2^2)/n}}<\frac{a-(d_0+\delta)}{\sqrt{(\sigma_1^2+\sigma_2^2)/n}}\,\Big|\,\mu_1-\mu_2=d_0+\delta\right]$$
$$=P\left[-z_{\alpha/2}-\frac{\delta}{\sqrt{(\sigma_1^2+\sigma_2^2)/n}}<Z<z_{\alpha/2}-\frac{\delta}{\sqrt{(\sigma_1^2+\sigma_2^2)/n}}\right]$$
$$-z_\beta\simeq z_{\alpha/2}-\frac{\delta}{\sqrt{(\sigma_1^2+\sigma_2^2)/n}}$$

이므로, n에 대해 풀면

$$n\simeq\frac{(z_{\alpha/2}+z_\beta)^2(\sigma_1^2+\sigma_2^2)}{\delta^2}$$

10.6 모비율검정

모비율에 대한 검정은 공장에서 제품의 불량률에 대해 검정할 때, 또는 국회의원 입후보자가 선거 전에 본인에 대한 지지율에 대해 검정하고자 할 때 등에 사용될 수 있다. 즉, 귀무가설은 $p=p_0$, 대립가설은 단측검정인 경우는 $p<p_0$ 또는 $p>p_0$이고, 양측검정인 경우는 $p\neq p_0$가 된다. 이때 기본이 되는 통계량은 이항분포를 따르는 확률변수 X이다. 즉 X가 $\mu=\mu p_0$에서 멀리 떨어져 있을수록 H_0를 기각할 가능성이 높아진다. 그러나 X는 이산적 분포이므로, 유의수준 α를 정확히 만족하는 기각역을 구하기는 어렵다. 이런 이유로 표본의 크기가 작을 때는 다음의 P값을 기준하는 것이 편리하다. 두 가설,

$$H_0 : p=p_0$$
$$H_1 : p<p_0$$

를 검정하고자 할 때는

$$P=P(X\leq x|p=p_0)$$

값을 계산하여, P값이 α와 같거나 α보다 작으면 귀무가설을 기각한다. 마찬가지로

$$H_0 : p=p_0$$
$$H_1 : p>p_0$$

를 유의수준 α로 검정하려면

$$P=P(X\geq x|p=p_0)$$

값을 구하여 P값이 α보다 작거나 같으면 H_0를 기각한다. 또한 양측검정에서는

$$H_0 : p=p_0$$
$$H_1 : p\neq p_0$$

를 유의수준 α로 검정하려면, $x<np_0$이면

$$P=2P(X\leq x|p=p_0)$$

값을 계산하고, $x > np_0$ 이면

$$P = 2P(X \geq x | p = p_0)$$

값을 계산하여, P값이 α보다 작거나 같으면 H_0를 기각한다.

표본의 크기가 작을 경우 모비율에 대한 검정절차는 다음과 같다.

1) $H_0 : p = p_0$
2) H_1 : 대립가설 $p < p_0$, $p > p_0$, 또는 $p \neq p_0$
3) 유의수준 : α
4) 검정통계량 : $p = p_0$인 이항확률변수 X
5) x에 대응되는 P값 계산
6) 유의수준 α에서 H_0의 채택 또는 기각

[예 10.9] 주택업자가 주장하기는 요사이 짓는 집의 70%는 열 펌프를 설치한다고 한다. 이를 검정하기 위해 15개 주택을 조사해 보니 8개 주택이 열펌프를 설치하였다. 이를 기초로 주택업자의 주장이 맞는지를 유의수준 0.10으로 검정하라.

(풀이)

1) $H_0 : p = 0.7$
2) $H_1 : p \neq 0.7$
3) $\alpha = 0.10$
4) 검정통계량 : $p = 0.7$, $n = 15$인 이항확률변수 X
5) $x = 8$이므로 $np_0 = (15)(0.7) = 10.5$

$$\begin{aligned} P &= 2P(X \leq 8 | p = 0.7) \\ &= 2\sum_{x=0}^{8} b(x; 15, 0.7) \\ &= 0.2622 > 0.10 \end{aligned}$$

6) H_0를 채택

지금까지 표본의 크기가 작은 경우에 대해 설명하였는데, 표본의 크기가 크다면 이항분포의 정규근사가 가능해진다. 따라서 검정을 하기 위해서는

$$z = \frac{x - np_0}{\sqrt{np_0 q_0}}$$

의 표준정규계수를 구하여 검정할 수 있다. 즉 유의수준 α의 양측검정에서는

기각역이 $z < -z_{\alpha/2}$ 또는 $z > z_{\alpha/2}$ 이고, 단측검정에서 대립가설이 $p < p_0$ 이면 기각역은 $z < -z_\alpha$ 이고, 대립가설이 $p > p_0$ 이면 기각역은 $z > z_\alpha$ 가 된다.

[예 10. 10] 일반적인 진통제의 진통효과는 60%라고 알려져 있다. 그런데 요사이 새로 개발된 진통제로 실험해 본 결과 100명 중 70명에 대해 진통효과가 나타났다. 이를 가지고 새로 개발된 진통제가 기존의 진통제보다 진통효과가 크다고 할 수 있는지를 유의수준 0.05로 검정하라.

(풀이)

1) $H_0 : p=0.6$

2) $H_1 : p>0.6$

3) $\alpha=0.05$

4) 기각역 : $z>1.645$

5) $x=70$, $n=100$, $np_0=(100)(0.6)=60$ 이므로

$$z=\frac{70-60}{\sqrt{(100)(0.6)(0.4)}}=2.04$$

6) H_0 기각

10. 7 두 모비율 차이의 검정

두 집단의 모비율 차이에 대한 검정은 흡연자와 비흡연자가 각각 폐암에 걸릴 비율을 비교하는 경우, 또는 서로 다른 지역에 거주하는 사람이 각각 특정 병에 걸릴 비율 등을 비교할 때 쓰이는 검정방법이다. 일반적으로 귀무가설은 두 모비율 p_1과 p_2가 같다고 놓고, 대립가설은 $p_1<p_2$, $p_1>p_2$, 또는 $p_1 \neq p_2$ 등으로 표시된다. 이항모집단으로부터 서로 독립적으로 n_1, n_2개의 표본을 추출했을 때 모비율을 비교하기 위해서는 표본을 기초로 $\hat{P}_1$, $\hat{P}_2$를 구해야 한다. 그런데 표본의 크기가 상당히 클 때는 $\hat{P}_1$, $\hat{P}_2$는 근사적으로 평균이

$$\mu_{\hat{P}_1-\hat{P}_2}=p_1-p_2$$

분산이

$$\sigma^2_{\hat{P}_1-\hat{P}_2}=\frac{p_1q_1}{n_1}+\frac{p_2q_2}{n_2}$$

인 정규분포를 따른다. 그러면 기각역은 표준정규계수

$$Z=\frac{(\hat{P}_1-\hat{P}_2)-(p_1-p_2)}{\sqrt{(p_1q_1/n_1)+(p_2q_2/n_2)}}$$

에 의해 결정된다. 귀무가설이 참이라면 $p_1=p_2$이므로 표준정규계수는

$$Z=\frac{(\hat{P}_1-\hat{P}_2)}{\sqrt{pq(1/n_1+1/n_2)}}$$

가 된다. Z값의 분모를 계산하기 위해 모수 p와 q를 추정해야 하는데, 이때는 p의 합동추정량으로

$$\hat{p}=\frac{x_1+x_2}{n_1+n_2}$$

를 이용한다. 따라서 실제 z값은

$$z=\frac{\hat{p}_1-\hat{p}_2}{\sqrt{\hat{p}\hat{q}(1/n_1+1/n_2)}}$$

에 의해 계산된다. 그리고 유의수준 α인 경우 양측검정의 기각역은 $z<-z_{\alpha/2}$ 또는 $z>z_{\alpha/2}$이고, 단측검정에서는, 대립가설이 $p_1<p_2$이면 기각역은 $z<-z_\alpha$이고, 대립가설이 $p_1>p_2$이면 기각역은 $z>z_\alpha$이다.

[예 10.11] 어떤 지방에 화학비료공장을 세우려고 하는데 주민의 반응을 조사하기로 하였다. 주민은 크게 둘로 나누어 화학비료공장을 세우려고 하는 지역 근방의 도시민과 농민으로 나누었다. 그리하여 각각 200명과 500명을 대상으로 조사한 결과 120명과 240명이 공장설립에 찬성하였다. 이를 기초로 도시민의 찬성률이 더 높다고 할 수 있는지 유의수준 0.025로 결정하라.

(풀이)

1) H_0 : $p_1=p_2$

2) H_1 : $p_1>p_2$

3) $\alpha=0.025$

4) 기각역 : $z>1.96$

5) $\hat{p}_1=\frac{x_1}{n_1}=\frac{120}{200}=0.60$

$$\hat{p}_2=\frac{x_2}{n_2}=\frac{240}{500}=0.48$$

$$\hat{p}=\frac{x_1+x_2}{n_1+n_2}=\frac{120+240}{200+500}=0.51$$

$$z=\frac{0.60-0.48}{\sqrt{(0.51)(0.49)(1/200+1/500)}}=2.9$$

6) H_0 기각

10.8 모분산검정

지금까지는 모집단의 평균에 대한 검정에 관해 살펴보았는데, 여기서는 모집단의 분산의 검정에 대해 알아보겠다. 모분산의 검정에 있어서 귀무가설은 $\sigma^2=\sigma_0^2$이고, 대립가설은 $\sigma^2<\sigma_0^2$, $\sigma^2>\sigma_0^2$, 또는 $\sigma^2\neq\sigma_0^2$으로 표현된다. 모집단이 근사적으로 정규모집단이라고 가정할 때, 모분산검정에 사용되는 검정통계량은 귀무가설 $\sigma^2=\sigma_0^2$에 대해

$$\chi^2=\frac{(n-1)s^2}{\sigma_0^2}$$

이 된다. 여기서 s^2은 표본의 분산이다. 대립가설이 양측검정인 경우, 기각역은 자유도 $n-1$인 카이제곱분포값을 이용하여 $\chi^2<\chi^2_{1-\alpha/2}$ 또는 $\chi^2>\chi^2_{\alpha/2}$이고, 대립가설이 $\sigma^2<\sigma_0^2$이면 기각역은 $\chi^2<\chi^2_{1-\alpha}$이고, 대립가설이 $\sigma^2>\sigma_0^2$이면 기각역은 $\chi^2>\chi_\alpha^2$이다.

[예 10.12] 어떤 자동차 축전지 제조업자는 자사제품의 수명이 정규분포를 따르고, 표준편차는 0.9년이라고 주장한다. 이를 입증하기 위해 10개 제품을 조사한 결과 표준편차가 1.2년이었다. 이를 근거로 $\sigma>0.9$년인지를 유의수준 0.05로 검정하라.

(풀이)

1) H_0 : $\sigma^2=0.81$

2) H_1 : $\sigma^2>0.81$

3) $\alpha=0.05$

4) 기각역 : 자유도 9인 카이제곱분포에서

$\chi^2 > 16.919$

5) $s^2 = 1.44,\ n = 10$

$\chi^2 = \dfrac{(9)(1.44)}{0.81} = 16.0$

6) H_0 채택

이 예의 기각역을 그림으로 나타내면 〈그림 10.11〉과 같다.

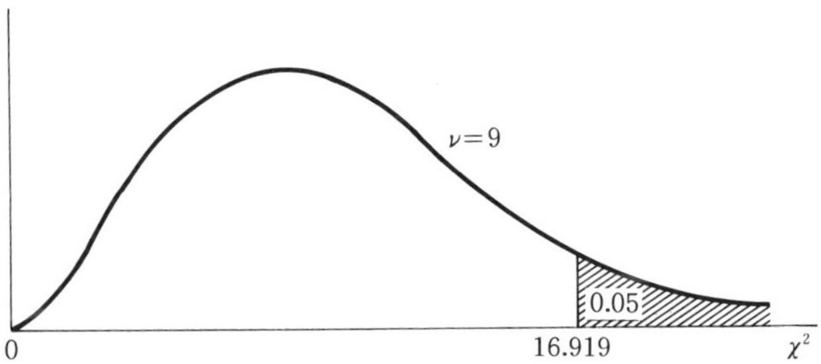

〈그림 10.11〉 대립가설 $\sigma^2 > 0.81$에 대한 기각역

다음으로 두 모집단의 분산의 비에 대한 검정을 살펴보기로 하자. 이때의 귀무가설은 $\sigma_1^2 = \sigma_2^2$이고 대립가설은 $\sigma_1^2 < \sigma_2^2$, $\sigma_1^2 > \sigma_2^2$, 또는 $\sigma_1^2 \neq \sigma_2^2$이고 대립가설은

$$f = \frac{s_1^2}{s_2^2}$$

의 값을 자유도가 n_1-1과 n_2-1인 F분포표값과 비교하여 귀무가설의 채택, 기각 여부를 결정한다. 즉 대립가설이 $\sigma_1^2 < \sigma_1^2$이면 기각역은 $f < f_{1-\alpha}(n_1-1,\ n_2-1)$이 되고, 대립가설이 $\sigma_1^2 > \sigma_1^2$이면, 기각역은 $f > f_\alpha(n_1-1,\ n_2-1)$이 되고, 양측검정인 경우는 기각역이 $f < f_{1-\alpha/2}(n_1-1,\ n_2-1)$ 또는 $f > f_{\alpha/2}(n_1-1,\ n_2-1)$이 된다.

[예 10.13] [예 10.6]의 자료를 이용하여 두 모분산이 같은지를 유의수준 0.10으로 검정하라.

(풀이)

1) $H_0 : \sigma_1^2 = \sigma_2^2$

2) $H_1 : \sigma_1^2 \neq \sigma_2^2$

3) $\alpha = 0.10$

4) 기각역 : $f_{0.05}(11, 9)=3.11$

$$f_{0.95}(11, 9)=\frac{1}{f_{0.05}(9, 11)}=0.34$$

따라서 $f<0.34$ 또는 $f>3.11$

5) $s_1^2=16$, $s_2^2=25$

$$f=\frac{16}{25}=0.64$$

6) H_0 채택

10.9 적합도검정

지금까지는 모평균 μ, 모분산 σ^2, 모비율 p에 대한 가설검정에 대해 다루었는데, 이 절에서는 모집단이 어떤 특정분포를 따르는지를 검정하여 보겠다. 즉 표본에서 추출한 값이 가정된 모집단의 분포에 얼마나 근사하게 접근하는지를 알아보는 것이다. 예를 들어, 주사위를 던지는 실험을 할 때 가정되는 확률분포는

$$f(x)=\frac{1}{6},\quad x=1, 2, \cdots, 6$$

이때 120번 주사위를 던졌을 때 각 눈이 나온 결과와 각각의 기대값이 〈표 10.4〉에 나와 있다.

이를 기초로 주사위를 던졌을 때 각 눈이 나온 관측횟수와 기대횟수의 차이가 표본을 추출하는 과정에서 나온 오차라고 판정이 되면, 주사위는 공정하다고 결론지을 수 있고, 그렇지 못하면 주사위에서 각 눈이 나온 확률분포는 일양분포라고 할 수 없다. 이와 같은 결정을 내릴 때 사용되는 검정통계량은 [정리 10.1]과 같다.

〈표 10.4〉 주사위를 120번 던졌을 때 각 눈의 관측횟수

	1	2	3	4	5	6
관측횟수	20	22	17	18	19	24
기대횟수	20	20	20	20	20	20

[정리 10.1] 모집단을 k 개의 범주로 나누었을 때, 범주 i 에 속한 관측값을 o_i, 기대값을 e_i 로 두면

$$\chi^2 = \sum_{i=1}^{k} \frac{(o_i - e_i)^2}{e_i}$$

은 근사적으로 자유도 $k-1$ 의 카이제곱분포에 접근한다.

[정리 10.1]에서 관측값과 기대값이 거의 같으면 χ^2값이 작아지게 되므로 가정된 분포에 적합하다고 결론지을 수 있다. 귀무가설을 가정된 분포에 적합하다고 하고 유의수준 α인 경우의 기각역은 $\chi^2 > \chi_\alpha^2$ 이다. 그리고 각 범주에 속하는 기대값이 5 이하일 때 이웃되는 범주에 포함시켜 계산한다. 따라서 카이제곱분포의 자유도가 줄게 된다. 〈표 10.3〉의 자료로 유의수준 0.05를 검정해 보면,

$$\chi^2 = \frac{(20-20)^2}{20} + \frac{(22-20)^2}{20} + \frac{(17-20)^2}{20} + \frac{(18-20)^2}{20} + \frac{(19-20)^2}{20} + \frac{(24-20)^2}{20} = 1.7$$

그런데 $\chi^2_{0.05} = 11.070$ 이므로 주사위는 공정하다고 할 수 있다.

두 번째 예로, 〈표 10.5〉와 같은 건전지 수명에 대한 자료를 얻었다. 이때 건전지 수명의 분포가 평균이 3.5, 분산이 0.7인 정규분포를 따르는지를 유의수준 0.05로 검정해 보자.

〈표 10.5〉의 e_i값은 각 범주의 경계값의 표준정규계수를 구하여 확률을 구하고, 확률에 전체표본의 수 40을 곱하여 계산된 값이다. 그리고 e_i값이 5 이하인 범주를 이웃되는 범주에 포함시켰다. 이때 검정 통계량값을 계산하면,

$$\chi^2 = \frac{(7-8.5)^2}{8.5} + \frac{(15-10.3)^2}{10.3} + \frac{(10-10.7)^2}{10.7} + \frac{(8-10.5)^2}{10.5} = 3.05$$

따라서 $\chi^2 = 3.05 < \chi^2_{0.05} = 7.815$ 이므로 정규분포를 따른다고 할 수 있다. 이상에서는 적합도 검정 대상인 분포의 모수가 주어진 경우로, 표본으로부터 모수추정은 할 필요가 없었다. 그러나 대상분포에 대한 모수가 주어지지 않을

〈표 10.5〉 정규분포를 가정한 e_i값과 관측값

범 주	o_i	$e+_i$
1.45~1.95	2 } 7	0.5 } 8.5
1.95~2.45	1	2.1
2.45~2.95	4	5.9
2.95~3.45	15	10.3
3.45~3.95	10	10.7
3.95~4.45	5 } 8	7.0 } 10.5
4.45~4.95	3	3.5

경우에는 표본으로부터 평균 또는 분산을 추정하여, 이를 토대로 적합도 검정을 실시하여야 한다. 이런 경우에는 적합도 검정시 카이제곱분포의 자유도가 추정된 모수 개수만큼 줄게 된다. 이를 예를 들어 설명해 보기로 하자. 다음 자료는 어떤 회사에서 100일동안 일별 결근자수를 기준으로 작성한 것이다. 이때 일별 결근자수는 포아송분포를 따르는지 적합도검정을 통해 알아보기로 하자.

〈표 10.6〉 일별 결근자수에 따른 빈도 조사

결근자수	관측도수
0	10
1	50
2	25
3	10
4 이상	5

여기서는 포아송분포의 모수가 주어지지 않았으므로, 표본으로부터 모수추정을 하면

$$\hat{\mu}=\overline{X}=\frac{150}{100}=1.5$$

가 된다. 따라서 μ가 1.5인 포아송 분포에 적합한가를 검정하면 된다. 검정을 위해 μ가 1.5인 포아송 분포에서 각 범주별로 기대도수를 구해 보면 〈표 10.7〉과 같다.

카이제곱 검정통계량을 구해 보면

〈표 10.7〉 포아송 분포를 가정한 e_i값과 관측값

결근자수	관측도수	기대도수
0	10	22.31
1	50	33.47
2	25	25.10
3	10	12.55
4 이상	5	6.57

$$\chi^2=\frac{(10-22.31)^2}{22.31}+\frac{(50-33.47)^2}{33.47}+\frac{(25-25.10)^2}{25.10}$$
$$+\frac{(10-12.55)^2}{12.55}+\frac{(5-6.57)^2}{6.57}=15.85$$

가 된다. 이를 유의수준 5%로 검정하려면, 카이제곱분포표에서, 자유도=5−1−1(모수추정개수)=3인 $\chi^2_{0.05}$의 값을 찾아서 검정통계량의 값과 비교해야 한다. 따라서 $\chi^2=15.85>\chi^2_{0.05}=7.81$이므로 일별 결근자수는 포아송 분포를 따른다고 할 수 없다.

10.10 독립성검정

모집단에서 표본을 추출하여, 이 표본을 두 개의 요인에 따라 각각 분류했을 때, 두 요인이 서로 독립인지를 판명하는 것이 독립성검정이다. 예를 들어, 어떤 법안에 대한 여론을 알기 위해 1,000명을 표본추출하여 조사하였다. 그런데 1,000명의 표본에 대해 찬·반 조사와 아울러 소득에 대해서도 조사하여 〈표 10.8〉과 같은 자료를 얻었다고 하자.

〈표 10.8〉과 같이 두 요인 중 한 요인에 대해 r개의 행으로 분류하고, 나머지 요인에 대해 c개의 열로 분류한 표를 $r\times c$분할표라고 한다. 그리고 귀무가설은 법안에 대한 찬반의사와 소득수준과는 독립이라는 것이다. 따라서 각 요소별 기대값을 계산하기 위해 먼저 다음과 같은 기호를 정의하기로 한다.

L: 추출된 표본의 소득수준이 저소득인 경우
M: 추출된 표본의 소득수준이 중소득인 경우
H: 추출된 표본의 소득수준이 고소득인 경우

〈표 10.8〉 2×3분할표

법 안	소 득 수 준			계
	저	중	고	
찬	182	213	203	598
반	154	138	110	402
계	336	351	313	1,000

F: 추출된 표본이 법안에 찬성하는 경우

A: 추출된 표본이 법안에 반대하는 경우

그러면,

$$P(L)=\frac{336}{1,000} \qquad P(M)=\frac{351}{1,000} \qquad P(H)=\frac{313}{1,000}$$

$$P(F)=\frac{598}{1,000} \qquad P(A)=\frac{402}{1,000}$$

그리고 귀무가설이 참이라면,

$$P(L\cap F)=P(L)P(F)=\left(\frac{336}{1,000}\right)\left(\frac{598}{1,000}\right)$$

$$P(L\cap A)=P(L)P(A)=\left(\frac{336}{1,000}\right)\left(\frac{402}{1,000}\right)$$

$$P(M\cap F)=P(M)P(F)=\left(\frac{351}{1,000}\right)\left(\frac{598}{1,000}\right)$$

$$P(M\cap A)=P(M)P(A)=\left(\frac{351}{1,000}\right)\left(\frac{402}{1,000}\right)$$

$$P(H\cap F)=P(H)P(F)=\left(\frac{313}{1,000}\right)\left(\frac{598}{1,000}\right)$$

$$P(H\cap A)=P(H)P(A)=\left(\frac{313}{1,000}\right)\left(\frac{402}{1,000}\right)$$

따라서 각각의 경우 기대값을 구하면 〈표 10.9〉의 괄호 안의 값과 같게 된다.

독립성검정에서도 앞 절의 적합도검정과 마찬가지로 관측값과 기대값의 차이가 작을수록 귀무가설을 채택하게 될 가능성이 커진다. 이때 사용되는 검정통계량은

〈표 10.9〉 관측값과 기대값

법 안	소 득 수 준			계
	저	중	고	
찬 반	182(200.9) 154(135.1)	213(209.9) 138(141.1)	203(187.2) 110(125.8)	598 402
계	336	351	313	1,000

$$\chi^2=\sum_i \frac{(o_i-e_i)^2}{e_i}$$

로 자유도가 $(r-1)(c-1)$인 카이제곱분포를 따른다. 그리고 유의수준이 α 일 때 기각역은 $\chi^2>\chi_\alpha^2$이다. 위의 예를 적용시켜 보면

$$\chi^2=\frac{(182-200.9)^2}{200.9}+\frac{(213-209.9)^2}{209.9}+\frac{(203-187.2)^2}{187.2}$$
$$+\frac{(154-135.1)^2}{135.1}+\frac{(138-141.1)^2}{141.1}+\frac{(110-125.8)^2}{125.8}$$
$$=7.85$$

자유도 $\nu=(2-1)(3-1)=2$일 때 $\chi^2_{0.05}=5.991$이므로 귀무가설은 기각된다.

10.11 동일성검정

동일성검정과 독립성검정의 검정절차는 같으나, 여기서 검정하려는 대상은 두 요인의 독립적인 관계가 아니고, 한 요인을 기준으로 분류한 각 범주들이 동일한지를 결정하려는 것이다. 예로, 〈표 10.10〉과 같은 3×3분할표를

〈표 10.10〉 3×3분할표

법 안	소 속 당			계
	갑	을	병	
찬 반 기 권	82 93 25	70 62 18	62 67 21	214 222 64
계	200	150	150	500

얻었다고 하자.

〈표 10.10〉에서 소속당에 따른 분류로 3개당을 선정하였는데, 현재 거론되고 있는 법안에 대해, 3개당에 대한 동일성을 검정해 보자. 먼저 독립성 검정에서 기대값을 계산한 절차를 따라 계산해 보면 〈표 10.11〉과 같은 결과를 얻을 수 있다.

〈표 10.10〉 3×3분할표

법 안	소속당			계
	갑	을	병	
찬	82(85.6)	70(64.2)	62(64.2)	214
반	93(88.6)	62(66.6)	67(66.6)	222
기 권	25(25.6)	18(19.2)	21(19.2)	64
계	200	150	150	500

귀무가설로 각 당의 법안에 대한 의견은 동일한 것으로 놓고 유의수준 0.05로 검정해 보자. 〈표 10.11〉을 이용해 χ^2값을 계산하면,

$$\begin{aligned}\chi^2 = & \frac{(82-85.6)^2}{85.6}+\frac{(70-64.2)^2}{64.2}+\frac{(62-64.2)^2}{64.2}+\frac{(93-88.8)^2}{88.8} \\ & +\frac{(62-66.6)^2}{66.6}+\frac{(67-66.6)^2}{66.6}+\frac{(25-25.6)^2}{25.6} \\ & +\frac{(18-19.2)^2}{19.2}+\frac{(21-19.2)^2}{19.2} \\ = & 1.53\end{aligned}$$

$\chi^2_{0.05}=9.488$이므로 선정된 3개당의 현재 거론된 법안에 대한 의견은 동일하다고 할 수 있다.

연습문제

1. 어떤 도시의 거주자 중 30%가 대학을 졸업한 것으로 알려져 있다. 이를 검정하기 위해 성인 15명을 표본으로 추출하여 이 중 대학 졸업자가 2명 이상 7명 이하이면 귀무가설 $p=0.3$을 채택하고, 그렇지 않으면 $p \neq 0.3$이라고 결론짓기로 하였다.

① $p=0.3$일 때 α를 구하라.

② $p=0.4$일 때 β를 구하라.

2. 어떤 도시에서 갑회사의 우유를 공급받는 가구가 전체의 60%로 알려져 있다. 이의 검정방법으로 10가구를 표본으로 추출하여 이 중 갑회사의 우유를 공급받는 가구수가 3 이하이면 $p=0.6$이라는 가설을 기각하고, $p<0.6$를 받아들이기로 하였다.

① $p=0.6$일 때 제1종 오류를 범할 확률 구하라.

② $p=0.3$, $p=0.4$, $p=0.5$일 때 각각 제2종 오류를 범할 확률을 구하라.

3. 어떤 세탁기의 성능시험 중 얼룩을 얼마나 없앨 수 있는가를 알아보려 한다. 그런데 알려지기로는 얼룩의 70% 이하를 없앨 수 있다고 한다. 이때 12개의 얼룩 중 10개 이하의 얼룩이 없어지면 $p=0.7$이라는 귀무가설을 채택하고, 그렇지 않으면 $p>0.7$로 결론지으려 한다.

① $p=0.7$일 때 α값을 구하라.

② $p=0.9$일 때 β값을 구하라.

4. 휘발유 소비세를 4% 인상하는 안에 대한 찬성률을 검정하기 위해 400명을 표본으로 추출하였다. 400명 중 찬성하는 사람의 수가 220명보다 많고 260명 미만이면 찬성률이 60%라고 결론지으려 한다.

① 실제 찬성률이 60%일 때 제1종 오류를 범할 확률을 구하라.

② 실제 찬성률이 48%일 때 제2종 오류를 범할 확률을 구하라.

5. 어떤 제약회사에서는 관절염의 치료제로 새로운 약을 개발하였다고 발표하였다. 이 약의 효력을 알아보기 위해 7사람의 환자에게 이 약을 복용시켜, 이 중 3사람 이상이 치료되면 $p=0.4$라는 귀무가설을 채택하기로 하였다. 그러나 2사람 이하가 치료되면 $p<0.4$라는 대립가설을 채택하기로 하였다.

① $p=0.4$가 사실일 때 α값을 구하라.

② 대립가설 중 $p=0.3$이 사실일 때 β값을 구하라.

6. 어떤 그물 제조업자가 새로운 그물의 인장강도가 평균이 15kg, 표준편차가 0.5kg이라고 주장하고 있다. 이를 검정하기 위해서 50개의 표본을 추출하여, 귀무가설 $\mu=15$에 대하여 대립가설 $\mu<15$를 검정하고자 한다. 그리고 기각역은 $\bar{x}<14.9$로 주어졌다고 한다.

① H_0가 진일 때 제 1 종 오류를 범할 확률을 구하라.

② $\mu=14.8$과 $\mu=14.9$일 때 각각 제 2 종 오류를 범할 확률을 구하라.

7. 어떤 음료수 자판기에서 한 컵당 공급되는 음료수량의 분포는 근사적으로 평균이 200ml, 표준편차가 15ml인 정규분포를 따른다고 알려져 있다. 이의 검정방법으로 9컵의 음료수 양의 평균 $\bar{x}$가 $191<\bar{x}<209$이면 자판기가 정상작동한다고 보고, 그렇지 않으면 자판기에 이상이 있는 것으로 보기로 하였다.

① $\mu=200$일 때 제 1 종 오류를 범할 확률을 구하라.

② $\mu=215$일 때 제 2 종 오류를 범할 확률을 구하라.

8. 새로운 시멘트 제조공정 방법을 도입하여 생산하면 압축강도가 평균이 5,000kg/cm^2, 표준편차가 120kg/cm^{2}라고 알려져 있다. 이 때 50개의 시료를 추출하여 귀무가설 $\mu=5{,}000$을 대립가설 $\mu<5{,}000$에 대해 검정하려고 한다. 기각역은 $\bar{x}<4{,}970$으로 정했다.

① H_0가 진일 때 제 1 종 오류를 범할 확률을 구하라.

② $\mu=4{,}970$일 때 제 2 종 오류를 범할 확률을 구하라.

9. 다음과 같은 가설을 검정하고자 할 때, 귀무가설과 대립가설을 기술하고, 기각역은 어느 쪽에 존재하는지 정하라.

① 한국 대학생은 평균적으로 하루에 커피 1잔을 마신다.

② 어떤 특정후보에 대한 지지율이 0.6이다.

③ 내년도 우리나라의 수출 증가율은 기껏해야 20%일 것이다.

④ 서울시내에서 국민학생들의 평균 통학거리는 2.8km이다.

⑤ 내년도 대학졸업생의 취업률은 적어도 85%일 것이다.

10. 어떤 전구 생산업체에서 생산하는 전구의 수명은 평균이 800시간, 표준편

차가 40시간인 정규분포를 따른다고 알려져 있다. 30개의 표본을 추출해 수명시험을 한 결과 평균수명이 788시간이었다. 귀무가설로 $\mu=800$ 시간이라 하고 대립가설이 $\mu\neq800$ 시간일 때 유의수준 0.04로 검정하라.

11. 어떤 여자 대학교에서 신입생의 키는 평균이 162.5cm, 표준편차가 6.9cm로 알려져 있다. 금년 신입생 중 50명을 추출해 평균키를 측정해 보니 165.2cm이었다. 이를 근거로 금년 신입생의 키가 예년에 비해 크다고 할 수 있는지 유의수준 0.02로 검정하라.

12. 우리 나라 승용차의 1년 동안 평균주행거리는 20,000km보다 적다고 알려져 있다. 그래서 100대의 자동차를 임의추출하여 조사한 결과 대당 평균주행거리가 23,500km, 표준편차는 3,900km이었다. 이를 근거로 가설을 세우고, 유의수준 0.01로 검정하라.

13. 어떤 특정 담배의 니코틴 함유량에 대해 전매청 발표로는 3.5mg을 넘지 않는다고 한다. 실제로 8개의 표본을 추출하여 조사한 결과 니코틴 함유량의 평균이 4.2mg, 표준편차는 1.4mg이었다. 이를 근거로 전매청의 주장이 옳은지를 유의수준 0.01로 검정하라. 단, 니코틴 함유량의 분포는 정규분포를 따른다고 가정하라.

14. 어떤 고등학교에서 수학시험을 치르는 데 소요되는 평균시간은 35분이라고 알려져 있다. 이를 검정하기 위해 20명의 표본을 추출하여 시간을 측정해 보니 평균이 33.1분이었고, 표준편차는 4.3분이었다. 이를 근거로 귀무가설 $\mu=35$분을 대립가설 $\mu<35$분에 대하여 유의수준 0.025로 검정하라. 단, 모집단은 정규분포를 따른다고 가정하라.

15. 음료수 자판기에서 36컵을 표본추출하여 음료수 양을 조사하였더니, 평균이 21.9데시리터, 표준편차는 1.42데시리터였다. 이를 기초로 $\mu=22.2$데시리터라는 귀무가설을 $\mu<22.2$데시리터라는 대립가설에 대해 유의수준 0.05로 검정하라.

16. 한전에서는 일반가정에서 여름동안 냉방기를 사용하는 시간을 조사하였다. 49수용가를 조사한 결과 평균 사용시간은 126.9시간, 표준편차는 8.4시간

이었다. 이를 기초로 평균사용시간이 125시간이라는 귀무가설을 평균사용시간이 125시간보다 많다는 대립가설에 대해 유의수준 0.05로 검정하라.

17. 과다한 염분 섭취로 인해서 고혈압, 위암, 편두통 등의 질병이 발생되는 것으로 보고되고 있다. 그래서 특정 식품에 포함된 염분의 양을 조사해 보았다. 20개의 표본을 추출하여 염분의 양을 측정한 결과, 평균은 244밀리그램, 표준편차는 24.5밀리그램이었다. 염분함량이 220밀리그램이라는 귀무가설을, 220밀리그램보다 많다는 대립가설에 대해 유의수준 0.05로 검정하라. 염분 함량의 분포는 정규분포를 따른다고 가정하라.

18. 보건사회부 사회복지과 직원들이 작년에 사회단체에 기부한 기부금은 1인당 평균 10만원이었다. 그리고 금년에는 12명의 직원을 표본추출하여 조사해 보니, 평균은 10만 9천원, 표준편차는 1만7천5백원이었다. 이를 기초로 금년도 기부금의 1인당 평균액이 작년과 같은 10만원인지를 유의수준 0.01로 검정하라. 단, 기부금은 근사적으로 정규분포를 따른다고 가정하라.

19. 제1모집단에서 $n_1=25$개의 표본을 추출하여 보니 평균이 $\bar{x}_1=81$, 표준편차가 $\sigma_1=5.2$이었다. 그리고 제2모집단에서 $n_2=36$개의 표본을 추출하여 보니 평균이 $\bar{x}_2=76$, 표준편차가 $\sigma_2=3.4$이었다. 이를 근거로 귀무가설 $\mu_1=\mu_2$를 대립가설 $\mu_1 \neq \mu_2$에 대하여 유의수준 0.06으로 검정하라. 단, 각 모집단은 정규분포를 따른다고 가정하라.

20. 어떤 제약회사에서는 백혈병 치료약을 개발하여 쥐를 이용하여 실험하였다. 즉, 5마리의 쥐에는 약을 투여하고 4마리의 쥐에는 약을 투여하지 않았다. 그리고 각각의 생존기간을 추정하였다.(단위 : 년).

약 투여군	2.1	5.3	1.4	4.6	0.9
약 비투여군	1.9	0.5	2.8	3.1	

위의 자료를 근거로 새로 개발된 약의 효과가 있는지를 유의수준 0.05로 검정하라. 단, 두 모집단은 정규분포를 따르고 분산은 서로 같다고 가정하라.

21. 갑 자동차회사에서는 타이어를 두 회사에서 공급받고 있다. 그런데 두 타이어에 대한 마모성에 차이가 있는지를 알아보기 위해 각각 12번의 실험을 하

여 타이어 수명을 측정하였더니 다음과 같은 결과를 얻을 수 있었다.

을 타이어 : 평균=37,900km, 표준편차=5,100km

병 타이어 : 평균=39,800km, 표준편차=5,900km

이를 근거로 두 타이어의 수명에 차이가 없는지를 유의수준 0.05로 검정하라. 단, 두 모집단은 근사적으로 정규분포를 따른다고 가정하라.

22. 갑 택시회사에서는 자사 택시에 벨티드 타이어를 장착하여 운행하고 있는데, 이를 래디얼 타이러로 교체하는 것을 검토하고 있다. 이때 결정기준으로는 휘발류 1l당 주행거리를 사용하고자 한다. 그래서 12대의 자동차를 표본으로 추출하여 래디얼 타이어와 벨티드 타이어를 각각 장착하고 주행거리를 측정하였더니 다음 표와 같았다.

자 동 차	휘발유 1l당 주행거리	
	래디얼	벨티드
1	4.2	4.1
2	4.7	4.9
3	6.6	6.2
4	7.0	6.9
5	6.7	6.8
6	4.5	4.4
7	5.7	5.7
8	6.0	5.8
9	7.4	6.9
10	4.9	4.7
11	6.1	6.0
12	5.2	4.9

위의 자료를 기초로 래디얼 타이어가 밸티드 타이어보다 연료의 경제성이 있는지를 유의수준 0.025로 검정하라. 단, 모집단은 정규분포를 따른다고 가정하라.

23. 특수한 용도에 쓰이는 실을 제조하는 업자의 주장으로는 갑종류가 을종류 실에 비해 적어도 12kg 이상의 장력이 더 강하다고 한다. 이를 입증하기 위해 각각 50줄의 표본을 추출해 시험한 결과, 갑의 평균은 86.7kg, 표준편차 6.28kg, 을의 평균은 77.8kg, 표준편차는 5.61kg이었다. 이를 기초로 업자의 주장을 유의수준 0.05로 검정하라.

24. 다음 자료는 각각 5개의 금속 시편에 X선을 투사한 경우와 화학약품 처리를 한 경우에 특정 원소의 함량을 측정한 것이다. 이를 기초로 두 처리간에 차이가 있는지를 유의수준 0.05로 검정하라. 단, 모집단은 정규분포를 따른다고 가정하라.

처리	표 본				
	1	2	3	4	5
X선	2.0	2.0	2.3	2.1	2.4
화학약품	2.2	1.9	2.5	2.3	2.4

25. 전매청에서 발표하기를 흡연자의 20%가 갑 담배를 선호한다고 하였다. 이를 검정하기 위해 20명의 흡연자를 대상으로 조사하였더니 6명이 갑 담배를 선호한다고 하였다. 이를 근거로 어떤 결론을 내릴 수 있는지 유의수준 0.025로 검정하라.

26. 동전을 10번 던지는 실험에서 5번이 앞면이 나왔다. 그러면 유의수준 0.03에서 동전의 앞면이 나올 확률이 50% 미만이라는 대립가설에 대해 동전은 공정하다는 귀무가설을 기각시킬 수 있는지 검토하라.

27. 서울시에서 발표하기를, 전 가구 중 기름으로 난방을 하고 있는 비율이 20%라고 한다. 이를 검정하기 위해 1,000가구를 조사해 보니 이 중 236가구가 기름을 난방용으로 사용하고 있었다. 이를 기초로 유의수준 0.01로 서울시의 발표가 맞는지를 밝혀라.

28. 어떤 지역에 원자력 발전소를 건설하려로 하는데, 주민들의 반응을 알아보기 위해 도심에 거주하는 집단과 외곽지역에 거주하는 집단에서 각각 100명, 125명씩 표본을 추출해 의견을 조사하였다. 그랬더니 도심거주자 100명 중 63명이 찬성하였고, 외곽지역 거주자 125명 중 59명이 찬성하였다. 이를 근거로 두 지역 거주자들의 찬성률에 차이가 있는지를 유의수준 0.04로 검정하라.

29. 어떤 대학교 대학생 90명을 대상으로 통학시 자전거를 이용하는 학생수를 조사했더니 28명이었다. 이를 기초로 이 학교 학생 중 자전거를 이용해 통학하는 비율은 25% 이하라는 가설을 유의수준 0.05로 검정하라.

30. 두 종류 담배에 대한 선호도를 조사하였더니, 갑은 200명 중 56명이 선호하였고, 을은 150명 중 29명이 선호하였다. 이를 기초로 갑의 선호비율이 을의 선호 비율보다 높다고 할 수 있는지를 유의수준 0.06으로 검정하라.

31. 갑 담배의 니코틴 함량은 분산이 1.3mg인 정규분포를 따른다고 알려져 있다. 이를 검정하기 위해 8개피의 담배를 표본으로 추출하여 니코틴 함량의 표준편차를 측정해 보니 1.8mg이었다. 이를 기초로 귀무가설 $\sigma^2=1.3$을 대립가설 $\sigma^2\neq1.3$에 대해 유의수준 0.05로 검정하라.

32. 갑 회사에서는 남·여 조립공을 고용하고 있는데, 성별에 따른 조립시간에 대해 조사하려고 한다. 과거의 자료에 의하면 남·여 각각의 조립시간은 정규분포를 따르고, 분산은 여자가 남자보다 적은 것으로 알려져 있다. 이를 검정하기 위해 남자 중 11명을 표본으로 추출해서 표준편차를 측정해 보니 6.1이었고, 여자 중 14명을 표본으로 추출해서 표준편차를 측정해 보니 5.3이었다. 이를 근거로 귀무가설 $\sigma_1{}^2=\sigma_2{}^2$을 대립가설 $\sigma_1{}^2>\sigma_2{}^2$에 대해 유의수준 0.01로 검정하라.

33. 어떤 화학약품을 담는 용기의 부피는 정규분포를 따르며 분산은 0.03리터로 알려져 있다. 이를 입증하기 위해 10개의 표본을 추출하여 측정한 결과가 다음과 같았다. 10.2, 9.7, 10.1, 10.3, 10.1, 9.8, 9.9, 10.4, 10.3, 9.8 이를 기초로 $\sigma^2=0.03$이라는 귀무가설을 $\sigma^2\neq0.03$이라는 대립가설에 대해 유의수준 0.01로 검정하라.

34. 어떤 공장에서 특정작업에 소요되는 시간은 표준편차가 6분인 정규분포를 따른다고 알려져 있다. 귀무가설 $\sigma=6$을 대립가설 $\sigma<6$에 대해 검정하기 위해 20명의 작업자를 추출하여 이 작업을 완수하는 데 소요되는 시간을 측정하였더니 표준편차가 4.51분이었다. 이를 유의수준 0.05로 검정하라.

35. 다음과 같은 두 집단에서 추출된 자료를 기초로 귀무가설 $\sigma_1{}^2=\sigma_2{}^2$을 대립가설 $\sigma_1{}^2\neq\sigma_2{}^2$에 대해 유의수준 0.02로 검정하라.

모집단 1		모집단 2	
5,030	4,980	2,800	2,810
13,700	11,910	4,670	1,330

10,730	8,130	6,890	3,320
11,400	26,850	7,720	1,230
860	17,660	7,030	2,130
2,200	22,800	7,330	2,190
4,250	1,130		
15,040	1,690		

36. 다음과 같은 두 집단에서 추출된 자료를 기초로 귀무가설 $\sigma_1^2=\sigma_2^2$을 대립가설 $\sigma_1^2\neq\sigma_2^2$에 대해 유의수준 0.1로 검정하라. 단, 두 모집단의 분포는 정규분포로 가정하라.

모집단 1	102	86	98	109	92		
모집단 2	81	165	97	134	92	87	114

37. 갑 회사에서는 두 종류의 기계를 사용하고 있는데, 각각 폐기물로 아황산 가스를 배출하고 있다. 따라서 두 기계의 아황산 가스 배출 정도로 비교하기 위해 다음 표와 같은 측정치를 구해 보았다. 이를 기초로 귀무가설 $\sigma_1=\sigma_2$를 대립가설 $\sigma_1\neq\sigma_2$에 대해 유의수준 0.02로 검정하라. 단, 모집단은 근사적으로 정규분포를 따른다고 가정하라.

아 황 산	
기 계 1	기 계 2
0.86	0.87
0.82	0.74
0.75	0.63
0.61	0.55
0.89	0.76
0.64	0.70
0.81	0.69
0.68	0.57
0.65	0.53

38. 주사위를 180번 던져서 다음과 같은 결과를 얻었다. 이를 근거로 주사위가 공정한가를 유의수준 0.01로 검정하라.

x	1	2	3	4	5	6
f	28	36	36	30	27	23

39. 남자 42명, 여자 48명 등 90명의 성인을 대상으로 주당 TV시청시간을 조사하였다. 이를 기초로 TV시청시간은 남·여의 성별과는 무관한지를 유의수준 0.01로 검정하라.

TV시청시간	성 별	
	남	여
25시간 이상	15	29
25시간 미만	27	19

40. 퇴직한 남자 200명을 대상으로 그들의 학력과 자녀수에 대한 조사를 하였다. 이를 기초로 자녀수는 학력과 무관한지를 유의수준 0.05로 검정하라.

학 력	자 녀 수		
	0~1	2~3	4 이상
중 졸	14	37	32
고 졸	19	42	17
대 졸	12	17	10

41. 어떤 동전을 100번 던졌더니, 앞면이 63번, 뒷면이 37번 나왔다. 동전이 공정한지를 유의수준 0.05로 검정하라.

42. 어떤 공장에서 생산되는 제품별 생산수량의 비를 A : B : C : D=5 : 2 : 2 : 1로 조정하고자 한다. 500개의 제품을 표본추출하여 조사한 결과 A는 269개, B는 112개, C는 74개, D는 45개가 나왔다. 이를 기초로 제품구성비가 5 : 2 : 2 : 1인지를 유의수준 0.05로 검정하라.

43. 다음은 통계학 강좌의 학점을 나타낸 것이다. 이를 기초로 학점의 분포가 일양분포를 따르는지를 유의수준 0.05로 검정하라.

학점	A	B	C	D	F
학생수	14	18	32	20	16

44. 52장의 트럼프 카드에서 3장씩 복원추출하는 시행을 64번 반복하였다. 각 시행마다 스페이드의 장수를 기록해 보니 다음과 같은 빈도가 나왔다. 이를 기초로 이항분포 $b\left(y\,;3,\,\frac{1}{4}\right)$, $y=0,\ 1,\ 2,\ 3$을 따르는지를 유의수준 0.01로 검정하라.

y	0	1	2	3
빈도	21	31	12	0

45. 상자 속에 5개의 빨간 구슬과 3개의 초록색 구슬이 들어 있다. 이 상자로부터 3개의 구슬을 복원추출하는 시행에서 나온 빨간색 구슬의 수를 X라 할 때, 112번 시행 결과가 다음과 같다. 이를 기초로 초기하분포 $h(x\,;8,\,3,\,5)$, $x=0,\ 1,\ 2,\ 3$에 잘 적합되는지 유의수준 0.05로 검정하라.

x	0	1	2	3
빈도	1	31	55	25

46. 동전의 앞면이 나올 때까지 동전을 던진 시행횟수를 X라고 할 때, 256번 반복 시험한 결과가 다음과 같다. 이를 기하분포 $g\left(x\,;\frac{1}{2}\right)$, $x=1,\ 2,\cdots$에 적합되는지 유의수준 0.05로 검정하라.

x	1	2	3	4	5	6	7	8
f	136	60	34	12	9	1	3	1

47. 다음 자료는 180명의 성인 남자를 대상으로 흡연량과 고혈압 유무에 관해 조사한 것이다. 이를 기초로 흡연량과 고혈압 유, 무와는 서로 독립적인지를 유의수준 0.05로 검정하라.

	비흡연자	하루 1갑 이하 흡연자	하류 1갑 이상 흡연자
고혈압유	21	36	30
고혈압무	48	26	19

48. 다음 자료는 어떤 병원에서 감기 환자에게 3종류의 약을 투여하고, 각각 완치된 정도에 따른 환자수를 조사한 것이다. 이를 기초로 유의수준 0.05로 3종류의 감기약은 서로 동일한 약효가 있다는 것을 검정하라.

감기약 / 효과	A	B	C
무효과	11	13	9
약간 호전	32	28	27
완 치	7	9	14

49. 다음 자료를 특별 법안에 대해 4지역 주민들을 대상으로 찬반 조사를 한 결과이다. 이를 기초로 4지역 주민들이 특별법안에 대해 동일한 생각을 갖고 있는지를 유의수준 0.01로 검정하라.

지역 / 의사표시	A	B	C	D
찬성	65	66	40	34
반대	42	30	33	42
기권	93	54	27	24

50. 다음 자료는 보건사회부에서 새로 입안한 연금제도에 대해 어떤 회사의 직원을 대상으로 찬반 투표를 한 결과이다. 이를 이용하여 직원의 업무분야와 새로운 연금제도에 대한 찬반 의견은 서로 독립적인지를 유의수준 0.1로 검정하라.

의견	업무 분야		
	생산	영업	연구 개발
찬 성	169	76	26
반 대	87	35	7

51. 다음 종교를 믿는 신자들을 대상으로 여자의 호주 상속제에 대한 의견을 조사한 것이다. 이를 기초로 종교과 호주 상속제간의 의견은 서로 독립적인지를 유의수준 0.05로 검정하라.

종교 / 의견	A	B	C
찬성	21	36	10
반대	26	142	52

제 11 장

단순회귀분석과 상관분석

11. 1 회귀분석의 개념

통계학을 실제 문제에 적용시키다 보면 여러 변수들 간의 상호작용에 대해 알고자 하는 경우가 종종 발생하게 된다. 예를 들면 화학공정에서 반응온도에 따라 발생되는 타르 함량이 달라진다고 할 때, 실험을 통하여 온도와 타르 함량의 관계를 추정하고자 한다. 이 예에서 반응온도는 독립변수라고 부르고, 온도에 따라 변하는 타르 함량을 종속변수라고 부른다. 즉 독립변수 x_1, x_2, $\cdots$, x_k값의 변화에 따른 종속변수 Y의 관계식을 구하고자 하는 것이다.

한편 위 예에서 타르 함량에 영향을 미치는 것이 온도와 습도 두 가지요인이라면 독립변수는 둘이 된다. 독립변수가 둘 이상인 경우를 중회귀분석이라 부르는데, 중회귀에 대해서는 다음 장에서 다루기로 하고, 이 장에서는 독립변수가 한 개이고, 독립변수와 종속변수의 관계가 선형인 단순회귀분석에 대해 다루기로 하겠다. 그리고 단순회귀에서 독립변수 x에 대응 되는 종속변수 Y값을 $Y|x$로 쓰기로 한다. 이때의 평균과 분산도 각각 $\mu_{Y|x}$와 $\sigma^2_{Y|x}$로 표시하기로 한다. 독립변수와 종속변수가 선형관계를 유지한다는 것은,

$$\mu_{Y|x} = \alpha + \beta x$$

를 만족하는 것이다. 여기서 α와 β는 수집된 자료에 의해 결정되는 모수값이

다. 따라서 수집된 자료에 의해 추정된 α와 β값을 각각 $\hat{\alpha}$, $\hat{\beta}$라 하고, $\mu_{Y|x}$의 추정량을 $\hat{y}$라 하면, 표본에 의한 선형회귀식은

$$\hat{y}=\hat{\alpha}+\hat{\beta}x$$

가 된다.

그런데 이 장에서 설명하는 단순회귀는 독립변수와 종속변수가 선형관계를 유지한다고 가정했으므로, 먼저 수식을 구하기 전에 수집된 자료의 산점도를 그려 보아 그림상에서 독립변수와 종속변수가 직선관계에 있는지를 알아보아야 한다.

산점도에 대한 예로, 독립변수로 광고비의 지출액을 잡고, 이에 따른 증가된 매출액을 조사한 결과 〈표 11.1〉과 같았다고 하자. 이를 단순회귀식에 접근시켜도 좋을지를 알아보기 위해 산점도를 그려 보면 〈그림 11.1〉과 같이 되어 단순회귀식을 적용시켜도 무방한 것처럼 보인다.

다음 절에서는 특정한 독립변수와 종속변수에 대한 자료를 가지고, α, β를 어떻게 추정하는지에 대해 알아보기로 하겠다.

〈표 11.1〉 광고비 지출액에 따른 매출액의 증가 (단위: 만 원)

광고비 지출액 x	증가된 매출액 y	광고비 지출액 x	증가된 매출액 y
3	5	36	34
7	11	37	36
11	21	38	38
15	16	39	37
18	16	39	36
27	28	39	45
29	27	40	39
30	25	41	41
30	35	42	40
31	30	42	44
31	40	43	37
32	32	44	44
33	34	45	46
33	32	46	46
34	34	47	49
36	37	50	51
36	38		

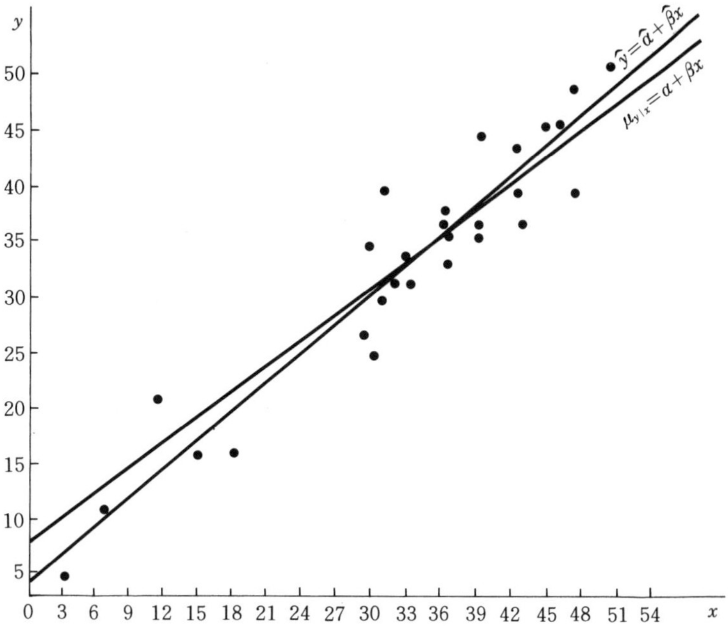

〈그림 11.1〉 산 점 도

11.2 단순회귀분석

독립변수 x와 종속변수 Y의 관측값을 쌍으로 나타내보면 $\{(x_i, y_i)\}$; $i=1, 2, \cdots, n\}$이 된다. 그리고 $Y_i=Y \mid x_i$가 된다. 그러면 단순회귀식의 모형은

$$Y_i=\mu_{Y \mid x_i}+\varepsilon_i=\alpha+\beta x_i+\varepsilon_i$$

가 된다. 여기서 ε_i는 단순회귀모형의 오차를 의미하며, 평균은 0이고 분산은 σ^2인 정규분포를 따른다고 가정한다. 이 식에 각 관측값을 대입하면

$$y_i=\alpha+\beta x_i+\varepsilon_i$$

가 된다. 이를 이용해 단순회귀식을 추정하면

$$\hat{y}=\hat{\alpha}+\hat{\beta}x$$

가 되고, 각 관측값의 쌍을 대입하면

$$y_i = \hat{\alpha} + \hat{\beta}x_i + e_i$$

가 된다. 여기서 $e_i = y_i - \hat{y}_i$로 각 점에 있어서의 잔차를 의미한다. e_i와 ε_i의 차이는 〈그림 11.2〉와 같다. 그러면 α, β의 추정량 $\hat{\alpha}$, $\hat{\beta}$를 최소제곱법을 이용하여 구해 보기로 하자. 즉 최소제곱법이라는 것은 잔차의 제곱합이 최소가 되는 $\hat{\alpha}$와 $\hat{\beta}$값을 구하는 것이다.

$$SSE = \sum_{i=1}^{n} e_i^2 = \sum_{i=1}^{n} (y_i - \hat{y}_i)^2 = \sum_{i=1}^{n} (y_i - \hat{\alpha} - \hat{\beta}x_i)^2$$

SSE를 각각 $\hat{\alpha}$, $\hat{\beta}$에 대해 편미분하면

$$\frac{\partial(SSE)}{\partial\hat{\alpha}} = -2\sum_{i=1}^{n}(y_i - \hat{\alpha} - \hat{\beta}x_i)$$

$$\frac{\partial(SSE)}{\partial\hat{\beta}} = -2\sum_{i=1}^{n}(y_i - \hat{\alpha} - \hat{\beta}x_i)x_i$$

가 된다. $\hat{\alpha}$, $\hat{\beta}$에 대해 각각 편미분한 식을 0으로 놓고 풀면

$$\hat{\beta} = \frac{\sum_{i=1}^{n}(x_i - \bar{x})(y_i - \bar{y})}{\sum_{i=1}^{n}(x_i - \bar{x})^2}$$

$$\hat{\alpha} = \bar{y} - \hat{\beta}\bar{x}$$

그러면 $\bar{y} = \hat{\alpha} + \hat{\beta}x$로 추정할 수 있는데, 이를 다음과 같이 변형시켜 사용하기도 한다.

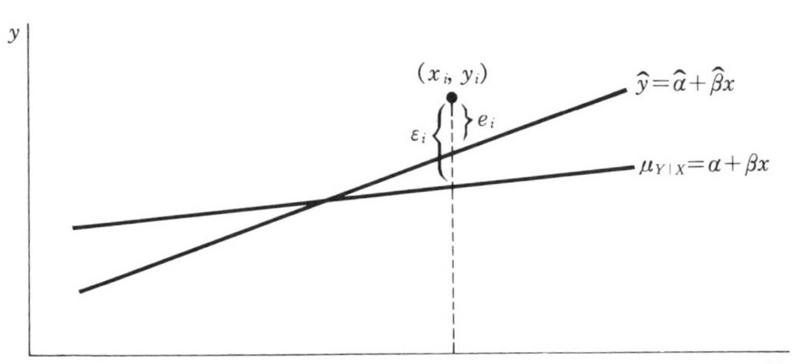

〈그림 11.2〉 ε_i와 잔차 e_i의 비교

$$\begin{aligned}\hat{y}&=(\hat{\alpha}+\hat{\beta}\bar{x})+\hat{\beta}(x-\bar{x})\\&=(\bar{y}-\hat{\beta}\bar{x}+\hat{\beta}\bar{x})+\hat{\beta}(x-\bar{x})\\&=\bar{y}+\hat{\beta}(x-\bar{x})\end{aligned}$$

[예 11. 1] 〈표 11. 1〉의 자료를 이용해 단순회귀식을 구하라.

(풀이)

$$\sum_{i=1}^{33}x_i=1{,}104 \quad \sum_{i=1}^{33}y_i=1{,}124 \quad \sum_{i=1}^{33}x_iy_i=41{,}355 \quad \sum_{i=1}^{33}x_i^2=41{,}086$$

그러면

$$\hat{\beta}=\frac{(33)\ (41{,}355)-(1{,}104)\ (1{,}124)}{(33)\ (41{,}086)-(1{,}104)^2}=0.903643$$

$$\hat{\alpha}=\frac{1{,}124-(0.903643)\ (1{,}104)}{33}=3.829640$$

추정된 회귀식은

$$\hat{y}=3.8296+0.9036x$$

가 된다. 여기서 광고비를 30만 원 사용하였을 때 매출액의 증가는 31만 원으로 구해지나, 실제 자료에서는 25만 원, 35만 원으로 관측되었다.

Y_i와 $\hat{Y}_i$의 차를 잔차라고 하는데, 이들의 제곱합을 잔차변동이라고 $SSE=\sum_{i=1}^{n}(Y_i-\hat{Y}_i)^2$으로 나타내며, 이를 이용하여 σ^2의 불편 추정량을 구할 수 있다. 즉

$$\hat{\sigma}^2=\frac{SSE}{n-2}$$

$$=\frac{\sum_{i=1}^{n}(Y_i-\hat{\alpha}-\hat{\beta}x_i)^2}{n-2}$$

이 된다.

11. 3 최소 제곱 추정량의 성질

앞에서는 $Y_i=\alpha+\beta x_i+\varepsilon_i$의 단순회귀모형을 가정하고, 표본의 자료를 기초로 최소제곱법에 의해 $\hat{y}=\hat{\alpha}+\hat{\beta}x$를 만족하는 $\hat{\alpha}$와 $\hat{\beta}$를 추정하는 방법에 대해 설명하였다. 여기서는 $\hat{\alpha}$, $\hat{\beta}$와 주어진 독립변수 값에서의 $\hat{y}$의 성질과 구간

추정, 검정에 대해 알아보고자 한다.

단순회귀모형 $Y_i=\alpha+\beta x_i+\varepsilon_i$에서 직선의 기울기 $\hat{\beta}$는

$$\hat{\beta}=\frac{\sum_{i=1}^{n}(x_i-\bar{x})(Y_i-\bar{Y})}{\sum_{i=1}^{n}(x_i-\bar{x})^2}$$

가 되는 것은 이미 알고 있다. 그러면 먼저 $\hat{\beta}$의 기대값부터 구해 보자.

$$\begin{aligned}\sum_{i=1}^{n}(x_i-\bar{x})(Y_i-\bar{Y})&=\sum_{i=1}^{n}(x_i-\bar{x})Y_i-\bar{Y}\sum_{i=1}^{n}(x_i-\bar{x})\\&=\sum_{i=1}^{n}(x_i-\bar{x})Y_i\end{aligned}$$

이므로 $\hat{\beta}$는

$$\hat{\beta}=\frac{\sum_{i=1}^{n}(x_i-\bar{x})Y_i}{\sum_{i=1}^{n}(x_i-\bar{x})^2}$$

로 표시되므로

$$\begin{aligned}E(\hat{\beta})&=\frac{\sum_{i=1}^{n}(x_i-\bar{x})}{\sum_{i=1}^{n}(x_i-\bar{x})^2}E(Y_i)\\&=\frac{\sum_{i=1}^{n}(x_i-\bar{x})}{\sum_{i=1}^{n}(x_i-\bar{x})^2}(\alpha+\beta x_i)\\&=\alpha\frac{\sum_{i=1}^{n}(x_i-\bar{x})}{\sum_{i=1}^{n}(x_i-\bar{x})^2}+\beta\frac{\sum_{i=1}^{n}(x_i-\bar{x})x_i}{\sum_{i=1}^{n}(x_i-\bar{x})^2}\\&=\beta\frac{\sum_{i=1}^{n}(x_i-\bar{x})(x_i-\bar{x})}{\sum_{i=1}^{n}(x_i-\bar{x})^2}\\&=\beta\end{aligned}$$

가 된다. 따라서 $\hat{\beta}$는 β의 불편추정량이다. 다음으로 $\hat{\beta}$의 분산을 구해 보면, $Y_i=\alpha+\beta x_i+\varepsilon_i$에서 ε_i는 평균이 0, 분산이 σ^2인 정규분포를 가정했으므로

$$\mathrm{Var}(\hat{\beta})=\frac{\sum_{i=1}^{n}(x_i-\bar{x})^2}{\left[\sum_{i=1}^{n}(x_i-\bar{x})^2\right]^2}\mathrm{Var}(Y_i)$$

$$=\frac{\sigma^2}{\sum_{i=1}^{n}(x_i-\bar{x})^2}$$

이 된다. β에 관한 사항을 정리하면 다음과 같다.

1) $\hat{\beta}$는 평균이 β, 분산이 $\dfrac{\sigma^2}{\sum_{i=1}^{n}(x_i-\bar{x})^2}$인 정규분포를 따른다.

2) $E\left(\dfrac{SSE}{n-2}\right)=\sigma^2$이므로 σ^2의 불편 추정량은 $\dfrac{SSE}{n-2}$이다.

3) $\dfrac{\hat{\beta}-\beta}{\sqrt{\dfrac{SSE/(n-2)}{\sum_{i=1}^{n}(x_i-\bar{x})^2}}}$는 자유도 $(n-2)$인 t분포를 따른다.

따라서 β에 대한 $100(1-\alpha)$ 신뢰구간은

$$P\left[-t_{\frac{\alpha}{2}}\le\frac{\hat{\beta}-\beta}{\sqrt{\dfrac{SSE/(n-2)}{\sum_{i=1}^{n}(x_i-\bar{x})^2}}}\le t_{\frac{\alpha}{2}}\right]=1-\alpha$$

이므로 $P\left[\hat{\beta}-t_{\frac{\alpha}{2}}\sqrt{\dfrac{SSE/(n-2)}{\sum_{i=1}^{n}(x_i-\bar{x})^2}}\le\beta\le\hat{\beta}+t_{\frac{\alpha}{2}}\sqrt{\dfrac{SSE/(n-2)}{\sum_{i=1}^{n}(x_i-\bar{x})^2}}\right]=1-\alpha$

가 된다. 따라서 β의 $100(1-\alpha)\%$ 신뢰구간은

$$\hat{\beta}\pm t_{\frac{\alpha}{2}}\sqrt{\frac{SSE/(n-2)}{\sum_{i=1}^{n}(x_i-\bar{x})^2}}$$

이 된다. β에 대한 검정은 귀무가설 $\beta=\beta_0$에 대해 검정통계량으로

$t=\dfrac{\hat{\beta}-\beta_0}{\sqrt{\dfrac{SSE/(n-2)}{\sum_{i=1}^{n}(x_i-\bar{x})^2}}}$ 를 계산하여, 앞에서 설명한 대립가설에 대응한 t 검정을 하면 된다.

[예 11.2] 〈표 11.1〉을 이용하여 다음에 답하라.

① β에 대한 95% 신뢰구간을 구하라.

② $H_0: \beta=1.0$에 대한 대립가설 $H_1: \beta<1.0$을 유의수준 0.01로 검정하라.

(풀이) ① $\sum_{i=1}^{33}(x_i-\bar{x})^2=4152.18$

$$SSE=\sum_{i=1}^{33}(y_i-\hat{y}_i)^2=323.33,$$

$$\hat{\sigma}^2=\frac{SSE}{n-2}=10.43,$$

$t_{0.025}\simeq 2.045$ 이므로 β의 95% 신뢰구간은

$$0.903643-2.045\sqrt{\frac{10.43}{4152.18}}<\beta<0.903643+2.045\sqrt{\frac{10.43}{4152.18}}$$

$$0.801<\beta<1.006$$

이 된다.

② 1) $H_0: \beta=1.0$

2) $H_1: \beta<1.0$

3) 유의 수준$=0.01$

4) 기각역 : $t<-2.462$

5) $t=\dfrac{0.903643-1.0}{\sqrt{\dfrac{10.43}{4152.18}}}=-1.923$

6) H_0 채택

다음으로 $\hat{\alpha}$의 성질에 대해 살펴보겠다. $\hat{\alpha}=\bar{y}-\hat{\beta}\bar{x}$로부터 $E(\hat{\alpha})=\alpha+\beta\bar{x}-\beta\bar{x}=\alpha$가 되므로 $\hat{\alpha}$는 α의 불편추정량이 된다. $\hat{\alpha}$의 분산은

$$\begin{aligned}\text{Var}(\hat{\alpha})&=\text{Var}(\bar{Y}-\hat{\beta}\bar{x})\\&=\text{Var}(\bar{Y})+\bar{x}^2\,\text{Var}(\hat{\beta})-2\bar{x}\,\text{Cov}(\bar{Y},\hat{\beta})\end{aligned}$$

$$=\frac{\sigma^2}{n}+\frac{\bar{x}^2\sigma^2}{\sum_{i=1}^{n}(x_i-\bar{x})^2}-2\bar{x}\,\mathrm{Cov}(\bar{Y},\ \hat{\beta})$$

$$=\left[\frac{1}{n}+\frac{\bar{x}^2}{\sum_{i=1}^{n}(x_i-\bar{x})^2}\right]\sigma^2$$

이 된다. α에 관한 사항을 정리하면 다음과 같다.

1) $\hat{\alpha}$는 평균이 α, 분산이 $\left[\frac{1}{n}+\frac{\bar{x}^2}{\sum_{i=1}^{n}(x_i-\bar{x})^2}\right]\sigma^2$인 정규분포를 따른다.

2) $\dfrac{\hat{\alpha}-\alpha}{\sqrt{\left[\frac{1}{n}+\frac{\bar{x}^2}{\sum_{i=1}^{n}(x_i-\bar{x})^2}\right]\frac{SSE}{(n-2)}}}$는 자유도 $(n-2)$인 t분포를 따른다.

따라서 α에 대한 $100(1-\alpha)\%$ 신뢰구간은

$$\hat{\alpha}\pm t_{\frac{\alpha}{2}}\sqrt{\left[\frac{1}{n}+\frac{\bar{x}^2}{\sum_{i=1}^{n}(x_i-\bar{x})^2}\right]\frac{SSE}{(n-2)}}$$

가 되고, α에 대한 검정은 귀무가설 $\alpha=\alpha_0$에 대해 검정통계량으로

$$t=\frac{\alpha-\alpha_0}{\sqrt{\left[\frac{1}{n}+\frac{\bar{x}^2}{\sum_{i=1}^{n}(x_i-\bar{x})^2}\right]\frac{SSE}{(n-2)}}}$$

를 계산하여, 앞에서 설명한 대립가설에 대응한 t검정을 하면 된다.

[예 11.3] 〈표 11.1〉의 자료를 이용하여 다음에 답하라.

① α의 95% 신뢰구간을 구하라.

② 귀무가설 $H_0: \alpha=0$에 대해, 대립가설 $H_1: \alpha\neq 0$을 유의수준 0.05로 검정하라.

(풀이) ① $\sum_{i=1}^{33}(x_i-\bar{x})^2=4152.18$

$$\hat{\sigma}^2=\frac{SSE}{n-2}=10.43$$

$$\bar{x}=\frac{\sum_{i=1}^{33}x_i}{n}=\frac{1104}{33}=33.45$$

$$t_{0.025}\simeq 2.045$$

이므로 α 의 95% 신뢰구간은

$$3.82964-2.045\sqrt{\left[\frac{1}{33}+\frac{33.45^2}{4152.18}\right](10.43)}<\alpha<3.82964$$

$$+2.045\sqrt{\left[\frac{1}{33}+\frac{33.45^2}{4152.18}\right](10.43)}$$

$$0.213<\alpha<7.446$$

② 1) $H_0 : \alpha=0$

2) $H_1 : \alpha\neq 0$

3) 유의수준$=0.05$

4) 기각역 : $t<-2.045$, $t>2.045$

5) $t=\dfrac{3.82964-0}{\sqrt{\left[\frac{1}{33}+\frac{33.45^2}{4152.18}\right](10.43)}}=2.166$

6) H_0 기각

마지막으로 $\hat{Y}=\hat{\alpha}+\hat{\beta}x$ 의 추정과 검정에 대해 살펴보겠다. $\hat{\alpha}+\hat{\beta}x$ 의 기대값은

$$E(\hat{\alpha}+\hat{\beta}x)=\alpha+\beta x$$

이므로 $\hat{\alpha}+\hat{\beta}x$ 는 $\alpha+\beta x$ 의 불편추정량이다. 그리고 $\hat{Y}=\hat{\alpha}+\hat{\beta}x$ 의 분산은

$$\begin{aligned}\text{Var}(\hat{Y})&=\text{Var}[\bar{Y}+\hat{\beta}(x-\bar{x})]\\&=\text{Var}(\bar{Y})+(x-\bar{x})^2\,\text{Var}(\hat{\beta})\\&=\frac{\sigma^2}{n}+(x-\bar{x})^2\frac{\sigma^2}{\sum_{i=1}^{n}(x_i-\bar{x})^2}\end{aligned}$$

이 된다. $\hat{\alpha}+\hat{\beta}x$ 의 성질을 정리하면 다음과 같다.

1) $\hat{\alpha}+\hat{\beta}x$ 는 평균이 $\alpha+\beta x$, 분산이 $\left[\dfrac{1}{n}+\dfrac{(x-\bar{x})^2}{\sum_{i=1}^{n}(x_i-\bar{x})^2}\right]\sigma^2$ 인 정규분포를 따른다.

2) $\dfrac{(\hat{\alpha}+\hat{\beta}x)-(\alpha+\beta x)}{\sqrt{\left[\frac{1}{n}+\frac{x-\bar{x}^2}{\sum_{i=1}^{n}(x_i-\bar{x})^2}\right]\frac{SSE}{(n-2)}}}$ 는 자유도가 $(n-2)$ 인 t 분포를 따른다. 따라서 $\alpha+\beta x$ 의 $100(1-\alpha)$% 신뢰구간은

$$\hat{\alpha}+\hat{\beta}x \pm t_{\frac{\alpha}{2}}\sqrt{\left[\frac{1}{n}+\frac{(x-x)^2}{\sum_{i=1}^{n}(x_i-\bar{x})^2}\right]\frac{SSE}{(n-2)}}$$

가 된다. 또한 귀무가설 $H_0: \alpha+\beta x=\mu_0$에 대한 검정통계량으로

$$t=\frac{\hat{\alpha}+\hat{\beta}x-\mu_0}{\sqrt{\left[\frac{1}{n}+\frac{(x-\bar{x})^2}{\sum_{i=1}^{n}(x_i-\bar{x})^2}\right]\frac{SSE}{(n-2)}}}$$

를 계산하여 앞에서 설명한 t 검정을 이용하여 검정한다.

[예 11.4] 〈표 11.1〉을 이용해 x_0가 주어졌을 때 $\alpha+\beta x_0$의 95% 신뢰구간을 구하라.

(풀이) $x_0=20$ 이라 하면 $\hat{y}_0$는 $\hat{y}_0=3.829633+(0.903643)(20)=21.9$ 이다. 그리고 $\bar{x}=33.45$, $\sum_{i=1}^{33}(x_i-\bar{x})^2=4152.18$ $t_{0.025}\simeq 2.045$ 이므로, $x_0=20$ 일 때의 신뢰구간은

$$21.9-(2.045)\sqrt{\left[\frac{1}{33}+\frac{(20-33.45)^2}{4152.18}\right](10.43)}$$

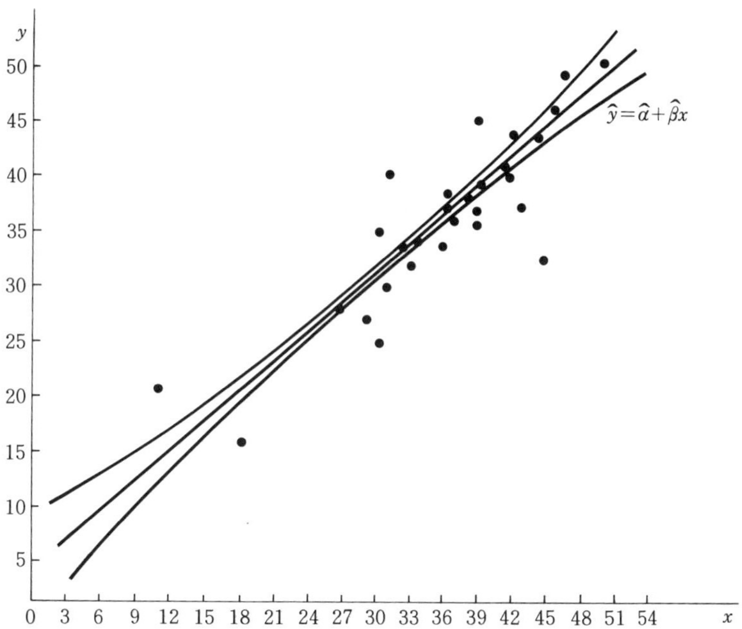

〈그림 11.3〉 $\hat{Y}$의 95% 신뢰구간

$$<\alpha+\beta x_0<21.9+(2.045)\sqrt{\left[\frac{1}{33}+\frac{(20-33.45)^2}{4152.18}\right](10.43)}$$

이므로 $20.11<\alpha+\beta x_0<23.69$ 이 된다. 이와 같이 x_0값을 계속 변화시켜 가면서 신뢰구간을 구하면 〈그림 11.3〉과 같이 된다. 그런데 〈그림 11.3〉에서 보는 대로 신뢰구간의 폭이 $x=\bar{x}$를 중심으로 $x=\bar{x}$에서 멀어질수록 넓어지는 것을 알 수 있다.

11.4 단순회귀의 분산분석

최소제곱법을 이용하여 단순회귀식의 기울기 β와 절편 α를 추정하는 방법은 이미 설명하였는데, 이러한 최소제곱 회귀직선이 독립변수와 종속변수간의 관계를 어느 정도 잘 설명하여 주는가를 알 수는 없다. 그 정도를 알아보는 방법으로 분산분석을 이용한다. 즉 주어진 독립변수하에서 측정한 종속변수의 값 y_i와 이들의 평균 $\bar{y}$와 차이를 총편차라고 하며, 이를 다음과 같이 분해한다.

$$(y_i-\bar{y})=(y_i-\hat{y}_i)+(\hat{y}_i-\bar{y})$$

여기서 $y_i-\hat{y}_i$는 앞서 설명한 대로 잔차를 나타내고, $\hat{y}_i-\bar{y}$는 단순회귀에 의해 설명되는 편차이다. 이를 그림으로 나타내면 〈그림 11.4〉와 같다.

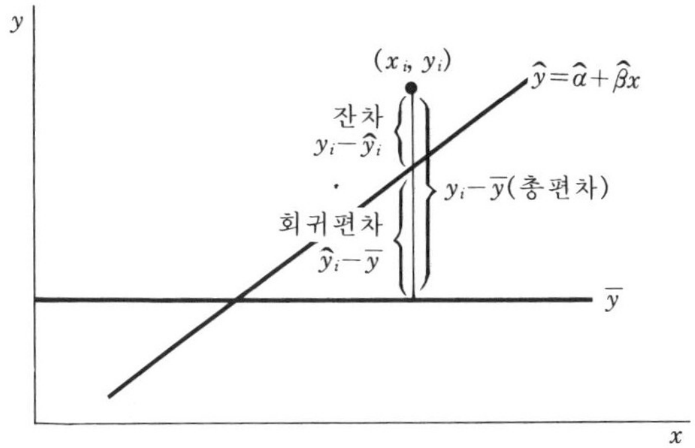

〈그림 11.4〉 총편차의 분해

총편차를 잔차와 회귀에 의한 편차로 분해한 식의 양변을 제곱하면 각각 제곱합을 구할 수 있다.

$$\sum_{i=1}^{n}(y_i-\bar{y})^2=\sum_{i=1}^{n}(y_i-\hat{y}_i)^2+\sum_{i=1}^{n}(\hat{y}_i-\bar{y})^2+2\sum_{i=1}^{n}(y_i-\hat{y}_i)(\hat{y}_i-\bar{y})$$
$$=\sum_{i=1}^{n}(y_i-\hat{y}_i)^2+\sum_{i=1}^{n}(\hat{y}_i-\bar{y})^2$$

여기서 $\sum_{i=1}^{n}(y_i-\bar{y})^2$을 총제곱합($SST$)이라 하고, $\sum_{i=1}^{n}(y_i-\hat{y}_i)^2$을 잔차제곱합($SSE$), $\sum_{i=1}^{n}(\hat{y}_i-\bar{y})^2$을 회귀제곱합($SSR$)이라 한다. 그리고 SST, SSE, SSR의 자유도는 각각 $(n-1)$, $(n-2)$, 1로 알려져 있다. 그런데 SSR/σ^2과 SSE/σ^2은 각각 자유도 1과 $(n-2)$안 카이제곱분포를 따르므로,

$$\frac{\frac{SSR}{\sigma^2(1)}}{\frac{SSE}{\sigma^2(n-2)}}=\frac{SSR/1}{SSE/(n-2)}$$

는 자유도$(1, n-2)$인 F분포를 따른다. 이상을 정리하여 분산분석표를 만들어 보면 〈표 11.2〉와 같다.

〈표 11.2〉 단순회귀의 분산분석표

변동요인	제곱합	자유도	제곱평균	f 검정통계량
회 귀	SSR	1	$SSR/1$	$\frac{SSR}{1}\times\frac{(n-2)}{SSE}$
잔 차	SSE	$n-2$	$SSE/(n-2)$	
합 계	SST	$n-1$		

따라서 검정통계량 값이 주어진 유의수준하에서 F분포의 자유도 $(1, n-2)$의 값보다 크면 회귀식이 유의한 것으로 되고, 작으면 회귀식이 유의하지 못 한 것이 된다.

이러한 F검정과 더불어 회귀모형의 종속변수가 설명되어지는 정도를 나타내는 결정계수가 있다. 결정계수는

$$r^2=\frac{SSR}{SST}$$

로 표시되며, 이는 0과 1 사이의 값으로서, 1에 가까운 값을 가지면 유의한 회귀직선이 되고, 0에 가까운 값을 가지면 유의하지 못한 회귀직선이 된다. 또한 결정계수를 회귀직선의 기여율이라고도 부른다.

[예 11.5] 〈표 11.1〉을 이용하여 구한 단순회귀식 $\hat{y}=3.8296+0.9036x$를 유의수준 0.05로 검정하고, 결정계수를 구하라.

(풀이) $\sum_{i=1}^{33}(y_i-\bar{y})^2=3713.56$

$$\sum_{i=1}^{33}(\hat{y}_i-\bar{y})^2=3390.23$$

$$\sum_{i=1}^{33}(y_i-\hat{y}_i)^2=323.33$$

이므로 이를 토대로 분산분석표를 만들면 〈표 11.3〉과 같다.

〈표 11.3〉 분산분석표

변동요인	제곱합	자유도	제곱평균	f 검정통계량
회 귀	3390.23	1	3390.23	325.05
잔 차	323.33	31	10.43	
합 계	3713.56	32		

그리고 $f_{0.05}\simeq4.16$이므로 $\hat{y}=3.8296+0.9036x$는 대단히 유의하다. 한편 결정계수는 3390.23/3713.56=0.913으로 1에 가까운 값이므로 유의한 것을 알 수 있다.

11.5 변수변환

단순회귀분석에서는 독립변수와 종속변수의 관계를 직선으로 가정하였는데, 실제 자료를 기초로 산점도를 그려 보면 직선관계보다는 곡선관계를 갖는

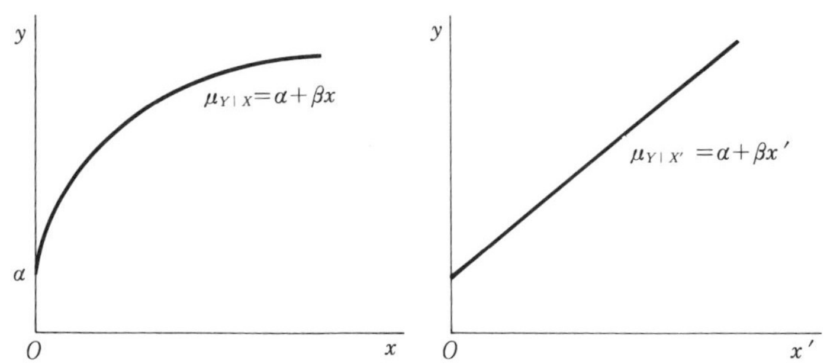

〈그림 11.5〉 $\mu_{Y|x}=\alpha+\beta\sqrt{x}$ 의 변수변환

경우가 많다. 이런 경우에는 독립변수 또는 종속변수를 변환하여 직선관계로 변형시켜서 단순회귀방법을 이용하여 분석한 후 역변환을 통해 원래 변수간의 관계를 구해 준다. 예를 들어 $\mu_{Y|x}=\alpha+\beta\sqrt{x}$ 의 관계를 갖는다면 $\sqrt{x}$ 를 x' 로 변환하면 $\mu_{Y|x}=\alpha+\beta x'$ 인 직선관계를 만족하게 된다. 이를 그림으로 그려 보면 〈그림 11.5〉와 같다.

[예 11.6] 〈표 11.4〉는 서울시내 12개 지점에서의 광고비 지출액과 매출액의 관계를 조사한 것이다. 이를 기초로 광고비와 매출액과의 관계를 구하라.

〈표 11.4〉 광고비와 매출액 조사자료 (단위: 10만원)

광고비	매출액	광고비	매출액	광고비	매출액
1	4.5	2	5.9	4	8.2
1	5.3	3	7.0	4	8.1
1	4.9	3	7.4	5	8.8
2	6.1	4	7.8	5	8.7

(풀이) 산점도를 그려 보면 〈그림 11.6〉과 같이 되는데, 이는 종속변수와 독립변수의 관계가 직선보다는 $y=\alpha+\beta\sqrt{x}$ 에 더 근사한 것으로 보인다.

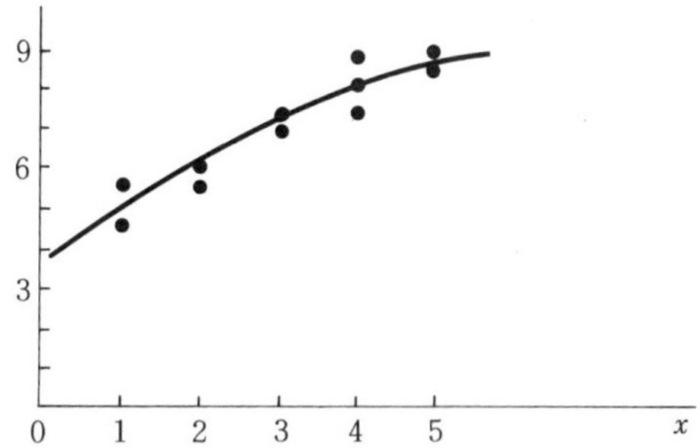

〈그림 11.6〉 광고비와 매출액의 산점도

$x'=\sqrt{x}$ 로 변수변환을 하면 $y=\alpha+\beta x'$ 가 되므로, 독립변수값 x 를 $\sqrt{x}$ 로 고쳐서 단순회귀식에 적합시킨다. 그러면 $\hat{\beta}=2.45$, $\hat{\alpha}=3.46$ 이 되므로 변환된 회귀직선의 추정식은

$$\hat{y}=3.46+2.45x'$$

가 된다. 따라서 x'를 $\sqrt{x}$ 로 역변환하면, 원래 회귀식은

$$\hat{y}=3.46+2.45\sqrt{x}$$

가 된다.

이와 같이 단순회귀방법을 적용할 수 있는 경우를 살펴보면 〈표 11.5〉와 같다.

〈표 11.5〉 변수변환방법

x와 y의 관계	변수 변환	단순회귀관계
$y=\alpha+\beta\sqrt{x}$	$x'=\sqrt{x}$	$y=\alpha+\beta x'$
$y=\alpha e^{\beta x}$	$y'=\ln y$	$y'=\alpha'+\beta x,\ \alpha'=\ln\alpha$
$y=\alpha x^{\beta}$	$y'=\log y,\ x'=\log x$	$y'=\alpha'+\beta x',\ \alpha'=\log\alpha$
$y=\alpha\beta^{x}$	$y'=\log y$	$y'=\alpha'+\beta' x,\ \alpha'=\log\alpha,\ \beta'=\log\beta$

11.6 잔차의 성질

잔차 $e_i=y_i-\hat{y}_i$의 성질을 살펴보면 다음과 같다.

첫째 $\sum_{i=1}^{n} e_i=0$ 이 된다. 왜냐하면 $\partial(SSE)/\partial\hat{\alpha}=0$ 이므로

$$\begin{aligned}\sum_{i=1}^{n} e_i &= \sum_{i=1}^{n}(y_i-\hat{\alpha}-\hat{\beta}x_i)\\ &=\sum_{i=1}^{n} y_i-n\hat{\alpha}-\hat{\beta}\sum_{i=1}^{n} x_i\\ &=0\end{aligned}$$

이 된다.

둘째, $\sum_{i=1}^{n} x_i e_i=0$ 이 된다. 이는 $\partial(SSE)/\partial\hat{\beta}=0$ 으로부터

$$\begin{aligned}\sum_{i=1}^{n} x_i e_i &= \sum_{i=1}^{n} x_i(y_i-\hat{\alpha}-\hat{\beta}x_i)\\ &=\sum_{i=1}^{n} x_i y_i-\hat{\alpha}\sum_{i=1}^{n} x_i-\hat{\beta}\sum_{i=1}^{n} x_i^2\\ &=0\end{aligned}$$

이 됨을 알 수 있다.

셋째, $\sum_{i=1}^{n} \hat{y}_i e_i=0$ 이 된다. 즉 위의 두 성질로부터

$$\begin{aligned}\sum_{i=1}^{n} \hat{y}_i e_i &= \sum_{i=1}^{n} (\hat{\alpha} + \hat{\beta} x_i) e_i \\ &= \hat{\alpha} \sum_{i=1}^{n} e_i + \hat{\beta} \sum_{i=1}^{n} x_i e_i \\ &= 0\end{aligned}$$

이 됨을 알 수 있다.

11.7 상관분석

지금까지 단순회귀에서는 독립변수 x는 확률변수가 아니라고 가정하였다. 즉 독립변수 x를 측정할 때는 오차가 무시할 만하다고 가정하였다. 그러나 실제상황에서는 X와 Y가 확률변수이고 관측된 $\{(x_i, y_i); i=1, 2, \cdots, n\}$은 $f(x, y)$라는 결합확률분포를 따르는 모집단에서 추출된 값이라는 것이 더 현실적이다. 이같은 경우 X와 Y의 관계를 규명해 보는 것이 상관분석이다. 예를 들면 사람의 키와 가슴둘레 사이의 관계를 보는 것이 상관분석이다. 또한 이 관계를 하나의 숫자로 표시한 것이 상관계수이다. 두 확률변수 X와 Y의 상관계수는 이미 4장에서 정의한 대로

$$\rho = \frac{\sigma_{XY}}{\sigma_X \sigma_Y}$$

으로 구해진다. 여기서 ρ는 모상관계수라고 부르고, 확률표본으로부터 구한 표본 상관계수는

$$\begin{aligned} r &= \frac{\hat{\sigma}_{XY}}{\hat{\sigma}_X \hat{\sigma}_Y} \\ &= \frac{\sum_{i=1}^{n} (x_i - \bar{x})(y_i - \bar{y})/(n-1)}{\sqrt{\sum_{i=1}^{n} (x_i - \bar{x})^2/(n-1)} \sqrt{\sum_{i=1}^{n} (y_i - \bar{y})^2/(n-1)}} \end{aligned}$$

이 되는데, ρ의 추정량은 표본상관계수 r이 된다.

표본상관계수 r의 범위는 $-1 \le r \le 1$이 되며, r의 절대값이 1에 가까울

수록 상관관계가 밀접한 것을 나타내고, 0에 가까울수록 상관관계가 거의 없는 것을 나타낸다.

다음으로 상관계수 ρ에 관한 검정에 대해 살펴보겠다. 이때에는 모집단의 분포로 이변량 정규분포를 가정한다. 이변량 정규분포의 확률밀도함수는

$$f(x, y)=\frac{1}{2\pi\sigma_X\sigma_Y\sqrt{1-\rho^2}}\times\exp\left\{-\frac{1}{2(1-\rho^2)}\left[\left(\frac{x-\mu_X}{\sigma_X}\right)^2 -2\rho\left(\frac{x-\mu_X}{\sigma_X}\right)\left(\frac{y-\mu_Y}{\sigma_Y}\right)+\left(\frac{y-\mu_Y}{\sigma_Y}\right)^2\right]\right\},$$
$$-\infty<x<\infty,\ -\infty<y<\infty$$

여기서 모집단의 분포가 이변량정규분포를 따르고, $\rho=0$ 이면

$$t=\frac{r\sqrt{n-2}}{\sqrt{1-r^2}}\sim t(n-2)$$

가 됨이 알려져 있으므로, 이를 이용하여 귀무가설 $\rho=0$에 대한 가설검정을 할 수 있다. 그리고 귀무가설이 $\rho=\rho_0(\rho_0\neq0)$일 때 사용되는 검정통계량은 다음과 같다. 모집단의 분포가 이변량 정규분포이면

$$Z=\sqrt{n-3}\left\{\frac{1}{2}\ln\left(\frac{1+r}{1-r}\right)-\frac{1}{2}\ln\left(\frac{1+\rho_0}{1-\rho_0}\right)\right\}$$

는 표준정규분포를 따르는 것이 알려져 있다. 즉 $\rho=\rho_0$일 때 표본의 크기가 커지면 Z는 근사적으로 표준정규분포를 따른다.

[예 11.7] 다음과 같이 두 확률변수 X, Y에 대한 자료를 얻었을 때, 상관계수를 구하라.

x	12	10	14	11	12	9
y	18	17	23	19	20	15

(풀이) $\sum_{i=1}^{6}x_i=68$, $\sum_{i=1}^{6}y_i=112$, $\sum_{i=1}^{6}x_iy_i=1{,}292$, $\sum_{i=1}^{6}x_i^2=786$, $\sum_{i=1}^{6}y_i^2=$ 2,128 이므로

$$r=\frac{(6)\ (1292)-(68)\ (112)}{\sqrt{[(6)\ (786)-(68)^2][(6)\ (2128)-(112)^2]}}$$
$$=0.947$$

여기서 상관계수가 0.947이라는 것은 매우 밀접한 선형관계를 유지하고 있다는 의미가 되고, $r^2=0.897$이므로 분산분석표에서 총변동 중 회귀에 의한 변동이 차지하는 비율은 약 90% 정도가 된다.

[예 11.8] [예 11.7]의 자료를 기초로 X와 Y의 상관계수가 0이라는 가설을 유의수준 0.05로 검정하라.

(풀이)

1) $H_0 : \rho=0$

2) $H_1 : \rho\neq0$

3) $\alpha=0.05$

4) 기각역 : $t>-2.776$ 또는 $t>2.776$

5) $t=\dfrac{\sqrt{4}\ (0.947)}{\sqrt{1-0.947^2}}=5.896$

6) H_0 기각

연습문제

1. 다음 자료는 25명의 남자를 대상으로 팔의 힘과 들어올리는 힘을 조사한 것이다.

① 단순회귀식 $\mu_{Y|x}=\alpha+\beta x$에서 α와 β를 추정하라.

② $\mu_{Y|30}$의 점추정값을 구하라.

개 인	팔 힘 x	들어올리는 힘 y
1	17.3	71.7
2	19.3	48.3
3	19.5	88.3
4	19.7	75.0
5	22.9	91.7
6	23.1	100.0
7	26.4	73.3
8	26.8	65.0
9	27.6	75.0
10	28.1	88.3
11	28.2	68.3
12	28.7	96.7
13	29.0	76.7
14	29.6	78.3
15	29.9	60.0
16	29.9	71.7
17	30.3	85.0
18	31.3	85.0
19	36.0	88.3
20	39.5	100.0
21	40.4	100.0
22	44.3	100.0
23	44.6	91.7
24	50.4	100.0
25	55.9	71.7

2. 다음은 9명 학생의 중간보고서 성적(x)과 기말시험 성적(y)이다.

x	77	50	71	72	81	94	96	99	67
y	82	66	78	34	47	85	99	99	68

① 단순회귀직선식을 추정하라.

② 중간보고서 성적이 85점인 학생의 기말시험 성적을 추정하라.

3. 다음 자료는 온도변화에 따른 화학생성물질의 양을 측정한 것이다.

온도, x	1.0	1.1	1.2	1.3	1.4	1.5	1.6	1.7	1.8	1.9	2.0
생성물질, y	8.1	7.8	8.5	9.8	9.5	8.9	8.6	10.2	9.3	9.2	10.5

① 단순회귀식을 추정하라.

② 온도가 1.75일 때 화학생성물질의 평균을 추정하라.

4. 다음 자료는 금속시편의 전단저항을 알아보기 위해 하중을 변화시켜 가면서 측정한 것이다.

하중, x	전단 저항, y
26.8	26.5
25.4	27.3
28.9	24.2
23.6	27.1
27.7	23.6
23.9	25.9
24.7	26.3
28.1	22.5
26.9	21.7
27.4	21.4
22.6	25.8
25.6	24.9

① $\mu_{Y|x}=\alpha+\beta x$인 회귀직선을 추정하라.

② 하중이 24.5일 때 전단저항을 추정하라.

5. 다음 표는 어떤 화학공정에서 온도에 따라 용해된 수분의 함량을 조사한 것이다.

x℃	y(그램)		
0	8	6	8
15	12	10	14
30	25	21	24
45	31	33	28
60	44	39	42
75	48	51	44

① 산점도를 그려라.

② 단순회귀식을 구하라.

③ 온도 50℃에서 용해된 수분의 함량을 추정하라.

6. 다음 자료는 어떤 고등학교에서 수학과목의 반 배치를 위해서 시행한 배치고사 성적과 기말시험의 성적을 조사한 것이다.

배 치 고 사	기 말 시 험	배 치 고 사	기 말 시 험
50	53	90	54
35	41	80	91
35	61	60	48
40	56	60	71
55	68	60	71
65	36	40	47
35	11	55	53
60	70	50	68
90	79	65	57
35	59	50	79

① 선점도를 그려라.

② 배치고사 성적으로부터 기말시험 성적을 추정할 수 있는 식을 구하라.

7. 어떤 대리점에서는 상품의 광고비와 그에 따른 매출액을 조사하였다.

① 산점도를 그려라.

② 광고비로부터 매출액을 추정할 수 있는 식을 구하라.

③ 광고비로 35만 원을 사용했을 때 매출액을 추정하라.

광고비(만 원)	매출액(만 원)
40	385
20	400
25	395

20	365
30	475
50	440
40	490
20	420
50	560
40	525
25	480
50	510

8. 다음 자료는 강수량과 그에 따른 공기오염도를 조사한 것이다.

강수량 x (0.01 cm)	공기오염도 y (μg/m³)
4.3	126
4.5	121
5.9	116
5.6	118
6.1	114
5.2	118
3.8	132
2.1	141
7.5	108

① 강수량의 양으로부터 공기오염도를 추정할 수 있는 회귀식을 구하라.
② 강수량이 4.8 단위일 때 공기오염도를 추정하라.

9. 다음 자료는 중고 자동차의 사용년수와 그에 따른 가격을 조사한 것이다.
① 회귀식을 $\hat{z}=cd^w$의 형태로 구하라.(단, c와 d는 상수이다.)
② 4년 사용한 자동차의 가격을 추정하라.

사용년수 w	가격 z (천원)
1	6,350
2	5,695
2	5,750
3	5,395
5	4,985
5	4,895

10. 다음 자료는 어느 대학교 1학년 학생들을 대상으로 조사한 고등학교 졸업시 내신등급과 대학교 1학년말 평점 평균이다.

내신등급	평점평균	내신등급	평점평균
3	1.93	8	1.40
2	2.55	4	1.45
1	1.72	8	1.72
1	2.48	1	3.80
1	2.87	5	2.13
3	1.87	6	1.81
4	1.34	1	2.33
1	3.03	1	2.53
2	2.54	2	2.04
2	2.34	2	3.20

① 고등학교 내신등급과 대학교 1학년말 성적과의 관계를 나타내는 단순회귀식을 구하라.

② 고등학교 내신등급이 3등급인 학생의 대학교 1학년말 성적을 추정하라.

11. 어떤 기체의 부피변화에 따른 압력을 측정한 결과가 다음과 같다.

부피 (V)	50	60	70	90	100
압력 (P)	64.7	51.3	40.5	25.9	7.8

그리고 이상기체의 법칙은 $PV^k=C$ (k와 C는 상수)로 알려져 있다.

① 주어진 자료를 토대로 k와 C의 값을 구하라.

② $V=80$일 때 P의 값을 추정하라.

12. 다음 자료는 70이 넘은 5명의 노인을 대상으로 아침 운동시 뛰는 거리와 속도를 조사한 것이다.

거리, s(km)	1.6	3	5	10	42
속도, v(m/sec)	4.7	4.2	4.1	3.9	3.8

① s와 v의 관계를 $\hat{v}=cs^d$ 형태로 구하라. (단, c와 d는 상수이다.)

② 70 넘은 노인 중 10km를 뛰는 사람의 속도를 추정하라.

13. 연습문제 1의 자료를 토대로 분산을 구하고, 귀무가설 $\beta=0$을 대립가설 $\beta\neq0$에 대해 유의수준 0.05로 검정하라.

14. 연습문제 2의 자료를 토대로 분산을 구하고, α와 β의 95% 신뢰구간을 구하라.

15. 연습문제 3의 자료를 토대로 분산을 구하고, α와 β의 95% 신뢰구간을 구하라.

16. 연습문제 4의 자료를 토대로 분산을 구하고, α와 β의 99% 신뢰구간을 구하라.

17. 연습문제 5의 자료를 토대로 분산을 구하고, α와 β의 99% 신뢰구간을 구하라.

18. 연습문제 6의 자료를 토대로 귀무가설 $\alpha=10$을 대립가설 $\alpha>10$에 대해 유의수준 0.05로 검정하라.

19. 연습문제 7의 자료를 토대로 귀무가설 $\beta=6$을 대립가설 $\beta<6$에 대해 유의수준 0.025로 검정하라.

20. ① $\mu_{Y|x}=\beta x$라는 단순회귀모형에서 β에 대한 최소제곱추정량을 구하라.
② 다음의 자료를 이용해서 ①과 같은 단순회귀식을 유도하라.

x	0.5	1.5	3.2	4.2	5.1	6.5
y	1.3	3.4	6.7	8.0	10.0	13.2

21. 연습문제 20에서 자료들의 회귀식이 원점을 확실히 지나는지는 모르고 있다. 그러면 $\mu_{Y|x}=\alpha+\beta x$라는 단순회귀식에 위의 자료를 적용시켜 α와 β의 추정치를 구하고, 귀무가설 $\alpha=0$을 대립가설 $\alpha\neq 0$에 대해 유의수준 0.10로 검정하라.

22. 연습문제 5의 자료를 토대로, 분산분석을 이용하여 두 변수간의 선형성을 유의수준 0.05로 검정하라.

23. 연습문제 6의 자료를 토대로, 분산분석을 이용하여 두 변수간의 선형성을 유의수준 0.05로 검정하라.

24. 공기중에 노출되어 있으면 무게가 감소하는 어떤 물질이 있다. 이들의 관계를 정량적으로 분석하기 위해, 공기중에 노출되어 있는 시간과 감소량을 각각 조사하였다.

x (시간)	y (그램)	
4.4	13.1	14.2
4.5	9.0	11.5
4.8	10.4	11.5
5.5	13.8	14.8
5.7	12.7	15.1
5.9	9.9	12.7
6.3	13.8	16.5
6.9	16.4	15.7
7.5	17.6	16.9
7.8	18.3	17.2

① 직선회귀선을 추정하라.

② 이 자료에 선형모형이 적합한지를 유의수준 0.05로 검정하라.

25. 다음은 어떤 고등학교 학생 6명을 대상으로 조사한 수학과 영어 성적이다. 두 과목 간의 상관계수를 구하고, 이를 해석하라.

수 학 성 적	70	92	80	74	65	83
영 어 성 적	74	84	63	87	78	90

26. 연습문제 25에서 귀무가설 $\rho=0$을 대립가설 $\rho\neq 0$에 대해 유의수준 0.05로 검정하라.

27. 다음 표는 신생아의 몸무게와 가슴둘레를 조사한 것이다.

몸무게(kg)	가슴둘레(cm)
2.75	29.5
2.15	26.3
4.41	32.2
5.52	36.5
3.21	27.2
4.32	27.7
2.31	28.3
4.30	30.0
3.71	28.7

① 상관계수 r을 계산하라.

② 귀무가설 $\rho=0$을 대립가설 $\rho>0$에 유의수준 0.01로 검정하라.

28. 연습문제 1의 자료를 토대로 상관계수 r을 구하고, 귀무가설 $\rho=0$을 대립가설 $\rho\neq0$에 대해 유의수준 0.05로 검정하라.

29. 다음 표는 고등학교 학생 12명을 임의추출하여 조사한 모의고사 성적과 화학의 성적이다.

학 생	모의고사 성적	화학 성적
1	65	85
2	50	74
3	55	76
4	65	90
5	55	85
6	70	87
7	65	94
8	70	98
9	55	81
10	70	91
11	50	76
12	55	74

① 상관계수를 구하고 이를 해석하라.

② 귀무가설 $\rho=0.5$를 대립가설 $\rho>0.5$에 대해 유의수준 0.01로 검정하라.

30. 다음 자료는 온도변화에 따른 수율변화를 측정한 것이다. 이를 토대로 두 변수간의 선형성을 유의수준 0.01로 검정하라.

x (℃)	y (%)	x (℃)	y (%)
150	77.4	250	83.9
150	76.7	250	84.2
150	78.2	250	84.7
200	80.1	300	97.8
200	79.5	300	96.7
200	81.7	300	95.9

31. 다음 자료를 토대로 두 변수간의 상관계수를 구하고 해석하라.

x	4	5	9	14	18	22	24
y	16	22	11	16	7	3	17

32. 다음 자료는 연령에 따른 뇌파검사 결과이다. 그런데 일반적으로 뇌파는 연

령이 증가함에 따라 최대 뇌파의 주파수가 증가하는 것으로 알려져 있다. 이 때 x와 y의 상관계수를 구하라.

연령, x	최대주파수, y	연령, x	최대주파수, y
2	5.33	10	7.28
3	5.75	11	7.06
4	5.80	12	7.60
5	5.60	13	7.45
6	6.00	14	8.23
7	5.78	15	8.50
8	5.90	16	9.38
9	6.23		

33. 다음 자료는 어떤 의류가게 경영주가 점원들의 숫자와 가게에서 도난당하는 의류를 돈으로 환산한 것이다. 아래와 같이 12주동안의 자료를 토대로, 점원 숫자와 도난금액의 상관계수를 구하라.

주	도난금액, y	점원수, x
1	20	20
2	23	21
3	18	22
4	17	23
5	17	24
6	12	25
7	17	25
8	26	20
9	21	22
10	11	24
11	10	26
12	4	28

34. 다음 자료는 대학교 1학년 학생을 임의로 추출하여, 그 학생들의 대학교 입학시험 성적과 1학기말의 평점평균을 조사한 것이다. 이를 토대로 선형회귀식을 추정하라.

학 생	입학 시험	평점평균
1	1000	3.0
2	1300	3.2
3	800	2.1

4	1200	3.5
5	900	2.5

35. 다음 자료는 모대학교 졸업생 15명의 4년간 평점평균과 그들이 회사에 취직하여 1년간 받은 연봉을 조사한 것이다.

(단위: 천원)

연 봉	평점평균	연 봉	평점평균
24,000	3.73	36,000	3.01
25,500	3.92	44,000	3.77
32,000	3.45	25,000	3.55
30,000	3.32	28,000	3.50
24,600	3.54	20,000	3.30
17,800	3.30	30,000	3.50
24,180	3.20	25,000	3.44
22,000	3.30		

① 평점평균과 연봉과의 관계를 직선회귀식으로 나타내라.

② 평점평균이 3.50인 학생의 연봉을 추정하라.

36. 다음 자료는 10개 저개발국의 평균수명과 각도시내의 의사 1인당 인구수를 조사한 것이다.

국 가	평균수명(년), y	의사 1인당 인구수, x
1	63.00	1,907
2	32.00	47,889
3	48.30	26,447
4	52.70	815
5	53.50	6,411
6	49.05	10,136
7	38.30	7,306
8	50.00	22,291
9	47.35	18,657
10	52.50	7,378

① 평균수명과 의사 1인당 인구수를 직선회귀식으로 추정하라.

② $\beta=0$을 유의수준 0.1로 검정하라.

37. 다음 자료는 어떤 지방자치단체에서 거의 같은 규모의 국민학교 건설공사의 입찰시, 응찰한 건설업체의 수와 그 때 낙찰된 가격을 조사한 것이다.

공 사	입찰업체수, x	낙찰가격(억원), y
1	5	4.0
2	2	6.5
3	8	3.5
4	3	7.1
5	2	7.3
6	3	5.6
7	11	2.1
8	6	3.2

① 입찰업체수와 낙찰가액의 관계를 선형관계라고 가정하고 직선회귀식을 추정하라.

② 입찰업체수가 4개일 경우 낙찰가액 90% 신뢰구간을 구하라.

38. 간염이나 췌장염에 공통적으로 나타나는 증상은 담관이 확장되는 것이다. 그리고 담관은 나이가 들어감에 정상인이더라도 조금씩 확장된다고 알려져 있다. 이를 정량적으로 분석하기 위해 정상인 256명을 대상으로 나이와 담관의 지름을 초음파 측정기기를 이용하여 조사하였다. 즉 x가 나이, y가 담관의 지름(단위: 밀리미터)이라고 할 때,

$$y=2.72+0.06x,\ r=0.6$$

의 결과를 얻었다.

① 나이와 담관의 지름간에 양의 상관관계가 있는지 유의수준 0.01로 검정하라.

② 나이 50인 정상인의 담관의 지름을 추정하라.

39. 어떤 양로원에 거주하고 있는 노인 300명을 대상으로 각 노인이 갖고 있는 병의 정도를 0(건강)부터 3(매우심각)까지 조사하고, 이때 각 노인이 복용하고 있는 약의 수를 의사의 처방약과 일반매약으로 구별하여 조사하였다. 그리고 건강정도와 복용약의 수에 상관관계가 있는가를 보기 위해 상관계수를 구해 보았다. 결과는 건강정도와 의사처방약의 수 사이에는 $r=0.47$이었고, 건강정도와 일반 매약 사이에는 $r=0.29$였다.

① 건강정도와 의사 처방약의 수 사이에는 양의 상관관계가 존재하는지를 유의수준 0.05로 검정하라.

② 건강정도와 일반 매약의 수 사이에는 양의 상관관계가 존재하는지를 유의수준 0.05로 검정하라.

40. 어떤 아동교육심리학자는 4세부터 6세까지 어린이의 어휘력을 조사하기 위

해 8명의 어린이를 대상으로 미리 준비된 같은 질문을 하고, 각 어린이가 대답하는 데 걸리는 시간(초)과 대답에 사용된 단어수를 조사하였다.

어린이	대답까지 준비시간, x	사용된 단어수, y
1	23	61
2	37	70
3	38	42
4	25	52
5	17	91
6	21	63
7	42	71
8	16	55

① 대답하기까지의 준비시간과 사용된 단어수간의 상관관계를 구하라.

② 유의 수준 0.05로 상관관계가 존재하는지를 검정하라.

③ 대답까지의 준비시간과 사용된 단어수간의 직선회귀식을 추정하라.

제 12 장

중회귀분석

12.1 서　　론

제 11 장에서는 독립변수가 한 개이고, 종속변수와의 관계가 선형인 단순회귀에 대해 설명하였다. 그러나 실제 문제에서 발생되는 현상을 설명하는 데는, 종속변수에 영향을 미치는 독립변수는 두 개 이상인 경우가 대부분이다. 따라서 설명력이 강한 독립변수들을 선택하여, 이들의 함수로써 종속변수의 변화를 나타낸다면 단순회귀보다 정도가 높은 분석이 가능해진다.

중회귀의 기본 가정은 k 개의 독립변수와 종속변수간의 관계가 선형이라는 것이다. 즉 k 개의 독립변수의 주어진 값 x_{1i}, , x_{2i}, …, x_{ki}에서 측정된 종속변수의 값 Y_1, Y_2, …, Y_n에 대해

$$Y_i=\alpha+\beta_1 x_{1i}+\beta_2 x_{2i}+\cdots+\beta_k x_{ki}+\varepsilon_i,\ i=1,\ 2,\ \cdots,\ n$$

이 성립한다. 여기서 ε_1, ε_2, …, ε_n은 서로 독립이며 평균이 0, 분산이 σ^2인 정규분포를 따른다고 가정한다. 그리고 α, β_1, β_2, …, β_k는 미지의 모수이다. 따라서 중회귀 모형에서는 주어진 독립변수와 종속변수의 관계에 잘 적합되도록, 이들 미지의 모수를 추정해야 한다.

중회귀모형의 가정으로 독립변수와 종속변수의 관계가 선형이라고 가정하였는데, 실제 경우에 있어서는 이와 같은 가정이 성립되지 않는 경우도 발생한다. 이때는 다항회귀모형(polynomial regression model)을 이용하여 독립변

수와 종속변수간의 관계를 설명할 수 있다. 즉 다항회귀모형은

$$\mu_{Y|x}=\beta_0+\beta_1 x+\cdots+\beta_r x^r$$

으로 표시된다. 또한 비선형 회귀모형의 특수형태로 $\mu_{Y|x}=\alpha\beta^x$과 같은 지수관계를 갖는 경우도 있다. 이런 경우 $\hat{\alpha}$, $\hat{\beta}$를 추정하는 것은 매우 복잡하다. 이 장에서는 중회귀모형에 대해서만 중점적으로 설명하기로 하고, 다항회귀에 관해서는 다음절에서 간단히 살펴볼 것이다. 그 밖에 자세한 내용이나 비선형회귀에 관심이 있는 독자는 참고문헌을 참조하기 바란다.

12. 2 계수추정

중회귀모형에서 가장 간단한 형태로 독립변수가 두 개인 경우를 생각해 보자. 중회귀 모형

$$Y_i=\alpha+\beta_1 x_{1i}+\beta_2 x_{2i}+\varepsilon_i, \qquad i=1, 2, \cdots, n$$

ε_i는 서로 독립이고 평균이 0, 분산이 σ^2인 정규분포

에서 Y_1, Y_2, $\cdots$, Y_n의 실제 관측값을 y_1, y_2, $\cdots$, y_n이라 할 때 최소제곱법을 이용해 α, β_1, β_2를 추정하도록 한다.

$$SSE=\sum_{i=1}^{n} e_i^2=\sum_{i=1}^{n}(y_i-\hat{\alpha}-\hat{\beta}_1 x_{1i}-\hat{\beta}_2 x_{2i})^2$$

$$\frac{\partial(SSE)}{\partial\hat{\alpha}}=-2\sum_{i=1}^{n}(y_i-\hat{\alpha}-\hat{\beta}_1 x_{1i}-\hat{\beta}_2 x_{2i})=0$$

$$\frac{\partial(SSE)}{\partial\hat{\beta}_1}=-2\sum_{i=1}^{n} x_{1i}(y_i-\hat{\alpha}-\hat{\beta}_1 x_{1i}-\hat{\beta}_2 x_{2i})=0$$

$$\frac{\partial(SSE)}{\partial\hat{\beta}_2}=-2\sum_{i=1}^{n} x_{2i}(y_i-\hat{\alpha}-\hat{\beta}_1 x_{1i}-\hat{\beta}_2 x_{2i})=0$$

위 연립방정식을 정리하면 다음과 같은 정규방정식을 얻을 수 있다.

$$n\hat{\alpha}+\hat{\beta}_1\sum_{i=1}^{n} x_{1i}+\hat{\beta}_2\sum_{i=1}^{n} x_{2i}=\sum_{i=1}^{n} y_i$$

$$\hat{\alpha}\sum_{i=1}^{n} x_{1i}+\hat{\beta}_1\sum_{i=1}^{n} x_{1i}^2+\hat{\beta}_2\sum_{i=1}^{n} x_{1i}x_{2i}=\sum_{i=1}^{n} x_{1i}y_i$$

$$\hat{\alpha}\sum_{i=1}^{n} x_{2i} + \hat{\beta}_1 \sum_{i=1}^{n} x_{1i} x_{2i} + \hat{\beta}_2 \sum_{i=1}^{n} x_{2i}^2 = \sum_{i=1}^{n} x_{2i} y_i$$

따라서 이를 만족하는 $\hat{\alpha}$, $\hat{\beta}_1$, $\hat{\beta}_2$를 구하면

$$\hat{y} = \hat{\alpha} + \hat{\beta}_1 x_1 + \hat{\beta}_2 x_2$$

와 같은 중회귀 모형을 얻을 수 있다.

[예 12.1] 농촌진흥원에서는 농작물 수확량에 영향을 미치는 변수로 비료의 양과 강수량을 선택하여, 각 경우에 단위 면적당 수확량을 측정한 결과가 다음과 같다.

수확량, y	비료의 양, x_1	강수량, x_2
40	100	10
50	200	20
50	300	10
70	400	30
65	500	20
65	600	20
80	700	30

이 자료를 토대로 중회귀모형을 구하라.

(풀이) 자료로부터

$$\sum_{i=1}^{7} x_{1i} = 2{,}800,\quad \sum_{i=1}^{7} x_{2i} = 140,\quad \sum_{i=1}^{7} y_i = 420,\quad \sum_{i=1}^{7} x_{1i}^2 = 1{,}400{,}000$$

$$\sum_{i=1}^{7} x_{1i} x_{2i} = 63{,}000,\quad \sum_{i=1}^{7} x_{1i} y_i = 184{,}500,\quad \sum_{i=1}^{7} x_{2i}^2 = 3{,}200$$

$$\sum_{i=1}^{7} x_{2i} y_i = 9{,}000$$

을 얻을 수 있고, 이를 기초로 정규방정식을 만들면 다음과 같다.

$$7\hat{\alpha} + 2{,}800\hat{\beta}_1 + 140\hat{\beta}_2 = 420$$

$$2{,}800\hat{\alpha} + 1{,}400{,}000\hat{\beta}_1 + 63{,}000\hat{\beta}_2 = 184{,}500$$

$$140\hat{\alpha} + 63{,}000\hat{\beta}_1 + 3{,}200\hat{\beta}_2 = 9{,}000$$

이를 풀면,

$$\hat{\alpha} = 28.1,\quad \hat{\beta}_1 = 0.0381,\quad \hat{\beta}_2 = 0.833$$

이므로, 중회귀모형은

$$\hat{y}=28.1+0.0381\ x_1+0.833\ x_2$$

가 된다.

이를 확장하여 독립변수가 k개일 때 중회귀 모형은

$$Y_i=\alpha+\beta_1 x_{1i}+\beta_2 x_{2i}+\cdots+\beta_k x_{ki}+\varepsilon_i$$

로 주어지고, 최소자승법을 이용해 $(k+1)$개의 정규방정식을 구해 보면 다음과 같다.

$$n\hat{\alpha}+\hat{\beta}_1\sum_{i=1}^{n}x_{1i}+\cdots+\hat{\beta}_k\sum_{i=1}^{n}x_{ki}=\sum_{i=1}^{n}y_i$$

$$\hat{\alpha}\sum_{i=1}^{n}x_{1i}+\hat{\beta}_1\sum_{i=1}^{n}x^2_{1i}+\cdots+\hat{\beta}_k\sum_{i=1}^{n}x_{1i}x_{ki}=\sum_{i=1}^{n}x_{1i}y_i$$

$$\vdots \qquad \vdots \qquad \vdots \qquad \vdots \qquad \vdots$$

$$\hat{\alpha}\sum_{i=1}^{n}x_{ki}+\hat{\beta}_1\sum_{i=1}^{n}x_{ki}x_{1i}+\cdots+\hat{\beta}_k\sum_{i=1}^{n}x^2_{ki}=\sum_{i=1}^{n}x_{ki}y_i$$

이들 정규방정식을 연립해서 풀면 $\hat{\alpha}$, $\hat{\beta}_1$, …, $\hat{\beta}_k$를 구할 수 있다.

[예 12.2] 다음 표와 같이 네 개의 독립변수가 존재하는 실험을 9회 반복하여 자료를 얻었다. 이를 중회귀모형에 적용시켜 계수를 추정하고, $x_1=1.091$, $x_2=0.855$, $x_3=0.758$, $x_4=1.005$일 때 종속변수값을 구하라.

y	x_1	x_2	x_3	x_4
0.5514	1.1240	0.8980	0.8219	0.9906
0.4426	0.9285	0.8872	0.9308	0.9944
0.5631	1.1214	0.8030	0.7668	1.1221
0.5624	1.1635	0.8706	0.9272	0.9832
0.4505	0.9415	0.8064	0.9026	1.1127
0.5290	1.0712	0.8404	0.8662	1.0836
0.4702	0.9561	0.8731	0.8206	1.0290
0.5001	1.0186	0.8431	0.8346	1.0591
0.4425	0.9039	0.8314	0.7596	1.0994

(풀이) 주어진 자료로부터

$$\sum_{i=1}^{9}x_{1i}=9.2287,\quad \sum_{i=1}^{9}x_{2i}=7.6532,\quad \sum_{i=1}^{9}x_{3i}=7.6303,$$

$$\sum_{i=1}^{9}x_{4i}=9.4741,\quad \sum_{i=1}^{9}x_{1i}^2=9.5394,\quad \sum_{i=1}^{9}x_{2i}^2=6.5172,$$

$$\sum_{i=1}^{9} x_{3i}^2 = 6.5015, \quad \sum_{i=1}^{9} x_{4i}^2 = 9.9974, \quad \sum_{i=1}^{9} x_{1i} x_{2i} = 7.8510,$$

$$\sum_{i=1}^{9} x_{1i} x_{3i} = 7.8257, \quad \sum_{i=1}^{9} x_{1i} x_{4i} = 9.7037, \quad \sum_{i=1}^{9} x_{2i} x_{3i} = 6.4943,$$

$$\sum_{i=1}^{9} x_{2i} x_{4i} = 8.0421, \quad \sum_{i=1}^{9} x_{3i} x_{4i} = 8.0182, \quad \sum_{i=1}^{9} y_i = 4.5118,$$

$$\sum_{i=1}^{9} x_{1i} y_i = 4.6663, \quad \sum_{i=1}^{9} x_{2i} y_i = 3.8375, \quad \sum_{i=1}^{9} x_{3i} y_i = 3.8226,$$

$$\sum_{i=1}^{9} x_{4i} y_i = 4.7456$$

을 구하여 정규방정식에 대입한다.

$$9\hat{\alpha} + 9.2287\hat{\beta}_1 + 7.6532\hat{\beta}_2 + 7.6303\hat{\beta}_3 + 9.4741\hat{\beta}_4 = 4.5118$$
$$9.2287\hat{\alpha} + 9.5394\hat{\beta}_1 + 7.8510\hat{\beta}_2 + 7.8257\hat{\beta}_3 + 9.7037\hat{\beta}_4 = 4.6663$$
$$7.6532\hat{\alpha} + 7.8510\hat{\beta}_1 + 6.5172\hat{\beta}_2 + 6.9434\hat{\beta}_3 + 8.0421\hat{\beta}_4 = 3.8375$$
$$7.6303\hat{\alpha} + 7.8257\hat{\beta}_1 + 6.4943\hat{\beta}_2 + 6.5015\hat{\beta}_3 + 8.0182\hat{\beta}_4 = 3.8226$$
$$9.4741\hat{\alpha} + 9.7031\hat{\beta}_1 + 8.0421\hat{\beta}_2 + 8.0182\hat{\beta}_3 + 9.9974\hat{\beta}_4 = 4.7456$$

이를 연립해서 풀면

$$\hat{\alpha} = -0.3004, \ \hat{\beta}_1 = 0.5387, \ \hat{\beta}_2 = 0.1770, \ \hat{\beta}_3 = -0.0704, \ \hat{\beta}_4 = 0.1506$$

따라서 회귀식은

$$\hat{y} = -0.3004 + 0.5387x_1 + 0.1770x_2 - 0.0704x_3 + 0.1506x_4$$

그리고 $x_1 = 1.091$, $x_2 = 0.855$, $x_3 = 0.758$, $x_4 = 1.005$ 일 때 종속변수값은

$$\begin{aligned} y &= -0.3004 + (0.5387)(1.091) + (0.1770)(0.855) - (0.0704)(0.758) \\ &\quad + (0.1506)(1.005) \\ &= 0.5366 \end{aligned}$$

다음으로 다항회귀식에 대해 간략히 설명하겠다. 다항회귀식은 추출된 자료 $\{(x_i, y_i) ; i = 1, 2, \cdots, n\}$을 이용하여

$$\mu_{Y|x} = \alpha + \beta_1 x + \beta_2 x^2 + \cdots + \beta_r x^r$$

을 만족하는 계수 α, β_1, β_2, $\cdots$, β_r을 구하면 된다. 그리고 각 관측값에 대해

$$y_i = \alpha + \beta_1 x_i + \beta_2 x_i^2 + \cdots + \beta_r x_i^r + \varepsilon_i$$

또는

$$y_i=\hat{\alpha}+\hat{\beta}_1 x_i+\hat{\beta}_2 x_i^2+\cdots+\hat{\beta}_r x_i^r+e_i$$

를 만족해야 한다. 여기서 계수를 추정하는 방법으로 중회귀 모형과 마찬가지로 최소제곱법을 이용하면 다음과 같은 연립방정식을 얻을 수 있다.

$$n\hat{\alpha}+\hat{\beta}_1\sum_{i=1}^{n}x_i+\hat{\beta}_2\sum_{i=1}^{n}x_i^2+\cdots+\hat{\beta}_r\sum_{i=1}^{n}x_i^r=\sum_{i=1}^{n}y_i$$

$$\hat{\alpha}\sum_{i=1}^{n}x_i+\hat{\beta}_1\sum_{i=1}^{n}x_i^2+\hat{\beta}_2\sum_{i=1}^{n}x_i^3+\cdots+\hat{\beta}_r\sum_{i=1}^{n}x_i^{r+1}=\sum_{i=1}^{n}x_iy_i$$

$$\vdots \qquad \vdots \qquad \vdots \qquad \vdots \qquad \vdots$$

$$\hat{\alpha}\sum_{i=1}^{n}x_i^r+\hat{\beta}_1\sum_{i=1}^{n}x_i^{r+1}+\hat{\beta}_2\sum_{i=1}^{n}x_i^{r+2}+\cdots+\hat{\beta}_r\sum_{i=1}^{n}x_i^{2r}=\sum_{i=1}^{n}x_i^r y_i$$

[예 12.3] 다음과 같은 자료를 이용하여 $\mu_{Y|x}=\alpha+\beta_1 x+\beta_2 x^2$에 적합시키고, $x=2$일 때 종속변수의 기대치를 구하라.

x	0	1	2	3	4	5	6	7	8	9
y	9.1	7.3	3.2	4.6	4.8	2.9	5.7	7.1	8.8	10.2

(풀이) 주어진 자료로부터

$$\sum_{i=1}^{10}x_i=45, \quad \sum_{i=1}^{10}x_i^2=297, \quad \sum_{i=1}^{10}x_i^3=2{,}025, \quad \sum_{i=1}^{10}x_i^4=15{,}332,$$

$$\sum_{i=1}^{10}y_i=53.7, \quad \sum_{i=1}^{10}x_iy_i=307.3, \quad \sum_{i=1}^{10}x_i^2y_i=2{,}153.3, \quad n=10$$

$$10\hat{\alpha}+45\hat{\beta}_1+297\hat{\beta}_2=53.7$$

$$45\hat{\alpha}+297\hat{\beta}_1+2025\hat{\beta}_2=307.3$$

$$297\hat{\alpha}+2025\hat{\beta}_1+15332\hat{\beta}_2=2153.3$$

해를 구하면 $\hat{\alpha}=8.697$, $\hat{\beta}_1=-2.341$, $\hat{\beta}_2=0.288$

따라서 회귀모형은

$$\hat{y}=8.697-2.341x+0.288x^2$$

이 되고, $x=2$일 때는

$$\hat{y}=8.697-(2.341)(2)+(0.288)(2^2)$$
$$=5.2$$

가 된다.

이상에서 최소 제곱법을 이용하여 회귀모형의 계수를 구하는 방법에 대해 설명하였는데, 독립변수의 개수가 늘어나면 행렬을 이용하는 것이 수학적으로 편리하다. 따라서 행렬을 이용하여 정규방정식을 푸는 방법에 대해 설명하겠다. 이에 앞서 다음과 같은 백터를 정의해 보자.

$$y=\begin{bmatrix} y_1 \\ y_2 \\ \vdots \\ y_n \end{bmatrix}, \qquad \beta=\begin{bmatrix} \alpha \\ \beta_1 \\ \vdots \\ \beta_k \end{bmatrix}, \qquad X=\begin{bmatrix} 1 & x_{11} & x_{21} & \cdots & x_{k1} \\ 1 & x_{12} & x_{22} & \cdots & x_{k2} \\ \vdots & \vdots & \vdots & & \vdots \\ 1 & x_{1n} & x_{2n} & \cdots & x_{kn} \end{bmatrix}$$

$$A=X'X=\begin{bmatrix} n & \sum_{i=1}^{n} x_{1i} & \sum_{i=1}^{n} x_{2i} & \cdots & \sum_{i=1}^{n} x_{ki} \\ \sum_{i=1}^{n} x_{1i} & \sum_{i=1}^{n} x_{1i}^2 & \sum_{i=1}^{n} x_{1i}x_{2i} & \cdots & \sum_{i=1}^{n} x_{1i}x_{ki} \\ \vdots & \vdots & \vdots & & \vdots \\ \sum_{i=1}^{n} x_{ki} & \sum_{i=1}^{n} x_{ki}x_{1i} & \sum_{i=1}^{n} x_{ki}x_{2i} & \cdots & \sum_{i=1}^{n} x_{ki}^2 \end{bmatrix}$$

$$g=X'y=\begin{bmatrix} g_0=\sum_{i=1}^{n} y_i \\ g_1=\sum_{i=1}^{n} x_{1i}y_i \\ \vdots \\ g_k=\sum_{i=1}^{n} x_{ki}y_i \end{bmatrix}$$

이를 이용해 정규방정식을 표시하면

$$A\beta=g$$

가 된다. 그리고 행렬 A가 정칙(nonsingular)이면 계수는

$$\beta=A^{-1}g=(X'X)^{-1}X'y$$

로 추정할 수 있다. 이와 같이 행렬식 형태로 해를 구할 때는 컴퓨터 패키지를 이용하는 것이 편리하다.

[예 12.4] 다음 표와 같이 3개의 독립변수로 이루어진 자료가 주어졌을 때, 이를 만족하는 중회귀모형을 구하라.

y	x_1	x_2	x_3
25.5	1.74	5.30	10.80
31.2	6.32	5.42	9.40
25.9	6.22	8.41	7.20

38.4	10.52	4.63	8.50
18.4	1.19	11.60	9.40
26.7	1.22	5.85	9.90
26.4	4.10	6.62	8.00
25.9	6.32	8.72	9.10
32.0	4.08	4.42	8.70
25.2	4.15	7.60	9.20
39.7	10.15	4.83	9.40
35.7	1.72	3.12	7.60
26.5	1.70	5.30	8.20

(풀이) 주어진 자료로부터 행렬 A와 g의 원소를 구해 보면 다음과 같다.

$$\sum_{i=1}^{13} y_i = 377.5, \quad \sum_{i=1}^{13} y_i^2 = 11{,}400.15, \quad \sum_{i=1}^{13} x_{1i} = 59.43,$$

$$\sum_{i=1}^{13} x_{2i} = 81.82, \quad \sum_{i=1}^{13} x_{3i}^2 = 115.40, \quad \sum_{i=1}^{13} x_{1i}^2 = 394.7255,$$

$$\sum_{i=1}^{13} x_{2i}^2 = 576.7264, \quad \sum_{i=1}^{13} x_{3i}^2 = 1{,}035.9600, \quad \sum_{i=1}^{13} x_{1i} y_i = 1{,}877.567,$$

$$\sum_{i=1}^{13} x_{2i} y_i = 2{,}246.661, \quad \sum_{i=1}^{13} x_{3i} y_i = 3{,}337.780, \quad \sum_{i=1}^{13} x_{1i} x_{2i} = 360.6621,$$

$$\sum_{i=1}^{13} x_{1i} x_{3i} = 522.0780, \quad \sum_{i=1}^{13} x_{2i} x_{3i} = 728.3100, \quad n = 13$$

그러면 $A\beta = g$는

$$\begin{bmatrix} 13 & 59.43 & 81.82 & 115.40 \\ 59.43 & 394.7255 & 360.6621 & 522.0780 \\ 81.82 & 360.6621 & 576.7264 & 728.3100 \\ 15.40 & 522.0780 & 728.3100 & 1035.9600 \end{bmatrix} \begin{bmatrix} \alpha \\ \beta_1 \\ \beta_2 \\ \beta_3 \end{bmatrix} = \begin{bmatrix} 377.5 \\ 1877.567 \\ 2246.661 \\ 3337.780 \end{bmatrix}$$

이 된다. 그리고 A^{-1}를 구하면

$$A^{-1} = \begin{bmatrix} 8.0648 & -0.0826 & -0.0942 & -0.7905 \\ -0.0826 & 0.0085 & 0.0017 & 0.0037 \\ -0.0942 & 0.0017 & 0.0166 & -0.0021 \\ -0.7905 & 0.0037 & -0.0021 & 0.0886 \end{bmatrix}$$

이 된다. 따라서 $\beta = A^{-1}g$로부터

$$\alpha = 39.1574, \quad \beta_1 = 1.0161, \quad \beta_2 = -1.8616, \quad \beta_3 = -0.3433$$

을 얻을 수 있다. 이때 회귀식은

$$\hat{y}=39.1574+1.0161\,x_1-1.8616\,x_2-0.3433\,x_3$$

가 된다.

12.3 중회귀의 분산분석

11.4에서 단순회귀의 분산분석에 대해 살펴보았는데 중회귀의 분산분석도 이와 비슷하다. 즉 총편차 $y_i-\bar{y}$를 분해하여

$$(y_i-\bar{y})=(y_i-\hat{y}_i)+(\hat{y}_i-\bar{y})$$

이 되므로 양변을 제곱하여 i에 대해 합하면

$$\sum_{i=1}^{n}(y_i-\bar{y})^2=\sum_{i=1}^{n}(y_i-\hat{y})^2+\sum_{i=1}^{n}(\hat{y}_i-\bar{y})^2$$

이 된다. 여기서 $\sum_{i=1}^{n}(y_i-\bar{y})^2$을 총제곱합($SST$)이라 하고, $\sum_{i=1}^{n}(y_i-\hat{y}_i)^2$을 잔차제곱합($SSE$), $\sum_{i=1}^{n}(\hat{y}_i-\bar{y})^2$을 회귀제곱합($SSR$)이라 한다. 그리고 SST, SSE, SSR의 자유도는 각각 $n-1$, $n-k-1$, k로 알려져 있다. 그런데 SSR/σ^2과 SSE/σ^2은 각각 자유도 k와 $(n-k-1)$인 카이제곱분포를 따르므로,

$$\frac{\dfrac{SSR}{\sigma^2(k)}}{\dfrac{SSE}{\sigma^2(n-k-1)}}=\frac{SSR/k}{SSE/(n-k-1)}$$

는 자유도 $(k,\ n-k-1)$인 F분포를 따르게 된다.

중회귀 모형에서 독립변수 x_1, x_2, $\cdots$, x_k에 관한 항이 의미를 갖는가를 알기 위한 가설은

H_0 : $\beta_1=\beta_2=\cdots=\beta_k=0$

H_1 : β_i 모두 0은 아니다

와 같다. 이상을 정리하여 분산분석표를 만들어 보면 〈표 12.1〉과 같다.

따라서 검정통계량 값이 주어진 유의수준하에서 F분포의 자유도 $(k,\ n-k-1)$의 값보다 크면 회귀식이 유의한 것이 되고, 작으면 회귀식이 유의하지 못한 것이 된다.

〈표 12.1〉 중회귀의 분산분석표

변동요인	제곱합	자유도	제곱평균	f 검정통계량
회 귀	SSR	k	SSR/k	$\frac{SSR}{k}\times\frac{(n-k-1)}{SSE}$
잔 차	SSE	$n-k-1$	$SSE/(n-k-1)$	
합 계	SST	$n-1$		

이러한 F검정과 더불어 회귀모형의 종속변수가 설명되어지는 정도를 나타내는 결정계수가 있다. 결정계수는

$$r^2=\frac{SSR}{SST}$$

로 표시되며, 성질은 단순회귀에서 언급한 바와 같이 1에 가까운 값을 가지면 유의한 회귀직선이 되고, 0에 가까운 값을 가지면 유의하지 못한 회귀직선이 된다.

[예 12.5] [예 12.4]의 자료를 토대로 분산분석표를 작성하라.

(풀이) $\sum_{i=1}^{13}(y_i-\bar{y})^2=438.13$, SST의 자유도$=12$

$\sum_{i=1}^{13}(\hat{y}_i-\bar{y})^2=399.45$, SSR의 자유도$=3$

$\sum_{i=1}^{13}(y_i-\hat{y})^2=38.68$, SSE의 자유도$=9$

변동요인	제 곱 합	자 유 도	제곱평균	f 검정통계량
회 귀	399.45	3	133.15	133.15/4.30=30.97
잔 차	38.68	9	4.30	
합 계	438.13	12		

유의수준을 0.05라고 하면

f 검정통계량 값$=30.97>F(3,\ 9;\ 0.05)=3.86$

이므로, 중회귀식은 유의하다. 그리고 결정계수는

$$r^2=\frac{399.45}{438.13}=0.91$$

로, 약 91%가 회귀식에 의해 설명되는 변동으로 높은 비율이라고 할 수 있다.

연습문제

1. 다음 자료는 1학년 학생 12명을 대상으로 화학과목의 최종성적과 필기시험 성적, 결석횟수를 정리한 것이다. 이를 기초로 중회귀식을 구하라.

학 생	최종성적, y	필기시험, x_1	결석횟수, x_2
1	85	65	1
2	74	50	7
3	76	55	5
4	90	65	2
5	85	55	6
6	87	70	3
7	94	65	2
8	98	70	5
9	81	55	4
10	91	70	3
11	76	50	1
12	74	55	4

2. 다음 자료를 이용해 중회귀모형을 구하라.

y	x_1	x_2
61.5	2,400	54.5
61.2	2,450	56.4
32.0	2,500	43.2
52.5	2,700	65.2
31.5	2,750	45.5
22.5	2,800	47.5
53.0	2,900	65.0
56.8	3,000	66.5
34.8	3,100	57.3
52.7	3,200	68.0

3. 어떤 목장에서 특정사료가 동물의 몸무게 증가에 미치는 영향을 조사하기 위해 10마리의 소를 표본으로 추출하여 특정 사료를 먹기 이전의 몸무게와 사료의 공급량을 독립변수로 놓고, 사료공급 후 일정기간이 지난 다음의 몸무게를 종속변수로 다음 표와 같은 결과를 얻었다.

종속변수(kg) y	사료공급 전 몸무게(kg) x_1	사료공급량(kg) x_2
95	42	272
77	33	226
80	33	259
100	45	292
97	39	311
70	36	183
50	32	173
80	41	236
92	40	230
84	38	235

① 중회귀모형을 구하라.

② 사료공급 전 몸무게가 35 kg 인 소가 250 kg 의 사료를 섭취했을 때 몸무게를 추정하라.

4. 어떤 자동차에 대해 주행속도와 정지거리간의 관계를 조사하여 다음과 같은 결과를 얻었다.

주행속도 v (km/시)	35	50	65	80	95	110
정지거리 d (m)	16	26	41	62	88	119

① $\mu_{d|v}=\alpha+\beta_1 v+\beta_2 v^2$ 인 회귀모형을 구하라.

② 자동차가 70 km/시의 속도로 주행하고 있을 때 정지거리를 구하라.

5. 사람의 순환계에서 동맥압이 대뇌에 공급되는 피의 양에 어떤 영향이 있는가를 알아보기 위해 15 명의 표본을 추출하여 다음 표를 얻었다.

y	x
84.33	603.40
87.80	582.50
82.20	556.20
78.21	594.60
78.44	558.90
80.01	575.20
83.53	580.10
79.46	451.20
75.22	404.00
76.58	484.00

77.90	452.40
78.80	448.40
80.67	334.80
86.60	320.30
78.20	350.30

이를 이용하여 $\mu_{Y|x}=\alpha+\beta_1 x+\beta_2 x^2$의 회귀모형을 구하라.

6. 다음 자료를 이용하여

① $\mu_{Y|x}=\alpha+\beta_1 x+\beta_2 x^2+\beta_3 x^3$의 회귀모형을 구하고,

② $x=2$일 때 Y값을 구하라.

x	0	1	2	3	4	5	6
y	1	4	5	3	2	3	4

7. 다음 자료를 이용하여 중회귀모형을 구하라.

y	x_1	x_2	x_3	x_4
14.8	7.8	4.3	11.5	6.3
12.1	6.9	3.9	14.3	7.4
19.0	9.3	8.4	9.4	5.9
14.5	6.8	10.3	15.2	8.7
16.6	11.7	6.4	8.8	9.1
17.2	8.5	5.7	9.8	5.6
17.5	12.6	6.8	11.2	6.8
14.1	7.5	4.2	10.9	7.4
13.8	8.4	7.3	14.7	8.2
14.7	11.3	8.8	15.1	9.2
17.7	10.7	3.6	8.7	4.7
17.0	7.3	4.9	8.6	5.5
17.6	8.4	7.3	9.3	6.6
16.3	6.7	9.7	10.8	8.7
18.2	9.6	8.4	11.9	5.4

8. 다음과 같은 네 개의 독립변수로 이루어진 자료를 이용하여 중회귀 모형을 구하라.

y	x_1	x_2	x_3	x_4
11.2	56.5	71.0	38.5	43.0
14.5	59.5	72.5	38.2	44.8
17.2	69.2	76.0	42.5	49.0
17.8	74.5	79.5	43.4	56.3
19.3	81.2	84.0	47.5	60.2
24.5	88.0	86.2	47.4	62.0
21.2	78.2	80.5	44.5	58.1
16.9	69.0	72.0	41.8	48.1
14.8	58.1	68.0	42.1	46.0
20.0	80.5	85.0	48.1	60.3
13.2	58.3	71.0	37.5	47.1
22.5	84.0	87.2	51.0	65.2

9. 어떤 생리학자는 유아기 소년들의 외형적인 인체측정치와 나이에 따라 최대 산소흡입량의 변화를 알아보기 위해 10명의 소년들을 대상으로 실험하였다.

① 이를 기초로 중회귀모형을 구하라.

② 분산분석을 통해 유의수준 0.05로 회귀식의 유의성을 검정하라.

최대산소흡입량 y	나이, x_1	키, x_2	몸무게, x_3	가슴두께, x_4
1.54	8.4	132.0	29.1	14.4
1.74	8.7	135.5	29.7	14.5
1.32	8.9	127.7	28.4	14.0
1.50	9.9	131.1	28.8	14.2
1.46	9.0	130.0	25.9	13.6
1.35	7.7	127.6	27.6	13.9
1.53	7.3	129.9	29.0	14.0
1.71	9.9	138.1	33.6	14.6
1.27	9.3	126.6	27.7	13.9
1.50	8.1	131.8	30.8	14.5

10. 다음 자료는 국가별로 인구 1000명당 신문발행부수, 라디오 수, 텔레비전 수와 글을 읽고 쓸 수 있는 해독률을 조사한 것이다. 이를 기초로 중회귀 모형을 구하라.

국　　가	신문부수	라디오 수	텔레비전 수	해 독 률
1	280	266	228	0.98
2	142	230	201	0.93
3	10	114	2	0.25
4	391	313	227	0.99
5	86	329	82	0.79
6	17	42	11	0.72
7	21	49	16	0.32
8	314	1,695	472	0.99
9	333	430	185	0.99
10	91	182	89	0.82

제 13 장

분 산 분 석

13. 1 분산분석 방법

9 장과 10 장의 추정과 검정에서는 한 개 또는 두 개의 모집단으로부터 추출한 표본을 기초로 모평균이나 모평균의 차이 등에 대한 추론문제를 다루었다. 본장에서는 이러한 개념을 확장하여 세 개 이상의 모평균을 비교하든지 또는 세 개 이상의 처리효과를 비교해 보고자 한다.

예를 들어 어떤 공학자가 콘크리트의 배합정도에 따른 습기흡수력에 관심이 있다고 하자. 즉 5종류의 콘크리트에 대해 시편을 만들어 실험한 결과가 〈표 13. 1〉과 같이 나왔다. 표에서 보는 바와 같이 다섯 종류의 콘크리트를 비교하기 위해 다음과 같은 가설을 세워 볼 수 있다.

$$H_0 : \mu_1 = \mu_2 = \cdots = \mu_5$$
$$H_1 : H_0 \text{가 아니다.}$$

위 가설을 검정하기 위해서 분산분석을 사용하는 절차는 총제곱합을 각 모집단 내에서 발생하는 제곱합과 각 모집단 사이에서 발생하는 제곱합으로 분해하는 것으로부터 시작된다. 즉 습기흡수력이라는 특성치를 요인별로 분해하여 어느 요인 때문에 산포가 발생하는가를 규명하는 것이 분산분석이다. 따라서 총제곱합을 차지하는 요인 중 콘크리트 종류에 따른 제곱합과 각 콘크리트 종류 내에서 발생되는 제곱합 중 어느 것이 차지하는 비중이 더 큰가를 분

〈표 13.1〉 콘크리트 종류에 따른 습기흡수도

	1	2	3	4	5	
	551	595	639	417	563	
	457	580	615	449	631	
	450	508	511	517	522	
	731	583	573	438	613	
	499	633	648	415	656	
	632	517	677	555	679	
합 계	3,320	3,416	3,663	2,791	3,664	16,854
평 균	555.33	569.33	610.50	465.17	610.67	561.80

석해 보는 것이 분산분석이고, 이때 이용하는 검정은 F검정이다.

분산분석에서 사용되는 몇 가지 용어를 살펴보면 다음과 같다. 어떤 관측값에 영향을 준다고 생각되는 조건의 종류를 인자(factor)라고 하고, 인자의 여러 가지 조건을 인자의 수준(level)이라고 한다. 총변동이란 각 관측값과 관측값들의 평균과의 차이의 제곱합으로 계산된다. 그리고 인자가 한 개인 경우를 일원배치법, 두 개인 경우를 이원배치법이라 부른다.

13.2 일원배치법

k개의 모집단으로부터 각각 n개의 표본을 추출하였다고 하자. 그리고 모집단을 k개로 나누는 기준은 서로 다른 공정처리, 또는 서로 다른 실험자 등의 한 가지 기준에 의해 분류하였다고 하자. k개의 모집단에 대한 가정으로는 각 모집단의 평균이 μ_1, μ_2, $\cdots$, μ_k이고, 분산은 모두 σ^2인 정규분포를 따른다는 것이다. 여기서 검정하려고 하는 가설은 다음과 같다.

H_0 : $\mu_1=\mu_2=\cdots=\mu_k$

H_1 : 적어도 두 모집단의 평균은 같지 않다.

그리고 〈표 13.2〉와 같은 자료를 얻었다고 하자. 여기서 y_{ij}는 모집단 i에서 추출한 j번째 관측값이다. $T_{i\cdot}$는 모집단 i에서 추출한 모든 자료의 합이고, $\bar{y}_i$는 모집단 i에서 추출한 자료들의 표본 평균이고, $T_{\cdot\cdot}$는 전체 표본들의 합이다. 그러면 관측된 자료 y_{ij}는

〈표 13.2〉 k개의 확률표본

	모	집	단				
	1	2	…	i	…	k	
	y_{11} y_{12} ⋮ y_{1n}	y_{21} y_{22} ⋮ y_{2n}	… … …	y_{i1} y_{i2} ⋮ y_{in}	… … …	y_{k1} y_{k2} ⋮ y_{kn}	
합 계	$T_{1\cdot}$	$T_{2\cdot}$	…	$T_{i\cdot}$	…	$T_{k\cdot}$	$T_{\cdot\cdot}$
평 균	$\bar{y}_{1\cdot}$	$\bar{y}_{2\cdot}$	…	$\bar{y}_{i\cdot}$	…	$\bar{y}_{k\cdot}$	$\bar{y}_{\cdot\cdot}$

$$y_{ij}=\mu_i+\varepsilon_{ij},\quad j=1,\ 2,\ \cdots,\ n$$

으로 표시할 수 있으며, 여기서 ε_{ij}는 오차에 해당되는 확률변수로서 평균 0, 분산 σ^2인 정규분포를 따른다고 가정한다.

모집단 i의 모평균 μ_i로 나타내고 전체 모평균을 μ라고 하면

$$\mu=\sum_{i=1}^{k}\mu_i/k$$

로 정의되며, μ_i와 μ의 차이인 $\mu_i-\mu$를 i번째 모집단의 효과라고 부르며, 이를 $\alpha_i=\mu_i-\mu$로 표시하기로 한다. 이러한 α_i를 사용해서 위의 귀무가설과 대립가설을 다시 써 보면

H_0 : $\alpha_1=\alpha_2=\cdots=\alpha_k=0$

H_1 : α_i 중 적어도 1개는 0이 아니다.

이 가설을 검정하기 위해서는 총편차를 분해하여 제곱합부터 구해야 한다. 즉 총편차는

$$y_{ij}-\bar{y}_{\cdot\cdot}=(\bar{y}_{i\cdot}-\bar{y}_{\cdot\cdot})+(y_{ij}-\bar{y}_{i\cdot})$$

로 분해되므로, 양변을 제곱하면

$$\begin{aligned}\sum_{i=1}^{k}\sum_{j=1}^{n}(y_{ij}-\bar{y}_{\cdot\cdot})^2&=\sum_{i=1}^{k}\sum_{j=1}^{n}[(\bar{y}_{i\cdot}-\bar{y}_{\cdot\cdot})+(y_{ij}-\bar{y}_{i\cdot})]^2\\&=\sum_{i=1}^{k}\sum_{j=1}^{n}(\bar{y}_{i\cdot}-\bar{y}_{\cdot\cdot})^2+2\sum_{i=1}^{k}\sum_{j=1}^{n}(\bar{y}_{i\cdot}-\bar{y}_{\cdot\cdot})(y_{ij}-\bar{y}_{i\cdot})\end{aligned}$$

$$+\sum_{i=1}^{k}\sum_{j=1}^{n}(y_{ij}-\bar{y}_{i\cdot})^2$$

$$=n\sum_{i=1}^{k}(\bar{y}_{i\cdot}-\bar{y}_{\cdot\cdot})^2+\sum_{i=1}^{k}\sum_{j=1}^{n}(y_{ij}-\bar{y}_{i\cdot})^2$$

여기서 $\sum_{i=1}^{k}\sum_{j=1}^{n}(y_{ij}-\bar{y}_{\cdot\cdot})^2$은 총 제곱합으로 SST로 표시하고, $n\sum_{i=1}^{k}(\bar{y}_{i\cdot}-\bar{y}_{\cdot\cdot})^2$은 처리에 의한 제곱합으로 SSA로 표시하고, $\sum_{i=1}^{k}\sum_{j=1}^{n}(y_{ij}-\bar{y}_{i\cdot})^2$은 오차에 의한 제곱합으로 SSE로 표시하기로 한다.

다음으로 각 제곱합의 자유도를 구해 보면 다음과 같다. 제곱합의 자유도는 제곱을 한 편차의 개수에서 편차들의 선형조건의 개수를 뺀 것과 같다. 그러면 총제곱합 $\sum_{i=1}^{k}\sum_{j=1}^{n}(y_{ij}-\bar{y}_{\cdot\cdot})^2$에서 제곱을 한 편차의 개수는 kn이고, 선형조건은 $\sum_{i=1}^{k}\sum_{j=1}^{n}(y_{ij}-\bar{y}_{\cdot\cdot})=0$이므로 총제곱합의 자유도는 $(kn-1)$이 된다. 처리에 의한 제곱합 $n\sum_{i=1}^{k}(\bar{y}_{i\cdot}-\bar{y}_{\cdot\cdot})^2$에서 제곱을 한 편차의 개수는 k이고, 선형조건은 $\sum_{i=1}^{k}(\bar{y}_{i\cdot}-\bar{y}_{\cdot\cdot})=0$이므로 자유도는 $(k-1)$이다. 마지막으로 오차 제곱합 $\sum_{i=1}^{k}\sum_{j=1}^{n}(y_{ij}-\bar{y}_{i\cdot})^2$에서 제곱을 한 편차의 개수는 kn이며, 선형조건은 $\sum_{j=1}^{n}(y_{ij}-\bar{y}_{i\cdot})=0$, $i=1, 2, \cdots, k$이므로 자유도는 $k(n-1)$이다. 자유도도 제곱합과 마찬가지로 총제곱합의 자유도=처리 제곱합의 자유도+오차 제곱합의 자유도로 분해된다.

제곱합을 자유도로 나누면 어떤 미지의 분산의 추정량이 되며, 이를 제곱평균이라고 부른다. 즉 제곱평균=제곱합/자유도가 된다. 따라서 처리에 대한 제곱평균은 $SSA/(k-1)$이 되고, 오차에 대한 제곱평균은 $SSE/[k(n-1)]$이 된다. 여기서 오차에 대한 제곱평균은 σ^2에 대한 불편추정량이다. 그리고 귀무가설이 진일 때에는($\alpha_1=\alpha_2=\cdots=\alpha_k=0$) 처리에 대한 제곱평균도 σ^2의 불편추정량이 된다. 따라서 두 제곱평균의 비는 F분포를 따르므로, F검정을 하여 F값이 커지면 귀무가설을 기각하는 방향으로 간다.

$$F=\frac{SSA/(k-1)}{SSE/[k(n-1)]}$$

즉 F검정 통계량 값이 F분포의 자유도 $(k-1)$, $k(n-1)$의 유의수준 α에서의 값보다 커지면 H_0를 기각한다.

이상을 요약하여 분산분석표를 만들어 보면 〈표 13.3〉과 같다.

〈표 13.3〉 일원배치의 분산분석표

변동요인	제곱합	자유도	제곱평균	f검정통계량
처 리	SSA	$k-1$	$SSA/(k-1)$	$\frac{SSA}{(k-1)}\times\frac{k(n-1)}{SSE}$
오 차	SSE	$k(n-1)$	$SSE/[k(n-1)]$	
합 계	SST	$kn-1$		

[예 13.1] 위의 〈표 13.3〉의 자료를 가지고 가설 $\mu_1=\mu_2=\cdots=\mu_5$를 유의수준 0.05로 검정하라.

(풀이)

1) H_0 : $\mu_1=\mu_2=\cdots=\mu_5$

2) H_1 : 적어도 두 개의 평균은 같지 않다.

3) $\alpha=0.05$

4) 기각역 : $f>2.76$

5) $SST=551^2+457^2+\cdots+679^2-\frac{16{,}854^2}{30}$

$=9{,}677{,}954-9{,}468{,}577$

$=209{,}377$

$SSA=\frac{3{,}320^2+3{,}416^2+\cdots+3{,}664^2}{6}-9{,}468{,}577$

$=85{,}356$

$SSE=209{,}377-85{,}356=124{,}021$

6) H_0 기각

이를 정리한 표는 〈표 13.4〉와 같다.

〈표 13.4〉 〈표 13.1〉을 이용한 분산분석표

변동요인	제 곱 합	자 유 도	제곱평균	f 계 산
처 리	85,356	4	21,339	4.30
오 차	124,021	25	4,961	
합 계	209,377	29		

지금까지는 각 모집단에서 추출한 표본의 수가 n으로 일정한 경우에 대해 설명하였는데, 실제로는 n번 실험을 하여도 실험도중 처리가 잘못되어 n

개의 결과치를 모두 얻지 못하는 경우도 발생하게 된다. 즉 각 처리마다의 표본의 수가 같지 않은 경우의 분산분석에 대해 살펴보겠다. k개의 모집단으로부터 각각 n_1, n_2, …, n_k개의 표본을 추출하였다면 $N=\sum_{i=1}^{k} n_i$가 된다. 그리고 SST, SSA, SSE는 다음과 같이 구할 수 있다.

$$SST=\sum_{i=1}^{k}\sum_{i=1}^{ni} y_{ij}^2-\frac{T^2_{..}}{N}$$

$$SSA=\sum_{i=1}^{k}\frac{T_{i.}^2}{n_i}-\frac{T^2_{..}}{N}$$

$$SSE=SST-SSA$$

SST에 대한 자유도는 $N-1$, SSA에 대한 자유도는 $k-1$, SSE에 대한 자유도는 $N-1-(k-1)=N-k$가 된다.

[예 13.2] 〈표 13.5〉는 45명의 어린이를 네 그룹으로 나누어 혈청에 대한 조사를 한 것이다. 네 그룹의 평균이 같은가를 유의수준 0.05로 결정하라.

〈표 13.5〉 **혈청에 따른 분류**

G−1		G−2	G−3	G−4
49.20	97.50	97.07	62.10	110.60
44.54	105.00	73.30	94.95	57.10
45.80	58.05	68.50	142.50	117.60
95.84	86.60	91.85	53.00	77.71
31.10	58.35	106.60	175.00	150.00
36.50	72.80	0.57	79.50	82.90
82.30	116.70	0.79	29.50	111.50
87.85	45.15	0.77	78,40	
105.00	70.35	0.81	127.50	
95.22	77.40			

(풀이)

1) H_0 : $\mu_1=\mu_2=\mu_3=\mu_4$

2) H_1 : 적어도 두 그룹의 평균은 같지 않다

3) $\alpha=0.05$

4) 기각역 : $f>2.836$

5) $T_{1.}=1{,}460.25$, $T_{2.}=440.36$, $T_{3.}=842.45$, $T_{4.}=707.41$, $T_{..}=3{,}450.47$ 이므로

$$SST = 49.20^2 + 44.54^2 + \cdots + 111.50^2 - \frac{3{,}450.47^2}{45}$$

$$= 331{,}886.9701 - 264{,}572.0716 = 67{,}314.8985$$

$$SSA = \frac{1{,}460.25^2}{20} + \frac{440.36^2}{9} + \frac{842.45^2}{9} + \frac{707.41^2}{7} - \frac{3{,}450.47^2}{45}$$

$$= 278{,}510.6729 - 264{,}572.0716 = 13{,}938.6013$$

$$SSE = 67{,}314.8985 - 13{,}938.6013 = 53{,}376.2972$$

6) H_0 기각

이를 정리하면 〈표 13. 6〉과 같은 분산분석표를 얻을 수 있다.

〈표 13. 6〉 〈표 13. 5〉를 이용한 분산분석표

변동요인	제곱합	자유도	제곱평균	f 계산
처리	13,938.6013	3	4,646.2004	3.57
오차	53,376.2972	41	1,301.8609	
합계	67,314.8985	44		

13. 3 반복이 없는 이원배치법

이원배치는 특성치에 영향을 주는 인자가 두 개라고 생각될 경우 그 영향을 알아보고자 할 때 사용되는 분산분석으로, 두 개 인자의 각 조합 조건하에서 반복이 없는 경우와 반복이 있는 경우로 나눌 수 있다. 본 절에서는 반복이 없는 이원배치법에 대해 살펴보기로 하겠다. 단, 여기서 고려하는 인자는 모두 모수인자로 가정한다. 변량인자에 대한 분산분석은 참고문헌 중 실험

〈표 13. 7〉 반복이 없는 이원배치의 자료구조

	B_1	B_2	$\cdots$	B_j	$\cdots$	B_m	평균
A_1	y_{11}	y_{12}	$\cdots$	y_{1j}	$\cdots$	y_{1m}	$\bar{y}_{1\cdot}$
A_2	y_{21}	y_{22}		y_{2j}		y_{2m}	$\bar{y}_{2\cdot}$
$\vdots$	$\vdots$	$\vdots$		$\vdots$		$\vdots$	$\vdots$
A_i	y_{i1}	y_{i2}	$\cdots$	y_{ij}	$\cdots$	y_{im}	$\bar{y}_{i\cdot}$
$\vdots$	$\vdots$	$\vdots$		$\vdots$		$\vdots$	$\vdots$
A_l	y_{l1}	y_{l2}	$\cdots$	y_{lj}	$\cdots$	y_{lm}	$\bar{y}_{l\cdot}$
평균	$\bar{y}_{\cdot 1}$	$\bar{y}_{\cdot 2}$	$\cdots$	$\bar{y}_{\cdot j}$	$\cdots$	$\bar{y}_{\cdot m}$	$\bar{y}_{\cdot\cdot}$

계획에 관한 책을 참조하기 바란다.

두 개의 인자를 A, B로 표시하고 각 인자가 갖고 있는 수준수는 l, m으로 가정하자. 그러면 전체 실험횟수는 lm회가 된다. 즉 lm회의 실험을 무작위로 실시하여 결과를 측정하여야 한다. 반복이 없는 이원배치의 자료구조는 〈표 13.7〉과 같다.

반복이 없는 이원배치법의 모집단 모형은

$$y_{ij}=\mu+\alpha_i+\beta_j+\varepsilon_{ij}, \qquad i=1, \cdots, l, \; j=1, \cdots, m$$

이고, 여기서 α_i는 A의 i번째 수준의 효과를 뜻하고, β_j는 B의 j번째 수준의 효과를 뜻하고, ε_{ij}는 오차항으로서 평균이 0, 분산이 σ^2인 정규분포를 따른다.

이원배치에서 알고자 하는 것은 인자 A와 B의 효과가 있는가 하는 것이다. 이에 대한 귀무가설과 대립가설은 다음과 같다.

1) $H_0: \alpha_1=\alpha_2=\cdots=\alpha_l=0$

   $H_1: \alpha_i$ 중 적어도 하나는 0이 아니다.

2) $H_0: \beta_1=\beta_2=\cdots=\beta_m=0$

   $H_1: \beta_j$ 중 적어도 하나는 0이 아니다.

이 가설을 검정하기 위해서는 총편차를 분해하여 제곱합부터 구해야 한다. 즉

$$y_{ij}-\bar{y}_{..}=(\bar{y}_{i.}-\bar{y}_{..})+(\bar{y}_{.j}-\bar{y}_{..})+(y_{ij}-\bar{y}_{i.}-\bar{y}_{.j}+\bar{y}_{..})$$

로, 총편차를 분해하여 양변을 제곱하면,

$$\begin{aligned}\sum_{i=1}^{l}\sum_{j=1}^{m}(y_{ij}-\bar{y}_{..})^2 &= \sum_{i=1}^{l}\sum_{j=1}^{m}(\bar{y}_{i.}-\bar{y}_{..})^2+\sum_{i=1}^{l}\sum_{j=1}^{m}(\bar{y}_{.j}-\bar{y}_{..})^2 \\ &\quad +\sum_{i=1}^{l}\sum_{j=1}^{m}(y_{ij}-\bar{y}_{i.}-\bar{y}_{.j}+\bar{y}_{..})^2 \\ &= m\sum_{i=1}^{l}(\bar{y}_{i.}-\bar{y}_{..})^2+l\sum_{j=1}^{m}(\bar{y}_{.j}-\bar{y}_{..})^2 \\ &\quad +\sum_{i=1}^{l}\sum_{j=1}^{m}(y_{ij}-\bar{y}_{i.}-\bar{y}_{.j}+\bar{y}_{..})^2\end{aligned}$$

이 된다. 여기서 $\sum_{i=1}^{l}\sum_{j=1}^{m}(y_{ij}-\bar{y}_{..})^2$은 총제곱합으로 SST로 표시한다. 그리고

$m\sum_{i=1}^{l}(\bar{y}_{i\cdot}-\bar{y}_{\cdot\cdot})^2$은 A인자의 제곱합으로 SSA로 표시하고, $l\sum_{j=1}^{m}(\bar{y}_{\cdot j}-\bar{y}_{\cdot\cdot})^2$은 B인자의 제곱합으로 SSB로 표시하고, $\sum_{i=1}^{l}\sum_{j=1}^{m}(y_{ij}-\bar{y}_{i\cdot}-\bar{y}_{\cdot j}+\bar{y}_{\cdot\cdot})^2$은 오차제곱합으로 SSE로 표시하기로 한다. 다음으로 각 제곱합의 자유도를 구해 보면, 총제곱합에 대한 자유도는 $lm-1$, 인자 A의 제곱합에 대한 자유도는 $l-1$, 인자 B의 제곱합에 대한 자유도는 $m-1$이다. 오차 제곱합의 자유도를 구해 보면, 먼저 편차 제곱합의 개수는 lm이고, 선형조건의 개수는 $\sum_{j=1}^{m}(y_{ij}-\bar{y}_{i\cdot}-\bar{y}_{\cdot j}+\bar{y}_{\cdot\cdot})^2=0$, $i=1, 2, \cdots, l$에서 l, $\sum_{i=1}^{l}(y_{ij}-\bar{y}_{i\cdot}-\bar{y}_{\cdot j}+\bar{y}_{\cdot\cdot})^2=0$, $j=1, 2, \cdots, m$에서 m 인데 $\sum_{i=1}^{l}\sum_{j=1}^{m}(y_{ij}-\bar{y}_{i\cdot}-\bar{y}_{\cdot j}+\bar{y}_{\cdot\cdot})^2=0$의 조건이 중복되어 있으므로 실제 선형조건의 개수는 $(l+m-1)$개 이다. 따라서 오차 제곱합의 자유도는 $lm-(l+m-1)=(l-1)(m-1)$이 된다. 이상을 정리하여 분산분석표를 만들면 〈표 13.8〉과 같다.

〈표 13.8〉 반복이 없는 이원배치의 분산분석표

변동요인	제곱합	자 유 도	제곱평균	f 검정통계량
인자 A	SSA	$l-1$	$SSA/(l-1)$	$\frac{SSA}{(l-1)}\times\frac{(l-1)(m-1)}{SSE}$
인자 B	SSB	$m-1$	$SSB/(m-1)$	$\frac{SSB}{(m-1)}\times\frac{(l-1)(m-1)}{SSE}$
오 차	SSE	$(l-1)(m-1)$	$SSE/[(l-1)(m-1)]$	
합 계	SST	$lm-1$		

인자 A에 대한 검정은 f검정통계량값이 F분포의 자유도 $(l-1)$, $(l-1)(m-1)$에서 유의수준 α에 해당되는 값보다 커지면 귀무가설을 기각하고, 인자 B에 대한 검정은 f검정통계량이 F분포의 자유도 $(m-1)$, $(l-1)(m-1)$에서 유의수준 α에 해당되는 값보다 커지면 귀무가설을 기각한다. 여기서 귀무가설을 기각한다는 것은 인자 A 또는 B가 실험 특성치에 영향을 미친다는 것을 의미한다.

[예 13.3] 다음 자료는 볍씨의 품종과 비료의 종류에 따른 벼의 수확량 실험을 실시하여, 단위 면적당 수확량을 조사한 것이다. 이를 기초로 벼의 수확량에 볍씨의 품종과 비료의 종류가 영향을 미치는지를 유의수준 0.05로 검정하라.

〈표 13.9〉 단위면적당 벼의 수확량

비료의 종류	벼의 품종			합 계
	A_1	A_2	A_3	
B_1	64	72	74	210
B_2	55	57	47	159
B_3	59	66	58	183
B_4	58	57	53	168
합 계	236	252	232	720

(풀이)

1) a) $H_0: \alpha_1=\alpha_2=\alpha_3=0$

b) $H_0: \beta_1=\beta_2=\beta_3=\beta_4=0$

2) a) $H_1: \alpha_i$ 중 적어도 하나는 0이 아니다.

b) $H_1: \beta_j$ 중 적어도 하나는 0이 아니다.

3) $\alpha=0.05$

4) 기각역 : a) $f>5.14$, b) $f>4.76$

5) $SST=64^2+55^2+\cdots+53^2-\dfrac{720^2}{12}=662$

$$SSA=\frac{236^2+252^2+232^2}{4}-\frac{720^2}{12}=56$$

$$SSB=\frac{210^2+159^2+183^2+168^2}{3}-\frac{720^2}{12}=498$$

$$SSE=662-56-498=108$$

〈표 13.10〉 〈표 13.9〉를 이용한 분산분석표

변동요인	제곱합	자유도	제곱평균	f 검정통계량
볍 씨	56	2	28	1.56
비 료	498	3	166	9.22
오 차	108	6	18	
합 계	662	11		

6) 볍씨의 품종에 따른 수확량은 같다고 볼 수 있고, 비료의 종류에 따라서는 수확량이 달라진다는 결론을 내릴 수 있다.

13.4 반복이 있는 이원배치법

앞 절에서는 두 개의 인자 A, B의 수준수가 각각 l, m이고 각 수준조합에서 한 번씩 실험하는 배치를 생각했는데, 본절에서는 각 수준조합에서 r번씩 반복실험하는 배치를 생각해 보기로 하자. 그러면 전체 실험횟수는 lmr이 되는데, 이러한 lmr회의 실험은 무작위로 선택된 순서에 의해서 실시하게 된다.

반복이 없는 이원배치법에 비해서 반복이 있는 이원배치법의 장점은 인자의 수준조합에서 생기는 효과, 즉 교호작용을 오차로부터 분리하여 구할 수 있다는 것이다. 교호작용을 그림으로 나타내 보면 〈그림 13.1〉과 〈그림 13.2〉와 같다. 〈그림 13.1〉에서 보는 바와 같이 A의 각 수준을 연결하는 선들이 평행이면 A, B인자 사이에는 교호작용이 존재하지 않는다. 그러나 〈그림 13.2〉에서는 B_1에서는 A_2가 A_3보다 높은 값을 가지나 B_2에서는 A_3가 A_2보다 높은 값을 가진다. 이와 같이 A의 각 수준에서의 값의 차이가 B의 수준에 따라 변하면 A와 B는 교호작용이 있다고 한다. 반복이 있는 이원배치의 자료구조는 〈표 13.11〉과 같다.

〈표 13.11〉 반복이 있는 이원배치의 자료구조

	B_1	B_2	…	B_m	평 균
A_1	y_{111} y_{112} ⋮ y_{11r}	y_{121} y_{122} ⋮ y_{12r}	…	y_{1m1} y_{1m2} ⋮ y_{1mr}	$\bar{y}_{1\cdot\cdot}$
A_2	y_{211} y_{212} ⋮ y_{21r}	y_{221} y_{222} ⋮ y_{22r}	…	y_{2m1} y_{2m2} ⋮ y_{2mr}	$\bar{y}_{2\cdot\cdot}$
⋮	⋮	⋮	⋮	⋮	⋮
A_l	y_{l11} y_{l12} ⋮ y_{l1r}	y_{l21} y_{l22} ⋮ y_{l2r}	…	y_{lm1} y_{lm2} ⋮ y_{lmr}	$\bar{y}_{l\cdot\cdot}$
평 균	$\bar{y}_{\cdot1\cdot}$	$\bar{y}_{\cdot2\cdot}$	…	$\bar{y}_{\cdot m\cdot}$	$\bar{y}_{\cdot\cdot\cdot}$

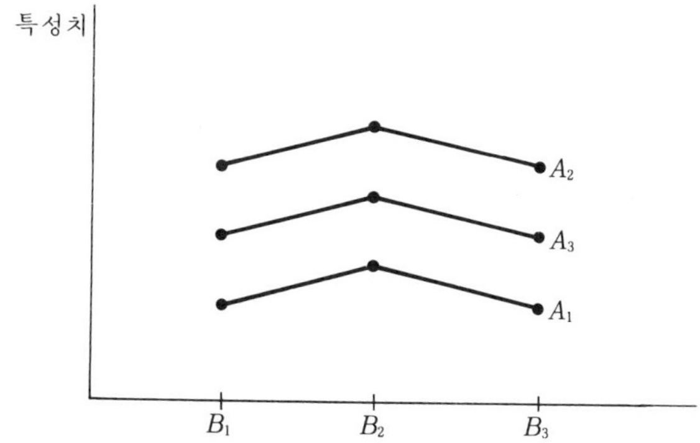

〈그림 13.1〉 교호작용이 없는 경우

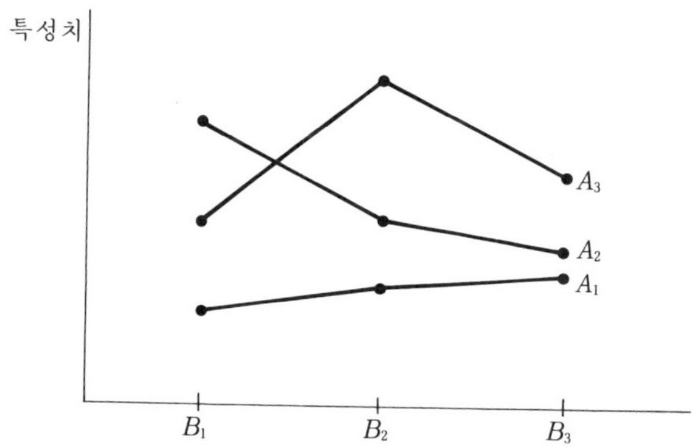

〈그림 13.2〉 교호작용이 있는 경우

〈표 13.11〉에서 평균은 다음과 같이 정의된다.

$$\bar{y}_{i\cdot\cdot}=\frac{1}{mr}\sum_{j=1}^{m}\sum_{k=1}^{r}y_{ijk},\quad i=1,\ \cdots,\ l$$

$$\bar{y}_{\cdot j\cdot}=\frac{1}{lr}\sum_{i=1}^{l}\sum_{k=1}^{r}y_{ijk},\quad j=1,\ \cdots,\ m$$

$$\bar{y}_{\cdots}=\frac{1}{lmr}\sum_{i=1}^{l}\sum_{j=1}^{m}\sum_{k=1}^{r}y_{ijk}$$

반복이 있는 이원배치의 모집단 모형은

$$y_{ijk}=\mu+\alpha_i+\beta_j+\gamma_{ij}+\varepsilon_{ijk},\ i=1,\ \cdots,\ l,\ j=1,\ \cdots,\ m,\ k=1,\ \cdots,\ r$$

이고 α_i는 인자 A의 i번째 수준의 효과, β_j는 인자 B의 j번째 수준의 효과, γ_{ij}는 A_i와 B_j의 수준조합에서의 교호작용 효과, ε_{ijk}는 오차항으로서 평균이 0, 분산이 σ^2인 정규분포를 따른다.

반복이 있는 이원배치에 알고자 하는 것은 인자 A, B 각각이 특성치에 미치는 영향과 교호작용이 있느냐 하는 것이다. 즉 귀무가설은

$$H_0: \gamma_{ij}=0,\ i=1, \cdots, l,\ j=1, \cdots, m$$

이 된다. 가설 검정을 위해 총편차를 분해하면

$$y_{ijk}-\bar{y}_{\cdots}=(\bar{y}_{i\cdot\cdot}-\bar{y}_{\cdots})+(\bar{y}_{\cdot j\cdot}-\bar{y}_{\cdots})+(\bar{y}_{ij\cdot}-\bar{y}_{i\cdot\cdot}-\bar{y}_{\cdot j\cdot}+\bar{y}_{\cdots})$$
$$+(y_{ijk}-\bar{y}_{ij\cdot})$$

이 되므로, 양변을 제곱하여 제곱합을 구하면

$$\sum_{i=1}^{l}\sum_{j=1}^{m}\sum_{k=1}^{r}(y_{ijk}-\bar{y}_{\cdots})^2=mr\sum_{i=1}^{l}(\bar{y}_{i\cdot\cdot}-\bar{y}_{\cdots})^2+lr\sum_{j=1}^{m}(\bar{y}_{\cdot j\cdot}-\bar{y}_{\cdots})^2$$
$$+r\sum_{i=1}^{l}\sum_{j=1}^{m}(\bar{y}_{ij\cdot}-\bar{y}_{i\cdot\cdot}-\bar{y}_{\cdot j\cdot}+\bar{y}_{\cdots})^2+\sum_{i=1}^{l}\sum_{j=1}^{m}\sum_{k=1}^{r}(y_{ijk}-\bar{y}_{ij\cdot})^2$$

이 된다. 여기서 좌변은 자유도가 $lmr-1$인 총제곱합(SST)이고, $mr\sum_{i=1}^{l}(\bar{y}_{i\cdot\cdot}-\bar{y}_{\cdots})^2$은 자유도가 $l-1$인 인자 A의 제곱합(SSA)이고, $lr\sum_{j=1}^{m}(\bar{y}_{\cdot j\cdot}-\bar{y}_{\cdots})^2$은 자유도가 $m-1$인 인자 B의 제곱합(SSB)이고, $r\sum_{i=1}^{l}\sum_{j=1}^{m}(\bar{y}_{ij\cdot}-\bar{y}_{i\cdot\cdot}-\bar{y}_{\cdot j\cdot}+\bar{y}_{\cdots})^2$은 자유도가 $(l-1)(m-1)$인 교호작용에 대한 제곱합이고, $\sum_{i=1}^{l}\sum_{j=1}^{m}\sum_{k=1}^{r}(y_{ijk}-\bar{y}_{ij\cdot})^2$은 자유도가 $lm(r-1)$인 오차항에 대한 제곱합이다. 이상을 정리하여 분산분석표를 만들면 〈표 13.12〉와 같다.

f검정통계량을 기초로 인자 A, B에 대한 검정은 반복이 없는 이원배치

〈표 13.12〉 반복이 있는 이원배치의 분산분석표

변동요인	제곱합	자유도	제곱평균	f검정통계량
인자 A	SSA	$l-1$	$SSA/(l-1)$	$\frac{SSA}{(l-1)}\times\frac{lm(r-1)}{SSE}$
인자 B	SSB	$m-1$	$SSB/(m-1)$	$\frac{SSB}{(m-1)}\times\frac{lm(r-1)}{SSE}$
교호작용	$SS(A\times B)$	$(l-1)(m-1)$	$SS(A\times B)/[(l-1)(m-1)]$	$\frac{SS(A\times B)}{(l-1)(m-1)}\times\frac{lm(r-1)}{SSE}$
오 차	SSE	$lm(r-1)$	$SSE/[lm(r-1)]$	
합 계	SST	$lmr-1$		

와 똑같고, 교호작용에 대한 검정은 f검정통계량 값이 F분포의 자유도 $(l-1)(m-1)$, $lm(r-1)$에서 유의수준 α에 해당되는 값보다 크면 교호작용이 유의한 것이고, 그렇지 않으면 교호작용은 무시해도 좋다.

[예 13.4] 세 종류의 미사일 시스템을 각각 추진방식에 따라 네 가지 형태로 나누어 실험한 결과는 다음 표와 같다.

미사일 시스템	추 진 방 법			
	B_1	B_2	B_3	B_4
A_1	34.0 32.7	30.1 32.8	29.8 26.7	29.0 28.9
A_2	32.0 33.2	30.2 29.8	28.7 28.1	27.6 27.8
A_3	28.4 29.3	27.3 28.9	29.7 27.3	28.8 29.1

유의수준 0.05로 다음을 검정하라.

1) 미사일 시스템에 따른 차이가 없다.

2) 추진방식에 따른 차이가 없다.

3) 미사일 시스템과 추진방식 사이의 교호작용은 없다.

(풀이)

1) $H_0 : \alpha_1 = \alpha_2 = \alpha_3 = 0$

$H_0 : \beta_1 = \beta_2 = \beta_3 = \beta_4 = 0$

$H_0 : \gamma_{11} = \gamma_{12} = \cdots = \gamma_{34} = 0$

2) $H_1 : \alpha_i$ 중 적어도 하나는 0이 아니다.

$H_1 : \beta_j$ 중 적어도 하나는 0이 아니다.

$H_1 : \gamma_{ij}$ 중 적어도 하나는 0이 아니다.

3) $\alpha = 0.05$

4) 기각역 $f > 3.89$, $f > 3.49$, $f > 3.00$

5) 보조표 작성

	B_1	B_2	B_3	B_4	합 계
A_1	66.7	62.9	56.5	57.9	244.0
A_2	65.2	60.0	56.8	55.4	237.4

A_3	57.7	56.2	57.0	57.9	228.8
합 계	189.6	179.1	170.3	171.2	710.2

6) 계산

$$SST = 34.0^2 + 32.7^2 + \cdots + 29.1^2 - \frac{710.2^2}{24}$$

$$= 21{,}107.68 - 21{,}016.00 = 91.68$$

$$SSA = \frac{244.0^2 + 237.4^2 + 228.8^2}{8} - \frac{710.2^2}{24}$$

$$= 21{,}030.52 - 21{,}016.00 = 14.52$$

$$SSB = \frac{189.6^2 + 179.1^2 + 170.3^2 + 171.2^2}{6} - \frac{710.2^2}{24}$$

$$= 21{,}056.08 - 21{,}016.00 = 40.08$$

$$SSB(A \times B) = \frac{66.7^2 + 65.2^2 + \cdots + 57.9^2}{2} - 21{,}016.00 - 14.52 - 40.08$$

$$= 22.17$$

$$SSE = 91.68 - 14.52 - 40.08 - 22.17 = 14.91$$

7) 분산분석표 작성

변 동 요 인	제 곱 합	자 유 도	제곱평균	f 검정통계량
미사일 시스템	14.52	2	7.26	5.85
추 진 방 식	40.08	3	13.36	10.77
교 호 작 용	22.17	6	3.70	2.98
오 차	14.91	12	1.24	
합 계	91.68	23		

8) 결론 : 미사일 시스템은 유의하다.

추진방식은 유의하다.

교호작용은 유의하지 않다.

연습문제

1. 일원배치법에서 오차의 제곱평균

$$\frac{SSE}{k(n-1)}$$

가 σ^2의 불편추정량임을 보여라.

2. 다음 표는 6대의 기계에서 생산되는 제품의 인장강도를 알기 위해 각각 4대씩의 표본을 추출한 자료이다. 이를 기초로 유의수준 0.05로 각 기계의 차이가 있는지 검정하라.

1	2	3	4	5	6
17.5	16.4	20.3	14.6	17.5	18.3
16.9	19.2	15.7	16.7	19.2	16.2
15.8	17.7	17.8	20.8	16.5	17.5
18.6	15.4	18.9	18.9	20.5	20.1

3. 다음 표는 5종류의 진통제에 대해서 진통시간에 대한 조사표이다. 이를 기초로 유의수준 0.05로 각 진통제에 차이가 있는지 검정하라.

A	B	C	D	E
5	9	3	2	7
4	7	5	3	6
8	8	2	4	9
6	6	3	1	4
3	9	7	4	7

4. 슈퍼마켓에서 특정 상품의 매출이 진열 높이에 따라 차이가 있는가를 조사하기 위해, 진열대를 무릎높이, 허리높이, 눈높이로 나누어 각각 8일 동안 매상을 기록한 결과가 다음과 같다.

진 열 대 높 이		
무릎높이	허리높이	눈높이
77	88	85
82	94	85
86	93	87
78	90	81

81	91	80
86	94	79
77	90	87
81	87	93

진열높이에 따라 매상에 차이가 있는지 유의수준 0.01로 검정하라.

5. 동물학자인 갑씨는 야생동물을 포획하여 각 동물들의 생리학적 과정에 대한 연구를 하고 있다. 그런데 동물 포획하여 움직이는 상태에서는 동물의 피를 뽑는 것 같은 작업이 어려우므로 주사를 놓아 마취된 상태에서 필요한 검사를 하고 있다. 현재 사용하고 있는 마취제는 세 종류인데, 각 마취제 주사후 움직이지 못하게 되는 데까지 걸리는 시간을 기록한 결과가 다음과 같다(단위: 분). 이를 토대로 각 마취제가 동일한 결과를 나타내는지를 유의수준 0.01로 검정하라.

A	B	C
11	10	4
5	7	4
14	16	6
7	7	3
10	7	5
7	5	6
23	10	8
4	10	3
11	6	7
11	12	3

6. 새로 개발한 비료의 적정사용량을 알아보기 위해 비료의 양을 네 종류로 나누어 실험한 결과가 다음과 같다. 이를 토대로 비료의 양이 수확량에 미치는 영향이 있는가를 유의수준 0.05로 검정하라.

50 mg	100 mg	150 mg	200 mg
13.2	16.0	7.8	21.0
12.4	12.6	14.4	14.8
12.8	14.8	20.0	19.1
17.2	13.0	15.8	15.8
13.0	14.0	17.0	18.0
14.0	23.6	27.0	26.0

14.2	14.0	19.6	21.1
21.6	17.0	18.0	22.0
15.0	22.2	20.2	25.0
20.0	24.4	23.2	18.2

7. 다음 표는 수학과목을 맡고 있는 세 선생님에게 각각 수강한 학생들의 수학 성적이다. 이 표를 기초로 유의수준 0.05에서 세 선생님에 따라 수학성적에 차이가 있는가를 검정하라.

A	*B*	*C*
73	88	68
89	78	79
82	48	56
43	91	91
80	51	71
73	85	71
66	74	87
60	77	41
45	31	59
93	78	68
36	62	53
77	76	79
	96	15
	80	
	56	

8. 다음 표는 어떤 부품의 수명에 영향을 미친다고 생각되는 사용온도와 오븐의 종류를 각각 세 가지, 네 가지로 나누어 실험한 것이다. 유의수준 0.05로 다음 가설을 검정하라.

온 도	오 븐			
	O_1	O_2	O_3	O_4
500	227 221	214 259	225 236	260 229
550	187 208	181 179	232 198	246 273
600	174 202	198 194	178 213	206 219

① 사용온도는 부품수명에 영향을 미치지 않는다.

② 오븐의 종류는 부품수명에 영향을 미치지 않는다.

③ 사용온도와 오븐의 종류 사이의 교호작용은 없다.

9. 다음 표는 오렌지에 포함된 비타민 C의 함량을 조사한 것으로, 세 회사에서 판매되는 오렌지 종류를 각각 냉장 창고에 0, 3, 7일씩 보관한 후의 함량을 기록한 것이다. 유의수준 0.05로 다음을 검정하라.

① 세 회사에서 판매하는 오렌지에 따른 차이는 없다.

② 냉장 창고에 보관된 기간에 따른 차이는 없다.

③ 오렌지를 판매하는 세 회사에 냉장기간 사이의 교호작용은 없다.

회 사 명	냉 장 기 간					
	0		3		7	
A	52.6	54.2	49.4	49.2	42.7	48.8
	49.8	46.5	42.8	53.2	40.4	47.6
B	56.0	48.0	48.8	44.0	49.2	44.0
	49.6	48.4	44.0	42.4	42.0	43.2
C	52.5	52.0	48.0	47.0	48.5	43.4
	51.8	53.6	48.2	49.6	45.2	47.6

10. 금속재료로 알루미늄을 생산하는 공장에서 알루미늄의 부식에 영향을 미치는 인자로 습도와 알루미늄의 코팅방법의 두 가지 인자가 있을 것으로 생각되었다. 따라서 습도를 세 가지 기준으로 나누고, 코팅방법도 세 가지 방법으로 나누어 실험한 결과가 다음 표와 같았다. 분산분석표를 작성하고 이를 유의수준 0.05로 검정하라.

코 팅 방 식	상 대 습 도					
	저		중		고	
A	361	469	314	522	1,344	1,216
	446	937	244	739	1,027	1,097
	1,069	1,357	261	134	663	1,011
B	114	1,032	322	471	78	466
	1,236	92	306	130	387	107
	533	211	68	398	130	327
C	130	1,482	242	874	586	524
	841	529	105	755	402	751
	1,595	754	847	573	846	529

11. 사람의 각 근육에서 낼 수 있는 힘을 알아보기 위해 세 사람의 피실험자를 선택하여, 각각 신체에서 5부위의 근육에 대해 근전도 실험을 한 결과가 다음 표와 같다. 이를 기초로 해서 유의수준 0.01로 다음을 검정하라.

① 각 피실험자에 따라 차이가 있는지 검정하라.

② 신체의 근육부위별로 차이가 있는지 검정하라.

③ 피실험자와 근육부위 사이에 교호작용이 있는지 검정하라.

피실험자	근육부위				
	1	2	3	4	5
1	32	5	58	10	19
	59	1.5	61	10	20
	38	2	66	14	23
2	63	10	64	45	43
	60	9	78	61	61
	50	7	78	71	42
3	43	41	26	63	61
	54	43	29	46	85
	47	42	23	55	95

12. 세 종류의 쥐를 피실험자로 하여 두 가지 환경하에서 미로를 빠져 나가는 실험을 하였다. 결과로 각 쥐가 미로를 빠져 나가는 데 소요된 시간(단위: 초)을 기록하였다. 이를 기초로 해서 유의수준 0.01로 다음을 검정하라.

① 환경에 따라 차이가 있는지 검정하라.

② 쥐의 종류에 따라 차이가 있는지 검정하라.

③ 환경과 쥐의 종류 사이에 교호작용이 있는지 검정하라.

환경	종류					
	A_1		A_2		A_3	
B_1	28	12	33	83	101	94
	22	23	36	14	33	56
	25	10	41	76	122	83
	36	86	22	58	35	23
B_2	72	32	60	89	136	120
	48	93	35	126	38	153
	25	31	83	110	64	128
	91	19	99	118	87	140

13. 유전 탐사에 소요되는 비용은 굴착기의 굴착속도에 따라 크게 좌우된다. 기존에 사용되고 있는 세 종류 굴착기의 단위시간당 굴착률을 조사하기 위해 임의로 12군데 지점을 선정하여 실험한 결과가 다음과 같다. 이를 기초로 세 종류의 굴착기에 따른 굴착률이 서로 다른지를 유의수준 0.05로 검정하라.

A	B	C
35.2	25.8	14.7
30.1	29.7	28.9
37.6	26.6	23.3
34.3	30.1	16.2

14. 바다 속에서 자생하는 식물의 성장에 가장 중요한 것이 산소량이다. 따라서 바다 깊이에 따른 산소함유량을 측정한 결과가 다음과 같다. 이를 기초로 바다깊이에 따라 산소함유량이 다른지를 유의수준 0.05로 검정하라.

바 다 깊 이 (단위: m)				
5	10	15	20	40
1.2	3.7	1.7	2.8	4.4
3.6	4.6	2.2	4.6	5.3
1.3	3.1	1.6	3.7	3.6
1.8	2.0	1.5	3.2	4.8

15. 다음 표는 다섯 명의 학생들의 국어, 영어, 수학, 과학의 모의고사 성적이다. 이를 기초로 유의수준 0.05로 다음을 검정하라.

① 네 과목의 시험문제 난이도는 비슷한가를 검정하라.

② 학생들의 능력은 비슷한가를 검정하라.

학 생	과 목			
	국 어	영 어	수 학	과 학
1	68	57	73	61
2	83	94	91	86
3	72	81	63	59
4	55	73	77	66
5	92	68	75	87

16. 다음 표는 다섯 명의 피실험자를 네 가지 서로 다른 조건하에 실험한 결과

치이다. 이를 기초로 네 가지 서로 다른 조건이 결과치에 미치는 영향은 같다는 가설을 유의수준 0.05로 검정하라.

조 건	피 실 험 자				
	1	2	3	4	5
1	12.8	10.6	11.7	10.7	11.0
2	11.7	14.2	11.8	9.9	13.8
3	11.5	14.7	13.6	10.7	15.9
4	12.6	16.5	15.4	9.6	17.1

17. 플라스틱의 장력이 습도에 따라 달라지는가를 보기 위해, 습도를 변화시켜 가면서 실험한 자료가 다음과 같다. 이를 기초로 유의수준 0.05로 다음을 검정하라.

① 플라스틱 종류에 따른 장력의 차이는 없다.

② 습도의 변화에 따른 장력의 차이는 없다.

플라스틱 종류	습 도			
	30%	50%	70%	90%
A	39.0	33.1	33.8	33.0
B	36.9	27.2	29.7	28.5
C	27.4	29.2	26.7	30.9

18. 다음 자료는 네 사람의 피실험자가 각각 네 종류의 타자기를 사용하여 분당 타수를 측정한 결과를 이를 기초로 유의수준 0.05로 다음을 검정하라.

① 피실험자들의 타자속도는 같다.

② 타자기 종류에 따른 타자 속도는 같다.

피실험자	타자기 종류			
	A	B	C	D
1	78	62	71	77
2	57	49	62	60
3	69	78	72	83
4	71	66	59	67

19. 다음 자료는 다섯 명 학생들이 국어, 영어, 수학, 과학 네 과목의 성적이다. 이를 기초로 유의수준 0.05에서 다음을 검정하라.

① 각 과목 시험 난이도는 같다.

② 학생들의 능력은 같다.

③ 시험과목의 난이도와 학생들의 능력 사이의 교호작용은 없다.

학 생	국 어		영 어		수 학		과 학	
1	88 79	63 80	51 72	58 65	73 77	81 77	87 92	81 76
2	79 56	96 68	85 67	95 88	82 80	36 68	80 62	93 67
3	67 51	66 89	74 59	47 82	91 59	95 92	77 84	70 73
4	35 64	60 70	76 26	49 76	43 42	52 32	55 53	49 56
5	99 87	77 95	84 83	94 76	95 98	81 96	83 87	76 80

20. 세 종류의 감자에 대한 수확량의 차이를 보기 위해 일정 면적의 밭을 네 개로 구분하여 수확된 양을 측정한 결과가 다음과 같다. 이를 기초로 다음 가설을 유의수준 0.05로 검정하라.

① 감자 종류에 따른 수확량에는 차이가 없다.

② 밭의 위치에 따른 수확량에는 차이가 없다.

③ 밭의 위치와 감자의 종류 사이의 교호작용은 없다.

밭 구역	감자의 종류		
	갑	을	병
1	15 19 12	20 24 18	22 17 14
2	17 10 13	24 18 22	26 19 21
3	9 12 6	12 15 10	10 5 8
4	14 8 11	21 16 14	19 15 12

제 14 장

비모수통계

14.1 비모수검정

지금까지 설명했던 대부분의 가설검정은 모집단이 정규모집단이라는 가정에 기초하였다. 이는 표본의 크기가 큰 경우 중심극한정리에 의해 타당성이 인정되었다. 일반적으로 이와 같은 방법을 모수적 검정방법이라고 부른다. 이에 반해, 모집단의 분포에 대해 정보가 전혀 없는 경우의 가설검정을 비모수적 검정방법이라고 한다. 비모수적 통계의 전제조건은 모집단이 연속적인 분포를 따른다는 것이다.

이러한 비모수검정방법이 요즈음 와서 많이 사용되는 이유는 다음과 같다. 첫째, 계산이 매우 용이하고 신속히 할 수 있다. 둘째, 자료가 정량적인 경우뿐만 아니라 정성적인 경우도 가능하다는 것이다. 다만 정성적인 경우는 표본으로 추출된 대상물에 순위를 부여해야만 한다. 예를 들어, 5개 맥주제조회사에서 시판하는 맥주의 선호도에 대해 개인적인 차이가 있는가를 검정하기 위해서는, 각 피실험자로 하여금 5종류의 맥주에 대해 선호도에 따라 1, 2, 3, 4, 5순위를 부여하게 한 다음, 각 피실험자의 선호도에 차이가 있는지 없는지를 검정한다. 셋째로 서두에서도 설명했듯이 모수검정보다 제약되는 가정조건이 적다는 것이다.

그러나 분석대상의 검정에 모수적 방법과 비모수적 방법을 모두 적용시킬 수 있을 때는 모수적 방법을 쓰는 것이 더 효과적이다. 따라서 모집단에 대한 정보로 정규모집단이라는 가정을 합리화시킬 수 없을 경우, 또는 자료가 정성적인 속성을 가지고 있는 경우는 비모수적 검정방법을 사용하는 것이 효과적이다.

14.2 부호검정

10.4 절의 모평균검정에서 귀무가설 $\mu=\mu_0$를 검정하고자 할 때, 기본가정은 정규모집단 또는 표본의 크기가 30보다 크다는 것이다. 그러므로 표본의 크기가 30보다 작으면 모수적 검정방법을 사용할 수 없고, 이때는 비모수적 방법을 사용해야 한다. 본 절에서는 비모수적 검정방법 중 가장 간단한 부호검정에 대해 설명하겠다.

부호검정의 기본 개념은 귀무가설 $\mu=\mu_0$를 검정할 때, 추출된 자료를 μ_0를 기준으로, μ_0보다 큰 것에는 +부호, 작은 것에는 −부호를 부여하고, +부호와 −부호의 개수가 같으면 μ_0에 대해 거의 대칭이므로 귀무가설을 채택한다는 것이다. 반대로 한쪽 부호의 개수가 월등히 많다면 한쪽으로 치우쳐 있다는 뜻이므로 H_0를 기각한다는 것이다.

그런데 부호검정에서 이론적으로는 추출된 표본 중에는 μ_0와 같은 값을 갖는 경우는 배제하므로, 실제값이 μ_0와 같은 자료가 있다면 이는 분석에서 제외시키고 표본의 수를 감소시킨다. 그리고 부호검정에서 귀무가설 $\mu=\mu_0$가 진이라면 결과는 +부호 개수, −부호 개수의 두 가지로 나오므로 각 부호에 속할 확률이 1/2인 이항분포를 따르게 된다. 따라서 표본 중 +부호의 개수를 확률변수 X로 표시하면 X는 $b(x\,;\,n,\,1/2)$를 따른다.

예를 들어,

$$\text{귀무가설 } H_0 : \mu=\mu_0$$
$$\text{대립가설 } H_1 : \mu<\mu_0$$

를 검정하고자 할 때는, 확률

$$P=P\left(X\leq x \mid p=\frac{1}{2}\right)$$

이 미리 정해진 유의수준 α보다 작으면 H_0를 기각한다. 여기서 $n=15$, $x=$

3 이라고 하면

$$P = P\left(X \le 3 \mid p = \frac{1}{2}\right)$$
$$= \sum_{x=0}^{3} b\left(x\,;\,15,\ \frac{1}{2}\right) = 0.0176$$

이다. 따라서 유의수준 0.05 에서는 H_0를 기각하고, 유의수준 0.01 에서는 H_0를 채택하게 된다.

반면에 대립가설의 부등호가 반대로

$$H_0: \mu = \mu_0$$
$$H_1: \mu > \mu_0$$

를 검정하기 위해서는 확률

$$P = P\left(X \ge x \mid p = \frac{1}{2}\right)$$

을 계산하여, P값이 유의수준 α보다 작으면 H_0를 기각한다.

마지막으로 가설이

$$H_0: \mu = \mu_0$$
$$H_1: \mu \ne \mu_0$$

일 때는, $x < n/2$ 이면 확률

$$P = 2P\left(X \le x \mid p = \frac{1}{2}\right)$$

을 계산하여 P값이 α보다 작거나 같으면 H_0를 기각하고, $x > n/2$ 이면 확률

$$P = 2P\left(X \ge x \mid p = \frac{1}{2}\right)$$

을 계산하여 P값이 α보다 작거나 같으면 H_0를 기각한다.

그런데 이항분포에서 정규근사가 가능해지려면 $np > 5$, $nq > 5$가 되어야 한다. 부호검정에서는 $p = 1/2$이므로 표본의 수가 10보다 커지면 $np = nq > 5$가 되므로 정규근사가 가능해진다. 이를 이용한 예를 보자.

가설 $H_0 : \mu=\mu_0$

$H_1 : \mu<\mu_0$

를 유의수준 0.05로 검정하자. 주어진 조건으로 $n=20$, $x=6$이라 하자. 정규근사를 이용하면

$$\mu=np=(20)(0.5)=10$$

$$\sigma=\sqrt{npq}=\sqrt{(20)(0.5)(0.5)}=2.236$$

$$z=\frac{6.5-10}{2.236}=-1.57$$

$$P=P(X\le 6)\simeq P(Z<-1.57)=0.0582$$

따라서 귀무가설을 채택한다.

[예 14. 1] 다음 자료는 휴대용 녹화기의 축전지를 한 번 충전해서 사용한 시간을 조사한 것이다. 이 자료를 기초로 평균사용시간이 1.8시간이라는 가설을 유의수준 0.05로 검정하라.

자료 : 1.5, 2.2, 0.9, 1.3, 2.0, 1.6, 1.8, 1.5, 2.0, 1.2, 1.7

(풀이)

1) $H_0 : \mu=1.8$

2) $H_1 : \mu\neq 1.8$

3) $\alpha=0.05$

4) 검정통계량 : $p=1/2$인 이항확률변수 X

5) 1.8을 기준으로 +부호의 개수=3

$$P=2P\left(X\le 3 \mid p=\frac{1}{2}\right)$$

$$=2\sum_{x=0}^{3} b\left(x; 10, \frac{1}{2}\right)$$

$$=0.3438>0.05$$

6) H_0 채택

부호검정에서 모집단이 두 개인 경우, 각 모집단에서 n개씩의 표본을 추출할 수 있을 때 각 모집단의 평균에 차이가 있는지를 검정할 때도 적용이 가능하다. 즉 두 모집단의 평균을 각각 μ_1, μ_2라 하면 귀무가설은 $\mu_1-\mu_2=0$이 된다. 그러면 각 쌍마다의 차를 d_i라 하고 $d_i>0$인 개수를 세어 이를 기초로

귀무가설을 검정할 수 있다. 즉 두 모집단의 평균이 서로 같다면 $d_i>0$ 인 개수가 전체 표본의 수 1/2인 $n/2$에 가까운 값이 될 것이고, 반대인 경우는 한쪽으로 치우치게 되므로 귀무가설이 기각될 확률이 높게 된다.

[예 14.2] 다음 표는 어느 택시회사에서 래디얼 타이어와 일반 타이어를 각각 차에 장착했을 때, 휘발유 1l로 주행한 거리를 조사한 것이다. 이를 기초로 래디얼 타이어가 일반 타이어보다 주행거리가 더 긴지를 유의수준 0.05로 검정하라.

차	래디얼 타이어	일반 타이어
1	4.2	4.1
2	4.7	4.9
3	6.6	6.2
4	7.0	6.9
5	6.7	6.8
6	4.5	4.4
7	5.7	5.7
8	6.0	5.8
9	7.4	6.9
10	4.9	4.9
11	6.1	6.0
12	5.2	4.9
13	5.7	5.3
14	6.9	6.5
15	6.8	7.1
16	4.9	4.8

(풀이)

1) $H_0 : \mu_1-\mu_2=0$

2) $H_1 : \mu_1-\mu_2>0$

3) $\alpha=0.05$

4) 검정통계량 : $p=1/2$ 인 이항확률변수 X

5) 표에서 $n=16$ 이지만 주행거리가 같은 두 개를 제외시키면 $n=14$ 이고, +부호의 개수는 $x=11$ 이다. 정규근사를 이용하면

$$z=\frac{10.5-7}{\sqrt{14}/2}=1.87$$

$$P=P(X\geq 11)\simeq P(Z>1.87)=0.037$$

6) H_0 기각

14.3 부호 붙은 순위검정

부호검정에서는 단순히 +, −부호의 개수에 의해서만 검정을 하고, 차이의 크기에 대해서는 고려하지 못했다. 따라서 +, −부호에 차이의 크기까지 고려한 검정을 부호 붙은 순위검정이라 하고, 이를 처음 제의한 사람이 F. Wilcoxon 이므로 Wilcoxon 의 부호 붙은 순위검정이라고도 한다.

먼저 모집단이 한 개인 경우에 대해서 살펴보기로 하자. 각 표본의 자료와 μ_0와의 차이에 절대값을 붙여 순위를 부여한다. 즉 절대값이 가장 작은 것부터 1, 2, 3, … 등으로 순위를 부여한 다음, 다시 원래 +, −부호를 고려한 합계를 구하여 각각 w_+, w_-로 나타낸다. 만약 원래 모집단이 $\mu=\mu_0$를 중심으로 대칭을 이룬다면 w_+와 w_-는 거의 같은 값을 가질 것이다. 그리고 w_+와 w_- 중에서 더 작은 값을 w로 표시하기로 하자.

그런데 계속 표본을 추출함에 따라 w_+, w_-, w는 변하는 값이 되므로, 대응되는 확률변수로 W_+, W_-, W를 사용하기로 한다. 귀무가설이 $\mu=\mu_0$이고 대립가설이 $\mu<\mu_0$인 경우, w_+가 작고 w_-가 크면 H_0를 기각할 가능성이 높다. 또한 대립가설이 $\mu>\mu_0$일 때는, w_+가 크고 w_-가 작으면 H_0를 기각할 가능성이 높다. 한편, 대립가설이 $\mu\neq\mu_0$일 때는, w_+ 또는 w_-가 매우 작으면 H_0를 기각할 가능성이 높아진다.

〈표 14.1〉 부호 붙은 순위검정

귀무가설 H_0	대립가설 H_1	계 산
$\mu=\mu_0$	$\mu<\mu_0$ $\mu>\mu_0$ $\mu\neq\mu_0$	w_+ w_- w
$\mu_1=\mu_2$	$\mu<\mu_2$ $\mu>\mu_2$ $\mu\neq\mu_2$	w_+ w_- w

모집단이 두 개인 경우, 자료가 쌍으로 주어졌을 때는 각 쌍의 자료의 차이의 절대값에 순위를 부여한 다음, 원래 +, −부호를 고려한 각각의 순위합

을 w_+, w_-로 놓고 모집단이 한 개인 경우와 마찬가지 방법으로 검정을 하면 된다. 한편, 순위를 부여할 때 동일한 값이 나오면 순위의 평균을 부여하면 된다. 예를 들어, 차이의 절대값으로 보아 5, 6순위에 해당되는 자료가 같은 값을 가질 경우에는 각각 5.5순위를 부여한다. 이와 같이, 모집단이 한 개 또는 두 개인 경우 부호 붙은 순위결정에 대한 요약이 〈표 14.1〉에 나와 있다.

$n<5$인 경우, 귀무가설이 채택될 때 유의수준은 단축검정일 때는 0.05, 양측검정일 때는 0.10을 넘지 않는 것을 쉽게 알 수 있다. $5\leq n\leq 30$인 경우, 단측검정일 때는 유의수준이 0.01, 0.025, 0.05, 양측검정일 때는 유의수준이 0.02, 0.05, 0.10일 때의 W_+와 W_-에 대한 기각역이 부록에 나와 있다. 예를 들어, 단측검정에서 대립가설이 $\mu<\mu_0$이고, 유의수준은 0.05, $n=17$일 때 $w_+\leq 17$가 기각역이 된다.

[예 14.3] [예 14.1]의 자료를 가지고 부호 붙은 순위검정을 하여라.

(풀이)

1) H_0 : $\mu=1.8$

2) H_1 : $\mu\neq 1.8$

3) $\alpha=0.05$

4) $n=10$일 때 기각역 : $w\leq 8$

5)

d_i	−0.3	0.4	−0.9	−0.5	0.2	−0.2	−0.3	0.2	−0.6	−0.1
순위	5.5	7	10	8	3	3	5.5	3	9	1

$w_+=13$, $w_-=42$이므로 $w=13$

6) H_0 채택

$n\geq 15$인 경우 W_+(또는 W_-)의 분포는 평균이

$$\mu_{w+}=\frac{n(n+1)}{4}$$

분산이

$$\sigma^2_{w+}=\frac{n(n+1)(2n+1)}{24}$$

인 정규분포를 따른다. 이때의 표준정규계수는

$$Z=\frac{(W_{+}-\mu_{w+})}{\sigma_{w+}}$$

이다.

[예 14.4] 어떤 대학교 졸업시험에서 연습문제를 전부 풀어 본 학생의 평균점수가 풀지 않은 학생의 평균점수보다 50점이 높다는 가설을 검정하기 위해서, 20명의 학생을 추출하여 10조로 나누어 졸업시험의 점수를 조사한 표가 다음과 같다.

	조									
	1	2	3	4	5	6	7	8	9	10
연습문제를 푼 학생	531	621	663	579	451	660	691	719	543	575
연습문제를 풀지 않은 학생	509	540	688	502	424	683	568	748	530	524

귀무가설로 연습문제를 푼 학생과 풀지 않은 학생의 점수차는 50점이라 놓고, 대립가설은 50점 미만이라 할 때, 이를 유의수준 0.05로 검정하라.

(풀이)

1) $H_0 : \mu_1-\mu_2=50$

2) $H_1 : \mu_1-\mu_2<50$

3) $\alpha=0.05$

4) $n=10$일 때 기각역 $w_{+}\leq 11$

5)

	조									
	1	2	3	4	5	6	7	8	9	10
d_i	22	81	−25	77	27	−23	23	−29	13	51
d_i-d_0	−28	31	−75	27	−23	−73	−27	−79	−37	1
순 위	5	6	9	3.5	2	8	3.5	10	7	1

$$w_{+}=6+3.5+1=10.5$$

6) H_0 기각

14.4 순위합검정

이 절에서는 서로 독립이고 연속적인 비정규모집단으로부터 추출한 표본을 기초로 두 집단의 평균이 같은가를 검정하는 방법에 대해 소개하겠다. 즉 두 모집단의 평균을 각각 μ_1, μ_2라 할 때 귀무가설 H_0 : $\mu_1=\mu_2$를 검정하는 것이다. 제 1 모집단에서 n_1개의 표본을 추출하고, 제 2 모집단에서 n_2개의 표본을 추출했다고 하자. 단, 표본추출시 표본의 수가 작은 것을 n_1으로 놓고, 표본의 수가 큰 것을 n_2로 놓는다. 만약 두 표본의 수가 같을 때는 임의로 n_1, n_2를 정하면 된다. 그러면 총 표본의 수는 n_1+n_2개이다. 이를 크기순으로 나열하여 가장 작은 것부터 순위를 부여하면 1, 2, …, n_1+n_2가 된다. 만일 순위를 부여할 때 같은 크기의 표본이 있으면 평균값을 부여한다. 예를 들어, 순위 7과 8이 동일한 값을 가지면 각각 7.5를 부여한다.

그리고 n_1에 해당되는 순위합을 w_1, n_2에 해당하는 순위합을 w_2로 나타낸다. 따라서 w_1+w_2는 총 표본의 개수에 따라 달라진다. 예를 들어, $n_1=3$, $n_2=4$이면 $w_1+w_2=1+2+\cdots+7=28$이 된다. 이를 일반적으로 표시하면

$$w_1+w_2=\frac{(n_1+n_2)(n_1+n_2+1)}{2}$$

$$w_2=\frac{(n_1+n_2)(n_1+n_2+1)}{2}-w_1$$

그리고 w_1, w_2는 계속 실험을 반복할 경우 값이 변하므로 이를 각각 확률변수 W_1, W_2로 놓자. 그러면 귀무가설 $\mu_1=\mu_2$를 대립가설 $\mu_1<\mu_2$에 대해 검정할 때는 w_1이 작고 w_2가 크면 귀무가설을 기각한다. 마찬가지로 대립가설이 $\mu_1>\mu_2$일 때는 w_1이 크고 w_2가 작으면 귀무가설을 기각한다. 양측검정인 경우는 w_1이 작고 w_2가 크든지, w_1이 크고 w_2가 작으면 귀무가설을 기각한다. 실제로 위와 같은 가설검정을 할 때는 다음과 같은 u_1, u_2값에 기초하여 검정을 한다.

$$u_1=w_1-\frac{n_1(n_1+1)}{2}$$

$$u_2=w_2-\frac{n_2(n_2+1)}{2}$$

u_1, u_2값 중 작은 것을 u라 한다. 이와 같은 u_1, u_2, u값을 기준으로 했을 때 기각역이 부록에 나와 있다. 그리고 u_1은 w_1이 작으면 작아지고, u_2도 w_2가 작으면 작아진다. 순위합검정에 대한 요약이 〈표 14.2〉에 나와 있다.

〈표 14.2〉 순위합검정

H_0	H_1	계 산
$\mu_1=\mu_2$	$\mu_1<\mu_2$ $\mu_1>\mu_2$ $\mu_1\neq\mu_2$	u_1 u_2 u

부록에 단측검정의 경우 유의수준이 0.001, 0.01, 0.025, 0.05일 때 기각역 값 U_1, U_2가 나와 있고, 양측검정의 경우 유의수준이 0.002, 0.02, 0.05, 0.10일 때 기각역 값 U가 나와 있다. 계산된 u_1, u_2, u값이 지정된 유의수준에서 부록의 표값보다 작거나 같으면 귀무가설을 기각한다. 예를 들어, 귀무가설 $\mu_1=\mu_2$를 대립가설이 $\mu_1<\mu_2$에 대해 유의수준 0.05로 검정하고자 할 때, $n_1=3$, $n_2=5$, $w_1=8$이면

$$u_1=8-\frac{(3)(4)}{2}=2$$

부록에서 기각역은 $u_1\leq 1$이므로 H_0를 채택한다.

[예 14.5] 두 종류의 담배에 함유된 니코틴의 함량을 조사하여 다음과 같은 자료를 얻었다.

담배 A	2.1	4.0	6.3	5.4	4.8	3.7	6.1	3.3		
담배 B	4.1	0.6	3.1	2.5	4.0	6.2	1.6	2.2	1.9	5.4

두 종류 담배에 함유된 니코틴의 함량 평균은 차이가 없다는 가설을 유의수준 0.05로 검정하라.

(풀이)

1) H_0 : $\mu_1=\mu_2$

2) H_1 : $\mu_1\neq\mu_2$

3) $\alpha=0.05$

4) 기각역 : $u\leq 17$

5) 순위 부여 :

원 자 료	순 위	원 자 료	순 위	원 자 료	순 위
0.6	1	3.1	7	4.8	13
1.6	2	3.3	8	5.4	14.5
1.9	3	3.7	9	5.4	14.5
2.1	4	4.0	10.5	6.1	16
2.2	5	4.0	10.5	6.2	17
2.5	6	4.1	12	6.3	18

$$w_1=4+8+9+10.5+13+14.5+16+18=93$$

$$w_2=\left[\frac{(18)(19)}{2}\right]-93=78$$

$$u_1=93-\left[\frac{(8)(9)}{2}\right]=57$$

$$u_2=78-\left[\frac{(10)(11)}{2}\right]=23$$

따라서

$$u=23$$

6) H_0 채택

n_1과 n_2가 모두 9 이상이면 U_1(또는 U_2)의 표본분포는 근사적으로, 평균이

$$\mu_{u_1}=\frac{n_1 n_2}{2}$$

분산이

$$\sigma_{u_1}{}^2=\frac{n_1 n_2(n_1+n_2+1)}{12}$$

인 정규분포를 따른다. 그러므로 표준정규계수

$$Z=\frac{U_1-\mu_{u_1}}{\sigma_{u_1}}$$

을 이용하여 검정할 수도 있다.

순위합검정은 모집단이 비정규모집단인 경우뿐만 아니라 정규모집단인 경우도 적용이 가능하다. 그러나 정규모집단인 경우 t 검정을 이용하는 것보다 제 2 종 오류를 범할 확률이 더 커진다.

14.5 Kruskal-Wallis 검정

Kruskal-Wallis 검정은 셋 이상의 표본에 대한 통일성을 검정하는 것으로, 순위합검정의 일반화로 볼 수 있다. 즉 k개의 서로 독립인 표본이 동일한 모집단으로부터 추출되었는가를 검정하는 것이다. 이와 같은 비모수 검정방법은 모집단이 정규모집단인 경우의 평균의 동일성을 검정하는 F검정에 대응되는 방법이다.

$n_i(i=1, 2, \cdots, k)$를 i번째 표본의 크기라고 하자. 그러면 전체 표본의 크기는 $n=n_1+n_2+\cdots+n_k$가 된다. 이 전체 표본을 크기 순으로 나열하여 순위를 부여한다. 이때 동일한 값을 가진 표본이 있으면 앞서 설명한 대로 순위의 평균값을 각각 부여한다. 그리고 각각의 표본 n_i에 대응되는 순위의 합을 R_i라 하자. 이를 이용하여 각 표본의 동일성을 검정하기 위해서는

$$H=\frac{12}{n(n+1)}\sum_{i=1}^{k}\frac{R_i^2}{n_i}-3(n+1)$$

이라는 통계량을 이용한다. 여기서 H는 귀무가설 H_0가 참이고, 각 표본의 크기가 5 이상이면 자유도가 $k-1$인 카이제곱분포에 근사적으로 접근한다는 것이 알려져 있다. 따라서 확률변수 H의 값 h를 계산하여 유의수준 α일 때의 카이제곱 분포표값 χ_α^2보다 크면 H_0를 기각한다.

[예 14.6] 다음 표는 세 가지 미사일에 대한 추진력을 조사한 것이다. 이 표를 기초로 세 가지 미사일의 추진력에 대한 차이는 없다는 것을 유의수준 0.05로 검정하라.

미사일 시스템		
1	2	3
24.0	23.2	18.4
16.7	19.8	19.1
22.8	18.1	17.3
19.8	17.6	17.3
18.9	20.2	19.7
	17.8	18.9
		18.8
		19.3

(풀이)

1) $H_0 : \mu_1 = \mu_2 = \mu_3$

2) H_1 : 세 표본의 평균은 같지 않다.

3) $\alpha = 0.05$

4) 기각역 : $h > \chi^2_{0.05} = 5.991$

5) 순위 부여 :

미사일 시스템		
1	2	3
19	18	7
1	14.5	11
17	6	2.5
14.5	4	2.5
9.5	16	13
$r_1 = 61.0$	5	9.5
	$r_2 = 63.5$	8
		12
		$r_3 = 65.5$

$$h = \frac{12}{(19)(20)}\left(\frac{61.0^2}{5} + \frac{63.5^2}{6} + \frac{65.5^2}{8}\right) - (3)(20)$$

$$= 1.66$$

6) H_0 채택

14.6 런 검정

이 책 전체에서 어떤 모집단으로부터 표본을 추출할 때의 가정은 무작위 추출이었다. 런 검정은 이와 같은 표본추출의 무작위성에 대한 검정이다. 즉 표본추출이 무작위로 이루어졌다는 귀무가설을 검정하는 것이다. 예를 들어, 어떤 제품을 사용한 경험이 있는가를 알아보기 위해 12사람에게 물어보았을 경우, 이를 성별로 볼 때 무작위추출이 되었는가를 보자. 즉 질문한 사람의 성별을 순서대로 나열해 보면,

$$\underbrace{MM}\quad\underbrace{FFF}\quad\underbrace{M}\quad\underbrace{FF}\quad\underbrace{MMMM}$$

과 같다고 하자. 여기서 연속되는 M 또는 F의 그룹을 런이라 한다.

[정의 14. 1] 자료에서 같은 속성을 갖는 한 개 이상의 연속되는 기호를 런이라 한다.

런 검정은 정성적인 자료 또는 정량적인 자료에 관계 없이 두 종류의 서로 배반되는 범주로 나누는 것이 중요하다. 예를 들면, 불량과 양, 남자와 여자, 동전의 앞면과 뒷면, 중앙값보다 큰 것과 작은 것 등이 있다. 결과적으로 두 개의 서로 다른 기호로 표시가 가능하므로, 하나의 어떤 범주에 속하는 기호를 n_1이라 하고, 나머지 범주에 속하는 기호를 n_2라 하면 전체 표본의 수는 $n=n_1+n_2$가 된다.

따라서 앞의 예에서 런의 수는 5개이고, 극단적인 경우로 자료의 추출순서가

$$\underbrace{MMMMMMM}\ \underbrace{FFFFF}$$

이면 런의 수는 두 개이다. 이 경우는 자료의 추출이 무작위로 이루어졌다고 하기가 어려운 것처럼 보인다.

무작위성을 검정하기 위해 확률변수 V에 기초하여 H_0의 기각 또는 채택을 결정할 때 사용되는 표가 부록에 나와 있다. 즉 n_1과 n_2가 10 이하일 때 $P(V \le v^* \mid H_0\text{가 진})$, $v^*=2, 3, \cdots, 20$의 확률이 구해져 있다. 예를 들어, $n_1=5$, $n_2=7$이고, 런의 수 $v=5$일 때 양측검정에 대해 P값을 구해 보면,

$$\begin{aligned} P&=2P(V \le 5 \mid H_0\text{가 진}) \\ &=0.394>0.05 \end{aligned}$$

따라서 유의수준 0.05에서 H_0를 채택하게 된다.

[예 14. 7] 어떤 기계에 사용되는 페인트의 용해제 함량을 조사하였더니 3.6, 3.9, 4.1, 3.6, 3.8, 3.7, 3.4, 4.0, 4.0, 4.1, 3.9, 4.0, 3.8, 4.2, 4.1이었다. 이를 기초로 중앙값을 기준으로 했을 때, 유의수준 0.1로 런 검정을 하라.

(풀이)

1) H_0 : 무작위로 추출

2) H_1 : 무작위가 아니다.

3) $\alpha=0.1$

4) 검정통계량 : V

5) 중앙값=3.9 이므로 자료 중 3.9 보다 큰 것에 +기호, 작은 것에 −기호를 부여한다. 자료 중 3.9와 같은 것은 무시한다. 이를 기준으로 +, −기호를 나열해보면

−+−−−−++++−++

$n_1=6$, $n_2=7$, $v=6$ 이므로

$$P=2P(V\leq 6 \mid H_0\text{가 진})$$
$$=0.592>0.1$$

6) H_0 채택

여기서 n_1, n_2의 크기가 커지면 V의 분포는

평균이

$$\mu_v=\frac{2n_1n_2}{n_1+n_2}+1$$

분산이

$$\sigma_v^{\,2}=\frac{2n_1n_2\,(2n_1n_2-n_1-n_2)}{(n_1+n_2)^2\,(n_1+n_2-1)}$$

인 정규분포를 따르는 것이 알려져 있다. 즉 n_1과 n_2가 각각 10보다 클 경우에는

$$Z=\frac{V-\mu_v}{\sigma_v}$$

라는 정규검정법을 이용하여 런 검정을 할 수 있다.

연습문제

1. 다음 자료는 어떤 병원에서 진료받기 위해서 환자가 기다리는 시간(분)을 조사한 것이다. 의사가 말하기를 환자가 기다리는 평균시간은 20분을 넘지 않는다고 한다. 이를 유의수준 0.05로 부호검정을 하라.

17	15	20	20
32	28	12	26
25	25	35	24

2. 다음은 비행훈련원에서 단독비행을 하기 위한 예비훈련으로 교관과 같이 비행한 훈련시간을 기록한 것이다. 그런데 훈련원측 주장은 단독비행을 위한 예비비행시간은 평균적으로 12시간이라고 하고 있다. 이 주장을 유의수준 0.02로 부호검정을 하라.

9	12	18	14	12	14
12	10	16	11	9	11
13	11	13	15	13	14

3. 다음 자료는 보사부에서 어떤 종류의 식품에 포함된 불순물의 함량을 조사한 것이다. 이항분포에 대한 정규근사를 이용하여 유의수준 0.05로 부호검정을 하라. 단, 귀무가설은 불순물 함량의 평균이 2.5%로 놓고, 대립가설은 2.5%가 아닌 것으로 하라.

2.4	2.3	3.1	2.2
2.3	1.2	1.0	2.4
1.7	1.1	4.2	1.9
1.7	3.6	1.6	2.3

4. 어떤 페인트회사에서는 건조시간이 빠른 신제품을 개발했다고 발표하였다. 이 신제품의 건조시간이 기존제품의 건조시간보다 빠른지 알아보기 위해 나무 표본에 칠을 하고 건조시간을 측정하였다. 다음 표를 기초로 기존 제품과 신제품의 건조시간은 차이가 없다는 귀무가설을 유의수준 0.05로 부호검정하라.

나무 표본	건 조 시 간(시간)	
	신 제 품	기 존 제 품
1	6.4	6.6
2	5.8	5.8
3	7.4	7.8
4	5.5	5.7
5	6.3	6.0
6	7.8	8.4
7	8.6	8.8
8	8.2	8.4
9	7.0	7.3
10	4.9	5.8
11	5.9	5.8
12	6.5	6.5

5. 어떤 제약회사에서 체중감량제를 시판하고 있다. 그런데 회사측의 주장은 이 약을 2주 동안 복용하면 체중이 4.5kg 준다고 주장하고 이를 입증하기 위해 10명의 여자를 표본으로 추출하여 약을 복용하기 전의 체중과, 약을 2주 동안 복용한 후의 체중을 조사한 표가 다음과 같다.

표 본	약 복용 전 체중	약 복용 후 체중
1	58.5	60.0
2	60.3	54.9
3	61.7	58.1
4	69.0	62.1
5	64.0	58.5
6	62.6	59.9
7	56.7	54.4
8	63.6	60.2
9	68.2	62.3
10	59.4	58.7

이 표를 기초로 이 약을 복용하면 체중이 4.5kg 준다는 귀무가설을, 이 약을 복용했을 때 주는 체중이 4.5kg 미만이라는 대립가설에 대해 부호검정하라.

6. 공기중의 대기오염을 측정하는 장치 두 종류가 있다. 이 두 종류 측정장치

를 이용해 2주 동안 공기오염도를 조사하였다. 이를 기초로 두 측정장치의 결과가 다른지를 유의수준 0.05로 부호검정하여라. 단, 이항분포의 정규근사를 이용하라.

일	공기오염도	
	장치 1	장치 2
1	0.96	0.87
2	0.82	0.74
3	0.75	0.63
4	0.61	0.55
5	0.89	0.76
6	0.64	0.70
7	0.81	0.69
8	0.68	0.57
9	0.65	0.53
10	0.84	0.88
11	0.59	0.51
12	0.94	0.79
13	0.91	0.84
14	0.77	0.63

7. 다음 자료는 임의추출한 16명의 조깅 전 혈압과 8km를 조깅한 후의 혈압을 측정한 것이다. 이 표를 기초로 8km를 조깅한 후의 혈압이 조깅 전보다 8만큼 상승한다는 귀무가설을, 조깅 후 혈압상승이 8 미만이라는 대립가설에 대해 유의수준 0.05로 부호검정하여라.

표 본	조깅 전	조깅 후
1	158	164
2	149	158
3	160	163
4	155	160
5	164	172
6	138	147
7	163	167
8	159	169
9	165	173
10	145	147
11	150	156
12	161	164

13	132	133
14	155	161
15	146	154
16	159	170

8. 연습문제 1번의 자료를 기초로 부호 붙은 순위검정을 하여라.

9. 연습문제 2번의 자료를 기초로 부호 붙은 순위검정을 하여라.

10. 다음 자료는 임의추출한 5명에 대해 담배를 끊기 전의 체중과 담배를 끊고 5주 후의 체중을 조사한 것이다. 이를 기초로 담배는 체중 증감에 영향이 없다는 귀무가설을 담배를 끊으면 체중이 증가한다는 대립가설에 대해 부호 붙은 순위검정을 유의수준 0.05로 하여라.

	표		본		
	1	2	3	4	5
금연 전	66	80	69	52	75
금연 후	71	82	68	56	73

11. 연습문제 5번의 자료를 토대로 부호 붙은 순위검정을 하여라.

12. 다음 자료는 어떤 병원의 약국에 근무하는 두 약제사가 20일 동안 조제한 건수를 조사한 것이다. 이를 기초로 두 약제사가 조제한 처방건수는 같다는 귀무가설을, A 약제사가 B 약제사보다 더 많은 조제를 하였다는 대립가설에 대해 유의수준 0.01로 부호 붙은 순위검정을 하여라.

일	A 약 제 사	B 약 제 사
1	19	17
2	21	15
3	15	12
4	17	12
5	24	16
6	12	15
7	19	11
8	14	13
9	20	14
10	18	21

11	23	19
12	21	15
13	17	11
14	12	10
15	16	20
16	15	12
17	20	13
18	18	17
19	14	16
20	22	18

13. 연습문제 7 번의 자료를 기초로 부호 붙은 순위검정을 하여라.

14. 다음 자료는 A, B 두 학생의 20 일 동안의 수면시간을 조사한 것이다. 이 자료를 토대로 두 학생이 평균적으로 수면시간이 같은지를 유의수준 0.05 의 부호 붙은 순위검정을 하여라.

날 짜	A	B
1	7.3	6.5
2	8.2	8.2
3	8.5	7.4
4	9.0	8.1
5	9.3	7.6
6	7.6	9.0
7	8.1	6.8
8	7.7	7.4
9	6.9	8.2
10	9.1	7.9
11	7.9	7.3
12	6.8	8.0
13	8.1	6.9
14	7.9	8.2
15	7.8	7.6
16	8.2	9.0
17	7.5	6.6
18	8.4	7.2
19	8.3	8.3
20	8.8	7.9

15. 전매청에서 발표하기를 B 담배에 함유된 타르의 양은 A 담배보다 적다고 하였다. 이를 입증하기 위해 각각 측정한 타르의 양이 다음과 같다.

A 담 배	12	9	13	11	14
B 담 배	8	10	7		

전매청의 주장이 옳은지를 유의수준 0.05로 순위합검정을 하여라.

16. 다음 자료는 어떤 암 환자가 화학요법을 받은 경우와 받지 않은 경우의 생존년수를 조사한 것이다. 이를 기초로 화학요법이 효과적인가를 유의수준 0.05로 순위합검정을 하여라.

화학요법을 받은 경우	5.8	7.3	7.8	6.5	7.1
화학요법을 받지 않은 경우	4.9	7.6	5.8	5.0	6.7

17. 다음 표는 두 종류의 낚시줄에 대한 인장강도를 조사한 것이다. 이를 기초로 두 낚시줄의 인장강도에 차이가 있는지를 유의수준 0.1로 순위합검정을 하여라.

낚 시 줄 A	낚 시 줄 B
10.4	8.7
9.8	11.2
11.5	9.8
10.0	10.1
9.9	10.8
9.6	9.5
10.9	11.0
11.8	9.8
9.3	10.5
10.7	9.9

18. 백혈병 치료제로 새로운 혈청을 개발하여 이를 9명의 환자들을 대상으로 실험하였다. 즉 5명의 환자에게는 이 혈청 주사를 맞히고, 나머지 4명은 기존 치료방법을 사용하였을 경우 각각 생존년수가 다음과 같았다.

새로운 혈청치료	2.1	5.3	1.4	4.6	0.9
기존 치료	1.9	0.5	2.8	3.1	

이를 기초로 유의수준 0.05로 순위합 검정을 하라.

19. 다음 자료는 충전식 휴대용 계산기의 한 번 충전 후 사용시간을 A와 B계산기 각각에 대해 조사한 것이다. 이를 기초로 유의수준 0.1에서 A계산기가 B계산기보다 더 오래 사용할 수 있다는 것에 대한 순위합검정을 하라.

A계산기	5.5	5.6	6.3	4.6	5.3	5.0	6.2	5.8	5.1
B계산기	3.8	4.8	4.3	4.2	4.0	4.9	4.5	5.2	4.5

20. 낚시줄을 두 개의 서로 다른 생산라인에서 생산하고 있다. 각 생산라인에서 생산된 낚시줄의 강도를 측정한 결과가 다음과 같다. 두 생산라인에서 생산된 낚시줄의 강도에 차이가 있는지를 유의수준 0.1의 순위합검정을 하라.

생산라인 1	생산라인 2
40.4	38.7
39.8	41.2
41.5	39.8
40.0	40.1
39.9	40.8
39.6	39.5
40.9	41.0
41.8	39.8
39.3	40.5
40.7	39.9

21. 다음 표는 동일한 능력을 가진 학생 12명을 추출하여 5명에게는 보충교육을 시키고, 나머지는 시키지 않고 각각 기말시험을 본 결과를 조사한 것이다. 이를 기초로 보충교육이 효과가 있는지를 유의수준 0.05로 순위합검정을 하여라.

보충교육을 받은 경우	87	69	78	91	80		
보충교육을 받지 않은 경우	75	88	64	82	93	79	67

22. 다음 자료는 야구선수와 농구선수가 각각 해외 원정경기를 위해 출국시 가지고 나가는 짐의 무게를 측정한 것이다. 야구선수와 농구선수의 짐의 무게는 같다는 귀무가설과 다르다는 대립가설에 대해 유의수준 0.05의 순위합검정을 하라.

짐 의 무 게 (kg)				
야 구 선 수			농 구 선 수	
16.3	20.0	18.6	15.4	16.3
18.1	15.0	15.4	17.7	18.1
15.9	18.6	15.6	18.6	16.8
14.1	14.5	18.3	12.7	14.1
17.7	19.1	17.4	15.0	13.6
16.3	13.6	14.8	15.9	16.3
13.2	17.2	16.5		

23. 다음 자료는 세 종류의 소형계산기에서 한 번 축전시키고 계속 사용한 시간을 조사한 것이다. 이를 기초로 세 종류 소형계산기의 계속 사용 가능한 시간은 같다는 가설을 유의수준 0.01 로 Kruskal-Wallis 검정을 하여라.

계	산	기
A	B	C
4.9	5.5	6.4
6.1	5.4	6.8
4.3	6.2	5.6
4.6	5.8	6.5
5.3	5.5	6.3
	5.2	6.6
	4.8	

24. 다음 자료는 네 종류 담배에 함유된 타르의 양을 조사한 것이다. 이를 기초로 4종류 담배에 함유된 타르의 양에 차이가 있는지를 유의수준 0.05 로 Kruskal-Wallis 검정을 하여라.

담 배 A	담 배 B	담 배 C	담 배 D
14	16	16	17
10	18	15	20
11	14	14	19
13	15	12	21

25. 갑 고등학교에는 일반 수학을 가르치는 선생님이 세 사람 있다. 각 선생님으로부터 강의받은 학생들의 기말성적이 다음과 같을 때, 세 선생님들의 교습방법에 차이가 있는지를 유의수준 0.05 의 Kruskal-Wallis 검정을 하여라.

A	B	C
73	88	68
89	78	79
82	48	56
43	91	91
80	51	71
73	85	71
66	74	87
60	77	41
45	31	59
93	78	68
36	62	53
77	76	79
	96	15
	80	
	56	

26. 다음 자료는 4개 실험실에서 같은 실험을 한 화학분석결과이다. 이를 토대로 4개 실험실에서 실시된 실험결과는 같다고 할 수 있는지 유의수준 0.05의 Kruskal-Wallis 검정을 하라.

A	B	C	D
58.7	62.7	55.9	60.7
61.4	64.5	56.1	60.3
60.9	63.1	57.3	60.9
59.1	59.2	55.2	61.4
58.2	60.3	58.1	62.3

27. 어떤 문제에 대한 여론조사를 하기 위해 15명의 표본을 추출하기로 하였다. 이 문제에 대해 질문하기 전에 추출된 사람이 대졸자인지 아닌지를 조사하였다. 대졸자인 경우는 Y로 나타내고, 아닌 경우는 N으로 나타내었다. 다음 자료를 기초로 학력에 대해 생각할 때 무작위로 표본이 추출되었는가를 유의수준 0.1로 검정하여라.

$NNNNYYNYYNYNNNN$

28. 공장에서 제품의 양, 불량을 검사하고 있다. 양품이면 N으로 표시하고, 불량품이면 D로 표시할 때, 다음과 같이 28개 제품을 검사하였다. 이 결과를

토대로 불량품이 무작위로 추출되었는지를 유의수준 0.05로 검정하여라.

DDNNNDNNDDNNNN

NDDDNNDNNNNDND

29. 어떤 치과의사가 충치를 예방할 수 있는 합성 플라스틱 봉합재를 만들었다. 그런데 이러한 새로운 재료의 효과를 알아보기 위해 각각 12명씩의 유아를 대상으로 한 집단은 새로운 플라스틱 봉합재로 봉합을 하고, 나머지 한 집단은 아무런 처치를 하지 않고, 5년 후에 충치의 개수를 조사하였다. 이 자료를 기초로 새로운 재료의 효과가 입증되었는지를 유의수준 0.05로 부호 붙은 순위검정을 행하라.

번 호	새로운 재료로 처치	무 처 치
1	3	3
2	1	3
3	0	2
4	4	5
5	1	0
6	0	1
7	1	5
8	2	0
9	1	6
10	0	0
11	0	3
12	4	3

30. 의류 생산업자인 갑씨는 현재 제품 납품을 A, B 두 백화점 중 한 곳에 하려고 생각하고 있다. 그런데 A, B 두 백화점 중 어디에 납품을 해야 매상이 더 오르는가를 조사하기 위해 각각 8개 지역의 A, B 백화점에 대한 매상고를 조사하였다. 이를 기초로 A, B 중 어느 한 백화점이 다른 백화점에 비해 매출이 더 큰지를 유의수준 0.05의 부호 붙은 순위검정을 하라.

지 역	A	B
1	879	1,085
2	445	325
3	692	848
4	1,565	1,421
5	2,326	2,778

6	857	992
7	1,250	1,303
8	773	1,215

31. 전화선을 이용한 컴퓨터 통신에 있어서 모뎀은 필수적이다. 현재 시중에서 4종류의 모뎀이 시판되고 있는데, 이에 대한 성능과 품질에 대한 종합평가를 100점 만점으로 하여 5명의 대리점 업주에게 받았다. 이를 기초로 4종류 모뎀의 성능과 품질에 차이가 있는지를 유의수준 0.1의 Kruskal-Wallis 검정을 하라.

A	B	C	D
87	81	69	98
80	66	72	78
91	52	70	94
63	90	83	90
72	75	80	86

32. 다음 자료는 새로 나온 텔레비전 세트의 5일간 매일매일의 판매량을 국내 4개 도시에서 조사한 것이다. 이를 기초로 판매량이 도시에 따라 차이가 있는지를 유의수준 0.05의 Kruskal-Wallis 검정을 하여라.

부 산	인 천	광 주	대 전
37	40	22	28
15	42	10	49
30	36	8	20
21	12	26	42
53	29	15	41

33. 요사이 판매되는 시계의 종류에는 디지탈식, 기계식, 아날로그식 등 세 가지가 있다. 각 방식에 의해 생산된 시계의 성능을 조사하기 위해 24시간 동안 몇 초나 빨라지는가를 조사하였다. 여기서 음의 값은 시계가 늦어졌다는 것을 의미한다. 이를 기초로 각 생산방식에 따라 시계의 성능에 차이가 있는가를 유의수준 0.1의 Kruskal-Wallis 검정을 하라.

디지탈식	기 계 식	아날로그식
0.10	1.33	0.01
0.08	−1.20	−0.12

0.22	−2.17	0.00
−0.67	0.03	0.45
0.91	−1.55	−0.28

34. 다음 자료는 A, B 두 계산기의 사용 편이성을 보기 위해 주어진 계산식을 6명의 학생들이 A, B 계산기로 각각 계산하는 데 걸리는 시간을 나타낸 것이다. 이를 기초로 A 계산기가 더 사용하기가 편리한지를 유의수준 0.05의 부호 붙은 순위검정을 하라.

학생번호	A	B
1	306	330
2	260	265
3	281	290
4	288	301
5	301	309
6	262	245

35. 다음 자료는 열흘 동안 김포공항에 지점을 둔 두 렌트카 회사의 고객수를 조사한 것이다. 이를 기초로 두 렌트카 회사의 고객수에는 차이가 있는지를 유의수준 0.05로 검정하라.

날 짜	A 사	B 사
1	29	22
2	26	29
3	19	30
4	28	25
5	27	26
6	16	20
7	35	30
8	43	45
9	29	38
10	32	40

부 록

통 계 표

A.1 누적이항분포 $\sum_{x=0}^{r} b(x\,;\,n,\,p)$

A.2 누적포아송분포 $\sum_{x=0}^{r} p(x\,;\,\mu)$

A.3 표준정규분포표

A.4 t분포표

A.5 카이제곱분포표

A.6 F분포표

A.7 부호 붙은 순위검정의 기각치

A.8 순위합검정의 기각치

A.9 런 검정에서 $P(V \leq v^* \mid H_0$가 진$)$

A.10 난 수 표

A. 1 누적이항분포 $\sum_{x=0}^{r} b(x; n, p)$

n	r	P .10	.20	.25	.30	.40	.50	.60	.70	.80	.90
1	0	.9000	.8000	.7500	.7000	.6000	.5000	.4000	.3000	.2000	.1000
	1	1.0000	1.0000	1.0000	1.0000	1.0000	1.0000	1.0000	1.0000	1.0000	1.0000
2	0	.8100	.6400	.5625	.4900	.3600	.2500	.1600	.0900	.0400	.0100
	1	.9900	.9600	.9375	.9100	.8400	.7500	.6400	.5100	.3600	.1900
	2	1.0000	1.0000	1.0000	1.0000	1.0000	1.0000	1.0000	1.0000	1.0000	1.0000
3	0	.7290	.5120	.4219	.3430	.2160	.1250	.0640	.0270	.0080	.0010
	1	.9720	.8960	.8438	.7840	.6480	.5000	.3520	.2160	.1040	.0280
	2	.9990	.9920	.9844	.9730	.9360	.8750	.7840	.6570	.4880	.2710
	3	1.0000	1.0000	1.0000	1.0000	1.0000	1.0000	1.0000	1.0000	1.0000	1.0000
4	0	.6561	.4096	.3164	.2401	.1296	.0625	.0256	.0081	.0016	.0001
	1	.9477	.8192	.7383	.6517	.4752	.3125	.1792	.0837	.0272	.0037
	2	.9963	.9728	.9492	.9163	.8208	.6875	.5248	.3483	.1808	.0523
	3	.9999	.9984	.9961	.9919	.9744	.9375	.8704	.7599	.5904	.3439
	4	1.0000	1.0000	1.0000	1.0000	1.0000	1.0000	1.0000	1.0000	1.0000	1.0000
5	0	.5905	.3277	.2373	.1681	.0778	.0312	.0102	.0024	.0003	.0000
	1	.9185	.7373	.6328	.5282	.3370	.1875	.0870	.0308	.0067	.0005
	2	.9914	.9421	.8965	.8369	.6826	.5000	.3174	.1631	.0579	.0086
	3	.9995	.9933	.9844	.9692	.9130	.8125	.6630	.4718	.2627	.0815
	4	1.0000	.9997	.9990	.9976	.9898	.9688	.9222	.8319	.6723	.4095
	5		1.0000	1.0000	1.0000	1.0000	1.0000	1.0000	1.0000	1.0000	1.0000
6	0	.5314	.2621	.1780	.1176	.0467	.0156	.0041	.0007	.0001	.0000
	1	.8857	.6554	.5339	.4202	.2333	.1094	.0410	.0109	.0016	.0001
	2	.9841	.9011	.8306	.7443	.5443	.3438	.1792	.0705	.0170	.0013
	3	.9987	.9830	.9624	.9295	.8208	.6563	.4557	.2557	.0989	.0158
	4	.9999	.9984	.9954	.9891	.9590	.8906	.7667	.5798	.3447	.1143
	5	1.0000	.9999	.9998	.9993	.9959	.9844	.9533	.8824	.7379	.4686
	6		1.0000	1.0000	1.0000	1.0000	1.0000	1.0000	1.0000	1.0000	1.0000
7	0	.4783	.2097	.1335	.0824	.0280	.0078	.0016	.0002	.0000	
	1	.8503	.5767	.4449	.3294	.1586	.0625	.0188	.0038	.0004	.0000
	2	.9743	.8520	.7564	.6471	.4199	.2266	.0963	.0288	.0047	.0002
	3	.9973	.9667	.9294	.8740	.7102	.5000	.2898	.1260	.0333	.0027
	4	.9998	.9953	.9871	.9712	.9037	.7734	.5801	.3529	.1480	.0257
	5	1.0000	.9996	.9987	.9962	.9812	.9375	.8414	.6706	.4233	.1497
	6		1.0000	.9999	.9998	.9984	.9922	.9720	.9176	.7903	.5217
	7			1.0000	1.0000	1.0000	1.0000	1.0000	1.0000	1.0000	1.0000

A. 1 (계속)누적이항분포 $\sum_{x=0}^{r} b(x\,;\,n,\,p)$

		P									
n	r	.10	.20	.25	.30	.40	.50	.60	.70	.80	.90
8	0	.4305	.1687	.1001	.0576	.0168	.0039	.0007	.0001	.0000	
	1	.8131	.5033	.3671	.2553	.1064	.0352	.0085	.0013	.0001	
	2	.9619	.7969	.6785	.5518	.3154	.1445	.0498	.0113	.0012	.0000
	3	.9950	.9437	.8862	.8059	.5941	.3633	.1737	.0580	.0104	.0004
	4	.9996	.9896	.9727	.9420	.8263	.6367	.4059	.1941	.0563	.0050
	5	1.0000	.9988	.9958	.9887	.9502	.8555	.6846	.4482	.2031	.0381
	6		.9991	.9996	.9987	.9915	.9648	.8936	.7447	.4967	.1869
	7		1.0000	1.0000	.9999	.9993	.9961	.9832	.9424	.8322	.5695
	8				1.0000	1.0000	1.0000	1.0000	1.0000	1.0000	1.0000
9	0	.3874	.1342	.0751	.0404	.0101	.0020	.0003	.0000		
	1	.7748	.4362	.3003	.1960	.0705	.0195	.0038	.0004	.0000	
	2	.9470	.7382	.6007	.4628	.2318	.0898	.0250	.0043	.0003	.0000
	3	.9917	.9144	.8343	.7297	.4826	.2539	.0994	.0253	.0031	.0001
	4	.9991	.9804	.9511	.9012	.7334	.5000	.2666	.0988	.0196	.0009
	5	.9999	.9969	.9900	.9747	.9006	.7461	.5174	.2703	.0856	.0083
	6	1.0000	.9997	.9987	.9957	.9750	.9102	.7682	.5372	.2618	.0530
	7		1.0000	.9999	.9996	.9962	.9805	.9295	.8040	.5638	.2252
	8			1.0000	1.0000	.9997	.9980	.9899	.9596	.8658	.6126
	9					1.0000	1.0000	1.0000	1.0000	1.0000	1.0000
10	0	.3487	.1074	.0563	.0282	.0060	.0010	.0001	.0000		
	1	.7361	.3758	.2440	.1493	.0464	.0107	.0017	.0001	.0000	
	2	.9298	.6778	.5256	.3828	.1673	.0547	.0123	.0016	.0001	
	3	.9872	.8791	.7759	.6496	.3823	.1719	.0548	.0106	.0009	.0000
	4	.9984	.9672	.9219	.8497	.6331	.3770	.1662	.0474	.0064	.0002
	5	.9999	.9936	.9803	.9527	.8338	.6230	.3669	.1503	.0328	.0016
	6	1.0000	.9991	.9965	.9894	.9452	.8281	.6177	.3504	.1209	.0128
	7		.9999	.9996	.9984	.9877	.9453	.8327	.6172	.3222	.0702
	8		1.0000	1.0000	.9999	.9983	.9893	.9536	.8507	.6242	.2639
	9				1.0000	.9999	.9990	.9940	.9718	.8926	.6513
	10					1.0000	1.0000	1.0000	1.0000	1.0000	1.0000
11	0	.3138	.0859	.0422	.0198	.0036	.0005	.0000			
	1	.6974	.3221	.1971	.1130	.0302	.0059	.0007	.0000		
	2	.9104	.6174	.4552	.3127	.1189	.0327	.0059	.0006	.0000	
	3	.9815	.8369	.7133	.5696	.2963	.1133	.0293	.0043	.0002	
	4	.9972	.9496	.8854	.7897	.5328	.2744	.0994	.0216	.0020	.0000
	5	.9997	.9883	.9657	.9218	.7535	.5000	.2465	.0782	.0117	.0003
	6	1.0000	.9980	.9924	.9784	.9006	.7256	.4672	.2103	.0504	.0028
	7		.9998	.9988	.9957	.9707	.8867	.7037	.4304	.1611	.0185
	8		1.0000	.9999	.9994	.9941	.9673	.8811	.6873	.3826	.0896
	9			1.0000	1.0000	.9993	.9941	.9698	.8870	.6779	.3026
	10					1.0000	.9995	.9964	.9802	.9141	.6862
	11						1.0000	1.0000	1.0000	1.0000	1.0000

A.1 (계속)누적이항분포 $\sum_{x=0}^{r} b(x; n, p)$

		P									
n	*r*	.10	.20	.25	.30	.40	.50	.60	.70	.80	.90
12	0	.2824	.0687	.0317	.0138	.0022	.0002	.0000			
	1	.6590	.2749	.1584	.0850	.0196	.0032	.0003	.0000		
	2	.8891	.5583	.3907	.2528	.0834	.0193	.0028	.0002	.0000	
	3	.9744	.7946	.6488	.4925	.2253	.0730	.0153	.0017	.0001	
	4	.9957	.9274	.8424	.7237	.4382	.1938	.0573	.0095	.0006	.0000
	5	.9995	.9806	.9456	.8821	.6652	.3872	.1582	.0386	.0039	.0001
	6	.9999	.9961	.9857	.9614	.8418	.6128	.3348	.1178	.0194	.0005
	7	1.0000	.9994	.9972	.9905	.9427	.8062	.5618	.2763	.0726	.0043
	8		.9999	.9996	.9983	.9847	.9270	.7747	.5075	.2054	.0256
	9		1.0000	1.0000	.9998	.9972	.9807	.9166	.7472	.4417	.1109
	10				1.0000	.9997	.9968	.9804	.9150	.7251	.3410
	11					1.0000	.9998	.9978	.9862	.9313	.7176
	12						1.0000	1.0000	1.0000	1.0000	1.0000
13	0	.2542	.0550	.0238	.0097	.0013	.0001	.0000			
	1	.6213	.2336	.1267	.0637	.0126	.0017	.0001	.0000		
	2	.8661	.5017	.3326	.2025	.0579	.0112	.0013	.0001		
	3	.9658	.7473	.5843	.4206	.1686	.0461	.0078	.0007	.0000	
	4	.9935	.9009	.7940	.6543	.3530	.1334	.0321	.0040	.0002	
	5	.9991	.9700	.9198	.8346	.5744	.2905	.0977	.0182	.0012	.0000
	6	.9999	.9930	.9757	.9376	.7712	.5000	.2288	.0624	.0070	.0001
	7	1.0000	.9980	.9944	.9818	.9023	.7095	.4256	.1654	.0300	.0009
	8		.9998	.9990	.9960	.9679	.8666	.6470	.3457	.0991	.0065
	9		1.0000	.9999	.9993	.9922	.9539	.8314	.5794	.2527	.0342
	10			1.0000	.9999	.9987	.9888	.9421	.7975	.4983	.1339
	11				1.0000	.9999	.9983	.9874	.9363	.7664	.3787
	12					1.0000	.9999	.9987	.9903	.9450	.7458
	13						1.0000	1.0000	1.0000	1.0000	1.0000
14	0	.2288	.0440	.0178	.0068	.0008	.0001	.0000			
	1	.5846	.1979	.1010	.0475	.0081	.0009	.0001			
	2	.8416	.4481	.2811	.1608	.0398	.0065	.0006	.0000		
	3	.9559	.6982	.5213	.3552	.1243	.0287	.0039	.0002		
	4	.9908	.8702	.7415	.5842	.2793	.0898	.0175	.0017	.0000	
	5	.9985	.9561	.8883	.7805	.4859	.2120	.0583	.0083	.0004	
	6	.9998	.9884	.9617	.9067	.6925	.3953	.1501	.0315	.0024	.0000
	7	1.0000	.9976	.9897	.9685	.8499	.6047	.3075	.0933	.0116	.0002
	8		.9996	.9978	.9917	.9417	.7880	.5141	.2195	.0439	.0015
	9		1.0000	.9997	.9983	.9825	.9102	.7207	.4158	.1298	.0092
	10			1.0000	.9998	.9961	.9713	.8757	.6448	.3018	.0441
	11				1.0000	.9994	.9935	.9602	.8392	.5519	.1584
	12					.9999	.9991	.9919	.9525	.8021	.4154
	13					1.0000	.9999	.9992	.9932	.9560	.7712
	14						1.0000	1.0000	1.0000	1.0000	1.0000

A.1 (계속)누적이항분포 $\sum_{x=0}^{r} b(x\,;\,n,\,p)$

n	r	.10	.20	.25	.30	.40	.50	.60	.70	.80	.90
15	0	.2059	.0352	.0134	.0047	.0005	.0000				
	1	.5490	.1671	.0802	.0353	.0052	.0005	.0000			
	2	.8159	.3980	.2361	.1268	.0271	.0037	.0003	.0000		
	3	.9444	.6482	.4613	.2969	.0905	.0176	.0019	.0001		
	4	.9873	.8358	.6865	.5155	.2173	.0592	.0094	.0007	.0000	
	5	.9978	.9389	.8516	.7216	.4032	.1509	.0338	.0037	.0001	
	6	.9997	.9819	.9434	.8689	.6098	.3036	.0951	.0152	.0008	
	7	1.0000	.9958	.9827	.9500	.7869	.5000	.2131	.0500	.0042	.0000
	8		.9992	.9958	.9848	.9050	.6964	.3902	.1311	.0181	.0003
	9		.9999	.9992	.9963	.9662	.8491	.5968	.2784	.0611	.0023
	10		1.0000	.9999	.9993	.9907	.9408	.7827	.4845	.1642	.0127
	11			1.0000	.9999	.9981	.9824	.9095	.7031	.3518	.0556
	12				1.0000	.9997	.9963	.9729	.8732	.6020	.1841
	13					1.0000	.9995	.9948	.9647	.8329	.4510
	14						1.0000	.9995	.9953	.9648	.7941
	15							1.0000	1.0000	1.0000	1.0000
16	0	.1853	.0281	.0100	.0033	.0003	.0000				
	1	.5147	.1407	.0635	.0261	.0033	.0003	.0000			
	2	.7892	.3518	.1971	.0994	.0183	.0021	.0001			
	3	.9316	.5981	.4050	.2459	.0651	.0106	.0009	.0000		
	4	.9830	.7982	.6302	.4499	.1666	.0384	.0049	.0003		
	5	.9967	.9183	.8103	.6598	.3288	.1051	.0191	.0016	.0000	
	6	.9995	.9733	.9204	.8247	.5272	.2272	.0583	.0071	.0002	
	7	.9999	.9930	.9729	.9256	.7161	.4018	.1423	.0257	.0015	.0000
	8	1.0000	.9985	.9925	.9743	.8577	.5982	.2839	.0744	.0070	.0001
	9		.9998	.9984	.9929	.9417	.7728	.4728	.1753	.0267	.0005
	10		1.0000	.9997	.9984	.9809	.8949	.6712	.3402	.0817	.0033
	11			1.0000	.9997	.9951	.9616	.8334	.5501	.2018	.0170
	12				1.0000	.9991	.9894	.9349	.7541	.4019	.0684
	13					.9999	.9979	.9817	.9006	.6482	.2108
	14					1.0000	.9997	.9967	.9739	.8593	.4853
	15						1.0000	.9997	.9967	.9719	.8147
	16							1.0000	1.0000	1.0000	1.0000

A. 1 (계속)누적이항분포 $\sum_{x=0}^{r} b(x; n, p)$

		P									
n	r	.10	.20	.25	.30	.40	.50	.60	.70	.80	.90
17	0	.1668	.0225	.0075	.0023	.0002	.0000				
	1	.4818	.1182	.0501	.0193	.0021	.0001	.0000			
	2	.7618	.3096	.1637	.0774	.0123	.0012	.0001			
	3	.9174	.5489	.3530	.2019	.0464	.0064	.0005	.0000		
	4	.9779	.7582	.5739	.3887	.1260	.0245	.0025	.0001		
	5	.9953	.8943	.7653	.5968	.2639	.0717	.0106	.0007	.0000	
	6	.9992	.9623	.8929	.7752	.4478	.1662	.0348	.0032	.0001	
	7	.9999	.9891	.9598	.8954	.6405	.3145	.0919	.0127	.0005	
	8	1.0000	.9974	.9876	.9597	.8011	.5000	.1989	.0403	.0026	.0000
	9		.9995	.9969	.9873	.9081	.6855	.3595	.1046	.0109	.0001
	10		.9999	.9994	.9968	.9652	.8338	.5522	.2248	.0377	.0008
	11		1.0000	.9999	.9993	.9894	.9283	.7361	.4032	.1057	.0047
	12			1.0000	.9999	.9975	.9755	.8740	.6113	.2418	.0221
	13				1.0000	.9995	.9936	.9536	.7981	.4511	.0826
	14					.9999	.9988	.9877	.9226	.6904	.2382
	15					1.0000	.9999	.9979	.9807	.8818	.5182
	16						1.0000	.9998	.9977	.9775	.8332
	17							1.0000	1.0000	1.0000	1.0000
18	0	.1501	.0180	.0056	.0016	.0001	.0000				
	1	.4503	.0991	.0395	.0142	.0013	.0001				
	2	.7338	.2713	.1353	.0600	.0082	.0007	.0000			
	3	.9018	.5010	.3057	.1646	.0328	.0038	.0002			
	4	.9718	.7164	.5787	.3327	.0942	.0154	.0013	.0000		
	5	.9936	.8671	.7175	.5344	.2088	.0481	.0058	.0003		
	6	.9988	.9487	.8610	.7217	.3743	.1189	.0203	.0014	.0000	
	7	.9998	.9837	.9431	.8593	.5634	.2403	.0579	.0061	.0002	
	8	1.0000	.9957	.9807	.9404	.7368	.4073	.1347	.0210	.0009	
	9		.9991	.9946	.9790	.8653	.5927	.2632	.0596	.0043	.0000
	10		.9998	.9988	.9939	.9424	.7597	.4366	.1407	.0163	.0002
	11		1.0000	.9998	.9986	.9797	.8811	.6257	.2783	.0513	.0012
	12			1.0000	.9997	.9942	.9519	.7912	.4656	.1329	.0064
	13				1.0000	.9987	.9846	.9058	.6673	.2836	.0282
	14					.9998	.9962	.9672	.8354	.4990	.0982
	15					1.0000	.9993	.9918	.9400	.7287	.2662
	16						.9999	.9987	.9858	.9009	.5497
	17						1.0000	.9999	.9984	.9820	.8499
	18							1.0000	1.0000	1.0000	1.0000

A. 1 (계속)누적이항분포 $\sum_{x=0}^{r} b(x ; n, p)$

		P									
n	r	.10	.20	.25	.30	.40	.50	.60	.70	.80	.90
19	0	.1351	.0144	.0042	.0011	.0001					
	1	.4203	.0829	.0310	.0104	.0008	.0000				
	2	.7054	.2369	.1113	.0462	.0055	.0004	.0000			
	3	.8850	.4551	.2631	.1332	.0230	.0022	.0001			
	4	.9648	.6733	.4654	.2822	.0696	.0096	.0006	.0000		
	5	.9914	.8369	.6678	.4739	.1629	.0318	.0031	.0001		
	6	.9983	.9324	.8251	.6655	.3081	.0835	.0116	.0006		
	7	.9997	.9767	.9225	.8180	.4878	.1796	.0352	.0028	.0000	
	8	1.0000	.9933	.9713	.9161	.6675	.3238	.0885	.0105	.0003	
	9		.9984	.9911	.9674	.8139	.5000	.1861	.0326	.0016	
	10		.9997	.9977	.9895	.9115	.6762	.3325	.0839	.0067	.0000
	11		.9999	.9995	.9972	.9648	.8204	.5122	.1820	.0233	.0003
	12		1.0000	.9999	.9994	.9884	.9165	.6919	.3345	.0676	.0017
	13			1.0000	.9999	.9969	.9682	.8371	.5261	.1631	.0086
	14				1.0000	.9994	.9904	.9304	.7178	.3267	.0352
	15					.9999	.9978	.9770	.8668	.5449	.1150
	16					1.0000	.9996	.9945	.9538	.7631	.2946
	17						1.0000	.9992	.9896	.9171	.5797
	18							.9999	.9989	.9856	.8649
	19							1.0000	1.0000	1.0000	1.0000
20	0	.1216	.0115	.0032	.0008	.0000					
	1	.3917	.0692	.0243	.0076	.0005	.0000				
	2	.6769	.2061	.0913	.0355	.0036	.0002	.0000			
	3	.8670	.4114	.2252	.1071	.0160	.0013	.0001			
	4	.9568	.6296	.4148	.2375	.0510	.0059	.0003			
	5	.9887	.8042	.6172	.4164	.1256	.0207	.0016	.0000		
	6	.9976	.9133	.7858	.6080	.2500	.0577	.0065	.0003		
	7	.9996	.9679	.8982	.7723	.4159	.1316	.0210	.0013	.0000	
	8	.9999	.9900	.9591	.8867	.5956	.2517	.0565	.0051	.0001	
	9	1.0000	.9974	.9861	.9520	.7553	.4119	.1275	.0171	.0006	
	10		.9994	.9961	.9829	.8725	.5881	.2447	.0480	.0026	.0000
	11		.9999	.9991	.9949	.9435	.7483	.4044	.1133	.0100	.0001
	12		1.0000	.9998	.9987	.9790	.8684	.5841	.2277	.0321	.0004
	13			1.0000	.9997	.9935	.9423	.7500	.3920	.0867	.0024
	14				1.0000	.9984	.9793	.8744	.5836	.1958	.0113
	15					.9997	.9941	.9490	.7625	.3704	.0432
	16					1.0000	.9987	.9840	.8929	.5886	.1330
	17						.9998	.9964	.9645	.7939	.3231
	18						1.0000	.9995	.9924	.9308	.6083
	19							1.0000	.9992	.9885	.8784
	20								1.0000	1.0000	1.0000

A. 2 누적포아송분포 $\sum_{x=0}^{r} p(x;\mu)$

r	μ								
	0.1	0.2	0.3	0.4	0.5	0.6	0.7	0.8	0.9
0	0.9048	0.8187	0.7408	0.6730	0.6065	0.5488	0.4966	0.4493	0.4066
1	0.9953	0.9825	0.9631	0.9384	0.9098	0.8781	0.8442	0.8088	0.7725
2	0.9998	0.9989	0.9964	0.9921	0.9856	0.9769	0.9659	0.9526	0.9371
3	1.0000	0.9999	0.9997	0.9992	0.9982	0.9966	0.9942	0.9909	0.9865
4		1.0000	1.0000	0.9999	0.9998	0.9996	0.9992	0.9986	0.9977
5				1.0000	1.0000	1.0000	0.9999	0.9998	0.9997
6							1.0000	1.0000	1.0000

r	μ								
	1.0	1.5	2.0	2.5	3.0	3.5	4.0	4.5	5.0
0	0.3679	0.2231	0.1353	0.0821	0.0498	0.0302	0.0183	0.0111	0.0067
1	0.7358	0.5578	0.4060	0.2873	0.1991	0.1359	0.0916	0.0611	0.0404
2	0.9197	0.8088	0.6767	0.5438	0.4232	0.3208	0.2381	0.1736	0.1247
3	0.9810	0.9344	0.8571	0.7576	0.6472	0.5366	0.4335	0.3423	0.2650
4	0.9963	0.9814	0.9473	0.8912	0.8153	0.7254	0.6288	0.5321	0.4405
5	0.9994	0.9955	0.9834	0.9580	0.9161	0.8576	0.7851	0.7029	0.6160
6	0.9999	0.9991	0.9955	0.9858	0.9665	0.9347	0.8893	0.8311	0.7622
7	1.0000	0.9998	0.9989	0.9958	0.9881	0.9733	0.9489	0.9134	0.8666
8		1.0000	0.9998	0.9989	0.9962	0.9901	0.9786	0.9597	0.9319
9			1.0000	0.9997	0.9989	0.9967	0.9919	0.9829	0.9682
10				0.9999	0.9997	0.9990	0.9972	0.9933	0.9863
11				1.0000	0.9999	0.9997	0.9991	0.9976	0.9945
12					1.0000	0.9999	0.9997	0.9992	0.9980
13						1.0000	0.9999	0.9997	0.9993
14							1.0000	0.9999	0.9998
15								1.0000	0.9999
16									1.0000

A. 2 (계속)누적포아송분포 $\sum_{x=0}^{r} p(x;\mu)$

r	μ								
	5.5	6.0	6.5	7.0	7.5	8.0	8.5	9.0	9.5
0	0.0041	0.0025	0.0015	0.0009	0.0006	0.0003	0.0002	0.0001	0.0001
1	0.0266	0.0174	0.0113	0.0073	0.0047	0.0030	0.0019	0.0012	0.0008
2	0.0884	0.0620	0.0430	0.0296	0.0203	0.0138	0.0093	0.0062	0.0042
3	0.2017	0.1512	0.1118	0.0818	0.0591	0.0424	0.0301	0.0212	0.0149
4	0.3575	0.2851	0.2237	0.1730	0.1321	0.0996	0.0744	0.0550	0.0403
5	0.5289	0.4457	0.3690	0.3007	0.2414	0.1912	0.1496	0.1157	0.0885
6	0.6860	0.6063	0.5265	0.4497	0.3782	0.3134	0.2562	0.2068	0.1649
7	0.8095	0.7440	0.6728	0.5987	0.5246	0.4530	0.3856	0.3239	0.2687
8	0.8944	0.8472	0.7916	0.7291	0.6620	0.5925	0.5231	0.4557	0.3918
9	0.9462	0.9161	0.8774	0.8305	0.7764	0.7166	0.6530	0.5874	0.5218
10	0.9747	0.9574	0.9332	0.9015	0.8622	0.8159	0.7634	0.7060	0.6453
11	0.9890	0.9799	0.9661	0.9466	0.9208	0.8881	0.8487	0.8030	0.7520
12	0.9955	0.9912	0.9840	0.9730	0.9573	0.9362	0.9091	0.8758	0.8364
13	0.9983	0.9964	0.9929	0.9872	0.9784	0.9658	0.9486	0.9261	0.8981
14	0.9994	0.9986	0.9970	0.9943	0.9897	0.9827	0.9726	0.9585	0.9400
15	0.9998	0.9995	0.9988	0.9976	0.9954	0.9918	0.9862	0.9780	0.9665
16	0.9999	0.9998	0.9996	0.9990	0.9980	0.9963	0.9934	0.9889	0.9823
17	1.0000	0.9999	0.9998	0.9996	0.9992	0.9984	0.9970	0.9947	0.9911
18		1.0000	0.9999	0.9999	0.9997	0.9994	0.9987	0.9976	0.9957
19			1.0000	1.0000	0.9999	0.9997	0.9995	0.9989	0.9980
20					1.0000	0.9999	0.9998	0.9996	0.9991
21						1.0000	0.9999	0.9998	0.9996
22							1.0000	0.9999	0.9999
23								1.0000	0.9999
24									1.0000

A. 2 (계속)누적포아송분포 $\sum_{x=0}^{r} p(x;\mu)$

r	μ								
	10.0	11.0	12.0	13.0	14.0	15.0	16.0	17.0	18.0
0	0.0000	0.0000	0.0000						
1	0.0005	0.0002	0.0001	0.0000	0.0000				
2	0.0028	0.0012	0.0005	0.0002	0.0001	0.0000	0.0000		
3	0.0103	0.0049	0.0023	0.0010	0.0005	0.0002	0.0001	0.0000	0.0000
4	0.0293	0.0151	0.0076	0.0037	0.0018	0.0009	0.0004	0.0002	0.0001
5	0.0671	0.0375	0.0203	0.0107	0.0055	0.0028	0.0014	0.0007	0.0003
6	0.1301	0.0786	0.0458	0.0259	0.0142	0.0076	0.0040	0.0021	0.0010
7	0.2202	0.1432	0.0895	0.0540	0.0316	0.0180	0.0100	0.0054	0.0029
8	0.3328	0.2320	0.1550	0.0998	0.0621	0.0374	0.0220	0.0126	0.0071
9	0.4579	0.3405	0.2424	0.1658	0.1094	0.0699	0.0433	0.0261	0.0154
10	0.5830	0.4599	0.3472	0.2517	0.1757	0.1185	0.0774	0.0491	0.0304
11	0.6968	0.5793	0.4616	0.3532	0.2600	0.1848	0.1270	0.0847	0.0549
12	0.7916	0.6887	0.5760	0.4631	0.3585	0.2676	0.1931	0.1350	0.0917
13	0.8645	0.7813	0.6815	0.5730	0.4644	0.3632	0.2745	0.2009	0.1426
14	0.9165	0.8540	0.7720	0.6751	0.5704	0.4657	0.3675	0.2808	0.2081
15	0.9513	0.9074	0.8444	0.7636	0.6694	0.5681	0.4667	0.3715	0.2867
16	0.9730	0.9441	0.8987	0.8355	0.7559	0.6641	0.5660	0.4677	0.3750
17	0.9857	0.9687	0.9370	0.8905	0.8272	0.7489	0.6593	0.5640	0.4686
18	0.9928	0.9823	0.9626	0.9302	0.8826	0.8195	0.7423	0.6550	0.5622
19	0.9965	0.9907	0.9787	0.9573	0.9235	0.8752	0.8122	0.7363	0.6509
20	0.9984	0.9953	0.9884	0.9750	0.9521	0.9170	0.8682	0.8055	0.7307
21	0.9993	0.9977	0.9939	0.9859	0.9712	0.9469	0.9108	0.8615	0.7991
22	0.9997	0.9990	0.9970	0.9924	0.9833	0.9673	0.9418	0.9047	0.8551
23	0.9999	0.9995	0.9985	0.9960	0.9907	0.9805	0.9633	0.9367	0.8989
24	1.0000	0.9998	0.9993	0.9980	0.9950	0.9888	0.9777	0.9594	0.9317
25		0.9999	0.9997	0.9990	0.9974	0.9938	0.9869	0.9748	0.9554
26		1.0000	0.9999	0.9995	0.9987	0.9967	0.9925	0.9848	0.9718
27			0.9999	0.9998	0.9994	0.9983	0.9959	0.9912	0.9827
28			1.0000	0.9999	0.9997	0.9991	0.9978	0.9950	0.9897
29				1.0000	0.9999	0.9996	0.9989	0.9973	0.9941
30					0.9999	0.9998	0.9994	0.9986	0.9967
31					1.0000	0.9999	0.9997	0.9993	0.9982
32						1.0000	0.9999	0.9996	0.9990
33							0.9999	0.9998	0.9995
34							1.0000	0.9999	0.9998
35								1.0000	0.9999
36									0.9999
37									1.0000

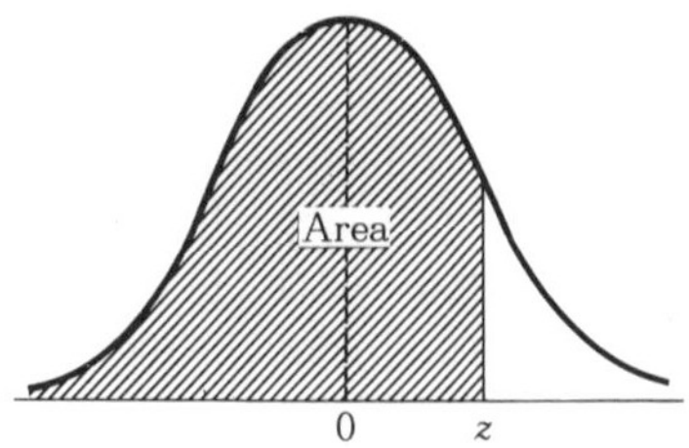

A. 3 표준정규분포표

z	.00	.01	.02	.03	.04	.05	.06	.07	.08	.09
−3.4	.0003	.0003	.0003	.0003	.0003	.0003	.0003	.0003	.0003	.0002
−3.3	.0005	.0005	.0005	.0004	.0004	.0004	.0004	.0004	.0004	.0003
−3.2	.0007	.0007	.0006	.0006	.0006	.0006	.0006	.0005	.0005	.0005
−3.1	.0010	.0009	.0009	.0009	.0008	.0008	.0008	.0008	.0007	.0007
−3.0	.0013	.0013	.0013	.0012	.0012	.0011	.0011	.0011	.0010	.0010
−2.9	.0019	.0018	.0017	.0017	.0016	.0016	.0015	.0015	.0014	.0014
−2.8	.0026	.0025	.0024	.0023	.0023	.0022	.0021	.0021	.0020	.0019
−2.7	.0035	.0034	.0033	.0032	.0031	.0030	.0029	.0028	.0027	.0026
−2.6	.0047	.0045	.0044	.0043	.0041	.0040	.0039	.0038	.0037	.0036
−2.5	.0062	.0060	.0059	.0057	.0055	.0054	.0052	.0051	.0049	.0048
−2.4	.0082	.0080	.0078	.0075	.0073	.0071	.0069	.0068	.0066	.0064
−2.3	.0107	.0104	.0102	.0099	.0096	.0094	.0091	.0089	.0087	.0084
−2.2	.0139	.0136	.0132	.0129	.0125	.0122	.0119	.0116	.0113	.0110
−2.1	.0179	.0174	.0170	.0166	.0162	.0158	.0154	.0150	.0146	.0143
−2.0	.0228	.0222	.0217	.0212	.0207	.0202	.0197	.0192	.0188	.0183
−1.9	.0287	.0281	.0274	.0268	.0262	.0256	.0250	.0244	.0239	.0233
−1.8	.0359	.0352	.0344	.0336	.0329	.0322	.0314	.0307	.0301	.0294
−1.7	.0446	.0436	.0427	.0418	.0409	.0401	.0392	.0384	.0375	.0367
−1.6	.0548	.0537	.0526	.0516	.0505	.0495	.0485	.0475	.0465	.0455
−1.5	.0668	.0655	.0643	.0630	.0618	.0606	.0594	.0582	.0571	.0559
−1.4	.0808	.0793	.0778	.0764	.0749	.0735	.0722	.0708	.0694	.0681
−1.3	.0968	.0951	.0934	.0918	.0901	.0885	.0869	.0853	.0838	.0823
−1.2	.1151	.1131	.1112	.1093	.1075	.1056	.1038	.1020	.1003	.0985
−1.1	.1357	.1335	.1314	.1292	.1271	.1251	.1230	.1210	.1190	.1170
−1.0	.1587	.1562	.1539	.1515	.1492	.1469	.1446	.1423	.1401	.1379
−0.9	.1841	.1814	.1788	.1762	.1736	.1711	.1685	.1660	.1635	.1611
−0.8	.2119	.2090	.2061	.2033	.2005	.1977	.1949	.1922	.1894	.1867
−0.7	.2420	.2389	.2358	.2327	.2296	.2266	.2236	.2206	.2177	.2148
−0.6	.2743	.2709	.2676	.2643	.2611	.2578	.2546	.2514	.2483	.2451
−0.5	.3085	.3050	.3015	.2981	.2946	.2912	.2877	.2843	.2810	.2776
−0.4	.3446	.3409	.3372	.3336	.3300	.3264	.3228	.3192	.3156	.3121
−0.3	.3821	.3783	.3745	.3707	.3669	.3632	.3594	.3557	.3520	.3483
−0.2	.4207	.4168	.4129	.4090	.4052	.4013	.3974	.3936	.3897	.3859
−0.1	.4602	.4562	.4522	.4483	.4443	.4404	.4364	.4325	.4286	.4247
−0.0	.5000	.4960	.4920	.4880	.4840	.4801	.4761	.4721	.4681	.4641

A. 3 (계속)표준정규분포표

z	.00	.01	.02	.03	.04	.05	.06	.07	.08	.09
0.0	.5000	.5040	.5080	.5120	.5160	.5199	.5239	.5279	.5319	.5359
0.1	.5398	.5438	.5478	.5517	.5557	.5596	.5636	.5675	.5714	.5753
0.2	.5793	.5832	.5871	.5910	.5948	.5987	.6026	.6064	.6103	.6141
0.3	.6179	.6217	.6255	.6293	.6331	.6368	.6406	.6443	.6480	.6517
0.4	.6554	.6591	.6628	.6664	.6700	.6736	.6772	.6808	.6844	.6879
0.5	.6915	.6950	.6985	.7019	.7054	.7088	.7123	.7157	.7190	.7224
0.6	.7257	.7291	.7324	.7357	.7389	.7422	.7454	.7486	.7517	.7549
0.7	.7580	.7611	.7642	.7673	.7704	.7734	.7764	.7794	.7823	.7852
0.8	.7881	.7910	.7939	.7967	.7995	.8023	.8051	.8078	.8106	.8133
0.9	.8159	.8186	.8212	.8238	.8264	.8289	.8315	.8340	.8365	.8389
1.0	.8413	.8438	.8461	.8485	.8508	.8531	.8554	.8577	.8599	.8621
1.1	.8643	.8665	.8686	.8708	.8729	.8749	.8770	.8790	.8810	.8830
1.2	.8849	.8869	.8888	.8907	.8925	.8944	.8962	.8980	.8997	.9015
1.3	.9032	.9049	.9066	.9082	.9099	.9115	.9131	.9147	.9162	.9177
1.4	.9192	.9207	.9222	.9236	.9251	.9265	.9278	.9292	.9306	.9319
1.5	.9332	.9345	.9357	.9370	.9382	.9394	.9406	.9418	.9429	.9441
1.6	.9452	.9463	.9474	.9484	.9495	.9505	.9515	.9525	.9535	.9545
1.7	.9554	.9564	.9573	.9582	.9591	.9599	.9608	.9616	.9625	.9633
1.8	.9641	.9649	.9656	.9664	.9671	.9678	.9686	.9693	.9699	.9706
1.9	.9713	.9719	.9726	.9732	.9738	.9744	.9750	.9756	.9761	.9767
2.0	.9772	.9778	.9783	.9788	.9793	.9798	.9803	.9808	.9812	.9817
2.1	.9821	.9826	.9830	.9834	.9838	.9842	.9846	.9850	.9854	.9857
2.2	.9861	.9864	.9868	.9871	.9875	.9878	.9881	.9884	.9887	.9890
2.3	.9893	.9896	.9898	.9901	.9904	.9906	.9909	.9911	.9913	.9916
2.4	.9918	.9920	.9922	.9925	.9927	.9929	.9931	.9932	.9934	.9936
2.5	.9938	.9940	.9941	.9943	.9945	.9946	.9948	.9949	.9951	.9952
2.6	.9953	.9955	.9956	.9957	.9959	.9960	.9961	.9962	.9963	.9964
2.7	.9965	.9966	.9967	.9968	.9969	.9970	.9971	.9972	.9973	.9974
2.8	.9974	.9975	.9976	.9977	.9977	.9978	.9979	.9979	.9980	.9981
2.9	.9981	.9982	.9982	.9983	.9984	.9984	.9985	.9985	.9986	.9986
3.0	.9987	.9987	.9987	.9988	.9988	.9989	.9989	.9989	.9990	.9990
3.1	.9990	.9991	.9991	.9991	.9992	.9992	.9992	.9992	.9993	.9993
3.2	.9993	.9993	.9994	.9994	.9994	.9994	.9994	.9995	.9995	.9995
3.3	.9995	.9995	.9995	.9996	.9996	.9996	.9996	.9996	.9996	.9997
3.4	.9997	.9997	.9997	.9997	.9997	.9997	.9997	.9997	.9997	.9998

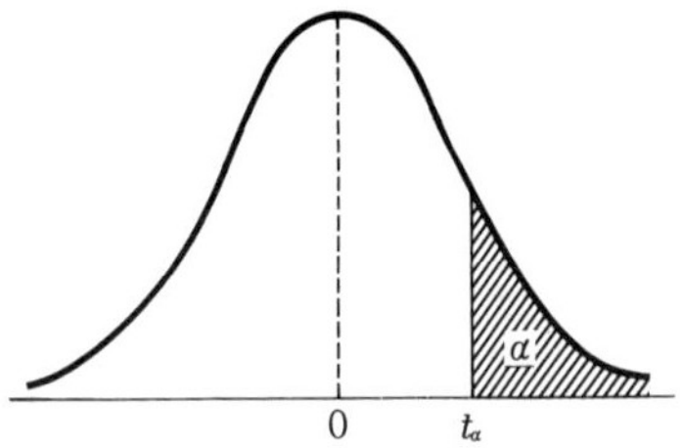

A.4 *t* 분포표

ν	α				
	0.10	0.05	0.025	0.01	0.005
1	3.078	6.314	12.706	31.821	63.657
2	1.886	2.920	4.303	6.965	9.925
3	1.638	2.353	3.182	4.541	5.841
4	1.533	2.132	2.776	3.747	4.604
5	1.476	2.015	2.571	3.365	4.032
6	1.440	1.943	2.447	3.143	3.707
7	1.415	1.895	2.365	2.998	3.499
8	1.397	1.860	2.306	2.896	3.355
9	1.383	1.833	2.262	2.821	3.250
10	1.372	1.812	2.228	2.764	3.169
11	1.363	1.796	2.201	2.718	3.106
12	1.356	1.782	2.179	2.681	3.055
13	1.350	1.771	2.160	2.650	3.012
14	1.345	1.761	2.145	2.624	2.977
15	1.341	1.753	2.131	2.602	2.947
16	1.337	1.746	2.120	2.583	2.921
17	1.333	1.740	2.110	2.567	2.898
18	1.330	1.734	2.101	2.552	2.878
19	1.328	1.729	2.093	2.539	2.861
20	1.325	1.725	2.086	2.528	2.845
21	1.323	1.721	2.080	2.518	2.831
22	1.321	1.717	2.074	2.508	2.819
23	1.319	1.714	2.069	2.500	2.807
24	1.318	1.711	2.064	2.492	2.797
25	1.316	1.708	2.060	2.485	2.787
26	1.315	1.706	2.056	2.479	2.779
27	1.314	1.703	2.052	2.473	2.771
28	1.313	1.701	2.048	2.467	2.763
29	1.311	1.699	2.045	2.462	2.756
무한대	1.282	1.645	1.960	2.326	2.576

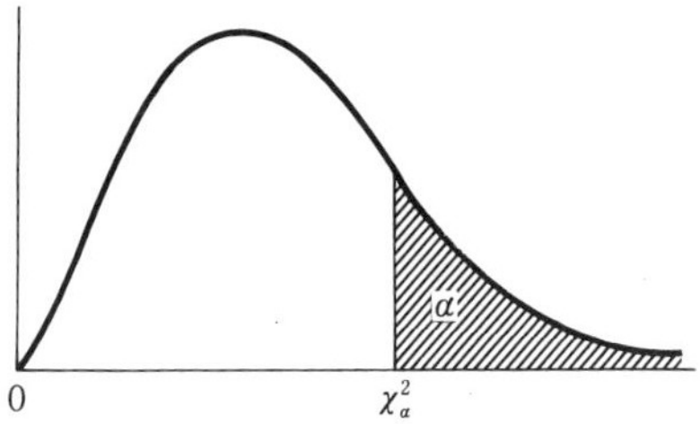

A. 5 카이제곱분포표

ν	α: .995	.99	.98	.975	.95	.90	.80	.75	.70	.50
1	$.0^4393$	$.0^3157$	$.0^3628$	$.0^3982$	.00393	.0158	.0642	.102	.148	.455
2	.0100	.0201	.0404	.0506	.103	.211	.446	.575	.713	1.386
3	.0717	.115	.185	.216	.352	.584	1.005	1.213	1.424	2.366
4	.207	.297	.429	.484	.711	1.064	1.649	1.923	2.195	3.357
5	.412	.554	.752	.831	1.145	1.610	2.343	2.675	3.000	4.351
6	.676	.872	1.134	1.237	1.635	2.204	3.070	3.455	3.828	5.348
7	.989	1.239	1.564	1.690	2.167	2.833	3.822	4.255	4.671	6.346
8	1.344	1.646	2.032	2.180	2.733	3.490	4.594	5.071	5.527	7.344
9	1.735	2.088	2.532	2.700	3.325	4.168	5.380	5.899	6.393	8.343
10	2.156	2.558	3.059	3.247	3.940	4.865	6.179	6.737	7.267	9.342
11	2.603	3.053	3.609	3.816	4.575	5.578	6.989	7.584	8.148	10.341
12	3.074	3.571	4.178	4.404	5.226	6.304	7.807	8.438	9.034	11.340
13	3.565	4.107	4.765	5.009	5.892	7.042	8.634	9.299	9.926	12.340
14	4.075	4.660	5.368	5.629	6.571	7.790	9.467	10.165	10.821	13.339
15	4.601	5.229	5.985	6.262	7.261	8.547	10.307	11.036	11.721	14.339
16	5.142	5.812	6.614	6.908	7.962	9.312	11.152	11.912	12.624	15.338
17	5.697	6.408	7.255	7.564	8.672	10.085	12.002	12.792	13.531	16.338
18	6.265	7.015	7.906	8.231	9.390	10.865	12.857	13.675	14.440	17.338
19	6.844	7.633	8.567	8.907	10.117	11.651	13.716	14.562	15.352	18.338
20	7.434	8.260	9.237	9.591	10.851	12.443	14.578	15.452	16.266	19.337
21	8.034	8.897	9.915	10.283	11.591	13.240	15.445	16.344	17.182	20.337
22	8.643	9.542	10.600	10.982	12.338	14.041	16.314	17.240	18.101	21.337
23	9.260	10.196	11.293	11.688	13.091	14.848	17.187	18.137	19.021	22.337
24	9.886	10.856	11.992	12.401	13.848	15.659	18.062	19.037	19.943	23.337
25	10.520	11.524	12.697	13.120	14.611	16.473	18.940	19.939	20.867	24.337
26	11.160	12.198	13.409	13.844	15.379	17.292	19.820	20.843	21.792	25.336
27	11.808	12.879	14.125	14.573	16.151	18.114	20.703	21.749	22.719	26.336
28	12.461	13.565	14.847	15.308	16.928	18.939	21.588	22.657	23.647	27.336
29	13.121	14.256	15.574	16.047	17.708	19.768	22.475	23.567	24.577	28.336
30	13.787	14.953	16.306	16.791	18.493	20.599	23.364	24.478	25.508	29.336

A. 5 (계속)카이제곱분포표

ν	α									
	.30	.25	.20	.10	.05	.025	.02	.01	.005	.001
1	1.074	1.323	1.642	2.706	3.841	5.024	5.412	6.635	7.879	10.827
2	2.408	2.773	3.219	4.605	5.991	7.378	7.824	9.210	10.597	13.815
3	3.665	4.108	4.642	6.251	7.815	9.348	9.837	11.345	12.838	16.268
4	4.878	5.385	5.989	7.779	9.488	11.143	11.668	13.277	14.860	18.465
5	6.064	6.626	7.289	9.236	11.070	12.832	13.388	15.086	16.750	20.517
6	7.231	7.841	8.558	10.645	12.592	14.449	15.033	16.812	18.548	22.457
7	8.383	9.037	9.803	12.017	14.067	16.013	16.622	18.475	20.278	24.322
8	9.524	10.219	11.030	13.362	15.507	17.535	18.168	20.090	21.955	26.125
9	10.656	11.389	12.242	14.684	16.919	19.023	19.679	21.666	23.589	27.877
10	11.781	12.549	13.442	15.987	18.307	20.483	21.161	23.209	25.188	29.588
11	12.899	13.701	14.631	17.275	19.675	21.920	22.618	24.725	26.757	31.264
12	14.011	14.845	15.812	18.549	21.026	23.337	24.054	26.217	28.300	32.909
13	15.119	15.984	16.985	19.812	22.362	24.736	25.472	27.688	29.819	34.528
14	16.222	17.117	18.151	21.064	23.685	26.119	26.873	29.141	31.319	36.123
15	17.322	18.245	19.311	22.307	24.996	27.488	28.259	30.578	32.801	37.697
16	18.418	19.369	20.465	23.542	26.296	28.845	29.633	32.000	34.267	39.252
17	19.511	20.489	21.615	24.769	27.587	30.191	30.995	33.409	35.718	40.790
18	20.601	21.605	22.760	25.989	28.869	31.526	32.346	34.805	37.156	42.312
19	21.689	22.718	23.900	27.204	30.144	32.852	33.687	36.191	38.582	43.820
20	22.775	23.828	25.038	28.412	31.410	34.170	35.020	37.566	39.997	45.315
21	23.858	24.935	26.171	29.615	32.671	35.479	36.343	38.932	41.401	46.797
22	24.939	26.039	27.301	30.813	33.924	36.781	37.659	40.289	42.796	48.268
23	26.018	27.141	28.429	32.007	35.172	38.076	38.968	41.638	44.181	49.728
24	27.096	28.241	29.553	33.196	36.415	39.364	40.270	42.980	45.558	51.179
25	28.172	29.339	30.675	34.382	37.652	40.646	41.566	44.314	46.928	52.620
26	29.246	30.434	31.795	35.563	38.885	41.923	42.856	45.642	48.290	54.052
27	30.319	31.528	32.912	36.741	40.113	43.194	44.140	46.963	49.645	55.476
28	31.391	32.620	34.027	37.916	41.337	44.461	45.419	48.278	50.993	56.893
29	32.461	33.711	35.139	39.087	42.557	45.722	46.693	49.588	52.336	58.302
30	33.530	34.800	36.250	40.256	43.773	46.979	47.962	50.892	53.672	59.703

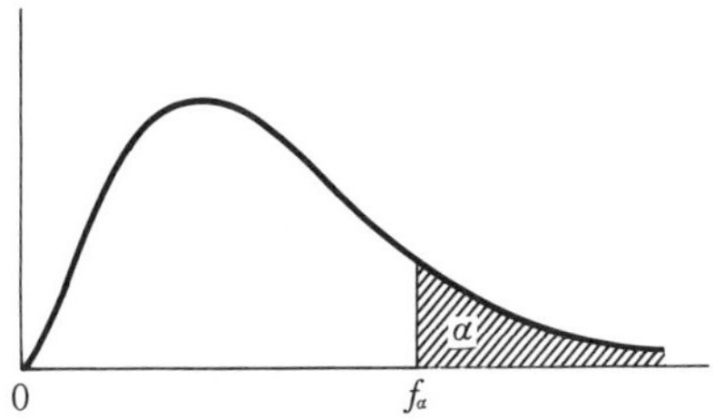

A.6 F분포표 $f_{0.05}(\nu_1, \nu_2)$

$f_{0.05}(\nu_1, \nu_2)$

ν_2	ν_1								
	1	2	3	4	5	6	7	8	9
1	161.4	199.5	215.7	224.6	230.2	234.0	236.8	238.9	240.5
2	18.51	19.00	19.16	19.25	19.30	19.33	19.35	19.37	19.38
3	10.13	9.55	9.28	9.12	9.01	8.94	8.89	8.85	8.81
4	7.71	6.94	6.59	6.39	6.26	6.16	6.09	6.04	6.00
5	6.61	5.79	5.41	5.19	5.05	4.95	4.88	4.82	4.77
6	5.99	5.14	4.76	4.53	4.39	4.28	4.21	4.15	4.10
7	5.59	4.74	4.35	4.12	3.97	3.87	3.79	3.73	3.68
8	5.32	4.46	4.07	3.84	3.69	3.58	3.50	3.44	3.39
9	5.12	4.26	3.86	3.63	3.48	3.37	3.29	3.23	3.18
10	4.96	4.10	3.71	3.48	3.33	3.22	3.14	3.07	3.02
11	4.84	3.98	3.59	3.36	3.20	3.09	3.01	2.95	2.90
12	4.75	3.89	3.49	3.26	3.11	3.00	2.91	2.85	2.80
13	4.67	3.81	3.41	3.18	3.03	2.92	2.83	2.77	2.71
14	4.60	3.74	3.34	3.11	2.96	2.85	2.76	2.70	2.65
15	4.54	3.68	3.29	3.06	2.90	2.79	2.71	2.64	2.59
16	4.49	3.63	3.24	3.01	2.85	2.74	2.66	2.59	2.54
17	4.45	3.59	3.20	2.96	2.81	2.70	2.61	2.55	2.49
18	4.41	3.55	3.16	2.93	2.77	2.66	2.58	2.51	2.46
19	4.38	3.52	3.13	2.90	2.74	2.63	2.54	2.48	2.42
20	4.35	3.49	3.10	2.87	2.71	2.60	2.51	2.45	2.39
21	4.32	3.47	3.07	2.84	2.68	2.57	2.49	2.42	2.37
22	4.30	3.44	3.05	2.82	2.66	2.55	2.46	2.40	2.34
23	4.28	3.42	3.03	2.80	2.64	2.53	2.44	2.37	2.32
24	4.26	3.40	3.01	2.78	2.62	2.51	2.42	2.36	2.30
25	4.24	3.39	2.99	2.76	2.60	2.49	2.40	2.34	2.28
26	4.23	3.37	2.98	2.74	2.59	2.47	2.39	2.32	2.27
27	4.21	3.35	2.96	2.73	2.57	2.46	2.37	2.31	2.25
28	4.20	3.34	2.95	2.71	2.56	2.45	2.36	2.29	2.24
29	4.18	3.33	2.93	2.70	2.55	2.43	2.35	2.28	2.22
30	4.17	3.32	2.92	2.69	2.53	2.42	2.33	2.27	2.21
40	4.08	3.23	2.84	2.61	2.45	2.34	2.25	2.18	2.12
60	4.00	3.15	2.76	2.53	2.37	2.25	2.17	2.10	2.04
120	3.92	3.07	2.68	2.45	2.29	2.17	2.09	2.02	1.96
∞	3.84	3.00	2.60	2.37	2.21	2.10	2.01	1.94	1.88

A. 6 (계속) F분포표 $f_{0.05}(\nu_1, \nu_2)$

ν_2	ν_1									
	10	12	15	20	24	30	40	60	120	∞
1	241.9	243.9	245.9	248.0	249.1	250.1	251.1	252.2	253.3	254.3
2	19.40	19.41	19.43	19.45	19.45	19.46	19.47	19.48	19.49	19.50
3	8.79	8.74	8.70	8.66	8.64	8.62	8.59	8.57	8.55	8.53
4	5.96	5.91	5.86	5.80	5.77	5.75	5.72	5.69	5.66	5.63
5	4.74	4.68	4.62	4.56	4.53	4.50	4.46	4.43	4.40	4.36
6	4.06	4.00	3.94	3.87	3.84	3.81	3.77	3.74	3.70	3.67
7	3.64	3.57	3.51	3.44	3.41	3.38	3.34	3.30	3.27	3.23
8	3.35	3.28	3.22	3.15	3.12	3.08	3.04	3.01	2.97	2.93
9	3.14	3.07	3.01	2.94	2.90	2.86	2.83	2.79	2.75	2.71
10	2.98	2.91	2.85	2.77	2.74	2.70	2.66	2.62	2.58	2.54
11	2.85	2.79	2.72	2.65	2.61	2.57	2.53	2.49	2.45	2.40
12	2.75	2.69	2.62	2.54	2.51	2.47	2.43	2.38	2.34	2.30
13	2.67	2.60	2.53	2.46	2.42	2.38	2.34	2.30	2.25	2.21
14	2.60	2.53	2.46	2.39	2.35	2.31	2.27	2.22	2.18	2.13
15	2.54	2.48	2.40	2.33	2.29	2.25	2.20	2.16	2.11	2.07
16	2.49	2.42	2.35	2.28	2.24	2.19	2.15	2.11	2.06	2.01
17	2.45	2.38	2.31	2.23	2.19	2.15	2.10	2.06	2.01	1.96
18	2.41	2.34	2.27	2.19	2.15	2.11	2.06	2.02	1.97	1.92
19	2.38	2.31	2.23	2.16	2.11	2.07	2.03	1.98	1.93	1.88
20	2.35	2.28	2.20	2.12	2.08	2.04	1.99	1.95	1.90	1.84
21	2.32	2.25	2.18	2.10	2.05	2.01	1.96	1.92	1.87	1.81
22	2.30	2.23	2.15	2.07	2.03	1.98	1.94	1.89	1.84	1.78
23	2.27	2.20	2.13	2.05	2.01	1.96	1.91	1.86	1.81	1.76
24	2.25	2.18	2.11	2.03	1.98	1.94	1.89	1.84	1.79	1.73
25	2.24	2.16	2.09	2.01	1.96	1.92	1.87	1.82	1.77	1.71
26	2.22	2.15	2.07	1.99	1.95	1.90	1.85	1.80	1.75	1.69
27	2.20	2.13	2.06	1.97	1.93	1.88	1.84	1.79	1.73	1.67
28	2.19	2.12	2.04	1.96	1.91	1.87	1.82	1.77	1.71	1.65
29	2.18	2.10	2.03	1.94	1.90	1.85	1.81	1.75	1.70	1.64
30	2.16	2.09	2.01	1.93	1.89	1.84	1.79	1.74	1.68	1.62
40	2.08	2.00	1.92	1.84	1.79	1.74	1.69	1.64	1.58	1.51
60	1.99	1.92	1.84	1.75	1.70	1.65	1.59	1.53	1.47	1.39
120	1.91	1.83	1.75	1.66	1.61	1.55	1.50	1.43	1.35	1.25
∞	1.83	1.75	1.67	1.57	1.52	1.46	1.39	1.32	1.22	1.00

A.6 (계속) F분포표 $f_{0.01}(\nu_1, \nu_2)$

ν_2	ν_1 = 1	2	3	4	5	6	7	8	9
1	4052	4999.5	5403	5625	5764	5859	5928	5981	6022
2	98.50	99.00	99.17	99.25	99.30	99.33	99.36	99.37	99.39
3	34.12	30.82	29.46	28.71	28.24	27.91	27.67	27.49	27.35
4	21.20	18.00	16.69	15.98	15.52	15.21	14.98	14.80	14.66
5	16.26	13.27	12.06	11.39	10.97	10.67	10.46	10.29	10.16
6	13.75	10.92	9.78	9.15	8.75	8.47	8.26	8.10	7.98
7	12.25	9.55	8.45	7.85	7.46	7.19	6.99	6.84	6.72
8	11.26	8.65	7.59	7.01	6.63	6.37	6.18	6.03	5.91
9	10.56	8.02	6.99	6.42	6.06	5.80	5.61	5.47	5.35
10	10.04	7.56	6.55	5.99	5.64	5.39	5.20	5.06	4.94
11	9.65	7.21	6.22	5.67	5.32	5.07	4.89	4.74	4.63
12	9.33	6.93	5.95	5.41	5.06	4.82	4.64	4.50	4.39
13	9.07	6.70	5.74	5.21	4.86	4.62	4.44	4.30	4.19
14	8.86	6.51	5.56	5.04	4.69	4.46	4.28	4.14	4.03
15	8.68	6.36	5.42	4.89	4.56	4.32	4.14	4.00	3.89
16	8.53	6.23	5.29	4.77	4.44	4.20	4.03	3.89	3.78
17	8.40	6.11	5.18	4.67	4.34	4.10	3.93	3.79	3.68
18	8.29	6.01	5.09	4.58	4.25	4.01	3.84	3.71	3.60
19	8.18	5.93	5.01	4.50	4.17	3.94	3.77	3.63	3.52
20	8.10	5.85	4.94	4.43	4.10	3.87	3.70	3.56	3.46
21	8.02	5.78	4.87	4.37	4.04	3.81	3.64	3.51	3.40
22	7.95	5.72	4.82	4.31	3.99	3.76	3.59	3.45	3.35
23	7.88	5.66	4.76	4.26	3.94	3.71	3.54	3.41	3.30
24	7.82	5.61	4.72	4.22	3.90	3.67	3.50	3.36	3.26
25	7.77	5.57	4.68	4.18	3.85	3.63	3.46	3.32	3.22
26	7.72	5.53	4.64	4.14	3.82	3.59	3.42	3.29	3.18
27	7.68	5.49	4.60	4.11	3.78	3.56	3.39	3.26	3.15
28	7.64	5.45	4.57	4.07	3.75	3.53	3.36	3.23	3.12
29	7.60	5.42	4.54	4.04	3.73	3.50	3.33	3.20	3.09
30	7.56	5.39	4.51	4.02	3.70	3.47	3.30	3.17	3.07
40	7.31	5.18	4.31	3.83	3.51	3.29	3.12	2.99	2.89
60	7.08	4.98	4.13	3.65	3.34	3.12	2.95	2.82	2.72
120	6.85	4.79	3.95	3.48	3.17	2.96	2.79	2.66	2.56
∞	6.63	4.61	3.78	3.32	3.02	2.80	2.64	2.51	2.41

A. 6 (계속) F분포표 $f_{0.01}(\nu_1, \nu_2)$

ν_2	ν_1									
	10	12	15	20	24	30	40	60	120	∞
1	6056	6106	6157	6209	6235	6261	6287	6313	6339	6366
2	99.40	99.42	99.43	99.45	99.46	99.47	99.47	99.48	99.49	99.50
3	27.23	27.05	26.87	26.69	26.60	26.50	26.41	26.32	26.22	26.13
4	14.55	14.37	14.20	14.02	13.93	13.48	13.75	13.65	13.56	13.46
5	10.05	9.89	9.72	9.55	9.47	9.38	9.29	9.20	9.11	9.02
6	7.87	7.72	7.56	7.40	7.31	7.23	7.14	7.06	6.97	6.88
7	6.62	6.47	6.31	6.16	6.07	5.99	5.91	5.82	5.74	5.65
8	5.81	5.67	5.52	5.36	5.28	5.20	5.12	5.03	4.95	4.86
9	5.26	5.11	4.96	4.81	4.73	4.65	4.57	4.48	4.40	4.31
10	4.85	4.71	4.56	4.41	4.33	4.25	4.17	4.08	4.00	3.91
11	4.54	4.40	4.25	4.10	4.02	3.94	3.86	3.78	3.69	3.60
12	4.30	4.16	4.01	3.86	3.78	3.70	3.62	3.54	3.45	3.36
13	4.10	3.96	3.82	3.66	3.59	3.51	3.43	3.34	3.25	3.17
14	3.94	3.80	3.66	3.51	3.43	3.35	3.27	3.18	3.09	3.00
15	3.80	3.67	3.52	3.37	3.29	3.21	3.13	3.05	2.96	2.87
16	3.69	3.55	3.41	3.26	3.18	3.10	3.02	2.93	2.84	2.75
17	3.59	3.46	3.31	3.16	3.08	3.00	2.92	2.83	2.75	2.65
18	3.51	3.37	3.23	3.08	3.00	2.92	2.84	2.75	2.66	2.57
19	3.43	3.30	3.15	3.00	2.92	2.84	2.76	2.67	2.58	2.49
20	3.37	3.23	3.09	2.94	2.86	2.78	2.69	2.61	2.52	2.42
21	3.31	3.17	3.03	2.88	2.80	2.72	2.64	2.55	2.46	2.36
22	3.26	3.12	2.98	2.83	2.75	2.67	2.58	2.50	2.40	2.31
23	3.21	3.07	2.93	2.78	2.70	2.62	2.54	2.45	2.35	2.26
24	3.17	3.03	2.89	2.74	2.66	2.58	2.49	2.40	2.31	2.21
25	3.13	2.99	2.85	2.70	2.62	2.54	2.45	2.36	2.27	2.17
26	3.09	2.96	2.81	2.66	2.58	2.50	2.42	2.33	2.23	2.13
27	3.06	2.93	2.78	2.63	2.55	2.47	2.38	2.29	2.20	2.10
28	3.03	2.90	2.75	2.60	2.52	2.44	2.35	2.26	2.17	2.06
29	3.00	2.87	2.73	2.57	2.49	2.41	2.33	2.23	2.14	2.03
30	2.98	2.84	2.70	2.55	2.47	2.39	2.30	2.21	2.11	2.01
40	2.80	2.66	2.52	2.37	2.29	2.20	2.11	2.02	1.92	1.80
60	2.63	2.50	2.35	2.20	2.12	2.03	1.94	1.84	1.73	1.60
120	2.47	2.34	2.19	2.03	1.95	1.86	1.76	1.66	1.53	1.38
∞	2.32	2.18	2.04	1.88	1.79	1.70	1.59	1.47	1.32	1.00

A.7 부호 붙은 순위검정의 기각치

n	단측검정 $\alpha=0.01$ 양측검정 $\alpha=0.02$	단측검정 $\alpha=0.025$ 양측검정 $\alpha=0.05$	단측검정 $\alpha=0.05$ 양측검정 $\alpha=0.10$
5			1
6		1	2
7	0	2	4
8	2	4	6
9	3	6	8
10	5	8	11
11	7	11	14
12	10	14	17
13	13	17	21
14	16	21	26
15	20	25	30
16	24	30	36
17	28	35	41
18	33	40	47
19	38	46	54
20	43	52	60
21	49	59	68
22	56	66	75
23	62	73	83
24	69	81	92
25	77	90	101
26	85	98	110
27	93	107	120
28	102	117	130
29	111	127	141
30	120	137	152

A. 8 순위합검정의 기각치

$\alpha=0.001$ 일 때 단측검정, 또는 $\alpha=0.002$ 일 때 양측검정

n_1 \ n_2	6	7	8	9	10	11	12	13	14	15	16	17	18	19	20
1															
2															
3												0	0	0	0
4					0	0	0	1	1	1	2	2	3	3	3
5		0	0	1	1	2	2	3	3	4	5	5	6	7	7
6	0	1	2	2	3	4	4	5	6	7	8	9	10	11	12
7		2	3	3	5	6	7	8	9	10	11	13	14	15	16
8			5	5	6	8	9	11	12	14	15	17	18	20	21
9				7	8	10	12	14	15	17	19	21	23	25	26
10					10	12	14	17	19	21	23	25	27	29	32
11						15	17	20	22	24	27	29	32	34	37
12							20	23	25	28	31	34	37	40	42
13								26	29	32	35	38	42	45	48
14									32	36	39	43	46	50	54
15										40	43	47	51	55	59
16											48	52	56	60	65
17												57	61	66	70
18													66	71	76
19														77	82
20															88

$\alpha=0.01$ 일 때 단측검정, 또는 $\alpha=0.02$ 일 때 양측검정

n_1 \ n_2	5	6	7	8	9	10	11	12	13	14	15	16	17	18	19	20
1																
2									0	0	0	0	0	0	1	1
3			0	0	1	1	1	2	2	2	3	3	4	4	4	5
4	0	1	1	2	3	3	4	5	5	6	7	7	8	9	9	10
5	1	2	3	4	5	6	7	8	9	10	11	12	13	14	15	16
6		3	4	6	7	8	9	11	12	13	15	16	18	19	20	22
7			6	8	9	11	12	14	16	17	19	21	23	24	26	28
8				10	11	13	15	17	20	22	24	26	28	30	32	34
9					14	16	18	21	23	26	28	31	33	36	38	40
10						19	22	24	27	30	33	36	38	41	44	47
11							25	28	31	34	37	41	44	47	50	53
12								31	35	38	42	46	49	53	56	60
13									39	43	47	51	55	59	63	67
14										47	51	56	60	65	69	73
15											56	61	66	70	75	80
16												66	71	76	82	87
17													77	82	88	93
18														88	94	100
19															101	107
20																114

A. 8 (계속)순위합검정의 기각치

$\alpha=0.025$ 일 때 단측검정, 또는 $\alpha=0.05$ 일 때 양측검정

	n_2																
n_1	4	5	6	7	8	9	10	11	12	13	14	15	16	17	18	19	20
1																	
2					0	0	0	0	1	1	1	1	1	2	2	2	2
3		0	1	1	2	2	3	3	4	4	5	5	6	6	7	7	8
4	0	1	2	3	4	4	5	6	7	8	9	10	11	11	12	13	13
5		2	3	5	6	7	8	9	11	12	13	14	15	17	18	19	20
6			5	6	8	10	11	13	14	16	17	19	21	22	24	25	27
7				8	10	12	14	16	18	20	22	24	26	28	30	32	34
8					13	15	17	19	22	24	26	29	31	34	36	38	41
9						17	20	23	26	28	31	34	37	39	42	45	48
10							23	26	29	33	36	39	42	45	48	52	55
11								30	33	37	40	44	47	51	55	58	62
12									37	41	45	49	53	57	61	65	69
13										45	50	54	59	63	67	72	76
14											55	59	64	67	74	78	83
15												64	70	75	80	85	90
16													75	81	86	92	98
17														87	93	99	105
18															99	106	112
19																113	119
20																	127

$\alpha=0.05$ 일 때 단측검정, 또는 $\alpha=0.10$ 일 때 양측검정

	n_2																	
n_1	3	4	5	6	7	8	9	10	11	12	13	14	15	16	17	18	19	20
1																	0	0
2			0	0	0	1	1	1	1	2	2	3	3	3	3	4	4	4
3	0	0	1	2	2	3	4	4	5	5	6	7	7	8	9	9	10	11
4		1	2	3	4	5	6	7	8	9	10	11	12	14	15	16	17	18
5			4	5	6	8	9	11	12	13	15	16	18	19	20	22	23	25
6				7	8	10	12	14	16	17	19	21	23	25	26	28	30	32
7					11	13	15	17	19	21	24	26	28	30	33	35	37	39
8						15	18	20	23	26	28	31	33	36	39	41	44	47
9							21	24	27	30	33	36	39	42	45	48	51	54
10								27	31	34	37	41	44	48	51	55	58	62
11									34	38	42	46	50	54	57	61	65	69
12										42	47	51	55	60	64	68	72	77
13											51	56	61	65	70	75	80	84
14												61	66	71	77	82	87	92
15													72	77	83	88	94	100
16														83	89	95	101	107
17															96	102	109	115
18																109	116	123
19																	123	130
20																		138

A. 9 런 검정에서 $P(V \le v^* \mid H_0$가 진$)$

(n_1, n_2)	v^*								
	2	3	4	5	6	7	8	9	10
(2, 3)	0.200	0.500	0.900	1.000					
(2, 4)	0.133	0.400	0.800	1.000					
(2, 5)	0.095	0.333	0.714	1.000					
(2, 6)	0.071	0.286	0.643	1.000					
(2, 7)	0.056	0.250	0.583	1.000					
(2, 8)	0.044	0.222	0.533	1.000					
(2, 9)	0.036	0.200	0.491	1.000					
(2, 10)	0.030	0.182	0.455	1.000					
(3, 3)	0.100	0.300	0.700	0.900	1.000				
(3, 4)	0.057	0.200	0.543	0.800	0.971	1.000			
(3, 5)	0.036	0.143	0.429	0.714	0.929	1.000			
(3, 6)	0.024	0.107	0.345	0.643	0.881	1.000			
(3, 7)	0.017	0.083	0.283	0.583	0.833	1.000			
(3, 8)	0.012	0.067	0.236	0.533	0.788	1.000			
(3, 9)	0.009	0.055	0.200	0.491	0.745	1.000			
(3, 10)	0.007	0.045	0.171	0.455	0.706	1.000			
(4, 4)	0.029	0.114	0.371	0.629	0.886	0.971	1.000		
(4, 5)	0.016	0.071	0.262	0.500	0.786	0.929	0.992	1.000	
(4, 6)	0.010	0.048	0.190	0.405	0.690	0.881	0.976	1.000	
(4, 7)	0.006	0.033	0.142	0.333	0.606	0.833	0.954	1.000	
(4, 8)	0.004	0.024	0.109	0.279	0.533	0.788	0.929	1.000	
(4, 9)	0.003	0.018	0.085	0.236	0.471	0.745	0.902	1.000	
(4, 10)	0.002	0.014	0.068	0.203	0.419	0.706	0.874	1.000	
(5, 5)	0.008	0.040	0.167	0.357	0.643	0.833	0.960	0.992	1.000
(5, 6)	0.004	0.024	0.110	0.262	0.522	0.738	0.911	0.976	0.998
(5, 7)	0.003	0.015	0.076	0.197	0.424	0.652	0.854	0.955	0.992
(5, 8)	0.002	0.010	0.054	0.152	0.347	0.576	0.793	0.929	0.984
(5, 9)	0.001	0.007	0.039	0.119	0.287	0.510	0.734	0.902	0.972
(5, 10)	0.001	0.005	0.029	0.095	0.239	0.455	0.678	0.874	0.958
(6, 6)	0.002	0.013	0.067	0.175	0.392	0.608	0.825	0.933	0.987
(6, 7)	0.001	0.008	0.043	0.121	0.296	0.500	0.733	0.879	0.966
(6, 8)	0.001	0.005	0.028	0.086	0.226	0.413	0.646	0.821	0.937
(6, 9)	0.000	0.003	0.019	0.063	0.175	0.343	0.566	0.762	0.902
(6, 10)	0.000	0.002	0.013	0.047	0.137	0.288	0.497	0.706	0.864
(7, 7)	0.001	0.004	0.025	0.078	0.209	0.383	0.617	0.791	0.922
(7, 8)	0.000	0.002	0.015	0.051	0.149	0.296	0.514	0.704	0.867
(7. 9)	0.000	0.001	0.010	0.035	0.108	0.231	0.427	0.622	0.806
(7, 10)	0.000	0.001	0.006	0.024	0.080	0.182	0.355	0.549	0.743
(8, 8)	0.000	0.001	0.009	0.032	0.100	0.214	0.405	0.595	0.786
(8, 9)	0.000	0.001	0.005	0.020	0.069	0.157	0.319	0.500	0.702
(8, 10)	0.000	0.000	0.003	0.013	0.048	0.117	0.251	0.419	0.621
(9, 9)	0.000	0.000	0.003	0.012	0.044	0.109	0.238	0.399	0.601
(9, 10)	0.000	0.000	0.002	0.008	0.029	0.077	0.179	0.319	0.510
(10, 10)	0.000	0.000	0.001	0.004	0.019	0.051	0.128	0.242	0.414

A.9 (계속)런 검정에서 $P(V \le v^* \mid H_0$가 진)

(n_1, n_2)	v^*									
	11	12	13	14	15	16	17	18	19	20
(2, 3)										
(2, 4)										
(2, 5)										
(2, 6)										
(2, 7)										
(2, 8)										
(2, 9)										
(2, 10)										
(3, 3)										
(3, 4)										
(3, 5)										
(3, 6)										
(3, 7)										
(3, 8)										
(3, 9)										
(3, 10)										
(4, 4)										
(4, 5)										
(4, 6)										
(4, 7)										
(4, 8)										
(4, 9)										
(4, 10)										
(5, 5)										
(5, 6)	1.000									
(5, 7)	1.000									
(5, 8)	1.000									
(5, 9)	1.000									
(5, 10)	1.000									
(6, 6)	0.998	1.000								
(6, 7)	0.992	0.999	1.000							
(6, 8)	0.984	0.998	1.000							
(6, 9)	0.972	0.994	1.000							
(6, 10)	0.958	0.990	1.000							
(7, 7)	0.975	0.996	0.999	1.000						
(7, 8)	0.949	0.988	0.998	1.000	1.000					
(7. 9)	0.916	0.975	0.994	0.999	1.000					
(7, 10)	0.879	0.957	0.990	0.998	1.000					
(8, 8)	0.900	0.968	0.991	0.999	1.000	1.000				
(8, 9)	0.843	0.939	0.980	0.996	0.999	1.000	1.000			
(8, 10)	0.782	0.903	0.964	0.990	0.998	1.000	1.000			
(9, 9)	0.762	0.891	0.956	0.988	0.997	1.000	1.000	1.000		
(9, 10)	0.681	0.834	0.923	0.974	0.992	0.999	1.000	1.000	1.000	
(10, 10)	0.586	0.758	0.872	0.949	0.981	0.996	0.999	1.000	1.000	1.000

A.10 난 수 표

행	열							
	1~5	6~10	11~15	16~20	21~25	26~30	31~35	36~40
1	62956	95735	70988	86027	27648	65155	46301	27217
2	17143	50118	41681	87224	75674	43371	09846	83403
3	99285	01369	94610	71099	69207	01999	23931	34711
4	12940	81308	40436	82916	74245	70324	88555	82182
5	28089	80216	08681	83524	00583	55179	31911	68484
6	78079	74747	17626	74930	41300	04858	85634	42398
7	36009	01306	33858	96930	71087	11354	85891	52644
8	95695	52933	39459	84218	34670	91542	02186	86134
9	89221	34158	16364	16532	50070	78159	18445	05884
10	91937	35854	13168	24642	22369	87396	64367	89259
11	07339	63159	94886	51002	85834	94109	56843	03769
12	73238	34352	81008	95682	13029	76288	22054	54849
13	87940	32625	44838	39920	57188	41771	43185	74236
14	46904	92456	64675	66930	54980	11631	54596	50563
15	02580	92653	33907	54380	00763	60452	18860	48829
16	86983	20150	78561	97095	15990	45947	88542	86519
17	92608	22144	67209	88807	82087	06616	16605	95621
18	26988	49617	87118	28108	13110	40766	21216	01567
19	75370	38794	51939	20879	30221	73593	76238	85702
20	18826	84055	91391	78487	07594	74994	64239	00808
21	20198	45182	09914	45305	97352	00516	56804	10931
22	74784	75807	79881	45290	56117	39798	62617	26912
23	08050	25691	87922	75747	55031	82704	97667	03734
24	63096	27123	94686	39205	68047	12108	62144	31291
25	23099	48428	16697	82597	74983	22452	46283	97317

A. 10 (계속)난 수 표

행	열							
	1~5	6~10	11~15	16~20	21~25	26~30	31~35	36~40
26	84827	81473	19453	95401	01363	40795	86600	78317
27	97965	30432	92410	42482	31448	78558	55152	27863
28	96097	51256	61546	93683	46277	30115	37682	15694
29	77733	98610	86615	19007	29402	26348	96477	97154
30	73159	81085	96957	48358	90944	58155	73014	79515
31	19074	14518	91372	73333	42832	17500	91049	74510
32	83098	95483	17986	79141	92419	36887	65473	05675
33	10416	60700	37527	26169	07315	08340	31597	05568
34	08693	25225	54798	60498	32060	60310	36587	30579
35	50451	52350	37860	40950	14377	16485	62250	96104
36	73128	88097	01832	19463	28038	00222	83868	74422
37	89677	39620	49118	49660	96852	71822	66195	28204
28	67828	36965	63617	60332	10525	78030	06835	59222
39	30001	63542	05680	12956	96058	80149	79950	39309
40	14283	75479	39727	79075	87995	74464	49102	93185
41	84051	28694	03885	97247	43578	48213	97929	49951
42	80815	60959	58747	50798	47455	18738	58154	95800
43	28515	30696	23612	87285	96888	25681	65597	50837
44	17402	25186	12526	19012	42374	47886	43367	61815
45	66814	38016	61219	14760	99030	38070	81369	94157
46	49751	96432	63666	47760	70192	10367	17197	95801
47	35597	97760	47288	34700	25569	91920	02045	24344
48	03026	00712	49279	10272	30083	61603	26715	89026
49	96637	00092	97446	75109	53899	93915	37789	13073
50	34324	90440	76224	71230	92581	06794	39559	05362

참고문헌

Bowker, A. H., and G. J. Lieberman. *Engineering Statistics,* 2nd ed. Englewood Cliffs, N.J.: Prentice-Hall, Inc., 1972.

Box, G. E. P., W.G. Hunter, and J. S. Hunter. *Statistics for Experimenters.* New York : John Wiley & Sons, Inc., 1978.

Brownlee, K, A. *Statistical Theory and Methodology in Science and Engineering,* 2nd ed. New York : John Wiley & Sons, Inc., 1965.

Chatterjee, S., and B. Price. *Regression Analysis by Example.* New York : John Wiley & Sons, Inc., 1977.

Cook, R. D., and S. Weisberg. *Residuals and Influence in Regression.* New York : Chapman and Hall, 1982.

Daniel, C., and F. Wood. *Fitting Equations to Data,* 2nd ed. New York : John Wiley & Sons, Inc., 1980.

Daniel, W. W. *Applied Nonparametric Statistics.* Boston : Houghton Mifflin Company, 1978.

Derman, C., L. Glaser, and I. Olkin. *Probability Models and Applications.* New York : Macmillan Publishing Company, 1980.

Devore, J. L. *Probability and Statistics for Engineering and the Sciences.* Monterey, Calif. : Brooks/Cole Publishing Co., 1982.

Dixon, W. J., and F. J. Massey, Jr. *Introduction to Statistical Analysis,* 3rd ed. New York : McGraw-Hill Book Company, 1969.

Draper, N., and H. Smith. *Applied Regression Analysis,* 2nd ed. New York : John Wiley & Sons, Inc., 1981.

Dyer, D. D., and J. P. Keating. "On the Determination of Critical Values for Bartlett's Test." *J. Am. Stat. Assoc.,* Vol. 75, 1980.

Freund, J. E., and R. E. Walpole. *Mathematical Statistics,* 3rd ed. Englewood Cliffs, N.J.: Prentice-Hall, Inc., 1980.

Gunst, R. F., and R. L. Mason. *Regression Analysis and Its Application : A Data-Oriented Approach.* New York : Marcel Dekker, Inc., 1980.

Guttman, I., and S. S. Wilks. *Introductory Engineering Statistics.* New York : John Wiley & Sons, Inc., 1965.

Hicks, C. R. *Fundamental Concepts in the Design of Experiments,* 2nd ed. New York : Holt, Rinehart and Winston, 1973.

Hocking, R. R. "The Analysis and Selection of Variables in Linear Regression." *Biometrics,* Vol. 32, 1976.

Hoerl, A. E., and R. W. Kennard. "Ridge Regression : Applications to Nonorthogonal Problems." *Technometrics,* Vol. 12, no. 1, 1970.

Hogg, R. V., and A. T. Craig. *Introduction to Mathematical Statistics,* 4th ed. New York : Macmillian Publishing Company, 1978.

Hollander, M., and D. Wolfe. *Nonparametric Statistical Methods.* Boston : Houghton Mifflin Company, 1973.

Johnson, N. L., and F. C. Leone. *Statistics and Experimental Design : In Engineering and the Physical Sciencs,* Vols. I and II, 2nd ed. New York : John Wiley & Sons, Inc., 1977.

Koopmans, L. H. *An Introduction to Contemporary Statistics.* Boston : Duxbury Press, 1981.

Larsen, R. J., and M. L. Morris. *Introduction to Mathematical Statistics,* Englewood Cliffs, N.J.: Prentice-Hall, Inc., 1981.

Lehmann, E. *Nonparametrics : Statistical Methods Based on Ranks.* San Francisco : Holden-Day, Inc., 1975.

Li, C. C. *Introduction to Experimental Statistics.* New Yorks McGraw-Hill Book Company, 1964.

McLave, J., and F. Dietrich. *Statistics.* San Francisco : Dellen Publishing Co., 1978.

Mendenhall, W. *An Introduction to Linear Models and the Design and Analysis of Experiments.* Belmont, Calif. : Wadsworth Publishing Co., 1968.

Miller, I., and J. E. Freund. *Probability and Statistics for Engineers,* 3rd ed. Englewood Cliffs, N.J. : Prentics-Hall, Inc., 1985.

Montgomery, D. C., and E. A. Peck. *Introduction to Linear Regression Analysis.* New York : John Wiley & Sons, Inc., 1982.

Mosteller, F., and J. Tukey. *Data Analysis and Regression.* Reading, Mass. : Addison-Wesley Publishing Co., Inc., 1977.

Myers, R. H. *Response Surface Methodology.* Boston : Allyn & Bacon, Inc., 1971.

Neter, J., W. Wasserman, and G. A. Whitmore. *Applied Statistics.* Boston : Allyn

& Bacon, Inc., 1978.

Noether, G. E. *Introduction to Statistics : A Nonparametric Approach,* 2nd ed. Boston : Houghton Mifflin Company, 1976.

Ott, L. *An Introduction to Statistical Methods and Data Analysis.* Boston : Duxbury Press, 1977.

Ross, S. *Introduction to Applied Probability Models,* 2nd ed. New York : Academic Press, Inc., 1980.

Snedecor, G., and W. G. Cochran. *Statistical Methods,* 7th ed. Ames, Iowa : The Iowa State University Press, 1980.

Steel, R. G. D., and J. H. Torrie. *Principles and Procedures of Statistics,* 2nd ed. New York : McGraw-Hall Book Company, 1979.

Thompson, W. O., and F. B. Cady. *Proceedings of the University of Kentucky Conference on Regression with a Large Number of Predictor Variables.* Lexington, 1973.

Tukey, T. W. *Exploratory Data Analysis.* Reading, Mass. : Addison-Wesley Publishing Co., Inc., 1977.

Walpole, R. E. *Introduction to Statistics,* 3rd ed. New York : Macmillan Publishing Company, 1982.

Winer. B. J. *Statistical Principles in Experimental Design,* 2nd ed. New York : McGraw-Hill Book Company, 1971.

Younger, M. S. *A Handbook for Linear Regression.* Boston : Duxbury Press, 1979.

연습문제 해답

제 1 장

1. ② 0.16

5.

21	3 5
22	4 8 7 6
23	4 7
24	1
25	4
26	7 8 6 5
27	4 0
28	8 5
29	1
30	3 3
31	6 9
32	0

6.

1	6 6 1 1 2
2	1
3	5 3
4	0 3 5
5	9 3 0
6	5 7 3 4
7	6 3 4
8	2 4 9 6 4
9	7 4

7.

0	75, 72
1	35, 96, 85, 72, 12
2	75, 80, 01, 92
3	75, 54, 27
4	65, 40
5	23
6	58, 28
7	
8	
9	11

9.

계급 구간	도수	상대도수
8,050～11,050	3	0.06
11,050～14,050	3	0.06
14,050～17,050	12	0.24
17,050～20,050	8	0.16
20,050～23,050	9	0.18
23,050～26,050	8	0.16
26,050～29,050	3	0.06

29,050～32,050	2	0.04
32,050～35,050	0	0.00
35,050～38,050	1	0.02
38,050～41,050	1	0.02

11. ① 37, 40
② 6.7, 6

12. 81.75, 83, 83

13. 0.0329, 0.0163

14. 14.85, 5.12

15. ①

3	4 9 4 7 1
4	1 5 6 9 3 4 1 7 0 6 2 7 2 3 7 9 6 9 0
5	0 1 6 1 6 4 2 5 2 2 5 8
6	9 0 0 0 0 2 9
7	9 7 2
8	4 6 1 4

0	9 8 9
1	4 5 9 7 6 8 7 4 5 6 8 7 7 1 7 2
2	3 0 1 7 6 8 4 6 3 8 5 0 3 3 5 2 0 0 0 6 2 0
3	4 7 1 0 2 5
4	3 0
5	
6	1

② (6000, 4300) (26, 17)
③ (1750, 8500) (−800, 11050)
(3.5, 39.5) (−10.0, 53.0)

16. 9.07, 5.65

17. 98.67, 330.15, 18.17

18. ① 1600 ②1400, 1700

19. 228, 40

20. 32.42, 18.7

제 2 장

1. (1, 1), (1, 2), ⋯, (1, 6)
(2, 1), (2, 2), ⋯, (2, 6)
⋮
(6, 1), (6, 2), ⋯, (6, 6)

2. $S=\{1HH, 1HT, 1TH, 1TT, 2H, 2T, 3HH, 3HT, 3TH, 3TT, 4H, 4T, 5HH, 5HT, 5TH, 5TT, 6H, 6T\}$

3. $S_1=\{MMMM, MMMF, MMFM, MFMM, FMMM, MMFF, MFMF, MFFM, FMFM, FFMM, FMMF, MFFF, FMFF, FFMF, FFFM, FFFF\}$
$S_2=\{0, 1, 2, 3, 4\}$

4. ① $S=\{M_1M_2, M_1F_1, M_1F_2, M_2M_1, M_2F_1, M_2F_2, F_1M_1, F_1M_2, F_1F_2, F_2M_1, F_2M_2, F_2F_1\}$

② $A=\{M_1M_2,\ M_1F_1,\ M_1F_2,\ M_2M_1,\ M_2F_1,\ M_2F_2\}$
③ $B=\{M_1F_1,\ M_1F_2,\ M_2F_1,\ M_2F_2,\ F_1M_1,\ F_1M_2,\ F_2M_1,\ F_2M_2\}$
④ $C=\{F_1F_2,\ F_2F_1\}$
⑤ $A\cap B=\{M_1F_1,\ M_1F_2,\ M_2F_1,\ M_2F_2\}$
⑥ $A\cup C=\{M_1M_2,\ M_1F_1,\ M_1F_2,\ M_2M_1,\ M_2F_1,\ M_2F_2,\ F_1F_2,\ F_2F_1\}$
⑦

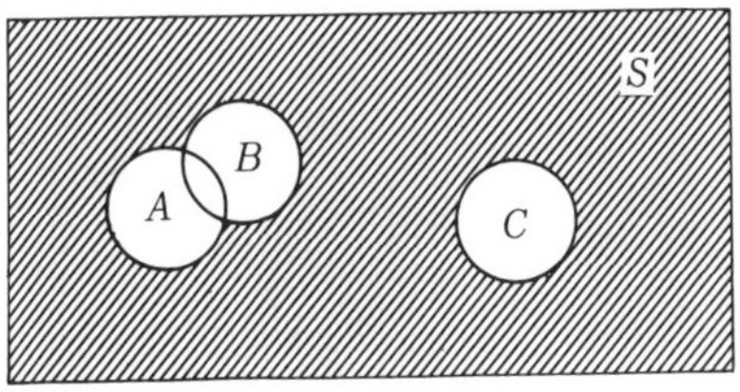

5. ① $M\cup N=\{x\mid 0<x<9\}$
② $M\cap N=\{x\mid 1<x<5\}$
③ $M'\cap N=\{x\mid 9<x<12\}$

6. ① $S=\{YYY,\ YYN,\ \cdots,\ NNN\}$
② $\{YYY,\ YYN,\ YNY,\ NYY\}$

7. ① {0, 2, 3, 4, 5, 6, 8}
② ϕ ③ {0, 1, 6, 7, 8, 9}
④ {1, 3, 5, 6, 7, 9}
⑤ {0, 1, 6, 7, 8, 9}
⑥ {2, 4}

8. ① {질소, 칼륨, 우라늄, 산소}
② {구리, 나트륨, 아연, 산소}
③ {구리, 나트륨, 질소, 칼륨, 우라늄, 아연}
④ {구리, 우라늄, 아연}
⑤ ϕ ⑥ {산소}

9. 24

10. 120

11. ① 180
② 75
③ 105

12. 360

13. ① 40320
② 384
③ 576

14. 7920

15. ① {10, 25, 100}
② 17/20

16. ① 0.8 ② 0.7 ③ 0.5

17. ① 5/26 ② 9/26 ③ 19/26

18. ① 3/5 ② 2/5 ③ 1/10

19. ① 1/3 ② 5/14

20. ① 22/25 ② 3/25 ③ 17/50

21. ① 0.3 ② 0.2

22. ① 0.75 ② 0.25

23. ① 0.55 ② 0.83 ③ 0.27

24. 5/9

25. ① 14/39 ② 95/112

26. ① 5/34 ② 3/8

27. ① 2/11 ② 5/11

28. ① 30/49 ② 16/31

29. 0.27

30. 0.03

31. ① 0.0001 ② 0.0081

32. ① 0.34 ② 5/7 ③ 1/12

33. 35/64
34. ① 0.0016 ② 0.9984
35. ① 1/5 ② 4/15 ③ 3/5
36. ① 0.384 ② 0.512
37. 3/10
38. 15/23
39. ① 0.054 ② 4/9
40. 0.0744
41. ① 0.2 ② 10/49 ③ 10/46
42. ① 0.01 ② 0.5 ③ 0.005
43. ① 0.01 ② 0.99 ③ 0.001
44. 0.94

제 3 장

1.

표본공간	NNN	NNB	NBN	BNN	NBB	BNB	BBN	BBB
x	0	1	1	1	2	2	2	3

2.

표본공간	HHH	HHT	HTH	THH	HTT	THT	TTH	TTT
w	3	1	1	1	−1	−1	−1	−3

3. $S=\{HHH, THHH, HTHHH, TTHHH, TTTHHH, HTTHHH, THTHHH, HHTHHH, \cdots\}$

4. ① 1/30 ② 1/10

5.

x	0	1	2	3
$f(x)$	703/1700	741/1700	117/850	11/850

6. ①

x	0	1	2
$f(x)$	2/7	4/7	1/7

② 4/7 ③ 5/7

7.

$$F(x)=\begin{cases} 0, & x<0 \\ 0.41, & 0\leq x<1 \\ 0.78, & 1\leq x<2 \\ 0.94, & 2\leq x<3 \\ 0.99, & 3\leq x<4 \\ 1, & 4\leq x \end{cases}$$

8. ① 1/4 ② 1/2 ③ 1/2

9. ② 1/4 ③ 0.3
10. ① 16/27 ② 1/3
11. ② 19/80
12. ① 0.68 ② 0.375
13. ① 3/2 ② $F(x)=x^{\frac{3}{2}}$, 0.3004
14. ① 1/9 ② 0.1020
15. 0.7981
16. ① 1/36 ② 1/15
17. ① 1/5 ② 7/30 ③ 3/5 ④ 4/15

18. ①

$f(x, y)$		x = 0	1	2
y	0	16/36	8/36	1/36
	1	8/36	2/36	
	2	1/36		

② 11/12

19. ①

$f(x, y)$		x = 0	1	2	3
y	0		3/70	9/70	3/70
	1	2/70	18/70	18/70	2/70
	2	3/70	9/70	3/70	

② 1/2

20.

$f(x, y)$		x = 0	1	2	3
y	−3	1/8			
	−1		3/8		
	1			3/8	
	3				1/8

21. ① 135/1024 ② 1/2 **22.** 0.6534

23. ① 1/50 ② 13/75 ③ 14/25 ④ 8/15

24. ①

$f(w, z)$		w = 0	1	2
z	0	0.36	0.24	
	1		0.24	0.16

②

w	0	1	2
$g(w)$	0.36	0.48	0.16

③

z	0	1
$h(z)$	0.60	0.40

④ 0.64

25. ①

x	1	2	3
$g(x)$	1/3	19/36	5/36

②

y	1	2	3
$h(y)$	1/4	14/45	79/180

26. ①

x	2	4	
$g(x)$	0.40	0.60	

②

y	1	3	5
$h(y)$	0.25	0.50	0.25

27. ① $\frac{2(x+1)}{3}$, $0 \le x \le 1$

② $\frac{1+4y}{3}$, $0 \le y \le 1$

③ 5/12

28. 3/4

29. ① 종속 ② 1/3

30. ② 0.64

31. 0.6321

32. ① 3 ② 21/512

33. ① $g(y, z)=2yz^2/9$, $0<y<1$, $0<z<3$

② $2y$, $0<y<1$

③ 7/162 ④ 1/4

제 4 장

1. 6/7

2. 3/4

3. 0.88

4. 1/2

5. 12670원

6. 500만원

7. 공정

8. 210만원

9. $\ln 4/\pi$

10. 88만원

11. 333

12. 8/15

13. 100시간

14. 49.5

15. 3

16. 209

17. 185.5만원

18. 8일

19. ① 35.2 ② $\mu_X=3.2$, $\mu_Y=3.0$

20. 0.9752

21. 8/3

22. 3.041

23. $\mu=1$, $\sigma^2=1$

24. $\mu_Y=10$, $\sigma_Y^2=144$

25. $-1/144$

27. $\mu_{Y|x}=\frac{3x+2}{6x+3}$, $\sigma_{Y|x}^2=\frac{6x^2+6x+1}{2(6x+3)^2}$

28. $\mu_{X|y}=\frac{3y}{4}$, $\sigma_{X|y}^2=\frac{3y^2}{80}$

29. 8000원

30. 109kw/시

31. ① -2.6 ② 9.6

32. $\mu_x=7/2$, $\sigma_x^2=15/4$

33. ① 7 ② 0 ③ 12.25

34. 46/63

35. ① 175/12 ② 175/6

36. ① 1 ② -1 ③ 0

37. $7/\sqrt{804}$

38. ① 3/4 이상 ② 8/9 이상

39. ① 4/9 이하 ② 5/9 이상 ③ 21/25 이상

40. 0.9839

제 5 장

1. 3/10
2. $f(x)=1/25,\ x=1,\ 2,\ \cdots,\ 25$
3. ① 16/81 ② 64/81
4. ① 0.0879 ② 0.3672
5. ① 0.647 ② 0.680
6. $f(x)=1/2,\ x=0,\ 1$ 이산일양분포이면서 이항분포이다.
7. ① 0.7073 ② 0.4613 ③ 0.1484
8. 0.8343
9. 0.0006
10. ① 0.1239 ② 0.5941
11. 0.1240
12. 0.8208, 0.8400
13. ① 0.0778 ② 0.3370 ③ 0.0870
14. ① 32 ② 8/9 이상
15. 15/128
16. 0.0077
17. 53/65
18. 5/14
19. ① 1/6 ② 29/30
20. $h(x\,;\,6,\ 3,\ 4)=\dfrac{\dbinom{4}{x}\dbinom{2}{2-x}}{\dbinom{6}{3}},\ x=1,\ 2,\ 3$

$P(2\leq X\leq 3)=4/5$

21. 0.9517
22. ① 77/115 ② 3/25
23. 17/63
24. 3.25, 0.52와 5.98
25. 0.2131
26. 0.7758
27. ① 4/33 ② 8/165
28. 0.0515
29. 0.0651
30. ① 0.1172 ② 1/16
31. 63/64
32. ① 0.063 ② 0.973
33. ① 2/243 ② 16/81
34. ① 0.1008 ② 0.4232 ③ 0.8009
35. ① 0.1429 ② 0.1353
36. ① 0.1512 ② 0.4015
37. 0.6288
38. ① 0.3840 ② 0.0067
39. 0.3840
40. 0.2657
41. 0.0005
42. ① 0.008 ② 0.384
43. ① 0.9490 ② 0.7553
44. ① 120 ② 120±20.78
45. ① 5 ② 2
46. 0.0712
47. ① 0.3585 ② 0.7358 ③ 0.2642
48. ① 0.0282 ② 0.9984 ③ 0.0001
49. ① 0.5793 ② 0.0982
50. ① 0.1350 ② 0.8650

제 6 장

1. ① 0.9236 ② 0.8133 ③ 0.2424 ④ 0.0823 ⑤ 0.0250 ⑥ 0.6435
2. ① 0.35 ② −1.21 ③ 2.14 ④ 1.96

3. ① −1.72 ② 0.54 ③ 1.28

4. ① 0.9850 ② 0.0918 ③ 0.3371 ④ 35.04 ⑤ 23.1, 36.9

5. ① 0.1151 ② 16.1 ③ 20.275 ④ 0.5403

6. ① 0.8980 ② 0.0287 ③ 0.6080

7. ① 0.1977 ② 0.5967 ③ 0.0122

8. 0.9974

9. ① 0.0548 ② 0.4514 ③ 23 ④ 189.95

10. ① 0.0571 ② 0.9911 ③ 0.3974 ④ 27.952분 ⑤ 0.0092

11. ① 64 ② 86 ③ 78

12. ① 0.0062 ② 0.6826

13. 62

14. ① 16 ② 549 ③ 28 ④ 27

15. ① 0.5699 ② 1023원

16. ① 0.0401 ② 0.0244

17. ① 19.36% ② 39.70%

18. 26

19. 6.24년

20. ① 0.0062 ② 0.0228

21. ① 0.3446 ② 0.0082

22. ① 0.0918 ② 4.87db

23. ① 0.0401 ② 0.1056

24. ① 0.6736 ② 0.3264 ③ 0.5 ④ 0.3264

25. ① 0.0139 ② 0.2417 ③ 278

26. ① 0.8006 ② 0.7803

27. ① 0.7925 ② 0.0352 ③ 0.0101

28. ① 0.8643 ② 0.2978 ③ 0.0796

29. ① 0.1210 ② 0.2033

30. ① 0.1171 ② 0.2049

31. ① 0.0838 ② 0.1635

32. ① 0.9514 ② 0.0668

33. ① 0.9966 ② 0.1841

34. 0.1357

35. 0.4364

36. ① 0.0778 ② 0.0571 ③ 0.6811

37. 0.6086

38. 0.1737

39. 0.1545

40. 0.1992

41. ① 0.5940 ② 0.0916

42. ① $\alpha=3,\ \beta=2$ ② 0.0620

43. 0.3968

44. 0.0352

45. ① 3/5 ② 1/2

46. ① 0.6 ② 0.7 ③ 0.5

48. ① 1.2533년 ② 0.1353

49. 0.0183

50. 0.223

제 7 장

1. $g(y)=1/3,\ y=1,\ 3,\ 5$

2. $g(y)=\left(\frac{3}{\sqrt{y}}\right)\left(\frac{2}{5}\right)^{\sqrt{y}}\left(\frac{3}{5}\right)^{3-\sqrt{y}},\ y=0,\ 1,\ 4,\ 9$

3. $g(y_1,\ y_2)=\binom{2}{\frac{y_1+y_2}{2},\ \frac{y_1-y_2}{2},\ 2-y_1}\left(\frac{1}{4}\right)^{\frac{y_1+y_2}{2}}\left(\frac{1}{3}\right)^{\frac{y_1-y_2}{2}}\left(\frac{5}{12}\right)^{2-y_1}$

$y_1=0,\ 1,\ 2 \quad y_2=-2,\ -1,\ 0,\ 1,\ 2$

$y_2\le y_1,\ y_1+y_2=0,\ 2,\ 4$

4.

y	1	2	3	4	6
$h(y)$	1/18	2/9	1/6	2/9	1/3

6. $\alpha=3/2$, $\beta=m/2b$인 감마분포

7. $g(y)=\frac{1}{\sqrt{y}}-1,\ 0<y<1$

8. $g(y)=\frac{32}{y^3},\ y>4$

9. $g(z)=4z^3,\ 0<z<1$

10. $g(z)=2(1-z),\ 0<z<1$

11. $g(w)=6+6w-12\sqrt{w},\ 0<w<1$

12. $g(y)=\frac{1}{2\sqrt{y}},\ 0<y<1$

14. $g(y)=\begin{cases}\frac{2}{9\sqrt{y}}, & 0<y<1\\ \frac{(\sqrt{y}+1)}{9\sqrt{y}}, & 1\le y<4\end{cases}$

15. $g(y)=1/27,\ 0<y<27$

16. $g(y)=1/3,\ y=3,\ 5,\ 7$

17. $g(y)=1/3,\ y=3,\ 5,\ 7$

18. $g(y)=\left(\frac{1}{2}\right)^{\sqrt[3]{y}},\ y=1,\ 8,\ 27,\ \cdots$

19.

y_1	1	2	3	4	6	9
$g(y_1)$	1/36	4/36	6/36	4/36	12/36	9/36

22. $g(y)=\frac{1}{2\sqrt{y}},\ 0<y<1$

23. $g(y_1,\ y_2)=e^{-\frac{y_1}{2}}/(2\pi\sqrt{y_1-y_2^2}),\ -\sqrt{y_1}<y_2<\sqrt{y_1},\ 0<y_1<\infty$

26. $\mu=1/p,\ \sigma^2=q/p^2$

27. $\mu=\sigma^2=\mu$

28. 0.9306

32. ① 0.0724 ② 0.2424

33. ① 0.4751 ② 0.5697

34. 40/81

35. 147/512

36. 0.05

37. 0.0679

38. $e^{\frac{1}{2}t^2},\ \frac{1}{\sqrt{2\pi}}e^{-\frac{x^2}{2}}$

39. $g(y)=\frac{1}{\Gamma\left(\frac{r}{2}\right)2^{\frac{r}{2}}}y^{\frac{r}{2}-1}\ e^{-\frac{y}{2}}$인 자유도 r의 카이제곱분포

40. $1-(1-e^{-3})^4$

41. 1/8

42. 5/16

44. 7/12

45. $6uv(u+v),\ 0<u<v<1$

제 8 장

1. 0.3159

2. 0.1912

3. 100

4. 0.0668

5. ① 0.7에서 0.4로 감소
② 0.2에서 0.8로 증가

6. ① 5.3, 0.81 ② 5.3, 0.0225
③ 0.9802

7. 0.6898
8. 0.0668
10. 0.7070
11. 0.0768
12. 0.9052
13. ① 27.488 ② 18.475 ③ 16.750
14. ① 13.277 ② 32.852 ③ 46.928
15. 타당하지 않다.
16. ① 2.145 ② −1.372 ③ −3.499
17. ① 0.975 ② 0.10 ③ 0.875
18. ① 2.500 ② 1.319 ③ 1.714
19. 타당하다.
20. ① 2.71 ② 3.51 ③ 2.92 ④ 0.47
21. 0.05
22. 0.99
23. ① 400g, 10g ② 0.3023
24. 0.0062
25. ① 4.1, 0.827 ② 0.0055
26. ① 75, 1.67 ② 0.0082
27. 0.954
28. 0.840

제 9 장

3. [765, 795]
4. [172.23, 176.77]
5. [22496, 24504]
6. 28
7. 56
8. [1.49, 3.71]
9. [0.978, 1.033]
10. [74.34, 84.26]
11. [2.9, 7.1]
12. [6.56, 11.24]
13. [0.69, 7.31]
14. [1.5, 12.5]
15. [2.80, 3.40]
16. [0.033, 0.299]
17. [−2912, 687]
18. [0.70, 3.30]
19. [4.3, 5.7]
20. [−6522, 2922]
21. [−11.9, 36.5]
22. [−1.3, 6.8]
23. [0.990, 6.124]
24. [−0.12, 3.12]
25. [0.498, 0.642]
26. [0.194, 0.262]
27. ① [0.739, 0.961] ② 아니다.
28. [0.644, 0.690]
29. [0.1442, 0.1998]
30. [0.13, 0.35]
31. [0.575, 0.625]
32. 2576
33. 160
34. 9604
35. [−0.0136, 0.0636]
36. [0.0011, 0.0869]
37. [0.067, 0.193]
38. [0.016, 0.164]
39. [0.293, 6.736], 타당하다.
40. [8.400, 39.827]
41. ① $f(p \mid x) = 40p(1-p)^3/0.2844$ ② $p^* = 0.106$
42. [8.077, 8.692]
43. ①

p	0.05	0.10	0.15
$f(p \mid x)$	0.12	0.55	0.33

② $p^* = 0.111$

44. [3.53, 4.07]
45. [3.118, 3.282]
46. [25.3, 30.3]
47. [0.0964, 0.1316]

48. [-8.66, -0.54]

49. [73.27, 305.73]

50. [3.04, 6.96]

제 10 장

1. ① $\alpha=0.0853$ ② $\beta=0.7817$

2. ① $\alpha=0.0548$ ② $\beta=0.3504$, $\beta=0.6177$, $\beta=0.8281$

3. ① $\alpha=0.0850$ ② $\beta=0.3409$

4. ① $\alpha=0.0466$ ② $\beta=0.0022$

5. ① $\alpha=0.4199$ ② $\beta=0.3529$

6. ① $\alpha=0.0793$ ② $\beta=0.0793$, $\beta=0.5$

7. ① $\alpha=0.0718$ ② $\beta=0.1151$

8. ① $\alpha=0.0384$ ② $\beta=0.5$

9. ① $H_0 : \mu=1$, $H_1 : \mu\neq1$, 양쪽꼬리
② $H_0 : p=0.6$, $H_1 : p\neq0.6$, 양쪽꼬리
③ $H_0 : p=0.2$, $H_1 : p>0.2$, 오른쪽꼬리
④ $H_0 : \mu=2.8$, $H_1 : \mu\neq2.8$, 양쪽꼬리
⑤ $H_0 : p=0.85$, $H_1 : p<0.85$, 왼쪽꼬리

10. $z=-1.64$, $\mu=800$을 채택

11. $z=2.72$, $\mu>162.5$ 채택

12. $z=8.97$, $\mu>20000$ 채택

13. $t=1.41$, $\mu=3.5$ 채택

14. $t=-1.98$, $\mu=35$ 채택

15. $\mu=22.2$ 채택

16. $\mu=125$ 채택

17. $\mu>220$ 채택

18. $\mu=10$ 채택

19. $\mu_1\neq\mu_2$ 채택

20. 효력이 없다.

21. $\mu_1=\mu_2$ 채택

22. 경제성이 있다.

23. 업자의 주장을 기각

24. 처리간의 차이가 없다.

25. $p=0.2$ 채택

26. 동전은 불공정하다.

27. 서울시 발표를 기각

28. 차이가 있다.

29. $p<0.25$ 채택

30. 갑>을 채택

31. $\sigma^2\neq1.3$ 채택

32. $\sigma_1^2=\sigma_2^2$ 채택

33. $\sigma^2=0.03$ 채택

34. $\sigma=6$ 채택

35. $\sigma_1^2>\sigma_2^2$

36. $\sigma_1^2<\sigma_2^2$

37. $\sigma_1=\sigma_2$

38. 공정하다.

39. 독립이다.

40. 독립이다.

41. 공정하지 않다.

42. 5 : 2 : 2 : 1이 아니다.

43. 일양분포가 아니다.

44. 이항분포이다.

45. 초기하분포이다.

46. 기하분포이다.

47. 종속이다.

48. 동일하다.

49. 동일하지 않다.

50. 독립이다.

51. 종속이다.

제 11 장

1. ① $\hat{\alpha}=64.5292$, $\hat{\beta}=0.5609$ ② $\hat{y}=81.4$

2. ① $\hat{y}=12.0623+0.7771x$ ② $\hat{y}=78$
3. ① $\hat{y}=6.4136+1.8091x$ ② $\hat{y}=9.580$
4. ① $\hat{y}=42.5818-0.6861x$ ② $\hat{y}=25.7724$
5. ② $\hat{y}=5.8254+0.5676x$ ③ $\hat{y}=34.205$
6. ② $\hat{y}=32.5059+0.4711x$
7. ② $\hat{y}=343.706+3.221x$ ③ $\hat{y}=456$
8. ① $\hat{y}=153.175-6.324x$ ② $\hat{y}=123$
9. ① $\hat{z}=6461.392\times0.947^{w}$ ② $\hat{z}=5197$
10. ① $\hat{y}=2.776-0.180x$ ② $\hat{y}=2.24$
11. ① $k=2.65,4$ $C=2.57\times10^{6}$ ② 22.9
12. ① $\hat{v}=4.604\times s^{-0.059}$ ② 4m/sec
13. 176.362, $\beta=0$
14. 379.150, $-69.913<\alpha<94.038$, $-0.248<\beta<1.802$
15. 0.40, $4.324<\alpha<8.503$, $0.446<\beta<3.172$
16. 2.69, $21.958<\alpha<63.205$, $-1.478<\beta<0.106$
17. 6.626, $2.684<\alpha<8.968$, $0.498<\beta<0.637$
18. $t=1.78$, $\alpha>10$
19. $t=-2.24$, $\beta<6$
20. ① $\hat{\beta}=\sum_{i=1}^{n}x_iy_i/\sum_{i=1}^{n}x_i^2$ ② $\hat{y}=2.003x$
21. $\hat{y}=0.349+1.929x$, $\alpha=0$
22. $f=1.58$, 선형이다.
23. $f=1.12$, 선형이다.
24. ① $\hat{y}=3.1266+1.8429x$ ② $f=2.60$, 선형이다.
25. $\gamma=0.240$
26. $t=0.51$, $p=0$
27. ① $\gamma=0.784$ ② $t=3.34$, $\rho>0$
28. $\gamma=0.392$, $t=2.04$, $\rho=0$
29. ① $\gamma=0.862$ ② $z=2.26$, $\rho=0.5$
30. $f=52.02$, 비선형이다.
31. $\gamma=-0.526$
32. $\gamma=0.943$
33. $\gamma=-0.914$
34. $\hat{y}=0.33+0.00243x$
35. ① $\hat{y}=12604.23+4235.32x$ ② $\hat{y}=27427.84$
36. ① $\hat{y}=54.9475-0.000421x$ ② $t=-2.88$, $\beta\neq0$
37. ① $\hat{y}=7.725-0.5625x$ ② 5.475 ± 1.769
38. ① 상관관계가 있다. ② $\hat{y}=5.72$
39. ① 상관관계가 있다. ② 상관관계가 있다.
40. ① -0.194 ② 상관관계가 있다. ③ $\hat{y}=70.837-0.2817x$

제 12 장

1. $\hat{y}=27.547+0.922x_1+0.284x_2$
2. $\hat{y}=55.2266-0.0378x_1+1.6816x_2$
3. ① $\hat{y}=-22.9932+1.3957x_1+0.2176x_2$ ② $\hat{y}=80$
4. ① $\hat{d}=13.3587-0.3394v+0.011825v^2$ ② $\hat{d}=47.54$

5. $\hat{y}=141.6118-0.2819x+0.0003x^2$

6. ① $\hat{y}=1.0714+4.6032x-1.8452x^2+0.1944x^3$ ② $\hat{y}=4.45$

7. $\hat{y}=19.9852+0.3036x_1+0.5964x_2-0.4971x_3-0.7038x_4$

8. $\hat{y}=3.3205+0.4210x_1-0.2958x_2+0.0164x_3+0.1247x_4$

9. ① $\hat{y}=-3.4263-0.0400x_1+0.0481x_2+0.0018x_3-0.0771$
② $f=23.18>F(4, 5; 0.05)=5.19$, 유의하다.

10. $\hat{y}=0.5149+0.000542x_1-0.000353x_2+0.001988x_3$

제 13 장

2. $f=0.31$, 유의하지 않다.
3. $f=6.90$, 유의하다.
4. $f=14.52$, 유의하다.
5. $f=5.46$, 동일하다.
6. $f=2.25$, 동일하다.
7. $f=0.46$, 유의하지 않다.
8. ① $f=8.13$, 유의하다. ② $f=5.18$, 유의하다. ③ $f=1.63$, 유의하지 않다.
9. ① $f=2.36$, 유의하지 않다. ② $f=16.59$, 유의하다.
③ $f=0.41$, 유의하지 않다.
10. f(상대습도)$=4.57$, 유의하다.
f(코팅방식)$=6.87$, 유의하다.
f(상대습도×코팅방식)$=2.44$, 유의하지 않다.
11. ① $f=34.40$, 유의하다. ② $f=26.95$, 유의하다. ③ $f=20.30$, 유의하다.
12. ① $f=14.81$, 유의하다. ② $f=9.04$, 유의하다. ③ $f=0.61$, 유의하지 않다.
13. $f=9.50$, 다르다.
14. $f=7.38$, 다르다.
15. ① $f=0.15$, 비슷하다. ② $f=4.37$, 다르다.
16. $f=3.33$, 같다.
17. ① $f=3.910$, 없다. ② $f=1.355$, 없다.
18. ① $f=7.70$, 유의하다. ② $f=1.40$, 같다.
19. ① $f=0.32$, 같다. ② $f=15.38$, 다르다. ③ $f=1.67$, 없다.
20. ① $f=9.53$, 있다. ② $f=15.18$, 있다. ③ $f=1.28$, 없다.

제 14 장

1. $x=7$, $P=0.1719$, H_0 채택
2. $x=10$, $P=0.4544$, H_0 채택
3. $x=3$, $P=0.0244$, H_0 기각
4. $x=2$, $P=0.0547$, H_0 채택
5. $x=4$, $P=0.3770$, H_0 채택
6. $x=12$, $P=0.0160$, H_0 기각
7. $x=4$, $P=0.1335$, H_0 채택
8. $w_-=12.5$, H_0 채택
9. $w=43$, H_0 채택
10. $w_+=3.5$, H_0 채택
11. $w_+=17.5$, H_0 채택
12. $z=2.80$, H_0 기각
13. $z=-2.13$, H_0 기각
14. $z=1.42$, H_0 채택
15. $u_1=1$, 타당하다.
16. $u_1=6.5$, 효과가 없다.
17. $u=43.5$, $u_1=u_2$
18. $u_1=8$, 효과가 없다.

19. $u_2=5$, A를 더 오래 사용한다.
20. $u=43.5$, $u_1=u_2$
21. $u=15$, 효과가 없다.
22. $z=-0.84$, H_0 채택
23. $h=10.47$, 다르다.
24. $h=11.27$, 차이가 있다.
25. $h=1.07$, 차이가 없다.
26. $h=12.83$, 차이가 있다.
27. $v=7$, $P=0.910$, 무작위추출
28. $z=-0.55$, 무작위추출
29. $w_+=11$, 효과가 있다.
30. $w_+=6$, 매출은 같다.
31. $h=5.73$, 차이가 없다.
32. $h=6.37$, 차이가 없다.
33. $h=2.22$, 차이가 없다.
34. $w_+=5$, 같다.
35. $w_+=16.5$, 차이가 없다.

찾아보기

編著者略歷

李 祀 勳

서울大學校 工科大學 卒業
美國 캔사스州立大學校(產業工學 碩·博士)
美國 켈리포니아大學校(버클리) 客員教授
大韓產業工學會 副會長
現 서울大學校 產業工學科 教授

全 永 鎬

서울大學校 工科大學 卒業
서울大學校 大學院(產業工學 碩·博士)
美國 펜실베니아州立大學校 客員教授
대한품질경영학회 총무이사
現 弘益大學校 產業工學科 教授

全訂版
工業統計學

1987년 11월 30일 초판발행
1994년 9월 30일 전정판발행
2012년 8월 20일 중판발행

편저자 李祀勳 · 全永鎬
발행인 안 종 만
발행처 (주) 박영사
서울특별시 종로구 평동 13-31번지
전화 (733)6771 FAX (736)4818
등록 1959. 3. 11. 제300-1959-1호(倫)

www.pybook.co.kr e-mail: pys@pybook.co.kr

정 가 33,000원 ISBN 978-89-7189-997-7